面向数字化时代高等学校计算机系列教材

计算机组成与结构

王炜 主编

侯一凡 戚旭衍 副主编

王卫龙 赵博 孙回回 韩鹏宇 王淑亚 编著

清华大学出版社

北京

内容简介

本书按照先总后分、由表及里的方法，脱离具体机型和具体芯片，综合运用各种基础知识，讲解计算机组成结构相关的基本概念和原理。全书共10章，除第1章对计算机系统基本概念进行介绍外，其余各章分别讲解计算机的各主要功能部件的工作原理，包括计算机的逻辑部件、运算方法和运算器、主存储器、指令系统、中央处理器、存储系统、辅助存储器、输入/输出设备、输入/输出系统。

本书可作为高等院校计算机类相关专业的“计算机组成与结构”“计算机组成原理”课程教材或考研参考书，也可作为感兴趣读者的自学读物，并可作为相关行业技术人员的参考用书。

图书在版编目(CIP)数据

计算机组成与结构 / 王炜主编. -- 北京：清华大学出版社，2025. 3.
(面向数字化时代高等学校计算机系列教材). -- ISBN 978-7-302-68888-4

Ⅰ. TP303

中国国家版本馆CIP数据核字第20250NY286号

策划编辑：魏江江
责任编辑：葛鹏程 薛 阳
封面设计：刘 键
责任校对：韩天竹
责任印制：丛怀宇

出版发行：清华大学出版社
网 址：https://www.tup.com.cn，https://www.wqxuetang.com
地 址：北京清华大学学研大厦A座 **邮 编**：100084
社 总 机：010-83470000 **邮 购**：010-62786544
投稿与读者服务：010-62776969，c-service@tup.tsinghua.edu.cn
质量反馈：010-62772015，zhiliang@tup.tsinghua.edu.cn
课件下载：https://www.tup.com.cn，010-83470236

印 装 者：北京同文印刷有限责任公司
经 销：全国新华书店
开 本：185mm×260mm **印 张**：21 **字 数**：555千字
版 次：2025年5月第1版 **印 次**：2025年5月第1次印刷
印 数：1～1500
定 价：69.80元

产品编号：107863-01

前言

党的二十大报告指出：教育、科技、人才是全面建设社会主义现代化国家的基础性、战略性支撑。必须坚持科技是第一生产力、人才是第一资源、创新是第一动力，深入实施科教兴国战略、人才强国战略、创新驱动发展战略，这三大战略共同服务于创新型国家的建设。高等教育与经济社会发展紧密相连，对促进就业创业、助力经济社会发展、增进人民福祉具有重要意义。

计算机科学与技术是现代信息技术的基石，"计算机组成与结构"是计算机科学与技术专业的核心专业基础课，更是整个计算机及相关专业知识的枢纽。"计算机组成与结构"将计算机巧妙而复杂的底层实现与丰富多彩的上层应用有机联系起来，处于学科知识体系的核心地位，在读者掌握计算机硬件各子系统的组成原理及实现技术、理解计算机内部工作原理、学习设计开发计算机系统等方面起着重要作用。

本书侧重于讲授计算机基本部件的构造和组织方式、基本运算的操作原理、基本单元的设计思想等，具体讲述单处理机计算机硬件系统中各大部件的组成原理、逻辑实现、设计方法和互连构成整机的技术。全书共10章，第1章对计算机系统基本概念进行介绍，第2章、第3章在简单介绍计算机基本逻辑器件的基础上重点介绍运算方法和运算器的实现方法，第4章、第7章讨论计算机主存储器与存储系统，第5章、第6章以指令及其执行过程为主线讨论控制器的组成、结构及实现技术，第8章、第9章介绍辅助存储器及其他常见输入/输出设备的工作原理，第10章介绍输入/输出系统的组成。

本书主要特色如下。

(1) 立足经典知识体系，充分借鉴和吸收国内外优秀教材的优点，结合编者长期的教学实践经验，在确保内容准确的基础上，力求将繁杂的内容系统化、抽象的原理形象化、枯燥的知识趣味化。

(2) 概念清晰，内容翔实，图文并茂，相关教学辅助资源丰富，不仅适合教师开展高质量的教学，而且高度契合学生高效学习的需求。

(3) 紧扣全国硕士研究生招生考试大纲，不仅章节安排与其基本保持一致，而且在知识点上做到全面覆盖、融会贯通，并通过例题、习题与思考题等形式引导读者将各章节知识有机联系，有助于计算机及相关专业考研学生快速、准确、系统、全面地理解和掌握"计算机组成原理"相关知识。

为便于教学，本书提供丰富的配套资源，包括教学课件、电子教案、教学大纲和习题答案。通过扫描目录上方的二维码，读者可以获取资源下载提示。

本书由课程组集体讨论、编写，王炜对全书进行了修改和整理。在本书编写过程中，庞建民、单征给出了很多具体的指导意见，信息工程大学网络空间安全学院对于本书的编写、出版工作给予了大力支持，部分同学参与了初稿的审校工作，在此对他们一并表示感谢。同时，感谢使用本书作为教材或参考书的老师和同学们，正是因为你们的选择，本书的作用才得以充分发挥。

由于编者水平有限，书中难免有疏漏或不当之处，敬请同行专家和广大读者批评指正。

编　者

2025 年 3 月

目录

第1章 计算机系统概论

第2章 计算机的逻辑部件

第 3 章 运算方法和运算器

第4章 主存储器

第5章 指令系统

第 6 章 中央处理器

第7章 存储系统

第8章 辅助存储器

第9章 输入/输出设备

第 10 章 输入/输出系统

参考文献

第1章 计算机系统概论 

1.1 计算机系统简介

计算机与其他机器一样，是人类和自然做斗争以及从事各项社会活动的工具，具有计算、模拟、分析问题、操纵机器、事务处理等能力，所以被看作人脑的延伸，是一种有"思维"能力的机器，又被称为"电脑"。

完整的计算机系统由"软件"和"硬件"两大部分组成。

1.1.1 计算机系统的软件和硬件

1. 硬件

计算机硬件(Hardware)是计算机的实体部分，是组成计算机的所有电子元器件和机械部件的总和，也称为硬设备、机器系统或裸机。硬件是计算机的物质基础，是计算机系统的核心。

现代计算机系统的硬件组成按功能来分可分为运算器、控制器、存储器、输入设备、输出设备五大部件，它们通过总线等连接为一个有机的整体。其中，控制器是整个计算机的指挥中心，计算机的各部件在它的指挥下协调工作；运算器由算术逻辑单元等构成，用来进行加、减、乘、除等算术运算以及与、或、非等逻辑运算；存储器是记忆部件，用来存放数据、程序和计算结果，分为内部存储器和外部存储器；输入设备用于向计算机输入程序和数据，它将人们熟悉的各种信息转换成二进制；输出设备用于输出计算机的处理结果，它将计算机中各种以二进制表示的信息转换成人们所熟悉的形式。

2. 软件

软件是相对于硬件而言的，是用户与硬件之间的接口界面，在计算机中起到指挥管理的作用，它由人们事先编制成的各类特殊功能信息组成。

按照国际标准化组织(ISO)的定义，软件是计算机程序及运用数据处理系统所必需的手续、规则、文件的总称，即软件由"程序"与"文档"两部分组成，其中，程序是计算任务的处理对象和处理规则的描述，是为取得一定的结果而编写的计算机指令的有序集合；文档则是描述程序操作及使用的资料。

软件通常分为两大类，即系统软件和应用软件。系统软件又称为系统程序，用来管理整个计算机系统、监视服务、合理调度系统资源，确保计算机系统高效运行，典型的系统软件包括标准程序库、编译器、操作系统等；应用软件又称为应用程序，它是用户根据任务需要编制的各种程序，如科学计算、数据处理、过程控制、事务管理程序等。随着计算机的发展，某些应用软件已经成为计算机软件系统不可或缺的一部分。

3. 硬件与软件的关系

计算机硬件与软件的组合构成了完善实用的计算机系统。硬件是躯体，是物质基础；软件是智慧，是灵魂，是硬件功能的完善与扩充。二者相互渗透、相互依存、互相配合、互相促进，缺一不可。

一方面，计算机系统的功能可由硬件或软件实现，两者在逻辑功能上等效，但计算机系统的成本、效率不同。软硬件功能究竟怎样分配，一般在系统设计时加以权衡。

另一方面，软件与硬件可互相转化，特别是随着超大规模集成电路技术的发展，软件硬化或固化已成为提高计算机处理能力的最常用手段(例如，操作系统的一部分或全部固化或硬化)。

固件(Firmware)是一种具有软件特性的硬件，它将程序固化在ROM中，既具有硬件的快速性，又具有软件的灵活性。

1.1.2 计算机系统的层次结构

计算机系统是一个由硬件、软件组成的多级层次结构，从语言功能层次划分，它通常由微程序级、实际机器级、操作系统级、汇编语言级、高级语言级组成，每一级上都能进行程序设计，且得到下面各级的支持。

具有多级层次结构的计算机系统如图1.1所示。

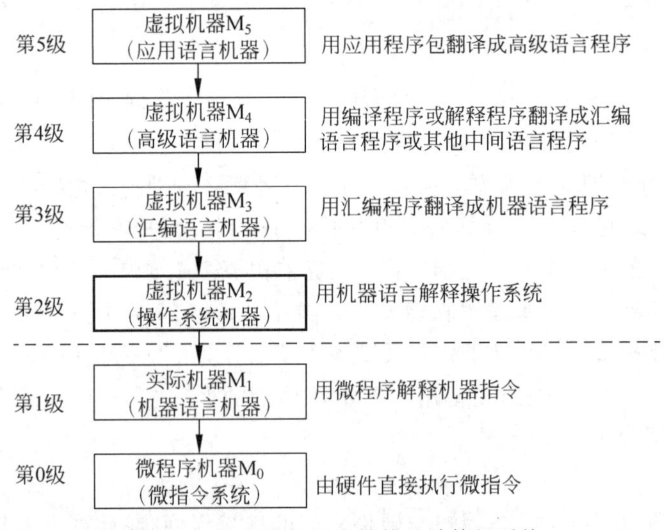

图1.1 具有多级层次结构的计算机系统

只有用0/1代码编写的机器语言程序可直接在实际机器 M_1 上执行，但是用0/1代码编写程序难度大，操作过程易出错，程序调试困难，同时，它要求程序员对所用计算机的硬件及指令系统十分熟悉，只有少数专家才能达到此要求。

20世纪50年代，出现了符号式程序设计语言——汇编语言，用符号表示各种操作以及指令或数据所在存储空间的地址，使程序员摆脱了用繁杂的二进制代码编写程序的困难。但是，实际机器不能直接识别这种符号编制成的汇编语言程序，必须先将汇编语言程序翻译成机器语言程序，才能被机器接受并自动运行。

翻译过程由汇编程序(汇编程序是一种计算机系统软件)完成，从用户的角度看，好像存在一台能够直接识别并执行汇编语言程序的机器，可以把一台具有汇编程序的计算机看作在实际机器级之上的一台虚拟机。

所谓虚拟机是指从用户角度看，好像能直接执行用户编写的源程序的机器。虚拟机是通过配置软件扩展功能后形成的与实际机器无关的机器，它将提供给用户的功能抽象出来，脱离了物理机器。

从本质上看,汇编语言仍是一种面向实际机器的语言,它的每一条语句都与机器语言的某一条语句一一对应,使用汇编语言编写程序,仍要求程序员对实际机器的内部组成和指令系统非常熟悉,而且程序员必须经过专门的训练,否则无法操作计算机。另外,由于汇编语言摆脱不了实际机器的指令系统,因此没有通用性,每台机器必须有一种与之对应的汇编语言,大大阻碍了计算机的广泛应用。

20 世纪 60 年代,出现了面向问题的高级语言。面向问题的高级语言对问题的描述十分接近人类的习惯,且具有较强的通用性,程序员完全可以不必了解掌握实际机器的机型、组成结构及指令系统,只需掌握高级语言的语法和语义,便可以直接使用这种高级语言来编程。

当然,实际机器 M_1 并不能直接识别高级语言,进入 M_1 机器运行之前,必须将高级语言程序先翻译成汇编语言程序或其他中间语言程序,然后在 M_2、M_1 上执行;或直接翻译成机器语言程序,然后到 M_1 上执行。换句话说,高级语言机器跟汇编语言机器一样,也是在软件发展过程中由实际机器延伸形成虚拟机。

把高级语言程序转换成机器语言程序的软件称为翻译程序,翻译程序分为编译型、解释型和混合型。

编译型翻译程序将用户编写的高级语言程序(源程序)的语句一次全部翻译成机器语言程序(目标程序)后再执行,若源程序不变,则无须重翻译(如 C、C++ 以及早期的 ALGOL、FORTRAN、Pascal 等均采用编译方式进行转换),其中以 C 语言为例,从 C 源代码到可执行文件需要经过预处理、编译、汇编、链接等过程。

解释型翻译程序无须生成目标程序,它将源程序的一条语句翻译成机器语言以后立即执行它,然后再翻译执行下一条语句。如此重复,直到程序结束。翻译一次只能执行一次,相同语句反复执行时也需要重新翻译(典型例子:Python)。

有些高级语言(如 BASIC)程序,有解释和编译两种转换方式。

混合型翻译程序将源代码编译成中间代码而非二进制机器码,中间代码再由即时编译器翻译成目标平台本地代码(如 Java、C#)。

现代计算机在上述虚拟机器 M_2 与实际机器 M_1 之间还存在一种操作系统软件,操作系统从管理程序发展而来,主要用于管理和控制计算机系统的软硬件资源。操作系统主要用于合理组织计算机工作流程,并提供友好界面,以便用户不需要了解硬件和软件的细节就能使用计算机。操作系统可看作实际机器的扩充,在计算机层次结构中作为一层,位置在实际机器 M_1 之上、汇编语言机器 M_2 之下。

随着计算机应用和软件技术的发展,在高级语言虚拟机上又出现了应用语言虚拟机。使用面向某种应用环境的应用语言编写的程序一般是经应用程序包翻译成高级语言程序后,再逐级向下实现的。例如,信息处理系统,此时使用计算机的不是程序员,而是用户。

另外,随着计算机实现技术的发展,实际机器 M_1 内部向下延伸形成微程序机器 M_0,它可看作是对实际机器 M_1 的分解,直接将 M_1 中的每一条机器指令翻译成一组微指令(即构成一个微程序),用 M_0 的微程序解释并执行 M_1 的每一条机器指令。

与汇编语言机器、高级语言机器不同,微程序机器 M_0 也是实际机器,通常将 M_1 叫作传统机器,将 M_0 叫作微程序机器。

1.2 存储程序控制计算机基本结构

▶ 1.2.1 存储程序控制原理

1945年,美籍匈牙利数学家 Von Neumann(冯·诺依曼)等在宾夕法尼亚大学研制电子离散变量自动计算机(Electronic Discrete Variable Automatic Computer,EDVAC)时提出著名的“存储程序控制原理”: 计算机要自动完成解题任务,必须将事先设计好的、用以描述计算机解题过程的程序如同数据一样,采用二进制形式存储在机器中,计算机在工作时自动高速地从计算机中逐条取出指令并加以执行。

存储程序控制原理奠定了当代电子计算机体系结构的基础。

需要注意的是,存储程序控制原理描述的其实是一种计算机体系结构,讨论的是计算机的实现技术,也就是说,它讨论的是如何构造一台计算机,具体地说,就是如何把图灵机模型实现出来,但是并不是说所有的计算机都必须基于存储程序控制原理,例如,未来的量子计算机、生物计算机可不可以不基于存储程序控制原理? 这些都是值得探讨的问题。

按照存储程序控制原理,存储程序控制是计算机能自动工作的关键所在,因此,计算机必须具备两个基本能力: 存储程序、自动执行程序。

所谓存储,其实就是建立物理状态与信息之间的映射。在计算机发展的初期,布尔代数已经比较成熟,而二进制能够将数值与逻辑的“真”“假”结合起来,同时材料与器件技术为二进制信息存储提供了条件。因此,最早的计算机“自然而然地”采用了以二进制表示和存储数据的方式。

至于计算机的“自动”功能,则是将数字器件技术和存储结合起来实现的。将存储空间按地址顺序编号并将程序顺序存储,将计数器初值设置为第一条指令所在的地址,每执行完一条指令则传送一个时钟脉冲,计数器“自增1”后将指向下一条指令的地址,这样程序就可以“自动”运行了。

▶ 1.2.2 存储程序控制计算机的硬件组成

按照存储程序控制原理,计算机必须具有以下功能: 数据输入/输出功能、数据存储功能、数据处理功能、操作控制与操作判断功能。

数据输入/输出功能包括将原始数据和解题过程输入计算机,以及将计算结果和计算过程中出现的情况随时输出给用户; 数据存储功能包括记住原始数据和程序,以及解题过程中的中间结果,这是计算机能实现自动运算的关键; 数据处理功能是指能进行一些最基本的算术、逻辑运算,从而组合成所需要的一切复杂运算和处理,这是计算机进行运算、处理、控制的基础; 操作控制与操作判断功能包括保证程序执行的正确性,能对组成计算机的各部件进行协调和控制,以及根据条件从预先无法确定的几种方案中选择一种,从而保证解题操作正确完成,显然,操作控制与操作判断本质上是指令执行问题。

存储程序控制计算机由对应的功能部件组成,其中,存储器对应数据存储功能; 运算器对应数据处理功能; 控制器对应操作控制和操作判断功能; 输入设备对应程序和数据输入功能; 输出设备对应结果和状态输出功能。

早期的计算机是以运算器为中心的,其逻辑框图如图1.2所示,现代计算机以存储器为中心,其逻辑框图如图1.3所示。

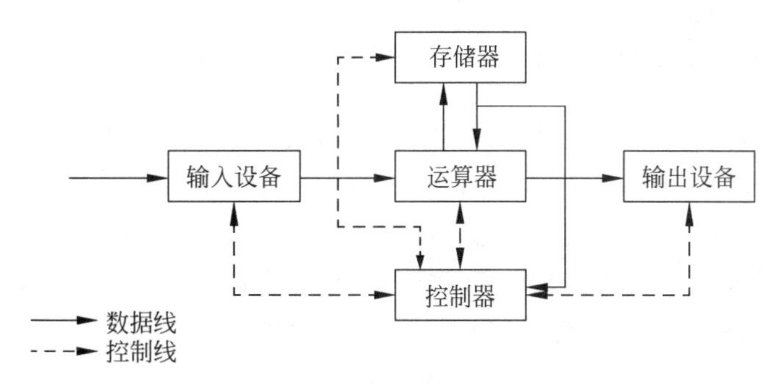

图 1.2 早期计算机逻辑框图

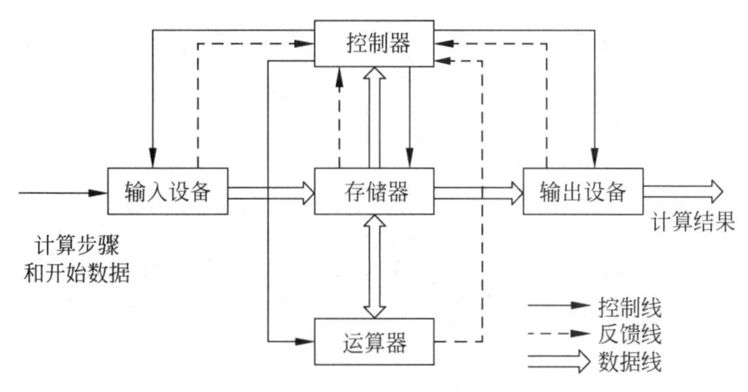

图 1.3 现代计算机逻辑框图

现代计算机往往将控制器、运算器制作在一起,称为中央处理器(CPU),而将 CPU 与存储器制作在一个机箱中,称为主机,相应地将各种输入/输出设备称为外部设备,其结构框图如图 1.4 所示。

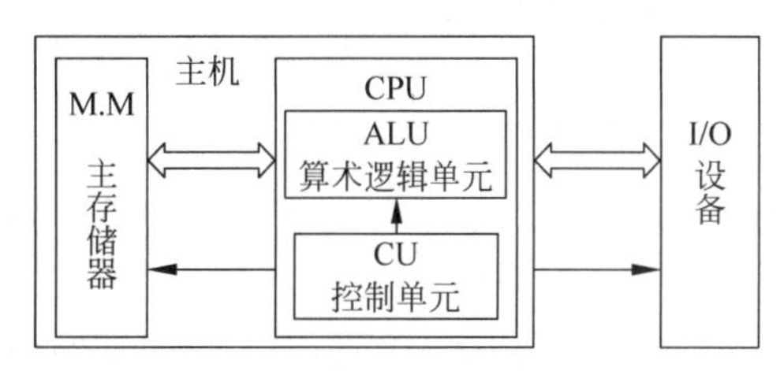

图 1.4 现代计算机结构框图

▶ 1.2.3 存储程序控制计算机的特点

按照存储程序控制原理构建的计算机称为"存储程序控制计算机"或者"冯·诺依曼计算机",典型的冯·诺依曼计算机具有如下特点。

(1) 计算机由运算器、存储器、控制器和输入设备、输出设备五大部件组成。

(2) 计算机内部指令和数据混存,所有信息采用二进制表示,按地址访问。

(3) 每一条指令由表示操作性质的操作码和表示操作数在存储器中的位置的地址码组成(某些指令可以没有操作数),在存储器中顺序存放;指令通常是顺序执行的,特定条件下可根据运算结果或设定的条件改变执行顺序。

(4) (早期)计算机以运算器为中心,所有部件操作以及部件间的联系都由控制器集中控制。

1.2.4 计算机非冯·诺依曼化

传统的冯·诺依曼体制在一定程度上限制了计算机的性能。例如,传统冯·诺依曼计算机本质上采取串行顺序处理工作机制,即使有关数据已经准备好,也必须逐条执行指令序列。为了充分发挥计算机的性能、满足不断提高的应用需求,需要对冯·诺依曼结构做一定的改进,这些谋求突破传统冯·诺依曼结构束缚的努力被称为计算机非冯·诺依曼化。

提高计算机性能的根本方向之一是并行处理,计算机非冯·诺依曼化主要表现在以下三方面。

(1) 在冯·诺依曼结构范畴内,对传统冯·诺依曼计算机进行改造。例如,用多个处理部件形成流水处理,依靠时间上的重叠提高处理效率;组成阵列机结构,形成单指令流多数据流,提高处理速度。这些技术比较成熟,已成为标准结构。

(2) 用多个冯·诺依曼计算机组成多机系统,支持并行算法结构。目前相关技术仍在火热研究中。

(3) 从根本上改变冯·诺依曼计算机的控制流驱动方式。例如,采用数据流计算机,只要数据已经准备好,有关的指令就可以并行地执行;设计量子计算机,突破图灵机模型;研制生物计算机,实现真正的"智能"。这些是真正的非冯·诺依曼化计算机,相关研究目前仍处于实验探索中。

1.3 计算机的主要技术指标

计算机的技术性能指标涉及很多因素,例如,它的系统结构、硬件组成、外设配置、软件种类等,因此,评价计算机应该综合考虑各项指标。

1.3.1 常用的计算机硬件相关性能指标

常用的计算机性能指标包括主频、运算速率、运算精度、存储容量、存取周期等。

1. 主频

CPU 的工作节拍是由主时钟控制的,主时钟不断产生固定频率的时钟脉冲,这个主时钟的频率就是 CPU 的主频。

主频或时钟周期是计算机的主要性能指标之一,很大程度上决定了计算机的运行速率。一般情况下,主频越高,CPU 的工作节拍就越快,同等条件下运算速率就越高。

主频通常用 MHz、GHz 等来计量。

与计算机主频相关的一个概念是外频,它指的是计算机系统总线的工作频率,是 CPU 与主板同步运行的速率。

计算机的主频=外频×倍频,例如,Core i7-940 的外频为 133MHz(即时钟周期为 7.5ns)、倍频为 22,则 Core i7-940 的主频=133MHz×22=22÷7.5ns≈2933MHz。

2. 运算速率

运算速率是计算机运算处理能力的主要表征,它取决于给定时间内处理器所能处理的数据量和处理器的时钟频率等。

计算机的运算速率常用每秒执行指令的条数来表示,其计量单位为 MIPS(Million Instructions Per Second,用于定点运算器)、MFLOPS(Million Floating Point Operations Per Second,用于

浮点运算器)等。MIPS/MFLOPS(以及后来出现的 GFLOPS、TFLOPS)的性能既与机器性能有关,也与所执行的程序有关。

计算机的运算速率也可以用执行一条指令所需的(平均)时钟周期数 CPI(Cycle Per Instruction)来衡量。需要特别注意的是,计算机中每一条指令的 CPI 是确定的,用于描述计算机运算速率的 CPI 其实是计算机执行一段程序时平均每条指令所需的时钟周期数。

若计算机主频为 f,则计算机的 MIPS 与 CPI 之间的关系为

$$\text{MIPS}=\frac{f}{\text{CPI}\times 10^6}=\frac{\text{IPC}\times f}{10^6} \tag{1-1}$$

其中,IPC 为每个时钟周期内(平均)执行的指令数。

例 1.1 假设一台计算机主频为 1GHz,在其上运行由 2×10^5 条指令组成的目标代码,程序由 4 类指令组成,其所占比例和各自的 CPI 如表 1.1 所示,求程序的 CPI 和 MIPS,以及该程序运行所需的 CPU 时间。

表 1.1 某计算机各类指令的 CPI 及在目标代码中的比例

指令类型	CPI	指令比例
算术和逻辑	1	60%
加载/存储	2	18%
转移	4	12%
缓存缺失访存	8	10%

解:

CPI=1×60%+2×18%+4×12%+8×10%=2.24

MIPS=f/(CPI×10^6)=1×10^9/(2.24×10^6)≈446.4

CPU 时间=指令条数×CPI/f=(2×10^5×2.24)/10^9=4.48×10^{-4}(s)

(或:CPU 时间=指令条数/(MIPS×10^6)=2×10^5/(446.4×10^6)=4.48×10^{-4}(s))

需要注意的是,单纯的主频或者 CPI、MIPS 数值并不能准确描述计算机运算速率。

例 1.2 假定计算机 M_1 和 M_2 具有相同的指令集体系结构(ISA),主频分别为 1.5GHz 和 1.2GHz。在 M_1 和 M_2 上运行某基准程序 P,平均 CPI 分别为 2 和 1,则程序 P 在 M_1 和 M_2 上运行时间的比值是多少?

解:

CPU 时间=指令数×CPI/主频

CPU 时间$_{M_1}$=指令数×2/1.5

CPU 时间$_{M_2}$=指令数×1/1.2

两者之比=(2/1.5):(1/1.2)=1.6

在这个例子中,虽然 M_1 主频高 25%,但程序综合 CPI 是 M_2 的 2 倍,它的程序运行时间比 M_2 的多了 60%,也就是说,它实际上是比 M_2 慢很多的。

例 1.3 程序 P 在机器 M 上的执行时间是 20s,编译优化后,P 执行的指令数减少到原来的 70%,而 CPI 增加到原来的 1.2 倍,则 P 在 M 上的执行时间是多长?

解:

设 CPU 每秒时钟数为 n,指令条数$_{原}$=x

则 CPI$_{原}$=$20n/x$

指令条数$_{后}$=$0.7x$,CPI$_{后}$=1.2×CPI$_{原}$=$24n/x$

故 CPU 时钟$_{后}$ =指令条数×CPI=$0.7x \times 24n/x = 16.8n$

因为 CPU 每秒时钟数为 n，所以所需时间为 16.8s。

在这个例子中，优化后程序运行时间缩短了，也就是计算机的运行速率快了，但 CPI 数值却增加了。

3. 运算精度

运算精度通常决定于计算机处理信息时直接处理的二进制信息位数，一般情况下，位数越多，精度越高。

运算精度与计算机中采用的方法有关，它往往取决于机器字长。

机器字长通常与 ALU 或者 CPU 中数据寄存器的位数相同，它在一般情况下即标志着运算精度。字长越长，数的表示范围越大，精度越高。

机器字长同时影响运算速率。若字长较短，要运算位数较多的数据时，则需经过两次或多次的运算才能完成，势必影响整机的运算速率。另外，指令系统的功能强弱也可能与机器字长有关。

机器字长决定着寄存器、加法器、数据总线等的宽度，直接影响着硬件的代价。故不能简单地以增加机器字长来提高运算精度，需根据实际情况决定机器的字长。

现代计算机中，为适应不同类型计算的需要，并较好地协调精度与造价的关系，计算机往往允许变长计算，如半字长、全字长、双字长等。

我们知道，计算机的数据和指令均存储在存储器中，因此机器字长与指令字长、存储字长之间可能存在一定的关系，例如，存储字长一般等于机器字长或是机器字长的整数倍。

4. 存储容量

存储容量指能够存放数据和程序的总量，现代计算机中常以字节(Byte)的个数来描述容量的大小，1B=8b。

存储容量包括主存容量和辅存容量，其中，主存容量是衡量计算机的主要性能指标之一，这是因为，现代计算机以存储器为中心，其中，CPU 正在执行的程序和处理的数据都来自主存储器。主存的容量越大，主存中可存储的数据和程序就越多，CPU 处理问题的能力就越强，同时所需要的与外存储器信息交换的次数就越少，系统的效率就越高。

5. 存储周期

存储周期用于描述存储器的访问速度，它是连续启动两次独立的存储器访问所允许的最短时间间隔。一般地，主要讨论主存的存储周期。

主存存储周期越小，从主存存取信息所需时间越短，计算机系统的效率越高。

▶ 1.3.2 RAS 特性

可靠性(Reliability)、可用性(Availability)、可维性(Serviceability)、完整性(Integrity)和安全性(Security)统称为 RASIS 特性，它们是衡量计算机系统性能的五大功能特性。下面主要讨论其中前三种特性及其关系。

可靠性用于表示计算机系统在规定的工作条件下和预定的工作时间内持续正确运行的概率，它一般用平均无故障时间或平均故障间隔时间(Mean Time Between Failures，MTBF)衡量。

可维性指的是系统发生故障后能尽快修复的能力，它一般用平均修复时间(Mean Time To Repair，MTTR)表示。

可用性用于表征系统可供利用的程度，它通过可靠性、可维性共同描述。

设 A 表示系统的可用性，则

$$A=\frac{\mathrm{MTBF}}{\mathrm{MTBF}+\mathrm{MTTR}} \tag{1-2}$$

显然，若 MTBF≫MTTR，则 $A\to1$，这表示系统的可靠性高，可用性好。

▶ 1.3.3　其他性能指标

计算机系统还有一些其他性能指标，包括：综合性指标，如兼容性、吞吐率、响应时间、利用率等；特定性指标，如保密性、安全性、完整性、可扩展性等；功能性指标，如汉字处理能力、联机事务处理能力、I/O 总线特性、网络功能等。

1.4　计算机发展、计算机分类与计算机应用

▶ 1.4.1　计算机发展

1. 非计算机时期

早在计算机没有被研制出来之前，人们就一直致力于研制各种计算工具，以提高计算效率。例如，古代中国人发明了算盘(见图 1.5)；1621 年，计算尺(见图 1.6)问世，它是发明计算机之前(西方)科学研究、工程设计和生产实践中使用最广泛、应用最便捷、最有价值的计算工具。

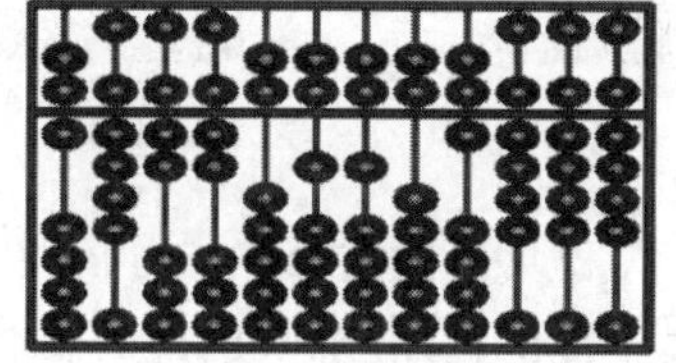

图 1.5　算盘

机械计算阶段：1624 年，法国人帕斯卡(Pascal)发明了可做加减法的机械计算器(见图 1.7)，它采用十进制运算，利用齿轮旋转完成加法、齿轮传动完成进位。

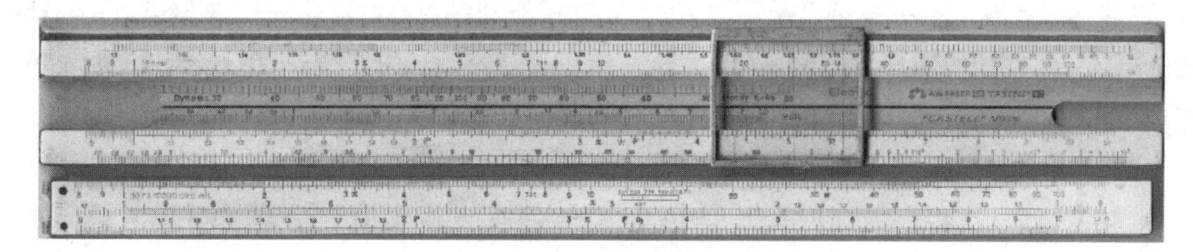

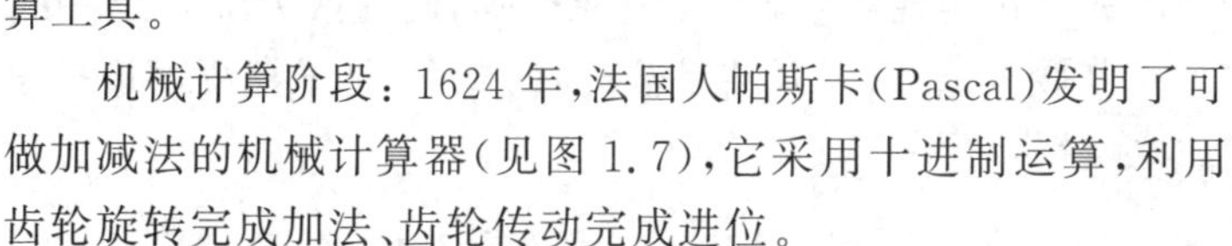

图 1.6　计算尺

1673 年，德国人莱布尼茨(Leibnitz)改进了帕斯卡的设计，增加了乘除运算(见图 1.8)，它利用多次加完成乘法。莱布尼茨最早提出了“可用机械代替人进行繁琐重复计算工作”的思想，被称为“计算机科学之父”。

图 1.7　可做加减法的机械计算器

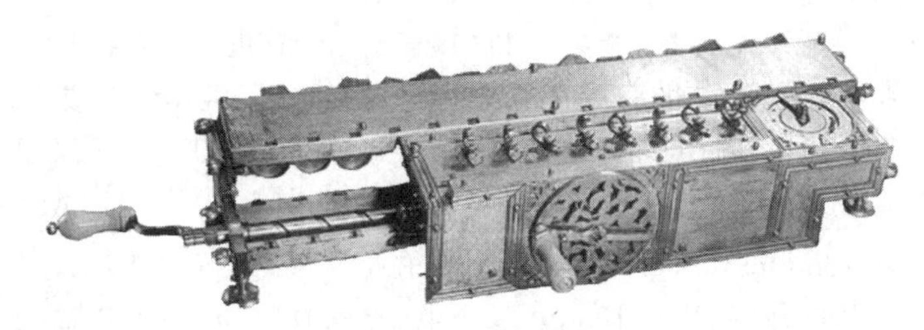

图 1.8　增加了乘除运算的机械计算器

1819 年，英国人查尔斯·巴贝奇(Charles Babbage)创造了“差异引擎”，并设计了差分机(见图 1.9)，它通过加法解析多项式，可进行 20 个小数位的计算；1832 年，他又与工程师约瑟夫·克莱门特(Joseph Clement)合作设计了分析机(见图 1.10)，它有 6 根轮轴，几十个竖轮，能进行 6 位数的计算以及解两位数的差分方程。

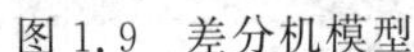

图 1.9　差分机模型

图 1.10　分析机模型

巴贝奇的差分机和分析机用齿轮式结构实现寄存器用来存储数据，使用累次加实现乘法；最早提出程序控制(控制操作顺序、控制数据选择、控制结果输出)的概念，是早期程序设计思想的萌芽，因此被称为“通用计算机之父”。

2. 电子计算阶段

1854 年，英国数学家乔治·布尔(George Boole)发表《布尔代数》，把运算和逻辑理论建立在“0”“1”两种值，以及“与”“或”“非”三种基本逻辑运算的基础上。布尔代数为二进制的数字计算机奠定了理论基础，也是现代数字式设备的理论基础。

1939 年，美国爱荷华大学教授 V. Atanasoff 首次使用电子元件按二进制原理制造了一台电子管计算机。1942 年，又在研究生 Cliffod Berry 的协助下制造出了一台电子管计算机 ABC(Atanasof-Berry Computer)。

在美国陆军部的支持下，宾夕法尼亚大学的埃克特(J. P. Echert)和莫克利(J. W. Mauchly)于 1945 年年底成功研制出 ENIAC(Electronic Numerical Integrator And Computer，电子数字积分器和计算机)，1946 年 2 月正式交付使用。这是世界上第一台电子数字计算机，被称为计算机的始祖。自计算机被发明以来，电子数字计算机大体经历了 4 代。

第一代为电子管计算机(1946 年至 20 世纪 50 年代后期)，它采用电子管作为基本器件，磁鼓作为主存储器，数据主要用定点表示，用机器语言或汇编语言编写程序。

第一代计算机主要服务于军事与国防，其研究成果扩展到民用，又转为工业产品，形成了计算机工业，其代表机型有 ENIAC(见图 1.11)、EDVAC、EDSAC(Electronic Delay Storage Automatic Calculator，电子延迟存储自动计算器)等。

ENIAC 共有 18 000 多个电子管、1500 多个继电器，该机耗电 150kW，重 30t，占地面积 $150m^2$，其运算速率为 5000 次/s 左右。虽然从现在的眼光看，ENIAC 性能低、耗费巨大，但却是科学史上的一次划时代的创新，它奠定了电子计算机的基础，宣告人类进入电子计算机时代。

图 1.11　ENIAC 工作场景

需要注意的是，ENIAC 基于“程序控制原理”，但并没有进行“存储控制”，因此并不属于冯·诺依曼结构，主要原因在于：①采用十进制计算而不是二进制；②没有存储功能，ENIAC 只有 20 个暂存器，它采用布线接板进行控制，而且程序是外插型的，指令存储在其他电路中，解题之前，要先想好所需的全部指令，然后通过手工把相应的电路连通，这种准备工作要花几个小时甚至几天的时间，而计算本身只需几分钟，计算的高速与程序的手工处理存在着很大的矛盾；③无便捷的输入。

冯·诺依曼作为顾问参加了 ENIAC 的研究，但并没有过多参与。第一台按照冯·诺依曼思想设计的计算机是 EDVAC。

冯·诺依曼作为 ENIAC 的顾问发现了 ENIAC 在设计上的缺陷(采用十进制，无法存储，无便捷的输入等)，于是重新构思计算机的构造，认为计算机应该由五大部分组成，有负责输入和输出的设备，程序要能够存放到计算机的存储器中(即程序内存思想：把运算程序存在计算机的存储器中，计算机在存储器中寻找运算指令，实现自行计算。程序内存思想标志着自动运算的实现，标志着电子计算机的成熟)，以及采用二进制替代十进制计算，并将其写成论文(著名的 101 页报告)于 1945 年发表，同时开始着手研制 EDVAC，但由于工程上的困难，EDVAC 直到 1951 年才完成。

第一台正式投入运行的按照冯·诺依曼思想设计的计算机是 EDSAC。冯·诺依曼发表论文后，1946 年，英国剑桥大学数学实验室的莫里斯·威尔克斯教授和他的团队受论文启发，以 EDVAC 为蓝本，设计和建造 EDSAC，1949 年 5 月 6 日正式运行。

第一代计算机的主要缺点是体积大，功耗大，存储容量小，使用极其不方便。

第二代为晶体管计算机(20 世纪 50 年代中期—20 世纪 60 年代后期)，它以晶体管作为逻辑元件，用磁芯作为主存储元件，引入浮点运算硬件；采用了 FORTRAN、COBOL、ALGOL 等高级语言，大大简化了程序设计；建立了子程序库和批处理的管理程序，并利用 I/O 处理机来提高输入/输出能力。

第二代计算机的优点是体积小、功耗低、速度快、可靠性高、研制周期缩短、生产成本降低、使用更方便，其代表机型有 IBM 7040、7070、7090 和 CDC 1604 等。

第三代为集成电路计算机(20 世纪 60 年代中期—20 世纪 70 年代中期)，它以小规模集成电路(SSI)和中规模集成电路(MSI)作为基础器件，半导体存储器逐渐取代磁芯存储器；广泛采用微程序、多道程序和并行处理等新技术，同时，操作系统日趋成熟。

第三代计算机的代表机型有 IBM 360、CDC 7600、PDP-8 等，其中，IBM 360 是最早采用集成电路的通用计算机，也是影响最大的第三代计算机。

为充分利用已有资源，特别是软件资源，集成电路计算机在生产设计过程中逐渐产生了系列机的思想，其主要特点包括：计算指令系统丰富，兼顾科学计算、数据处理、实时控制三个方面，实现机器通用化；各档机器采用相同的系统结构，在指令系统、数据格式、字符编码、中断系统、控制方式、I/O 操作方式等方面保持统一，以保证程序兼容；采用标准的 I/O 接口，各个机型外设通用，以及采用积木式结构设计，除了各个型号的 CPU 独立设计外，存储器和外设都采用标准部件组装。这种系列计算机极大地推动了计算机的广泛应用和计算机产业的发展。

第四代为大规模集成电路计算机（20 世纪 70 年代中期至今），它采用大规模集成电路（LSI）和超大规模集成电路（VLSI）作为计算机的主要功能部件，采用集成度更高的半导体存储器作为主存储器，并不断向大容量、高速度发展；在此阶段，并行处理、多机系统、分布式系统、计算机网络等技术迅速发展，多种高级语言、操作系统、数据库技术竞相争艳；微型计算机、个人计算机得到迅猛发展，计算机真正走进人们生产生活的各个领域。在这个阶段，计算机百花齐放、异彩纷呈。

总体而言，计算机速度越来越快、体积越来越小、成本越来越低、功耗越来越低，计算机的应用也越来越广泛。

在计算机的发展过程中，先后呈现出若干规律，如摩尔定律、贝尔定律、吉尔德定律等。

3. 未来计算机

当前计算机呈现网络化、智能化、移动化、微型化的特点。

源源不断的应用需求是推动计算以及计算机技术不断发展的不竭原动力，计算理论和器件、工艺、材料等技术的不断创新为计算机进一步发展提供了坚实基础，计算机不断提升的可用性、易用性推动了计算机的普及与发展。未来计算机可能进一步网络化、智能化、移动化、微型化，并实现万物互联，使计算无处不在，同时基于新型计算模型、新材料、新器件、新结构的计算机必将不断涌现。

1.4.2 计算机分类

计算机从不同角度有不同的分类方法。

1. 按信息的形式及处理方式分类

按信息的形式及处理方式，计算机可分为数字计算机、模拟计算机和数模混合计算机。

数字计算机（Digital Computer）处理的信息是离散的数字量，它用脉冲的有无或电平的高低表示二进制数字“0”或“1”。

相比较而言，数字计算机有很强的通用性，可存储大量数据，可在存储程序控制下自动进行高精度的快速运算，并且具有灵活方便的人机交互接口。

一般地，如无特殊说明，提到计算机均指数字计算机。

模拟计算机（Analog Computer）处理的信息是连续变化的模拟量，它通常用电平信号的幅值去模拟数值或物理量的大小，采用的基本运算部件是运算放大器，以及由电阻、电容、二极管等电子元件构成的函数运算器、加法器、反向器、微分器、积分器等运算电路。

模拟计算机运算速度快，并且有很强的实时性，能实时跟踪和响应输入信号的变化，并连续地进行计算；但是它精度不高，且每做一次运算需要重新设计和编排线路，通用性不强，信息存储困难。

模拟计算机多用于解数学方程或自动控制模拟系统的连续变化过程。

数字模拟混合计算机(Hybrid Computer)是通过A/D、D/A转换器和多路开关电路将数字计算机和模拟计算机结合起来的计算机。它既可以处理数字量,又可以处理模拟量;既能高速运算,又能方便地存储。主要应用于严格要求实时的复杂大系统的仿真计算,如导弹系统、航天飞行器系统的仿真等。当然,这种数模混合计算机结构复杂,设计困难,造价昂贵。

2. 按计算机的用途分类

按照用途,计算机可分为通用计算机和专用计算机。

通用计算机功能全,通用性强,它通常根据不同的计算机系列型号配备一定的外设,配备多种系统软件(如操作系统、数据库管理系统)和工具软件,只要再配备相应的应用软件就可以应用于各种领域。

专用计算机则是针对某一特定应用领域或面向某种算法而设计的计算机,如专用于某一工业过程控制的计算机、军事上用于特定武器装备的指挥控制仪、卫星图像处理专用的大型并行处理机等。由于功能单一,专用计算机往往结构比较简单,成本较低,可靠性高;但是专用计算机的系统结构及专用软件是专门针对其应用领域设计的,因而对该领域是高效的,但若用于其他领域,则效率极低甚至无法使用。

事实上,计算机在尝试解决各种各类应用问题的过程中,往往先专用、后通用,再专用、再通用,在此过程中不断拓展计算机的应用领域,并提升计算机解决应用问题的能力。

3. 按计算机的规模分类

所谓规模,是综合计算机的多方面因素而言,通常涉及运算速度、机器字长、存储容量等硬件配置,以及系统软件、价格等诸多方面。按照规模分类实际上也就是按计算机的性能分类。

按照规模,计算机可分为巨型计算机、大型计算机、小型计算机、微型计算机等。需要注意的是,由于计算机科学技术的飞速发展,这种规模或性能的概念也是在不断变化的。昔日的大型计算机,其性能可能赶不上现在的微型计算机。

1) 巨型计算机

巨型计算机又称为超级计算机、高性能计算机(High Performance Computer,HPC)。巨型计算机的速度最快,性能最强,技术最复杂,具有巨大的数值计算和信息处理能力,是一个国家科技水平、经济实力和军事威力的象征,是每个时代计算机高精尖技术的集中代表。目前,世界上仅有美、日、俄、英、法、中等几个国家拥有巨型计算机。

巨型计算机的代表机型有Cray-1、Cray-2、Cray-3、Cray X-MP、银河系列、曙光系列、天河系列、神威系列等。

2) 大型计算机

大型计算机是计算机家族中通用性最强、功能也很强的计算机,大中型企事业单位往往把它作为计算中心的主机使用。

大型计算机的代表产品有IBM 360、IBM 370、IBM 390等。

3) 小型计算机

小型计算机比大型计算机规模小、结构简单,所以设计周期短,软件、硬件成本低,便于采用先进工艺,易操作、易维护、可靠性高,管理机器和编制程序简单,因而推广迅速。

小型计算机的出现打开了在控制领域应用计算机的局面,许多大型分析仪器、测量仪器、医疗仪器使用小型计算机进行数据采集、整理、分析、计算等。小型计算机还广泛应用于自动控制、工程设计、科学计算、信号处理、图像处理、企业管理以及在客户/服务器结构中用作服务器等。

小型计算机的代表产品有 PDP-11、VAX-11 等。

4）微型计算机

微型计算机简称微机，是以微处理器为中央处理器而组成的计算机系统，是性能价格比最高、应用领域最广的一类计算机。

微型计算机的代表机型有 80x86 系列、Pentium 系列、Core 系列等。

微型计算机的分类方法有很多，按机器字长，可分为 8 位、16 位、32 位、64 位微型计算机等；按组装形式，可分为非便携式计算机和便携式（如笔记本型、膝上型、掌上型）微型计算机；按最终用户是否直接使用，可分为独立式计算机和嵌入式计算机，其中，独立式计算机最终由用户直接使用，常见的如个人计算机，而嵌入式计算机则将其作为一个信息处理部件装入一个应用设备，最终用户不直接使用计算机，而使用该应用设备，如包含计算机的医疗设备、家用电器等。

5）单片计算机

单片计算机是将中央处理器、存储器和输入/输出接口集成在一块芯片上的微型计算机。由于单片计算机主要应用于控制系统，故通常又称为微控制器（MCU）。

单片机作为 MCU 装入各种设备，是嵌入式微型计算机最主要的应用形式。

单片机具有广泛的应用，包括家用电器、工业控制、导弹飞行控制等。

单片机的代表产品有 Intel MCS-51/96 系列、Motorola 6800 系列、Microchip PIC 16x/17x/18x 等。

4. 按使用方式分类

所谓按照使用方式分，是以网络和分布式计算环境为背景的分类，它把计算机分为工作站和服务器两类。

工作站是一种高端的通用微型计算机，它为单用户所使用并提供比个人计算机更强大的性能，典型产品包括 Sun 系列、HP 系列、Alpha 系列工作站等，其特点是具有良好的性价比。

工作站可进一步细分，分为通用工作站和专用工作站，其中，通用工作站无特定使用目的，可在以程序开发为主的多种用途中使用，在客户机/服务器环境中通常作为客户机使用；专用工作站则是为特定用途（办公工作站、工程工作站、图形工作站、人工智能工作站等）开发的，它由相应用途的硬件和软件组成。

服务器则指在网络环境或在具有客户机/服务器结构的分布式计算环境中为客户请求提供服务的结点计算机，它们大多充当信息中心，用于提供大量公用的服务（如数据库服务、WWW 服务、文件服务、打印服务等）；在设计上，它要求具有更好的数据交换性能、极高的可用度、良好的安全性、很强的扩展能力等，其典型产品如 HP 系列服务器等。

1.4.3 计算机应用

计算机具有广泛的应用，从应用领域分，大体可分为科学计算、数据处理、实时控制、计算机辅助设计/制造/工程/教学，以及人工智能等。

1. 科学计算

科学计算又称为数值计算，一直是电子计算机的重要应用领域之一，用于解决在发展科学技术和生产过程中所遇到的各种数学问题的计算，如国防和尖端领域中的导弹发射及飞行轨道的计算控制、卫星轨道计算、密码破译、天气预报等；另外，科学计算在地质勘探、桥梁设计、土木工程设计、数学、力学等领域内也得到广泛应用。

科学计算的特点是数值变化范围大、计算量大、运算复杂，因此它要求计算机速度快、精度高。

2. 数据处理

数据处理又称为信息处理，用于解决非科技工程方面或管理工作方面的数据计算，如数据库管理、企业信息管理、统计汇总、办公自动化等。

数据处理的特点是输入/输出数据量大，计算简单，处理结果往往以表格或文件形式存储或输出，因此它要求计算机存储容量大，可联网使用，并且有较丰富的I/O设备可用。

3. 实时控制

在现代化的工厂中往往利用计算机对生产过程和运动目标进行自动控制，这种控制一般要求实时控制，如化工厂中控制配料、温度、阀门的开闭等，炼钢时控制加料、炉温、冶炼时间等。

实时控制的特点是以计算机的速度为基础，计算机的运算和控制时间应与被控制过程的真实时间相适应，因此它要求计算机可靠性高，抗干扰能力要强；另外，由于控制对象产生的信号一般为模拟信号，但计算机能处理的却是数字信号，因此它往往要求计算机具有A/D、D/A转换设备。

4. 辅助设计/制造/工程/教学

计算机辅助设计/制造/工程/教学即CAD、CAM、CAE、CAI等，它们借助计算机超强的运算能力，帮助人们进行设计、制造等，使这些工作自动进行，以提高工作质量，缩短工作周期，如计算机辅助设计(CAD)、电子设计自动化(EDA)等。

计算机辅助设计等要求计算机配有图形显示和绘图仪等设备，以及图形语言和图形软件等。

5. 人工智能

人工智能将人脑进行演绎推理的思维过程、规则和所采取的策略、技巧等编成计算机程序，并在计算机中存储一些公理和推理规则，然后让机器去自动探索解题的方法，如计算机下棋、专家系统、自动翻译、模式识别、信息检索、指纹鉴定、智能机器人、数学难题证明、绘画、作曲等。

计算机在各种应用领域所涉及的原理、技术和方法的不断发展，形成了相对独立的学科，即计算机应用技术(Technology for Computer Applications)。

典型的计算机应用技术包括计算机图形学(Computer Graphics)、数字图像处理(Digital Image Processing，DIP)、多媒体技术(Multimedia Technology)、计算机辅助技术(Computer Aided Technology，包括计算机辅助设计(CAD)、计算机辅助制造(CAM)、计算机辅助教学(CAI)、计算机辅助测试(CAT)、计算机辅助工艺规划(CAPP)、计算机辅助质量控制(CAQ)、计算机集成制造系统(CIMS)等)、计算机控制技术(Computer Control)、计算机仿真技术(Computer Simulation)、管理信息系统(Management Information System，MIS)、中文信息处理(Chinese Information Processing，CIP)等。

习题

1.1 什么是计算机软件？什么是计算机硬件？计算机系统中软硬件的关系如何？

1.2 说明高级语言、汇编语言、机器语言三者的差别和联系。

1.3　计算机系统可分为哪几个层次？说明各层次的特点及相互联系。

1.4　计算机硬件由哪几部分组成？各部分的作用是什么？各部分之间是怎样联系的？

1.5　冯·诺依曼计算机的特点是什么？

1.6　画出计算机硬件组成框图，说明各部件的作用。

1.7　画出主机框图，分别以存数指令“STA M”和加法指令“ADD M”(M 均为存储器地址)为例，在图中按序标出完成该指令(包括取指令阶段)的信息流程。假设主存容量为 256M×32b，在指令字长、存储字长、机器字长相等的条件下，指出图中各寄存器的位数。

1.8　根据迭代公式 $\sqrt{x}=y_{n+1}=\frac{1}{2}\left(y_n+\frac{x}{y_n}\right)$，设初态 $y_0=1$，要求精度为 ε，试编制求 $\sqrt{x}$ 的解题程序(指令系统自定)，并结合所编程序简述计算机的解题过程。

提示：本题其实要完成牛顿迭代法求一个数的平方根，在牛顿迭代法中精度定义为 $|y_{n+1}-y_n|\leqslant\varepsilon$。假定 ε=0.000 01，它对应的 C 语言程序如下。

```
#include <stdio.h>
#include <math.h>
int main()
{
    int a;
    double y1,y0 = 1.0;
    scanf("%d",&a);
do
    {
        y1 = y0;
        y0 = (y1 + a/y1)/2;
    }while(fabs(y1 - y0)> = 0.00001);
    printf("%0.3lf",y0);
    return 0;
}
```

1.9　假定基准程序 A 在某计算机上的运行时间为 100s，其中，90s 为 CPU 时间，其余为 I/O 时间。若 CPU 速率提高 50%，I/O 速率不变，则运行基准程序 A 所耗费的时间是多少秒？

1.10　用一台 40MHz 处理机执行标准测试程序，它含的混合指令数和每种指令所需的时钟周期数(CPI)如表 1.2 所示，求平均 CPI、MIPS 速率和程序执行时间。

表 1.2　40MHz 处理机相关数据

指令类型	指令数	CPI
整数运算	45 000	1
数据传送	32 000	2
浮点运算	15 000	2
控制转移	8000	2

1.11　假设在一台 100MHz 处理机上运行 200 000 条指令的目标代码，程序主要由 4 种指令组成。根据实验结果，已知指令混合比和每种指令所需的时钟周期数如表 1.3 所示，求平均 CPI 和 MIPS 速率。

表 1.3　100MHz 处理机相关数据

指令类型	CPI	指令混合比
算术逻辑运算	1	60%
Cache 命中时的访存	2	16%

续表

指令类型	CPI	指令混合比
控制转移	4	14%
Cache 缺失时的访存	8	10%

1.12　若机器 M_1 和 M_2 具有相同的指令集，其时钟频率分别为 1GHz 和 1.5GHz。在指令集中有 5 种不同类型的指令 A～E。表 1.4 给出了在 M_1 和 M_2 上每类指令的平均时钟周期数(CPI)。

表 1.4　两个基准程序分别在两台机器上的运行情况

机器	A	B	C	D	E
M_1	1	2	2	3	4
M_2	2	2	4	5	6

请回答下列问题。

(1) M_1 和 M_2 的峰值 MIPS 各是多少？

(2) 假定某程序 P 的指令序列中，5 类指令具有完全相同的指令条数，则程序 P 在 M_1 和 M_2 上运行时，哪台机器更快？快多少？在 M_1 和 M_2 上执行程序 P 时的平均时钟周期数(CPI)各是多少？

第2章 计算机的逻辑部件

2.1 数字逻辑基础

电子数字计算机由具有各种逻辑功能的逻辑电路组成，这些逻辑电路通过对“0”“1”二值数字逻辑进行相应的处理从而实现相应的功能。从某种意义上讲，这些逻辑电路就像C语言中编写的各种程序。

例如，现在需要设计一种自动决策器，来决定要不要（或者说能不能）启动某项行动。假设决策器的输出结果为 y，只有 $y=1$ 时才能启动该项行动。

具体地讲，启动某项行动的条件是这样的：如果要启动的是特别重大的行动，例如影响公司80%以上的员工（如果条件满足，记为 $M=1$），则只有总经理（记为A）和董事长（记为B）都同意才可以；否则，如果要启动的是比较重大的行动，如影响公司50%～80%的员工（如果条件满足，记为 $N=1$），则必须A同意（B同意与否不考虑）；否则（即只是一般性的行动，例如仅影响不足50%的员工），可以直接启动。

显然，上述判断逻辑用C语言语句描述如下。

```
if (M == 1)
    y = A&B;
else
    if (N == 1)
        y = A;
    else
        y = 1;
```

如果直接用硬件电路来实现这个决策器，它应该是什么样的呢？

2.1.1 基本门电路与基本逻辑

1. 逻辑变量

数字逻辑电路中，使用电平的高低分别表示逻辑电位。

在正逻辑中，$H=1$、$L=0$，即用高电平表示逻辑“1”、低电平表示逻辑“0”；反过来，在负逻辑中，$H=0$、$L=1$，即用低电平表示逻辑“1”、高电平表示逻辑“0”。

需要注意的是，逻辑“1”、逻辑“0”并不代表数值大小，它们仅表示相互矛盾、相互独立的两种逻辑状态。

2. 逻辑门

对二值的数字逻辑“0”“1”的最基本逻辑运算一共有三种，即与、或、非。相应地，用于实现这三种基本逻辑运算的即为三种基本的门电路，即与门、或门、非门，其中，非门又称为反相器。

二输入与运算表达式为 $F=AB$，其中，A、B 为输入变量（即所谓二输入），F 为输出变量，其逻辑符号如图2.1所示。需要注意的是，这里分别给出了三种表示方法，在后面的描述中对这三种表示方法不加区分。

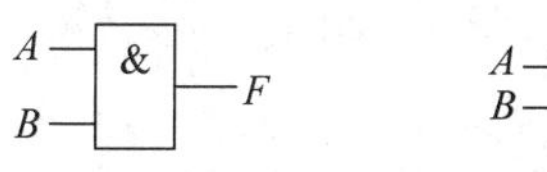

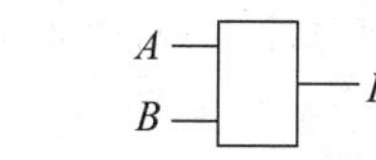

(a) 国标图形符号　(b) 国外流行图形符号　(c) 曾用图形符号

图 2.1　与逻辑图形符号

与运算的输入变量可以是多个，这种运算表示“且”的关系，即只有参与运算的所有变量均为“1”时，输出结果才为“1”；反过来，参与运算的变量中，只要有一个不为“1”(即为“0”)，那么输出结果就为“0”。

二输入或运算表达式为 $F=A+B$，其逻辑符号如图 2.2 所示。

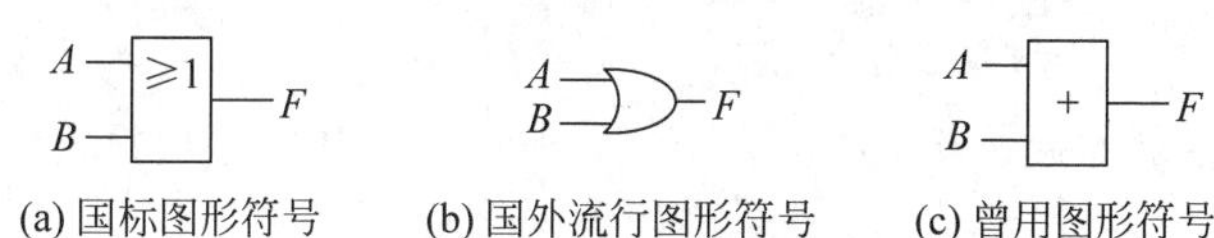

(a) 国标图形符号　(b) 国外流行图形符号　(c) 曾用图形符号

图 2.2　或逻辑图形符号

或运算表示“或”的关系，即只要参与运算的变量中有一个为“1”，那么输出结果就为“1”；反过来，只有参与运算的所有变量均为“0”时，输出结果才为“0”。

非运算表达式为 $F=\overline{A}$，其逻辑符号如图 2.3 所示。

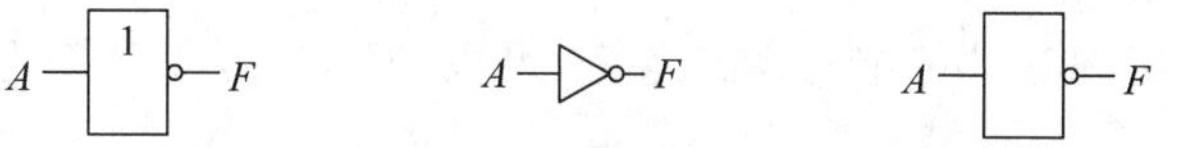

(a) 国标图形符号　(b) 国外流行图形符号　(c) 曾用图形符号

图 2.3　非逻辑图形符号

非运算表示“取反”的意思，它对输入的逻辑值取反，如果输入为“1”，那么输出就是“0”；如果输入为“0”，那么输出就为“1”。

如图 2.4 所示，其他常见的逻辑门还有与非门、或非门、异或门、异或非门(又称同或门)、与或非门等。

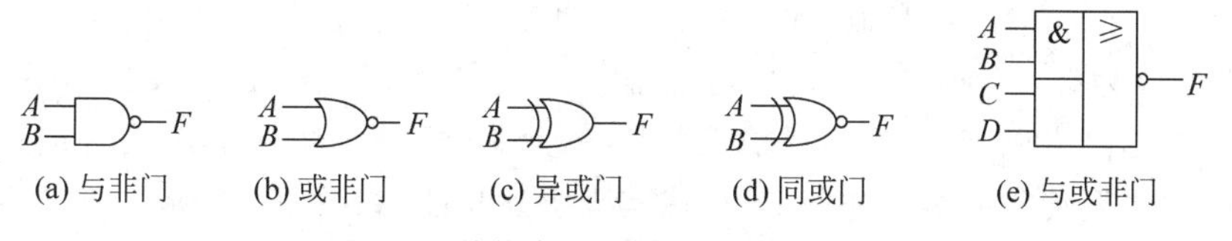

图 2.4　其他常见逻辑门及其图形符号

需要注意的是，虽然上述逻辑门的功能也可以通过与、或、非逻辑的某种组合来实现，但是它的面积、功耗以及延迟与一个单独的门电路是相当的。

在进行集成电路设计的时候，往往需要使用这些常见的门电路。有些集成电路芯片中集成了多个门电路，如 74LS00 就包含 4 个 2 输入与非门。有些集成电路里则只实现了一个门电路，如 74LS30，它就是一个 8 输入与非门。

3. 门延迟

对于门电路来说，理想情况下，给定输入，即可以得到相应的输出，例如，2 输入与门 $c=a \& b$，理想情况下的输入与响应关系如图 2.5 所示，此时信号之间是没有延迟的。

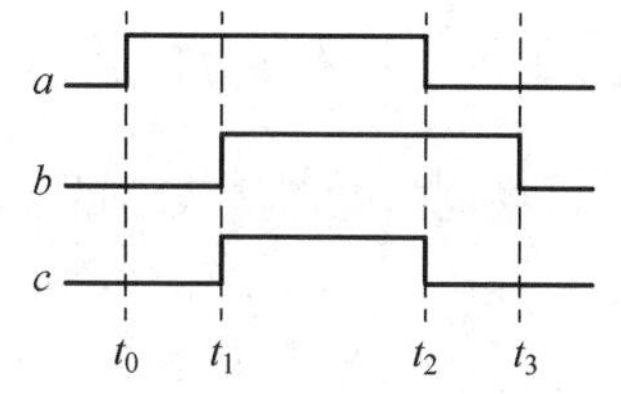

图 2.5　理想情况下的输入与响应关系

实际的门电路是存在延迟的，即输入信号发生变化以后，输出往往会延迟一段时间 t_{pD} 才会发生变化，如图 2.6 所示。

不同的工艺可能使这个延迟时间不太相同。显然，延迟时间越短，则表明门电路的速率越快。

事实上，使输出从其他状态(如低电平)变为高电平的上升延迟 t_{pLH} 和使输出从其他状态(如高电平)变为低电平的门延迟 t_{pHL} 也不相同，如图 2.7 所示。

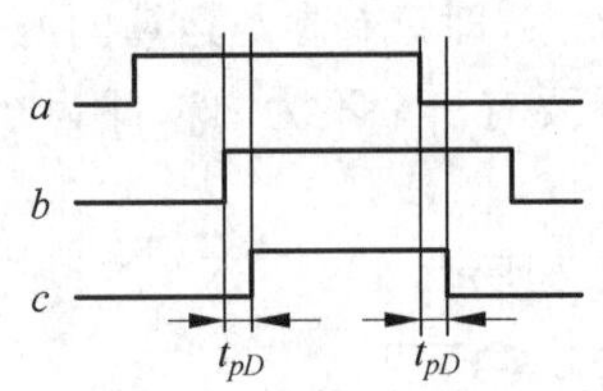

图 2.6　实际门电路输入/输出存在延迟

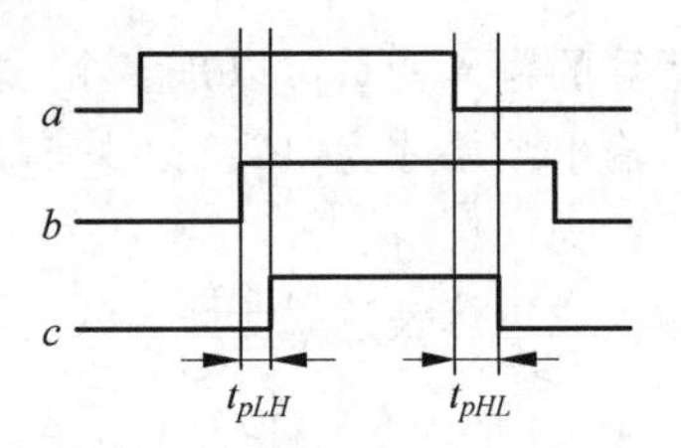

图 2.7　使输出变为高电位与变为低电位延迟不同

一般地，在分析电路逻辑功能的时候，往往忽略门延迟的影响，但是在设计具体电路的时候则需要考虑门延迟因素，以去除毛刺、避免竞争冒险等。另外，门延迟有时可以帮助人们实现一些特定的功能。例如，后面将要学习的边沿 D 触发器就是巧妙地利用门电路延迟，采用维持—阻塞技术实现的。

4. 基本门电路的应用

基本逻辑门分别实现各种基本的逻辑运算，可以利用它们实现某些逻辑功能，例如，可以用来实现封锁电路。

在正逻辑中，与门逻辑的特点是只有所有输入均为“1”时，输出才为“1”；反过来，只要有一个输入信号为“0”，那么不论其他信号为何值，输出一定为“0”。

对于与非门，则表现为：只有所有输入均为“1”时，输出才为“0”；反过来，只要有一个输入信号为“0”，那么不论其他信号为何值，输出一定为“1”。

假设信号 C 为封锁逻辑，它用于对信号 P 进行封锁，对应的 C 语言描述如下。

```
if (C == 1) F = P̄;        //F 的值由 P 决定，这里为 P 取反的结果
if (C == 0) F = 1;        //F 的值与 P 无关，固定输出为“1”
```

即当信号 C 为高电位时，输出 F 的值由信号 P 决定(等于信号 P 取反的结果)；当信号 C 为低电位时，输出结果固定为“1”而与输入信号 P 无关(即实现对信号 P 的封锁)。结合上面的分析发现，只需要使用一个与非门，就可以实现上述功能，如图 2.8 所示。

它对应的逻辑表达式为

$$F=\overline{PC}$$

类似地，可以用与非门同时封锁两个信号 A 和 B：$F=\overline{ABC}$，其对应的逻辑电路如图 2.9 所示。

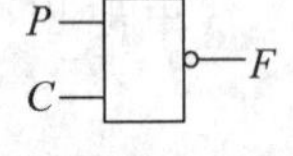

图 2.8　使用与非门实现对一个信号的封锁

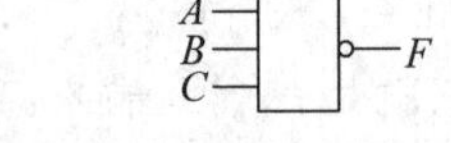

图 2.9　使用与非门同时封锁两个信号

将该门电路所表达的控制逻辑使用 C 语言语句描述如下。

```
if (C == 1) F = A̅B̅;
if (C == 0) F = 1;
```

假如当信号 A、B 没有被封锁时，输出结果不是对 A、B 相与的结果取反，而是对 A、B 或操作的结果取反，即 C 语言语句描述如下。

```
if (C==1) F=0;
if (C==0) F=A+B;   (A+B 上有非号)
```

那么,可以用或非门实现它(如图 2.10 所示)。

它对应的逻辑表达式为

$$F=\overline{A+B+C}$$

进一步推广,假设这里的 A、B 不是一个单独的信号,而是其他逻辑电路的输出。例如,A、B 分别是其他两个信号 J、K 和 M、N 与操作的结果,则可以使用一个与或非门实现对整个电路所有信号的封锁,如图 2.11 所示。

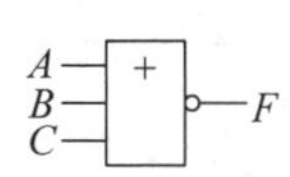

图 2.10　使用或非门封锁信号

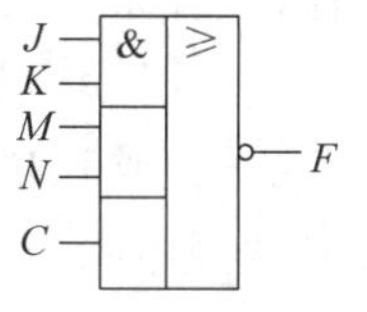

图 2.11　使用与或非门封锁信号

它对应的逻辑表达式为

$$F=\overline{JK+MN+C}$$

除了单独使用这些基本门电路,实际应用中更多的是组合使用这些门电路。

例如,逻辑表达式 $F=\overline{AC+B\overline{C}}$ 描述的是一个数据选择器,输出 F 的值是 A 或 B 取反的结果,至于到底是 A 还是 B,则由信号 C 控制,这个逻辑用 C 语言语句描述如下。

```
if (C==1) F=Ā;          //当 C=1 时,信号 A 被选中
if (C==0) F=B̄;          //当 C=0 时,信号 B 被选中
```

它可以通过一个与或非门和一个反相器(非门)实现,如图 2.12 所示。

当然,实际电路中要完成的功能往往更复杂,其结构也比数据选择电路、信号封锁电路等复杂得多,但是利用基本门电路进行电路设计的基本思想是类似的。

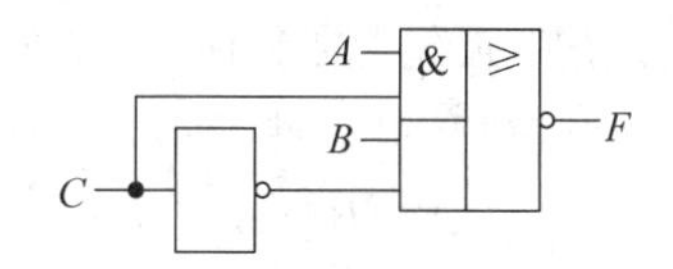

图 2.12　组合使用与或非门、反相器实现数据选择器

2.1.2　逻辑代数基础

1. 基本公理与定理

数字逻辑电路基于逻辑代数。

逻辑代数又称布尔代数,它以二值逻辑为基础,下面是它的几个公理。其中,符号“+”表示逻辑“或”,符号“·”表示逻辑“与”。

- 若 $X\neq1$,则 $X=0$;若 $X\neq0$,则 $X=1$。
- $\overline{0}=1$;$\overline{1}=0$。
- $0\cdot0=0$;$1+1=1$。
- $1\cdot1=1$;$0+0=0$。
- $0\cdot1=1\cdot0=0$;$1+0=0+1=1$。

除此之外,还有一些基本的定理。

对于单变量 X,有以下定理:自等律、0-1 律、还原律、同一律、互补律。

- 自等律:$X+0=X$;$X\cdot1=X$。
- 0-1 律:$X+1=1$;$X\cdot0=0$。

显然，自等律和0-1律讨论的是变量和常量的关系。自等律表明，任何变量与“0”相或等于自身，与“1”相与也等于自身；0-1律表明，任何变量与“1”相或结果等于“1”，与“0”相与结果还是“0”。

- 还原律：$\overline{(\overline{X})}=X$。
- 同一律：$X+X=X$；$X\cdot X=X$。
- 广义同一律：$X+X+\cdots+X=X$；$X\cdot X\cdot\cdots\cdot X=X$。
- 互补律：$X+\overline{X}=1$；$X\cdot\overline{X}=0$。

还原律、同一律、互补律讨论的是变量和自身的关系。还原律表明，任何变量取反后再取反，结果是变量本身，它跟“负负得正”的意思有点儿相近；同一律以及广义同一律则表明，变量自己与自己进行或操作或者与操作，其结果仍然是变量本身；互补律则表明，变量与其反变量互不相交，且二者共同构成全集。

与之对应，对于多变量，也有几个基本的定理，主要是交换律、结合律、吸收律、包含律、分配律以及德·摩根定律等。

交换律、结合律与算术运算中的相似，在这里，可以简单地把“与”看作“乘”、把“或”看作“加”。

- 交换律：$A\cdot B=B\cdot A$，$A+B=B+A$。
- 结合律：$A\cdot(B\cdot C)=(A\cdot B)\cdot C$，$A+(B+C)=(A+B)+C$。

吸收律是这样的：

- 吸收律：$A+A\cdot B=A$，$A\cdot(A+B)=A$。

对于前一个式子简单证明如下：$A+A\cdot B=A\cdot 1+A\cdot B=A(1+B)=A$，后一个式子可以由前一个式子简单推导得到。吸收律的逻辑意义是：局部（即独立变量与其他变量进行与操作的结果）被包含在整体（即独立变量自身）内，通过吸收律可以减少逻辑表达式中的变量个数。

吸收律还有一些变形。

- $A+\overline{A}\cdot B=A+A\cdot B+\overline{A}\cdot B=A+(A+\overline{A})B=A+B$。
- $A\cdot(\overline{A}+B)=A\cdot\overline{A}+A\cdot B=A\cdot B$。

某些人认为包含律是吸收律的一种。

- 包含律：$A\cdot B+\overline{A}\cdot C+B\cdot C=A\cdot B+\overline{A}\cdot C$

  $(A+B)\cdot(\overline{A}+C)\cdot(B+C)=(A+B)\cdot(\overline{A}+C)$

下面简单证明一下。

$$
\begin{aligned}
& A\cdot B+\overline{A}\cdot C+B\cdot C \\
=& A\cdot B\cdot(\overline{C}+C)+\overline{A}\cdot C\cdot(\overline{B}+B)+B\cdot C\cdot(\overline{A}+A) \\
=& A\cdot B\cdot C+A\cdot B\cdot\overline{C}+\overline{A}\cdot B\cdot C+\overline{A}\cdot\overline{B}\cdot C+A\cdot B\cdot C+\overline{A}\cdot B\cdot C \\
=& A\cdot B\cdot C+A\cdot B\cdot\overline{C}+\overline{A}\cdot B\cdot C+\overline{A}\cdot\overline{B}\cdot C \\
=& A\cdot B+\overline{A}\cdot C
\end{aligned}
$$

$$
\begin{aligned}
& (A+B)\cdot(\overline{A}+C)\cdot(B+C) \\
=& (A\cdot\overline{A}+A\cdot C+\overline{A}\cdot B+B\cdot C)\cdot(B+C) \\
=& A\cdot B\cdot C+A\cdot C+\overline{A}\cdot B+\overline{A}\cdot B\cdot C+B\cdot C \\
=& A\cdot C+\overline{A}\cdot B+B\cdot C \\
=& A\cdot C+\overline{A}\cdot B+B\cdot C+A\cdot\overline{A}
\end{aligned}
$$

$$=A\cdot(\overline{A}+C)+B\cdot(\overline{A}+C)$$

$$=(A+B)\cdot(\overline{A}+C)$$

分配律也与算术运算中的相似。

- 分配律：$A\cdot(B+C)=A\cdot B+A\cdot C$，$A+B\cdot C=(A+B)\cdot(A+C)$。

分配律的第一个式子很容易推导，从中可以看出，逻辑代数中是允许提取公因子的；对于第二个式子，$(A+B)\cdot(A+C)=A\cdot A+A\cdot C+A\cdot B+B\cdot C=A+A\cdot B+A\cdot C+B\cdot C$，直接用吸收律即可得到结果。

德·摩根定律是逻辑代数中尤其重要的一个定理，可以实现逻辑门之间的相互转换。

- 德·摩根定律：$\overline{A\cdot B}=\overline{A}+\overline{B}$，$\overline{A+B}=\overline{A}\cdot\overline{B}$。

如图 2.13 所示，德·摩根定律可以用逻辑门电路表示。

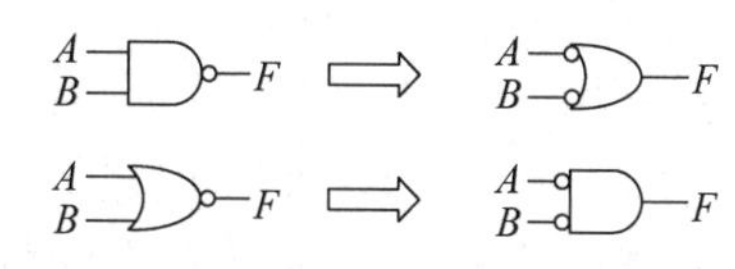

图 2.13　用逻辑门表示的德·摩根定律

从图中可以看到，德·摩根定律表明，两个变量的与非等于它们分别取反以后相或的结果（与非门改用或门实现），两个变量的或非等于它们分别取反以后相与的结果（或非门改用与门实现）。

事实上，德·摩根定律是集合论和数学分析里最基础的定理之一，下面是它的证明过程。

$$x\in\overline{A\cdot B}\Leftrightarrow x\notin A\cdot B\Leftrightarrow x\notin A\text{ 或 }x\notin B\Leftrightarrow x\in\overline{A}\text{ 或 }x\in\overline{B}\Leftrightarrow x\in\overline{A}+\overline{B}$$

$$x\in\overline{A+B}\Leftrightarrow x\notin A+B\Leftrightarrow x\notin A\text{ 且 }x\notin B\Leftrightarrow x\in\overline{A}\text{ 且 }x\in\overline{B}\Leftrightarrow x\in\overline{A}\cdot\overline{B}$$

当然，也可以用画图的方法来证明它。例如，第一个式子可以如图 2.14 所示图示法证明。

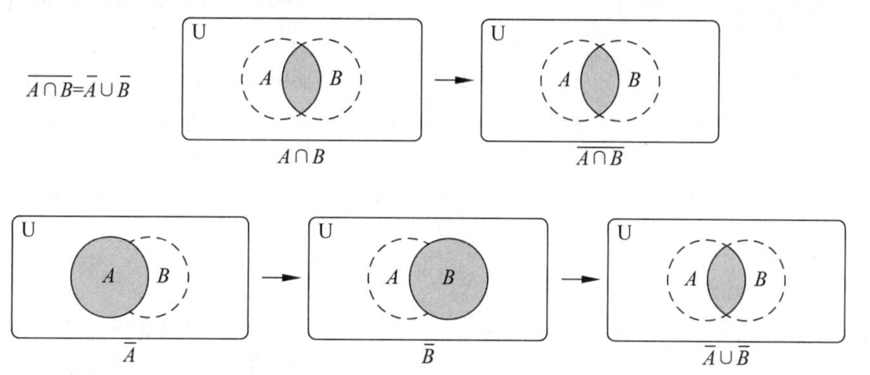

图 2.14　画图法证明德·摩根定律

德·摩根定律还可以扩展，例如，$A+B+C=(A+B)+C=\overline{\overline{A+B}\cdot\overline{C}}=\overline{\overline{\overline{\overline{A}\cdot\overline{B}}}\cdot\overline{C}}=\overline{\overline{A}\cdot\overline{B}\cdot\overline{C}}$，同理，$A\cdot B\cdot C=\overline{\overline{A}+\overline{B}+\overline{C}}$。

由上述基本公理与定理还可以推导出更多的逻辑代数的规律，但是需要注意的是，在逻辑代数中：

（1）不存在变量的指数，即 $A\cdot A\cdot A\neq A^3$。

（2）没有定义除法，例如：

如果 $AB=BC$，则 $A=C$。

这是错误的。例如，当 $A=1$、$B=0$、$C=0$ 时，$AB=AC=0$，但 $A\neq C$。

（3）没有定义减法，例如：

如果 $A+B=A+C$，则 $B=C$。

这也是错误的，例如，当 $A=1$、$B=0$、$C=1$ 时，$A+B=A+C=1$，但 $B\neq C$。

2. 一些特殊的关系

根据逻辑代数的基本公理与定理，可以得出一些对于逻辑化简和逻辑电路设计非常有用的特殊关系。

例如，利用前面的吸收律，可以有以下关系。

$$X+X\cdot Y=X,\quad X\cdot(X+Y)=X,\quad X+\overline{X}\cdot Y=X+Y$$

以及：

- 组合律：$X\cdot Y+X\cdot\overline{Y}=X$，$(X+Y)\cdot(X+\overline{Y})=X$。
- 添加律（一致性定理）：

$$X\cdot Y+\overline{X}\cdot Z+Y\cdot Z=X\cdot Y+\overline{X}\cdot Z$$

$$(X+Y)\cdot(\overline{X}+Z)\cdot(Y+Z)=(X+Y)\cdot(\overline{X}+Z)$$

逻辑代数中还有一种非常奇妙的规则，称为反演规则，其内容是：对任何一个逻辑表达式 Y 做反演变换，可得 Y 的反函数 $\overline{Y}$。

所谓反演变换，是指将逻辑函数表达式中的所有“·”和“+”互换、“0”和“1”互换、原变量和反变量互换，变换时的优先级顺序是先括号，再与，最后或，必要时可加括号。

事实上，根据反演规则，可以容易地得到德·摩根定律。

▶ 2.1.3　逻辑函数及其表示

数字逻辑中逻辑函数最基本的表达方法有三种：逻辑函数表达式、真值表和逻辑图。出现了硬件描述语言以后，借助电子设计自动化（EDA）工具，人们也可以用硬件描述语言来表示它。

逻辑函数表达式是用有限个与、或、非逻辑运算符，按某种逻辑关系将逻辑变量 $A,B,C,\cdots$ 连接起来，记为 $F=f(ABC\cdots)$，当逻辑变量的值确定后，逻辑函数也是一个确定的逻辑值，即为“0”或“1”。

真值表则把输入变量的各种不同取值组合与函数值（即输出）间的对应关系列成表格，而逻辑图则用逻辑符号表示函数式的运算关系。

下面举一个例子。

如图 2.15 所示是一个举重裁判电路，它有三个开关 A、B、C，假定当某一个开关的逻辑值为“1”时，表示这个开关是闭合状态；反之，若为“0”，表示开关断开；输出指示灯 Y 被点亮的时候记为逻辑值“1”，不亮的时候记为“0”。

显然，这个电路的逻辑函数可以表示为 $Y=F(A,B,C)=A\cdot(B+C)$，如果用真值表表示它，则如图 2.16(a)所示；如果用逻辑图表示它，则如图 2.16(b)所示。

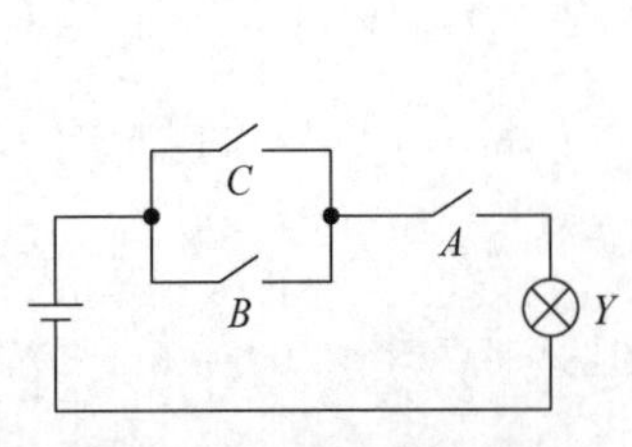

图 2.15　举重裁判电路

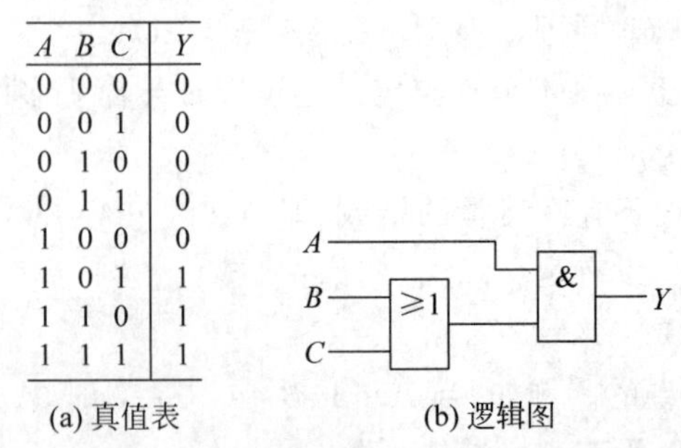

A	B	C	Y
0	0	0	0
0	0	1	0
0	1	0	0
0	1	1	0
1	0	0	0
1	0	1	1
1	1	0	1
1	1	1	1

(a) 真值表　　(b) 逻辑图

图 2.16　举重裁判的真值表和逻辑图表示方法

事实上，结合前面的介绍可以知道，一个逻辑函数可以等价地表示为其他形式，即可以用其他逻辑电路实现，但是，它的真值表是唯一的。

在构造真值表的时候，将输入组合按输入变量的自然二进制递增顺序排列，即 n 个输入有 2^n 个不同的取值组合，其中每一个代表一个最小项，这种方法既不易遗漏输入组合，也不会重复。

利用真值表，可以容易地得到函数的逻辑表达式，其方法如下。对于某一个输出，找出使逻辑函数值为"1"的所有输入变量取值组合，将其中的输入变量为"1"的写成该变量的原变量形式，为"0"的写成该变量的反变量形式，然后把所有逻辑函数为"1"的与逻辑进行逻辑加（也就是或）即得到原函数的标准与或表达式；类似地，把使逻辑函数值为"0"的与逻辑项相或，得到反函数的与或表达式。

例如，上面的举重裁判电路真值表，只有一个输出 Y，使它的输出为"1"的与项共有三个：$A\overline{B}C$、$AB\overline{C}$ 和 ABC。这个电路的逻辑函数表达式为

$$Y=A\overline{B}C+AB\overline{C}+ABC$$

相应地，它的反函数可以表示为

$$\overline{Y}=\overline{A}\overline{B}\overline{C}+\overline{A}\overline{B}C+\overline{A}B\overline{C}+\overline{A}BC+A\overline{B}\overline{C}$$

▶ 2.1.4　逻辑函数化简

请读者注意，上面提到的举重裁判电路的逻辑函数可以用 $Y=A\cdot(B+C)$表示，它对应的逻辑电路就是一个或门加上一个与门，但是直接根据真值表写出来的函数表达式却是一个与或表达式，它有三个乘积项（即三个与逻辑表达式），每一个乘积项都有三个输入，称为三输入与项，最后的结果是对这三个与项进行或运算的结果。如果将这个函数逻辑表达式直接用相应的逻辑门实现，它需要三个三输入与门和一个三输入或门，显然比前者复杂。

为了获得更低的成本和更高的速度，需要对逻辑函数进行化简。化简的目的就是要使逻辑电路所用门的数量少、每个门的输入端个数少、逻辑电路构成级数少。

对逻辑函数化简可以使用公式法，它依据逻辑代数的各种公理、定律，综合运用各种并项、消项、配项以及消因子、吸收等方法，达到使逻辑函数表达式简化的目的。显然，这种方法比较麻烦。

在变量个数较少时，对真值表所对应逻辑函数有一种方便快捷的方法，即卡诺图法。

N 变量逻辑函数的卡诺图由 2^N 个小方块组成，每一个小方块代表一个最小项。在卡诺图中，把位置相邻（即紧挨）、相对（任一行或一列的两头）或相重（对折起来后位置相重）的称为几何相邻；当两个最小项有且只有一个变量的形式不同（即有且只有一个因子互为反变量），其余的都相同，称它们逻辑相邻。两个几何相邻的最小项必逻辑相邻。

在卡诺图中，当两个最小项相邻时，这两个项可以合并为一个，同时可消去 1 个因子，即合并后的表达式比合并前的减少一个输入变量；4 个最小项相邻时，这 4 个项可以合并为一个，同时可消去 2 个因子，即合并后的表达式比合并前的减少两个输入变量；8 个最小项相邻时，可消去 3 个因子；…；2^n 个最小项相邻时，可消去 n 个因子。

利用卡诺图进行逻辑函数化简首先要构造并填写卡诺图。

n 个输入变量对应的卡诺图由 2^n 个小格组成，两个输入变量的情况比较简单，如图 2.17 所示是三变量和四变量卡诺图。

注意到，卡诺图中为了保证几何相邻的最小项的逻辑相邻特性，在输入变量的排列上，应

保证横向或纵向相邻各组输入变量间有且仅有一个不同，对于 2 输入变量组合，例如，图 2.17(a)中横向输入变量 XY(或图 2.17(b)中纵向输入变量 AB，或图 2.17(b)中横向输入变量 CD)从左到右依次为 00、01、11、10；对于 3 输入变量组合，则依次为 000、001、011、010、110、111、101、100；以此类推。

显然，卡诺图最上边一行与最下面一行，以及最左边一行与最右边一行也是几何相邻的。换句话说，卡诺图表示的是一个“封闭的”空间，只不过将它“平铺”显示罢了。

卡诺图绘制完成后，就可以根据真值表填写各个小格的值，如果采用正逻辑，就将使得输出变量结果为“1”对应的各小项相应的小格中填入“1”即可；反之，如果采用负逻辑，就将使结果为“0”对应的各小项的小格填入“1”。

举重裁判电路对应的正逻辑、负逻辑卡诺图分别如图 2.18 所示。

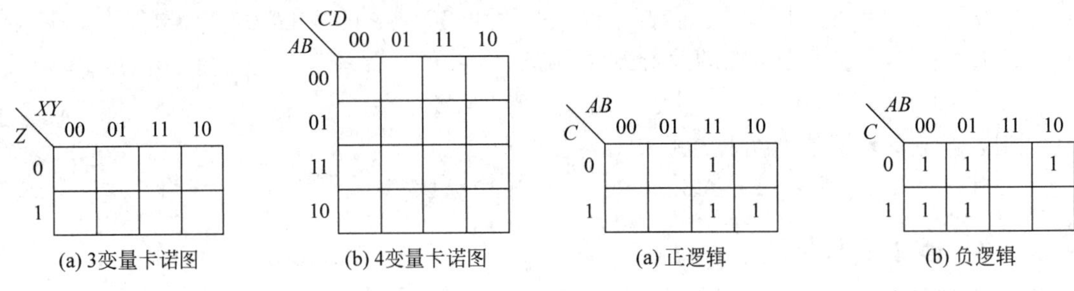

图 2.17　卡诺图举例

图 2.18　举重裁判电路卡诺图

由于举重裁判电路中对于所有输入变量的最小项的输出非“0”即“1”，因此其正逻辑与负逻辑卡诺图恰好是互补的，但是并非所有电路都具有这一特征。

下面看一个“四舍五入”判断电路：当数值 n 大于或等于 5 时，输出信号 F 为“1”。

计算机中的信息都是用二进制表示的，这里的 n 共有 0～9 这 10 种可能，为此，需要 4 位二进制编码，假定它们从高到低依次为 A、B、C、D，则这个判断电路对应的真值表如图 2.19 所示，其中，当输入组合 $ABDC$ 为 1010～1111 时为冗余状态(即无效的输入)，将这些项称为“无关项”。对于“无关项”，输出可以为任意状态(既可以令其对应的输出为“1”，也可以令其对应的输出为“0”)，记为 d。

“四舍五入”判断电路对应的卡诺图如图 2.20 所示。

A	B	C	D	F	A	B	C	D	F
0	0	0	0	0	1	0	0	0	1
0	0	0	1	0	1	0	0	1	1
0	0	1	0	0	1	0	1	0	×
0	0	1	1	0	1	0	1	1	×
0	1	0	0	0	1	1	0	0	×
0	1	0	1	1	1	1	0	1	×
0	1	1	0	1	1	1	1	0	×
0	1	1	1	1	1	1	1	1	×

图 2.19　“四舍五入”判断电路真值表

CD \ AB	00	01	11	10
00	0	0	d	1
01	0	1	d	1
11	0	1	d	d
10	0	1	d	d

图 2.20　“四舍五入”判断电路卡诺图

显然，这里正逻辑和负逻辑就不是互补的了。

填好卡诺图后，下面的工作就是对相邻最小项进行合并，这个过程可形象地描述为“圈组”，即在卡诺图上，将尽可能多的相邻最小项合并在一起，从而得到一个由较少输入变量构成的与逻辑表达式。

对于正逻辑，正确圈组的原则如下。

(1) 必须按 2^N（$N=1,2,3,\cdots$）的规律来圈取值为“1”的相邻最小项。

(2) 每个取值为“1”的最小项至少必须圈一次，但可以圈多次。

(3) 圈的个数要最少（与项就少），并要尽可能大（消去的变量就越多）。

如图 2.21 所示是几个利用卡诺图进行化简的例子。

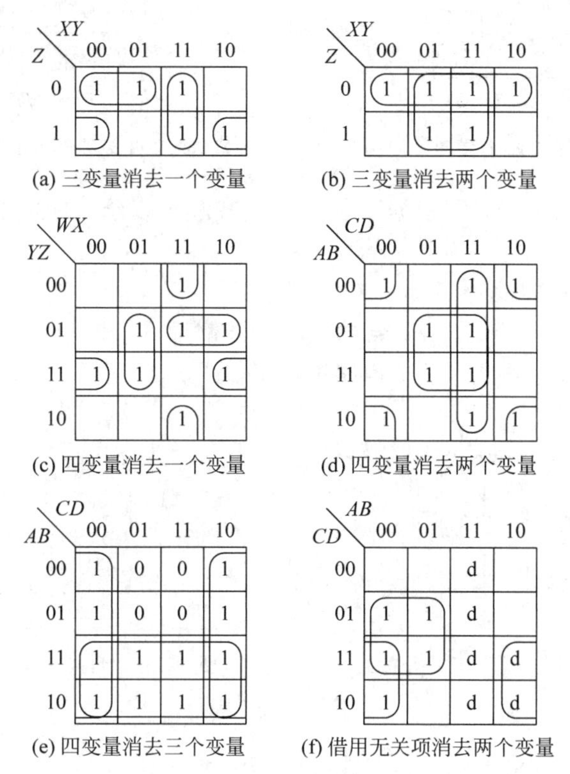

(a) 三变量消去一个变量　(b) 三变量消去两个变量

(c) 四变量消去一个变量　(d) 四变量消去两个变量

(e) 四变量消去三个变量　(f) 借用无关项消去两个变量

图 2.21　卡诺图化简举例

注意最后一个例子，如果只圈取值为“1”的项，圈了左半部中间位置的圈后，剩下左下角一个最小项，它可以与向上相邻的最小项合并，消掉一个变量；但是因为有无关项，可以在与上面最小项合并的基础上再与最右侧两个无关项合并，再消去一个变量。

显然，圈组方式不同，最终的逻辑化简得到的结果也不相同。

利用卡诺图化简的最后一步，就是根据圈组读图得结果，它只需要把每个圈组对应的与逻辑表达式做一次或运算就可以了。

上面几个例子对应的化简结果分别为

$$F=\overline{X}\,\overline{Z}+XY+\overline{Y}Z$$

$$F=Y+\overline{Z}$$

$$F=\overline{W}XZ+W\overline{Y}Z+\overline{X}YZ+WX\overline{Z}$$

$$F=BD+CD+\overline{B}\,\overline{D}$$

$$F=A+\overline{D}$$

$$F=\overline{A}D+\overline{B}C$$

可以容易地得到举重裁判电路卡诺图化简的结果如图 2.22 所示，“四舍五入”电路卡诺图化简的结果如图 2.23 所示。

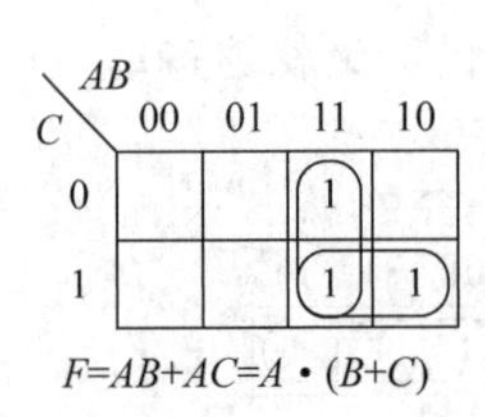

图 2.22 举重裁判电路卡诺图化简结果

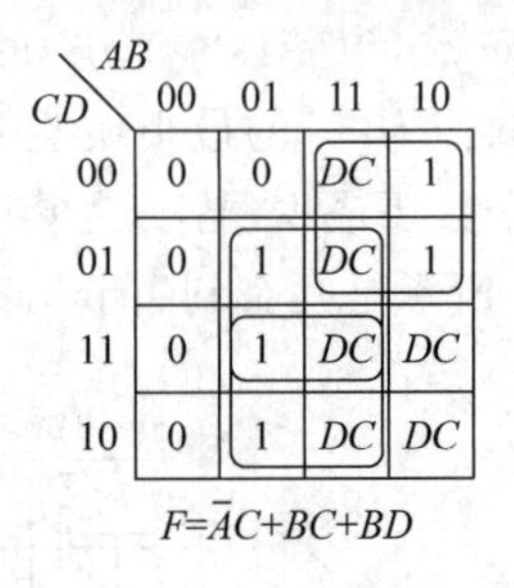

图 2.23 “四舍五入”电路卡诺图化简结果

回到本节最初所提出的问题，根据 C 语言语句描述可以绘出相应的卡诺图并圈组，结果如图 2.24 所示。

读图得到化简后的逻辑表达式为

$$y=AB+\overline{M}\overline{N}+\overline{M}A$$

根据逻辑表达式，可以画出相应的电路逻辑图如图 2.25 所示。

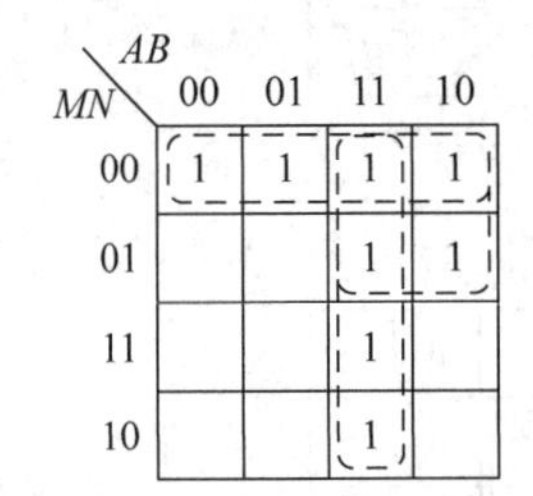

图 2.24 “自动决策器”卡诺图及其化简结果

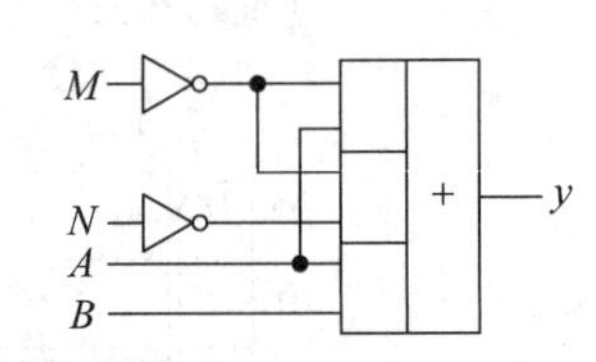

图 2.25 “自动决策器”电路逻辑图

2.2 常见的组合逻辑电路

数字电路分为组合逻辑电路和时序逻辑电路两种，其中，组合逻辑电路的输出结果仅与当前的输入相关，而与过去的状态无关，而时序逻辑电路则不同，其输出结果不仅与当前的输入有关，还与过去的状态相关。

▶ 2.2.1 译码器

对于一个译码器，给定一组输入，有且仅有一个输出有效。

按照功能分，译码器可分为变量译码器和码制译码器。

变量译码器，如 2-4 译码器、3-8 译码器等，当输入变量数为 n 时，共有 2^n 个输出。

码制译码器则用于将一种编码变换为另一种编码，例如，二-十进制译码器，它用于将 BCD 码转换为十进制数码。

因为十进制数码 0～9 共有 10 个，因此表示它们需要 4 位 BCD 码；但是 4 位 BCD 码共可表示 $2^4=16$ 种信息，因此还有 6 种编码是冗余的。实际上在设计这种二-十进制译码器时有两种方法，一种是采用完全译码法（如图 2.26(a)所示，输出低有效），使这 6 种冗余编码下的所有输出均无效；另一种是采用不完全译码法（如图 2.26(b)所示，输出低有效），将 6 种冗余编码视作无关项。

1. 2-4 译码器

2-4 译码器有两个输入 A、B（A 为较低位）、4 个输出（$Y_{0\sim3}$），对于输出低有效的情况，对

	A	B	C	D	Y_0	Y_1	Y_2	Y_3	Y_4	Y_5	Y_6	Y_7	Y_8	Y_9
0	0	0	0	0	0	1	1	1	1	1	1	1	1	1
1	1	0	0	0	1	0	1	1	1	1	1	1	1	1
2	0	1	0	0	1	1	0	1	1	1	1	1	1	1
3	1	1	0	0	1	1	1	0	1	1	1	1	1	1
4	0	0	1	0	1	1	1	1	0	1	1	1	1	1
5	1	0	1	0	1	1	1	1	1	0	1	1	1	1
6	0	1	1	0	1	1	1	1	1	1	0	1	1	1
7	1	1	1	0	1	1	1	1	1	1	1	0	1	1
8	0	0	0	1	1	1	1	1	1	1	1	1	0	1
9	1	0	0	1	1	1	1	1	1	1	1	1	1	0
不用	0	1	0	1	1	1	1	1	1	1	1	1	1	1
	1	1	0	1	1	1	1	1	1	1	1	1	1	1
	0	0	1	1	1	1	1	1	1	1	1	1	1	1
	1	0	1	1	1	1	1	1	1	1	1	1	1	1
	0	1	1	1	1	1	1	1	1	1	1	1	1	1
	1	1	1	1	1	1	1	1	1	1	1	1	1	1

(a) 完全译码法

	A	B	C	D	Y_0	Y_1	Y_2	Y_3	Y_4	Y_5	Y_6	Y_7	Y_8	Y_9
0	0	0	0	0	0	1	1	1	1	1	1	1	1	1
1	1	0	0	0	1	0	1	1	1	1	1	1	1	1
2	0	1	0	0	1	1	0	1	1	1	1	1	1	1
3	1	1	0	0	1	1	1	0	1	1	1	1	1	1
4	0	0	1	0	1	1	1	1	0	1	1	1	1	1
5	1	0	1	0	1	1	1	1	1	0	1	1	1	1
6	0	1	1	0	1	1	1	1	1	1	0	1	1	1
7	1	1	1	0	1	1	1	1	1	1	1	0	1	1
8	0	0	0	1	1	1	1	1	1	1	1	1	0	1
9	1	0	0	1	1	1	1	1	1	1	1	1	1	0

(b) 不完全译码法

图 2.26　二-十进制译码器功能表

应输入的每一种组合,有且仅有一个输出为“0”。它的真值表、逻辑表达式、内部结构图以及逻辑示意图如图 2.27 所示。

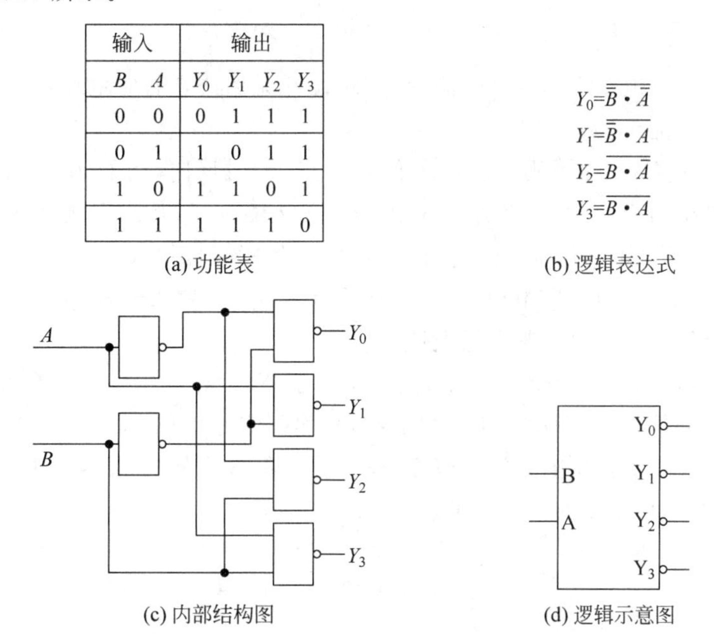

输入		输出			
B	A	Y_0	Y_1	Y_2	Y_3
0	0	0	1	1	1
0	1	1	0	1	1
1	0	1	1	0	1
1	1	1	1	1	0

(a) 功能表

$Y_0=\overline{\overline{B}\cdot\overline{A}}$

$Y_1=\overline{\overline{B}\cdot A}$

$Y_2=\overline{B\cdot\overline{A}}$

$Y_3=\overline{B\cdot A}$

(b) 逻辑表达式

(c) 内部结构图

(d) 逻辑示意图

图 2.27　2-4 译码器

为了对译码器进行控制,即当给定一组输入的时候,并非一定会产生一个有效输出,只有得到允许时才让它工作,可以给译码器加上使能控制端。

假定使能控制端 E 为低有效,即当 $E=0$ 时,译码器使能(允许译码器工作);当 $E=1$ 时,译码器禁止(禁止译码器工作)。相应的功能表、逻辑表达式、内部结构图以及逻辑示意图如图 2.28 所示。

可以看到,使能控制的本质就是用与非门封锁电路。

利用使能信号可消除毛刺、控制输出、芯片扩展等。

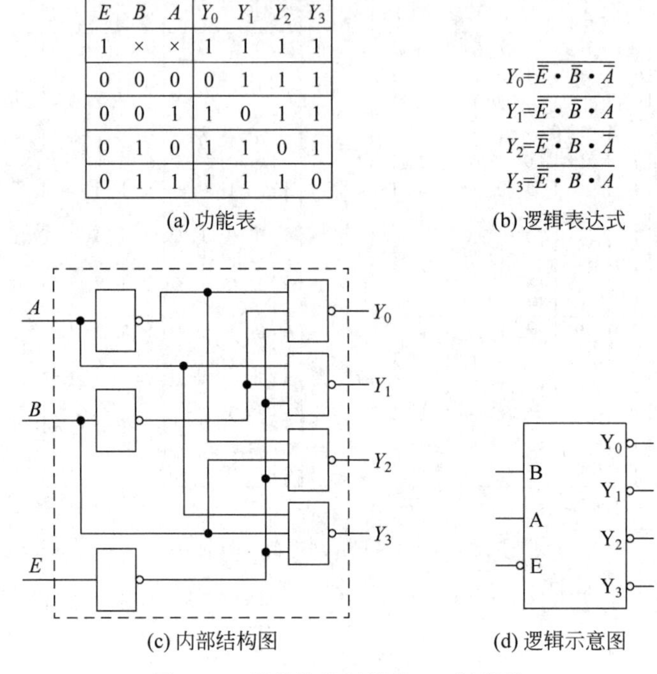

E	B	A	Y_0	Y_1	Y_2	Y_3
1	×	×	1	1	1	1
0	0	0	0	1	1	1
0	0	1	1	0	1	1
0	1	0	1	1	0	1
0	1	1	1	1	1	0

(a) 功能表

$Y_0=\overline{\overline{E}\cdot\overline{B}\cdot\overline{A}}$

$Y_1=\overline{\overline{E}\cdot\overline{B}\cdot A}$

$Y_2=\overline{\overline{E}\cdot B\cdot\overline{A}}$

$Y_3=\overline{\overline{E}\cdot B\cdot A}$

(b) 逻辑表达式

(c) 内部结构图

(d) 逻辑示意图

图 2.28　带使能控制端的 2-4 译码器

所谓“毛刺”,是指电路中出现的时间很短、对设计无用或者有害的脉冲,当多个输入信号同时变化时,是很可能产生毛刺的。

设 $F=f(A,B)$(如 2-4 译码器),如果信号 A、B 同时反向,例如,01→10(例如 2-4 译码器,设计者要使输出信号从 Y_1 改变为 Y_2),由于信号传输延迟,其间可能出现 01→00→10(如图 2.29 所示,它表示 2-4 译码器的输出从 Y_1 先改变为 Y_0,最后再改变成 Y_2)或 01→11→10,这里的 00、11 就是毛刺,因为这组输入并非出于设计者本意,输入组合为 00 或 11 时的输出可能导致并非设计者期望的结果,甚至导致严重后果。

如图 2.30 所示,加一个能覆盖输入变化(即不比最早变化的输入变量晚出现、不比最晚变化的输入早撤销)的信号 E(图中为正脉冲 $E=1$),强制使得 2-4 译码器输入端 A、B 变化期间的输出 $Y_0\sim Y_3=1$(即所有输出无效),那么,只有在该信号为低时(即输入信号不发生变化期间)译码器才工作,这样就能滤掉各种毛刺。

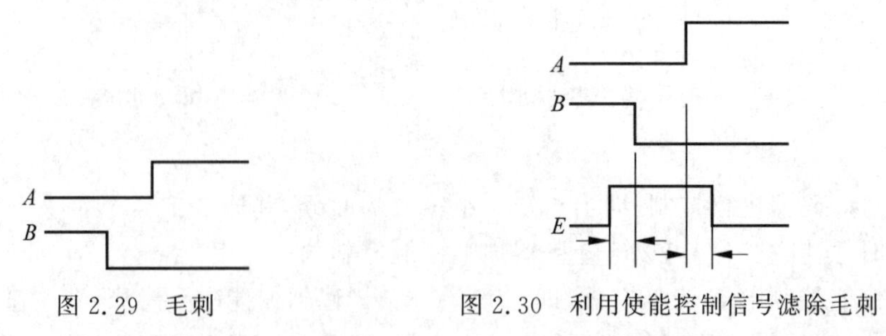

图 2.29　毛刺　　图 2.30　利用使能控制信号滤除毛刺

显然,这个正脉冲 E 的宽度不能太宽,否则会影响系统速度。

2. 3-8 译码器

跟 2-4 译码器一样,可以列出 3-8 译码器的功能表,化简后得到其逻辑表达式。图 2.31 给出了 3-8 译码器的真值表、内部结构图及逻辑示意图。其中,内部结构图中左半部虚线框中是用反相器形成输入信号的反变量 $\overline{A}$、$\overline{B}$、$\overline{C}$，并实现输入缓冲，从逻辑功能上讲，输入缓冲不是必需的，其主要目的是减轻前一级电路负载。

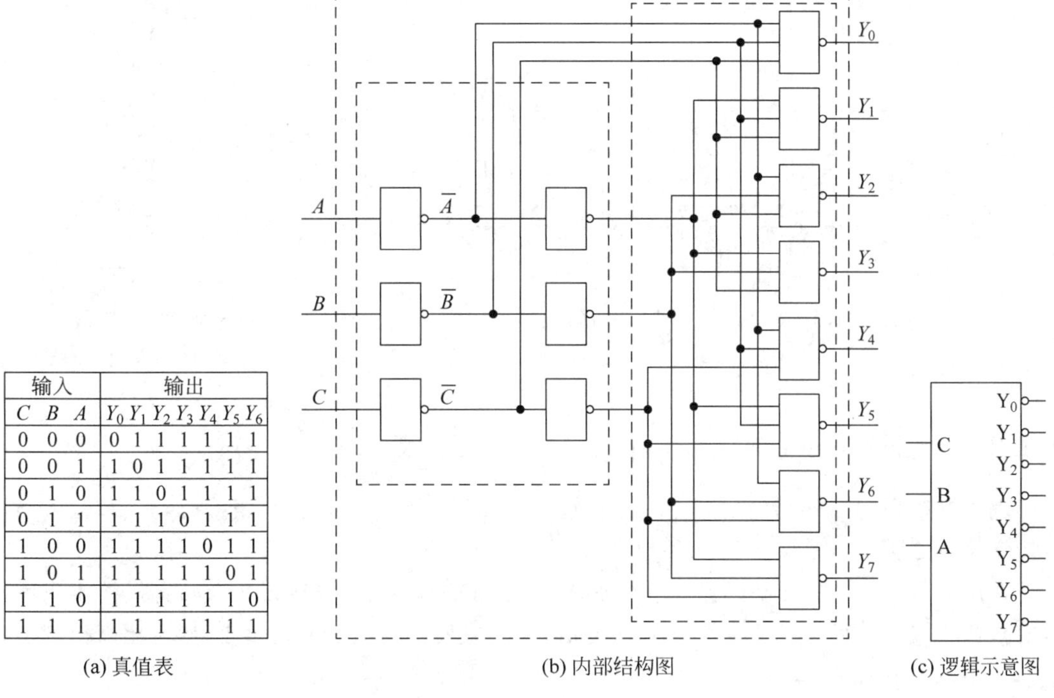

输入			输出						
C	B	A	Y_0	Y_1	Y_2	Y_3	Y_4	Y_5	Y_6
0	0	0	0	1	1	1	1	1	1
0	0	1	1	0	1	1	1	1	1
0	1	0	1	1	0	1	1	1	1
0	1	1	1	1	1	0	1	1	1
1	0	0	1	1	1	1	0	1	1
1	0	1	1	1	1	1	1	0	1
1	1	0	1	1	1	1	1	1	0
1	1	1	1	1	1	1	1	1	1

(a) 真值表　(b) 内部结构图　(c) 逻辑示意图

图 2.31　3-8 译码器

当然，也可以通过两片带使能控制端的 2-4 译码器构成一个 3-8 译码器，这个时候，3-8 译码器的最高位输入 C 用于做 2-4 译码器的片选，而 3-8 译码器的低位输入 A、B 则用于 2-4 译码器的片内译码，其逻辑结构图如图 2.32 所示。

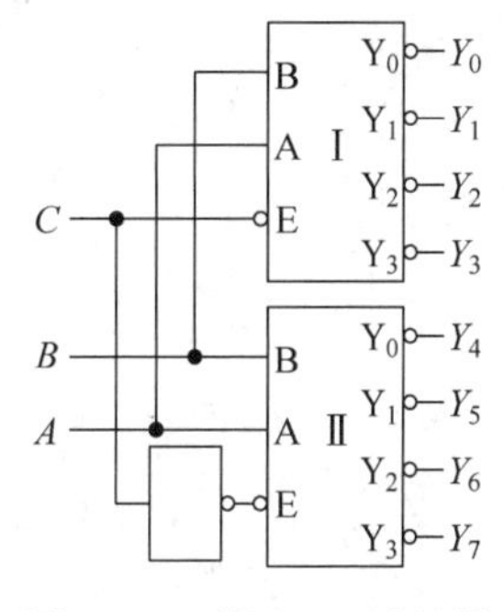

图 2.32　利用 2-4 译码器构成 3-8 译码器

注意，这里 2-4 译码器的使能控制端为低有效，因此，当 $C=0$ 时，片Ⅰ的使能信号有效而片Ⅱ的使能信号无效，即选中片Ⅰ；反之，当 $C=1$ 时，选中片Ⅱ。

类似地，还可以用带使能控制端的 2-4 译码器构成 4-16 译码器。如图 2.33 所示，它需要 5 片 2-4 译码器，其中，4-16 译码器的高两位输入 C、D 作为图中最上面那个 2-4 译码器的输入，该译码器的输出(低有效)依次作为图中下面 4 个 2-4 译码器的使能控制端，它自身的使能控制端则固定接"0"；4-16 译码器的低两位输入 A、B 则用于图中下面 4 个 2-4 译码器的片内译码，它们分别产生 4 个低有效的输出。

显然，上面的 3-8 译码器都没有考虑使能控制的问题。其实，3-8 译码器同样可以增加使能控制信号，它可以像 2-4 译码器那样，由一个使能控制端 E 控制，也可以使用多个使能控制端进行控制，如图 2.34 所示。该 3-8 译码器有三个使能控制信号 G_1、$\overline{G}_{2A}$、$\overline{G}_{2B}$，当 G_1 为高且 $\overline{G}_{2A}$ 和 $\overline{G}_{2B}$ 均为低时，译码器输出有且仅有一个有效(即为低)；否则，只要三个信号中有一个不满足，输出即均为高阻态(输出全部无效)。

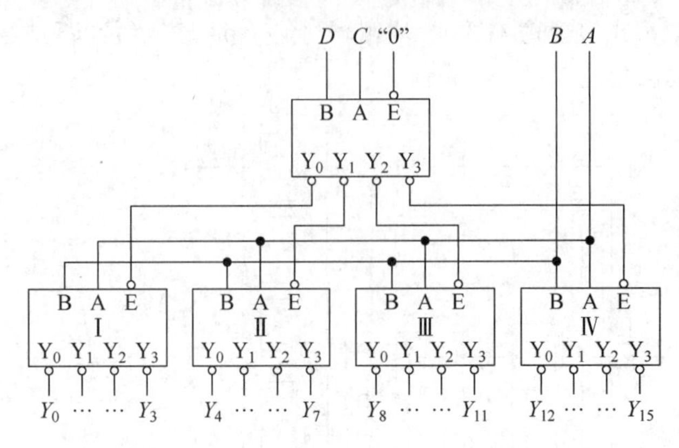

图 2.33　利用 2-4 译码器构成 4-16 译码器

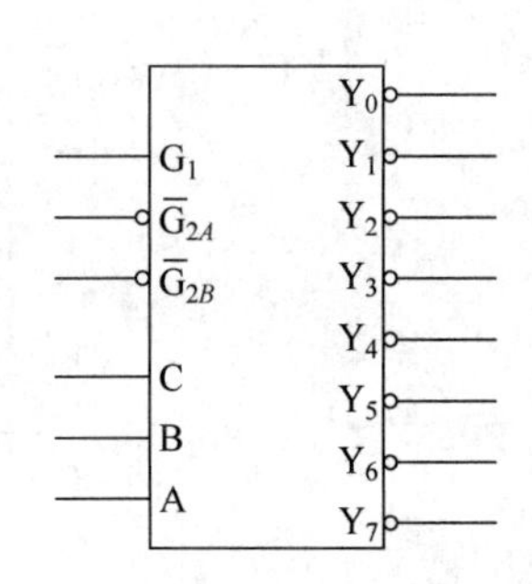

图 2.34　带多个使能控制信号的 3-8 译码器逻辑示意图

▶ 2.2.2　编码器

编码器与译码器的功能恰好相反,对应输入的每一个状态,输出一组编码,其中,输入与输出应满足以 2 为底对数的关系。

常用的编码器有 4-2 编码器、8-3 编码器以及 BCD 编码器(包括 8421 编码器、格雷码编码器等),这些编码器的设计方法与译码器类似,也是先根据功能画出真值表,然后化简得到逻辑表达式,最后用门电路实现它。

4-2 编码器的逻辑示意图和功能表如图 2.35 所示。

这里,$I_0 \sim I_3$ 是 4 个输入,对应每一个输入,输出 A_1、A_0 都有唯一确定的一个输出组合(即编码),那么这里就需要分析每一个输出与输入变量之间的逻辑关系。可以很简单地获得它们的逻辑表达式:

$$A_0 = \bar{I}_0 I_1 \bar{I}_2 \bar{I}_3 + \bar{I}_0 \bar{I}_1 \bar{I}_2 I_3$$

$$A_1 = \bar{I}_0 \bar{I}_1 I_2 \bar{I}_3 + \bar{I}_0 \bar{I}_1 \bar{I}_2 I_3$$

即两位输出都可以通过一个与或门来实现,每一个乘积项均包含 4 个输入变量,只不过有些是原变量输入,有些是反变量输入。

根据逻辑表达式,可以得到 4-2 编码器的内部逻辑结构如图 2.36 所示。

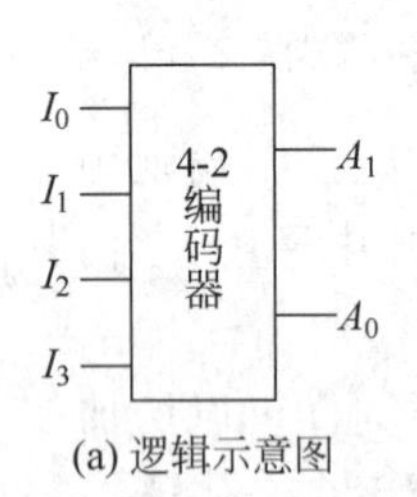

(a) 逻辑示意图

I_0	I_1	I_2	I_3	A_1	A_0
1	0	0	0	0	0
0	1	0	0	0	1
0	0	1	0	1	0
0	0	0	1	1	1

(b) 功能表

图 2.35　4-2 编码器

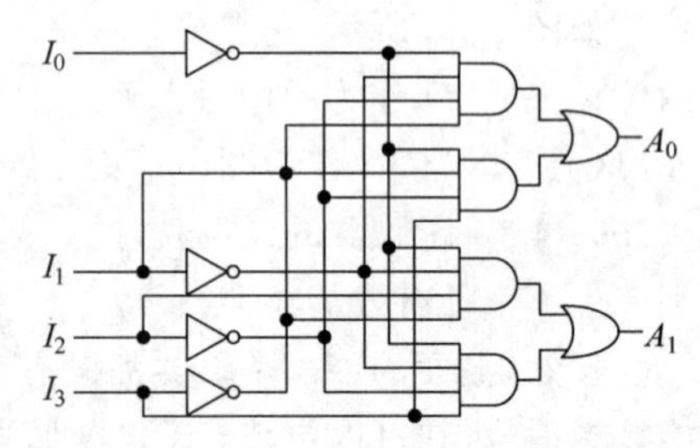

图 2.36　4-2 编码器内部逻辑结构图

▶ 2.2.3　数据选择器

数据选择器又称为多路开关,它在选择控制信号的作用下,从多个(或多组)输入数据中选择一个(或一组)作为输出。

数据选择器的设计方法与其他组合逻辑电路设计一样，它同样可以增加使能控制端，并且利用使能控制端实现扩展等。

下面看一个 4 选 1 数据选择器的例子。4 选 1 数据选择器有 4 个输入、1 个输出，因为需要从 4 个输入中选择 1 个作为输出，因此需要 2 位选择控制，其功能表和逻辑示意图如图 2.37 所示。

根据功能表，可以容易地得到其逻辑表达式为

$$Y=\overline{S}_0\overline{S}_1D_0+S_0\overline{S}_1D_1+\overline{S}_0S_1D_2+S_0S_1D_3$$

给它增加一个使能控制端 G，只有当 G 为低时才选择一个作为输出，则该逻辑表达式为

$$Y=(\overline{S}_0\overline{S}_1D_0+S_0\overline{S}_1D_1+\overline{S}_0S_1D_2+S_0S_1D_3)\cdot\overline{G}$$

下面的工作就是用门电路实现，即得到相应的内部逻辑结构图（如图 2.38 所示）。值得注意的是，这里把使能控制信号直接接到了与或门的与门输入端了，它增加了与门的输入数，但是减少了一级与门。

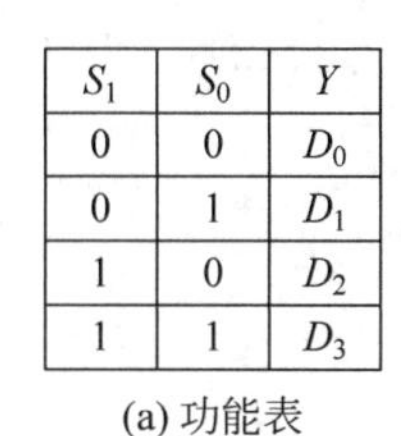

S_1	S_0	Y
0	0	D_0
0	1	D_1
1	0	D_2
1	1	D_3

(a) 功能表

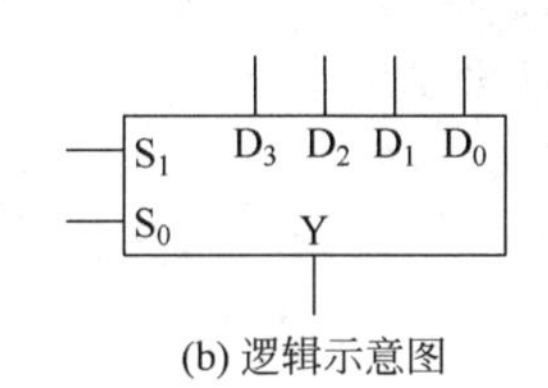

(b) 逻辑示意图

图 2.37 4 选 1 数据选择器

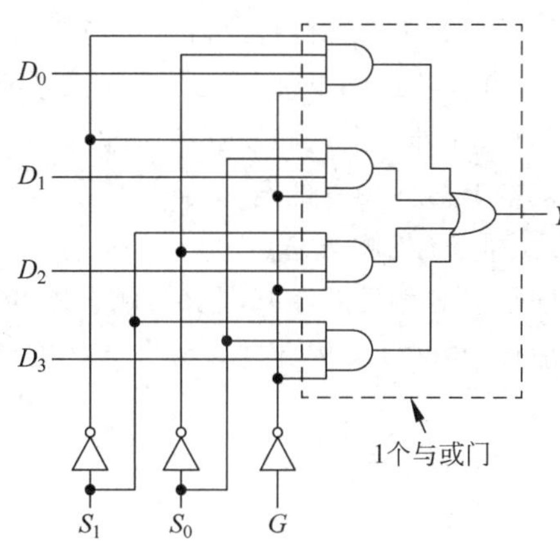

图 2.38 4 选 1 数据选择器内部逻辑结构图

2.3 常见的时序逻辑部件

2.3.1 触发器

触发器是能够存储 1 位信息的记忆元件，它是构成时序逻辑电路的基础。

按电路结构分，触发器可分为基本 R-S 触发器、钟控触发器；按触发方式（即时钟控制方式）分，可分为电平触发器、边沿触发器、主从触发器；按功能分，可分为 R-S 触发器、J-K 触发器、D 触发器、T 触发器等。

1. 基本 R-S 触发器

基本 R-S 触发器即直接复位-置位触发器，它由与非门构成，其内部逻辑结构如图 2.39 所示，其中，Q 和 $\overline{Q}$ 是触发器的一对互反输出。

根据逻辑结构图，可以分析得到基本 R-S 触发器的功能表如表 2.1 所示。

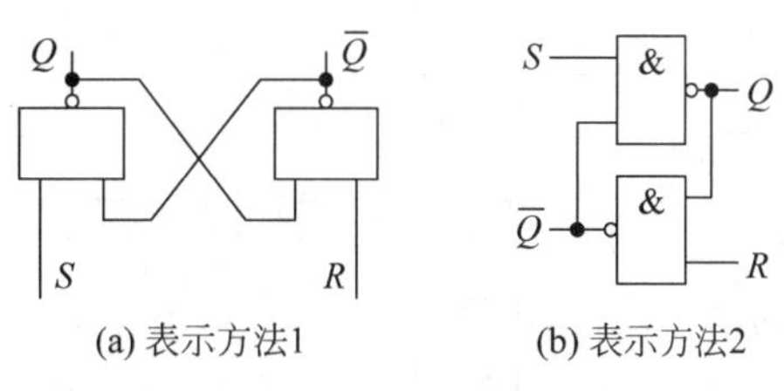

(a) 表示方法1　(b) 表示方法2

图 2.39 基本 R-S 触发器内部逻辑结构图

表 2.1 基本 R-S 触发器功能表

R	S	Q	$\bar{Q}$
0	1	0	1
1	0	1	0
1	1	Q^0	$\bar{Q}^0$
0	0	1^*	1^*

当 $R=0$、$S=1$ 时，不论原来的 Q 及 $\bar{Q}$ 为何值，将使得 $Q=0$、$\bar{Q}=1$，触发器处于“0”态，此时触发器记忆“0”。

当 $R=1$、$S=0$ 时，不论原来的 Q 及 $\bar{Q}$ 为何值，将使得 $Q=1$、$\bar{Q}=0$，触发器处于“1”态，此时触发器记忆“1”。

当 $R=1$、$S=1$ 时，触发器将保持原有状态不变，即 $Q=Q^0$、$\bar{Q}=\bar{Q}^0$，此时触发器处于保持状态。

当 $R=0$、$S=0$ 时，将使得两个与非门的输出均为“1”，显然，这违反了触发器 2 输出互反原则；同时，当 R、S 同时变为“1”(即变为保持状态)时，下一状态将无法确定，故 $R=0$、$S=0$ 属于禁止态，即不允许触发器两个输入端同时为低。

基本 R-S 触发器的逻辑符号如图 2.40 所示。

2. 同步 R-S 触发器

同步 R-S 触发器在基本 R-S 触发器的基础上增加 R、S 同步信号(见图 2.41)，这个同步信号一般称为“时钟”，因此同步触发器又称钟控触发器。

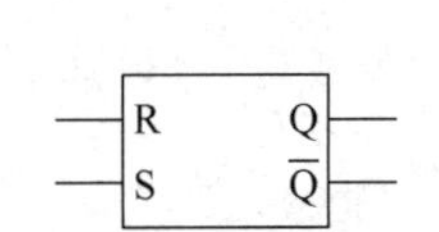

图 2.40 基本 R-S 触发器逻辑符号

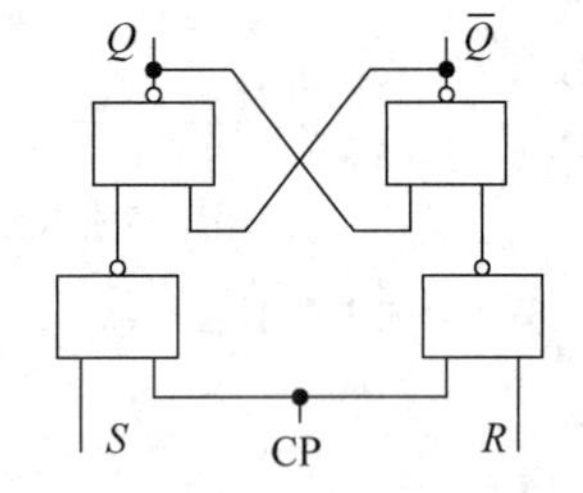

图 2.41 同步 R-S 触发器内部逻辑结构图

同样地，可以得到同步 R-S 触发器的功能表(如表 2.2 所示)。

表 2.2 同步 R-S 触发器功能表

CP	S	R	Q^n	Q^{n+1}	说明
0	×	×	0	0	保持(锁住)
			1	1	
1	0	0	0	0	
			1	1	
1	0	1	0	0	置“0”
			1	0	
1	1	0	0	1	置“1”
			1	1	
1	1	1	0	1^*	不定
			1	1^*	

当时钟信号 CP 为“0”时，不论 R、S 为何值，触发器均保持原状态不变。

当时钟信号 CP 为“1”时：若 $R=0$、$S=0$，触发器将保持原有状态不变；若 $R=1$、$S=0$，触发器被置“0”；若 $R=0$、$S=1$，触发器被置“1”；而 $R=1$、$S=1$ 属于禁止态，即不允许 R、S 同时为“1”。

在数字逻辑电路中，把只有在时钟信号有效时复位(置位)信号才起作用称为同步复位(置位)；与之对应，把不受时钟信号影响，在任意时刻都能复位(置位)称为异步复位(置位)。

具有异步复位、置位功能的同步 R-S 触发器如图 2.42 所示，其中，$\overline{R}_D$ 为异步复位信号，$\overline{S}_D$ 为异步置位信号，需要注意的是，复位、置位是互相冲突的功能，最多只能二者取其一，即不允许 $\overline{R}_D$、$\overline{S}_D$ 信号同时有效(此处低有效，即二者中最多一个为低)。

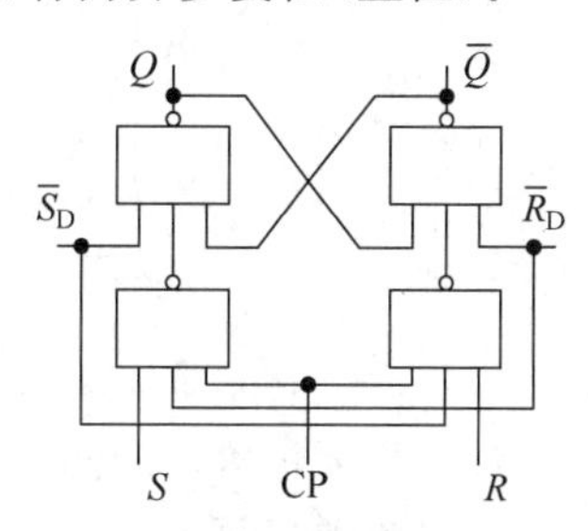

图 2.42 具有异步复位、置位功能的同步 R-S 触发器内部逻辑结构图

下面以异步复位为例分析异步复位置位功能的具体实现。

要进行异步复位，需要使 $\overline{R}_D=0$、$\overline{S}_D=1$。

假定当前触发器的状态为 $Q^n=0$。根据同步 R-S 触发器的功能表，使 $Q^n=0$ 有三种可能：①CP=0 且 $Q^{n-1}=0$；②CP=1、$R=S=0$ 且 $Q^{n-1}=0$；③CP=1 且 $S=0$、$R=1$。

对于第①种情况，CP=0，则下面两个与非门均被锁住，都输出“1”，对上面的与非门不起作用，可不再考虑它们；最上面右侧与非门的输入 $Q^n=0$、$\overline{R}_D=0$，故它的输出 $\overline{Q}^{n+1}=1$；此时左侧的与非门的输入 $\overline{S}_D=1$、$\overline{Q}^{n+1}=1$，故其输出 $Q^{n+1}=0$。触发器两个输出状态互反且稳定。

第②种情况，下面两个与非门同样被锁住，结论相同。

第③种情况，$\overline{R}_D=0$，故左下角与非门输出为“1”；CP=1、$\overline{S}_D=1$、$R=1$，故右下角与非门输出为“0”；右上角与非门三个输入均为“0”，故其输出 $\overline{Q}^{n+1}=1$；左上角与非门的三个输入均为“1”，故其输出 $Q^{n+1}=0$。触发器的两个输出互反且稳定。

假定当前触发器的状态为 $Q^n=1$。根据同步 R-S 触发器的功能表，使 $Q^n=0$ 也有三种可能：①CP=0 且 $Q^{n-1}=1$；②CP=1、$R=S=0$ 且 $Q^{n-1}=1$；③CP=1 且 $S=1$、$R=0$。

前两种情况，下部的两个与非门被锁住，结论与 $Q^n=0$ 时相同。

第③种情况，$R=0$，故右下角与非门输出为“1”；CP=1、$\overline{S}_D=1$、$\overline{R}_D=0$，故左下角与非门也输出“1”；$\overline{R}_D=0$，故右上角与非门输出 $\overline{Q}^{n+1}=1$；左上角与非门的三个输入均为“1”，故其输出 $Q^{n+1}=0$。触发器的两个输出互反且稳定。

即无论触发器当前处于什么状态，只要 $\overline{R}_D=0$、$\overline{S}_D=1$，必使触发器复位，即使 $Q^{n+1}=0$、$\overline{Q}^{n+1}=1$。

增加了异步复位置位功能的同步 R-S 触发器的功能表如表 2.3 所示。事实上，所有触发器均可根据需要增加异步复位、置位控制端。

表 2.3 增加了异步复位置位功能的同步 R-S 触发器功能表

$\overline{R}_D$	$\overline{S}_D$	CP	S	R	Q^n	Q^{n+1}	说 明
0	1	X	X	X	X	0	异步复位
1	0	X	X	X	X	1	异步置位

续表

$\overline{R}_D$	$\overline{S}_D$	CP	S	R	Q^n	Q^{n+1}	说　明
1	1	0	X	X	0	0	保持（锁住）
					1	1	
		1	0	0	0	0	
					1	1	
		1	0	1	0	0	置“0”
					1	0	
		1	1	0	0	1	置“1”
					1	1	
		1	1	1	0	1^*	不定
					1	1^*	

带异步复位置位的同步 R-S 触发器逻辑符号如图 2.43 所示。

3. J-K 触发器

J-K 触发器由同步 R-S 触发器加反馈得到，这里的输入端 J 端相当于同步 R-S 触发器的 S 端、输入端 K 端相当于同步 R-S 触发器的 R 端，它用于解决同步 R-S 触发器在 R、S 同时为“1”时，新状态无法确定的问题，其内部逻辑结构如图 2.44 所示。

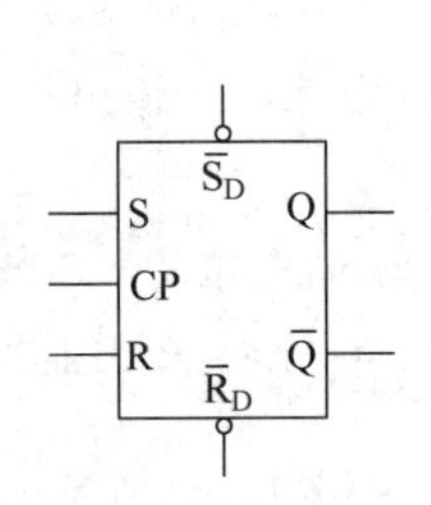

图 2.43　带异步复位置位的同步 R-S 触发器逻辑符号

图 2.44　J-K 触发器内部逻辑结构图

根据电路图，可以得到

$$S_D=\overline{J\cdot\overline{Q}^n\cdot \mathrm{CP}},\quad R_D=\overline{K\cdot Q^n\cdot \mathrm{CP}}$$

当 CP=1 时，

$$S_D=\overline{J\cdot\overline{Q}^n},\quad R_D=\overline{K\cdot Q^n}$$

进一步地，$Q^{n+1}=\overline{S_D\cdot\overline{Q}^n}$，$\overline{Q}^{n+1}=\overline{R_D\cdot Q^n}$

$$Q^{n+1}=\overline{S_D\cdot\overline{Q}^n}=\overline{S_D\cdot\overline{R_D\cdot Q^n}}=\overline{S}_D+R_D\cdot Q^n$$

将 $S_D=\overline{J\cdot\overline{Q}^n}$、$R_D=\overline{K\cdot Q^n}$ 代入，有

$$Q^{n+1}=J\cdot\overline{Q}^n+\overline{K\cdot Q^n}\cdot Q^n=J\cdot\overline{Q}^n+(\overline{K}+\overline{Q}^n)\cdot Q^n=J\cdot\overline{Q}^n+\overline{K}\cdot Q^n$$

由此，可以列出 J-K 触发器的功能表如表 2.4 所示。

表 2.4　J-K 触发器功能表

J	K	Q^{n+1}	功　能
0	0	Q^n	保持
0	1	0	清零（复位）

续表

J	K	Q^{n+1}	功　能
1	0	1	置 1
1	1	$\bar{Q}^n$	翻转

状态转换图是描述时序逻辑电路功能的另一种方法，为了得到 J-K 触发器的状态转换图，先画出它的激励表（见表 2.5）。

表 2.5　J-K 触发器激励表

Q^n	→	Q^{n+1}	J	K
0		0	0	X
0		1	1	X
1		0	X	1
1		1	X	0

根据激励表很容易得到 J-K 触发器的状态转换图，如图 2.45 所示。

J-K 触发器的逻辑符号如图 2.46 所示。

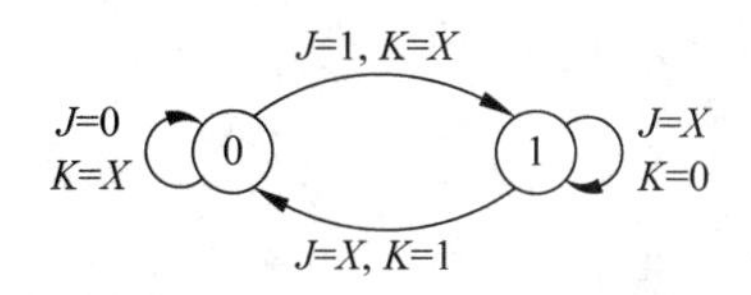

图 2.45　J-K 触发器状态转换图

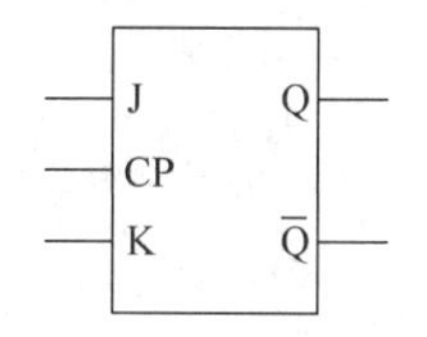

图 2.46　J-K 触发器逻辑符号

4. T 触发器

如图 2.47 所示，将 J-K 触发器的两个输入端 J、K 连接到一起，就成为 T 触发器。

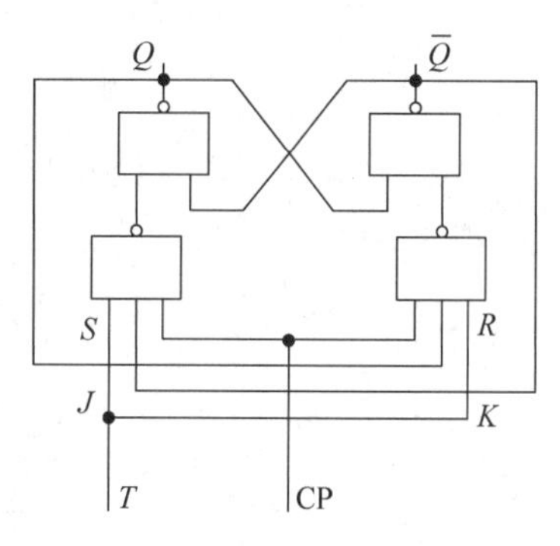

图 2.47　T 触发器内部逻辑结构图

不妨先回忆一下 J-K 触发器的状态表（表 2.4），因为这里 J、K 连接到一起了，意味着当时钟信号有效（CP=1 时），它只能工作在 $J=K=0$ 或 $J=K=1$ 这两种模式下，当 $J=K=0$ 时，触发器保持原来状态不变；当 $J=K=1$ 时，触发器状态发生翻转。

由此有如表 2.6 所示 T 触发器的功能表。

表 2.6　T 触发器功能表

CP	$T=J=K$	Q^n	Q^{n+1}	说　明
0	X	0	0	锁住（保持）
		1	1	
1	0	0	0	
		1	1	
	1	0	1	翻转
		1	0	

5. 电平触发 D 锁存器

回忆一下同步 R-S 触发器，当 R、S 同时为“1”时，下一状态无法确定，因此属于禁止状态，如果将 R、S 端互反，就构成了电平触发的 D 锁存器（又称电平触发的 D 触发器），如图 2.48

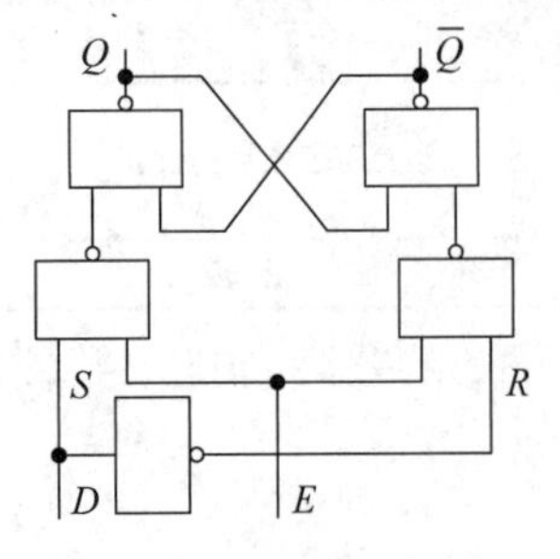

图 2.48　电平触发 D 锁存器内部逻辑结构图

所示。

在这里，电平触发的 D 锁存器的时钟信号 CP 改称电平控制信号 E，即由 E 控制输入信息能否进入触发器(能否被锁存)，其功能表和逻辑符号如图 2.49 所示。

即当 $E=0$ 时，触发器保持原有数据不变(即被锁住)，而与输入端 D 无关；当 $E=1$ 时，输入数据 D 以互补的形式被送入锁存器保存起来。

如图 2.50 所示，利用电平触发 D 锁存器可以方便地实现数据输入。

E	D	Q	$\overline{Q}$
0	X	Q_0	$\overline{Q}_0$
1	0	0	1
	1	1	0

(a) 功能表

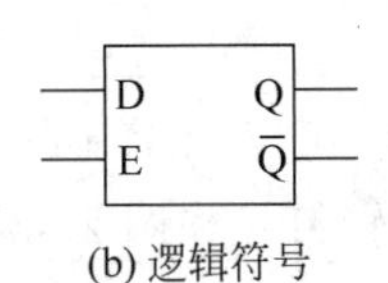

(b) 逻辑符号

图 2.49　电平触发 D 锁存器功能表与逻辑符号

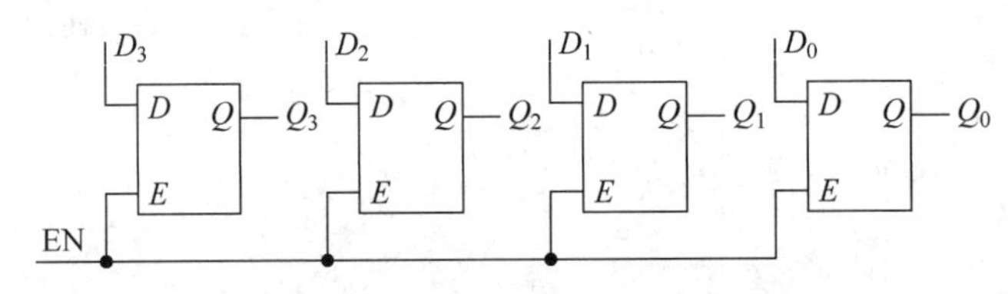

图 2.50　利用电平触发 D 锁存器实现数据输入

图 2.51 显示了电平触发 D 锁存器输入输出之间的波形关系。“EN=1”这个电位一旦来到，触发器就可接收数据，因此叫“电平触发”。

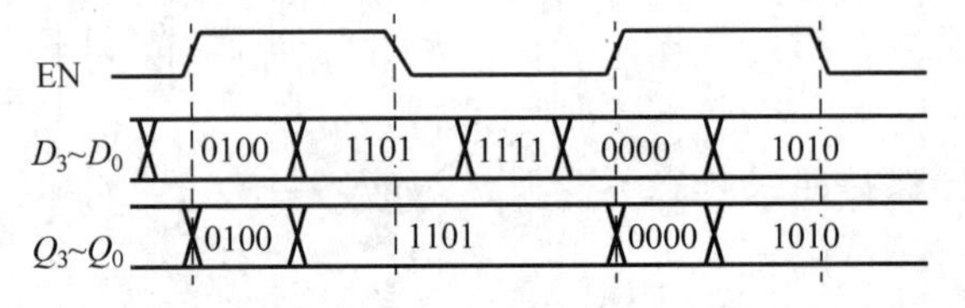

图 2.51　利用电平触发 D 锁存器实现数据输入时输入输出间波形关系

显然，同步 R-S 触发器、J-K 触发器、T 触发器、电平触发 D 锁存器等都属于同步触发器，由于同步触发器存在“空翻”现象，因此只能用于数据锁存，而不能实现计数、移位等。

所谓“空翻”，是指在时钟 CP(对于电平触发 D 锁存器就是电平控制信号 E)有效期间，因为输入信号发生多次变化，触发器相应发生多次翻转的现象，例如，图 2.52 就是电平触发 D 锁存器发生空翻的例子。

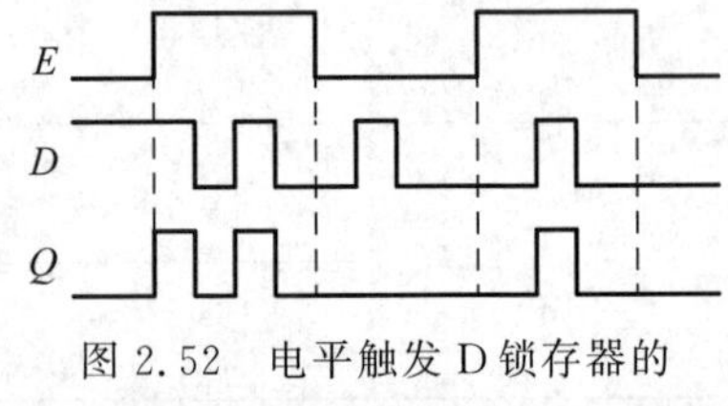

图 2.52　电平触发 D 锁存器的“空翻”现象

主从触发器、边沿触发器可以克服“空翻”问题。

6. 主从 J-K 触发器

主从 J-K 触发器由二级 R-S 触发器级联组成，第 1 级称为“主”，第 2 级称为“从”，二级触发器时钟反向；第 2 级的输出反馈到第 1 级的输入(如果没有反馈，则为主从 R-S 触发器)。图 2.53 为带异步置位复位的主从 J-K 触发器内部逻辑结构图及其逻辑符号。

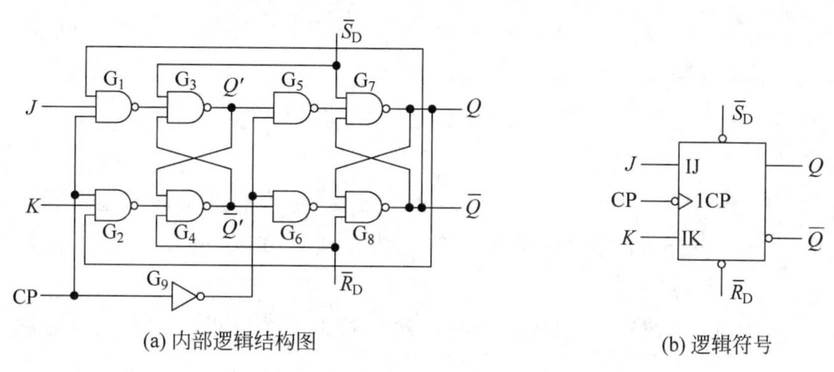

(a) 内部逻辑结构图　　(b) 逻辑符号

图 2.53　带异步置位复位的主从 J-K 触发器

对于主从 J-K 触发器而言，J、K 是输入端，CP 是时钟。当 CP=0 时，与非门 G_1、G_2 被封锁，此时，无论 J、K 为何值，均不影响触发器的状态，即触发器不接收外部输入，处于维持状态。

当 $\bar{R}_D=1$、$\bar{S}_D=0$ 时，与非门 G_3、G_7 被封锁，均输出"1"，即 $Q'=1$、$Q=1$。此时，若 CP=1，则反相器 G_9 输出"0"，与非门 G_5、G_6 被封锁，均输出"1"，与非门 G_8 的三个输入均为"1"，故 G_8 输出为"0"，即 $\bar{Q}=0$；若 CP=0，与非门 G_1、G_2 被封锁，均输出"1"，此时与非门 G_4 的三个输入均为"1"，故 G_4 输出为"0"，即 $\bar{Q}'=0$，因此与非门 G_6 被封锁，输出为"1"，故与非门 G_8 的三个输入同样均为"1"，有 $\bar{Q}=0$。即当 $\bar{R}_D=1$、$\bar{S}_D=0$ 时，无论触发器处于什么状态，都将使 $Q=1$、$\bar{Q}=0$，即实现异步置位。

当 $\bar{R}_D=0$、$\bar{S}_D=1$ 时，与非门 G_4、G_8 被封锁，均输出"1"，即 $\bar{Q}'=1$、$\bar{Q}=1$。此时，若 CP=1，则反相器 G_9 输出"0"，与非门 G_5、G_6 被封锁，均输出"1"，与非门 G_7 的三个输入均为"1"，故 G_7 输出为"0"，即 $\bar{Q}=0$；若 CP=0，与非门 G_1、G_2 被封锁，均输出"1"，此时与非门 G_3 的三个输入均为"1"，故 G_3 输出为"0"，即 $Q'=0$，因此与非门 G_5 被封锁，输出为"1"，故与非门 G_7 的三个输入同样均为"1"，有 $Q=0$。即当 $\bar{R}_D=1$、$\bar{S}_D=0$ 时，无论触发器处于什么状态，都将使 $Q=0$、$\bar{Q}=1$，即实现异步复位。

当 $\bar{R}_D=1$、$\bar{S}_D=1$ 时，由于它们均作为与非门的输入，输入"1"不影响与非门的结果，因此置位/复位功能均不起作用。

若 $\bar{R}_D=\bar{S}_D=1$、$J\neq K$：

(1) 假定当前触发器状态 $Q'^n=Q^n=1$。

① 假设 $J=1$、$K=0$，当 CP=1 时，由于 $\bar{Q}^n=0$，与非门 G_1 输出为"1"；由于 $K=0$，与非门 G_2 输出为"1"。此时，与非门 G_4 的三个输入均为"1"，故 $\bar{Q}'^{n+1}=0=K$，进一步地，与非门 G_3 输出为"1"，即 $Q'^{n+1}=1=J$。

② 假设 $J=0$、$K=1$，当 CP=1 时，与非门 G_1 输出"1"、与非门 G_2 输出为"0"，故与非门 G_4 的输出为"1"，即 $\bar{Q}'^{n+1}=1=K$，进一步有 $Q'^{n+1}=0=J$。

(2) 假定当前触发器状态 $Q'^n=Q^n=0$。

① 假设 $J=1$、$K=0$，当 CP=1 时，由于 $K=Q^n=0$，与非门 G_2 输出为"1"；与非门 G_1 的三个输入均为"1"，故输出为"0"，进而使与非门 G_3 输出"1"，即 $Q'^{n+1}=1=J$；同时，与非门 G_4 的三个输入均为"1"，故输出为"0"，即 $\bar{Q}'^{n+1}=0=K$。

② 假设 $J=0$、$K=1$，当 CP=1 时，与非门 G_1、G_2 输出均为“1”；与非门 G_3 的三个输入均为“1”，故 $Q'^{n+1}=0=J$，进一步有 $\bar{Q}'^{n+1}=1=K$。

即当 CP=1 时，无论触发器原处于什么状态，均将数据 J、K 送入主触发器保存，使得 $Q'^{n+1}=J$、$\bar{Q}'^{n+1}=K$。

CP 下降后(即从 CP=1 变成 CP=0)，主触发器被锁住，不再受外部输入影响；从触发器就是一个同步 R-S 触发器，此时时钟电平有效且两个输入互反，它将来自输入端的数据保存起来，即使得 $Q^{n+1}=J$、$\bar{Q}^{n+1}=K$。

即当 $\bar{R}_D=\bar{S}_D=1$、$J\neq K$ 时，主从 J-K 触发器在时钟的下降沿将来自输入端的数据锁入触发器。

若 $\bar{R}_D=\bar{S}_D=1$、$J=K=0$：当 CP=1 时，主触发器保持不变；CP 下降后，将不变的值送往从触发器，即触发器仍然维持原有状态。

若 $\bar{R}_D=\bar{S}_D=1$、$J=K=1$：当 CP=1 时，主触发器状态发生翻转；CP 下降后，将主触发器的状态(即翻转后的值)送往从触发器，从而使触发器的状态发生翻转。

如表 2.7 所示是带异步复位置位主从 J-K 触发器的功能表。

表 2.7 带异步复位置位主从 J-K 触发器功能表

$\bar{R}_D$	$\bar{S}_D$	CP	J	K	Q^{n+1}	说明
0	1	X	X	X	0	异步复位
1	0	X	X	X	1	异步置位
1	1	0	X	X	Q^n	保持(锁住)
		↓	0	0	Q^n	
		↓	0	1	0	$Q=J$
		↓	1	0	1	
		↓	1	1	$\bar{Q}^n$	翻转

主从 J-K 触发器存在“一次翻转”现象，即在 CP=1 期间，不论输入信号 J、K 变化多少次，主触发器最多能翻转一次。

当 $\bar{R}_D=\bar{S}_D=1$、CP=1 时：

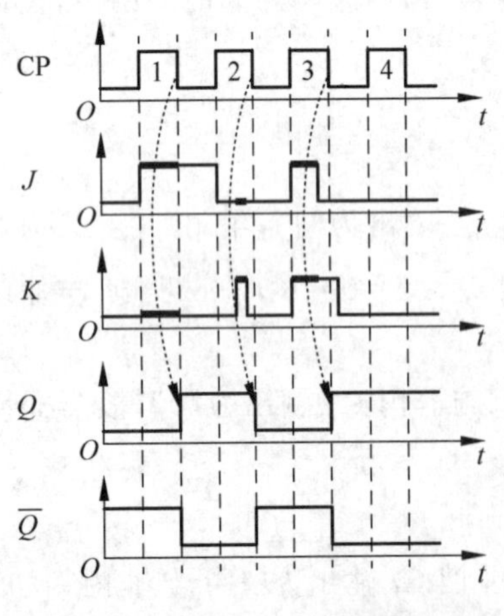

图 2.54 主从 J-K 触发器“一次翻转”现象

(1) 若 $Q^n=0$，则与非门 G_2 被封锁，外部信号只能够从 J 端输入影响触发器的状态，此时：

① 若 $J=0$，触发器状态保持不变(不翻转)。

② 若 $J=1$，将使 $Q'=1$、$\bar{Q}'=0$(翻转一次)，从而封锁与非门 G_3，进而封锁住整个主触发器，此后，即使 J 再发生变化，触发器也不再翻转。

(2) 若 $Q^n=1$，则与非门 G_1 被封锁，仅当 $K=1$ 时主触发器翻转一次，使 $Q'=0$。

一次翻转现象不仅限制了触发器的应用，而且降低了抗干扰能力。下面看一个例子(如图 2.54 所示)。

第 1 个 CP=1 期间，J、K 保持不变，在下降沿时将 J 输出，$Q=J=1$。

第 2 个 CP=1 期间，初始 $J=K=0$，主触发器被锁住；接着 $J=0$、$K=1$，主触发器翻转被置为“0”，且主触发器被锁住（当然，最后阶段 $J=K=0$ 也是锁住主触发器），在下降沿时将主触发器的状态输出，$Q=0$。

第 3 个 CP=1 期间，初始 $J=K=1$，主触发器翻转为“1”；接着 $J=0$、$K=1$，但此时主触发器被锁住，因此在下降沿时将主触发器的状态输出，$Q=1$。

7. 边沿 D 触发器

所谓边沿，指的是信号变化过程，其中，信号从“0”变为“1”称为上升沿，又称正边沿；从“1”变为“0”称为下降沿，又称负边沿。边沿信号一般使用时钟信号 CP。

所谓边沿触发，是指只有检测到 CP 的相应变化过程（上升沿或下降沿）才接受输入数据，而当 CP=1、CP=0 及非指定边沿期间，无论输入数据如何均不影响触发器状态（如图 2.55 所示，图中采用上升沿保存数据）。

边沿触发是另一种克服触发器“空翻”的方法，这种触发器只需输入数据在很短的时间间隔保持稳定即可，而且没有一次翻转问题。

边沿触发器采用维持-阻塞技术，它主要利用了信号的传输延迟。如图 2.56 所示是边沿 D 触发器的内部逻辑结构图，其中，$\overline{R}_D$、$\overline{S}_D$ 分别是异步复位、置位信号。

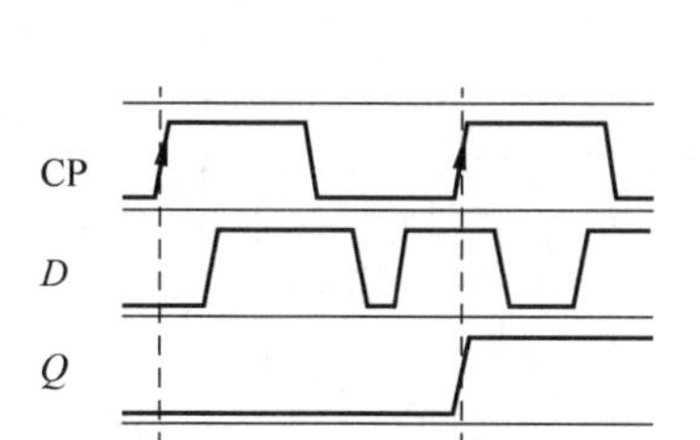

图 2.55　边沿触发器数据输入与时钟的关系

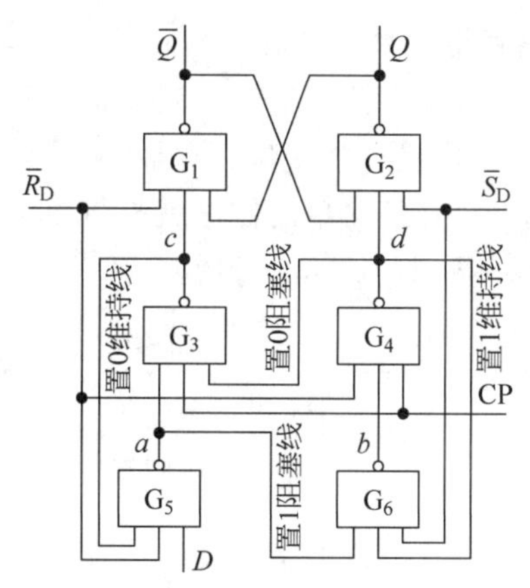

图 2.56　带异步复位置位功能边沿 D 触发器内部逻辑结构图

当 $\overline{R}_D=0$、$\overline{S}_D=1$ 时，$d=1$、$\overline{Q}=1$，与非门 G_2 的输入均为“1”，故 $Q=0$。触发器 2 输出反相，状态稳定，且 $\overline{Q}=1$，即实现了异步复位。

当 $\overline{R}_D=1$、$\overline{S}_D=0$ 时，$b=1$，$d=\overline{b\cdot \mathrm{CP}\cdot \overline{R}_D}=\overline{\mathrm{CP}}$，$c=\overline{d\cdot \mathrm{CP}\cdot a}=\overline{\overline{\mathrm{CP}}\cdot \mathrm{CP}\cdot a}=1$；因 $\overline{S}_D=0$，故 $Q=1$；与非门 G_1 的输入均为“1”，故 $\overline{Q}=0$。触发器 2 输出反相，状态稳定，且 $Q=1$，即实现了异步置位。

当 $\overline{R}_D=\overline{S}_D=1$ 时：

（1）若 CP=0：与非门 G_3、G_4 均被锁住，c、d 均为“1”，触发器状态保持不变。

（2）CP 从“0”变为“1”：因为变化之前 $c=d=1$，故 $a=\overline{D}$，$c=D$；$b=D$、$d=\overline{D}$；注意到这里顶部实际上就是一个基本 R-S 触发器，当两个输入端反相时，无论触发器原来是什么状态，它最后都将输入端的值“交叉”送往输出端，即有 $Q=\overline{D}$、$\overline{Q}=D$；

（3）若 CP=1，并令上一次触发器输入端的数据为 D^*：

① 设原来 $Q=D^*=0$，则 $c=b=0$，$a=d=1$。若输入端数据 $D=1$，因 $c=0$，与非门 G_5 被封锁，a 维持“1”状态不变；进而与非门 G_6 输出“0”，与非门 G_4 被封锁，d 维持“1”状态不变、c 维持“0”状态不变，即输入端改变不能改变触发器的状态。换句话说，当触发器当前 Q 为

"0"时,即使 D 改为"1",触发器也维持 $Q=0$ 而阻止将其改为"1"。

② 设原来 $Q=D^*=1$,则 $c=b=1,a=d=0$。若输入端数据 $D=0$,因 $d=0$,与非门 G_3、G_6 被封锁,b、c 维持"1"状态不变,进而与非门 G_4 的输出 d 维持"1"状态不变。换句话说,当触发器当前 Q 为"1"时,即使 D 改为"0",触发器也维持 $Q=1$ 而阻止将其改为"0"。

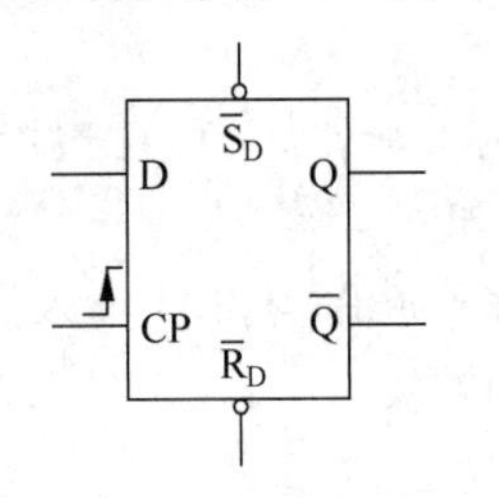

图 2.57　带异步复位置位功能边沿 D 触发器逻辑符号

即当 CP=1 时,无论输入数据如何,均不影响触发器原来的状态。

(4) CP 从"0"变为"1":与非门 G_3、G_4 被封锁,触发器维持原状态不变。

即边沿触发 D 触发器只有 CP 上升沿到来时才会将输入送到触发器保存,否则触发器状态不变。

带异步复位置位上升沿触发的边沿触发 D 触发器逻辑符号如图 2.57 所示。

2.3.2　寄存器

1. 寄存器的基本概念

触发器可以记忆 1 位二进制信息,将 n 个($n\geqslant 1$)触发器有序排列,并使它们工作在同一个时钟下,就构成一个 n 位寄存器,它可以保存 n 位二进制信息。

构造寄存器最简单的做法就是将多个触发器直接串起来。例如,可以用 4 个 D 触发器构成 4 位寄存器,如图 2.58 所示。

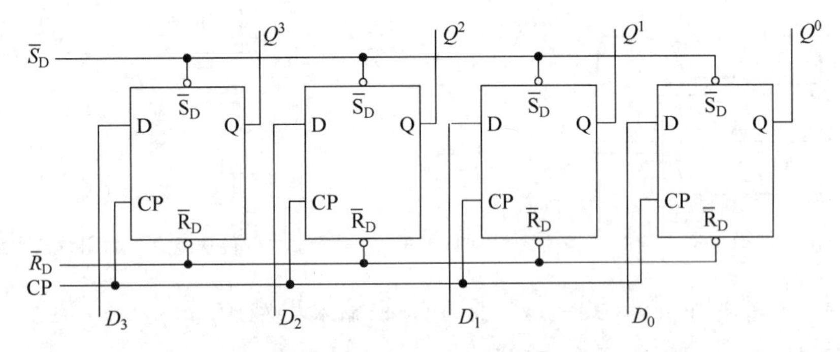

图 2.58　用 4 个 D 触发器构成 4 位寄存器

但是这种方法存在一个问题。因为时钟信号是周期性的,因此 D 触发器的上升沿也是不断来到的,如果输入数据撤销,则无法保证触发器保持原来的状态,即原数据无法稳定保存。

要想使寄存器具备保持数据的功能,就需要为寄存器提供稳定的数据来源,一种简单的改进方法如图 2.59 所示。

它将每个触发器的输出反馈到自身的输入端,并利用一个与或门来选择是将新的数据送入触发器,还是将原来的数据重新送入触发器(保持原来的数据不变):当选择信号 $E=1$ 时,送入新的数据;当选择信号 $E=0$ 时,保持原来的数据不变。

2. 移位寄存器

移位寄存器是数字电路中的一种基本器件,它能够在时钟信号的驱动下,依次将输入的数据向左或向右移动 1b,实现数据的串行输入并行输出,或者并行输入串行输出。

移位寄存器就是在基本寄存器的基础上,将相邻的两个触发器对应的输出连接到相应的输入,如图 2.60 所示就是一个具备右移 1 位功能的串行输入并行输出移位寄存器。同理,可以构成具备左移功能的移位寄存器。

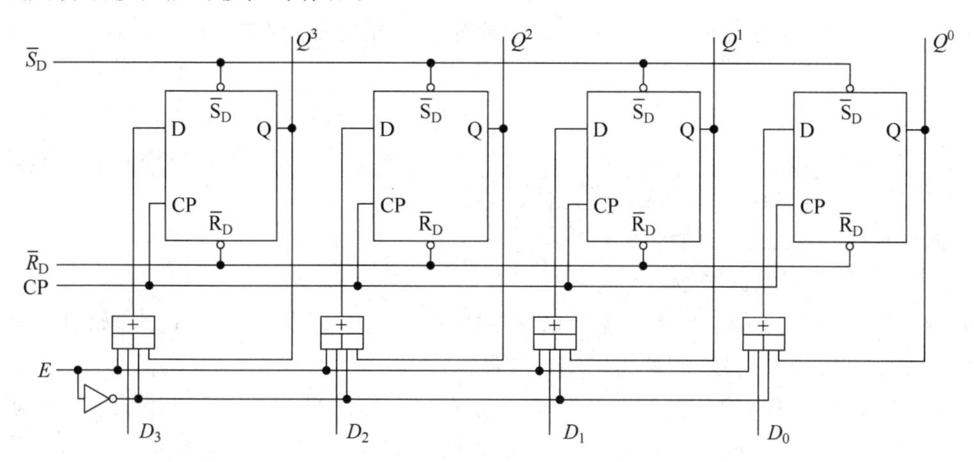

图 2.59　用 4 个 D 触发器构成可保持数据的 4 位寄存器

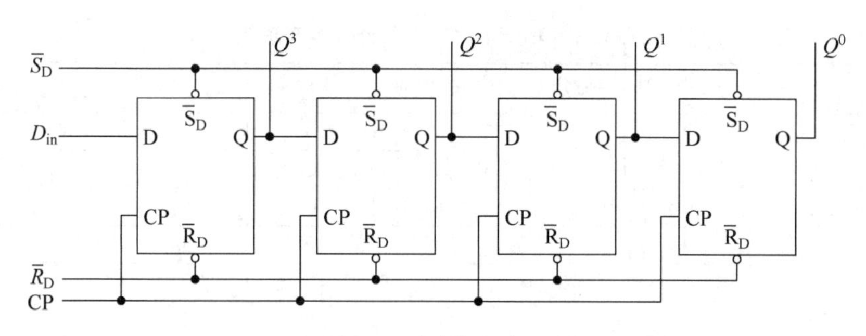

图 2.60　移位寄存器

如果将移位寄存器最末端的输出反馈到最前端的输入，就构成了循环移位寄存器，如图 2.61 所示就是循环右移移位寄存器。

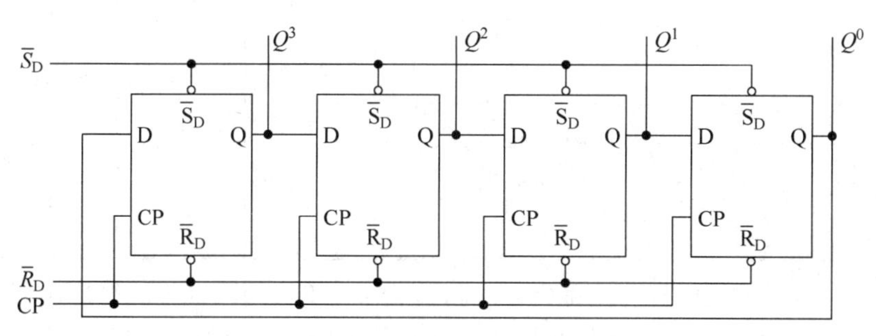

图 2.61　循环移位寄存器

▶ 2.3.3　计数器

1. 计数器基本概念

计数器是数字逻辑电路中的一种常见部件，它用于实现对时钟脉冲 CP 进行计数。计数器利用寄存器实现，寄存器的不同状态用于与所计数字实现一一对应，每来一个时钟脉冲 CP，寄存器的状态发生一次变化，即计数器的值发生一次变化。

计数器的状态是按照一定次序循环出现的，但是需要注意的是，n 个触发器构成的寄存器一共可以有 2^n 的状态，但是所需要的计数器并不都是恰好有 2 的幂次个状态，例如十进制计数器，有些状态是不应该出现的，我们称这些不应该出现的状态为无效状态，而将应该出现的状态称为有效状态，并称循环中的(有效)状态数为计数器的模，例如，模 10 计数器(十进制计数器)、模 60 计数器等。

计数器可以有不同的分类，例如，按计数脉冲的引入方式，分为同步计数器、异步计数器；按计数器的模(即进制)，分为二进制计数器、十进制计数器、任意进制计数器；按计数器的功能，分为加法计数器、减法计数器、可逆计数器等。

下面讨论时，均以加法计数器为例。

2. 异步 4 位二进制计数器

异步计数器是指构成计数器的各个触发器的时钟信号各不相同；反过来，如果各触发器均使用同一个时钟脉冲信号，则称为同步计数器。

4 位二进制共有 16 种状态，即异步 4 位二进制计数器的模为 16，计数器状态变化规律为 0000→0001→0010→…→1111→0000→…，其真值表如表 2.8 所示，其中，Q^{in} 是当前状态计数器各位的值，$Q^{i(n+1)}$ 是下一状态计数器各位的值。

表 2.8　异步 4 位二进制计数器真值表

N	Q^{3n}	Q^{2n}	Q^{1n}	Q^{0n}	$Q^{3(n+1)}$	$Q^{2(n+1)}$	$Q^{1(n+1)}$	$Q^{0(n+1)}$
0	0	0	0	0	0	0	0	1
1	0	0	0	1	0	0	1	0
2	0	0	1	0	0	0	1	1
3	0	0	1	1	0	1	0	0
4	0	1	0	0	0	1	0	1
5	0	1	0	1	0	1	1	0
6	0	1	1	0	0	1	1	1
7	0	1	1	1	1	0	0	0
8	1	0	0	0	1	0	0	1
9	1	0	0	1	1	0	1	0
10	1	0	1	0	1	0	1	1
11	1	0	1	1	1	1	0	0
12	1	1	0	0	1	1	0	1
13	1	1	0	1	1	1	1	0
14	1	1	1	0	1	1	1	1
15	1	1	1	1	0	0	0	0

我们当然可以根据真值表分别得到 4 个输出 $Q^{i(n+1)}$ 的逻辑表达式，然后用门电路实现这个异步计数器，但是更常用的方法是利用各种触发器来构建相应的计数器。

仔细观察这个异步 4 位二进制计数器的真值表，发现每来到一个时钟脉冲 CP，最低位输出 Q^0 的状态翻转一次；而较高位输出 $Q^{1\sim3}$ 的状态都是在相邻较低位触发器状态由"1"变为"0"时翻转。

把各位的状态变化与时钟 CP 联系起来，发现它们的关系(见图 2.62)实际上是 Q^0 对时钟二分频，Q^1 对时钟四分频，Q^2 对时钟八分频……

主从 J-K 触发器当 $J=K=1$ 时，一旦 CP 的下降沿到来，触发器的状态即发生翻转，因此可以考虑使用主从 J-K 触发器实现这个异步 4 位二进制计数器，其中，时钟信号(即计数脉冲)仅加到最低位触发器的时钟端，其他各位触发器由相邻低位输出的进位触发，即相邻低位的输出接到相邻高位的时钟端(见图 2.63)，显然各位触发器的状态的变换有先有后，因此是异步的。

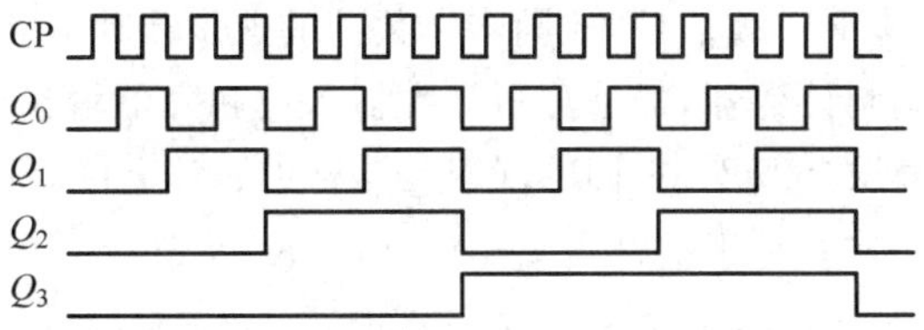

图 2.62 异步 4 位二进制计数器各位状态变化关系

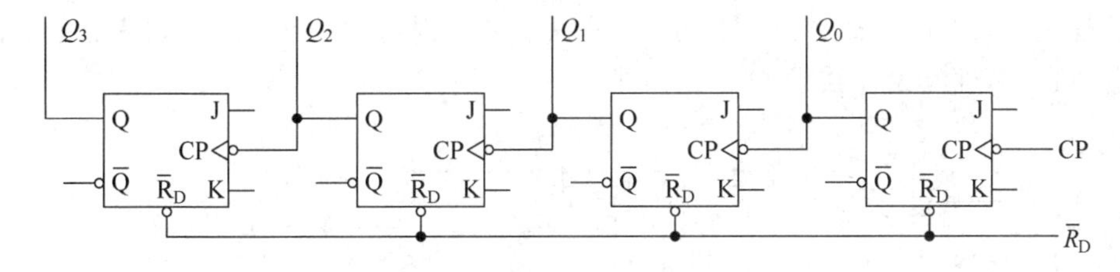

图 2.63 利用 J-K 触发器实现异步 4 位二进制计数器

需要特别提醒的是，在集成电路中，输入端浮空视作高电位，对于正逻辑而言，相当于“1”，这里所有的 J、K 均浮空，即相当于 $J=K=1$。

每次开始计数时，由异步复位信号 $\bar{R}_D$ 将所有触发器均清零，即计数器从“0000”开始计数；此后，当第 1 个时钟脉冲到来时，最低位输出 Q^0 翻转一次，计数器状态为“0001”；当第 2 个时钟脉冲到来时，最低位输出 Q^0 再翻转一次，变成了“0”，因为这 1 位同时作为次低位的时钟信号，即次低位的时钟来了一个下降沿，因此次低位输出也发生了翻转，变成了“1”，即计数器状态为“0010”；…；当计数器状态为“1111”时，再来一个时钟脉冲，将使得所有触发器均翻转一次，都变为“0”，即计数器又从“0000”重新计数。

除了主从 J-K 触发器，边沿触发的 D 触发器也可以实现翻转。例如，对于上升沿触发的 D 触发器，只需将 $\bar{Q}$ 端反馈到其数据输入端 D，当时钟脉冲 CP 的上升沿来到时，将使得触发器状态发生翻转。

但是，触发器翻转只能作用于每一位上，异步 4 位二进制触发器较高位是对较低位的分频，如何实现分频呢？分析各位输出间的关系发现，最低位 Q^0 每当时钟 CP 的上升沿到来时，发生翻转；次低位 Q^1 则是在每当 Q^0 的下降沿到来时发生翻转。换句话说，它其实是在 $\bar{Q}^0$ 的上升沿到来时发生翻转。因为 D 触发器的 Q^0 和 $\bar{Q}^0$ 是成对出现的，因此，只需将 $\bar{Q}^0$ 作为次低位触发器的时钟信号即可实现对 Q^0 的二分频。这样，可以得到使用上升沿触发的 D 触发器构成的异步 4 位二进制计数器如图 2.64 所示。

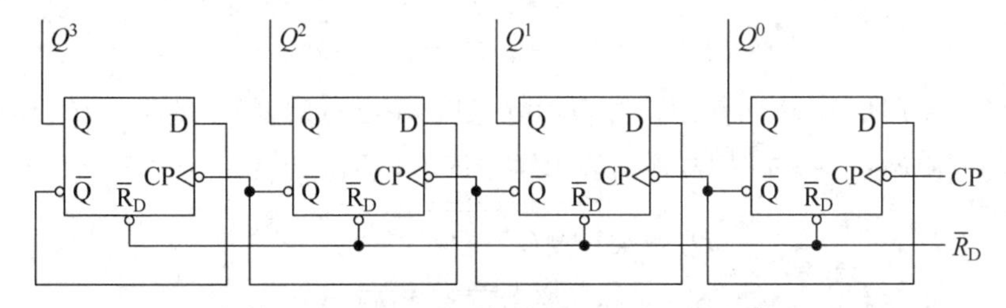

图 2.64 利用 D 触发器实现异步 4 位二进制计数器

3. 同步 4 位二进制计数器

前面讨论的计数器每一位触发器均使用不同的时钟信号，属于异步计数器，同步计数器要求每一位触发器均使用相同的时钟脉冲，由于时钟信号相同，因此同步计数器的各个触发器可以同时翻转，而不需要等待下一级信号，故同步计数器的速度要比异步计数器的快。

为设计同步 4 位二进制计数器，仍从分析计数器各位触发器输出的规律入手。

假如使用主从 J-K 触发器实现，它们的规律是这样的：对于最低位 Q^0，当 $J_0=K_0=1$ 时，每来一个时钟脉冲翻转一次；对于次低位 Q^1，当 $J_1=K_1=Q^0=1$ 时，每来一个时钟则翻转；对于次高位 Q^2，当 $Q^0=Q^1=1$ 即 $J_2=K_2=Q^0Q^1$ 时，每来一个时钟则翻转；对于最高位 Q^3，当 $Q^0=Q^1=Q^2=1$ 即 $J_3=K_3=Q^0Q^1Q^2$ 时，每来一个时钟则翻转。

因为这里使用同一个时钟脉冲信号，因此只需要将对应每一位的 J、K 按照上面的关系连接好就可以了，即其设计结果如图 2.65 所示。

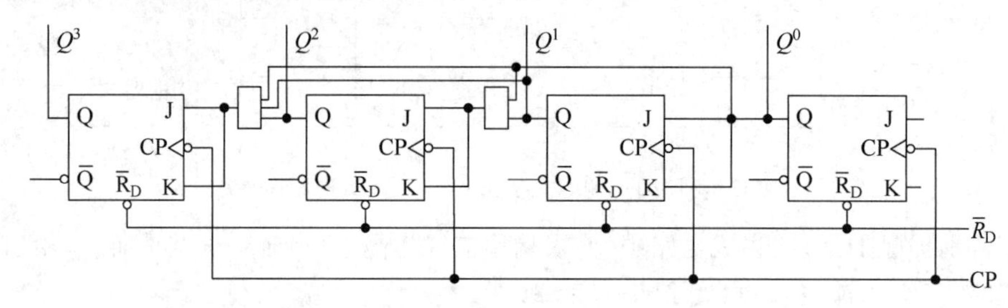

图 2.65 利用 J-K 触发器实现同步 4 位二进制计数器

当然，并非所有的计数器都可以这样简单地发现其规律，通常可以借助卡诺图等工具完成计数器的设计。例如，下面尝试使用上升沿触发的 D 触发器设计实现同步 4 位二进制计数器。

Q^3Q^2 \ Q^1Q^0	00	01	11	10
00	0001	0010	0100	0011
01	0101	0110	1000	0111
11	1101	1110	0000	1111
10	1001	1010	1100	1011

图 2.66 同步 4 位二进制计数器卡诺图

根据前面的分析可知，对于 D 触发器，只需要将下一时刻的值反馈到触发器的数据输入端 D，当时钟上升沿来到时，就可以使得触发器成为指定的状态，因此，这里需要分析触发器下一个状态 $Q^{3(n+1)}Q^{2(n+1)}Q^{1(n+1)}Q^{0(n+1)}$ 与当前状态 $Q^3Q^2Q^1Q^0$ 之间的关系，为此，画出其卡诺图如图 2.66 所示。

卡诺图中，输入变量是 $Q^3Q^2Q^1Q^0$，输出变量是 $Q^{3(n+1)}Q^{2(n+1)}Q^{1(n+1)}Q^{0(n+1)}$，也就是 $D_3D_2D_1D_0$。为了分别得到 D_3、D_2、D_1、D_0 的逻辑表达式，将这个卡诺图拆分成 4 个子图，如图 2.67 所示。

显然，$D_0=\overline{Q}^0$；需要注意的是，这里的 $\overline{Q}^0$ 是触发器的一个单独的信号，而不是对 Q^0 取反后的结果。

$$D_1=Q^0\overline{Q}^1+\overline{Q}^0Q^1=\overline{\overline{Q}^1\oplus\overline{\overline{Q}}^0}$$

这里同样不使用信号 Q 而使用信号 $\overline{Q}$，并尽量复用已有的逻辑，故 $D_1=Q^1\oplus Q^0$。

按照同样的思路，可以得到 D_2、D_3 的逻辑函数表达式：

$$D_2=\overline{\overline{Q}^2\oplus\overline{\overline{Q}^1+\overline{Q}^0}},$$

$$D_3=\overline{\overline{Q}^3\oplus\overline{\overline{Q}^2+\overline{Q}^1+\overline{Q}^0}}。$$

于是得到利用上升沿触发的 D 触发器构成的同步 4 位二进制计数器逻辑图如图 2.68 所示。

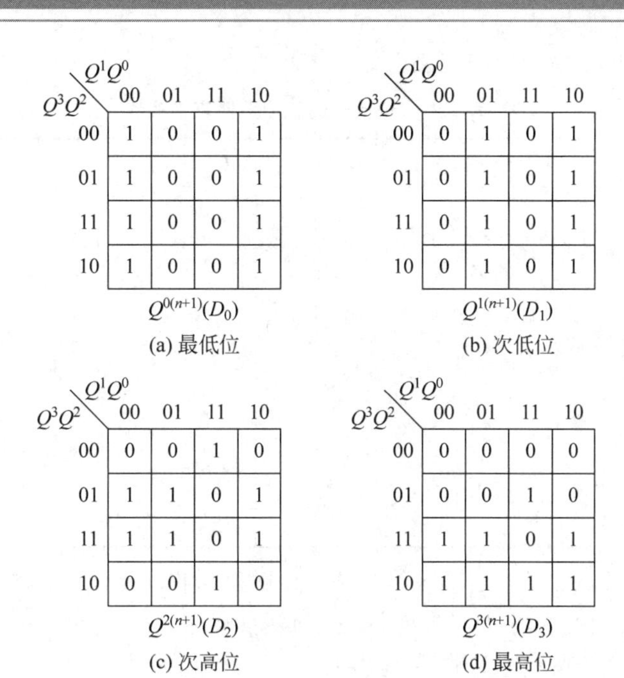

图 2.67　拆分的同步 4 位二进制计数器卡诺图

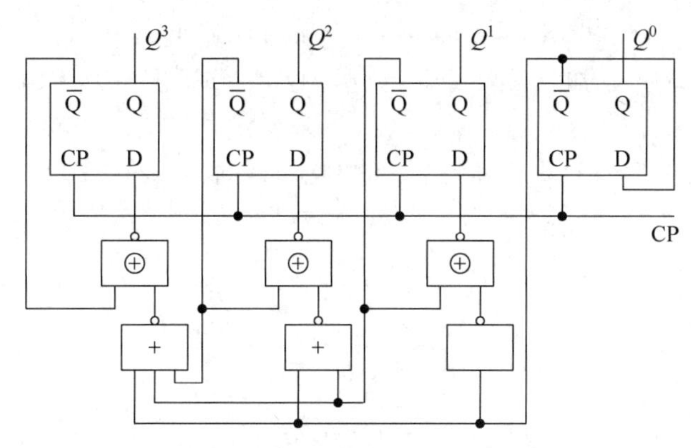

图 2.68　利用 D 触发器实现同步 4 位二进制计数器

可以看到，它比利用主从 J-K 触发器设计要复杂一些。相对复杂的设计，往往带来成本、功耗的上升和速度的下降，以及系统可靠性的降低等。

4. 同步加法十进制计数器

同步加法十进制计数器的状态转移图如图 2.69 所示。

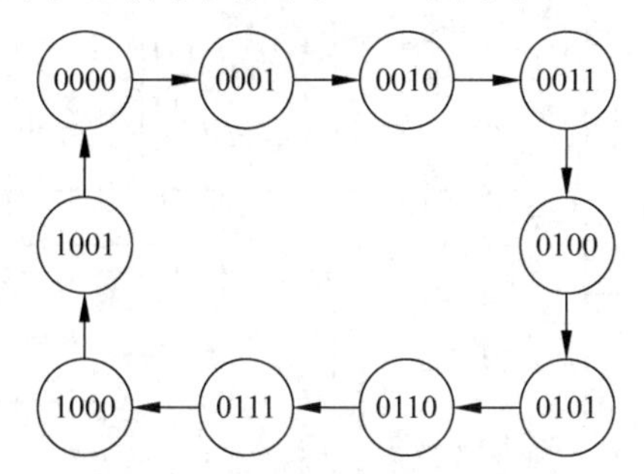

图 2.69　同步十进制计数器状态转移图

根据状态转移图,可以得到其真值表如表 2.9 所示。

表 2.9 同步十进制计数器真值表

N	Q^{3n}	Q^{2n}	Q^{1n}	Q^{0n}	$Q^{3(n+1)}$	$Q^{2(n+1)}$	$Q^{1(n+1)}$	$Q^{0(n+1)}$
0	0	0	0	0	0	0	0	1
1	0	0	0	1	0	0	1	0
2	0	0	1	0	0	0	1	1
3	0	0	1	1	0	1	0	0
4	0	1	0	0	0	1	0	1
5	0	1	0	1	0	1	1	0
6	0	1	1	0	0	1	1	1
7	0	1	1	1	1	0	0	0
8	1	0	0	0	1	0	0	1
9	1	0	0	1	0	0	0	0

如果使用主从 J-K 触发器设计,因为主从 J-K 触发器在 $J=K=1$ 时发生翻转,故只需要分析使相应触发器发生翻转时的条件即可,它们是:

$J_0=K_0=1$(即只要来时钟脉冲,一定翻转)

$J_1=K_1=\bar{Q}^3Q^0$(只有当 $Q^0=1$、$Q^3=0$ 时,来一个时钟脉冲,才翻转)

$J_2=K_2=Q^1Q^0$(只有当 $Q^0=Q^1=1$ 时,来一个时钟脉冲,才翻转)

$J_3=K_3=Q^2Q^1Q^0+Q^3Q^0$(只有当 $Q^0=Q^1=Q^2=1$ 或 $Q^0=Q^3=1$ 时,来一个时钟脉冲,才翻转)

如果使用上升沿触发的 D 触发器设计,可以化简得到相应的逻辑表达式:

$$D_0=\bar{Q}^0$$

$$D_1=\overline{\bar{\bar{Q}}^0 \oplus \bar{Q}^1}\cdot(\bar{Q}^0+\bar{Q}^3)$$

$$D_2=\overline{\overline{\bar{Q}^0+\bar{Q}^1} \oplus \bar{Q}^2}$$

$$D_3=\overline{\overline{\bar{Q}^0+\bar{Q}^1+\bar{Q}^2} \oplus \bar{Q}^3}\cdot(\bar{Q}^0+\bar{Q}^3)$$

根据逻辑表达式,即可得到相应的逻辑电路图,如图 2.70 所示就是利用主从 J-K 触发器设计的同步加法十进制计数器的逻辑电路图,其中,$\bar{R}_D$ 是异步复位信号,当 $\bar{R}_D=0$ 时,实现异

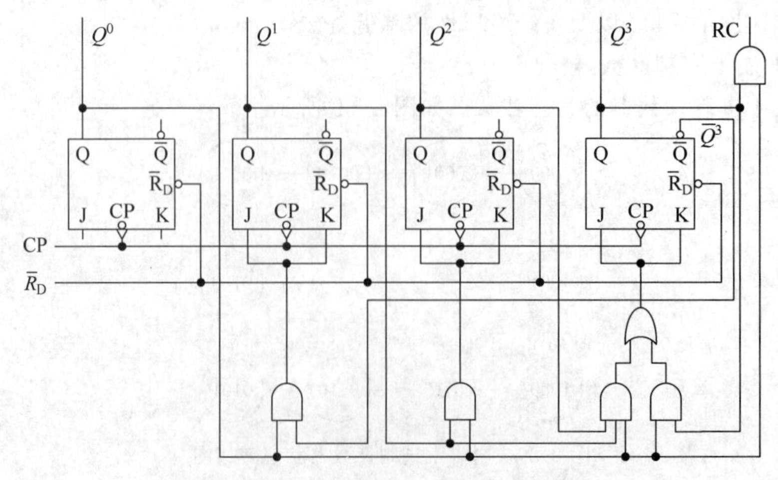

图 2.70 利用 J-K 触发器实现同步十进制计数器

步清零，各触发器均输出“0”，即计数器状态为“0000”，也就是十进制的“0”；当 $\overline{R}_D=1$ 时，计数器处于工作状态；信号 RC 则用于标记计数器当前处于最大值“1001”（十进制的“9”）。

将它与利用主从 J-K 触发器设计的 4 位二进制计数器相比，发现二者大同小异，但是要复杂一些。事实上，计数器的功能不同、计数方式不同或模数不同，其内部结构必然不同。

当然，计数器设计中其实还有很多问题值得探讨，例如，对于十进制计数器，因为 4 位编码共有 16 种状态，其中有些状态是不用的，或者称为“非法”的，当计数器处于“非法”状态时，能否快速回到“合法”状态（计数器是否具备“自启动”能力）？再如，计数器可否“倒数”？可否双向计数？等等。

5. 集成计数器

除了自己设计，在进行数字系统设计的时候还可以使用集成电路厂商设计好的集成计数器，74LS160 就是一款用主从 J-K 触发器实现的带异步清零、并行置数的同步十进制计数器，如图 2.71 所示是其内部逻辑结构图，可以看到，其基本结构与前面的设计是一样的。如图 2.72 所示是同步加法十进制计数器 74LS160 的逻辑图。

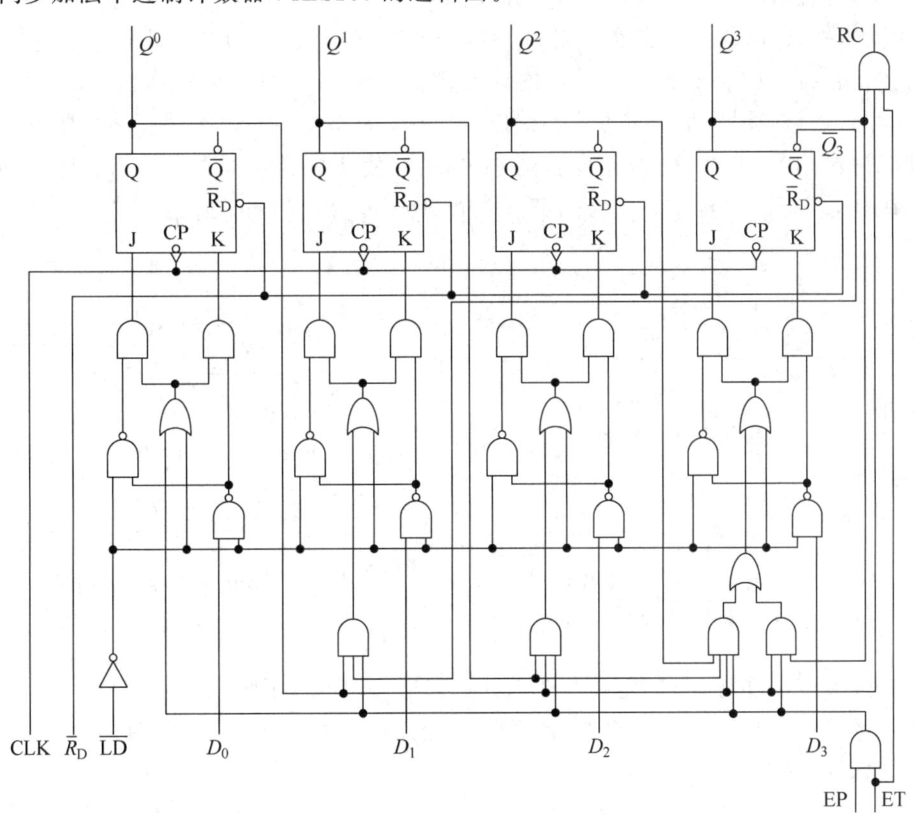

图 2.71　74LS160 内部逻辑结构图

74LS160 通过信号 $\overline{LD}$ 控制并行置数：当 $\overline{LD}=0$ 时，来自数据输入端 $D_{0\sim3}$ 的值互补地送入触发器保存，从而实现并行置数；当 $\overline{LD}=1$ 时，计数器处于正常工作状态（计数状态）。

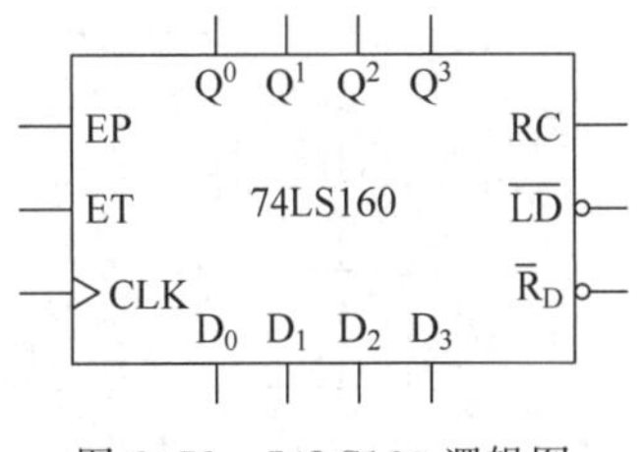

图 2.72　74LS160 逻辑图

信号 ET、EP 是计数使能控制端，若计数器当处于计数状态（即 $\overline{LD}=1$）：当 ET=0 时，计数器锁住（保持不变）且将信号 RC 清零；当 ET=1 时，若 EP=1，继续计数，若 EP=0，计数器保持。

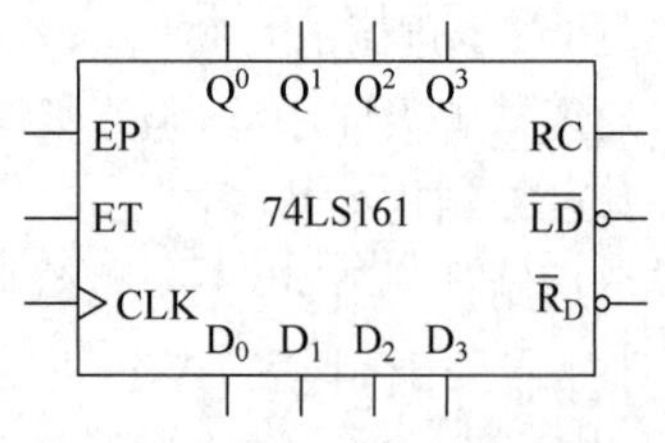

图 2.73　74LS161 逻辑图

同理，任意进制计数器也可单独设计并制作成相应的集成电路芯片，例如，图 2.73 就是同步加法 4 位二进制计数器 74LS161 的逻辑图，它的各个引脚功能与 74LS160 类似，例如，RC 也用于标记计数达到最大值，只不过这里的最大值不是“1001”而是“1111”。

利用各种集成计数器，可构成任意进制计数器。例如，可以用 74LS161 实现模 11 计数器。

假定计数器从“0”开始计数，那么它应该有从“0”到“10”共 11 种有效状态，使用 74LS161 实现时可以有两种方法。

第一种方法是采用同步置数方式：将 74LS161 的数据输入端固定接“0”，每当计数器到达十进制“10”(二进制“1010”)时，使 $\overline{\mathrm{LD}}=0$，在下一个时钟到来时，利用主从 J-K 触发器的“置数”功能，将计数器置为“0000”，其逻辑电路图如图 2.74 所示。

采用同步置数方式时，异步复位端 $\bar{R}_{\mathrm{D}}$ 仅在开始工作时使之为“0”，此后固定为“1”，且计数使能控制端 ET=EP=1，维持计数器的计数状态不变。

另一种方法是采用异步清零方式。仍假定计数器从“0”开始计数，每当计数器达到十进制“11”(即二进制“1011”)时，使得异步复位端 $\bar{R}_{\mathrm{D}}=0$，使计数器异步清零；同样地，需使 ET=EP=1，维持计数器的计数状态，并使 $\overline{\mathrm{LD}}=1$，即逻辑电路如图 2.75 所示。

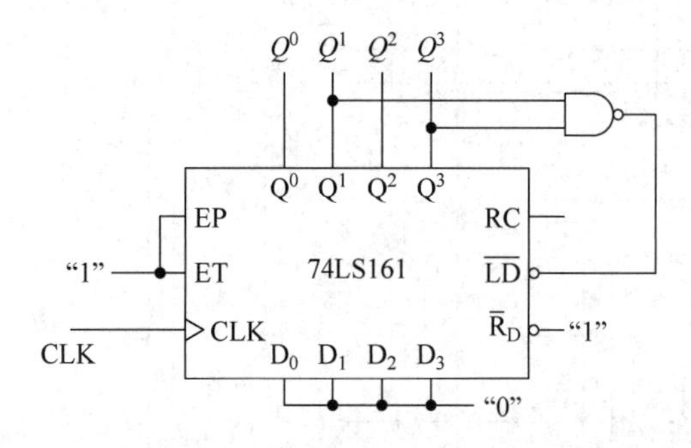

图 2.74　利用 74LS161 采用同步置数方式实现模 11 计数器

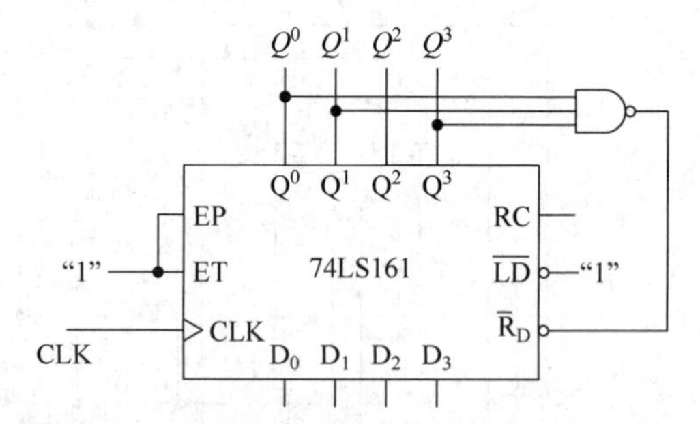

图 2.75　利用 74LS161 采用异步清零方式实现模 11 计数器

在这里，由于置数端 $\overline{\mathrm{LD}}$ 固定接“1”，因此数据输入端可以不管。

再如，将两片 74LS161 串接起来，就可以实现 8 位二进制计数器。如图 2.76 所示是一种并行进位的连接方式。

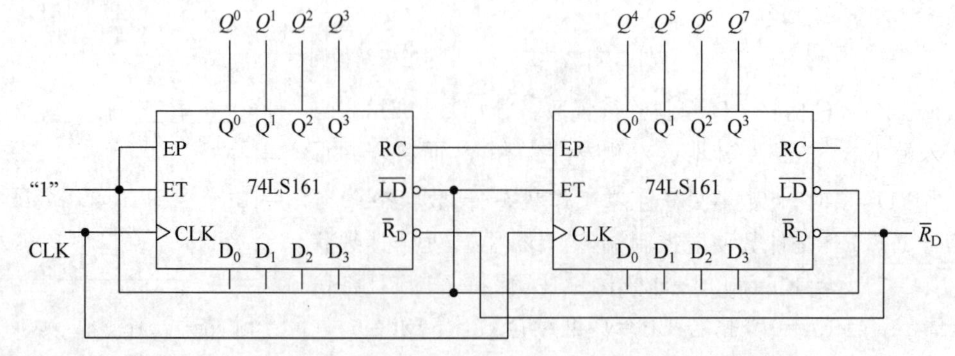

图 2.76　利用 74LS161 采用并行进位方式实现 8 位二进制计数器

在并行进位方式下，两片74LS161使用相同的时钟信号以及异步复位信号，且二者的置数端均接"1"，但是低位片的计数使能控制端EP、ET固定接"1"以维持计数状态不变，高位片则仅ET固定接"1"，EP则连接到低位片的RC输出端，它使得高位片只有在低位片记满（即为"1111"）时才进入计数模式（再来一个时钟，则增1），否则保持。

还有一种串行进位方式，在这里两片74LS161不使用相同的时钟信号，而是将低位片的RC输出作为高位片的时钟信号，如图2.77所示。

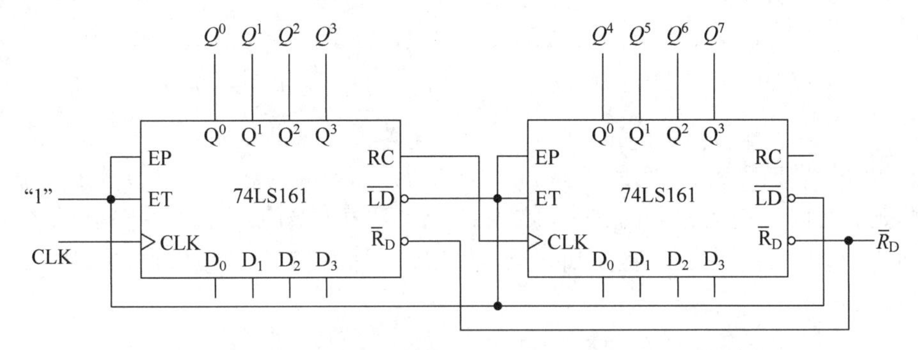

图2.77　利用74LS161采用串行进位方式实现8位二进制计数器

在这种串行进位方式下，只有当低位片记满（变为"1111"）后，再来一个时钟变为"0000"时，高位片的时钟下降沿才到来，此时高位片计数+1。

类似地，可以利用两片74LS160实现百进制计数器，如图2.78所示。

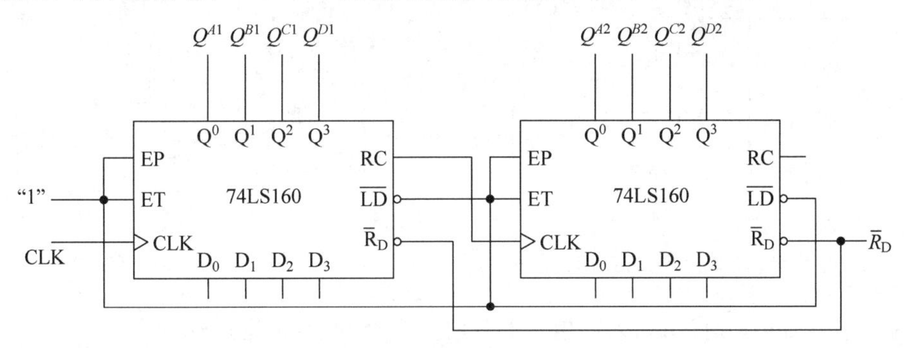

图2.78　利用74LS160实现百进制计数器

在这个百进制计数器中，低位片输出的4位二进制用于表示个位数，高位片输出的则用于表示十位数。

2.4　加法器及其加速方法

中央处理器（CPU）是计算机系统的核心处理部件，其性能一定程度决定了计算机的性能。中央处理器由控制器与运算器两大部分组成，运算器的核心部件是算术逻辑单元（ALU），计算机进行的所有操作最后都由ALU通过算术或逻辑运算完成。ALU的基本结构是先行进位加法器，因此，学习和了解加法器以及ALU的组成与结构不仅是学习和了解计算机工作原理的重要部分，同时是学习和了解计算机性能提升方法的重要环节。

2.4.1　半加器与全加器

1. 半加器

半加器是不考虑进位输入，完成两个一位数相加的逻辑器件。

半加器的逻辑表达式：

$$H_n = \bar{X}_n Y_n + X_n \bar{Y}_n = X_n \oplus Y_n$$
$$C_n = X_n Y_n$$

2. 全加器

全加器是考虑进位输入，完成两个一位数相加的逻辑器件。

全加器的逻辑表达式：

$$F_n = X_n \bar{Y}_n \bar{C}_{n-1} + \bar{X}_n Y_n \bar{C}_{n-1} + \bar{X}_n \bar{Y}_n C_{n-1} + X_n Y_n C_{n-1}$$
$$C_n = X_n Y_n \bar{C}_{n-1} + X_n \bar{Y}_n C_{n-1} + \bar{X}_n Y_n C_{n-1} + X_n Y_n C_{n-1}$$

即 X_n、Y_n、C_{n-1} 中有奇数个“1”时，$F_n = 1$；X_n、Y_n、C_{n-1} 中有两个以上是“1”时，$C_n = 1$。

全加器逻辑图如图 2.79 所示，组成一位全加器共需两个与或非门、5 个非门。假设各种门电路的延时相同[①]，则从 X_n、Y_n、C_{n-1} 产生 F_n、C_n 需要三级门延时。

因为 $F_n = X_n \oplus Y_n \oplus C_{n-1}$，故全加器也可以用两个半加器（即异或门）实现，其对应的逻辑图如图 2.80 所示。

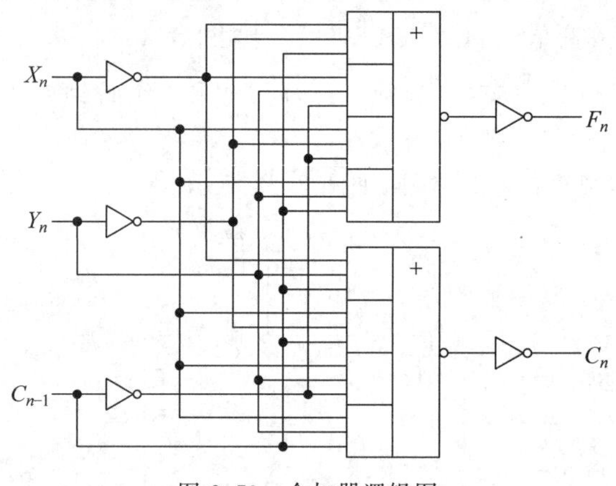

图 2.79　全加器逻辑图

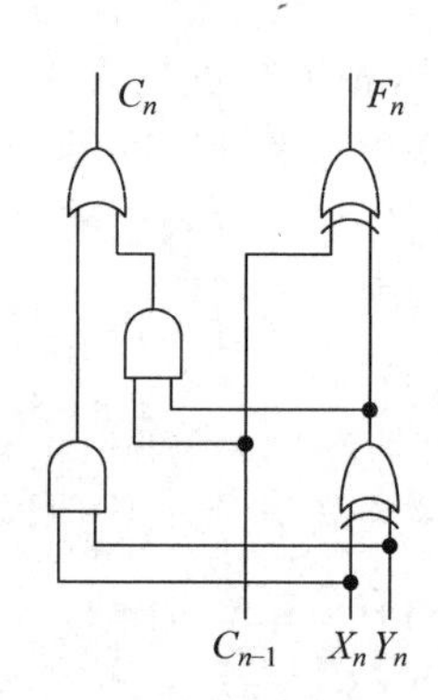

图 2.80　用半加器构成全加器

用两个半加器实现时，由输入产生和的延时为二级，产生进位的延时为三级。

2.4.2　加法器

加法器是完成两个多位二进制数码相加的部件。

加法器分为串行加法器和并行加法器两种。

串行加法器由一个全加器和一个保存进位触发器构成。由低位起向高位，每步只完成 1 位运算，完成两个 n 位数相加需要 $n+1$ 步（一位符号位）。其优点是使用硬件少，但是速度很慢。

并行加法器各位求和并行进行，完成 n 位数全字长两数相加只需一步，由 n 个全加器构成。

并行加法器分为两类：串行进位并行加法器和超前进位加法器。

1. 串行进位并行加法器

将低位的进位输出连到相邻高位的进位输入上，每一级进位直接依赖于前一级进位（通常

① 这只是本书为了简化分析给出的假设，实际上门延迟稍有差别，例如，与或非门的延迟可能是与门的 1.5 倍。

称为行波进位 Ripple Carry)，就构成了串行进位并行加法器。

如图 2.81 所示是一个 4 位串行进位并行加法器，在这种结构的加法器中，每一个全加器都是同时进行计算的，但是必须等低位进位 C_{i-1} 来到后才能得到本位全加和 F_i 以及本位进位 C_i，在此之前全加器虽然有输出，但不一定是正确的结果。

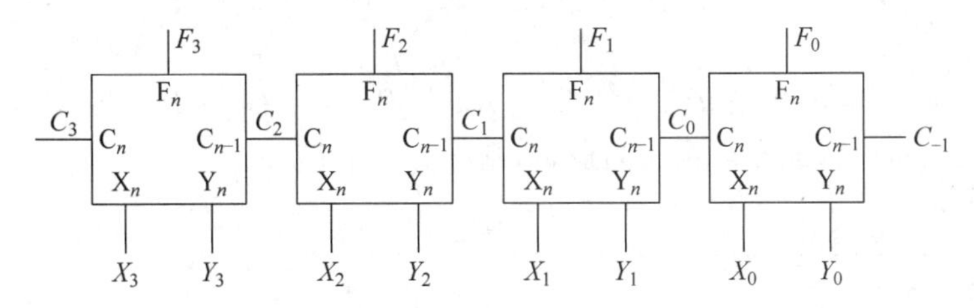

图 2.81　4 位串行进位并行加法器

串行进位并行加法器加法时间较长，而且加法时间与位数有关，位数越多，加法时间越长。只有改变进位逐位传送的路径，才能提高加法器工作速度。

2. 超前进位加法器

超前进位加法器又叫先行进位(Carry Look-Ahead)加法器、并行进位加法器、同时进位加法器。

其基本思想是：考虑任一位的进位时，把比它低的所有各位的两个相加数可能对本位的影响都一并考虑进去，形成统一的进位逻辑，从而使较高位的进位能与比它低的所有各位的进位同时形成。

▶ 2.4.3　4 位一组先行进位加法器

设小组内的 4 个进位信号为 C_{i+3}、C_{i+2}、C_{i+1}、C_i，则

$$
\begin{aligned}
C_i &= X_iY_i + X_iC_{i-1} + Y_iC_{i-1} \\
&= X_iY_i + (X_i + Y_i)C_{i-1} \\
C_{i+1} &= X_{i+1}Y_{i+1} + X_{i+1}C_i + Y_{i+1}C_i \\
&= X_{i+1}Y_{i+1} + (X_{i+1} + Y_{i+1})X_iY_i + (X_{i+1} + Y_{i+1})(X_i + Y_i)C_{i-1} \\
C_{i+2} &= X_{i+2}Y_{i+2} + X_{i+2}C_{i+1} + Y_{i+2}C_{i+1} \\
&= X_{i+2}Y_{i+2} + (X_{i+2} + Y_{i+2})X_{i+1}Y_{i+1} + (X_{i+2} + Y_{i+2})(X_{i+1} + Y_{i+1})X_iY_i + \\
&\quad (X_{i+2} + Y_{i+2})(X_{i+1} + Y_{i+1})(X_i + Y_i)C_{i-1} \\
C_{i+3} &= X_{i+3}Y_{i+3} + X_{i+3}C_{i+2} + Y_{i+3}C_{i+2} \\
&= X_{i+3}Y_{i+3} + (X_{i+3} + Y_{i+3})X_{i+2}Y_{i+2} + (X_{i+3} + Y_{i+3})(X_{i+2} + Y_{i+2})X_{i+1}Y_{i+1} + \\
&\quad (X_{i+3} + Y_{i+3})(X_{i+2} + Y_{i+2})(X_{i+1} + Y_{i+1})X_iY_i + \\
&\quad (X_{i+3} + Y_{i+3})(X_{i+2} + Y_{i+2})(X_{i+1} + Y_{i+1})(X_i + Y_i)C_{i-1}
\end{aligned}
$$

令 $G_i = X_iY_i$，称为进位生成函数(Carry Generate Function)；$P_i = X_i + Y_i$，称为进位传递函数(Carry Propagate Function)。其中，G_i 的含义是当 X_i、Y_i 均为“1”时，不管有无进位输入，定要产生向高位的进位；P_i 的含义是当 X_i、Y_i 中有一个为“1”时，若有进位输入，则本位向高位传递进位，这个进位可以看成是低位进位越过本位直接向高位传递的。

本位进位可表示为 $C_i = G_i + P_iC_{i-1}$，由此得到各位进位的超前进位公式：

$$C_i = G_i + P_iC_{i-1}$$

$$C_{i+1}=G_{i+1}+P_{i+1}C_i$$
$$=G_{i+1}+P_{i+1}G_i+P_{i+1}P_iC_{i-1}$$
$$C_{i+2}=G_{i+2}+P_{i+2}C_{i+1}$$
$$=G_{i+2}+P_{i+2}G_{i+1}+P_{i+2}P_{i+1}G_i+P_{i+2}P_{i+1}P_iC_{i-1}$$
$$C_{i+3}=G_{i+3}+P_{i+3}C_{i+2}$$
$$=G_{i+3}+P_{i+3}G_{i+2}+P_{i+3}P_{i+2}G_{i+1}+P_{i+3}P_{i+2}P_{i+1}G_i+P_{i+3}P_{i+2}P_{i+1}P_iC_{i-1}$$

将右侧的表达式改写成与或非门构成的逻辑，则

$$\bar{C}_i=\overline{G_i+P_iC_{i-1}}$$
$$\bar{C}_{i+1}=\overline{G_{i+1}+P_{i+1}G_i+P_{i+1}P_iC_{i-1}}$$
$$\bar{C}_{i+2}=\overline{G_{i+2}+P_{i+2}G_{i+1}+P_{i+2}P_{i+1}G_i+P_{i+2}P_{i+1}P_iC_{i-1}}$$
$$\bar{C}_{i+3}=\overline{G_{i+3}+P_{i+3}G_{i+2}+P_{i+3}P_{i+2}G_{i+1}+P_{i+3}P_{i+2}P_{i+1}G_i+P_{i+3}P_{i+2}P_{i+1}P_iC_{i-1}}$$

当与或非逻辑的乘积项超过 4 个时，电路需要进行扩展，最后一个表达式可转换为

$$C_{i+3}=\overline{\overline{G_{i+3}+P_{i+3}G_{i+2}+P_{i+3}P_{i+2}G_{i+1}+P_{i+3}P_{i+2}P_{i+1}G_i}\cdot\overline{P_{i+3}P_{i+2}P_{i+1}P_iC_{i-1}}}$$

显然，小组低三位进位 $C_{i+1}\sim C_{i+2}$ 直接使用与或门非逻辑实现，其中，G_i、P_i 和 C_{i-1} 为原变量输入，产生反变量的进位输出；小组最高位进位 C_{i+3} 则通过与非门实现对与或非逻辑的扩展，G_i、P_i 和 C_{i-1} 为原变量输入，产生原变量的进位输出。

注意，对于负逻辑，如果同样定义 $G_i=X_iY_i$、$P_i=X_i+Y_i$，则

$$\bar{C}_i=\bar{X}_i\bar{Y}_i+\bar{X}_i\bar{C}_{i-1}+\bar{Y}_i\bar{C}_{i-1}=\bar{X}_i\bar{Y}_i+(\bar{X}_i+\bar{Y}_i)\cdot\bar{C}_{i-1}$$
$$=\overline{X_i+Y_i}+\overline{X_iY_i}\bar{C}_{i-1}$$
$$=\bar{P}_i+\bar{G}_i\bar{C}_{i-1}$$

即逻辑表达式形式相似，但是 G 和 P 换了位置。

同理可得

$$\bar{C}_{i+1}=\bar{P}_{i+1}+\bar{G}_{i+1}\bar{P}_i+\bar{G}_{i+1}\bar{G}_i\bar{C}_{i-1}$$
$$\bar{C}_{i+2}=\bar{P}_{i+2}+\bar{G}_{i+2}\bar{P}_{i+1}+\bar{G}_{i+2}\bar{G}_{i+1}\bar{P}_i+\bar{G}_{i+2}\bar{G}_{i+1}\bar{G}_i\bar{C}_{i-1}$$
$$\bar{C}_{i+3}=\bar{P}_{i+3}+\bar{G}_{i+3}\bar{P}_{i+2}+\bar{G}_{i+3}\bar{G}_{i+2}\bar{P}_{i+1}+\bar{G}_{i+3}\bar{G}_{i+2}\bar{G}_{i+1}\bar{P}_i+\bar{G}_{i+3}\bar{G}_{i+2}\bar{G}_{i+1}\bar{G}_i\bar{C}_{i-1}$$

同样基于与或非门逻辑实现可得

$$C_i=\overline{\bar{P}_i+\bar{G}_i\bar{C}_{i-1}}$$
$$C_{i+1}=\overline{\bar{P}_{i+1}+\bar{G}_{i+1}\bar{P}_i+\bar{G}_{i+1}\bar{G}_i\bar{C}_{i-1}}$$
$$C_{i+2}=\overline{\bar{P}_{i+2}+\bar{G}_{i+2}\bar{P}_{i+1}+\bar{G}_{i+2}\bar{G}_{i+1}\bar{P}_i+\bar{G}_{i+2}\bar{G}_{i+1}\bar{G}_i\bar{C}_{i-1}}$$
$$\bar{C}_{i+3}=\overline{\overline{\bar{P}_{i+3}+\bar{G}_{i+3}\bar{P}_{i+2}+\bar{G}_{i+3}\bar{G}_{i+2}\bar{P}_{i+1}+\bar{G}_{i+3}\bar{G}_{i+2}\bar{G}_{i+1}\bar{P}_i}\cdot\overline{\bar{G}_{i+3}\bar{G}_{i+2}\bar{G}_{i+1}\bar{G}_i\bar{C}_{i-1}}}$$

可以发现，正逻辑、负逻辑先行进位加法器的函数表达式除了 G 和 P 换了位置，形式上完全相同。函数表达式形式相同，意味着硬件电路结构完全相同；变量换了位置，只需在接线时加以注意即可。

事实上，在先行进位加法器中，由于对于反变量仍然定义相同的 G 和 P，但 $\bar{G}_i=\overline{X_iY_i}=\bar{X}_i+\bar{Y}_i$，$\bar{P}_i=\overline{X_i+Y_i}=\bar{X}_i\bar{Y}_i$，因此可以将正逻辑、负逻辑 4 位一组先行进位加法器的电路统一起来，其逻辑图如图 2.82 所示。

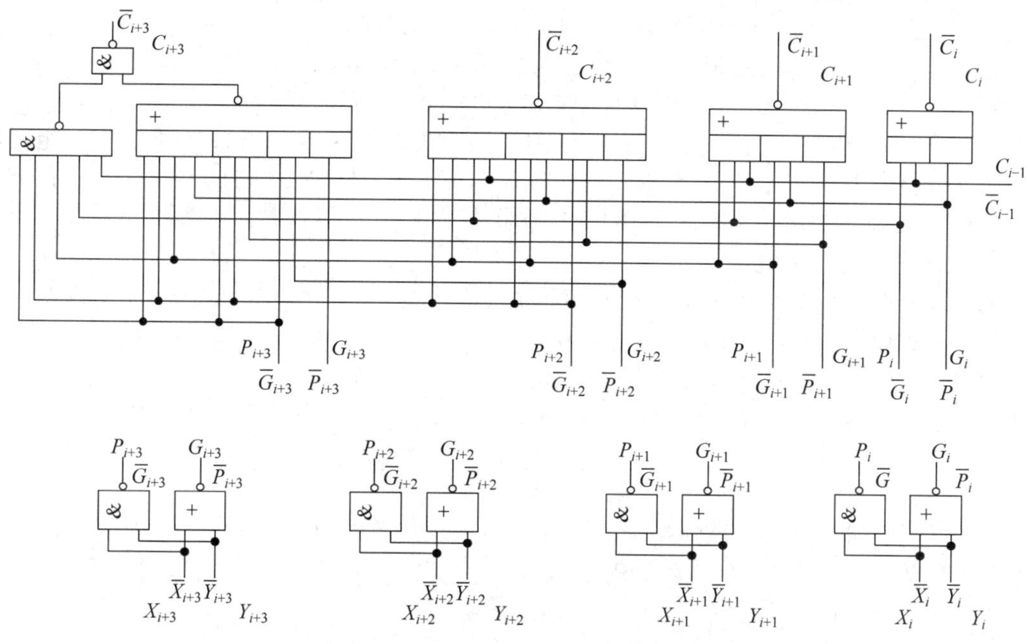

图 2.82　4 位一组先行进位加法器逻辑图

▶ 2.4.4　16 位加法器及其加速方法

对于多位加法，由于高位的进位形成逻辑涉及输入变量过多，将受到器件扇入系数的限制，在实现时存在困难，故常采用分级、分组的进位链结构，将所有参与运算的位分成适当位数的组，组内并行，组间串行或并行。

1. 组间串行组内并行法

为实现 16 位加法器，可将每 4 位分为 1 个小组，共分成 4 个小组，然后将各小组串行连接起来构成（如图 2.83 所示，图中各小组采用负逻辑）。

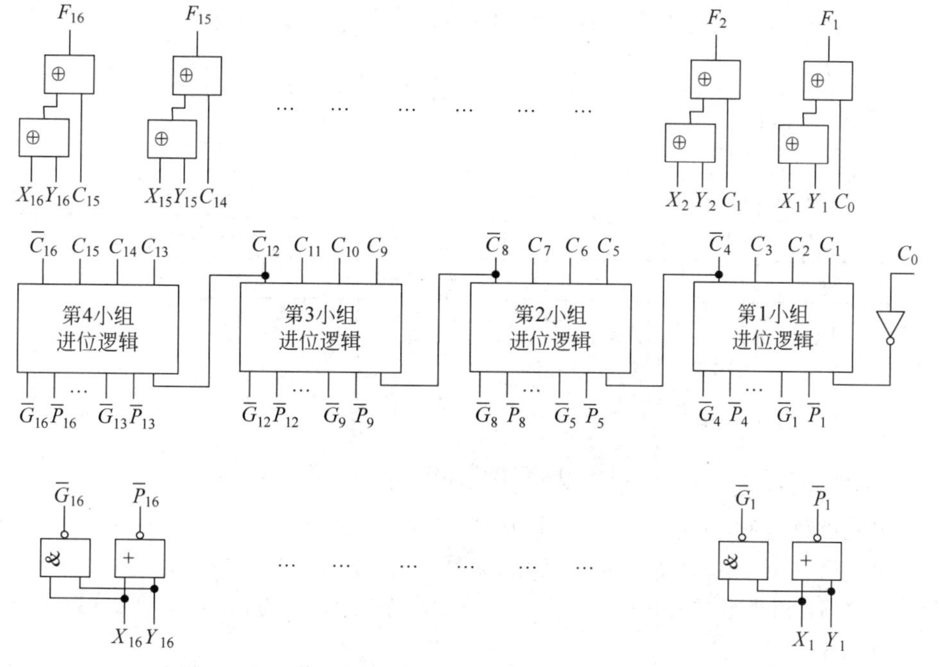

图 2.83　4 位一组组间串行组内并行 16 位加法器逻辑图

下面分析一下这种组间串行组内并行 16 位加法器的延迟情况。

由 X_i、Y_i、$C_0 \rightarrow C_{16}$ 的总延迟级为 $1+4\times2+1=10$。

由 X_i、Y_i、$C_0 \rightarrow F_{16}$ 的总延迟级为 $1+3\times2+1+1=9$。

进一步讨论，设字长为 64 位，每 4 位为一组，共分成 16 个小组。若采用组内并行、组间串行一级分组超级进位加法器，则由 X_i、Y_i、$C_0 \rightarrow C_{64}$ 的总延迟级为 $1+16\times2+1=34$，由 X_i、Y_i、$C_0 \rightarrow F_{64}$ 的总延迟级为 $1+15\times2+1+1=33$。

2. 二级分组先行进位法

把一级分组的小组看成位，每 4 个小组构成 1 个中组。每个小组有 4 个进位，称最高一位进位为小组进位。

设中组内的 4 个小组进位信号为 C_{I+3}、C_{I+2}、C_{I+1}、C_I，则

$$C_I=C_{i+3}=G_{i+3}+P_{i+3}G_{i+2}+P_{i+3}P_{i+2}G_{i+1}+P_{i+3}P_{i+2}P_{i+1}G_i+P_{i+3}P_{i+2}P_{i+1}P_iC_{i-1}$$

令

$$C_I=G_I+P_IC_{i-1}$$

其中，G_I 为小组的进位生成函数，$G_I=G_{i+3}+P_{i+3}G_{i+2}+P_{i+3}P_{i+2}G_{i+1}+P_{i+3}P_{i+2}P_{i+1}G_i$；$P_I$ 为小组的进位传递函数，$P_I=P_{i+3}P_{i+2}P_{i+1}P_i$。

于是有中组超前进位公式：

$$C_I=G_I+P_IC_{i-1}$$

$$C_{I+1}=G_{I+1}+P_{I+1}G_I+P_{I+1}P_IC_{i-1}$$

$$C_{I+2}=G_{I+2}+P_{I+2}G_{I+1}+P_{I+2}P_{I+1}G_I+P_{I+2}P_{I+1}P_IC_{i-1}$$

$$C_{I+3}=G_{I+3}+P_{I+3}G_{I+2}+P_{I+3}P_{I+2}G_{I+1}+P_{I+3}P_{I+2}P_{I+1}G_I+P_{I+3}P_{I+2}P_{I+1}P_IC_{i-1}$$

其形式与一级分组超级进位表达式形式完全相同。同样改写成与或非逻辑，则

$$\overline{C}_I=\overline{G_I+P_IC_{i-1}}$$

$$\overline{C}_{I+1}=\overline{G_{I+1}+P_{I+1}G_I+P_{I+1}P_IC_{i-1}}$$

$$\overline{C}_{I+2}=\overline{G_{I+2}+P_{I+2}G_{I+1}+P_{I+2}P_{I+1}G_I+P_{I+2}P_{I+1}P_IC_{i-1}}$$

$$C_{I+3}=\overline{\overline{G_{I+3}+P_{I+3}G_{I+2}+P_{I+3}P_{I+2}G_{I+1}+P_{I+3}P_{I+2}P_{I+1}G_I}\cdot\overline{P_{I+3}P_{I+2}P_{I+1}P_IC_{i-1}}}$$

对应的二级分组中组进位逻辑如图 2.84 所示。

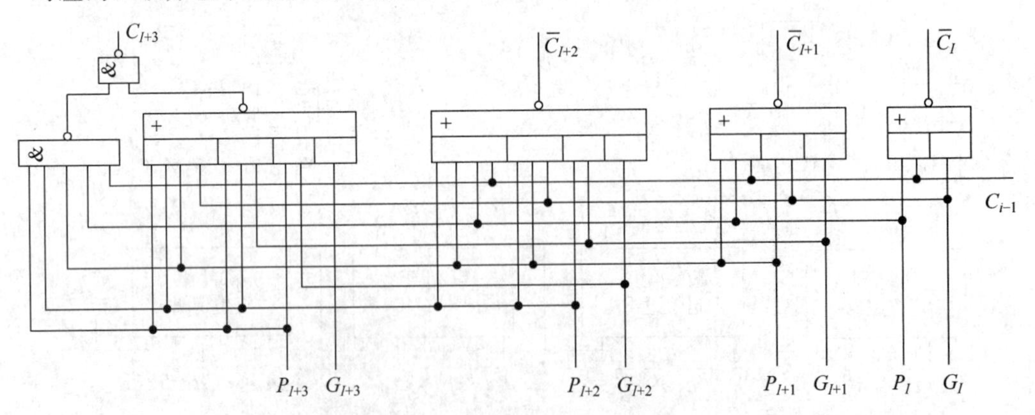

图 2.84 二级分组中组进位逻辑

当采用一级分组时，小组内产生 4 个进位信号 C_{i+3}、C_{i+2}、C_{i+1}、C_i；如果采用二级分组，每个小组的小组进位 C_{i+3} 不在小组内产生，而是以 C_I 形式在中组内产生，小组内产生小组的进位生成函数 G_I 和小组的进位传递函数 P_I 以及小组的低三位进位，即二级分组中的小组进位逻辑如图 2.85 所示。

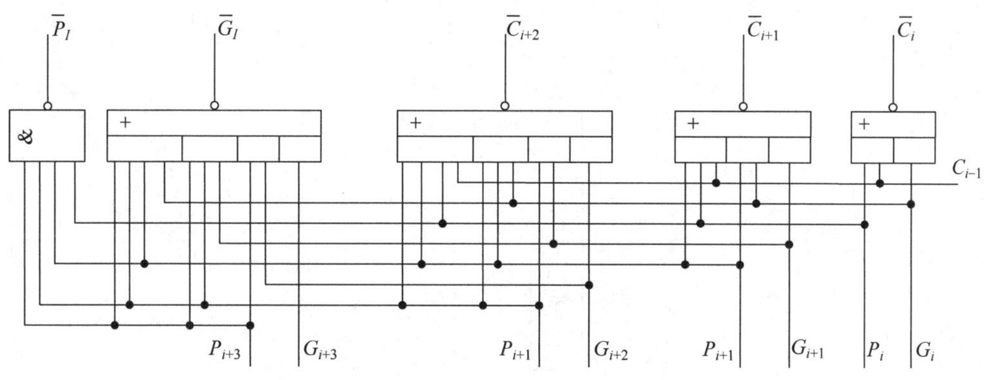

图 2.85 二级分组中的小组进位逻辑

从图中可以看出，由 G_i、$P_i \rightarrow G_I$、P_I 需要一级延迟，且 G_I、P_I 只与 G_i、P_i 有关，与 C_i 或 C_{i-1} 均无关。

二级分组 16 位超前进位加法器逻辑图如图 2.86 所示。

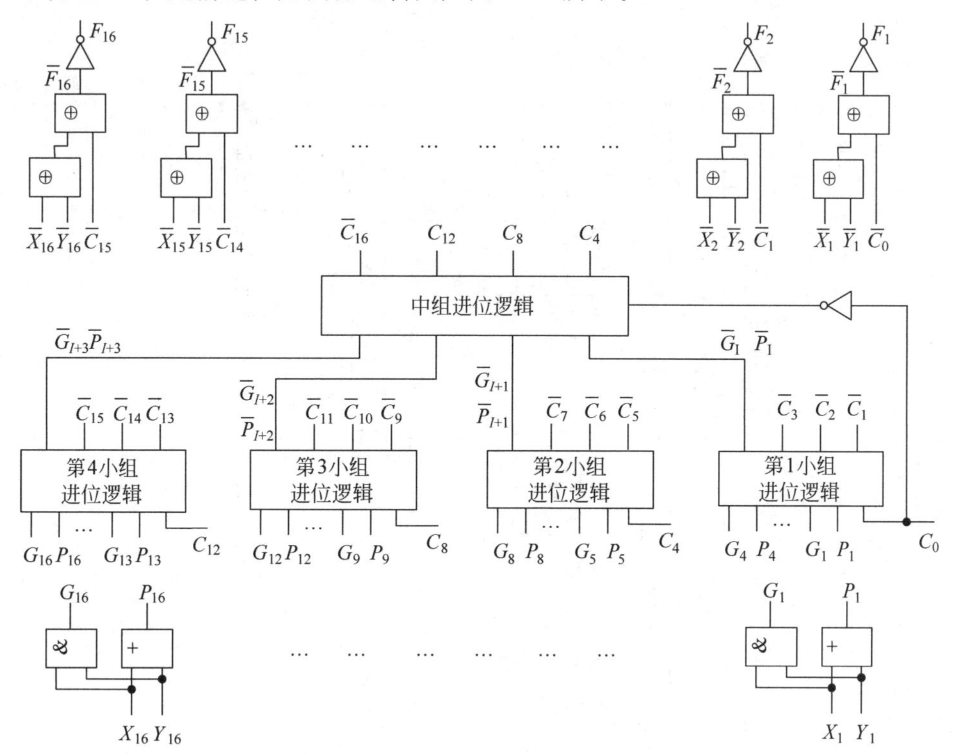

图 2.86 二级分组 16 位超前进位加法器逻辑图

下面分析一下产生最高位进位和最高位和的延时。

由 X_i、Y_i、$C_0 \rightarrow C_{16}$ 总延迟级：1+1+2+1=5，其中，第 1 个加 1 由 G_i、P_i 引起，第 2 个加 1 由 G_I、P_I 引起，二级延时为在中组中产生最高位进位 $\bar{C}_{16}$，最后一个加 1 用于产生 C_{16}。

由 X_i、Y_i、$C_0 \rightarrow F_{16}$ 总延迟级：1+1+1+1+1+1=6，每个加 1 延时依次表示 X_i、$Y_i \rightarrow G_i$、$P_i \rightarrow \bar{G}_I$、$\bar{P}_I \rightarrow C_{12} \rightarrow \bar{C}_{15} \rightarrow \bar{F}_{16} \rightarrow F_{16}$。

注意，在这里如果进位生成函数、进位传递函数已经产生了，那么由最低位进位 C_0 产生中组最高位进位 C_{16} 只需要四级延迟。

如果采用二级分组构成 64 位加法器，即每个中组 16 位，中组内二级分组、中组间串行，则进位链逻辑框图如图 2.87 所示。

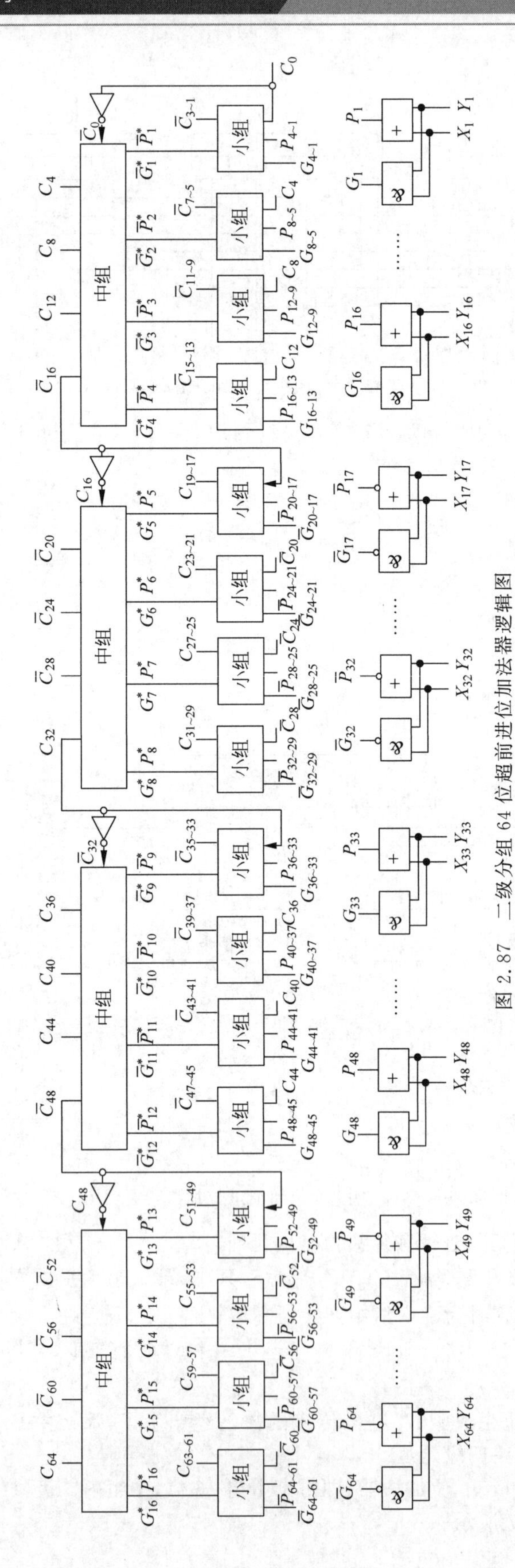

图 2.87 二级分组 64 位超前进位加法器逻辑图

二级分组构成 64 位加法器中，X_i、Y_i、$C_0 \to C_{64}$ 的总延迟级为 $1+4\times3=13$，其中，第 1 个“1”用于产生 G_i、P_i，第 1 中组从 G_i、P_i 产生最高进位需要三级门延迟，各中组间采用正负逻辑交替方式，从上一中组的进位输出到产生下一中组进位输出也需要三级门延迟；X_i、Y_i、$C_0 \to F_{64}$ 的总延迟级为 $1+3\times3+1+1+1+1=14$，其中后面的 4 个“1”分别用于产生 C_{48}、$\overline{C}_{60}$、C_{63} 和 F_{64}。

二级分组 16 位加法进位链也可以用如图 2.88 所示的框图表示，这里每个小组 4 位，采用先行进位逻辑，用于产生本小组低 3 位进位和小组的进位生成函数、进位传递函数，各小组的最高位进位改由中组进位逻辑产生，中组进位逻辑同时生成中组进位生成函数、进位传递函数。

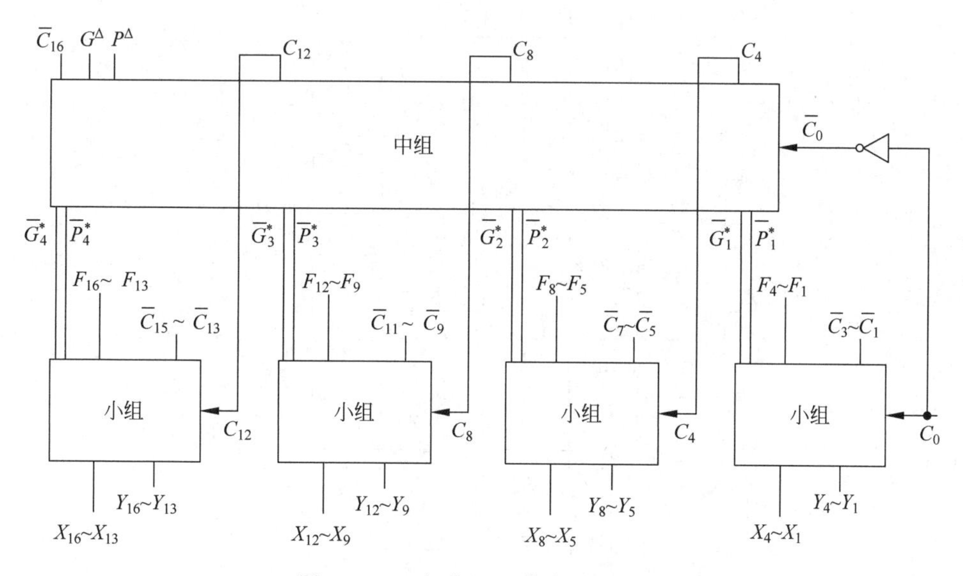

图 2.88　二级分组 16 位加法进位链

显然，给定原变量输入 X、Y 和 C_0，经过 $1+1+1=3$ 级门延时可以获得进位 C_4、C_8、C_{12} 和中组进位生成函数 $G^{\triangle}$ 和中组进位传递函数 $P^{\triangle}$，这三级分别用于产生 G_iP_i、$\overline{G}_i^*\overline{P}_i^*$ 和 C_4、C_8、C_{12}；而产生进位 C_{16} 则需要四级门延时。

利用中组进位逻辑扩展可以轻松实现更多位数的并行加法器。例如，若字长为 64 位，每 4 位为一小组，每 4 小组为一中组，4 中组为一大组，不采用正负逻辑交替时，其逻辑图如图 2.89 所示。按照这种方法构建的三级分组并行加法器中，X_i、Y_i、$C_0 \to C_{64}$ 的总延迟级为 $1+1+1+2=5$；X_i、Y_i、$C_0 \to F_{64}$ 的总延迟级为 8。

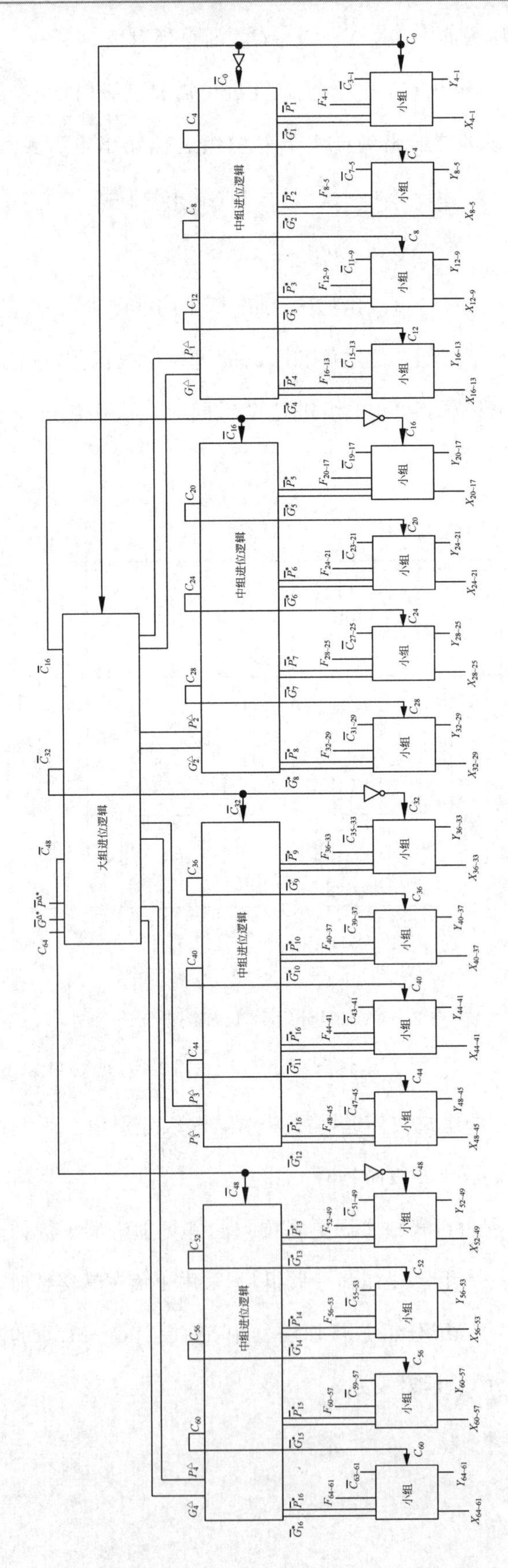

图 2.89　三级分组 64 位超前进位加法器逻辑图

2.5 算术逻辑单元

算术逻辑单元(ALU)是计算机硬件组成的核心部件,是一种功能较强的组合逻辑电路。它能进行多种算术运算和逻辑运算。

2.5.1 算术逻辑单元的结构与功能

ALU 的基本逻辑结构是超前进位加法器,它通过改变加法器的进位产生函数 G 和进位传递函数 P 来获得多种运算能力。

如图 2.90 所示的是 1 位 ALU 的框图。

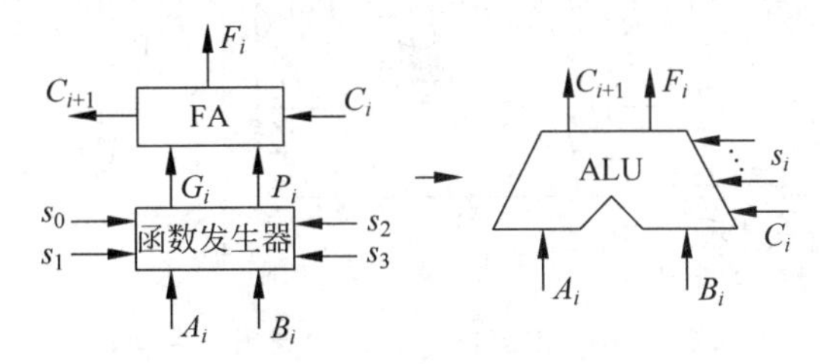

图 2.90 1 位 ALU 框图

多位 ALU 通过将多个 1 位 ALU 组合而成,例如,中规模集成电路 SN74181 就是一个典型的 ALU 芯片。SN74181 每片 4 位,构成一组,组内具有并行进位链,并行产生全部 4 位进位,同时产生小组进位生成与传递函数 G 和 P。

SN74181 有正逻辑与负逻辑两种结构,均能执行 16 种算术运算和 16 种逻辑运算。如图 2.91 所示是 SN74181 的逻辑框图。

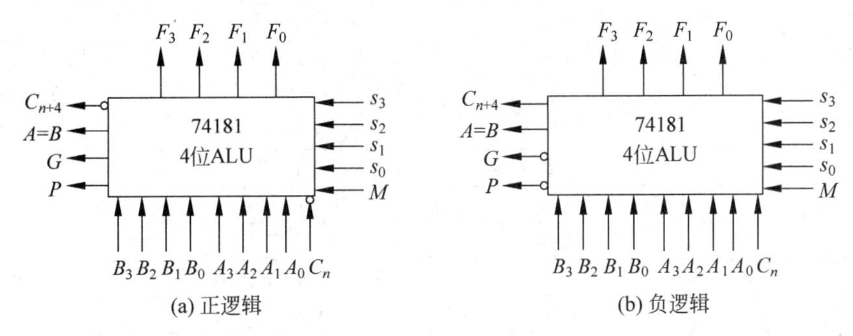

图 2.91 SN74181 逻辑框图

SN74181 的状态控制端 M 控制运算类型,$M=H$(高电平)时执行逻辑运算,$M=L$(低电平)时执行算术运算;运算选择控制 $S_3S_2S_1S_0$ 通过控制产生不同的 G 和 P 从而决定 SN74181 的具体运算功能。如图 2.92 所示是正逻辑 SN74181 的逻辑电路图。

容易看出,$G_i=\overline{A_i+B_iS_0+\bar{B}_iS_1}$,$P_i=\overline{A_i\bar{B}_iS_2+A_iB_iS_3}$,即 G_i 的功能由 S_1S_0 控制,P_i 的功能由 S_3S_2 控制。

如表 2.10 所示是 SN74181 正逻辑的逻辑功能表,表中"+"表示逻辑或,"加"表示算术加。需要注意的是,某些运算功能没有什么实际意义。

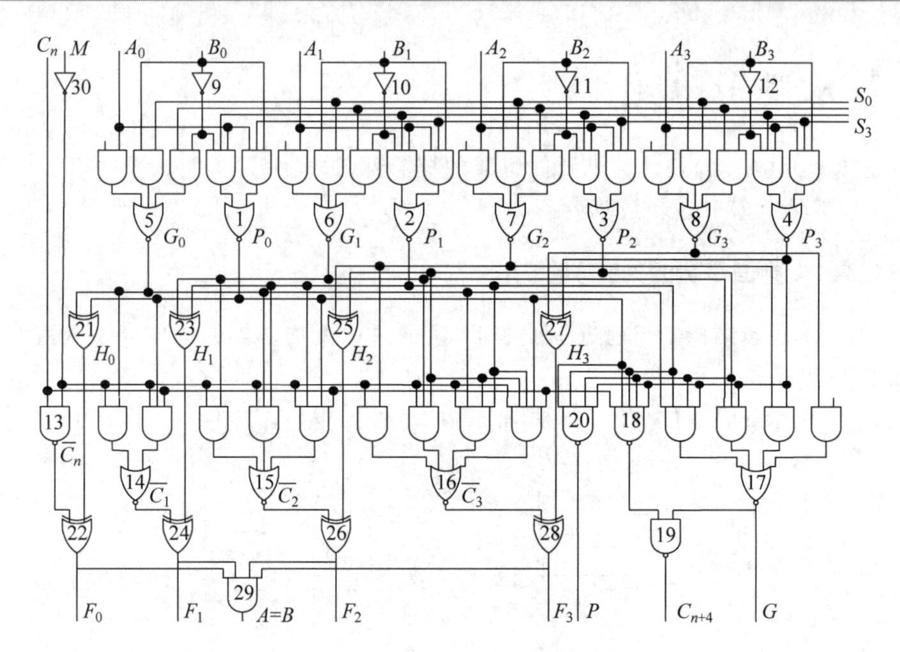

图 2.92　正逻辑 SN74181 逻辑电路图

表 2.10　SN74181 逻辑功能表(正逻辑)

$S_3S_2S_1S_0$	$M=H$ 逻辑运算	$M=L$ 算术运算	
		$C_n=1$	$C_n=0$
0000	!A	A	A 加 1
0001	!(A+B)	A+B	(A+B)加 1
0010	!A·B	A+!B	(A+!B)加 1
0011	逻辑 0	减 1(全“1”)	0(全“0”)
0100	!(A·B)	A 加(A·!B)	A 加(A·!B)加 1
0101	!B	(A·!B)加(A+B)	(A·!B)加(A+B)加 1
0110	A⊕B	A 减 B 减 1	A 减 B
0111	A·!B	(A·!B)减 1	A·!B
1000	!A+B	A 加(A·B)	A 加(A·B)加 1
1001	!(A⊕B)	A 加 B	A 加 B 加 1
1010	B	(A·B)加(A+!B)	(A·B)加(A+!B)加 1
1011	A·B	(A·B)减 1	A·B
1100	逻辑 1	A 加 A	A 加 A 加 1
1101	A+!B	A 加(A+B)	A 加(A+B)加 1
1110	A+B	A 加(A+!B)	A 加(A+!B)加 1
1111	A	A 减 1	A

分析 SN74181 的逻辑图可知，若状态控制端 $M=L$，经过反向以后，其为高，送入进位链的与门输入端后对进位链无影响，此时 ALU 执行算术运算；反之，若 $M=H$，则封锁进位链，ALU 各位之间无联系，即执行逻辑运算。

同样地，根据逻辑电路图，可以分析出状态控制端 M 和运算选择控制 $S_3S_2S_1S_0$ 分别取不同的值时 ALU 的具体功能。

例 2.1　SN74181 功能分析：$M=0$，$S_3S_2S_1S_0=1001$。

解：

$\because S_1S_0=01$，$\therefore G_i=\bar{A}_i\bar{B}_i$

$\because S_3S_2=10$，$\therefore P_i=\bar{A}_i+\bar{B}_i$

$\therefore H_i=G_i\oplus P_i=\bar{A}_i\bar{B}_i\oplus(\bar{A}_i+\bar{B}_i)=\bar{A}_i\oplus\bar{B}_i=A_i\oplus B_i$

$\therefore \bar{C}_1=\overline{G_0+P_0C_n}$

$\bar{C}_2=\overline{G_1+P_1G_0+P_1P_0C_n}$

$\bar{C}_3=\overline{G_2+P_2G_1+P_2P_1G_0+P_2P_1P_0C_n}$

$\because G=\overline{G_3+P_3G_2+P_3P_2G_1+P_3P_2P_1G_0}$，即 G 为二级分组先行进位逻辑中小组进位生成函数 G_I 的反码

$P=\overline{P_3P_2P_1P_0}$，即 P 为二级分组先行进位逻辑中小组进位传递函数 P_I 的反码

$\therefore C_{n+4}=\overline{\overline{G_I}\,\overline{P_IC_n}}$

$\therefore C_{n+4}=G_I+P_IC_n$，即小组最高位进位 C_{n+4} 在小组内也同时产生

$\because F_i=H_i\oplus\bar{C}_i=G_i\oplus P_i\oplus\bar{C}_i=\overline{G_i\oplus P_i\oplus C_i}$

令 $G_i=X_i\cdot Y_i$，$P_i=X_i+Y_i$

$\therefore F_i=\overline{G_i\oplus P_i\oplus C_i}=\overline{(X_i\cdot Y_i)\oplus(X_i+Y_i)\oplus C_i}=\overline{X_i\oplus Y_i\oplus C_i}$

$\therefore F_i=\overline{\sum_i}$，即单个输出 F_i 是 X_i、Y_i、低位进位 C_i 全加和的反码

$\therefore \bar{F}_3\bar{F}_2\bar{F}_1\bar{F}_0=(X_3X_2X_1X_0)$加$(Y_3Y_2Y_1Y_0)$加 C_n

又 $G_i=\bar{A}_i\bar{B}_i$，$P_i=\bar{A}_i+\bar{B}_i$

$\therefore X_i=\bar{A}_i$，$Y_i=\bar{B}_i$ 或 $X_i=\bar{B}_i$，$Y_i=\bar{A}_i$

$$\begin{aligned}\therefore \bar{F}_3\bar{F}_2\bar{F}_1\bar{F}_0&=(X_3X_2X_1X_0)\text{加}(Y_3Y_2Y_1Y_0)\text{加}\ C_n\\&=(1111-A_3A_2A_1A_0)+(1111-B_3B_2B_1B_0)+C_n\\&=[11110-(A_3A_2A_1A_0+B_3B_2B_1B_0)+C_n]_{\text{取4位}}\end{aligned}$$

若 $C_n=1$，则 $\bar{F}_3\bar{F}_2\bar{F}_1\bar{F}_0=1111-(A_3A_2A_1A_0+B_3B_2B_1B_0)$

$\therefore F_3F_2F_1F_0=A_3A_2A_1A_0+B_3B_2B_1B_0$，即 $C_n=1$ 时，$F=A+B$

$$\begin{aligned}\text{若 } C_n=0\text{，则 } \bar{F}_3\bar{F}_2\bar{F}_1\bar{F}_0&=1110-(A_3A_2A_1A_0+B_3B_2B_1B_0)\\&=1111-(A_3A_2A_1A_0+B_3B_2B_1B_0+1)\end{aligned}$$

即 $C_n=0$ 时，$F=A+B+1$。

例 2.2　SN74181 功能分析：$M=0$，$S_3S_2S_1S_0=0110$。

解：

$G_i=\overline{A_i+B_iS_0+\bar{B}_iS_1}=\overline{A_i+\bar{B}_i}=\bar{A}_iB_i=X_i\cdot Y_i$

$P_i=\overline{A_i\bar{B}_iS_2+A_iB_iS_3}=\overline{A_i\bar{B}_i}=\bar{A}_i+B_i=X_i+Y_i$

$\therefore X_i=\bar{A}_i$，$Y_i=B_i$，或 $X_i=B_i$，$Y_i=\bar{A}_i$，

$$\begin{aligned}\therefore \bar{F}_3\bar{F}_2\bar{F}_1\bar{F}_0&=(X_3X_2X_1X_0)\text{加}(Y_3Y_2Y_1Y_0)\text{加}\ C_n\\&=(1111-A_3A_2A_1A_0)+B_3B_2B_1B_0+C_n\end{aligned}$$

$$\begin{aligned}\therefore F_3F_2F_1F_0&=1111-[(1111-A_3A_2A_1A_0)+B_3B_2B_1B_0+C_n]\\&=A_3A_2A_1A_0-B_3B_2B_1B_0-C_n\end{aligned}$$

即若 $C_n=0$，$F=A$ 减 B；若 $C_n=1$，$F=A$ 减 B 减 1。

例 2.3 SN74181 功能分析：$M=1, S_3S_2S_1S_0=0110$。

解：

$\because S_3S_2S_1S_0=0110$

$\therefore G_i=\overline{A_i+B_iS_0+\overline{B}_iS_1}=\overline{A_i+\overline{B}_i}=\overline{A}_i\cdot B_i=X_i\cdot Y_i$

$P_i=\overline{\overline{A}_iB_iS_2+A_iB_iS_3}=\overline{\overline{A}_iB_i}=A_i+\overline{B}_i=X_i+Y_i$

$\therefore X_i=\overline{A}_i, Y_i=B_i$ 或 $X_i=B_i, Y_i=\overline{A}_i$

$\because M=1, \therefore \overline{C}_n=1$，所有进位链被封锁

$\therefore F_i=H_i\oplus\overline{C}_i=\overline{H}_i=\overline{G_i\oplus P_i}=\overline{X_i\oplus Y_i}=\overline{X}_i\oplus Y_i=X_i\oplus\overline{Y}_i$

代入 X_i、Y_i，得 $F=A\oplus B$。

从例 2.1～例 2.3 可以看到，虽然定义了相同形式的 $G=XY$、$P=X+Y$，但当控制信号 $S_3S_2S_1S_0$ 分别为不同值而控制信号时，其对应的 G 和 P 的具体内容不尽相同，因此最后的实际功能可能是不同的；即使控制信号 $S_3S_2S_1S_0$ 相同，但如果控制信号 M 或者 C_n 不同，电路的功能也不相同。当需要使用 ALU 进行某种运算时，计算机的控制器要控制这些控制信号分别为不同的值以保证 ALU 完成指定的功能。

2.5.2 算术逻辑单元位扩展

74181 是 4 位 ALU，内部采用并行进位。若要实现 16 位 ALU，需采用 4 片芯片组成，如图 2.93 所示为使用 74181 构成的一级并行进位 16 位 ALU 逻辑图。

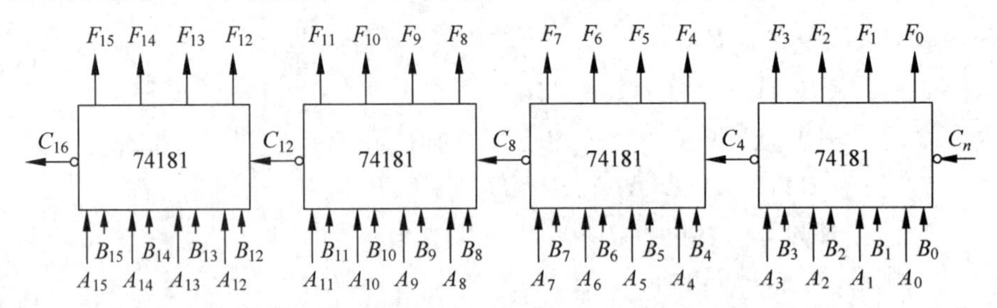

图 2.93 用 SN74181 构成一级并行进位 16 位 ALU

虽然 74181 芯片内进位是快速的，但片间进位是逐片传递的(即片间采用行波进位方式)，因此最高位进位的形成时间比较长。

如果把 16 位 ALU 中的每 4 位作为一组，用类似快速进位加法器的方法来实现 16 位 ALU(4 片 ALU 组成)，那么就能得到 16 位快速 ALU。在这里，74181 是基础，它们完成基本运算，而将片间快速进位链逻辑集成到专门的芯片 74182 中。

74182 是专门用于产生并行进位信号的芯片，其逻辑图如图 2.94 所示。

可以发现，如果去掉对输入信号取反的操作，图 2.94 与图 2.85 的结构完全相同，只不过它的输入是小组进位生成函数和小组进位传递函数，输出是中组进位生成函数、中组进位传递函数以及中组的低三位进位。当使用 74182 与 74181 共同构成多位加法器时，中组最高位进位要么在更高一级的 74182 中产生，要么在较低一级的 74181 中产生。

如图 2.95 所示为利用 74182 和 74181 实现的二级并行进位 16 位 ALU 逻辑框图。

二级并行进位 16 位 ALU 首先各片 74181 由 A_i、B_i 产生 $\overline{G}_i^*$、$\overline{P}_i^*$（同时通过最低位 74181 产生 $F_{0\sim3}$），然后通过 74182 产生 $\overline{C}_3$、$\overline{C}_7$、$\overline{C}_{11}$ 和 $\overline{G}^\triangle$、$\overline{P}^\triangle$，最后通过较高位 74181 分别

产生 $F_{4\sim15}$，并由最高位 74181 产生 $\overline{C}_{15}$。

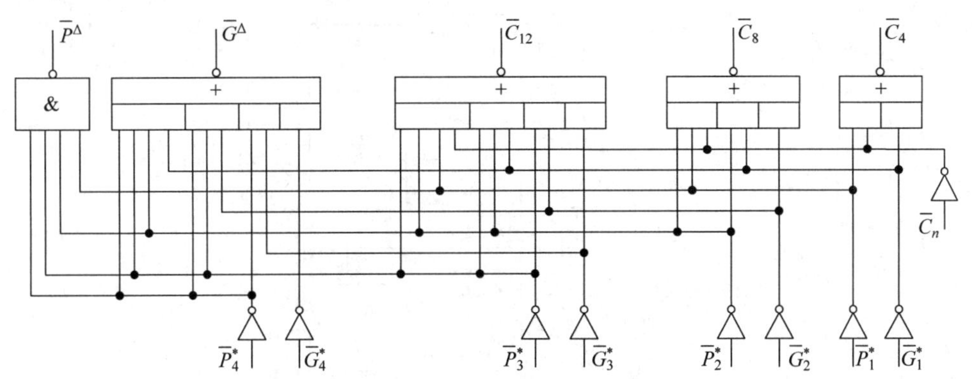

图 2.94 74182 内部逻辑图

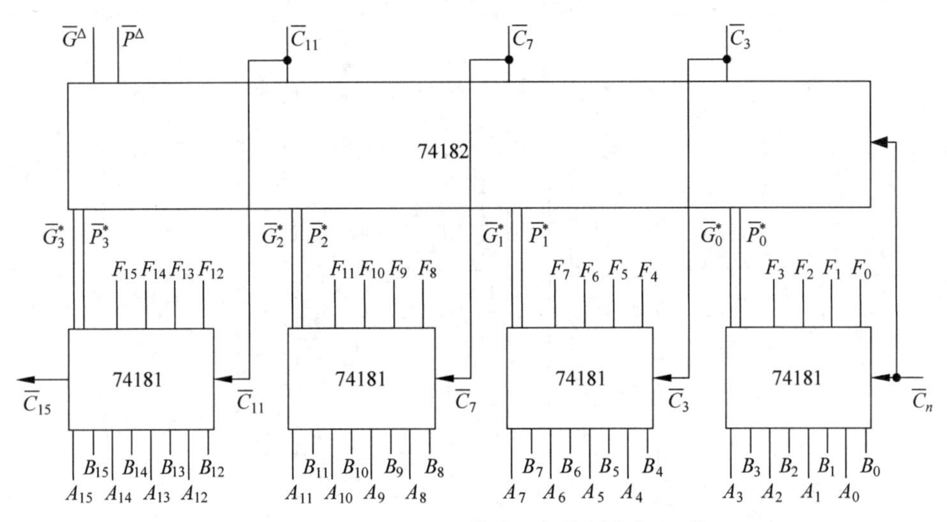

图 2.95 用 74181 和 74182 构成二级并行进位 16 位 ALU

16 位 ALU 还可以扩展，构成更多位的 ALU，例如，可以如图 2.96 所示构成二级并行进位 32 位 ALU。

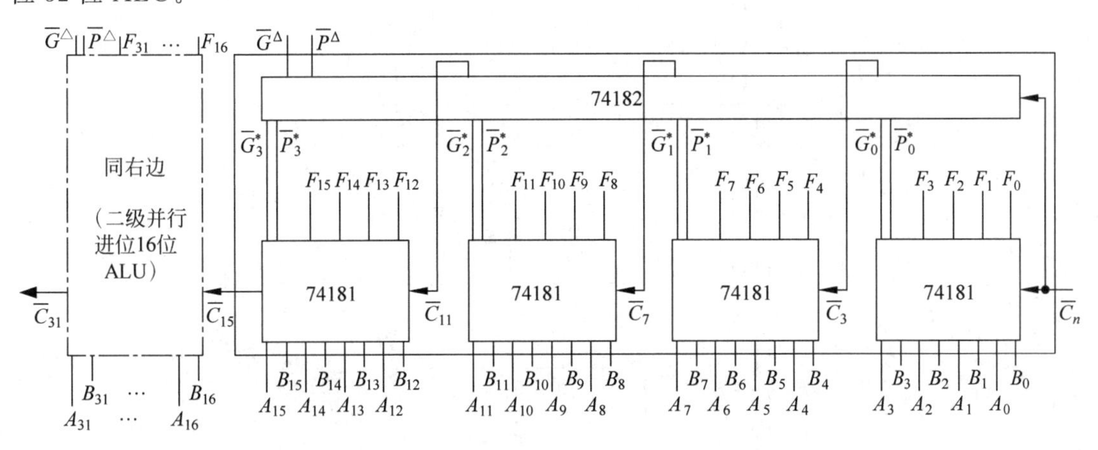

图 2.96 用 74181 和 74182 构成二级并行进位 32 位 ALU

74182 同时产生了向上一级的进位生成函数和进位传递函数，还可以如图 2.97 所示利用 74182 构成三级并行进位的 ALU。

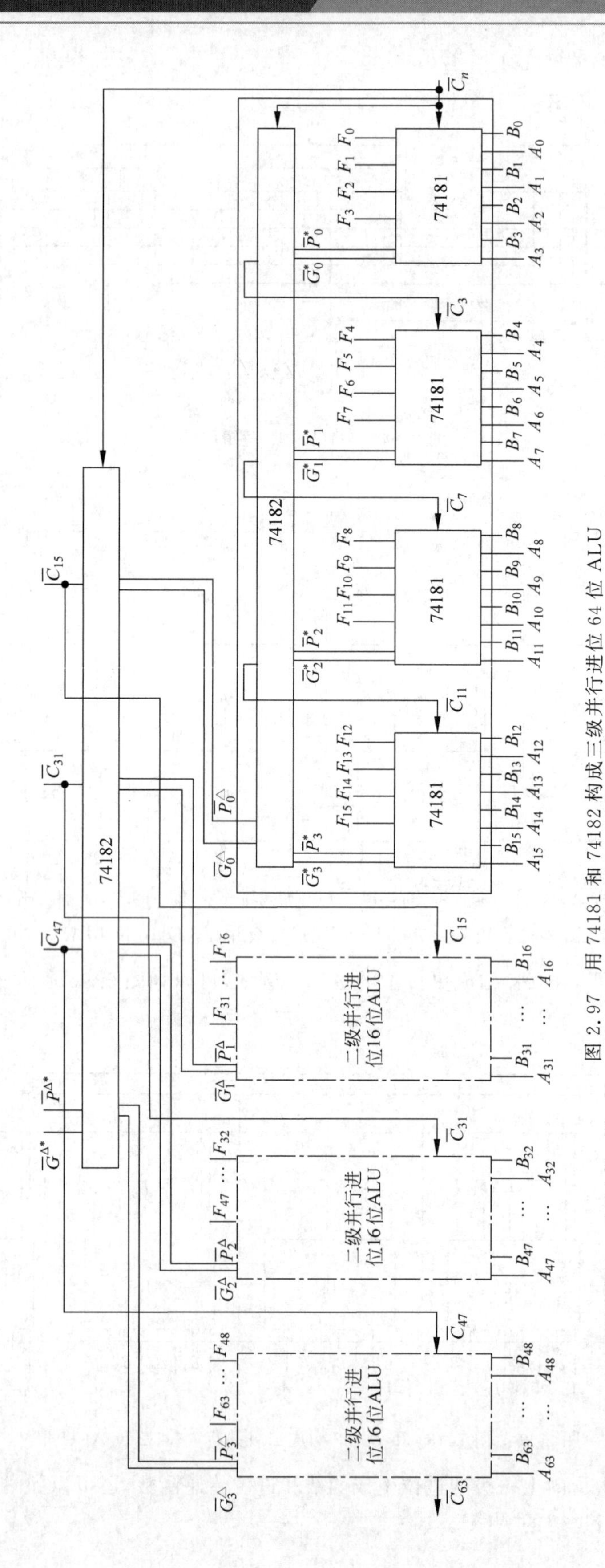

图 2.97　用 74181 和 74182 构成三级并行进位 64 位 ALU

可以看到，在利用 74182 构成的三级并行进位 ALU 中，中组进位 $\bar{C}_{15}$、$\bar{C}_{31}$、$\bar{C}_{47}$ 不再由中组产生，而是由最上级的 74182 产生。

习题

2.1　用代数法化简为最简与或式。

(1) $F(A,B,C,D)=A+\overline{\bar{B}+\overline{CD}}+\overline{\overline{AD}\cdot\bar{B}}$

(2) $F(A,B,C,D)=\overline{\overline{AC+\bar{A}BC}+\bar{B}C+AB\bar{C}}$

2.2　用卡诺图法化简为最简与或式：$Y=\bar{A}\bar{C}\bar{D}+\bar{A}\bar{B}C\bar{D}+A\bar{B}\bar{C}D$，其中，约束条件 $\bar{A}BC\bar{D}+A\bar{B}CD+AB=0$。(备注：约束条件对应的最小项为 DC 项。)

2.3　设计一个裁判表决电路，一个主裁判两票，三个副裁判每人一票，多数票同意为通过。

(1) 画出真值表。

(2) 限用最少的与非门实现该电路并画出电路图(化简时用卡诺图)。

2.4　使用 3-8 译码器 74LS138 和必要的门电路实现下列函数：$Z(A,B,C)=AB+\bar{A}C$。

2.5　分析如图 2.98 所示时序电路的逻辑功能。

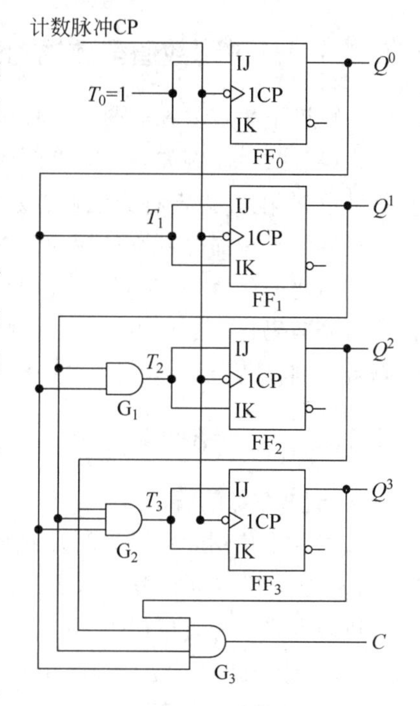

图 2.98　某时序电路

2.6　某加法器进位链小组信号为 $C_4C_3C_2C_1$，最低位来的进位信号为 C_0，请分别按下述两种方法写出 $C_4C_3C_2C_1$ 的逻辑表达式。

(1) 串行进位方式。

(2) 并行进位方式。

2.7　设机器字长为 32 位，用与非门和与或非门设计一个并行加法器(假设与非门的延迟时间为 30ns，与或非门的延迟时间为 45ns)，要求完成 32 位加法延迟不得超过 0.6μs。画出进位链及加法器逻辑框图。

2.8　设机器字长为 16 位，分别按 4、4、4、4 和 5、5、3、3 分组。

(1) 画出两种分组方案的单重分组并行进位链框图，并比较哪种方案运算速度快。

(2) 画出两种分组方案的双重分组并行进位链框图，并对这两种方案进行比较。

(3) 用 74181 和 74182 画出单重和双重分组的并行进位链框图。

第 3 章 运算方法和运算器

3.1 信息表示

在计算机中广泛使用二进制编码，其主要原因如下。

(1) 物理上易于实现，即容易找到具有两个稳定状态且能方便地控制其状态转换的物理器件，可以用两个状态分别表示基本符号“0”和“1”。

(2) 编码、计数和算术运算规则简单，容易用开关电路实现，为提高计算机的运算速度和降低实现成本奠定了基础。

(3) 基本符号“0”“1”能方便地与逻辑命题的“否”“是”或“假”“真”相对应，为计算机中的逻辑运算和程序的逻辑判断提供了便利条件。

3.1.1 二进制数值型数据的表示方法

计算机中参与运算的两大类数，一类是无符号数，即没有符号的数，寄存器中的每一位均可用来存放数值。例如，8 位无符号数的取值范围为 0～255(2^8-1)；另一类是有符号数，它将符号数字化，并规定将其放在有效数字的前面，即组成有符号数。

机器字长相同时有符号数和无符号数的表示范围不同。

我们把正、负号加某进制数绝对值的形式称为真值，如二进制真值 $X=+1011$，$Y=-1011$；而将符号数码化的数称为机器数，并约定“0”表示“+”，“1”表示“-”，则前面的两个数对应的机器数分别是 $X=01011$，$Y=11011$。

3.1.2 十进制数编码

1. 十进制数的编码

计算机中使用 4 位二进制编码表示一个十进制数码，不同表示方式即代表不同码制。

1) BCD(以二进制编码的十进制)码

BCD 码是一种有权代码，其对应的数值 $N=8d_3+4d_2+2d_1+1d_0$。例如，十进制数 63.29 的 BCD 码为 0110 0011 . 0010 1001。

2) 2421 码、5211 码、4311 码等

这些编码均为有权代码，在这些编码中，任何两个相加之和等于 9 的二进制码之间互为反码。其中，2421 码表示的数值 $N=2d_3+4d_2+2d_1+1d_0$。十进制数 63.29 的 2421 码为 1100 0011. 0010 1111。

需要注意的是，2421 以及 5211、4311 等有权码的 4 位二进制码之间不符合二进制规则。

3) 余 3 码、格雷码

余 3 码、格雷码均为无权代码。其中，余 3 码对应 8421 码加 0011，格雷码中任何两个相邻的代码有且只有一个二进制位的状态不同，其余三个二进制位必须相同。

表 3.1 给出了十进制数码在不同二进制编码表示下的编码。

表 3.1 十进制数码的各种编码

十进制数	有权代码				无权代码		
	BCD 码	2421 码	5211 码	4311 码	余 3 码	格雷码(1)	格雷码(2)
0	0000	0000	0000	0000	0011	0000	0000
1	0001	0001	0001	0001	0100	0001	0100
2	0010	0010	0011	0011	0101	0011	0110
3	0011	0011	0101	0100	0110	0010	0010
4	0100	0100	0111	1000	0111	0110	1010
5	0101	0101	1000	0111	1000	1110	1011
6	0110	1100	1010	1011	1001	1010	0011
7	0111	1101	1100	1100	1010	1000	0001
8	1000	1110	1110	1110	1011	1100	1001
9	1001	1111	1111	1111	1100	0100	1000

2. 数字串的表示与存储

十进制数字串在计算机内有两种表示与存储方式：字符形式和压缩的十进制数形式。

字符形式：一个字节存放一个十进制数位或符号位，存放的是 0～9 这 10 个数字和正负号的 ASCⅡ编码值。

例如，＋123 的编码为 2B 31 32 33，占用 4 个连续的字节（这里 2B、31、32、33 是用十六进制形式给出的编码，其中，2B 表示正号，31、32、33 分别表示数字 1、2 和 3）；－123 在主存中为 2D 31 32 33，其中，2D 表示负号。

字符形式的主要问题是高 4 位不具有数值的意义，运算起来很不方便，主要用在非数值计算的应用领域。

压缩的十进制数形式：用一个字节存放两个十进制数位，既节省了存储空间，又便于完成十进制数的算术运算，其值用 BCD 码或 ASCII 码的低 4 位表示，符号位也占半个字节并放在最低数字位之后，其值可从 4 位二进制码中的 6 种冗余状态中选用。

例如，用 C(12)表示正号，用 D(13)表示负号。并且规定：数字和符号位数之和必须为偶数，否则在最高位数字之前补一个 0，则＋123 被表示成 12 3C(2 字节)，－12 被表示成 01 2D(2 字节)。

▶ 3.1.3 汉字的表示方法

计算机中除了数值型数据，还有非数值型数据，汉字是非数值型数据中的一种。

根据输入、内部处理、输出三种不同用途，有三种不同的汉字编码表示方法，即汉字的输入编码、汉字内码、字模码。

1. 汉字的输入编码

为了能直接使用西文标准键盘把汉字输入计算机，就必须为汉字设计相应的输入编码方法。

汉字输入编码主要指利用键盘输入汉字的方法，其设计的基本原则是：易学易用、操作方便；重码率低；规则简明、记忆量少。当前采用的方法主要有三类：数字编码、拼音码、字型编码。

数字编码常用的是国标区位码,用数字串代表一个汉字输入。

1981年,国家技术监督局公布了国家标准GB2312—1980《信息交换用汉字编码字符集-基本集》,它收集了常用汉字6763个,包括一级汉字3755个、二级汉字3008个。为了表示这些汉字,将这6763个字分成94个区,每个区分成94位,相当于把汉字表示成94×94的二维数组,用每个汉字在这个数组中的下标(即区、位)来指征这个汉字,因此这种数字编码的数字串汉字输入编码被称为区位码。因为区码(行号,高位)和位码(列号,低位)各两位十进制数字,因此输入一个汉字需按键4次。

在GB2312—1980中,01～09区为特殊字符,共682个;16～87区为汉字,其中16～55区的3755个一级汉字采用拼音字母序,56～87区的二级汉字采用部首序。需要注意的是,区位码仅收录了常见的6763个汉字及682个特殊字符,对于这个范围之外的那些生僻字等使用区位码是无法输入的。

数字编码输入的优点是无重码,且输入码与内部编码的转换比较方便,缺点是代码难以记忆。

事实上,区位码在日常使用中并不普遍,现在常用的一种输入编码是拼音码,它以汉字拼音为基础,使用简单方便,但汉字同音字太多,输入重码率很高,同音字选择影响了输入速度。

另一种常用的输入编码是字形编码,它把汉字的笔画部件用字母或数字进行编码,按笔画的顺序依次输入,就能表示一个汉字。例如,曾经风靡一时的五笔字型输入法就是利用汉字的形状来进行编码的。好的字形编码方式能够极大地减少重码率,因此有利于汉字的快速输入,但是字形码的拆字规则、编码方案需要记忆,有些汉字很难正确拆成部件,一定程度上影响了它的使用范围。

为此,人们把拼音码和字形码结合起来,构成音形码或形音码,以争取取长补短,提高汉字输入的效率,降低记忆量。另外,词组输入、智能联想输入等技术的加持已经使得汉字的键盘输入越来越简便、快捷了。

当然,汉字的输入除了键盘方式,还有语音输入、手写输入、手势输入、文字扫描识别等。

2. 汉字内码

汉字内码是用于汉字信息的存储、交换、检索等操作的机内代码。

英文字符的机内代码是7位的ASCII码,用一个字节表示,其中最高位为“0”。包括汉字在内的非拉丁字母是对英文字符机内码的扩展,与英文字符一样,在计算机内使用特定格式的编码表示。

例如,GB2312—1980中共收录常见汉字6763个,用94×94数组表示,则区号、位号各需用7位二进制表示。为了与英文字符能相互区别,汉字机内代码的区号、位号各用1字节表示,且两个字节的最高位均规定为“1”(注意:有些系统中字节的最高位用于奇偶校验位,这种情况下用三个字节表示汉字内码。)。

除了GB2312规定的编码方式,其他常用的编码方法还有Unicode、UTF-8/16等。

3. 汉字字模码

为了便于输出汉字,现代计算机都是使用点阵表示汉字的字形代码,这种字形码又称为汉字的字模码。根据汉字输出的要求不同,点阵的多少也不同。例如,如图3.1所示为某种字体下汉字“英”的16×16点阵及其编码。

一般地,简易型汉字为16×16点阵,提高型汉字为24×24点阵、32×32点阵或更大,因此字模点阵的信息量很大,所占存储空间也很大,因此字模点阵只能用来构成汉字库,而不能

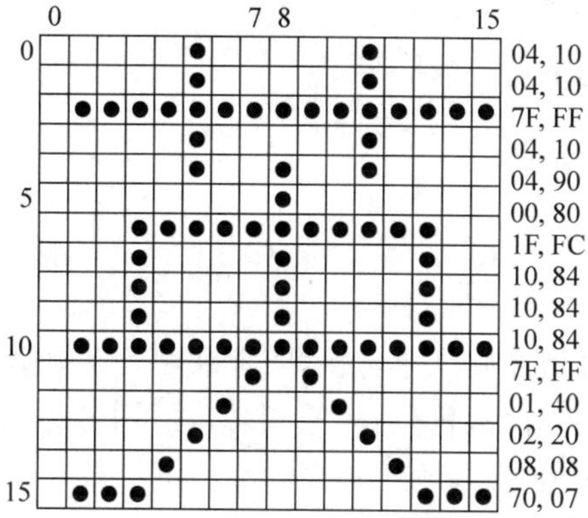

图 3.1　汉字点阵及其编码

用于机内存储。

当显示输出或打印输出时才检索字库，输出字模点阵，得到字形。

汉字的输出编码方式也在不断进步，为了提高字形质量、降低存储要求，后来出现了用矢量或者轮廓曲线表示汉字字形的方式。

3.2　带符号二进制数据表示及定点数加减法运算

▶ 3.2.1　带符号定点二进制数据表示

机器数将符号数值化，隐含规定小数点，有"定点"和"浮点"两种表示方式。

所谓"定点"，就是小数点位置固定，其中，定点小数的小数点固定在所有数值位的最前面，定点整数的小数点固定在所有数值位的最后面。

为了明确区别符号位，人们在讨论时用","将整数的符号位和数值部分隔开，而用"."将小数的符号位和数值部分隔开。同时约定：如无特殊说明，n 表示机器字长，其中，符号位占 1 位，有效数值占 $n-1$ 位。

计算机中有三种常见的机器数表示方式：原码、补码和反码。

1. 原码表示法

原码表示法又称为带符号的绝对值表示。它用"0"表示正号，用"1"表示负号，有效值部分用二进制的绝对值表示，下面是小数原码的定义。

$$[x]_{原}=\begin{cases}x, & 0\leqslant x<1\\ 1-x=1+|x|, & -1<x\leqslant 0\end{cases}\tag{3-1}$$

即$[x]_{原}=$ 符号位$+|x|$。

原码小数的特点(设 $n=8$)如下。

- $[+0]_{原}=0.000\ 0000$；$[-0]_{原}=1.000\ 0000$。
- 最大值：$1-2^{-(n-1)}=1-2^{-7}=127/128$。
- 最小值：$-(1-2^{-(n-1)})=-(1-2^{-7})=-127/128$。
- 表示数的个数：$2^n-1=2^8-1=255$。

下面是整数原码的定义。

$$[x]_{原}=\begin{cases}x, & 0\leqslant x<2^{n-1}\\ 2^{n-1}-x=2^{n-1}+|x|, & -2^{n-1}<x\leqslant 0\end{cases}\tag{3-2}$$

即$[x]_{原}$=符号位//|x|，其中，“//”表示拼接。

类似地，原码整数具有如下特点(设 $n=8$)。

- $[+0]_{原}=0,000\ 0000$；$[-0]_{原}=1,000\ 0000$。
- 最大值：$2^{(n-1)}-1=2^7-1=127$。
- 最小值：$-(2^{(n-1)}-1)=-(2^7-1)=-127$。
- 表示数的个数：$2^n-1=2^8-1=255$。

原码表示简单，易于同真值之间进行转换，实现乘除运算规则简单；但是原码表示进行加减运算十分麻烦，相加时先判别两数符号，同号相加，异号相减。相减时先比较两数绝对值的大小，再用大绝对值减小绝对值，最后确定运算结果的正负号。

2. 补码表示法

1) 补码的定义

补码表示法规定：正数的补码是其本身，负数的补码是原负数加上模。

模是计量器具的容量，又称为模数。

设机器数字长为 n，含 1 位符号位，则整数的模为 2^n。例如，若 $n=4$，则表示的二进制整数为 0000～1111 共 16 种状态，其模为 $16=2^4$。

纯小数的模为 2。

下面为小数补码定义：

$$[x]_{补}=\begin{cases}x, & 0\leqslant x<1\\ 2+x=2-|x|, & -1\leqslant x<0 \quad (\mathrm{mod}\ 2)\end{cases} \tag{3-3}$$

即$[x]_{补}=2\cdot$符号位$+x \quad (\mathrm{mod}\ 2)$。

下面为整数补码定义：

$$[x]_{补}=\begin{cases}x, & 0\leqslant x<2^{n-1}\\ 2^n+x=2^n-|x|, & -2^{n-1}\leqslant x<0 \quad (\mathrm{mod}\ 2^n)\end{cases} \tag{3-4}$$

根据补码的定义可以轻松实现真值到补码的转换。

2) 补码的表示范围

设机器字长为 n，其中，包含 1 位符号位。

小数补码表示范围为$-1\sim1-2^{-(n-1)}$，共 2^n 个数。其中需要注意两点：一是补码表示时，$[+0]_{补}=0.0000=[-0]_{补}$；二是，虽然-1本不属于小数范围，却有$[-1]_{补}$的小数形式存在，$[-1]_{补}=10.0000+(-1.0000)=1.0000$，推而广之，补码可以表示定义区间的“下限”。

整数补码表示范围为$-2^{n-1}\sim2^{n-1}-1$，共 2^n 个数，同样有$[+0]_{补}=0,0000=[-0]_{补}$，且可表示定义区间的“下限”-2^{n-1}。

3) 模 4 补码

模 4 补码又称为变形补码、双符号位补码，它是通过将模 2 补码的模值增加 1 倍得到的，其定义如下。

$$[x]_{补}=\begin{cases}x, & 0\leqslant x<1\\ 4+x=4-|x|, & -1\leqslant x<0 \quad (\mathrm{mod}\ 4)\end{cases} \tag{3-5}$$

$$[x]_{补}=\begin{cases}x, & 0\leqslant x<2^{n-1}\\ 2^{n+1}+x=2^{n+1}-|x|, & -2^{n-1}\leqslant x<0 \quad (\mathrm{mod}\ 2^{n+1})\end{cases} \tag{3-6}$$

例如,00.1010110,11.0101001 等即是采用双符号位补码(模 4 补码)形式表示的数。

模 4 补码具有如下性质。

- 当$-1\leqslant x<1$时,$[x]_{补}$的两个符号位相同,00 表示正号,11 表示负号,其数值位与其模 2 补码相同。
- 用模 4 补码能表示-1的值,即$[-1]_{补}=11.00\cdots0$。
- 零有唯一的编码:$[+0]_{补}=[-0]_{补}=00.00\cdots0$。

从模 4 补码的性质发现,与模 2 补码相比,其数据多了 1 位,但是它不仅具有模 2 补码的全部优点,而且更容易判断溢出,因此在溢出判断等场合中有特殊的作用。另外,模 4 补码在移码运算中也有特殊作用。

对比模 4 补码和模 2 补码,可以得出结论:对补码符号位扩展,其值不变。根据这一结论,可以将补码的符号位扩展成更多位,它们可以用在不同位数补码相加以及多位乘法运算等场合。

4) 由原码求补码的方法

对于正数,$[x]_{补}=[x]_{原}$。对于负数,有以下两种方法。

方法 1:符号除外,各位取反,末位加 1。

例 3.1 已知$[x]_{原}=1.0101010$,求$[x]_{补}$。

解:

$$[x]_{补}=1.1010101+0.0000001=1.1010110$$

"求反加 1"规则同样适用于由负数补码求原码。

方法 2:从最低位开始,对遇到的 0 和第一个 1 取其原码,从第一个 1 以后开始直到数值最高位均按位取反。

这种方法其实对应计算机中将原码变为补码形式时采用的串行电路。

5) 补码的性质

相反数的补码等于补码的相反数,也等于数的补码连同符号按位取反后末位再加 1。

例 3.2 证明:相反数的补码等于补码的相反数,即$[-x]_{补}=-[x]_{补}$。

证明:(以定点小数为例)

(1) 若x为正数,即$[x]_{补}=0.x_1x_2\cdots x_n$,则$[-x]_{补}=1./x_1/x_2\cdots/x_n+2^{-n}\ (\mathrm{mod}\ 2)$

又$-[x]_{补}=-0.x_1x_2\cdots x_n=2-0.x_1x_2\cdots x_n\quad(\mathrm{mod}\ 2)$

$=1.11\cdots1+2^{-n}-0.x_1x_2\cdots x_n\quad(\mathrm{mod}\ 2)$

$=1./x_1/x_2\cdots/x_n+2^{-n}\quad(\mathrm{mod}\ 2)$

$\therefore\ [-x]_{补}=-[x]_{补}$

(2) 若x为负数,即$[x]_{补}=1.x_1x_2\cdots x_n$,则$[-x]_{补}=0./x_1/x_2\cdots/x_n+2^{-n}\ (\mathrm{mod}\ 2)$

又$-[x]_{补}=-1.x_1x_2\cdots x_n=2-1.x_1x_2\cdots x_n\quad(\mathrm{mod}\ 2)$

$=0./x_1/x_2\cdots/x_n+2^{-n}\quad(\mathrm{mod}\ 2)$

$\therefore\ [-x]_{补}=-[x]_{补}$

例 3.3 **证明**:相反数的补码等于数的补码连同符号按位取反后末位再加 1,即若$[x]_{补}=x_0.x_1x_2\cdots x_n$,则$[-x]_{补}=/x_0./x_1/x_2\cdots/x_n+2^{-n}\ (\mathrm{mod}\ 2)$。

证明(以定点小数为例):

(1) 若x为正数,即$[x]_{补}=0.x_1x_2\cdots x_n$,

则$x=0.x_1x_2\cdots x_n$,$-x=-0.x_1x_2\cdots x_n$,

$\therefore [-x]_{补}=1.\bar{x}_1\bar{x}_2\cdots\bar{x}_n+2^{-n}\ (\mathrm{mod}\ 2)$

可以验证，$x=0$ 时成立。

(2) 若 x 为负数，即 $[x]_{补}=1.x_1x_2\cdots x_n$，

则 $[x]_{原}=1.\bar{x}_1\bar{x}_2\cdots\bar{x}_n-2^{-n}$

$\therefore x=-(0.\bar{x}_1\bar{x}_2\cdots\bar{x}_n+2^{-n})$

$\therefore -x=0.\bar{x}_1\bar{x}_2\cdots\bar{x}_n+2^{-n}$，为正数

$\therefore [-x]_{补}=0.\bar{x}_1\bar{x}_2\cdots\bar{x}_n+2^{-n}\ (\mathrm{mod}\ 2)$

可以验证，$x=-1$ 时成立。

例 3.4　证明：设 $[x]_{补}=x_0.x_1x_2\cdots x_n$，则 $x=-x_0+0.x_1x_2\cdots x_n$。

证明：(以定点小数为例)

若 $x\geqslant 0$，则 $x_0=0$，$[x]_{补}=0.x_1x_2\cdots x_n=x$

$\therefore\ x=-x_0+0.x_1x_2\cdots x_n$

若 $x<0$，则 $x_0=1$，$[x]_{补}=1.x_1x_2\cdots x_n=2+x$

$$\begin{aligned}\therefore\ x &=[x]_{补}-2=1.x_1x_2\cdots x_n-2=-1+0.x_1x_2\cdots x_n\\ &=-x_0+0.x_1x_2\cdots x_n\end{aligned}$$

根据例 3.4 得到的这一性质可以由补码求得真值。

例 3.5　已知 $[x]_{补}=x_0.x_1x_2\cdots x_n$，求 $[x/2]_{补}$。

解：

$\because x=-x_0+0.x_1x_2\cdots x_n$

$$\begin{aligned}\therefore \frac{1}{2}x &=-\frac{1}{2}x_0+\frac{1}{2}\cdot(0.x_1x_2\cdots x_n)\\ &=-x_0+\frac{1}{2}x_0+\frac{1}{2}\cdot(0.x_1x_2\cdots x_n)\\ &=-x_0+\frac{1}{2}(x_0+0.x_1x_2\cdots x_n)\\ &=-x_0+0.x_0x_1x_2\cdots x_n\end{aligned}$$

$\therefore \left[\frac{1}{2}x\right]_{补}=x_0.x_0x_1x_2\cdots x_n$

由例 3.5 可以得到补码算术右移方法：原符号位不变，符号与数值位均右移一位。

3. 反码表示法

一般来说，反码只用于由原码求补码或由补码求原码的中间过渡：正数的反码表示与原、补码相同；负数的反码符号位为 1，数值位是将原码的数值按位取反。

很容易得到：对于负数而言，一个数的补码等于反码末位+1，反码等于补码末位−1。这个结论在补码除法运算中将用到。

小数的反码定义如下。

$$[x]_{反}=\begin{cases}x, & 0\leqslant x<1\\ (2-2^{-(n-1)})+x, & -1<x\leqslant 0\end{cases} \tag{3-7}$$

整数的反码定义如下。

$$[x]_{反}=\begin{cases}x, & 0\leqslant x<2^{n-1}\\ (2^n-1)+x, & -2^{n-1}<x\leqslant 0\end{cases} \tag{3-8}$$

从定义不难看出，反码也可以看作 $\bmod(2-2^{-n})$ 的补码，它与补码相比仅在末位差1。其实，上述反码定义中的 $2-2^{-(n-1)}$ 和 2^n-1 就是全“1”形式。有资料上称小数的补码为2的补码，小数的反码为全“1”的补码。

4. 几种编码方法的比较

(1) 对正数，机器数就是真值本身。各类不同的编码方法，都只是对负数有着不同的表示。编码方法主要用来解决负数在机器中的表示。

(2) 编码中，最高位都表示符号位。

(3) 机器数所能表示的数值范围，补码稍大一点。

(4) 一般在加减运算中，采用补码最好；在乘除运算中，采用原码却很方便。

3.2.2 定点数加减法运算

计算机中常用补码进行加减运算。

虽然原码表示方法表示简单，易于同真值之间进行转换，实现乘除运算规则简单，但原码在算术运算时符号位需单独处理，且进行加减运算步骤复杂且费时，有时加法需用减法来实现。相反地，虽然补码在乘除法运算时相对于原码而言复杂，但是补码在运算时符号位参与运算且结果符号自动产生，其减法运算通过加法运算实现，且补码的加法运算步骤简单。由于计算机中加减运算远多于乘除运算，因此一般地，计算机中的加减法运算采用补码。

1. 定点补码加减法运算规则

两个补码的和(差)等于和(差)的补码，即

$$[X]_{补} \pm [Y]_{补} = [X]_{补} + [\pm Y]_{补} = [X \pm Y]_{补} \quad \bmod 2 \text{ 或 } 2^n \tag{3-9}$$

其中，n 为机器字长。

进行补码加减法运算的原理框图如图3.2所示。

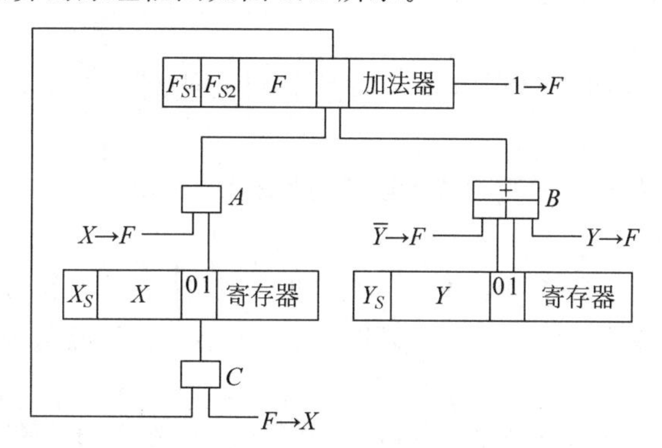

图3.2 补码加减法运算的原理框图

例3.6 已知机器字长 $n=8$，$X=44$，$Y=53$，求 $X+Y$ 的值。

解：

$[X]_{补}=0,0101100$，$[Y]_{补}=0,0110101$，

$$\begin{array}{r} 0,0\ 1\ 0\ 1\ 1\ 0\ 0 \\ +\ 0,0_1\ 1_1\ 1_1\ 0_1\ 1\ 0\ 1 \\ \hline 0,1\ 1\ 0\ 0\ 0\ 0\ 1 \end{array}$$

$\therefore [X+Y]_{补}=0,1100001$

$\therefore X+Y=+97$

例 3.7 已知机器字长 $n=8$，$X=-44$，$Y=-53$，求 $X-Y$ 的值。

解：

$[X]_{补}=1,1010100$，$[Y]_{补}=1,1001011$，$[-Y]_{补}=0,0110101$，

$$\begin{array}{r} 1,1010100 \\ +\ 0,0110101 \\ \hline 1,0001001 \end{array}$$

∴ $[X-Y]_{补}=0,0001001$

∴ $X-Y=+9$

例 3.8 已知机器字长 $n=8$，$X=120$，$Y=10$，求 $X+Y$ 的值。

解：

$[X]_{补}=0,1111000$，$[Y]_{补}=0,0001010$，

$$\begin{array}{r} 0,1111000 \\ +\ 0,0001010 \\ \hline 1,0000010 \end{array}$$

算出来显示 $[X+Y]_{补}=1,0000010$，即 $X+Y=-126$，结果显然不对。

例 3.8 结果之所以错了，是因为运算结果超出机器数值范围(8 位补码机器数表示范围为 $-128\sim+127$)，即发生溢出错误。

2. 溢出与溢出判断

溢出是一种错误，必须将溢出错误检出。

一旦检出溢出，系统要产生出错信号，由 CPU 执行纠检错程序进行处理，情况严重时将停机。

显然，溢出只可能发生在两个同号数相加或两个异号数相减时，两个异号数相加或两个同号数相减不可能发生溢出。

计算机中溢出判断有两类三种方法。两类分别是使用单符号位判断和使用双符号位判断。

不同的溢出判断规则与实际的判溢出硬件电路相对应，其性能、成本不尽相同。

1）单符号位判断法

一种是通过结果符号进行判断：两同号数相加时，其运算结果符号应与被加数相同，若结果符号与被加数相异则溢出；两异号数相减时，其运算结果符号应与被减数相同，若结果符号与被减数相异则溢出。

这种单符号溢出判断电路如图 3.3 所示，其中，S_A、S_B 表示参与运算的两个数的符号，S_C 表示运算结果的符号，“+”“−”则表示所进行的运算；Over 是溢出标志，当它为“1”时表示运算结果溢出。

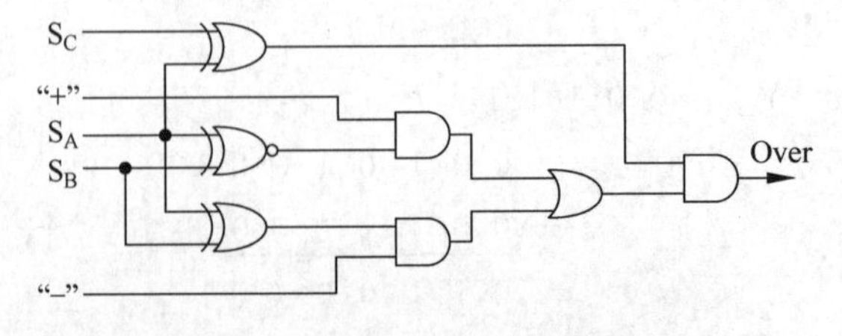

图 3.3 结果符号位溢出判断电路

显然，这种判断方法电路比较复杂。

另一种是通过进位符号进行判断：不论加或减，如果数值最高位向符号位的进位 C_s 与符号位向更高位的进位 C_f 相异，则发生了溢出。

显然，这种单符号位判断法比第一种方法实现起来更容易，电路简单（仅需要一个异或门），但是它需要把数值最高位进位与符号位进位单独引出来。

2）双符号位判断法

双符号位判断法通过变形补码实现，加法器采用双符号位：当结果的双符号相同时，表明不溢出，其中，如果都为“00”，那么结果为正数，如果都为“11”，那么结果就是负数；当结果的双符号位相异时，表明结果溢出，其中，如果为“01”，结果正溢出，如果为“10”，结果负溢出。换句话说，不论溢出或不溢出，最高符号位都是运算结果的真正符号位。

这种方法电路简单，也是只需要一个异或门就可以了，而且它不需要单独把进位信号引出来。当然，这里的加法器需要多加一位。

下面看几个计算机中加减法计算的例子，其中前 4 个例子采用变形补码计算并判溢出，后两个例子加法器采用 1 位符号位并采用进位符号法判溢出。

例 3.9　$X=0.1001$，$Y=0.0101$，求 $X+Y$ 的值。

解：

$[X]_补=00.1001$，$[Y]_补=00.0101$，

$$\begin{array}{r} 00.1001 \\ +\ 00.0101 \\ \hline 00.1110 \end{array}$$

两个符号位相同，无溢出。

$\therefore\ [X+Y]_补=00.1110$

$\therefore\ X+Y=0.1110$

例 3.10　$X=-0.1001$，$Y=-0.0101$，求 $X+Y$ 的值。

解：

$[X]_补=11.0111$，$[Y]_补=11.1011$，

$$\begin{array}{r} 11.0111 \\ +\ 11.1011 \\ \hline 111.0010 \end{array}$$

两个符号位相同，无溢出。

$\therefore\ [X+Y]_补=11.0010$

$\therefore\ X+Y=-0.1110$

例 3.11　$X=0.1011$，$Y=0.0111$，求 $X+Y$ 的值。

解：

$[X]_补=00.1011$，$[Y]_补=00.0111$，

$$\begin{array}{r} 00.1011 \\ +\ 00.0111 \\ \hline 01.0010 \end{array}$$

$\because$ 两个符号位为 01，相异

$\therefore$ 运算结果正向溢出

例 3.12 $X=-0.1011$，$Y=0.0111$，求 $X-Y$ 的值。

解：

$[X]_{补}=11.0101$，$[Y]_{补}=00.0111$，$[-Y]_{补}=11.1001$，

$$\begin{array}{r} 11.0101 \\ +\ 11.1001 \\ \hline 110.1110 \end{array}$$

∵两个符号位为 10，相异

∴运算结果负向溢出

例 3.13 $X=0.1001$，$Y=0.0101$，求 $X+Y$ 的值。

解：

$[X]_{补}=0.1001$，$[Y]_{补}=0.0101$，

$$\begin{array}{r} 0.\ 1001 \\ +_{0}\ 0._{0}0101 \\ \hline 0.\ 1110 \end{array}$$

∵$C_s=C_f=0$，不溢出

∴$[X+Y]_{补}=0.1110$

∴$X+Y=+0.1110$

例 3.14 $X=0.1100$，$Y=0.0111$，求 $X+Y$ 的值。

解：

$[X]_{补}=0.1100$，$[Y]_{补}=0.0111$，

$$\begin{array}{r} 0.\ 1100 \\ +_{0}\ 0._{1}0111 \\ \hline 1.\ 0011 \end{array}$$

∵$C_s=1$，$C_f=0$，$C_f \neq C_s$

∴运算结果溢出

3. 定点补码加减法运算电路原理图

定点补码加减法运算电路由加法器（或算术逻辑单元 ALU）和配套寄存器、门电路等构成，如图 3.4 所示。

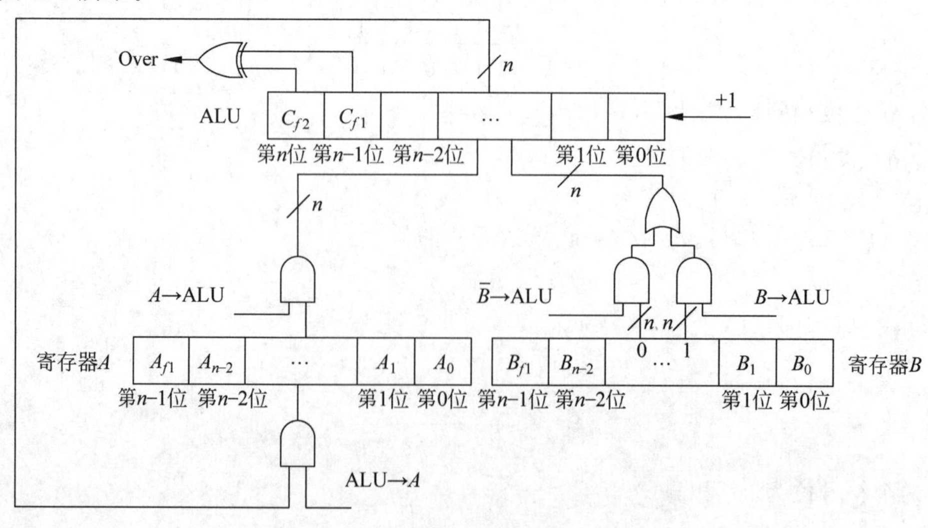

图 3.4 定点补码加减法运算电路原理图

图 3.4 中采用的是双总线结构，A 寄存器存放的是被加数/被减数以及最终的和/差，B 寄存器存放的是加数/减数。A、B 两个寄存器都是一位符号位，加法器则使用双符号位，溢出判断也采用双符号位判断法。

在进行补码加减法运算时，将被加数或者被减数由 A 寄存器送入加法器、将计算结果送入 A 寄存器都通过一个由相应控制信号控制的与门控制，将 B 寄存器中存放的加数或者减数送往加法器则由一个 2 选 1 多路选择器控制：当做加法运算时，将来自 B 寄存器的数据直接送往加法器；当做减法运算时，将来自 B 寄存器的数据按位取反送往加法器，并给出“末位加 1”信号，对于正逻辑 74181 来说，它其实就是将 C_n 置为“0”。

4. 十进制加减运算与十进制加法器

十进制运算以二进制运算为基础。

对十进制数码进行运算，根据编码方式和运算结果的不同，往往需要对结果进行修正。例如，8421 码十进制加法运算的规则是：若二进制相加的和数小于 10，不需修正；若二进制相加的和数大于或等于 10，则需加 0110 修正。如表 3.2 所示为 8421 码十进制加法运算结果修正表，容易得出修正条件为 $C_4+S_4S_3+S_4S_2$。

表 3.2 8421 码十进制加法运算结果修正表

修正前运算结果					修正后运算结果				
C_4	S_4	S_3	S_2	S_1	C_4'	F_4	F_3	F_2	F_1
0	0	0	0	0	0	0	0	0	0
0	0	0	0	1	0	0	0	0	1
0	0	0	1	0	0	0	0	1	0
0	0	0	1	1	0	0	0	1	1
0	0	1	0	0	0	0	1	0	0
0	0	1	0	1	0	0	1	0	1
0	0	1	1	0	0	0	1	1	0
0	0	1	1	1	0	0	1	1	1
0	1	0	0	0	0	1	0	0	0
0	1	0	0	1	0	1	0	0	1
0	1	0	1	0	1	0	0	0	0
0	1	0	1	1	1	0	0	0	1
0	1	1	0	0	1	0	0	1	0
0	1	1	0	1	1	0	0	1	1
0	1	1	1	0	1	0	1	0	0
0	1	1	1	1	1	0	1	0	1
1	0	0	0	0	1	0	1	1	0
1	0	0	0	1	1	0	1	1	1
1	0	0	1	0	1	1	0	0	0
1	0	0	1	1	1	1	0	0	1

十进制加法器是十进制运算器的核心部件，它由二进制加法器加上一定的修正逻辑构成。例如，可以利用 74181 构成一位 8421 十进制加法器（如图 3.5 所示）。

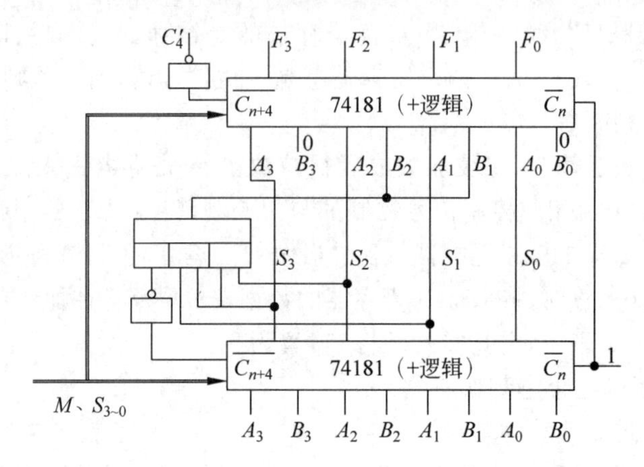

图 3.5　用 74181 构成一位 8421 十进制加法器

▶ 3.2.3　浮点数据表示

1. 浮点数据表示格式

计算机中的数据有定点数和浮点数两种表示方式。

所谓定点数，就是小数点位置固定，其中，定点小数的小数点固定在所有数值位的最前面，定点整数的小数点固定在所有数值位的最后面。前面讨论的都是定点数。

所谓浮点数是指小数点位置可浮动的数据。

不论是定点数还是浮点数，小数点都是隐含表示的。

同样机器字长的情况下，定点表示与浮点表示的表示范围和数据精度有所不同。

所谓数值范围是指一种数据类型所能表示的最大值和最小值；所谓数据精度是指实数所能表示的有效数字位数。数值范围与数据精度均与机器字长以及编码方式有关。

一般地，浮点数通常以下列形式表示。

$$N=M\times R^{E}$$

其中，N 是所表示的浮点数，M 是尾数，有 m 位，是一个纯小数(在 IEEE 754 标准中，带一位省略的整数位“1”)；E 称为阶码，是一个定点整数，$n+1$ 位，其中包含一位阶符 E_S，表示正阶或负阶；R 是阶的基数。对于一个确定的计算机而言，计算机中所有数据的 R 都是相同的，因此，不需要在每个数据中表示出来，即表示浮点数的时候只需要给出尾数和阶码的值就可以了。

显然，当基值相同时，阶码越长，表示范围越大；尾数越长，数据精度越高。

一般地，阶码部分使用补码或移码表示，尾数使用补码或原码表示，也有使用阶原尾原的；基值一般取 2，也有取 8 或 16 的。

浮点数的机内表示有两种格式，一种是数符与尾数数值部分放在一起：

E_s	$E_{n-1}\cdots E_0$	M_s	$M_{-1}\cdots M_{-m}$
阶符	阶码值	数符	尾数值

另一种是数符放在最前面：

M_s	E_s	$E_{n-1}\cdots E_0$	$M_{-1}\cdots M_{-m}$
数符	阶符	阶码值	尾数值

2. 移码

所谓移码，是为了便于进行定点整数比较大小而专门设计的一种机器数表示方式，它等于在真值上加一个常数，其定义为

$$[X]_{移}=2^{n-1}+X,\ -2^{n-1}\leqslant X<2^{n-1}，其中，X 为整数 \tag{3-10}$$

移码定义中最小真值为-2^{n-1}，故最小真值的移码为0。

如图3.6(a)所示为补码表示时其数值与编码在数轴上的表示。

显然，对于同为正数或同为负数的情况可以方便地进行大小比较，但是一个正数与一个负数时则不能用编码直接进行比较。

如图3.6(b)所示为移码表示时其数值与编码在数轴上的表示。可见，移码在数轴上的表示范围恰好对应于真值在数轴上的范围向轴的正向移动若干单元，便于比较两个移码的大小。

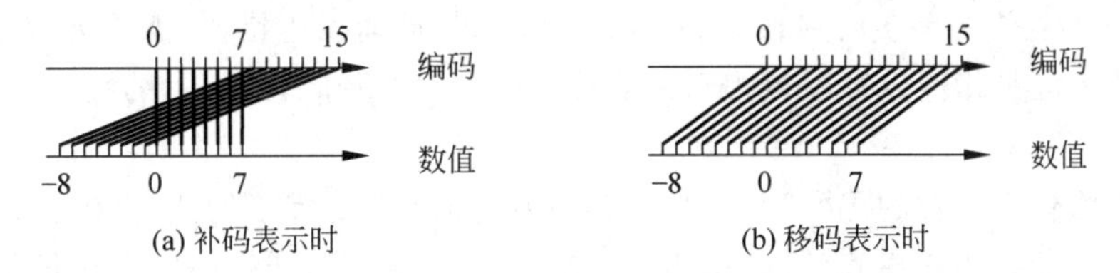

图3.6　数值与对应编码在数轴上的表示

根据定义：

若$0\leqslant X<2^{n-1}$，则$[X]_{移}=2^{n-1}+X=2^{n-1}+[X]_{补}$，

若$-2^{n-1}\leqslant X<0$，则$[X]_{移}=2^{n-1}+X=(2^n+X)-2^{n-1}=[X]_{补}-2^{n-1}$，

即$[X]_{补}$与$[X]_{移}$仅符号位相反，其余部分相同。

根据定义，$[+0]_{移}=2^{n-1}+0=2^{n-1}-0=[-0]_{移}$，即0的移码表现形式也是唯一的。

3. 浮点数的规格化

对于一个浮点数而言，字长固定的情况下提高表示精度有两种方法：增加尾数位数(但数值范围减小)或采用浮点规格化形式。

所谓浮点数规格化就是移动尾数，使尾数的有效数码尽可能地占满尾数的有位格。

采用浮点规格化形式可以提高数据精度，而且使同一个浮点数的表示唯一，并便于浮点数之间的运算与比较。

基数不同的浮点数，其规格化数的形式和过程也不同。本书只讨论基数为2的浮点数的规格化问题。

对规格化数的定义是这样的：设M为尾数，则规格化数应满足$1/2\leqslant|M|<1$。

将非规格化数变成规格化数的方法如下。调整阶码使尾数满足下列关系：尾数为原码表示时，无论正负应满足$1/2\leqslant|M|<1$，即小数点后的第一位数一定要为1，也就是说，正数的尾数应为$0.1x\cdots x$，负数的尾数应为$1.1x\cdots x$。尾数用补码表示时，小数最高位应与数符符号位相反，也就是说，正数应满足$0.1x\cdots x$，即$1/2\leqslant d<1$；负数应满足$1.0x\cdots x$，则$-1/2>d\geqslant-1$。

因此，对原码表示的尾数，规格化就是移动尾数，使尾数的整数位为0，且小数位第一位为1；对于补码表示的尾数，规格化就是使尾数的符号位与数值位不同。

为便于操作，补码表示时尾数规格化采用双符号位。

对于补码表示的尾数，若尾数两位符号位相等，且与尾数第一位相等，则需左规。

左规是指尾数左移，每左移一位，阶码减1，直至尾数第一位与尾符不等为止。

例 3.15 $M=00.01xx\cdots x$，需要进行左规：尾数左移一位，阶码减 1，得 $M=00.1xx\cdots x$。

例 3.16 $M=11.110xx\cdots x$，需要进行左规：尾数左移两位，阶码减 2，得 $M=11.0xx\cdots x$。

若尾数两位符号位不等，则需右规。

右规是指尾数右移，每右移一位，阶码加 1，直至尾数两位符号位相等为止。

例 3.17 $M=01.xx\cdots x$，需要进行右规：尾数右移一位，阶码加 1，得 $M=00.1xx\cdots x$。

例 3.18 $M=10.xx\cdots x$，需要进行右规：尾数右移一位，阶码加 1，得 $M=11.0xx\cdots x$。

计算机中的浮点数一般都是规格化的，只有在进行加减运算时才会出现运算结果双符号位不一致的情况，这时候才需要右规，显然右规时位数只需要移动一位。

4. 浮点数溢出

定点数的溢出根据数值本身判断，浮点数的溢出则根据规格化后的阶码判断。

浮点数的上溢是指浮点数阶码大于机器最大阶码，此时发生错误，需要进行中断处理。

浮点数的下溢是指浮点数阶码小于机器最小阶码，这意味着所表示的数很小，几乎可以忽略不计。

当一个**规格化**浮点数的尾数为 0（不论阶码为何值），或阶码的值比能在机器中表示的最小值还小（**特例，阶码用移码表示时，移码**$\leqslant -2^n$）而不论尾数为何值时，计算机都把该浮点数看成零值，称为机器零。

设阶码为 $n+1$ 位（含一位符号位），则浮点数中的“零”值有以下几种。

(1) $M=0$，不论阶码为何值，$N=0$。

(2) $M\neq 0, E<-2^n$ 时，下溢，**认为 $N=0$（机器零）**。

(3) $M=0, E=-2^n$ 时，$N=0$，这是零的标准形式。

① 若浮点数采用阶补尾补格式，则为 1,00…00；0.00…00。

② 若浮点数采用阶移尾补格式，则为 0,00…00；0.00…00，即为全零形式。

5. 浮点数表示范围

设阶码的数值位为 n 位，尾数的数值位为 m 位，当浮点数用非规格化表示，且阶码、尾数均用原码表示时，其表示范围如下。

最大正数：$(1-2^{-m})\times 2^{(2^n-1)}$

最小负数：$-(1-2^{-m})\times 2^{(2^n-1)}$

最小正数：$2^{-m}\times 2^{-(2^n-1)}$

最大负数：$-2^{-m}\times 2^{-(2^n-1)}$

设阶码的数值位为 n 位，尾数的数值位为 m 位，当浮点数用规格化表示，且阶码、尾数均用原码表示时，其表示范围如下。

最大正数：$(1-2^{-m})\times 2^{(2^n-1)}$

最小负数：$-(1-2^{-m})\times 2^{(2^n-1)}$

最小正数：$2^{-1}\times 2^{-(2^n-1)}$

最大负数：$-2^{-1}\times 2^{-(2^n-1)}$

设阶码的数值位为 n 位，尾数的数值位为 m 位，当浮点数用规格化表示，且阶码、尾数均用补码表示时，其表示范围如下。

最大正数：$(1-2^{-m})\times 2^{(2^n-1)}$

最小负数：$-1\times2^{(2^n-1)}$

最小正数：$2^{-1}\times2^{-2^n}$

最大负数：$-(2^{-1}+2^{-m})\times2^{-2^n}$

字长相同的情况下，浮点表示数值的表示范围比定点表示范围大，但未增加所表示数值的个数。同时，计算机中的浮点数是离散空间，绝对值越大，浮点数分布越稀疏（如图3.7所示）。

需要注意的是，浮点数据在表示和运算时可能会出现舍入等，这是因为有些十进制数不能用浮点数精确表示。也正是因为存在舍入等现象，浮点数运算是不满足结合律的，即$(d+f)-d\neq f$。

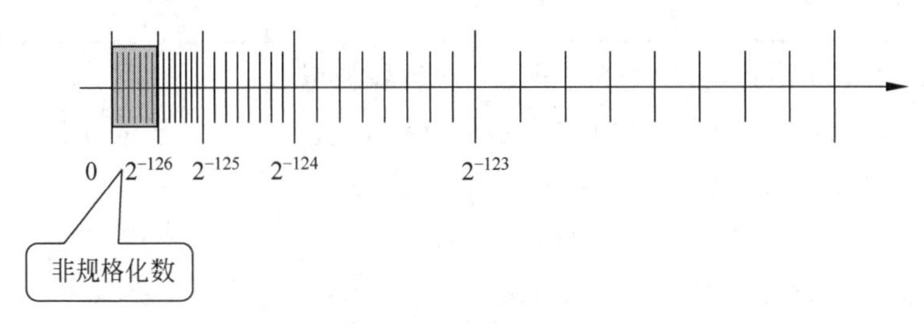

图3.7　计算机中浮点数在数轴上的分布

6. IEEE 754标准

微机中的数值有三类：无符号整数、带符号整数和浮点数。

微机中的无符号整数是二进制定点整数，分为字节、字、双字等不同的长度，其表示的数据范围也不同。

微机中的带符号整数有两类表示方式，一种是二进制定点整数表示，分为16、32、64位字长三种，均使用补码表示；一种是80位字长的18位BCD整数表示，如表3.3所示。

表3.3　微机中带符号整数表示方法

整数类型	数值范围	精　度	格　式
16位整数	$-32\,768\sim32\,767$	二进制16位	补码
短整数	$-2^{31}\sim2^{31}-1$	二进制32位	补码
长整数	$-2^{63}\sim2^{63}-1$	二进制64位	补码
BCD整数	$-10^{18}+1\sim10^{18}-1$	十进制18位	原码，80b，最左字节最高位符号位（余7位无效）；余72b为18位BCD码

微机中的浮点数采用IEEE 754国际标准。IEEE 754标准浮点数包括数符S、阶码E和尾数M三个字段，格式如下。

$$(-1)^S\ 2^E\quad(M_0.M_{-1}\cdots M_{-(P-1)})$$

其中，数符S占1位，规定放在最高位，0表示正、1表示负；指数项E的基数为2，是一个带有一定偏移量的无符号整数；尾数部分M是带一位整数的二进制小数真值（即原码）。

IEEE 754标准浮点数的规格化是调整阶码，使尾数整数位M_0为1且与小数点一起隐含掉（扩展精度除外）。

IEEE 754标准浮点数有三种表示格式，其中，单精度浮点数共32位，含阶码8位、尾数24位；双精度浮点数共64位，含阶码11位、尾数53位；扩展精度浮点数共80位，含阶码15位，尾数64位。其详细格式如表3.4所示。

表 3.4 IEEE 754 标准浮点数格式

参　　数	单　精　度	双　精　度	扩 展 精 度
浮点数长度(位)	32	64	80
符号位数	1	1	1
尾数长度 P(位)	23+1(隐)	52+1(隐)	64
阶码 E 长度(位)	8	11	15
最大阶码	+127	+1023	+16 383
最小阶码	−126	−1022	−16 382
阶码偏移量	$+127(2^7-1)$	$+1023(2^{10}-1)$	$+16\,383(2^{14}-1)$
表示数范围	$10^{-38}\sim10^{+38}$	$10^{-308}\sim10^{+308}$	

另外，利用 IEEE 754 标准格式可以表示一些特殊数据。

- 若阶码值全为 0，当尾数全为 0 时表示 0(0 有正、负之分)；当尾数非全 0 时为**可表示的非规格化数**，其指数为−126，尾数不隐含整数位“1”。
- 若阶码值全为 1，当尾数全为 0 时表示(正/负)无穷，这个结果可能来自被 0 除或上溢；当尾数非全 0 时表示**非数**(Not a Number，NaN)，可以用于表示$\sqrt{-1}$等操作的结果，或者在尾数部分存放系统状态、中断原因等特殊内容，供中断处理程序使用。

下面给出几个微机中浮点数据转换的例子。

例 3.19　将十进制数 178.125 表示成微机单精度浮点数(用十六进制表示)。

解：

$178.125=10110010.001B=1.0110010001\times2^7$

∵单精度浮点数应加的指数偏移量为 127

$\therefore E=7+127=134=(1000\ 0110)_2$

∴单精度浮点数形式为 $\underline{0\ 10000110}\ \underline{011}$ 0010 0010 0000 0000 0000

即十进制数 178.125 表示成微机单精度浮点数为 4332 2000H。

例 3.20　Pentium 机中的单精度浮点数 3F580000H 表示成十进制真值是多少？

解：

3F580000H =0011 1111 0101 1000 0000 0000 0000 0000B

=0 011 1111 0 101 1000 0000 0000 0000 0000B

数符：$S=0$，正数

阶码：$E=(01111110)_2-127=126-127=-1$

尾数：$D=(1.1011)_2$

$\therefore X=(1.1011)_2\times2^{-1}=(0.11011)_2=(0.84375)_{10}$

需要注意的是，在将十进制数据转换成计算机内部数据过程中可能出现偏差。

例 3.21　将十进制数 3.3 表示成微机单精度浮点数。

解：

$$3.3_{(10)}=11.01\ 0011\ 0011\ 0011\ 0011\ 0011\ 0011\cdots_{(2)}$$

使整数位为 1，取小数 23 位，舍入采用末位置 1 法，得

$$3.3_{(10)}=1.101\ 0011\ 0011\ 0011\ 0011\ 0011\ (0011\cdots)\times2^1$$

则阶码

$$E=1+127=10000000_{(2)}$$

即计算机内表示为

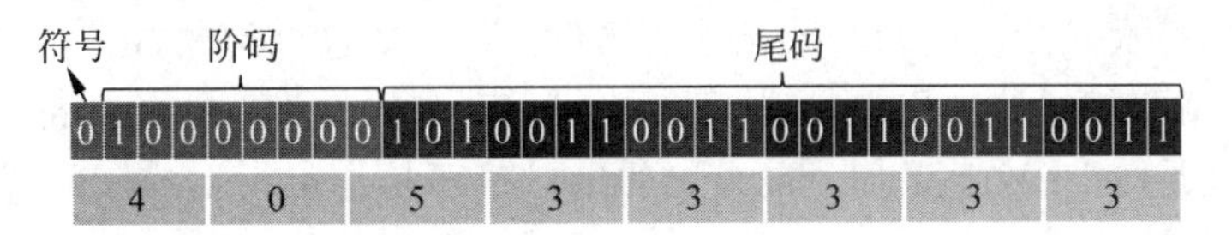

值得注意的是，数据转换过程中有“舍”，因此实际保存的数据比原来的值要小。

下面再看一个例子。

例 3.22　将十进制数 1.1 表示成微机单精度浮点数。

解：

$$1.1_{(10)} = 1.0\ 0011\ 0011\ 0011\ 0011\ 0011\ 0011\cdots_{(2)}$$

使整数位为 1，取小数 23 位，舍入采用末位置 1 法，得

$$1.1_{(10)} = 1.0\ 0011\ 0011\ 0011\ 0011\ 0011\ 01(11\cdots)\times 2^0$$

则阶码

$$E = 0 + 127 = 01111111_{(2)}$$

即计算机内表示为

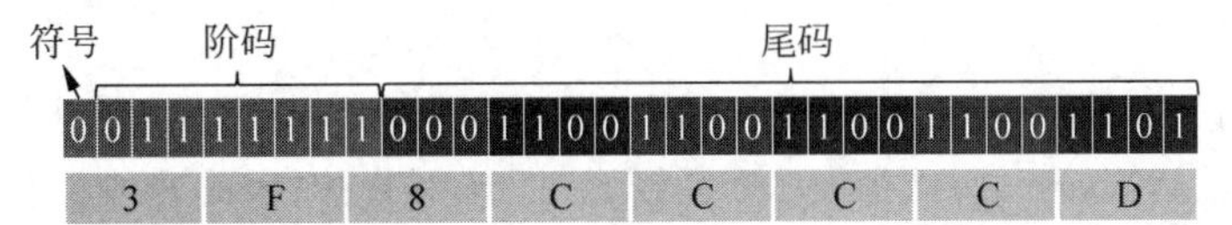

在这个例子中，数据转换过程中有“入”，因此实际保存的数据比原来的值要大。

7. 定点数与浮点数比较

定点数小数点位置固定，其表示方法比浮点数简单，运算规则、运算速度以及进行运算的硬件成本方面都优于浮点数；浮点数在数的表示范围、数值精度、溢出处理方面优于定点数。

采用定点数还是浮点数，应根据具体应用选用。一般地，通用大型计算机多数采用浮点数，或同时采用定、浮点数；小型、微型及某些专用计算机、控制计算机，则多数采用定点数，当需要做浮点运算时，可通过软件实现，也可外加浮点扩展硬件（如协处理器）来实现。

3.3　二进制乘法运算

▶ 3.3.1　定点原码乘法

原码又称为带符号的绝对值表示方法，其乘法规则是：先取绝对值相乘，再根据同号相乘为正、异号相乘为负，单独决定符号位。

1. 定点原码一位乘

计算机中原码乘法的具体实现步骤是由笔算竖式乘法推导而来的。

设 $X=0.1101$，$Y=0.1011$，首先看笔算计算乘积 $X\times Y$ 的乘法过程（如图 3.8 所示）。

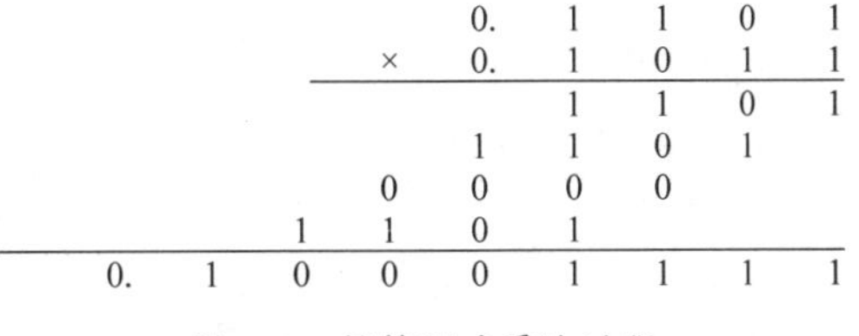

图 3.8　笔算竖式乘法过程

定点原码一位乘由笔算方法推导而来，先取绝对值相乘，再根据同号相乘结果为正、异号相乘结果为负，单独决定符号位。

把这个过程直接用计算机实现存在的第一个困难就是这里的多个数同时相加的问题。计算机中所有的运算本质上都是通过加法器实

现的，但是加法器每次只能实现两个数相加的操作。要解决这个问题，可以将多个数同时相加的操作改成多次两两相加的过程来实现。做乘法运算的时候，设置初始的部分积为 0，每次根据乘数位是“1”还是“0”来决定是加上被乘数的绝对值还是加上 0 形成新的部分积，乘数数值位有多少位就进行多少次加操作。

但是这里还有一个问题，就是不对齐 $2n$ 位相加的问题。事实上，每一次加操作只需要对相应的那 n 位做加法操作即可，在这以后，当前部分积最后一位以及往后的各位是不再参与运算的，所以，可以将笔算竖式乘法每次左移一位，不对齐加法操作改成 n 位加，每次加操作结束后将部分积右移一位，移出部分依次保存起来，部分积左边补“0”。这样，乘数数值位有多少位，就需要进行多少次加和移位操作。

还有一个需要解决的问题是控制各次加数的乘数数值位的位置不固定。事实上，进行乘法运算时，从乘数的低位开始，依次控制每次加操作的加数，一旦相应的加法操作完成以后，这一位就不再需要了，只需要在加法操作完成后将乘数与部分积同时右移，乘数右移时移出部分丢弃，而部分积移出部分保存在乘数寄存器的高位部分。当乘法运算结束时，乘数恰好都被移出，此时加法器中的结果是 n 位的乘积绝对值高位部分，乘数寄存器中存放的是 n 位的乘积绝对值低位部分。

在这里需要注意的是，这里的加操作用的就是以前学习过的加法器。加法操作是可能出现溢出的，但是对于乘法运算而言，每次加操作后紧接着一个右移操作，因此这种溢出是假“溢出”，因此在乘法运算过程中可以不理会这个“溢出”警告，并且每次右移的时候左边直接补“0”就可以了。

归纳上面的分析，可以得到定点小数原码一位乘的规则：符号位单独处理，绝对值相乘，通过加和移位实现，乘数数值位决定加和移位的次数；加法器采用单符号位或者双符号位，由乘数数值当前最低位决定本次加的内容，乘法过程中即使出现溢出也不算溢出；每次加操作完成后部分积与乘数数值位同时右移，乘数与部分积低位共用一个寄存器，右移时部分积左边补“0”，最低位移入乘数寄存器，乘数原来的最低位（也就是乘数寄存器原来的最低位）丢弃。

需要解释一点的是，这里的乘数寄存器在做乘法运算的时候里面存放的是乘数，但是在做除法运算的时候存放的是商，因此往往被称为“乘商寄存器”。

因为乘法过程中只是取的数值位相乘，所以上述规则对于定点整数乘法依然适用。

例 3.23　设 $X=0.1101, Y=0.1011$，求 $X \cdot Y$。

解：

	部分积 A						乘数 C				
	0.	0	0	0	0	0	1	0	1	1	
$+\|x\|$	0.	0	1	1	0	1					
	0.	0	1	1	0	1					
右移一位→	0.	0	0	1	1	0	1	1	0	1	1（丢失）
$+\|x\|$	0.	0	1	1	0	1					
	0.	1	0	0	1	1					
右移一位→	0.	0	1	0	0	1	1	1	1	0	1（丢失）
+0	0.	0	0	0	0	0					
	0.	0	1	0	0	1					
右移一位→	0.	0	0	1	0	0	1	1	1	1	0（丢失）
$+\|x\|$	0.	0	1	1	0	1					
	0.	1	0	0	0	1					
右移一位→	0.	0	1	0	0	0	1	1	1	1	1（丢失）
	乘积高位						乘积低位				

$\because X_0 \oplus Y_0 = 0 \oplus 0 = 0$

$\therefore [X \cdot Y]_{原} = 0.1000\ 1111$

$\therefore X \cdot Y = 0.1000\ 1111$

实现原码一位乘法的逻辑电路框图如图3.9所示。这里对两个n位数(含1位符号位)相乘,加法器、部分积寄存器采用双符号位,被乘数寄存器、乘商寄存器采用单符号位。需要提醒的是,这里的“移位器”并不一定需要一个真正的部件,其实可以通过右斜连线的方式实现移位功能。

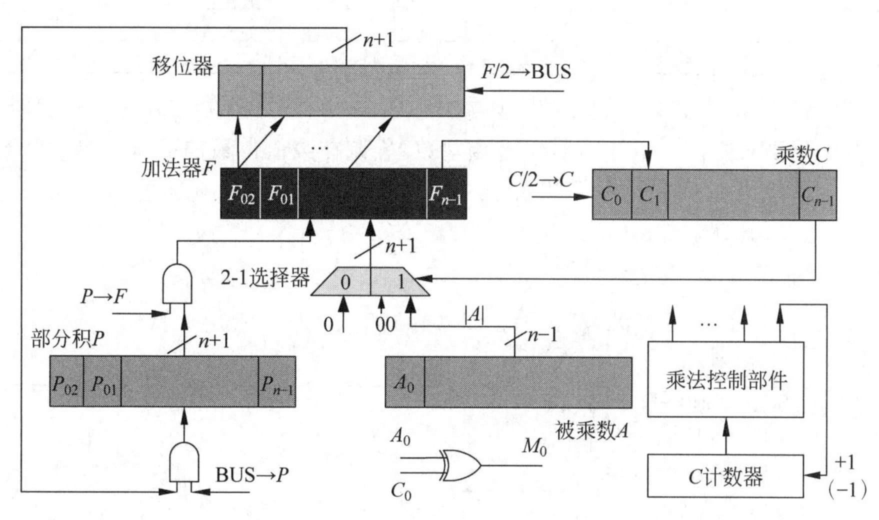

图3.9 原码一位乘法电路逻辑框图

2. 定点原码两位乘

采用两位乘的目的是提高乘法的运算速度,其基本思想就是将两步并作一步走,它从乘数的低位开始,数值位每两位一组,由这个组合来决定每次加的对象,而且每次加以后不再是右移一位,而是每次右移两位,这样就能够将乘法的运算效率提升到原来的二倍。

两位乘数数值位一共有4种组合,对应4种操作:当两位乘数数值位为“00”时,相当于本次要做$0 \cdot |X|$,此时只需要将部分积P_i右移两位即可,不需要进行其他操作;当两位乘数数值位为“01”时,相当于本次要做$1 \cdot |X|$,然后进行部分积$P_i + |X|$操作,并将部分积右移两位即可;当两位乘数数值位为“10”时,相当于本次要做$2 \cdot |X|$,然后进行部分积$P_i + 2|X|$操作,并将部分积右移两位即可;当两位乘数数值位为“11”时,相当于本次要做$3 \cdot |X|$,然后进行部分积$P_i + 3|X|$操作,并需要将部分积右移两位。

显然,$+2|X|$可等价于把$|X|$左移一位即得;同理,$+3|X|$可等价于$4|X| - |X|$;即以$(4|X| - |X|)$代替$+3|X|$,在本次运算中只执行$-|X|$,而将$+4|X|$归并到下一步执行(欠账)。到下一步时,由于部分积已经右移了两位,上一步欠下的$+4|X|$已经变成了$+|X|$。

具体的实现方法是,在机器中设置一个欠账触发器C来记录是否欠下$+4|X|$,若本次欠账,则$1 \rightarrow C$,即每一步乘法的实际操作需由Y_{i-1}、Y_i、C三位来控制。

特别地,如果完成最后一次加和移位操作后,欠账触发器C仍然为“1”,则最后还要加X还上欠账(但不移位)。

归纳起来,定点数原码两位乘的方法是:加法器采用三符号位,乘积符号由$X_0 \oplus Y_0$得到。进行乘法运算之前(即初始时),将欠账触发器C置“0”。此后,根据当前乘数数值最低两位以及欠账触发器C的值进行操作的规则如表3.5所示。

表 3.5　原码两位乘操作规则

Y_{i-1}	Y_i	C	操作	
0	0	0	$(P_i+0)2^{-2}$	$0\to C$
0	0	1	$(P_i+\|X\|)2^{-2}$	$0\to C$
0	1	0	$(P_i+\|X\|)2^{-2}$	$0\to C$
0	1	1	$(P_i+2\|X\|)2^{-2}$	$0\to C$
1	0	0	$(P_i+2\|X\|)2^{-2}$	$0\to C$
1	0	1	$(P_i-\|X\|)2^{-2}$	$1\to C$
1	1	0	$(P_i-\|X\|)2^{-2}$	$1\to C$
1	1	1	$(P_i+0)2^{-2}$	$1\to C$

乘数数值位数 n 应为偶数，共做 $n/2$ 步乘法和移位；当乘数数值位数 n 为奇数时，对于定点小数，应该在乘数末位补一个“0”，对于定点整数，应该在数值位最前面添一个“0”，凑成偶数位，一共做 $(n+1)/2$ 步乘法和移位。当最后一步完成后，若 $C=1$，则还要做一次加 $|X|$ 的操作（但不移位），即还上欠账。

例 3.24　设 $[X]_原=0.100111$，$[Y]_原=0.100111$，求 $[XY]_原$ 的值。

解：$[-|X|]_补=111.011001$，$2|X|=001.001110$，$X_0\oplus Y_0=0\oplus 0=0$。

	部分积	乘数	欠账位 C	备注
	000.000000	.1 0 0 1 1 1	0	
$+[-\|X\|]_补$	111.011001		1	欠账
	111.011001			
$\to 2+2\|X\|$	111.110110	0 1 1 0 0 1	1	
	001.001110			
	001.000100			
$\to 2+2\|X\|$	000.010001	0 0 0 1 1 0	0	
	001.001110			
	001.011111			
$\to 2$	000.010111	1 1 0 0 0 1		
	乘积高位	乘积低位		

$\therefore [XY]_原=(0\oplus 0).010111\ 110001=0.010111\ 110001$

例 3.25　设 $[X]_原=0.111111$，$[Y]_原=1.111001$，求 $[XY]_原$ 的值。

解：$[-|X|]_补=111.000001$，$2|X|=001.111110$

	部分积	乘数	欠账位 C	备注
	000.000000	.1 1 1 0 0 1	0	
$+\|X\|$	000.111111	Y_1 Y_2 Y_3 Y_4 Y_5 Y_6		
	000.111111			
$\to 2+2\|X\|$	000.001111	1 1. 1 1 1 0	0	
	001.111110	Y_3 Y_4		
	010.001101			
$\to 2+[-\|X\|]_补$	000.100011	0 1 1 1 1 1.	0	
	111.000001	Y_1 Y_2	1	欠账
	111.100100			
$\to 2+\|X\|$	111.111001	0 0 0 1 1 1.	1	
	000.111111			还账
	000.111000			不移位
	乘积高位	乘积低位		

$\therefore [XY]_{原} = (0 \oplus 1).111000\ 000111 = 1.111000\ 000111$

3. 阵列乘法器

两位乘法能够一定程度上提高乘法运算效率，但是对于需要大量乘法运算的场合，需要使用速度更快的乘法器，例如，采用阵列乘法器。

阵列乘法器仍然从无符号乘法手工计算过程(见图 3.10)分析而来。

阵列乘法器将上述笔算竖式中按位操作单元电路按阵列排列，直接实现乘法算式，其核心是全加器，通过这种资源重复的方式，避免重复的加和移位操作，从而换取运算速度的提升。

阵列乘法器单元电路如图 3.11 所示。

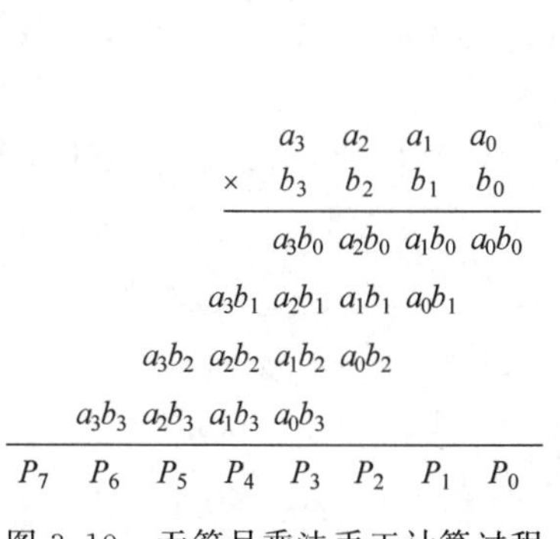

图 3.10　无符号乘法手工计算过程

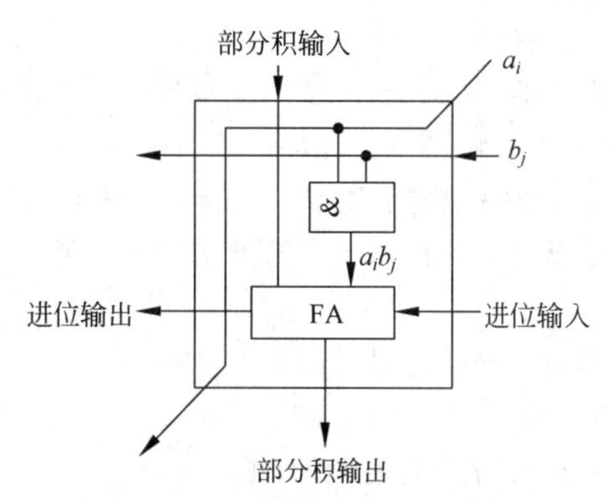

图 3.11　阵列乘法器单元电路

在图 3.11 中，由于本位参与乘法运算的非“0”即“1”，因此可以通过与门实现两个二进制位的乘法操作；全加器将本位乘积与本列已有部分积相加，进位则向水平传递。

4×4 无符号数阵列乘法器原理图如图 3.12 所示。

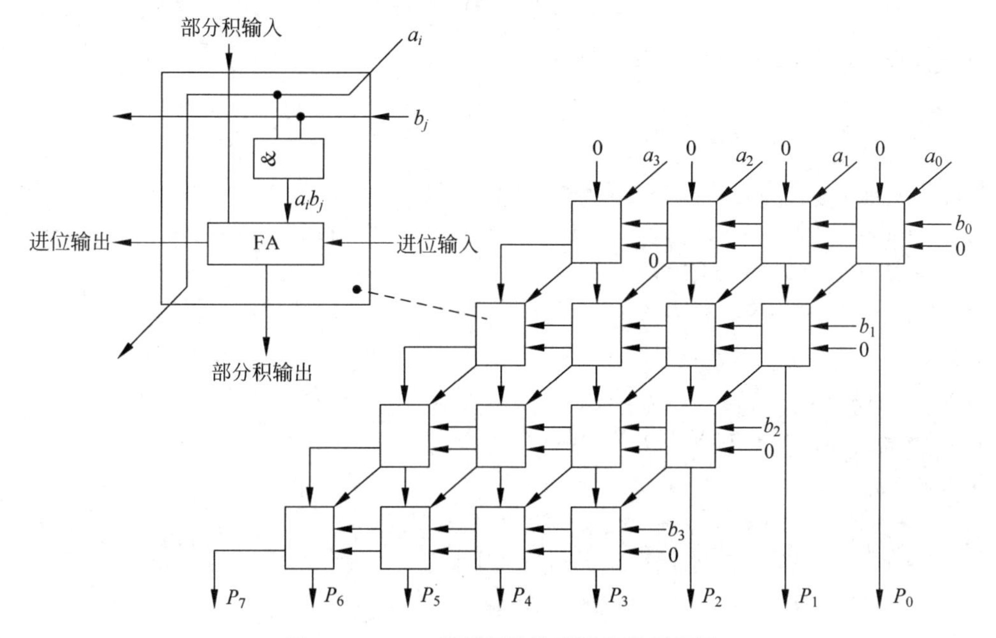

图 3.12　4×4 无符号数阵列乘法器原理图

$n \times n$ 位阵列乘法器需 n^2 个全加器和 n^2 个与门，但是，由于最上面一行的部分积输入为全"0"，因此这一行的全加器可以省略，即 $n \times n$ 位阵列乘法器共需 $n \times (n-1)$ 个全加器和 n^2 个与门。

▶ 3.3.2 定点补码乘法

计算机中的数据都是以补码形式存储的，如果采用原码方法计算，每次计算之前需要先将它变成原码，计算结束后还要将结果变成补码。

事实上，也可以直接用补码进行乘法运算，而且跟原码乘法不同的是，补码乘法运算结果的符号位是在运算中同时产生的。

1. 定点补码一位乘校正法

定点补码一位乘校正法的基本思想是：设被乘数 $[X]_补 = X_0.X_1X_2\cdots X_n$，乘数 $[Y]_补 = Y_0.Y_1Y_2\cdots Y_n$，则 $[X \cdot Y]_补 = [X]_补 \cdot (-Y_0 + 0.Y_1Y_2\cdots Y_n)$。

用文字描述就是：把 $[X]_补$ 与 $[Y]_补$ 的数值位按原码乘法规则运算，如果乘数为正数，则得到的结果就是最终的结果；如果乘数为负数，则需将结果 $+[-X]_补$ 进行校正才得到最终的结果。

下面对这一结论进行简单的证明。

证明：

(1) 若 X 正负任意，Y 为正数

$\because [X]_补 = 2 + X = 2^{n+1} + X \pmod 2$

$[Y]_补 = Y = 0.Y_1Y_2\cdots Y_n$

$\therefore [X]_补 \cdot [Y]_补 = 2^{n+1} \cdot Y + X \cdot Y \pmod 2$

$$\because 2^{n+1} \cdot Y = 2^{n+1} \cdot (0.Y_1Y_2\cdots Y_n) = 2^{n+1} \cdot \sum_{i=1}^{n} Y_i 2^{-i} = 2 \cdot \sum_{i=1}^{n} Y_i 2^{n-i}$$

且 $\sum_{i=1}^{n} Y_i 2^{n-i}$ 是大于或等于 1 的正整数(或 0)

$$\therefore 2 \cdot \sum_{i=1}^{n} Y_i 2^{n-i} = 2 \pmod 2$$

即 $[X]_补 \cdot [Y]_补 = 2 + X \cdot Y = [X \cdot Y]_补 \pmod 2$

$\therefore [X \cdot Y]_补 = [X]_补 \cdot [Y]_补 = [X]_补 \cdot (-Y_0 + 0.Y_1Y_2\cdots Y_n) = [X]_补 \cdot (0.Y_1Y_2\cdots Y_n)$

(2) 若 X 正负任意，Y 为负数

$\because [Y]_补 = 1.Y_1Y_2\cdots Y_n = 2 + Y$

$\therefore Y = [Y]_补 - 2 = 0.Y_1Y_2\cdots Y_n - 1$

$\therefore X \cdot Y = X \cdot (0.Y_1Y_2\cdots Y_n) - X$

$\therefore [X \cdot Y]_补 = [X \cdot (0.Y_1Y_2\cdots Y_n)]_补 + [-X]_补$

$\because 0.Y_1Y_2\cdots Y_n > 0$

$\therefore [X \cdot (0.Y_1Y_2\cdots Y_n)]_补 = [X]_补 \cdot (0.Y_1Y_2\cdots Y_n)$

$$\begin{aligned}\therefore [X \cdot Y]_补 &= [X]_补(0.Y_1Y_2\cdots Y_n) + [-X]_补 \\ &= [X]_补(0.Y_1Y_2\cdots Y_n) - [X]_补 \\ &= [X]_补(0.Y_1Y_2\cdots Y_n - Y_0)\end{aligned}$$

结合(1)和(2)可得补码乘法的统一算法：

$$[X \cdot Y]_补 = [X]_补(0.Y_1Y_2\cdots Y_n) - [X]_补 \cdot Y_0 = [X]_补 \cdot (-Y_0 + 0.Y_1Y_2\cdots Y_n)$$

具体地讲，定点补码一位乘校正法运算规则如下。

- 乘法运算时，把乘数的补码$[Y]_{补}$去掉符号位，当成正数与$[X]_{补}$按照同原码一样的方法相乘。
- 被乘数和部分积的符号位一同参与运算。
- 部分积是否$+[X]_{补}$由Y_i决定：$Y_i=1$时加$[X]_{补}$，$Y_i=0$时不加，然后右移一位，两个n位数相乘，共做n次加法和n次移位。
- 相加时采用两位符号位，以便存放乘法过程中绝对值大于或等于1的中间值。
- 右移必须按补码规则进行，即左边补符号位。
- 乘数为负时，最后求出的部分积需$+[-X]_{补}$进行校正，但不移位。

例 3.26 设$X=-0.1101$，$Y=0.1011$，即$[X]_{补}=11.0011$，$[Y]_{补}=Y=0.1011$，求$[X\cdot Y]_{补}$的值。

解：

	部分积 **A**	乘数 **C**	说明
	0 0 0 0 0 0	1 0 1 1	
$+[X]_{补}$	1 1 0 0 1 1		
	1 1 0 0 1 1		
右移一位→	1 1 1 0 0 1	1 1 0 1	1(丢失)
$+[X]_{补}$	1 1 0 0 1 1		
	1 0 1 1 0 0		
右移一位→	1 1 0 1 1 0	0 1 1 0	1(丢失)
右移一位→	1 1 1 0 1 1	0 0 1 1	0(丢失)
$+[X]_{补}$	1 1 0 0 1 1		
	1 0 1 1 1 0		
右移一位→	1 1 0 1 1 1	0 0 0 1	1(丢失)
	乘积高位	乘积低位	

$\therefore [XY]_{补}=1.0111\ 0001$

例 3.27 设$X=-0.1101$，$Y=-0.1011$，即$[X]_{补}=11.0011$，$[Y]_{补}=11.0101$，求$[X\cdot Y]_{补}$的值。

解：$[-X]_{补}=00.1101$

	部分积 **A**	乘数 **C**	说明
	0 0 0 0 0 0	0 1 0 1	
$+[X]_{补}$	1 1 0 0 1 1		
	1 1 0 0 1 1		
右移一位→	1 1 1 0 0 1	1 0 1 0	1(丢失)
右移一位→	1 1 1 1 0 0	1 1 0 1	0(丢失)
$+[X]_{补}$	1 1 0 0 1 1		
	1 0 1 1 1 1		
右移一位→	1 1 0 1 1 1	1 1 1 0	1(丢失)
右移一位→	1 1 0 1 1 1	1 1 1 1	0(丢失)
$+[-X]_{补}$	0 0 1 1 0 1		校正
	0 0 1 0 0 0	1 1 1 1	不移位
	乘积高位	乘积低位	

$\therefore [XY]_{补} = 0.1000\ 1111$

2. 定点补码一位乘比较法

使用校正法当乘数为正和为负时其运算规律不统一，控制较复杂，而且计算机无法准确预计执行乘法指令所需要的时间。布斯(Booth)对前述的校正法补码乘法公式进行变换，得出了另一公式，又称为布斯公式，它避免区分乘数的正负，而且让乘数的符号也参加运算，使运算规律统一。

$$
\begin{aligned}
[X \cdot Y]_{补} &= [X]_{补} \cdot (-Y_0 + 0.Y_1Y_2\cdots Y_n) \\
&= [X]_{补} \cdot (-Y_0 + 2^{-1}Y_1 + 2^{-2}Y_2 + \cdots + 2^{-n}Y_n) \\
&= [X]_{补} \cdot [-Y_0 + (Y_1 - 2^{-1}Y_1) + (2^{-1}Y_2 - 2^{-2}Y_2) + \cdots + (2^{-(n-1)}Y_n - 2^{-n}Y_n)] \\
&= [X]_{补} \cdot [(Y_1 - Y_0) + (Y_2 - Y_1)\ 2^{-1} + (Y_3 - Y_2)\ 2^{-2} + \cdots + \\
&\quad (Y_n - Y_{n-1})\ 2^{-(n-1)} + (Y_{n+1} - Y_n)\ 2^{-n}] \\
&= [X]_{补} \cdot (Y_1 - Y_0) + 2^{-1}([X]_{补}(Y_2 - Y_1) + 2^{-1}([X]_{补}(Y_3 - Y_2) + \cdots + \\
&\quad 2^{-1}([X]_{补}(Y_n - Y_{n-1}) + 2^{-1}([X]_{补}(Y_{n+1} - Y_n)))\cdots))
\end{aligned}
$$

其中，乘数的最低一位为 Y_n，为了得到统一的形式，在其后再添加一位 Y_{n+1}，值为 0(对于补码小数而言，无论正负，在后面添“0”不影响其值)。

将上式改写，得到递推公式：

$$
\begin{aligned}
&[P_0]_{补} = 0 \\
&[P_1]_{补} = 2^{-1}([P_0]_{补} + (Y_{n+1} - Y_n)[X]_{补}),\ Y_{n+1} = 0 \\
&[P_2]_{补} = 2^{-1}([P_1]_{补} + (Y_n - Y_{n-1})[X]_{补}) \\
&\cdots \\
&[P_i]_{补} = 2^{-1}([P_{i-1}]_{补} + (Y_{n-i+2} - Y_{n-i+1})[X]_{补}) \\
&\cdots \\
&[P_n]_{补} = 2^{-1}([P_{n-1}]_{补} + (Y_2 - Y_1)[X]_{补}) \\
&[P_{n+1}]_{补} = [P_n]_{补} + (Y_1 - Y_0)[X]_{补} = [XY]_{补}
\end{aligned}
$$

由此得补码一位乘比较法运算规则：部分积和被乘数采用两位符号位，乘数采用一位符号位，并设附加位 $Y_{n+1} = 0$，通过乘数寄存器的末两位决定下一步的操作(如表 3.6 所示)。

表 3.6 补码一位乘比较法操作规则

判断位 Y_iY_{i+1}	操作规则
0 0	$[P_i]_{补}$→
0 1	$[P_i]_{补}+[X]_{补}$后→
1 0	$[P_i]_{补}+[-X]_{补}$后→
1 1	$[P_i]_{补}$→

但是当进行到最后一步($i = n+1$)时，不移位。

例 3.28 设 $X = -0.1101$，$Y = 0.1011$，即 $[X]_{补} = 11.0011$，$[Y]_{补} = 0.1011$，$[-X]_{补} = 00.1101$，求 $[X \cdot Y]_{补}$ 的值。

解：

	部分积 A	乘数 C		说明
	0 0 0 0 0 0	0. 1 0 1 1	0	$Y_4Y_5=10$,$+[-X]_补$
$+[-X]_补$	0 0 1 1 0 1	Y_i	Y_{i+1}	
	0 0 1 1 0 1			
→	0 0 0 1 1 0	1 0 1 0 1	1	$Y_3Y_4=11$,直接→
→	0 0 0 0 1 1	0 1 0 1 0	1	$Y_2Y_3=01$,$+[X]_补$
$+[X]_补$	1 1 0 0 1 1			
	1 1 0 1 1 0			
→	1 1 1 0 1 1	0 0 1 0 1	0	$Y_1Y_2=10$,$+[-X]_补$
$+[-X]_补$	0 0 1 1 0 1			
	0 0 1 0 0 0			
→	0 0 0 1 0 0	0 0 0 1 0	1	$Y_0Y_1=01$,$+[X]_补$
$+[X]_补$	1 1 0 0 1 1			
	1 1 0 1 1 1	0 0 0 1		最后一步不移位

$\therefore [X \cdot Y]_补 = 1.0111\ 0001$

3. 定点补码两位乘

跟原码一样，同样定点数补码两位乘通过两步并做一步走提高乘法运算效率。

根据补码一位乘的布斯算法，将两步合并成一步：

$$[P_{i+1}]_补 = 2^{-1}([P_i]_补 + (Y_{n-i+1} - Y_{n-i})[X]_补)$$

$$[P_{i+2}]_补 = 2^{-1}([P_{i+1}]_补 + (Y_{n-i} - Y_{n-i-1})[X]_补)$$

将上面两步合成一步得：

$$\begin{aligned}[P_{i+2}]_补 &= 2^{-1}(2^{-1}([P_i]_补 + (Y_{n-i+1} - Y_{n-i})[X]_补) + (Y_{n-i} - Y_{n-i-1})[X]_补) \\ &= 2^{-2}([P_i]_补 + (Y_{n-i+1} - Y_{n-i} + 2Y_{n-i} - 2Y_{n-i-1})[X]_补) \\ &= 2^{-2}([P_i]_补 + (Y_{n-i+1} + Y_{n-i} - 2Y_{n-i-1})[X]_补)\end{aligned}$$

即部分积$[P_i]_补$加上乘数寄存器低两位和附加位组合值与$[X]_补$的积后右移两位，即为$[P_{i+2}]_补$。

由此得到补码两位乘比较法规则：加法器设三符号位，做乘法运算之前添加一位附加位$Y_{n+1}=0$。此后，根据当前乘数数值最低两位以及附加位的值进行操作的规则如表3.7所示。

表3.7 补码两位乘操作规则

Y_{n-i-1}	Y_{n-i}	Y_{n-i+1}	组合值	$[P_{i+2}]_补$	说明
0	0	0	0	$([P_i]_补+0)\times 2^{-2}$	直接右移2位
0	0	1	1	$([P_i]_补+[X]_补)\times 2^{-2}$	$+[X]_补$，右移2位
0	1	0	1	$([P_i]_补+[X]_补)\times 2^{-2}$	$+[X]_补$，右移2位
0	1	1	2	$([P_i]_补+2[X]_补)\times 2^{-2}$	$+2[X]_补$，右移2位
1	0	0	−2	$([P_i]_补+2[-X]_补)\times 2^{-2}$	$+2[-X]_补$，右移2位
1	0	1	−1	$([P_i]_补+[-X]_补)\times 2^{-2}$	$+[-X]_补$，右移2位
1	1	0	−1	$([P_i]_补+[-X]_补)\times 2^{-2}$	$+[-X]_补$，右移2位
1	1	1	0	$([P_i]_补+0)\times 2^{-2}$	直接右移2位

若乘数由一位符号位和n(奇数)位数值组成，则只需做$(n+1)/2$步乘法，且最后一步只右移一位；若乘数数值位数n为偶数，可以有两种方法：对于小数，在乘数末位补“0”，对于整数，在数值最高位补“0”，使乘数总位数仍为偶数，还按照原方法进行；或者，乘数设两位符号

位，使总位数仍为偶数，共做 $n/2+1$ 步乘法，且最后一步不右移。

例 3.29 设 $X=-0.1101$，$Y=-0.1011$，即 $[X]_补=1.0011$，$[Y]_补=1.0101$，求 $[XY]_补$ 的值。

解：

$[X]_补=111.0011$，$2[X]_补=110.0110$，$[-X]_补=000.1101$，$2[-X]_补=001.1010$

方法一：$[Y]_补=1.01010$

	部分积	乘数						附加位	备注
	000.0000	1.	0	1	0	1	0	0	组合值=−2
$+2[-X]_补$	001.1010								
	001.1010								
→2	000.0110	1	0	1	0	1	0	1	
$+[-X]_补$	000.1101								组合值=−1
	001.0011								
→2	000.0100	1	1	1	0	1	0	1	
$+[-X]_补$	000.1101								组合值=−1
	001.0001								
→1	000.1000	1	1	1	1	0	1	0	
	乘积高位	乘积低位							

$\therefore [X \cdot Y]_补=0.1000\ 1111$

方法二：$[Y]_补=11.0101$

	部分积	乘数						附加位	备注
	000.0000	1	1.	0	1	0	1	0	组合值=1
$+[X]_补$	111.0011								
	111.0011								
→2	111.1110	1	1	1	1	0	1	0	组合值=1
$+[X]_补$	111.0011								
	110.1111								
→2	111.1011	1	1	1	1	1	1	0	组合值=−1
$+[-X]_补$	000.1101								
	000.1000								最后一步不移位
	乘积高位	乘积低位							

$\therefore [X \cdot Y]_补=0.1000\ 1111$

3.4 二进制除法运算

计算机定点小数除法要求被除数、除数均为定点小数(纯小数)，且位数相同或者被除数是除数位数的 2 倍。除法运算的商为定点小数(纯小数)，位数同除数。为避免出现非纯小数商的情况，要求必须 $|X|<|Y|$(当被除数是除数位数的 2 倍时，要求被除数的高位部分组成的数(X)的绝对值小于除数(Y))，否则 $|X|\geqslant|Y|$ 会导致结果溢出。一旦溢出，停止运算，报溢出中断。

3.4.1 定点原码一位除

原码除法运算跟原码乘法运算类似，也是取绝对值相除，单独决定商的符号位。计算机中的原码除法规则同原码乘法规则一样，也是通过分析笔算竖式除法，并将其改为便于计算机实现的方式而得到的。

1. 恢复余数法

设 $X=0.1011$，$Y=0.1101$，二进制小数笔算除法求商 C 和余数 R 的过程如下。

		0.1101	
1101		0.10110	$\lvert X\rvert<\lvert Y\rvert$，商 0，末位添 0
	−	0.01101	$R_0>2^{-1}\lvert Y\rvert$，商 1，做减法并末位添 0
		0.010010	
	−	0.001101	$R_1>2^{-2}\lvert Y\rvert$，商 1，做减法并末位添 0
		0.0001010	
		0.00010100	$R_2<2^{-3}\lvert Y\rvert$，商 0，末位添 0
	−	0.00001101	$R_3>2^{-4}\lvert Y\rvert$，商 1，做减法得余数
		0.00000111	R_4

$\therefore C=0.1101, R=R_4=0.0111\times 2^{-4}$

将上述笔算竖式除法用计算机实现，首先第一个问题，就是如何比较大小。生活中比较两个数的大小是通过对应位从高到低依次比较完成的，但是计算机中比较大小要利用减法运算，通过判断符号位来判断够减还是不够减。也就是说，计算机确定每一位商都需要做一次减法操作，即通过 $+[-|Y|]_{补}$ 实现。如果加法器采用双符号位，当结果符号位为“00”时，表示够减；当结果符号位为“11”时，表示不够减。因为原码除法过程中是取绝对值进行相减，所以一定是不会溢出的。

如果够减，按照笔算竖式做法，本来就应该商“1”，然后做减法，得到余数以后后边补“0”接着除，只不过这里为了比大小先做了减法，所以这里直接商“1”，余数后边补“0”接着除没有问题。

但是如果不够减呢？在笔算竖式除法中，如果不够减，商“0”，此时是不做减法的，直接在原来的余数（第一步为被除数）后边补“0”接着除，但是这里为了比较大小，已经先做了减法，那么此时要先做一个加法，即做一次 $+[|Y|]_{补}$ 操作恢复余数，然后补“0”接着除。

需要注意的是，在除法不溢出时，进行第一步减法操作一定是不够减的，这个时候上了一位商“0”，这个“0”位于商的符号位的位置，但是它并不是商的符号。

除了需要恢复余数，与原码乘法类似，这里也有总共 $2n$ 位、不对齐减的问题。在笔算竖式除法过程中，每次比大小实际做的是 $n+1$ 位减法，而且本位商确定并得出当前余数后，最高位就不再参与运算了。所以，使用与原码除法相似的思路，可以将笔算竖式总共 $2n$ 位的不对齐减、每次上完商后除数右移的操作过程，改成每次数值位 n 位的对齐减、每次上完商后被除数或余数左移的操作过程。左移时右边补 0，无用的高位移出丢弃，最终的余数是左移 n 次以后的结果。

除了不对齐减法，这里还有一个上商的位置不固定的问题。在笔算竖式除法过程中，每次上商的位置是与当前余数的最低位一致的。联想到刚才每上完一位商以后余数是要左移一位并且在右边补“0”的，可以设置一个商寄存器，它的初始值就是全“0”，每次将它与余数一起左移，这样只需要每次将商放在商寄存器的最低位就可以了。

当然，这里初始的时候也可以不是全“0”，假设被除数的数值位数是除数数值位数的二倍，这里可以存放被除数数值位的低位部分。

由此，可以归纳出定点数原码一位除恢复余数法的运算规则，这里假设被除数 $[X]_{原}=X_0.X_1X_2\cdots X_n$，除数 $[Y]_{原}=Y_0.Y_1Y_2\cdots Y_n$。

(1) 原码相除，符号位单独处理，结果符号位 $C_0=X_0\oplus Y_0$。

(2) 数值部分取绝对值相除，其中要求 $|X|<|Y|$，否则除法溢出。

(3) 第一步先做 $|X|-|Y|=R_0'$，若 $R_0'<0$，商“0”，做 $R_0'+|Y|=R_0$ 恢复余数。

(4) 以后每步除法都通过余数左移一位，然后 $-|Y|$ 实现，也就是 $2R_i-|Y|$。

① 如果 $2R_i-|Y|=R_{i+1}\geqslant 0$，也就是说，余数为正，那么商“1”。

② 如果 $2R_i-|Y|=R_{i+1}<0$，也就是说，余数为负，就商“0”，并且做 $+|Y|$ 恢复余数。

(5) 用这种方法一共求出小数点后 n 位商，拼接上符号位得到商 $C=C_0.C_1C_2\cdots C_n$。

(6) 余数符号同被除数符号，结果余数为 $2^{-n}R_n$，如果最后的余数为负，要做 $+|Y|$ 操作恢复余数。

需要注意的是，在进行除法运算的过程中，即使已经除尽，也就是某一步余数已经为 0，计算机仍然会继续做除法，直到所求商满足位数要求为止。

例 3.30 设 $X=0.1011$，$Y=0.1101$，求 X/Y。

解：$|X|=0.1011$，$|Y|=0.1101$，$[-|Y|]_{补}=11.0011$

	被除数/余数		商 R 的状态	说　明
	00.1011		0.0　0　0　0	开始情形
$+[-\lvert Y\rvert]_{补}$	11.0011			
	11.1110	$R_0'<0$	0.0　0　0　0	不够减，商 0
$+\lvert Y\rvert$	00.1101		C_0	恢复余数
	00.1011	R_0		
←	01.0110		0.0　0　0　0	
$+[-\lvert Y\rvert]_{补}$	11.0011		C_0	
	00.1001	$R_1>0$	0.0　0　0　1	够减，商 1
←	01.0010		0.0　0　1　0	
$+[-\lvert Y\rvert]_{补}$	11.0011		C_0C_1	
	00.0101	$R_1>0$	0.0　0　1　1	够减，商 1
←	00.1010		0.0　1　1　0	
$+[-\lvert Y\rvert]_{补}$	11.0011		$C_0C_1C_2$	
	11.1101	$R_3'<0$	0.0　1　1　0	不够减，商 0
$+\lvert Y\rvert$	00.1101		$C_0C_1C_2C_3$	恢复余数
	00.1010	R_3		
←	01.0100		0.　1　1　0　0	
$+[-\lvert Y\rvert]_{补}$	11.0011		$C_0C_1C_2C_3$	
	00.0111	$R_4>0$	0.　1　1　0　1	够减，商 1
			$C_0C_1C_2C_3C_4$	

商的符号位 $X0\oplus Y0=0\oplus 0=0$。

$\therefore [C]_{原}=0.1101$　　　　$[R]_{原}=0.0111\times 2^{-4}$

$\therefore X/Y=0.1101$　　　　余数 $R=0.0000\ 0111$

显然，定点原码一位除恢复余数法的上商和左移必须分为两步完成。

定点原码一位除恢复余数法除法时间较长，速度低；除法步数不固定，无法准确预测一次除法运算所需要的时间，而且因为有时需要恢复余数、有时不需要，故控制较复杂。

2. 加减交替法

加减交替法是对恢复余数法的一种修正，其优点是操作步骤固定且易于编程。

在恢复余数法中，当第 i 次余数 $R_i<0$ 时，第 i 位上商“0”，且恢复余数，即 $R_i+|Y|$，然后左移一位，$-|Y|$，这个过程合起来即 $R_{i+1}=2(R_i+|Y|)-|Y|=2R_i+|Y|$。因此，无论是否够减，求 R_{i+1} 不必恢复余数。

当 $R_i\geqslant 0$ 时，上商“1”，$R_{i+1}=2R_i-|Y|$。

当 $R_i<0$ 时，上商“0”，$R_{i+1}=2R_i+|Y|$。

即加减交替法的处理思想是：先减后判，如发现不够减，则在下一步将减去除数的操作改做加除数操作，但是，这里表面上是做的加法，其实是将上一步的恢复余数和这一步的减去除数操作合并在一起了。

需要注意的是，如果求得最后一步商的时候余数为负(不够减)，需要恢复余数。

例 3.31 设 $X=0.1011$，$Y=0.1101$，$[-|Y|]_补=11.0011$，用加减交替法求 X/Y。

解：

	被除数/余数	除数/商	操作说明
	00.1011	0.0 0 0 0	开始情形
$+[-\|Y\|]_补$	11.0011		开始先做减法
	11.1110	0.0 0 0 **0**	不够减，商0
←	11.1100	0.0 0 **0** **0**	左移
$+\|Y\|$	00.1101		$+\|Y\|$
	00.1001	0.0 0 **0** **1**	够减，商1
←	01.0010	0.0 **0** **1** **0**	左移
$+[-\|Y\|]_补$	11.0011		$-\|Y\|$
	00.0101	0.0 **0** **1** **1**	够减，商1
←	00.1010	0.**0** **1** **1** **0**	左移
$+[-\|Y\|]_补$	11.0011		$-\|Y\|$
	11.1101	0.**0** **1** **1** **0**	不够减，商0
←	11.1010	**0.1** **1** **0** **0**	左移
$+\|Y\|$	00.1101		$+\|Y\|$
	00.0111	**0.1** **1** **0** **1**	够减，商1

符号位 $=0\oplus 0=0$，$\therefore X/Y=0.1101$，余数 $=0.0000\ 0111$。

下面归纳一下定点数原码一位除加减交替法的规则。

(1) 加法器取双符号位，商寄存器取单符号位；商的符号位单独处理，数值部分按绝对值相除。

(2) 如果被除数与除数位数相同，要求 $|X|<|Y|$，且商寄存器初始为全“0”；如果被除数的位数是除数的两倍，被除数数值低位部分开始时放在商寄存器中，并且要求被除数数值高位部分的绝对值小于除数的绝对值。

(3) 第一步操作：$-|Y|$，得余数 R_0，此后根据余数 R_i 上商并确定下一步操作。

① 如果 R_i 为正，表明够减，余数左移一位，上商“1”，下一步做减法。

② 如果 R_i 为负，表明不够减，余数左移一位，上商“0”，下一步做加法。

(4) 移位操作时当前余数和商寄存器的内容一起左移，商上在左移后商寄存器的最低位。

(5) 求不含符号位的 n 位商，除了第一步的减法操作，还需要做 n 次“左移-加/减”循环。

(6) 在求出第 n 位商时，如果余数为负，需要恢复余数。

同样，这里第一步操作其实是用于判溢出，若第一步够减，表明除法溢出；不溢出的时候商“0”，这第一个“0”上在商的符号位上，但它不是商的符号；另外，除法得到的余数经过 n 次左移后的结果，最终的真余数的符号应该与被除数的符号一致。

如图 3.13 所示是原码一位除加减交替法原理框图。

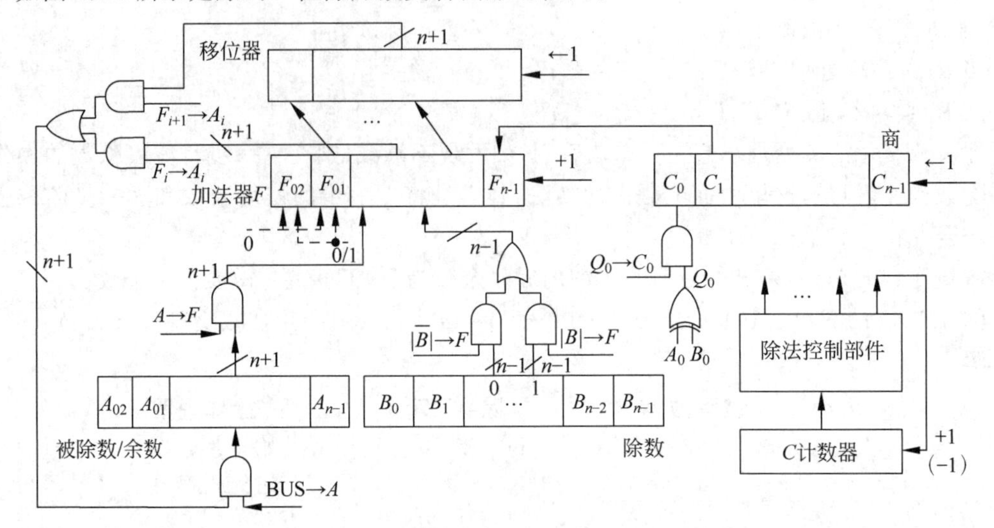

图 3.13　原码一位除加减交替法原理框图

可以发现这个图与前面学习过的定点数原码一位乘原理框图非常相似。事实上，这里的商寄存器与那里的乘数寄存器使用的是同一个寄存器，因此它也叫乘商寄存器。

另外，从图 3.13 可以看出，无论是乘法还是除法，其核心运算部件还是加法器，乘除法过程往往需要多次加减操作，这也是乘除法运算速度慢的根本原因，同时也可以深刻体会到加法器的性能很大程度上影响计算机的运算速度这一结论了。

另外，由于除法运算过程漫长，在做除法运算之前往往先对被除数和除数做“0 判断”：如果被除数为 0，结果直接为 0；如果除数为 0，结果溢出。

定点整数除法方法与定点小数相似，只是要注意：

- 要求 |除数|<|被除数|（否则，不能得到整数商），且二者均不可为 0（在除法前进行判断）。
- 被除数的位数必须是除数位数的两倍，且被除数的高 n 位比除数（n 位）小（否则溢出），若被除数为 n 位，需在前面加上 n 位 0 扩展成除数位数的两倍再进行计算，此时只需初始化时将寄存器 A 清零，而将被除数放在乘商寄存器 C 中即可。

3. 提高除法运算速度的方法

1）跳 0 跳 1 除法

跳 0 跳 1 除法是提高规格化小数绝对值相除速度的方法。

设被除数 $[X]_原=X_0.X_1\cdots X_n$，除数 $[Y]_原=Y_0.Y_1\cdots Y_n$，所求得的商 $[C]_原=C_0.C_1\cdots C_n$，余数 $[R]_原=R_0.R_1\cdots R_n$，其中，$X\cdot Y\neq 0$，$|X|<|Y|$，Y 是规格化数，跳 0 跳 1 除法规则如下。

(1) 符号位单独处理，$C_0=X_0\oplus Y_0$。

(2) 数值部分按绝对值相除，即 $|X|/|Y|$，其中设某步除法的余数为 R_i。

① 若 $R_i\geqslant 0$，且 R_i 符号位后 K 个数位均为 0，即 $R_i=0.00\cdots01\,XX\cdots X$，小数点后连续 K 个 0，本次上商 1，再连商 $K-1$ 个 0，将余数左移 K 位，$-|Y|$，得新余数。

② 若 $R_i<0$，且 R_i 符号位后 K 个数位均为 1，即 $R_i=1.11\cdots10XX\cdots X$，小数点后连续 K 个 1，则本次上商 0，再连商 $K-1$ 个 1，将余数左移 K 位，$+|Y|$，得新余数。

(3) 两个 $n+1$ 位数（含一位符号位）相除，得 $n+1$ 位商，余数共左移 n 次。若是最后一次移位操作,余数左移位数为 n 与累积已移位数的差。

(4) 最后余数为负时,要$+|Y|$恢复余数,余数符号同被除数符号,结果余数为 $2^{-n}R_n$。

例 3.32 $[X]_原=1.1001$,$[Y]_原=0.1011$,$[-|Y|]_补=1.0101$,求 X/Y 的值。

解:

	被除数/余数	除数/商	操作说明
	00.1001		初始状态
$+[-\|Y\|]_补$	11.0101		第一步做$-\|Y\|$
	11.1110	011	$R<0$,三个1,上商011
$\times 2^3$	11.0000		左移三次
$+\|Y\|$	00.1011		上次不够减,$+\|Y\|$
	11.1011	0110	$R<0$,一个1,上商0
$\times 2^1$	11.0110		左移一次
$+\|Y\|$	00.1011		上次不够减,$+\|Y\|$
	00.0001	0110100	$R>0$,三个0,上商100 除法共需要左移4位,已移3+1=4位,不需要再移

$R>0$ 无须恢复,符号位$=1\oplus 0=1$,故 $X/Y=-0.1101$,$R_n=-0.0001\times 2^{-4}$。

例 3.33 $[X]_原=0.1010000$,$[Y]_原=0.1100011$,$[-|Y|]_补=1.0011101$,求 X/Y 的值。

解:

	被除数/余数	除数/商	操作说明
	00.1010000		初始状态
$+[-\|Y\|]_补$	11.0011101		第一步做$-\|Y\|$
	11.1101101	0.1	$R<0$,两个1,上商01
$\times 2^2$	11.0110100		左移两次
$+\|Y\|$	00.1100011		上次不够减,$+\|Y\|$
	00.0010111	0.110	$R>0$,两个0,上商10
$\times 2^2$	00.1011100		左移两次
$+[-\|Y\|]_补$	11.0011101		上次够减,$-\|Y\|$
	11.1111001	0.1100111	$R<0$,4个1,上商0111 除法共需要左移7位,已移2+2=4位,还需要移3位
$\times 2^3$	11.1001000		
$+\|Y\|$	00.1100011		恢复余数,$+\|Y\|$
	00.0101011		

符号位$=0\oplus 0=0$

$\therefore X/Y=0.1100111$,$R_n=0.0101011\times 2^{-7}$。

2) 迭代除法

事实上,计算机中使用乘法的概率远大于除法,当机器中没有除法器但是设置有快速乘法器时,可以通过乘法操作实现除法运算。

设 X 为被除数,Y 为除数,原码表示,且 X 和 Y 最高数值位均为1(如果不是,可以通过调整比例因子使之满足要求),则

$$\frac{X}{Y}=\frac{X\cdot F_0\cdot F_1\cdot\cdots\cdot F_i\cdot\cdots\cdot F_r}{Y\cdot F_0\cdot F_1\cdot\cdots\cdot F_i\cdot\cdots\cdot F}$$

若有一组合适的迭代系数 $F_i(0\leqslant i\leqslant r)$,迭代后使 $Y\times F_0\times F_1\times F_2\times\cdots\times F_r\rightarrow 1$,则分子

即为商：$X\times F_0\times F_1\times F_2\times\cdots\times F_r$。这样，求 X 除 Y 的商的过程即转换为先获得迭代系数 $F_i(0\leqslant i\leqslant r)$ 然后做乘法的过程。

令 $Y_1=Y_0\times F_0=Y\times F_0=1-\delta$，其中，$0\leqslant\delta\leqslant 2^{-m}$，$m$ 为正整数，这里 $\delta=1-Y\times F_0$ 即表示第一次迭代以后的精度，则：

$$F_0=(1-\delta)/Y\text{，故 }X_1=X_0\times F_0=X\times F_0=X\times((1-\delta)/Y)=(X/Y)\times(1-\delta)$$

令 $Y_2=Y_1\times F_1=1-\delta^2=(1+\delta)(1-\delta)$，则

$$F_1=1+\delta\text{，故 }X_2=X_1\times F_1=(X/Y)\times(1-\delta^2)$$

令 $Y_3=Y_2\times F_2=1-\delta^4$，则

$$F_2=1+\delta^2\text{，}X_3=X_2\times F_2=(X/Y)\times(1-\delta^4)$$

以此类推，有

$$F_i=1+\delta^{2^{i-1}}\quad ,i\geqslant 1$$

则

$$Y_i=Y_{i-1}\times F_{i-1}=(1-\delta^{2^{i-2}})(1+\delta^{2^{i-2}})=1-\delta^{2^{i-1}},\quad i\geqslant 2$$

即经过 $r(r\geqslant 1)$ 次迭代后，此时的分母 Y_i 与 1 之间的误差仅为 $\delta^{2^{r-1}}$。

例如，取 $m=6$，即初始误差精度为 2^{-6}；第一次迭代后，误差为 2^{-6}；第二次迭代后，误差为 2^{-12}；第三次迭代后，误差为 2^{-24}；第四次迭代后，误差为 2^{-48}……

显然，经过少数几次迭代就能满足精度要求，此时，通过几次迭代乘法可得到近似的商为

$$X_r=((((X\times F_0)\times F_1)\times F_2)\times\cdots\times F_r)$$

迭代过程中的乘数即迭代系数，当 $1\leqslant i\leqslant r$ 时，$F_i=1+\delta^{2^{i-1}}=2-1+\delta^{2^{i-1}}=2-(1-\delta^{2^{i-1}})=2-Y_i$，即它等于上一轮分母迭代中间结果 Y_i 对 2 的补码（注意：在迭代系数 F_i 中小数点前面的“1”仅表示数值，不表示数的正负），显然它是一个不小于 1 的正数，而且由于上一轮分母迭代的结果 Y_i 已经获得，因此可以容易得到本轮的迭代系数 F_1、F_2、F_3……

至于初始迭代系数 F_0，计算机通过查表方式获得。对于给定初始误差精度 δ，计算机提前算出每一个数据 Y 对应的 F_0 并将它以表格的方式存入存储器，这个表称为倒数表，每次运算时通过查表方式获得相应的初始迭代系数 F_0。

显然，初始精度越高，使商达到指定精度所需迭代次数越少；反之，所需迭代次数越多。其中，假设倒数表容量足够大，能记录所有数据的倒数 $1/Y$（即 $\delta=0$ 时的初始迭代系数 F_0），只需做一次乘法，称一次迭代成功。

除数 Y 的位数越多，$1/Y$ 误差越小，例如，假设 Y 共 10 位，则误差为 2^{-10}；反过来，除数位数越多，倒数表容量越大、成本越高，例如，假设 Y 共 10 位，则倒数表共需 2^{10} 项。

实际计算机中，对于较长位数，往往仅存放较短位数的倒数表。例如，除数 Y 共 64 位，但计算机中仅存储 10 位的倒数表，经过第一次迭代，误差为 $|\delta|\leqslant 2^{-10}$，尚不满足要求（$|\delta|\leqslant 2^{-64}$）；经过第二次迭代，收敛至 2^{-20}，还不满足；经过第三次迭代，收敛至 2^{-40}，仍不满足；但是当经过第四次迭代，则收敛至 2^{-80}，此时误差已经满足要求。

例 3.34 已知 $[X]_{原}=0.101\ 0000$，$[Y]_{原}=0.11\ 00011$，查表得到 $F_0=1.010\ 0100$（第一次迭代以后的精度 $\delta=2^{-7}$），要求用乘法求 X/Y。其中，乘法运算每一次仅保存小数点后 7 位数据，多余部分采用“0 舍 1 入”法。

解：

$F_0=1.010\ 0100$，

$\therefore Y_1 = Y_0 \times F_0 = Y \times F_0 = 0.110\ 0011 \times 1.010\ 0100 = 0.111\ 1110\ (110\ 1100)$

即 $Y_1 = 0.111\ 1111$，它已经无限接近 1。

$\therefore X/Y = X \times F_0 = 0.101\ 0000 \times 1.010\ 0100 = 0.110\ 0110\ (100\ 0000)$

即 $X/Y = 0.110\ 0111$。

例 3.35　已知$[X]_{原} = 0.101\ 0000$，$[Y]_{原} = 0.110\ 0011$，查表得到 $F_0 = 1.00111$（第一次迭代以后的精度 $\delta = 2^{-5}$，计算机中仅存储 5 位的倒数表），要求用乘法求 X/Y。其中，乘法运算每一次仅保存小数点后 7 位数据，多余部分采用“0 舍 1 入”法。

解：

$F_0 = 1.00111$

$\therefore Y_1 = Y_0 \times F_0 = Y \times F_0 = 0.110\ 0011 \times 1.00111 = 0.111\ 1000\ (10101)$

即 $Y_1 = 0.111\ 1001$

$\therefore F_1 = 2 - Y_1 = 1.000\ 0111$

$\therefore Y_2 = Y_1 \times F_1 = 0.111\ 1001 \times 1.000\ 0111 = 0.111\ 1111\ (100\ 1111)$，它已经无限接近 1。

$$\begin{aligned}\therefore X/Y &= X \times F_0 \times F_1 = 0.101\ 0000 \times 1.00111 \times 1.000\ 0111 \\ &= 0.110\ 0010(11) \times 1.000\ 0111 \\ &= 0.110\ 0011 \times 1.000\ 0111 \\ &= 0.110\ 1000\ (011\ 0101) \\ &= 0.110\ 1000\end{aligned}$$

将上面两个例子与前面的例子对比，可以验证前面的结论，即初始迭代精度越高，所需要的迭代次数越少，而且计算结果与精确结果之间的误差越小（例如前一个例子初始迭代精度为 2^{-7}，完成计算仅需一次迭代，且结果误差为 0；后一个例子初始迭代精度为 2^{-5}，完成计算则需两次迭代，且结果误差为 2^{-7}）。

另外，若需计算更精确，可采用双倍字长乘运算。

3）阵列除法器

阵列除法器借鉴阵列乘法器的结构，通过分析原码加减交替法过程，以器件为代价，用资源重复换取速度提升。

阵列除法器以全加器为核心构建，其中的关键是如何实现受控加减法运算。

事实上，将全加器逻辑中的 Y_n 取反，则得到求差操作逻辑（如图 3.14 所示）。

考察求差操作时的进位，$C_n = X_n\overline{Y}_n + X_nC_{n-1} + \overline{Y}_nC_{n-1}$，如果 $X_n > Y_n$，够减，则一定有进位，此时 C = “1”；如果 $X_n < Y_n$，不够减，则一定无进位，此时 C = “0”；如果 $X_n = Y_n$，则 $C_n = C_{n-1}$。

对照原码加减交替法：当上一步够减时，上商“1”，下一步做减法；当上一步不够减时，上商“0”，下一步做加法。故本行最高进位即为本位商，它可以用来决定下一行是做加法操作还是减法操作。

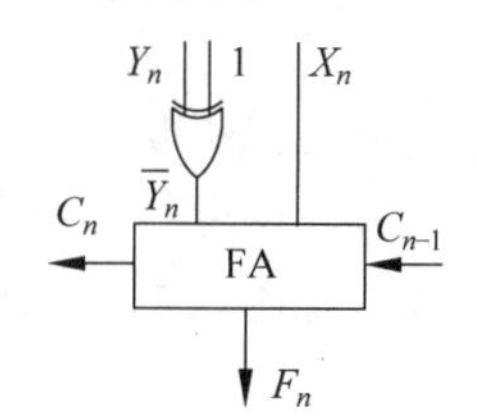

图 3.14　求差操作逻辑图

初始时将最低位进位 C_{n-1} 设置为“1”，第一步固定做减法。

由此得到阵列除法器原理图（见图 3.15），在阵列除法器中最高位商被上在符号位上，同样也用来进行溢出判断。

这种阵列除法器结构规整，适合大规模集成电路制造，而且速度快，一个 $2n$ 位数除以 n 位数只需一拍即可完成；但是它一共需要 $(n+1)^2$ 个全加器和 $(n+1)^2$ 个异或门，因此成本较高。

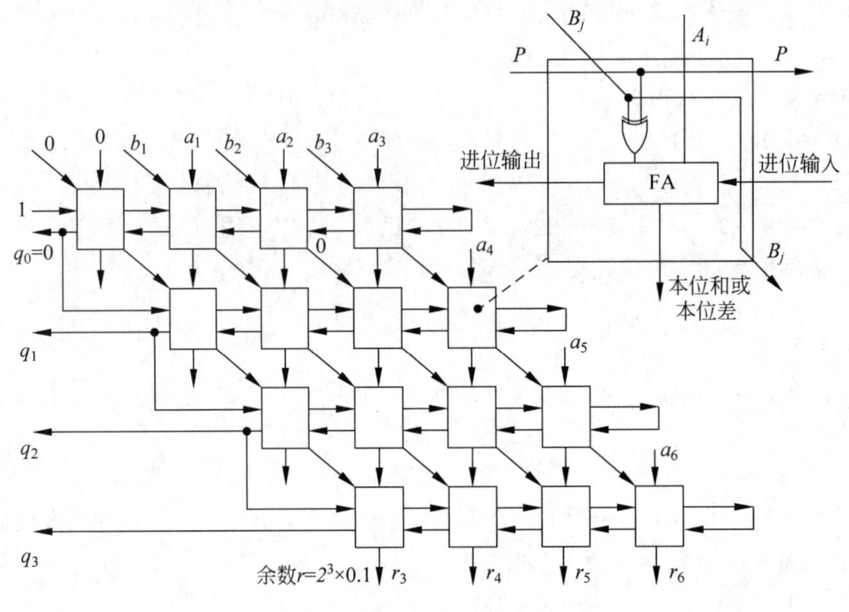

图 3.15 阵列除法器原理图

3.4.2 定点数补码除法

当除数和被除数用补码表示时,判别是否够减,要通过比较它们绝对值的大小。若两数同号,用减法;若异号,用加法。

对于判断是否够减,及确定本次上商 1 还是 0 的规则,还与结果的符号有关。当商为正时,商的每一位上的值与原码表示一致;而当商为负时,商的各位应为补码形式的值。

但是负数补码形式数值位各位的码字与真值对应位数值之间是没有直接的对应关系的,即负数直接用补码上商是比较困难的。另外,负数补码与反码之间是存在简单对应关系的,一个负数的补码等于它的反码末位加 1;而反码与原码的数值位之间恰好是按位取反的关系,因此,在进行补码除法时一般先按各位的反码值上商,最后利用反码与补码之间的关系对结果进行修正,从而得到补码商。

定点补码一位除有三种方法:恢复余数法、加减交替法、Booth 法。其中,恢复余数法与加减交替法的关系与原码除法类似。下面仍以定点小数为例,简要介绍定点补码一位除加减交替法和 Booth 法。

1. 定点补码一位除加减交替法

若 $X_补$、$Y_补$、$R_补$ 分别为被除数、除数和余数,定点补码一位除加减交替法规则如表 3.8 所示。

表 3.8 定点补码一位除加减交替规则

$X_补$ $Y_补$ 数符	商符	第一步操作	$R_补$ $Y_补$ 数符	上商	下一步操作
同号	0	减法	同号(够减)	1	$2[R_i]_补-Y_补$
			异号(不够减)	0	$2[R_i]_补+Y_补$
异号	1	加法	同号(不够减)	1	$2[R_i]_补-Y_补$
			异号(够减)	0	$2[R_i]_补+Y_补$

由此有定点补码一位除加减交替法规则如下。

设 X 为被除数,Y 为除数,C 为商,R 为余数。其中,X、Y 均为 n 位(含 1 位符号位)。加法器采用双符号位，商寄存器采用单符号位。

第一步：求余数$[R_0]_补$。如果被除数 X、除数 Y 同号，做减法；如果被除数 X、除数 Y 异号，做加法。

第二步：根据余数上第 i 位($i \geqslant 0$)的商，并根据需要求新余数$[R_{i+1}]_补$。如果余数跟除数符号相同，上商“1”；如果余数跟除数符号相异，上商“0”。如果这个时候商的位数不够，需要继续上商，那么就继续求新余数$[R_{i+1}]_补$：如果这一步的余数跟除数符号相同，把余数左移 1 位，做减法操作得到新余数：如果这一步的余数跟除数符号相异，把余数左移 1 位，做加法操作得到新余数。

这样，连同符号位在内，一共做 n 次加或减，$n-1$ 次移位，就得到 n 位反码形式的商 $C_0.C_1C_2\cdots C_{n-1}$，下面按照补码与反码的关系对结果进行修正就可以得到补码的商了。

商的符号位就是第一次上的商，它是在运算中产生的。其中，如果正商第一次上商“1”或者负商第一次上商“0”，表明除法溢出。

商的最后一位一般采用“恒置 1”的方法，并省略最低位+1 操作，最大误差为 2^{-n}，操作简便。另外一种简便方法是“0 舍 1 入”法：多求一位商($n+2$ 位，含符号位)，然后执行类似十进制“四舍五入”的操作。

如果对商的精度要求较高，则可按规则再进行一次操作以求得商的下一数值位，然后采用以下方法对商进行处理：除不尽时，正商不必修正，负商要$+2^{-n}$ 修正；除尽时，除数为正不必修正，除数为负，商要$+2^{-n}$ 修正。

最后一步余数为 0，表明能除尽；若除法过程中任意一步余数为 0，也表明能除尽。除法除得尽时应使最后的余数为 0。

若除法过程中任意一步余数为 0，因除法运算过程需继续左移(即继续求商)，当最后一位商求出以后，若余数不为 0，应加减$[Y]_补$使余数为 0，或者将余数直接清为 0。

当除不尽时，正商且余除同号或负商且余除异号(简单地讲，余数与被除数同符号)，所得余数为真余数，否则为假余数，应恢复余数：如果商为正且余除异号，做$[R_{i+1}]_补+[Y]_补$恢复余数；如果商为负且余除同号，做$[R_{i+1}]_补-[Y]_补$恢复余数。

例 3.36　设$[X]_补=1.0111$，$[Y]_补=0.1101$，求$[X/Y]_补$。

解：

$[-Y]_补=11.0011$，计算过程如下。

	被除数/余数	除数/商	操作说明
	11.0111	00000	开始情形
$+[Y]_补$	00.1101		两数异号做加法
	00.0100	0000**1**	余除同号，商 1
←	00.1000	00010	左移
$+[-Y]_补$	11.0011		上次商 1，做减法
	11.1011	000**10**	余除异号，商 0
	11.0110	00100	左移
$+[Y]_补$	00.1101		上次商 0，做加法
	00.0011	00**101**	余除同号，商 1
	00.0110	01010	左移
$+[-Y]_补$	11.0011		上次商 1，做减法
	11.1001	0**1010**	余除异号，商 0
	11.0010	**10101**	左移，**末位恒置 1**

∴$[X/Y]_{补}$=1.0101,余数不正确(还缺一位没有做)

采用末位恒置1法所得结果并非精确值,因此不修正商。

例 3.37 设 X=0.0100,Y=−0.1000,求$[X/Y]_{补}$。

解:

$[X]_{补}$=00.0100,$[Y]_{补}$=11.1000,$[-Y]_{补}$=00.1000

	被除数/余数	除数/商	操作说明
	00.0100	00000	开始情形
$+[Y]_{补}$	11.1000		两数异号做加法
	11.1100	0000**1**	余除同号,商1
←	11.1000	0001**0**	左移
$+[-Y]_{补}$	00.1000		上次商1,做减法
	00.0000	000**10**	余除异号,商0
←	00.0000	00**10**0	左移
$+[Y]_{补}$	11.1000		上次商0,做加法
	11.1000	00**101**	余除同号,商1
←	11.0000	0**101**0	左移
$+[-Y]_{补}$	00.1000		上次商1,做减法
	11.1000	0**1011**	余除同号,商1
←	11.0000	**1011**0	左移
$+[-Y]_{补}$	00.1000		上次商1,做减法
	11.1000	**10111**	余除同号,商1
+	00.1000		恢复余数,也可直接清零
	00.0000		

$[X/Y]_{反}$=1.0111,∴$[X/Y]_{补}$=$[X/Y]_{反}$+0.0001=1.1000。余数为0,已除尽。

例 3.38 $[X]_{补}$=1.0111,$[Y]_{补}$=1.0011,求$[X/Y]_{补}$。

解:

$[-Y]_{补}$=0.1101

	被除数/余数	除数/商	操作说明
	11.0111		开始情形
$+[-Y]_{补}$	00.1101		两数同号做减法
	00.0100	**0**	余除异号,商**0**
←	00.1000		左移
$+[Y]_{补}$	11.0011		加
	11.1011	**0 1**	余除同号,商**1**
←	11.0110		左移
$+[-Y]_{补}$	00.1101		减
	00.0011	**0 1 0**	余除异号,商**0**
←	00.0110		左移
$+[Y]_{补}$	11.0011		加
	11.1001	**0 1 0 1**	余除同号,商**1**
←	11.0010		左移
$+[-Y]_{补}$	00.1101		减
	11.1111	**0 1 0 1 1**	余除同号,商**1**

正商且余除同号，末位无须修正；真余数，余数无须恢复。

$\therefore [X/Y]_{补}=0.1011, [余数]_{补}=1.1111\times 2^{-4}$。

2. 定点补码一位除 Booth 法

定点补码一位除加减交替法第 1 位商(符号位)规则与其余位不同，不便于控制。定点补码一位除 Booth 法将被除数看作余数，采用统一的计算与上商方法。

定点补码一位除 Booth 法规则：若余数(初始为被除数)除数同号，上商 1，余数左移一位，减去除数；否则，上商为 0，余数左移一位，加上除数。重复上述步骤，直到求得所需位数为止。最后将商符变反，根据情况修正商的最后一位。

例 3.39 设$[X]_{补}=1.0111, [Y]_{补}=0.1101$，求$[X/Y]_{补}$。

解：

$[-Y]_{补}=11.0011$，计算过程如下。

	被除数/余数	除数/商	操作说明
	11.0111	0	余除异号，商 0
←	10.1110		左移
$+[Y]_{补}$	00.1101		加
	11.1011	0 0	余除异号，商 0
←	11.0110		左移
$+[Y]_{补}$	00.1101		加
	00.0011	0 0 1	余除同号，商 1
←	00.0110		左移
$+[-Y]_{补}$	11.0011		减
	11.1001	0 0 1 0	余除异号，商 0
←	11.0010		左移
$+[Y]_{补}$	00.1101		加
	11.1111	0 0 1 0 0	余除异号，商 0

将符号位取反，则为负商，但除不尽，末位需+1 修正，

$\therefore [X/Y]_{补}=1.0101, [余数]_{补}=1.1111\times 2^{-4}$。

3.5 浮点数运算方法

浮点数分为阶码和尾数两个部分，这两个部分其实都是定点数，所以计算机中浮点数运算实际上就是通过定点数运算来完成的，其中，参与运算的两个操作数都是规格化数，最终结果也应是规格化数。

3.5.1 浮点数加减法运算

规格化浮点数的加减运算需经过 5 步完成：对阶操作、尾数运算、结果规格化、舍入操作、判断溢出。

1. 对阶操作

对阶操作就是使两个浮点数的阶码相等。

对阶的原则是：小阶向大阶对齐。所以为了完成对阶操作，先要对阶码进行减操作，通过结果的符号位判断出哪个阶码较大、哪个阶码较小。

对阶操作实际上要做的是调整阶码较小的那个浮点数的尾数，它需要将尾数右移，阶码值差多少，就需要移多少位。如果尾数是原码表示的，尾数右移符号位不动，尾数数值位最高位补 0；如果尾数是补码形式的，则尾数连同符号位右移，最高位补符号位。

需要注意的是，在实际计算过程中，因为浮点数字长有限，在尾数右移过程中，可能会出现因为低位舍入而导致精度损失。

2. 尾数运算

阶码对齐后直接对尾数运算。需要注意的是，这里尾数运算采用的是定点运算部件，但是在这个环节出现的溢出并不一定是真正的溢出，暂时不用管它。

3. 结果规格化

由于计算机中存放的都是规格化浮点数，所以在完成尾数运算以后需要对结果进行规格化处理，如尾数不溢出且非规格化则需要左规，此时将尾数左移、阶码减小；如尾数溢出则应右规，因为参与运算的数都是规格化数，所以尾数运算结果即使发生溢出，最多也只需要右规 1 位，也即尾数右移 1 位、阶码＋1。

当然，右规时也可能因为尾数低位舍入而导致精度损失。

4. 舍入操作

在对阶操作和规格化过程中可能出现数据位数超出给定位数的情况，这个时候往往需要对多余的尾数位数进行处理。处理多余尾数位数一种是截断处理，即无条件地丢掉正常尾数最低位之后的全部数值；另一种是进行舍入处理，即保留运算过程中右移出去的若干位的值，待运算完成后按某种规则用这些位的值对尾数进行修正。需要注意的是，舍入操作有时候会导致需要重新进行规格化处理，这个时候要再次规格化以后重新进行舍入操作，直到最终结果满足位数要求，并且是一个规格化数。

原码数据舍入处理方法主要有“末位置 1”法、“末位恒置 1”法和“0 舍 1 入”法。

所谓“末位置 1”法是当运算结果尾数最低位为 1，或者移出的 n 位中有为 1 的数值位时，使尾数最低位为 1，否则保持最低位不变；而“末位恒置 1”法则不同，它无论移除的数值如何，恒使最低位为 1；至于“0 舍 1 入”法则类似于“四舍五入”法，当丢失的最高位的值是 1 时，使尾数最低位加 1，否则直接舍去。

显然“0 舍 1 入”法要多进行一次加法运算。

例 3.40 求 $0.1001\times2^3+0.1001\times2$。

解：

$0.1001\times2^3+0.1001\times2=0.1001\times2^3+0.001001\times2^3=0.1011\underline{01}\times2^3$

如采用“0 舍 1 入”法，结果为 0.1011×2^3。

如采用“末位恒置 1”法，结果为 0.1011×2^3。

显然，本例中结果是一样的。

例 3.41 求 $0.1001\times2^3+0.1010\times2$。

解：

$0.1001\times2^3+0.1010\times2=0.1001\times2^3+0.001010\times2^3=0.101110\times2^3$

如采用“0 舍 1 入”法，结果为 0.1100×2^3。

如采用“末位恒置 1”法，结果为 0.1011×2^3。

本例中结果相差尾数末尾“1”代表的数值（本例中为 0.0001×2^3）。

补码正数跟原码是一样的，补码负数的舍入规则稍显复杂。一般地，负数补码的舍入原则是这样的：若丢失的各位均为“0”，不舍不入；若丢失的最高位为“0”或除最高位之外均为“0”，全舍；若丢失的最高位为“1”，其余各位非全“0”，则末位+1。

5. 判断溢出

完成规格化、舍入操作后，最后需要判断结果是否溢出。对于一个规格化浮点数，只有阶码发生上溢，才算溢出，这个时候要产生溢出中断；如果阶码发生下溢，表明这个数已经很小，此时需要将运算结果置“0”。

例 3.42 设 $X=2^{010}\times 0.11011011$，$Y=2^{100}\times(-0.10101100)$，求$[X+Y]$的值。

解：

$[X]_补 \Rightarrow 00,010;00.1101\ 1011$，$[Y]_补 \Rightarrow 00,100;11.0101\ 0100$

(1) 对阶操作。

求阶差：$[\Delta E]_补=[Ex]_补+[-Ey]_补=00,010+11,100=11,110$。

$[\Delta E]_补$为负，阶差-2，说明 $Ex<Ey$，以 Ey 作为结果阶。

将 X 的尾数右移$|\Delta E|(=2)$位，得$[X]_补 \Rightarrow 00,100;00.0011\ 0110\ \underline{11}$。

(2) 尾数相加。

$[M_x+M_y]_补=00.0011\ 0110\ \underline{11}+11.0101\ 0100=11.1000\ 1010\ \underline{11}$

$\therefore [X+Y]_补 \Rightarrow 00,100;11.1000\ 1010\ \underline{11}$

(3) 规格化。

需要左规 1 位，$[X+Y]_补 \Rightarrow 00,011;11.0001\ 0101\ \underline{10}$。

(4) 舍入处理：按照负数补码舍入规则，应舍去。

$[X+Y]_补 \Rightarrow 00,011;11.0001\ 0101$

(5) 判溢出：阶码符号位为 00，不溢出。

$\therefore [X+Y]_补 \Rightarrow 00,011;11.0001\ 0101$

即 $X+Y=2^{011}\times(-0.1110\ 1011)$。

例 3.43 假设 $X=0.1101\times 2^{10}$，$Y=-0.1111\times 2^{11}$，其中，指数和小数均为二进制真值，求 $X+Y$ 的值。(阶码 4 位(含阶符)，补码表示；尾数 6 位，补码表示，尾数符号在最高位，尾数数值 5 位。)

解：

			尾符	阶码	尾数(5 位)
	$[X]_浮$	$\Rightarrow$	0	0010	11010
	$[Y]_浮$	$\Rightarrow$	1	0011	00010
对阶得：	$[X]_浮$	$\Rightarrow$	0	0011	01101

尾数求和：$[M_x+M_y]_补=00.01101+11.00010=11.01111$

故	$[X]_浮+[Y]_浮$	$\Rightarrow$	1	0011	01111

进行规格化、舍入操作、阶码溢出判断后：$X+Y=-0.10001\times 2^{+11}$。

例 3.44 假设 $X=0.1101\times 2^{10}$，$Y=-0.1111\times 2^{11}$，其中，指数和小数均为二进制真值，求 $X-Y$ 的值。(阶码 4 位(含阶符)，补码表示；尾数 6 位，补码表示；尾数符号在最高位，尾数数值 5 位。)

解：

		尾符	阶码	尾数(5 位)
$[X]_浮$	$\Rightarrow$	0	0010	11010
$[Y]_浮$	$\Rightarrow$	1	0011	00010

对阶得：　　[X]$_{浮}$ ⇒ 0　0011　01101

尾数求差：$[M_x - M_y]_{补}$ = = 00.01101 + 00.11110 = 01.01011

规格化处理：需右规，尾数连同符号右移一位得00.101011，阶码加1得0100。

舍入采用"末位恒置1法"得

[X]$_{浮}$ − [Y]$_{浮}$ ⇒ 0　0100　10101

$\therefore X - Y = 0.10101 \times 2^{100}$

▶ 3.5.2 浮点数乘除法运算

两个浮点数相乘，乘积的阶码是两个乘数的阶码之和，乘积的尾数是两个乘数的尾数之积；两个浮点数相除，商的阶码是被除数阶码减去除数阶码所得的差，商的尾数是被除数尾数除以除数尾数所得的商。即浮点数乘除法运算其实是由阶码的定点加减法运算和尾数的定点乘除法运算两部分组成的。

下面先看阶码加减法运算。

当阶码E(这里的E表示对应的真值)采用移码表示时，根据移码的定义：

$[E]_{移} = E + 2^n \quad (-2^n \leqslant 2 < 2^n)$

$\therefore [Ex]_{移} + [Ey]_{移} = 2^n + E_x + 2^n + E_y = 2^n + (2^n + (E_x + E_y)) = 2^n + [E_x + E_y]_{移}$

$[Ex]_{移} - [Ey]_{移} = 2^n + E_x - 2^n - E_y = -2^n + (2^n + (E_x - E_y)) = -2^n + [E_x - E_y]_{移}$

即如果直接用移码加减运算，需要对结果的符号位进行修正。

又

$$\begin{aligned}[E_x]_{移} + [E_y]_{补} &= 2^n + E_x + 2^{n+1} + E_y \\ &= 2^{n+1} + (2^n + (E_x + E_y)) \\ &= 2^n + (E_x + E_y) \quad (\mathrm{mod}\ 2^{n+1}) \\ &= [E_x + E_y]_{移}\end{aligned}$$

$\therefore [E_x + E_y]_{移} = [Ex]_{移} + [Ey]_{补}$

同理，$[E_x - E_y]_{移} = [E_x]_{移} + [-E_y]_{补}$。

即和的移码等于移码与补码之和，差的移码等于移码与补码之差。

但是如果移码运算的结果溢出，上述结论不成立。

为了判断阶码加减运算是否溢出，阶码使用双符号位进行加减运算，并规定初始时最高符号位恒用0：当结果最高符号位为"1"时表示溢出，其中，双符号位为"10"表示上溢，双符号位为"11"表示下溢；当结果最高符号位为"0"时表示无溢出，其中，双符号位为"01"表示结果为正，双符号位为"00"表示结果为负。

一般地，浮点乘法运算步骤如下。

(1) 判"0"。提前判断操作数中的"0"有利于提高运算速度。

(2) 阶码相加。阶码相加采用移码。

(3) 尾数相乘。尾数相乘按定点小数乘法运算规则进行。

(4) 规格化处理。

在进行规格化处理过程中，因为参与运算的数为规格化数，故$|M_{积}| \geqslant 1/4$，即最多只需左规一位；只有负数补码表示且针对(−1.0)×(−1.0)=+1.0时才有右规问题，此时$M_{积}$=01.00…00，即右规也是最多一位。

(5) 舍入处理。

(6) 判溢出。

浮点除法运算步骤如下。

(1) 预置(即判"0")。

如果除数为0,则商为∞,上溢,进行中断处理;如果除数非0但被除数为0,则商和余数均为0。

(2) 尾数调整。

浮点除法运算中,是允许$|M_x|\geqslant|M_y|$的,但是浮点数运算实际上使用的是定点运算部件,如果直接用原来的尾数进行相除,将导致除法溢出。为了保证尾数相除时不会产生除法溢出,要调整被除数,使被除数尾数高位部分的绝对值小于除数尾数的绝对值(即使$|M'_x|<|M_y|$),并同时修改阶码的值(将被除数尾数M_x右移一位得到M'_x,并使被除数阶码E_x增1得到E'_x)。

(3) 阶码相减。阶码相减使用移码计算。

(4) 求阶差后判溢出。

(5) 尾数相除。

进行浮点数除法运算时商的尾数一定是一个规格化数。这是因为,当尾数不需要调整时,因为$|M_x|<|M_y|$,且二者均为规格化数,即$1/2\leqslant|M_x|<1$,$1/2\leqslant|M_y|<1$,所以$1/2\leqslant|M_x|<|M_x|/|M_y|<1$,也就是说,商的尾数是规格化数;如果尾数需要调整,因为$|M_x|\geqslant|M_y|$,所以$|M_x|/|M_y|\geqslant1$,调整尾数得到M'_x,其中,$|M'_x|<|M_y|$,且$|M'_x|=1/2|M_x|$;又因为调整前M_x、M_y都是规格化数,也就是$1/2\leqslant|M_x|<1$,$1/2\leqslant|M_y|<1$,所以$1/2\leqslant1/2\times|M_x|/|M_y|=|M'_x|/|M_y|<1$,即商的尾数仍然是规格化数。

例3.45 设$X=0.101101\times2^{-100}$,$Y=-0.110101\times2^{-011}$,要求阶码用移码运算,尾数用补码运算,计算$X\cdot Y$(结果保留1倍字长,舍入按补码规则进行)。

解:

$$X=0,100;0.101101,\quad Y=0,101;1.001011$$

(1) 阶码相加。

$$[E_{x\cdot y}]_{移}=[E_x]_{移}+[E_y]_{补}=00,100+11,101=00,001$$

不溢出,结果正确,$[E_{x\cdot y}]_{移}=0,001$。

(2) 尾数相乘:补码2位乘,乘数通过添加符号位凑成偶数位。

$[2M_x]_{补}=01.011010$, $[-M_x]_{补}=11.010011$, $[-2M_x]_{补}=10.100110$

操作	部分积高位	部分积低位/乘数	附加位
	000.000000	11.001011	0
$+[-M_x]_{补}$	111.010011		
	111.010011		
→2	111.110100	1111.0010	1
$+[-M_x]_{补}$	111.010011		
	111.000111		
→2	111.110001	111111.00	1
$+[M_x]_{补}$	000.101101		
	000.011110		
→2	000.000111	10111111.	0
$+[-M_x]_{补}$	111.010011		
	111.011010		

$\therefore M_{x \cdot y}=1.011010\ 101111$

(3) 规格化处理：结果是规格化数。

(4) 舍入：负数补码，舍去部分最高位为“1”、其余非全“0”，低位加 1。

$\therefore M_{x \cdot y}=1.011011$

(5) 判溢出：不溢出，故 $X \cdot Y=0,0015;1.011011$。

$\therefore X \cdot Y=-0.100101\times 2^{-111}$

例 3.46 设 $X=0.100111\times 2^{101}$，$Y=-0.101011\times 2^{011}$，要求阶码用移码运算，尾数用补码运算，计算 X/Y。

解：

$X=1,101;0.100111$，$Y=1,011;1.010101$，两数均非“0”且 $|M_x|<|M_y|$，无须调整尾数。

(1) 阶码相减。

$$[E_{x/y}]_{移}=[E_x]_{移}-[E_y]_{补}=[E_x]_{移}+[-E_y]_{补}=01,101+11,101=01,010$$

移码运算不溢出，结果正确，$[E_{x/y}]_{移}=1,010$。

(2) 尾数相除：补码加减交替法(末位恒置“1”)。

$$[-M_y]_{补}=0.101011$$

操作	被除数	商	备注
	00.100111		
$+[M_y]_{补}$	11.010101		两数异号，第一步做加
	11.111100	1.	
←1	11.111000	$1.x$	
$+[-M_y]_{补}$	00.101011		
	00.100011	1.0	
←1	01.000110	$1.0x$	
$+[M_y]_{补}$	11.010101		
	00.011011	1.00	
←1	00.110110	$1.00x$	
$+[M_y]_{补}$	11.010101		
	00.001011	1.000	
←1	00.010110	$1.000x$	
$+[M_y]_{补}$	11.010101		
	11.110011	1.0001	
←1	11.100110	$1.0001x$	
$+[-M_y]_{补}$	00.101011		
	00.010001	1.00010	
←1	00.100010	1.000101	末位恒置“1”

$\therefore M_{x/y}=1.000101$

即 $X/Y=1,010;1.000101$

$\therefore X/Y=-0.111011\times 2^{010}$

▶ 3.5.3 关于阶码的底为 8 或 16 的浮点数运算

阶码的底为 8 或 16 的浮点数的阶码 E 和尾数 M 仍用二进制表示，它们可以用相同位数的阶码表示更大范围的浮点数。

例如，假设浮点数阶码 4 位(含 1 位阶符)、尾数数值位 7 位，现有阶补尾补浮点数 $N=$ 0 0010 1010000。

若基为 2，则 $N=0.1010\ 000\times2^2$

$=10.10_{(2)}$

$=2.5_{(10)}$

若基为 8，则 $N=0.1010\ 000\times8^2$

$=0.1010\ 000\times2^6$

$=1010\ 00_{(2)}$

$=40_{(10)}$

若基为 16，则 $N=0.1010\ 000\times16^2$

$=0.1010\ 000\times2^8$

$=160_{(10)}$

阶码的底为 8 或 16 的浮点数运算规则与阶码以 2 为底的基本相同，但对阶和规格化操作不同。

尾数原码表示时，阶码以 8 为底的规格化浮点数的尾数 M 应满足 $1/8\leqslant|M|<1$(即数值位最高 3 位不全为“0”)，阶码以 16 为底的规格化浮点数的尾数 M 应满足 $1/16\leqslant|M|<1$(即数值位最高 4 位不全为“0”)；尾数补码表示时，阶码以 8(或 16)为底的规格化浮点数的尾数 M 应满足数值的最高 3 位(以 8 为底)或 4 位(以 16 为底)中至少有 1 位与符号位不同。

执行对阶和规格化操作时，阶码以 8(或 16)为底的浮点数每当阶码的值增 1 或减 1 时，尾数相应右移或左移 3 位(或 4 位)。

3.6　运算部件

定点运算部件由算术逻辑运算(ALU)部件、若干寄存器、移位电路、计数器、门电路等组成。ALU 部件主要完成加减法算术运算及逻辑运算，其中还应包含快速进位电路。

ALU 和寄存器同数据总线之间如何传送操作数和运算结果映射着运算部件内部的数据传送通路结构，也就是运算器的组织方式，常见的有三种内部总线结构：单总线、双总线、三总线。

在单总线结构中，ALU 以及寄存器等各种部件均连接到同一组数据总线上(如图 3.16 所示)，并且 ALU 配有两个临时寄存器，当需要进行 ALU 操作，例如，完成 $R_3=R_1+R_2$(其中 R_1、R_2、R_3 均为寄存器)操作时，需要先把寄存器 R_1 的内容经过总线送到寄存器 A，再把寄存器 R_2 的内容经过总线送到寄存器 B，然后才能够通过 ALU 对 A、B 中的数据进行运算，并将结果经过数据总线送回到寄存器 R_3。

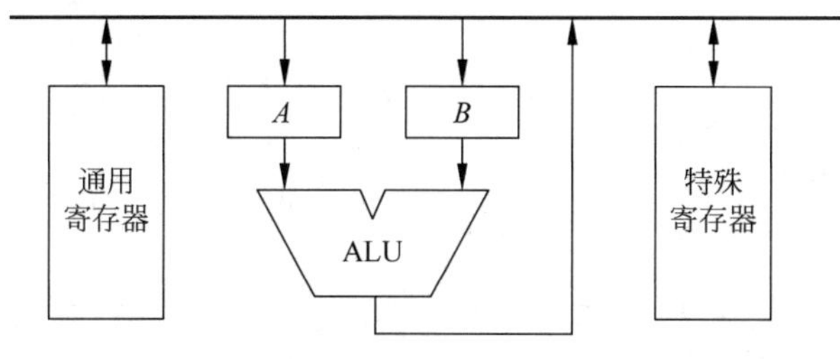

图 3.16　单总线结构

双总线结构比单总线结构多了一条数据总线(如图 3.17 所示)，并且 ALU 可以分别通过两条数据总线直接对通用寄存器中的内容进行操作。例如，同样是完成 $R_3=R_1+R_2$ 操作，它可以直接对寄存器 R_1 和 R_2 的内容进行运算，并将结果暂时存放在缓冲寄存器中，在下一拍再将缓冲寄存器中的结果经过(某一条)数据总线送回到寄存器 R_3 即可。

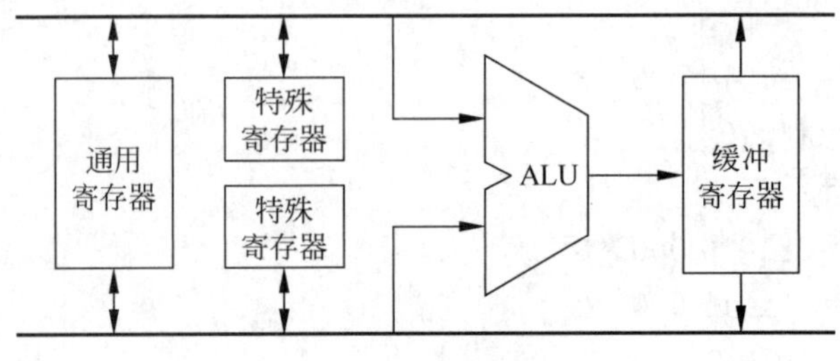

图 3.17　双总线结构

显然,双总线结构比单总线结构速度要快,成本也高一些。

三总线结构内部有三条数据总线(见图 3.18),其运算速度更快,当然成本也更高。

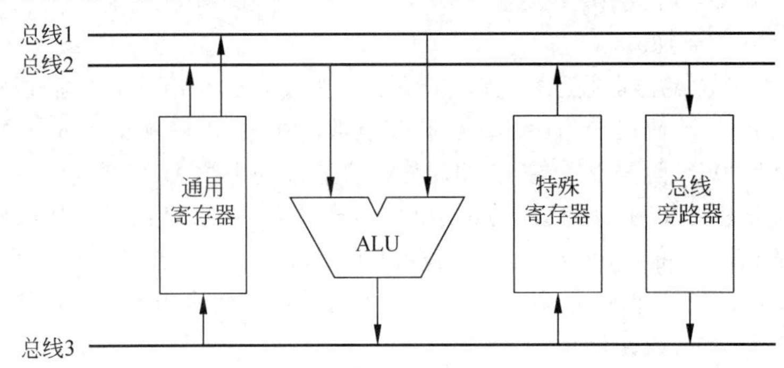

图 3.18　三总线结构

同样是完成 $R_3=R_1+R_2$ 操作,它可以直接对寄存器 R_1 和 R_2 的内容进行运算,并将结果直接送回寄存器 R_1。

具体运算器内部采用何种结构,往往需要根据性能需要及成本等综合考虑。

浮点运算部件通常由阶码运算部件和尾数运算部件组成(见图 3.19),其各自的结构与定点运算部件相似,其中,阶码部分仅执行加减法运算(包括对阶操作、阶码加减操作),尾数部分则可执行加减乘除运算。

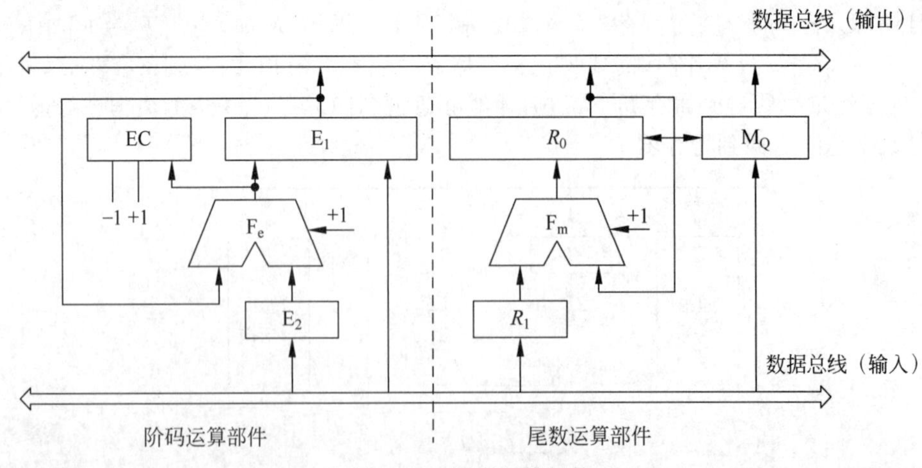

图 3.19　浮点运算部件

另外,浮点数规格化中的左规操作有时需要左移多位,为加速移位过程,有的机器还设置了可移动多位的电路。

3.7 数据校验码

计算机系统中的数据，在读/写、存储和传送的过程中可能发生错误。提高计算机的可靠性一方面可以从提高硬件可靠性入手，例如，选用更高可靠性器件、更好生产工艺，精心设计高可靠性硬件电路等；另一方面可以从编码上想办法，即采用纠错检错编码技术。

纠错检错编码技术通过增加冗余线路，在原有数据位之外再增加一到几位校验位，使新得到的码字带上某种特性；接收方通过检查码字是否仍保持有这一特性来发现是否出现错误，甚至定位并自动改正错误(即纠错)。

校验码中将由若干代码组成的一个字称为码字，例如，8421 码中 6 对应的码字为 0110、7 对应的码字为 0111；将两个码字之间对应位代码不同的个数称为距离，而将一种码制中任意两个合法码字间距离的最小值称为码距。

例如，8421 码最小距离为 1，如 0000 和 0001 之间、0110 和 0111 之间等，即 8421 码码距为 1；8421 码最大距离为 4，如 0111 和 1000 之间、1001 和 0110 之间等。

设可检测错误数为 e、可纠错误数为 $t(e>t)$，码距 D_{min} 与查错纠错的关系如下。

- 码距 $D_{min}\geqslant e+1$ 时可检测 e 个错误，其中，码距 D_{min} 为 1 时，既不能查错也不能纠错。
- 码距 $D_{min}\geqslant 2t+1$ 时可纠 t 个错误。
- 码距 $D_{min}\geqslant e+t+1$ 时可纠 t 个错误，同时检测 e 个错误。

码距选择取决于特定系统的参数、信息发生差错的概率、系统能容许的最小差错率等。显然，码距越大，查错、纠错能力越强。如表 3.9 所示为码距与纠检错能力对应关系。

表 3.9 码距与纠检错能力对应关系

码距	1	2	3	4	5	6	7
纠检错能力	无	检 1	检 2 或纠 1	检 2 纠 1	检 2 纠 2	检 3 纠 2	检 3 纠 3

当然，码距越大，数据冗余越大、编码效率越低、成本越高。

常用数据校验码包括奇偶校验码、海明校验码和循环冗余校验码。

▶ 3.7.1 奇偶校验码

奇偶校验法比较简单，计算机中应用比较广泛。它在每组数据信息上附加一位校验位，校验位的取值(0 或 1)取决于这组信息中“1”的个数和校验方式(奇或偶校验)，其中对于奇校验，这组数据加上校验码位后数据中“1”的位数应为奇数；对于偶校验，这组数据加上校验码位后数据中“1”的位数应为偶数。

一般地，校验位被固定放在一个地方。例如，所有码字的最后边，或者所有码字的最前边。如表 3.10 所示为几个奇偶校验码的例子，其中最高位为校验位。

表 3.10 奇校验与偶校验

数　据	校验码	
	奇校验	偶校验
1010 1011	**0** 1010 1011	**1** 1010 1011
0101 1111	**1** 0101 1111	**0** 0101 1111

奇偶校验法可通过一系列异或门实现，硬件电路比较简单。

为了得到校验位的值，对于偶校验方式，校验位的值由数据位按位异或得到；对于奇校验，只需把这个异或结果取反即可(如图 3.20(a)所示)。

接收方收到奇偶校验码后要通过译码对结果进行校验。不论是奇校验还是偶校验，译码的时候只需要把收到的所有码字按位异或即可(如图 3.20(b)所示为偶校验译码电路)。

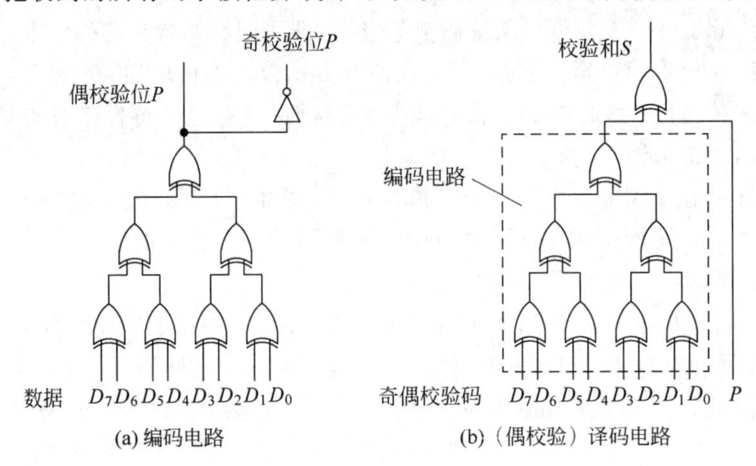

图 3.20　奇偶校验电路

我们把校验位与它参与校验的各位异或的结果称为这个校验位的校验和 S，所以，奇偶校验码的译码电路其实就是校验和形成电路。

显然，对于偶校验方式，如果收到的奇偶校验码中同时出现偶数个错，则校验和 S 必为"0"；反之，如果收到的奇偶校验码中同时出现奇数个错，则校验和 S 必为"1"。

对于奇校验方式则恰好相反，校验和 S 为"1"表示同时出现偶数个错，S 为"0"表示同时出现奇数个错。

但是在使用奇偶校验法时有一个默认的工作前提，即计算机数据传输基本上是不出错的，即使出错，顶多出现 1 位错，因此，当偶校验方式下校验和 $S=0$ 时或者奇校验方式下 $S=1$ 时，就认为出现了 0 个错(即没有出错)，此时，因为校验位的位置是固定的，只需将接收到的码字去掉校验位就得到正确的数据了；而一旦发现有错，接收方将直接丢掉数据，并让发送方再发送一遍。

奇偶校验法使数据的码距为 2，可检出数据在传送过程中奇数个数位出错的情况；但是它只能发现错误，并不知错在何处，因此不能自动纠正。

由于奇偶校验码实现简便、可靠易行，所以奇偶校验码应用比较广泛，它既可以对串行数据进行校验，也可以对并行数据进行校验。

为了提升奇偶校验码纠检错能力，一种改进的方法是采用交叉奇偶校验，它对多个数据行、列同时校验，当仅某一位数据发生错误时，那么只有该数据所在的那一行和那一列发生奇偶校验错，通过行号、列号就能够定位它。由于数据是采用二进制编码的，如果能够定位具体是哪个数据发生错误，只需要将收到的数据取反就可以把它纠正过来，从而避免了数据重传。

显然，交叉奇偶校验的本质是让每个数据位参加多个校验组，当某个数据位出现错误时，可在多个校验和中有反应。

▶ 3.7.2 海明校验码

海明校验码以奇偶校验法为基础，通过采用多个校验组来提高检错能力，由美国数学家理查德·海明(Richard Hamming)于1950年提出。

海明校验码在数据中加入 r 个校验位，并把数据的每一个二进制位分配在 r 个奇偶校验组中。当某一位数值位出错后，就会引起有关的 r 个校验组的值发生变化，这样不但可发现错误，还能自动定位错误，从而为自动纠错提供依据。

被传送的 k 位数据信息加入 r 位海明校验位以后所形成的 $k+r$ 位码字称为海明码 H，海明码的位序号自右至左从1开始编号①，即 $H_{k+r}H_{k+r-1}\cdots H_2H_1$。

跟奇偶校验一样，海明校验码也是先对数据编码形成海明码，然后将海明码传输到对方；接收方收到海明码后进行校验，并且根据校验结果做相应的处理。

r 个校验位一共可以组成 2^r 个码字，可表示 2^r 种信息。在这些信息中，需要用1个码字表示无误信息，即谁都没出错，那么还有 2^r-1 个码字，可以具体标明 2^r-1 个错误的位置。

由于接收方收到的海明码是数据位和校验位的总和，所以在这些错误的位置中还有 r 个是属于校验位本身的，所以 r 位校验码只可以标明 2^r-1-r 个数据错误信息。

也就是说，假设被传送数据的位数为 k，它需要的校验位的个数为 r，要满足 $2^r-1-r\geqslant k$。根据这个关系，可以算出来用4个校验位能可靠传输 $2^4-1-4=11$ 位信息，而要校验32位数据则需至少6个校验位。

海明码的排列规则是：每个校验位 $P_i(i\geqslant 1)$ 被放在海明码位序号为 2^{i-1} 的位置，从低(D_0)向高(D_{k-1})将所传输的数据依次排列海明码从右向左的其余空位。

例如，4位欲传送的数据 $D_3D_2D_1D_0$，需三个校验码 $P_3P_2P_1$，那么海明码排列次序即为 $D_3D_2D_1P_3D_0P_2P_1$；11位欲传送数据 $D_{10}D_9D_8D_7D_6D_5D_4\ D_3D_2D_1D_0$，需4个校验码 $P_4P_3P_2P_1$，相应的海明码排列次序即为 $D_{10}D_9D_8D_7D_6D_5D_4\ P_4D_3D_2D_1P_3D_0P_2P_1$。

海明码的每一位由多个校验位一起进行校验，被校验的位号等于校验它的各校验位位号和；某校验位 P_i 参与校验的所有数据位构成校验组 g_i，偶校验时将校验组 g_i 中各数据位进行异或即得到校验位 P_i 的值(奇校验时将上述值取反)。

若海明码总位数为7，包括数据4位、校验位3位(即 $D_3D_2D_1P_3D_0P_2P_1$)，它又被称为(7,4)分组码。如表3.11所示为(7,4)分组码的海明校验表。

表3.11 (7,4)分组码海明校验表

海明码位号	对应信息	参与海明码该位校验的校验位位号	参与的校验位
H_1	P_1	1	P_1
H_2	P_2	2	P_2
H_3	D_0	2,1 (3=2+1)	P_2,P_1
H_4	P_3	4	P_3
H_5	D_1	4,1 (5=4+1)	P_3,P_1
H_6	D_2	4,2 (6=4+2)	P_3,P_2
H_7	D_3	4,2,1 (7=4+2+1)	P_3,P_2,P_1

很容易有偶校验方式下校验位形成表达式：

$$P_1=D_0\oplus D_1\oplus D_3$$

① 注意，海明码码字位序号也可以从左到右从“1”开始依次编号。

$$P_2 = D_0 \oplus D_2 \oplus D_3$$
$$P_3 = D_1 \oplus D_2 \oplus D_3$$

例 3.47 写出 1010 偶校验方式下的海明码。

解：

$\because 2^r \geqslant k + r + 1, k = 4, \therefore r = 3$

$\therefore$海明码排列顺序为 $D_3D_2D_1P_3D_0P_2P_1$

校验位的取值为

$$P_1 = D_0 \oplus D_1 \oplus D_3 = 0 \oplus 1 \oplus 1 = \underline{0}$$
$$P_2 = D_0 \oplus D_2 \oplus D_3 = 0 \oplus 0 \oplus 1 = \underline{1}$$
$$P_3 = D_1 \oplus D_2 \oplus D_3 = 1 \oplus 0 \oplus 1 = \underline{0}$$

$\therefore$所求海明码为 $D_3D_2D_1P_3D_0P_2P_1 = 101\underline{0}0\underline{10}$

海明码数据传送到接收方后，利用奇偶校验电路求出各校验位的校验和。当采用偶校验方式且传送数据正确时，校验和的值 S_i 分别都为“0”(奇校验则为“1”)。当校验和 S_i 不为上述值时表示发生了错误。

若仅 1 位错，对于偶校验，出错位置由各校验和 S_i 从高到低依序排列后所形成的二进制数直接指明。例如，若三个校验和 $S_3S_2S_1$ 依序排列后 $S_3S_2S_1 = (101)_2 = (5)_{10}$，则表明海明码的第 5 位($H_5$，即数据 D_1)发生了错误，此时只需将收到的 H_5 取反，即纠正了错误。

例 3.48 已知接收到的海明码为 100 0010，当采用偶校验时，试问要求传送的信息是什么？

解：

$$S_1 = H_1 \oplus H_3 \oplus H_5 \oplus H_7 = 0 \oplus 0 \oplus 0 \oplus 1 = 1$$
$$S_2 = H_2 \oplus H_3 \oplus H_6 \oplus H_7 = 1 \oplus 0 \oplus 0 \oplus 1 = 0$$
$$S_3 = H_4 \oplus H_5 \oplus H_6 \oplus H_7 = 0 \oplus 0 \oplus 0 \oplus 1 = 1$$

$\because$ $S_3S_2S_1$ 为 101，故第 5 位发生错误

$\therefore$正确的海明码字应该为 1010010

$\therefore$即所要传送的信息为 1010

偶校验方式下海明码校验电路原理图如图 3.21 所示，可以看到，当出现一位错时，相应的纠错电路其实就是一个异或门。

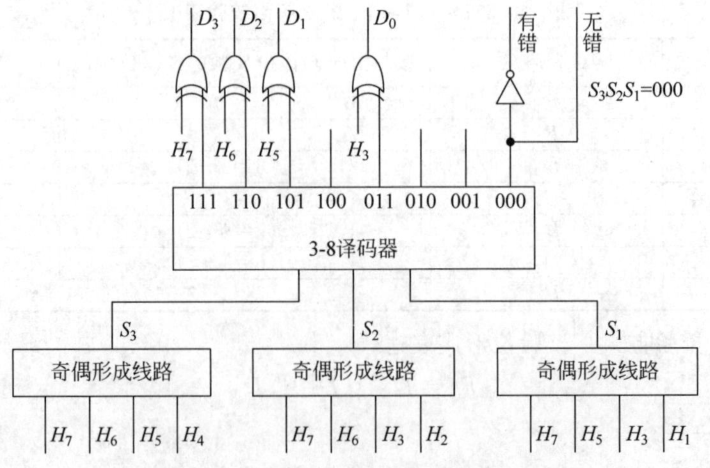

图 3.21 (偶校验)海明码校验电路原理图

上述形成的海明校验码只能纠1位错，当2位或以上同时发生错误时，是无法通过校验和获得出错位置的。若想自动纠正1位错并发现2位错，需增加1位全局校验位形成扩展海明码以增大码距，此时 r 和 k 应满足关系：$2^{r-1} \geqslant k+r$。

全局校验位总是放在最后(即海明码字的最前端)，它等于除自己外海明码字所有位的异或结果，偶校验方式下，当海明码中出现任何偶数个(含0个)错时，全局校验位一定为0；相应地，全局校验和则等于海明码字所有位的异或结果。

例如，传输8位数据时对应的扩展海明校验码与数据位的关系如表3.12所示。

表3.12　传输8位数据时的扩展海明码校验表

海明码位号	对应信息	参与校验的校验位位号	参与的校验位
H_1	P_1	1	P_1
H_2	P_2	2	P_2
H_3	D_1	2,1　(3=2+1)	P_2,P_1
H_4	P_3	4	P_3
H_5	D_2	4,1　(5=4+1)	P_3,P_1
H_6	D_3	4,2　(6=4+2)	P_3,P_2
H_7	D_4	4,2,1　(7=4+2+1)	P_3,P_2,P_1
H_8	P_4	8	P_4
H_9	D_5	8,1　(9=8+1)	P_4,P_1
H_{10}	D_6	8,2　(10=8+2)	P_4,P_2
H_{11}	D_7	8,2,1　(11=8+2+1)	P_4,P_2,P_1
H_{12}	D_8	8,4　(12=8+4)	P_4,P_3
H_{13}	P_5	(全局校验位)	$(H_1 \sim H_{12})$

偶校验方式下，若全局校验和为"0"，则表示海明码出现了偶数个(包括0个)错，此时若其他校验和全为"0"，则表示海明码无错误，若其他校验和非全"0"，则表示海明码出现了两位错，但不知道具体出错位置，不可纠正；若全局校验和为"1"，则表示海明码出现了单个错，其中，若其他校验和为全"0"，表明全局校验位本身出错，若其他校验和非全"0"，则表明除全局校验位之外的某一位错，具体出错位置可通过校验和的组合得到。

偶校验方式下扩展海明码((7,4)分组码)校验电路原理图如图3.22所示。

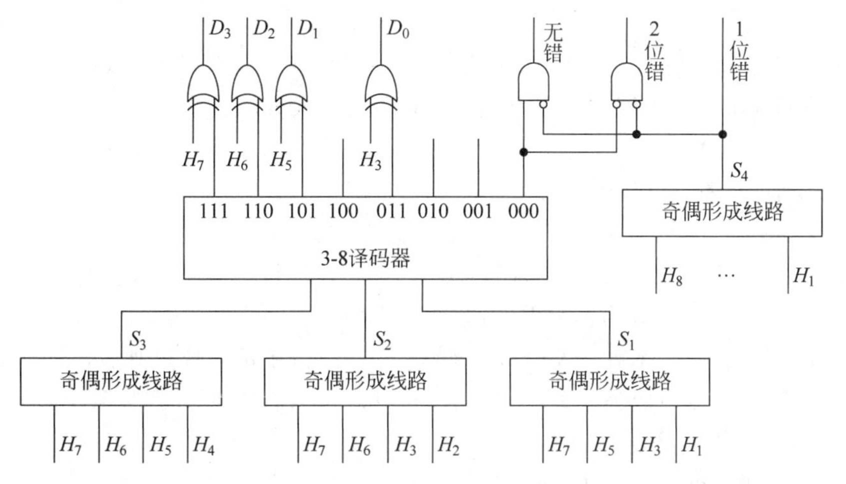

图3.22　(偶校验)扩展海明码((7,4)分组码)校验电路原理图

扩展海明码以奇偶校验法为基础，可以用在大多数不错、如果出错最多错 2 位的场景，且当仅 1 位错的时候能够自动纠错，实现简便，被广泛用在内存数据校验等并行数据校验场合。

海明码校验码需要为每一位单独设置纠错电路，且只适用出现 1 位错概率远大于 2 位同时出错概率的情形，而且认为不出现 2 位以上同时出错，在网络通信等串行数据传输中，由于瞬间干扰可能使得连续多位，或者在较短间隔内多位同时出错，这个时候就需要采用其他的数据校验码，如循环冗余校验码了。

3.7.3 循环冗余校验码

循环冗余校验码（Cyclic Redundancy Check，CRC）通过某种数学公式建立信息位和校验位之间的约定关系，该约定关系能校验传送信息的对错，并且能自动修正错误，广泛用于通信、数据压缩和磁介质存储器中。

用于构成循环冗余校验码的数学式称为生成多项式。

循环冗余校验码中的“循环”指的是这样一种循环码。循环码是指线性码中若一个 n 位编码 $V=\{v_0, v_1, v_2, \cdots, v_{n-1}\}$ 是码 C 的一个码字，那么 V 循环移动一位后的 n 位编码如 $V_1=\{v_1, v_2, \cdots, v_{n-1}, v_0\}$ 也是码 C 的一个码字（**可能是原码字本身，或另外一个码字**）。

设 CRC 码是(n,k)码，即数据位 k 位，校验位（冗余位）r 位，要纠 1 位错，k 和 r 同样需满足关系：$k+r\leqslant 2^r-1$。

CRC 编码格式是在 k 位信息后加 r 位检验码，其实现方法如下。

(1) k 位数据串行移位传输，在输出过程中，用带有异或门控制的移位寄存器形成 r 个校验位的值，其中，带有异或门控制的移位寄存器实际构成模 2 除法电路，而异或门控制方法由生成多项式决定。

(2) 校验位同数据位一起传送走，接收端再使用相同的带异或门控制的移位寄存器对接收到的 $k+r$ 位的码字进行合法与出错检查，若可能则自动改错。

1. 循环冗余校验方式

要构成循环冗余校验码，并非任意数学式都能满足要求。一个生成多项式需具备以下特征：最高项、最低项的系数必须为 1；任意位发生错误都应使余数不为 0；余数补 0 左移一位继续模 2 除，应使余数循环。如要求纠 1 位错，还要求不同的某一位发生错误应使余数不同。

对于(n,k)码，为寻找生成多项式，可将 X^n+1 利用模 2 运算分解为若干质因式，然后根据码距要求选择其中的某个因式或多个因式的乘积为生成多项式。

例如，$n=7$，$X^7+1=(X+1)(X^3+X+1)(X^3+X^2+1)$，可以通过选取不同的因式或因式的乘积得到具有不同性质的 CRC 码。

(1) 取 $G(X)=X+1$，可生成(7,6)码，它可判 1 位错。

(2) 取 $G(X)=X^3+X+1$ 或 $G(X)=X^3+X^2+1$ 都生成(7,4)码，它们可检 2 位错或纠 1 位错，且 2 位错、1 位错余数均不为零，但余数有重叠。

(3) 取 $G(X)=(X+1)(X^3+X+1)=X^4+X^3+X^2+1$ 可生成一种(7,3)码（取 $G(X)=(X+1)(X^3+X^2+1)$ 则生成另一种(7,3)码），它可检 2 位错并纠 1 位错，其中，2 位错、1 位错余数均不为零，且余数无重叠。

表 3.13 给出了一些常用的生成多项式。

表 3.13　一些常用的生成多项式

N	K	码距 d	$G(X)$	N	K	码距 d	$G(X)$
7	4	3	X^3+X+1	31	26	3	X^5+X^2+1
			X^3+X^2+1		21	5	$X^{10}+X^9+X^8+X^6+X^5+X^3+1$
	3	4	$X^4+X^3+X^2+1$	63	57	3	X^6+X+1
			X^4+X^2+X+1		51	5	$X^{12}+X^{10}+X^5+X^4+X^2+1$
15	11	3	X^4+X+1				
	7	5	$X^8+X^7+X^6+X^4+1$				

2. CRC 码原理

假设被传送的 k 位二进制信息位用 $M(X)$ 表示，系统选定的生成多项式用 $G(X)$ 表示，将信息位组左移 r 位，即 $M(X)\cdot 2^r$，可空出 r 位，以便拼接 r 位校验位。

将 $M(X)\cdot 2^r$ 使用模 2 除除以生成多项式 $G(X)$，所得商用 $Q(X)$ 表示，余数用 $R(X)$ 表示。即：

$$M(X)\cdot 2^r/G(X)=Q(X)+R(X)/G(X) \tag{3-11}$$

对式(3-11)两边同时乘以 $G(X)$，得：

$$M(X)\cdot 2^r=R(X)+Q(X)\cdot G(X) \tag{3-12}$$

对式(3-12)稍做变形，得：

$$M(X)\cdot 2^r+R(X)=Q(X)\cdot G(X)\quad(\text{mod } 2) \tag{3-13}$$

$M(X)\cdot 2^r+R(X)$ 即为所求的 n 位 CRC 码，其中，余数表达式 $R(X)$ 就是校验位(r 位)。若用二进制码字表示，它相当于将余数直接"跟在"数据后即得到 CRC 码。

显然，为了得到 r 位余数，生成多项式 $G(X)$ 必须是 $r+1$ 位的。

需要注意的是，发送方利用生成多项式生成 CRC 校验码、接收方利用 CRC 对数据进行校验均使用模 2 除运算。

模 2 运算，包括模 2 加减运算、模 2 乘运算和模 2 除运算。

进行模 2 加减运算时，加减过程中不考虑进位与借位，即：

$$0\pm 0=0,\quad 0\pm 1=1,\quad 1\pm 0=1,\quad 1\pm 1=0$$

显然，模 2 加减运算本质上就是进行异或运算。

进行模 2 乘运算时，部分积之和按模 2 加法计算。

利用模 2 除运算求余数的操作是这样的：当部分余数首位为"1"时，商"1"，模 2 减除数；当部分余数首位为"0"时，商"0"，模 2 减全"0"。每求得 1 位商将使部分余数减少 1 位，当部分余数位数小于除数位数时，此时的余数即为最后的余数。

例 3.49　有一个(7,4)码，已确定生成多项式为 $G(X)=X^3+X+1=1011$，被传输的信息 $M(X)=1101$，求 $M(X)$ 的 CRC 码。

解：

将 $M(X)$ 左移　$r=n-k=3$ 位，即 $M(X)\cdot 2^r=1010\times 2^3=1101000$。

将上式采用模 2 除法，除以给定的 $G(X)=1011$：

$$1101000/1011=1111+001/1011$$

得到余数表达式 $R(X)=001$。

∴所求 CRC 码为 $M(X)\cdot 2^3+R(X)=1101000+001=1101001$。

接收方将收到的循环校验码后，再用约定的生成多项式 $G(X)$ 去除，如果检测码字无误则余数应为 0，如检测有错，则余数不为 0。

注意：余数($E(X)$)为 0 只是表明检测无错，它可能是因为确实无错，也可能是有错，但 $E(X)$恰好可被 $G(X)$整除。

一旦检测有错，不同位数出错余数不同，而且余数与出错位的对应关系是不变的，只与码制和生成多项式有关。例如，表 3.14 即为生成多项式 $G(X)=1011$ 的(7,4)CRC 码的出错模式。

表 3.14 生成多项式 $G(X)=1011$ 的 CRC 码的出错模式

CRC	A_1	A_2	A_3	A_4	A_5	A_6	A_7	余数	出错位
正确	1	1	0	0	0	1	0	000	无
某一位出错	1	1	0	0	0	1	1	001	A_7
	1	1	0	0	0	0	0	010	A_6
	1	1	0	0	1	1	0	100	A_5
	1	1	0	1	0	1	0	011	A_4
	1	1	1	0	0	1	0	110	A_3
	1	0	0	0	0	1	0	111	A_2
	0	1	0	0	0	1	0	101	A_1

如果循环码有 1 位出错，用 $G(X)$作模 2 除将得到一个不为 0 的余数。例如，如果显示余数为 001，对应这个出错模式表，它指示当前码字的第 7 位 A_7，也就是最右边 1 位错了。

假定把收到的码字左移 1 位，同时继续对当前余数补 0 做模 2 除，余数变为 010，它表示是当前码字的第 6 位 A_6 错了。因为刚才把码字左移了一位，所以它其实就是刚才的第 7 位。

继续对码字左移，并且对余数补 0 做模 2 除，可以发现这个出错模式是循环且不重复的，当余数为 101 时，出错位也移到 A_1 位置，此时通过异或门将它纠正后可在下一次移位时送回 A_7。

也就是说，假定用于纠错的异或门在最高位，在求出余数不为 0 后，一边对余数补 0 继续做模 2 除，同时让被检错的校验码字循环左移；当出错位移到最高位时，通过异或门纠正，在下一次移位操作开始之前送回最高位；然后继续移位，直至移满一个循环，即得纠正后的码字。

可见，循环冗余校验码不必像海明校验那样用译码电路对每一位提供纠正条件，只需要设置一个即可，当位数增多时循环码校验能有效地降低硬件代价。

3. CRC 码编码电路

CRC 码编码可通过除法电路实现，该电路结构由生成多项式确定。例如，设 $G(X)=X^3+X+1=1011$，编码电路如图 3.23 所示。

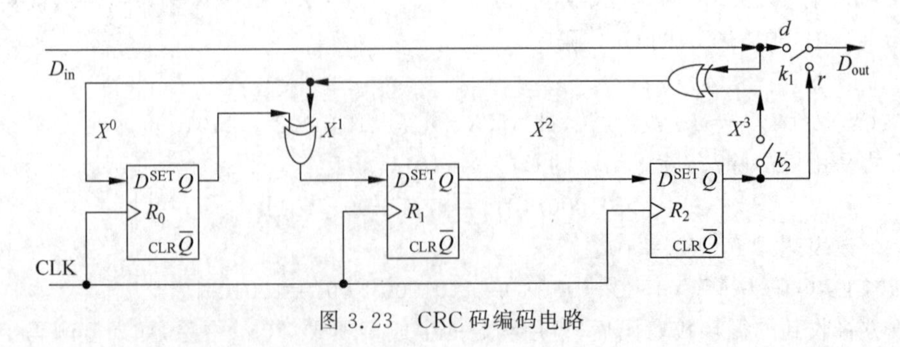

图 3.23 CRC 码编码电路

初始时单刀双掷开关 k_1 向上接通、开关 k_2 接通，同时数据由高位到低位的顺序从循环移位寄存器右侧依次输入，数据全部送入后触发器 $R_2 \sim R_0$ 的值依序排列就是校验位信息，此时将 k_1 向下接通，同时断开 k_2，从数据输入端继续输入三个"0"，使触发器 $R_2 \sim R_0$ 中的检验位信息拼接上原数据信息，最后输出端的输出结果就是 CRC 码。

这种串行编码电路结构简单，但是效率低下。事实上，模 2 除法其实就是按位异或运算，故它满足结合律，即两个数各自模 2 除生成多项式的余数异或的结果等于两数异或结果模 2 除生成多项式的余数，这样一个数对生成多项式的余数可拆解成多个数对生成多项式的余数再做异或。

例如，(7,4)码求 1010 的余数，可以将数据拆分成 1000、0010，让这两个码字分别进入除法电路(即并行求余数)，最后各结果异或即得到所求的余数。

例 3.50 有一个(7,4)码，已确定生成多项式为 $G(X)=X^3+X+1=1011$，被传输的信息 $M(X)=1101$，求 $M(X)$ 的 CRC 码。

解：

$$1101=1000 \oplus 0100 \oplus 0001$$

易得 1000、0100、0001 对生成多项式的余数分别是 101、111、011。

∴数据 1101 对生成多项式的余数是 $101 \oplus 111 \oplus 011=001$。

∴所求 CRC 码为 1101 001。

4. CRC 码校验能力

CRC 码校验能力特别强大，其中，具有 r 位校验位的 CRC 码检错可检测：所有奇数个错、所有 2 位错；所有突发长度小于或等于 r 的突发错误；概率为 $1-2^{-(r-1)}$ 的突发长度为 $r+1$ 的突发错误；概率为 $1-2^{-r}$ 的突发长度大于 $r+1$ 的突发错误。

所谓突发长度是指从出错的第一位到最后一位的长度(中间不一定都出错)。

例如，若 $r=16$，可检测所有 2 位错、所有奇数位错；所有突发长度小于或等于 16 的突发错误；约 99.997% 的突发长度为 17 的突发错误；约 99.998% 的突发长度大于 17 的突发错误。

事实上，在数据通信等场合，因数据量较大，往往不要求纠错；同时由于偶发因素影响可能出现突发错误，CRC 码超强检错能力恰好派上用场。

5. CRC 码的特点与应用

总结起来，CRC 码具有如下特点：检错能力强，几乎能发现所有错误；开销小，速度快，易于用硬件实现；不能定位 2 位及以上错误，用于原数据较长时只能查错，不能纠错。

上述特点使得 CRC 码被广泛应用在数据传输等各种场合，表 3.15 给出了典型的 CRC 码应用。

表 3.15 CRC 码的典型应用

名　称	生成多项式	应用举例
CRC-1	$X+1$	奇偶校验
CRC-3	X^3+X+1	GSM 移动网络
CRC-4	X^4+X+1	ITU-T G.704
CRC-5-ITU	X^5+X^4+X+1	
CRC-5-EPC	X^5+X^3+1	二代 RFID
CRC-5-USB	X^5+X^2+1	USB 令牌包

续表

名　称	生成多项式	应用举例
CRC-6-GSM	$X^6+X^5+X^3+X^2+X+1$	GSM 移动网络
CRC-7	X^7+X^3+1	MMC/SD 卡
CRC-16-CCCIT	$X^{16}+X^{15}+X^2+1$	USB、bluetooth
CRC-32	$X^{32}+X^{26}+X^{23}+X^{22}+X^{16}+X^{12}+X^{11}+X^{10}+X^8+X^7+X^5+X^4+X^2+X+1$	ZIP，RAR，IEEE1394，Ethernet，SATA，MPEG-2

表 3.16 对几种常见的数据校验码进行了简单对比。

表 3.16　几种常见数据校验码的主要特点与典型应用

校验方式	主要特点	典型应用
奇偶校验码	可检出奇数个数位出错的情况，但不能自动纠正，也不能确定无错	
海明校验码	可检 2 纠 1，并行编码译码	内存 ECC 校验
循环冗余校验码	检错能力强，具有自动纠正单一错误能力；开销小，速度快，易于用硬件实现	数据通信、网络通信、压缩解压缩、辅存

习题

3.1　最少用几位二进制数即可表示任一 5 位长的十进制正整数？

3.2　已知二进制数 $X=0.a_1a_2a_3a_4a_5a_6$，讨论下列几种情况时 a_i 各取何值。

(1) $X>1/2$　　(2) $X\geqslant 1/8$　　(3) $1/16<X\leqslant 1/4$

3.3　写出表 3.17 中各十进制数的原码、反码、补码(用 8 位二进制表示，符号位 1 位)。

表 3.17　十进制数的表示

序　号	真　值	原　码	反　码	补　码
(1)	−59/64			
(2)	27/128			
(3)	−127/128			
(4)	0.0			
(5)	−0.0			
(6)	−1.0			
(7)	0.25			
(8)	−0.25			
(9)	0.625			
(10)	−0.625			
(11)	1			
(12)	−1			
(13)	35			
(14)	127			
(15)	−127			
(16)	−128			

3.4　已知 $[X]_补$，求 $[X]_原$ 和 X(X 分别用二进制和十进制真值表示)。

$[X_1]_补=1.1100$　　$[X_2]_补=1.1001$　　$[X_3]_补=0.1110$　　$[X_4]_补=1.0000$

$[X_5]_补=1,0101$ $[X_6]_补=1,1100$ $[X_7]_补=0,0111$ $[X_8]_补=1,0000$

3.5 已知二进制数 $X=0.1011$、$Y=-0.0101$,试求:$[X]_补$,$[-X]_补$,$[Y]_补$,$[-Y]_补$,$[X/2]_补$,$[X/4]_补$,$[2X]_补$,$[Y/2]_补$,$[Y/4]_补$,$[2Y]_补$,$[-2Y]_补$。

3.6 当十六进制数9BH和0FFH分别表示为原码、补码、反码、移码和无符号数时,所对应的十进制数各为多少(设机器数采用一位符号位。)

3.7 设机器数字长为8位(含1位符号位),用补码运算规则计算下列各题。

(1) $A=9/64$,$B=-13/32$,求 $A+B$。

(2) $A=19/32$,$B=-17/128$,求 $A-B$。

(3) $A=-3/16$,$B=9/32$,求 $A+B$。

(4) $A=-87$,$B=53$,求 $A-B$。

(5) $A=115$,$B=-24$,求 $A+B$。

3.8 试通过74181构成一位8421码十进制加法器。

3.9 余3码编码的十进制加法规则如下:两个一位十进制数的余3码相加,如结果无进位,则从和数中减去3(加上1101);如结果有进位,则和数中加上3(加上0011),即得和数的余3码。试设计余3码编码的十进制加法器单元电路。

3.10 设浮点数格式为:阶码5位3.10(含1位阶符),尾数11位(含1位数符)。写出51/128、27/1024、7.375、−86.5、128.75×2^{-10} 所对应的机器数。要求如下。

(1) 阶码和尾数均为原码。

(2) 阶码和尾数均为补码。

(3) 阶码为移码,尾数为补码。

3.11 浮点数格式同上题,当阶码基值分别取2和16时:

(1) 说明2和16在浮点数中如何表示。

(2) 基值不同对浮点数什么有影响?

(3) 当阶码和尾数均用补码表示,且尾数采用规格化形式,给出两种情况下所能表示的最大正数和非零最小正数真值。

3.12 设机器字长16位。定点表示时,数值15位,符号位1位;浮点表示时,阶码6位,其中,阶符1位;尾数10位,其中,数符1位;阶码底为2。试求:

(1) 定点原码整数表示时,最大正数、最小负数各是多少?

(2) 定点原码小数表示时,最大正数、最小负数各是多少?

(3) 浮点原码表示时,最大浮点数、最小浮点数各是多少?

(4) 绝对值最小的非0数是多少?试估算这个数对应的十进制有效数字位数。

3.13 设浮点数字长为32位,欲表示±60 000间的十进制数,在保证数的最大精度条件下,除阶符、数符各取一位外,阶码和尾数各取几位?按这样分配,该浮点数溢出的条件是什么?

3.14 按下列要求设计一个尽可能短的浮点数格式(阶的底取2)(已知:$\log_2 10=3.322$)。

(1) 数值范围为 $1.0\times10^{\pm38}$。

(2) 有效数字为十进制7位。

(3) 0的机器数为全"0"。

3.15 假定一台32位字长的机器中带符号整数用补码表示,浮点数用IEEE 754标准表示,寄存器 R_1 和 R_2 的内容分别为 R_1:0000108BH,R_2:8080108BH。不同指令对寄存器进行不同的操作,因而,不同指令执行时寄存器内容对应的真值不同。假定执行下列运算指令时，操作数为寄存器 R_1 和 R_2 的内容，则 R_1 和 R_2 中操作数的真值分别为多少？

（1）无符号数加法指令。

（2）带符号整数乘法指令。

（3）单精度浮点数减法指令。

3.16 以下是一个 C 语言程序，用来计算一个数组 a 中每个元素的和。当参数 len 为 0 时，返回值应该是 0，但是在机器上执行时，却发生了存储器访问异常。请问这是什么原因造成的，并说明程序应该如何修改。

```
1  float sum_elements(float a[], unsigned len)
2  {
3      int  i;
4      float  result = 0;
5
6      for  (i = 0; i <= len - 1; i++)
7          result += a[i];
8      return result;
9  }
```

3.17 用原码一位乘、两位乘和补码一位乘（Booth 算法）、两位乘计算 $X \times Y$（前三小题为二进制数）。

（1）$X=0.110111, Y=-0.101110$。

（2）$X=-0.010111, Y=-0.010101$。

（3）$X=0.11011, Y=-0.11101$。

（4）$X=19, Y=35$。

3.18 用原码加减交替法和补码加减交替法计算 $X \div Y$（前三小题为二进制数）。

（1）$X=0.100111, Y=0.101011$。

（2）$X=-0.10101, Y=0.11011$。

（3）$X=0.10100, Y=-0.10001$。

（4）$X=13/32, Y=-27/32$。

3.19 设阶码采用补码形式、尾数采用原码形式的两个浮点数 X、Y，其中，数 X 的阶码为 0001、尾数为 0.1010；数 Y 的阶码为 1111、尾数为 0.1001。设基数为 2。

（1）求 $X+Y$（阶码运算用补码，尾数运算用补码）。

（2）求 $X \times Y$（阶码运算用移码，尾数运算用原码一位乘）。

（3）求 X/Y（阶码运算用移码，尾数运算用原码加减交替法）。

3.20 设有 8 个信息位，如果采用海明校验，且要求具有检 2 纠 1 能力，至少需要设置多少个校验位？应放在哪些位置上？若 8 位信息为 01101101，采用偶校验，海明码为何值？

3.21 已知收到的海明码（采用偶校验，无全局校验位）为 1100100、1100111、1100000、1100001，请问所传输的有效信息是什么？

3.22 设有效信息为 110，试用生成多项式 $G(x)=11011$ 将其编成循环冗余校验码。

3.23 有一个（7，4）码，生成多项式 $G(x)=x^3+x+1$，写出代码 1001 的循环冗余校验码。

第 4 章 主存储器

4.1 存储器概述

▶ 4.1.1 存储器的分类

冯·诺依曼计算机是程序驱动型的，用户在使用计算机解决问题时，必须先编写程序，然后将程序存储到计算机中，最后才执行程序。

存储器就是用来存储程序和数据的。

计算机中有各种各样的存储器(见图 4.1)，从不同角度分类不同。

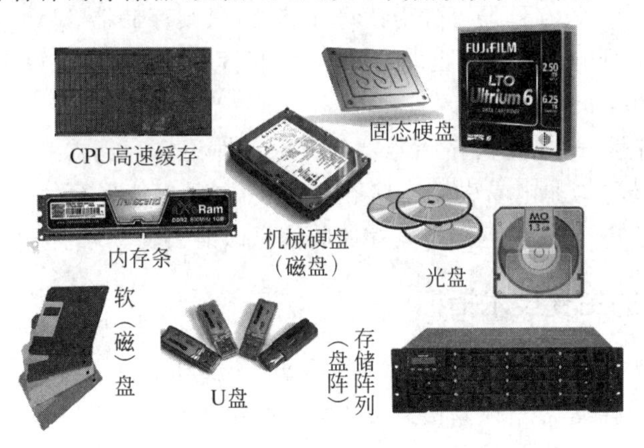

图 4.1　计算机中的存储器

按在计算机系统中的作用分，计算机存储器可分为主存储器、高速缓冲存储器、控制存储器、辅助存储器以及帧缓冲存储器。其中，主存储器(Main Memory，MM)简称主存，用于存放计算机运行期间需要的程序与数据；辅助存储器(External Memory)简称辅存，用于存放当前不参与运行的大量信息；高速缓冲存储器(Cache)用于存放主存中最活跃的部分(即正在运行的程序和正在使用的数据)的副本；控制存储器(Control Memory，CM，或 Control Storage，CS)简称控存，它在微程序控制计算机的 CPU 中用于存放微程序；帧缓冲存储器又称刷新存储器、视频存储器(VRAM)或者显存，它在显示输出时用作存储图像的显示缓冲存储器。

按存储器位置分，计算机存储器可分为内存储器和外存储器。其中，内存储器简称内存，在主机内部，主要用于存放当前运行的程序和处理的数据，它通常等同于主存储器，但它还有其他形式，如处理器内部的寄存器、高速缓存(Cache)等。与外存相比，内存的存储容量较小，但工作速度较快。外存储器简称外存，在主机外部，它等同于辅存，主要用于存放当前不参加运行的程序与数据，并且在需要时可与内存以批处理的方式交换信息。与内存相比，外存一般存储容量大，但速度较低。典型的外存有磁盘、磁带、光盘、U 盘等。

按访问类型分，计算机存储器可分为按存储器地址访问的存储器和按存储器内容访问的存储器。

按内容访问的存储器又称为相联存储器(Associate Memory),它在进行存储器访问的时候先将给定信息的特征(称为关键字或比较数)与所有的或所选择的一部分存储单元中的信息进行比较,若相等,则可将此单元中的信息读出,或者将新的信息写入这一单元。

按地址访问的存储器按存储方式,或者说按照存取时间与物理地址是否有关,分为随机存储器、顺序存储器和直接存取存储器。随机存储器(Random Access Memory,RAM)中任何存储单元的内容都能被随机存取,而且存取时间与存储单元的物理位置无关,典型的随机存储器包括计算机内存条等;顺序存储器(Serial Access Memory,SAM 或 Serial Access Storage,SAS)则只能顺序读写存储单元,典型的顺序存储器有磁带、光盘等;直接存取存储器(Direct Access Memory,DAM 或 Direct Access Storage,DAS)在访问时则是先直接找到地址 A 所在范围 AA,然后以顺序存取方式在 AA 内找到 A,典型的直接存取存储器如磁盘等。

按存储介质(所使用的材料)分,计算机存储器可分为半导体存储器、磁表面存储器以及光盘存储器。半导体存储器如计算机内存、固态硬盘等使用半导体材料,基于半导体工艺,速度快、功耗低;磁存储器如磁带、磁盘等利用磁性材料的剩磁状态存储信息,容量大但速度慢、体积大;光盘存储器如各种光盘等利用激光束在具有感光特性的表面上存储信息,便于携带、廉价且易于保存。

按读写功能分,计算机存储器可分为读写存储器、只读存储器。其中,读写存储器(Read/Write Storage,RWS)既能读出信息也能写入信息,只读存储器(Read Only Memory,ROM)的存储内容则是预置的、固定的,无法改写。

按信息的可保存性分,计算机存储器可分为永久性记忆存储器和非永久性记忆存储器。永久性记忆存储器又称为非电易失性存储器,它在断电后仍能保存信息;非永久性记忆存储器又称为电易失性存储器,它一旦断电其存储的信息即消失。

4.1.2 存储器的主要技术指标

存储器的主要技术指标有三个主要方面:容量、速度和价格。

存储器的容量指存储器所存储信息的总量,通常以 B(Byte,字节)为单位,如 KB、MB、GB、TB、PB 等。

显然,计算机总是希望存储容量越大越好。

存储器速度一般用存储周期或存取时间衡量。其中,存取时间是指从启动一次存储器操作(读或写)到完成该操作所经历的时间,而存储周期则是连续启动两次独立的存储器操作所需要的最短时间间隔。通常,存储周期略大于存取时间。

存储器价格通常用位价格衡量。

存储器的容量、速度、价格三方面的性能指标往往是相互冲突的。例如,存储容量大的存储器往往速度较慢,价格较高;而速度快的存储器则往往容量较小,价格也较高。

存储器的其他技术指标还包括数据传输率、存储密度、可靠性、功耗等,其中,数据传输率又称为存储器带宽,它指单位时间内存储器所能存取的信息量,通常以位/秒或字节/秒作度量单位。

4.2 主存储器的基本组成与基本操作

我们知道早期的计算机是以运算器为中心的,现代的计算机则是以主存储器为中心的,这是因为计算机中当前正在执行的程序和处理数据(除了暂存于 CPU 中的之外)均存放于主存储器中,CPU 直接与之打交道;DMA 方式等让输入/输出设备直接与主存储器交换数据,既提高了主机与外设之间的数据传送速度，同时使得主存储器成为信息交换中心；共享存储器的多核（多处理机）计算机利用主存储器存放共享数据，便于实现处理器核（处理机）间的通信，进一步加强了主存储器的中心作用。

▶ 4.2.1 主存储器的基本组成

如图 4.2 所示为主存储器的组成框图，它由存储体、读写电路、地址译码与驱动电路，以及控制电路组成。

存储体即存储矩阵，一个基本单元电路只能存放一位二进制信息，为保存大量信息，存储器中需将许多基本单元电路按一定顺序排列成阵列形式，从而形成存储矩阵。

存储矩阵有字结构和位结构两种排列形式（见图 4.3），其中，字结构中同一芯片存放一个字的多位（即基本存储单位是一个字），当选中某个地址时，所包含的各位信息同时读出；位结构中同一芯片存放多个字的同一位，当选中某地址时从一个芯片中一次只能读出 1 位。相比较而言，字结构的芯片外引线较多，成本高；位结构的芯片外引线少，但是需多个芯片组合工作才能够读写一个字。

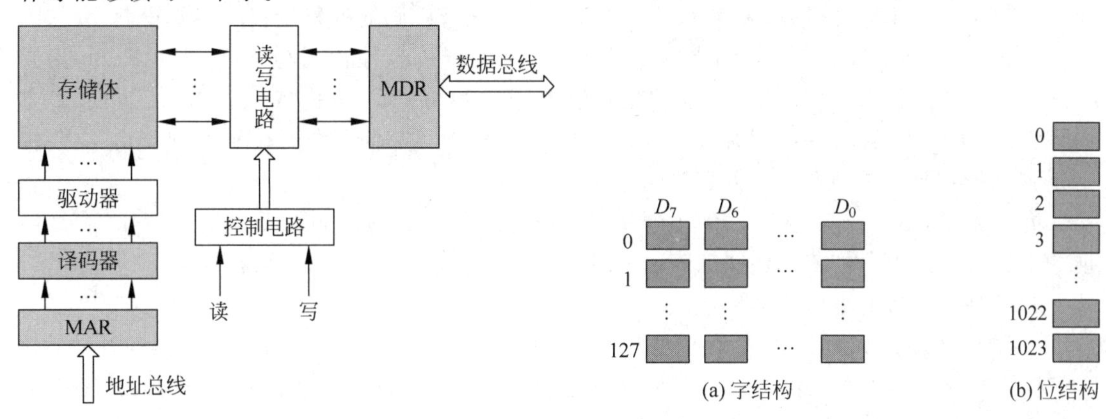

图 4.2 主存储器组成框图

图 4.3 存储矩阵排列形式

地址译码器通过主存地址寄存器 MAR 接收系统总线传来的地址信号，产生地址译码信号后，选中存储矩阵中的某个或几个基本存储单元。存储器地址译码也有两种方式，即单译码和双译码。

单译码（见图 4.4）又称线选法，一般用于字结构，它每次给出一个地址选中存储矩阵中的一行，可以同时对该行的所有信息进行读写操作。

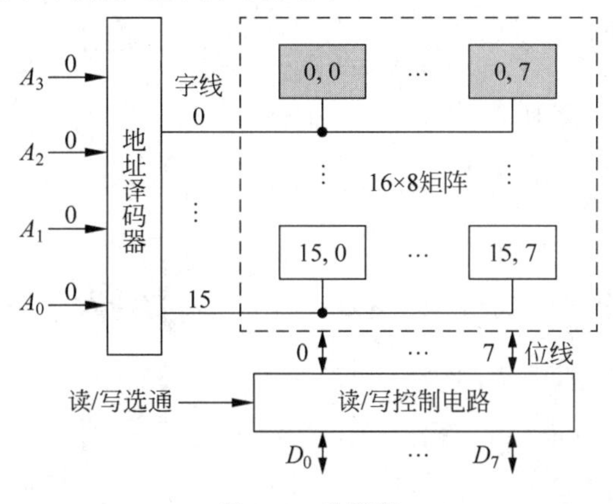

图 4.4 单译码

双译码(见图 4.5)又称重合法、矩阵译码法,多用于位结构,它将存储器地址分为 X、Y 两个方向进行译码,每次选中存储矩阵中的某一位。

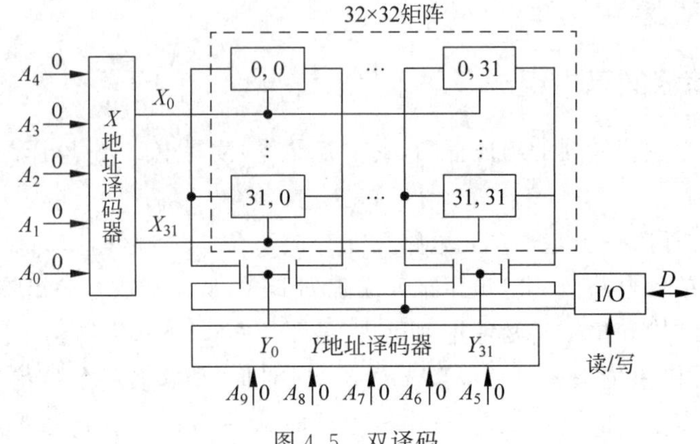

图 4.5 双译码

存储容量一般用存储单位数×数据宽度表示,存储矩阵的容量由地址线、数据线共同确定。对于相同的地址线根数,采用单译码和双译码时地址译码器的复杂程度相差较大。

例如,假设地址线有 12 根,如果采用单译码,它的译码器输出对应 4096 个状态,共需要 4096 根译码线;如果采用双译码,12 根地址线被分成 X 方向、Y 方向各 6 根,则 X 方向、Y 方向各需要 64 根译码线,一共只需 128 根译码线。相对地,单译码适合小容量(或地址位数较少)的存储器,而双译码更适合大容量的存储器。

有些存储芯片内部由多个存储矩阵组成,各存储矩阵采用位结构、双译码。例如,芯片地址 30 根,内部由 4 个位结构存储矩阵组成,所有存储矩阵地址线并联,则容量为 $2^{30}\times 1b\times 4$,即 1G×4b=512MB。

主存一般按字节编址,即最小寻址单元为 1B(8b),例如,对于 4GB 内存,则其地址共 32b(2^{32}=4G)。当然,主存也可以按字寻址,例如,同样是 4GB 内存,若字长为 32 位,则按字寻址共有 2^{30}=1G 字;若字长为 64 位,则按字寻址共 2^{29}=512M 字。

当存储字长为多个字节时,用较低位存储地址作为该字的地址。例如,假设每个存储字都为 32b(即 4B),则存储器中各存储字的排列方式如图 4.6 所示。其中,第 0 个字存储器地址为

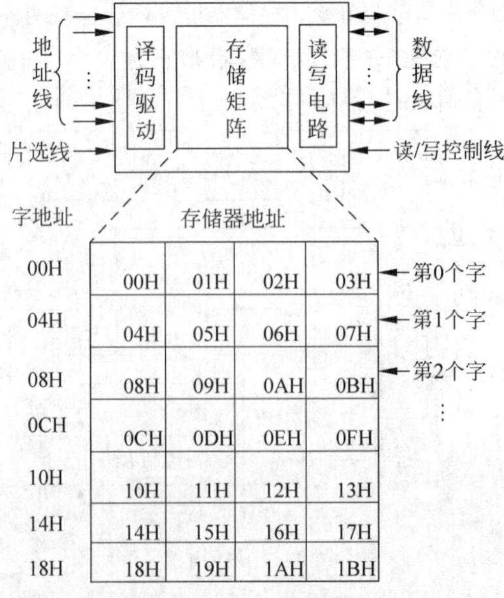

图 4.6 多字节存储字在存储器中的排列方式

"00H",第 1 个字存储器地址为"04H",以此类推。

多字节数据在存储器中的存放有两种方式,即大端方式、小端方式。其中,小端方式以存储字中较低位字节地址作为字地址,它在将多字节数据存入存储器时,是从数据的低位字节开始,依次将各字节存入存储器的连续地址空间;反之,大端方式则以高位字节地址作为字地址,它在将多字节数据存入存储器时,是从数据的高位字节开始,依次将各字节存入存储器的连续地址空间。

假设要在以字节编址的主存储器(00H 单元)中存储 32 位的数据 12345678H,如果采用小端方式,则数据从低到高的 4 字节 78H、56H、34H 和 12H 将被依次存入,如图 4.7(a)所示;如果采用大端方式,则数据从高到低的 4 字节 12H、34H、56H 和 78H 将被依次存入,如图 4.7(b)所示。

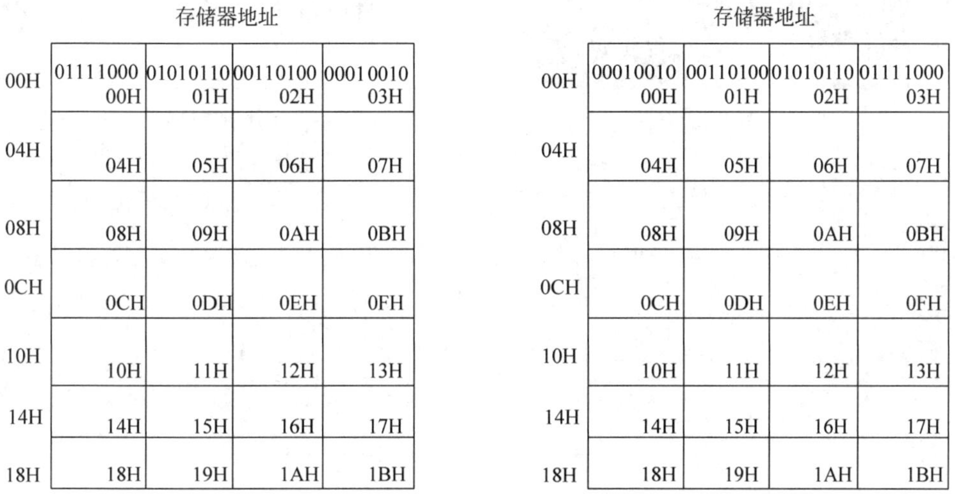

存储器地址

00H	01111000 00H	01010110 01H	00110100 02H	00010010 03H
04H	04H	05H	06H	07H
08H	08H	09H	0AH	0BH
0CH	0CH	0DH	0EH	0FH
10H	10H	11H	12H	13H
14H	14H	15H	16H	17H
18H	18H	19H	1AH	1BH

(a) 小端方式

存储器地址

00H	00010010 00H	00110100 01H	01010110 02H	01111000 03H
04H	04H	05H	06H	07H
08H	08H	09H	0AH	0BH
0CH	0CH	0DH	0EH	0FH
10H	10H	11H	12H	13H
14H	14H	15H	16H	17H
18H	18H	19H	1AH	1BH

(b) 大端方式

图 4.7 小端方式与大端方式

机器内部采用大端方式还是小端方式是确定的、一致的,一旦计算机制造成功后就不再更改。很多计算机支持不同字长的数据访问,有的还支持位操作,为便于硬件实现,提高计算机处理效率,一般要求多字节信息采用对准数据边界方式,在这种情况下,如果不对齐,则系统将报错。对齐边界可能浪费一定空间,但能减少访问次数。

假设存储器按字节寻址、字长 32 位,对齐数据边界存储时,双字、字、半字分别必须存于二进制地址后 3 位、后 2 位、后 1 位为"0"的位置,其中不符合要求的位置则填充空白字节代替。

例如,假设从地址 00 单元开始连续存入 int、short、int、double、char 和 short 数据,则对齐边界与不对齐边界的存放结果如图 4.8 所示。

4.2.2 主存储器的基本操作

主存储器用来暂时存储 CPU 正在使用的指令和数据,它和 CPU 的关系最为密切。CPU 通过使用主存地址寄存器(MAR)、主存数据寄存器(MDR)和总线与主存进行数据传送(见图 4.9)。

需要注意的是,MAR、MDR 是属于主存储器的组成部件,由于 CPU 与 MAR、MDR 联系紧密,为尽量减少存储器操作对 CPU 速度的影响,一般将 MAR、MDR 置于 CPU 内部。

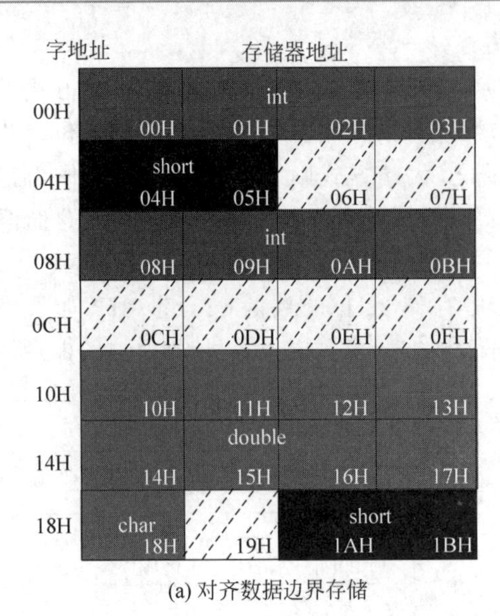

(a) 对齐数据边界存储

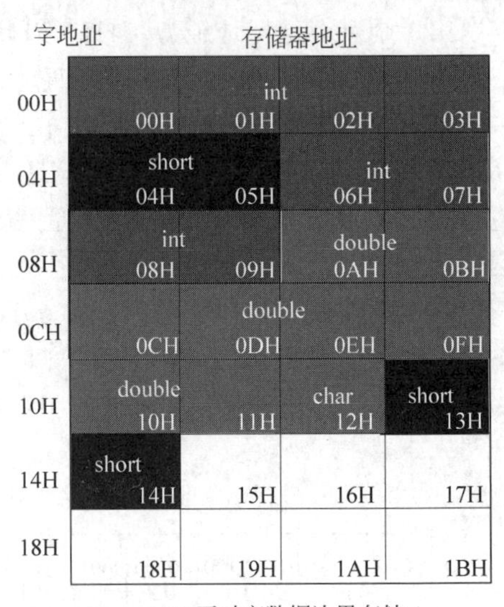

(b) 不对齐数据边界存储

图 4.8　对齐数据边界存储与不对齐数据边界存储

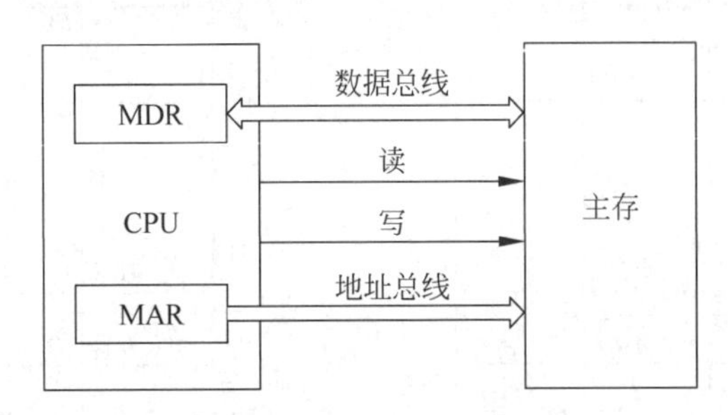

图 4.9　CPU 与主存间的数据传送

CPU 与主存储器之间采取异步工作方式，它们之间通过回答信号 Ready 进行通信。

为了从存储器中取一个信息字，CPU 必须指定存储器字地址并进行“读”操作。为此，CPU 首先把信息字的地址送到 MAR 并经地址总线送往主存储器，同时，CPU 用控制线发一个“读”请求。此后，CPU 等待从主存储器发来的回答信号，通知 CPU“读”操作完成。主存储器收到“读”请求后，读出指定地址单元的数据，经数据总线送入 MDR，并置 Ready 信号为“1”；CPU 监测到 Ready 信号为“1”后，从 MDR 取走数据，“读”操作即完成。

为了“存”一个字到主存，CPU 必须指定存储器字地址、提供要写的字并进行“写”操作。为此，CPU 将信息字要写入的主存地址送到 MAR 并经地址总线送往主存储器，并将信息字送到 MDR 并经数据总线送往主存储器，同时，CPU 发出“写”命令。此后，CPU 等待“写”操作完成信号。主存储器从数据总线接收到信息字并按地址总线指定的地址存储，然后经 Ready 控制线发回存储器操作完成信号，“存”操作即完成。

4.3　半导体随机存储器

▶ 4.3.1　半导体存储器的分类

半导体存储器按访问方式可分为随机存储器(RAM)和只读存储器(ROM)。

随机存储器(RAM)又称读写存储器，通过指令可以按地址随机地、个别地对各个存储单元进行访问(读或写),访问时间固定而与存储单元地址无关。随机存储器的存储内容断电则消失,属于电易失性存储器。

只读存储器(ROM)正常工作时对其内容只能读出不能重新写入,它的存储内容断电也不消失,属于非电易失性存储器。

半导体存储器按组成结构器件又可分为双极性和 MOS 型两类。一般而言,双极性半导体存储器速度快,集成度低,功耗大,成本高;而 MOS 型半导体存储器速度低,集成度高,功耗低,工艺简单。

按存储元件在运行中能否长时间保存信息,MOS 型半导体存储器分为两类:静态随机存储器和动态随机存储器。静态 RAM(SRAM)利用 MOS 管构成的双稳态触发器保存信息,速度快、集成度低、功耗大、成本高;动态 RAM(DRAM)则利用 MOS 管电容存储电荷来保存信息,使用时需不断给电容充电才能使信息保持,速度低、集成度高、功耗低、工艺简单。

4.3.2 静态随机存储器

1. 六管静态随机存储单元

如图 4.10 所示,静态随机存储器的存储单元由 6 个 MOS 管组成。

在图 4.10 中,T_1、T_2 是工作管,T_1、T_2 交叉耦合组成触发器;T_3、T_4 是负载管;T_5、T_6 是开关管,受行选择信号控制。这 6 个 MOS 管共同组成基本的存储单元。T_7、T_8 管也是开关管,受列选择信号控制,但是 T_7、T_8 不在基本单元内,它们为某一列存储单元所共有。

只要电源正常,通过 T_3、T_4 不断向 T_1 或 T_2 提供电流,便能维持一管导通,另一管截止的状态不变,因此,这种存储器被称为静态存储器。

静态随机存储器的存储单元用触发器的两个稳定状态表示"1"和"0",存储单元存储信息是这样定义的:当 T_1 导通、T_2 截止时,A 点为低电位、B 点为高电位,表示存储的是"1";当 T_1 截止、T_2 导通时,A 点为高电位、B 点为低电位,表示存储的是"0"。

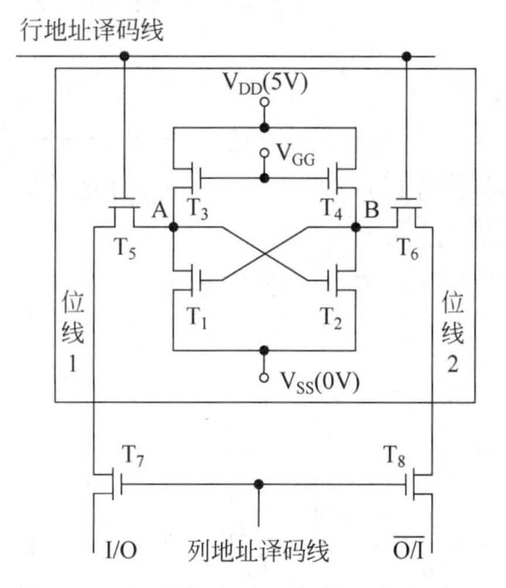

图 4.10 六管静态随机存储器存储单元

2. 六管静态随机存储单元三种工作状态

六管静态存储单元有三种工作状态:写入、读出、保持。

写入时,行地址译码线为高电位,T_5、T_6 导通,A、B 两点与位线接通;列地址译码线为高电位,T_7、T_8 导通。数据准备好以后,给出写选择信号,数据放大后经过位线 1 和位线 2 分别到达 A、B 两点,即写入了信息。例如,如果写"1",数据线送高电位,经过反相器以后,低电位经过位线 1 送至 A 点,而高电位经过位线 2 送至 B 点,此时 T_1 导通,T_2 截止,存入了"1"。反之,如果写"0",数据线送低电位,经过反相器以后,高电位经过位线 1 送至 A 点,而低电位经过位线 2 送至 B 点,此时 T_1 截止,T_2 导通,存入了"0"。

读出时,行地址译码线为高电位,T_5、T_6 导通,A、B 两点与位线接通;列地址译码线为高电位,T_7、T_8 导通,存储单元 B 点的电位由位线 2 通过 T_8 经读出放大器放大后输出。若读出电位为高,则表示该单元存的是"1";否则,存的是"0"。

保持状态下，行地址译码线、列地址译码线均无效，所有开关管均截止，触发器和位线被隔开。

3. 静态随机存储器结构

如图 4.11 所示为 16×1 位静态随机存储器结构框图，它采用位结构、双译码方式。

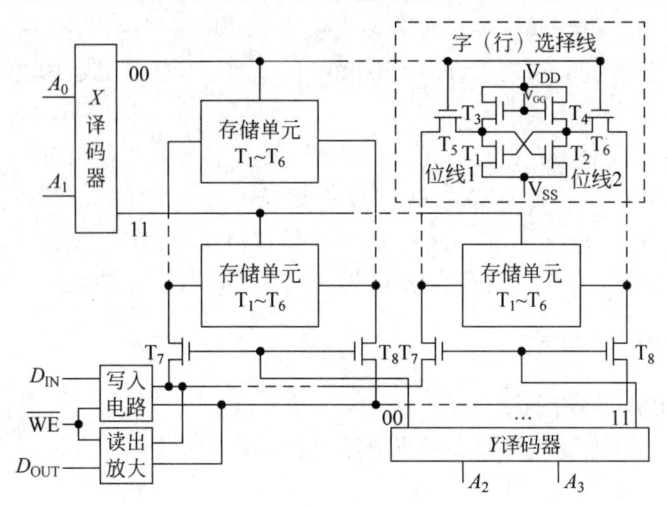

图 4.11　16×1 位静态随机存储器结构框图

X 译码器同时选中一行，这一行上的所有单元 T_5、T_6 均打开；Y 译码器选中某一列，只有这一列上的 T_7、T_8 被打开，因此只有一个单元可以与外部进行信息交换（读出或写入）。

Intel 2114 是一个 1K×1 位的静态随机存储器芯片，如图 4.12 所示为 Intel 2114 内部结构图及其芯片引脚布局图。

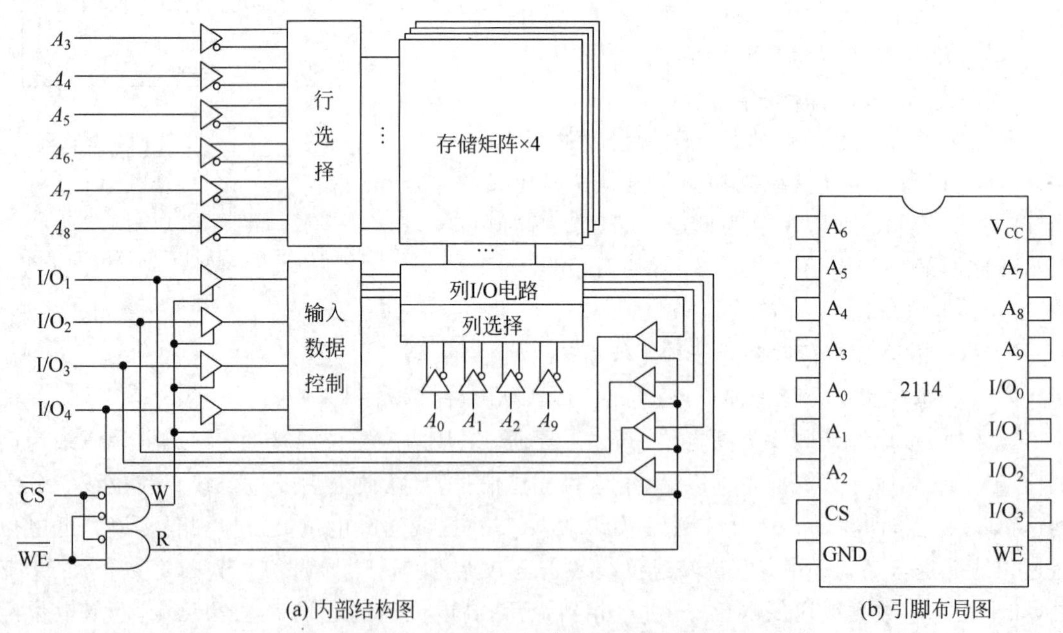

图 4.12　Intel 2114 静态随机存储器

Intel 2114 内部有 4 个存储矩阵，每个存储矩阵除了 I/O 单独引出，其他线并联；每个存储矩阵均采用位结构、双译码方式，共 10 根地址线、2^{10}=1K 个存储单元。

4. 静态随机存储器读写周期时序

进行存储器读写操作时必须满足对控制信号、地址信号、数据信号在时间配合上的要求，这就是存储器的读写周期时序，又称为存储器的开关特性。

静态随机存储器进行读出操作有两种方式：一种是片选信号先建立，读出操作实际由地址信号触发，其操作时序如图 4.13 所示。

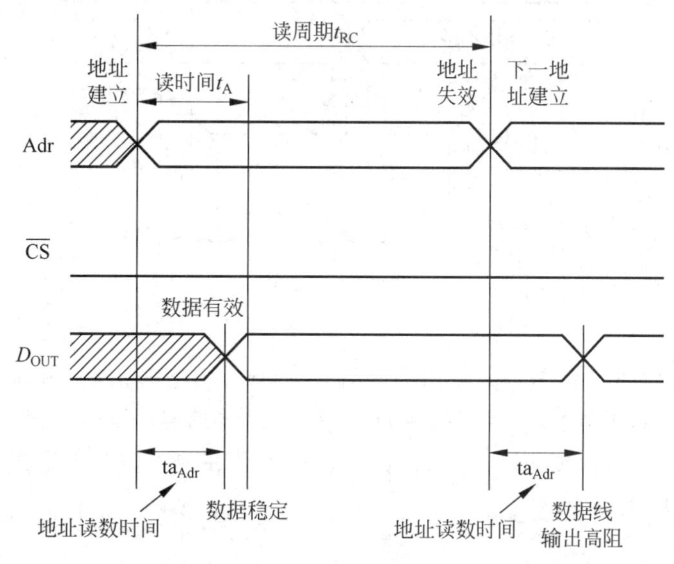

图 4.13 片选信号先建立的静态随机存储器读操作时序

因为片选信号已经建立了，因此一旦给出存储器地址以后，即可开始存储器读操作周期，此后经过地址读数时间 ta_{Adr} 后开始有数据被陆续读出，因为多位数据的实际读出时间可能存在细微差别，因此需要经过存储器读时间 t_A 后数据才稳定。

另一种读出方式是地址信号先建立，如图 4.14 所示，读出操作由片选信号 $\overline{CS}$ 的下降沿触发。为便于后续的读出操作，在完成读操作后，需要在合适时间后将 $\overline{CS}$ 置为高。

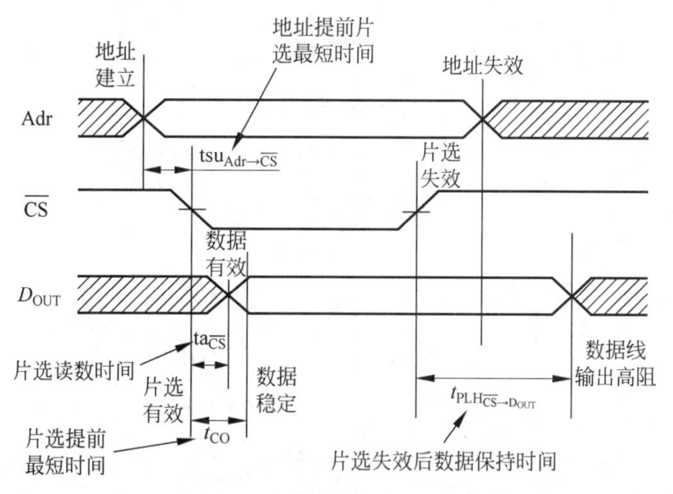

图 4.14 地址信号先建立的静态随机存储器读操作时序

在这种读操作方式下，为了能够在给出 $\overline{CS}$ 信号时即可开始进行读操作，需要使地址信号与片选信号间满足给定时间(即地址提前片选最短时间)的要求。

静态随机存储器的写操作时序如图 4.15 所示。

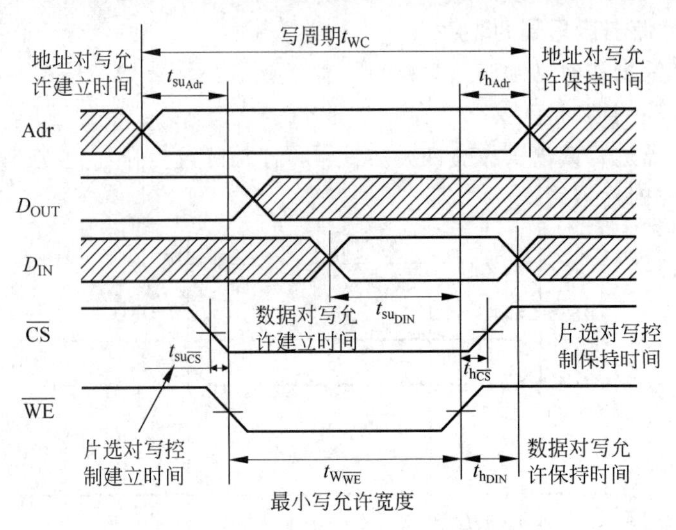

图 4.15　静态随机存储器写操作时序

静态随机存储器的写操作实际上由写允许信号 $\overline{WE}$ 的上升沿触发，写入数据、地址等需要满足对这个上升沿的建立时间和保持时间，其中，片选信号应该不晚于 $\overline{WE}$ 到来，不早于 $\overline{WE}$ 撤销。另外，在有效数据出现之前，当前数据线上存在前一时刻的数据 D_{out}，为避免将无效数据写入的错误，当地址发生变化后(即写周期开始时)，$\overline{CS}$、$\overline{WE}$ 均应滞后一定时间再有效。

▶ 4.3.3　动态随机存储器

1. 单管动态存储单元

现在的动态随机存储器均采用单管动态随机存储单元，为便于理解，先介绍早期 1K 位动态随机存储所用的三管动态存储单元。三管动态存储单元电路如图 4.16 所示。

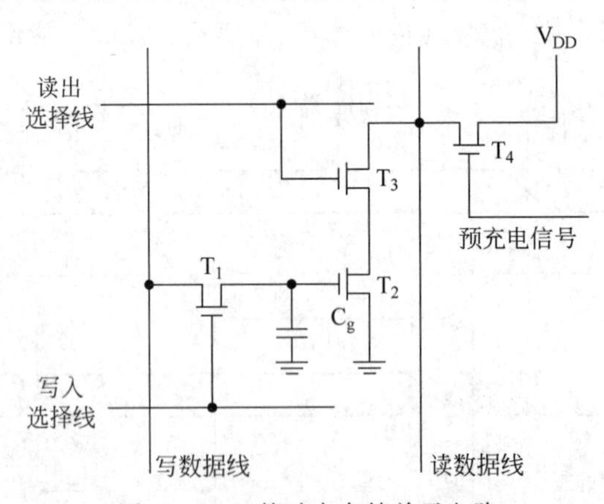

图 4.16　三管动态存储单元电路

三管动态存储单元电路的读出与写入部分是分开的。

读出时，预充电信号为高，T_4 导通，读出数据线先预充为高电位；然后，读出选择线为高电位，使 T_3 导通。若极间电容 C_g 上储存有电荷，则 T_2 导通，读出数据线通过 T_3、T_2 接地，读出电压为低电位(接近于地)；若 C_g 上无电荷，T_2 截止，读出数据线电压无变化。即由读出数据线的电位高低判断“1”或“0”。

写入时，在写数据线上加上写入数据，在写入选择线上加上高电位，则 T_1 导通，极间电容 C_g 随写入数据而充电或放电：若写入"1"，写数据线加高电位，则对 C_g 充电；若写入"0"，写数据线加低电位，则对 C_g 放电。

当写入选择线为低电位时，T_1 截止，C_g 上的电荷保持不变。

即使不断电，由于有电容漏电流的存在，电容上的电荷不可能长久保存，需要定期地对电容充电，以补充泄漏的电荷。这种补充电荷的过程称为刷新。

三管单元布线较复杂，所用元件较多，但电路稳定。

继 1K 位动态随机存储器问世后，又研制成功了 4K 位动态随机存储器。在 4K 位动态随机存储器中，为了提高集成度，对三管动态单元进行了简化，出现了单管动态单元。单管动态存储单元如图 4.17 所示，由一个 MOS 管和一个与源极相连的 MOS 电容组成，图中的 C_D 为数据线上的等效分布电容（用虚线表示）。

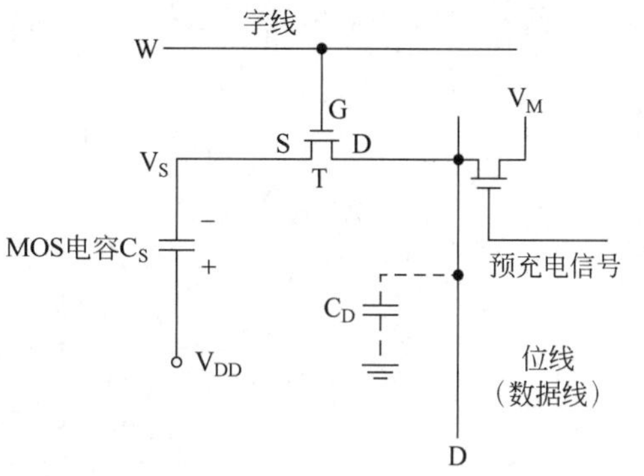

图 4.17　单管动态存储单元电路

同三管动态存储单元一样，单管动态存储单元用电容上有无电荷表示存储的信息，因此也需要定期刷新。

与三管动态存储单元不同的是，单管动态存储单元省去了 T_2，把信息存储在源极电容 C_S 上（而不是栅极电容），由 C_S 上有无电荷分别表示"1"和"0"；它只设一条选择线（即字线），一条数据线（即位线），将读写电路合二为一，而且把写入管 T_1 和读出管 T_3 合并成一个管 T 起到地址选择的作用。

单管存储单元电路有三种工作状态：保持状态、写入状态、读出状态。

当字线 W 为低电位时，T 截止，切断了电容 C_S 的通路，C_S 既不充电也不放电，保持原来状态不变。

写入时，字线 W 作用高电位，T 导通。假设数据线 D 作用低电位，V_S 变为低电位，若 C_S 上原来无存储电荷，则 V_{DD} 通过 T 对 C_S 充电；若 C_S 上原来有存储电荷，则 C_S 上的电荷保持不变。假设数据线 D 作用高电位，V_S 变为高电位，若 C_S 上原来有存储电荷，则 C_S 通过 T 放电；若 C_S 上原来无存储电荷，则 C_S 上仍保持无电荷状态。

读出时，首先将数据线 D 预充电至中间电位 V_M，做好读数据准备。然后字线 W 作用高电位，T 导通，电容 C_S 上所存信息通过 T 读到数据线 D 上，再由读出放大器检出。若 C_S 上有电荷，V_S 为低电位，则 C_S 通过 T 放电，数据线上电位下降，读出数据线上将检测到一个微弱的负向脉冲；若 C_S 上无电荷，V_S 为高电位，则 C_S 通过 T 充电，数据线上电位上升，读出数据线上将检测到一个微弱的正向脉冲。显然，读出以后，C_S 的状态发生变化（被放电或充电），也即原存信息发生改变，因此这是一种"破坏性"读出。

由于 MOS 电容 C_S 不可能做得很大，而且由于分布电容 C_D 的存在，使得本来就很微弱的读出信号更加微弱，因此读出时需高灵敏度读出放大器。

由于对单管动态存储单元读出是"破坏性"读出，破坏了存储单元上的信息，因此，在读出后要将存储单元恢复到读之前的状态，这个过程称为"再生"或"刷新"。

与三管单元相比，单管单元线路简单，面积小，速度快。与三管单元一样，单管单元也需要刷新，而且，由于对单管单元的读出是"破坏性"读出，因此需要再生。

2. 读出放大器

动态随机存储器的刷新和再生都是通过读出放大器实现的，它其实就是在读操作之后立即跟随一个写回操作，这段时间称为预充电延迟，在预充电延迟完成之前，不能开始下一次存储器操作，因此动态随机存储器的读写周期显然比它的数据读出时间长得多。

如图 4.18 所示，读出放大器由对称触发器构成。读出放大器在每一个访问周期的起始时刻均能自动将位线预充电到中间电位，使读出放大器两端 D_1、D_2 建立起翘板式平衡，显然这种平衡属非稳定平衡，引入一个哪怕很小的电位变化到其中一端，必引起触发器向确定方向翻转，而翻转后的触发器状态表示的就是所读出的数据。

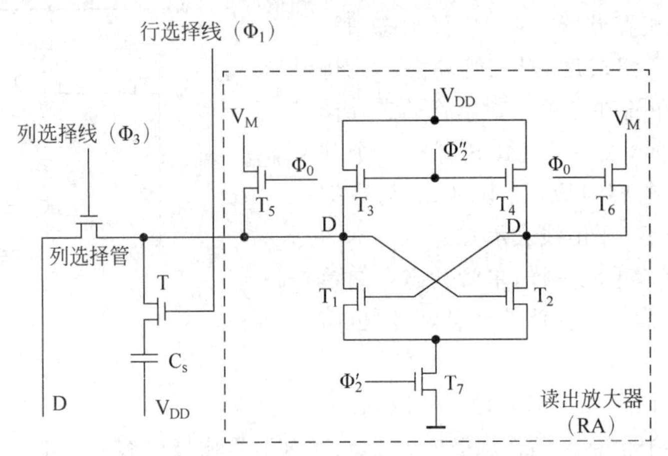

图 4.18　单管动态存储单元与读出放大器

当行选择信号到来后，读出放大器的一端（图 4.18 中 D_1）与单管动态存储单元中的电容建立起联系。若电容上原来无电荷，则电容上极板为高电位，将使得 D_1 点的电位稍微高于 D_2（**与此同时，单管动态存储单元电容的信息发生了改变**），从而使 T_2 的导通能力略高于 T_1，结果 D_2 经 T_2、T_7 与地之间的联系更紧，因此电位更低；这反过来将使 T_1 的导通能力更弱一些，D_1 与地之间的联系更弱一些，因此 D_1 的电位变得更高。最后结果，在极短时间内，T_1 完全截止、T_2 完全导通，D_1 为高电位，D_2 为低电位。实现了信息的放大，并将读出的信息（高电位）保存在读出放大器中。

信息放大以后，由于 D_1 为高电位，它将通过位线使单管动态存储单元中电容保持（恢复）无电荷的状况，实现了信息的再生。

反之，若电容上原来有电荷，则电容上极板为低电位，将使得 D_1 点的电位稍微低于 D_2，经过读出放大器的放大以后，T_1 完全导通，T_2 完全截止，D_1 为低电位，D_2 为高电位，同样在信息放大（低电位）的同时实现原有信息的再生。

3. 动态随机存储器芯片

如图 4.19 所示为 16K×1 动态随机存储器框图，存储单元采用单管单元电路，多字一位结构，存储矩阵由 128×128 阵列组成，分成两个 64×128 阵列，分布在读出放大器的两侧构成对称分布以消除单元数据线上分布电容对触发器造成的不平衡。

为减少封装引脚数，动态随机存储器的地址码分为两批：先由行选通脉冲 RAS＃打入行地址（地址码低 7 位），后由列选通脉冲 CAS＃打入列地址（地址码高 7 位），因此实际上地址线只需 7 位，相应的地址译码输出为 128 根。

芯片中由行选通脉冲 RAS＃产生行时钟，由行时钟和 RAS＃共同产生列选通脉冲列时

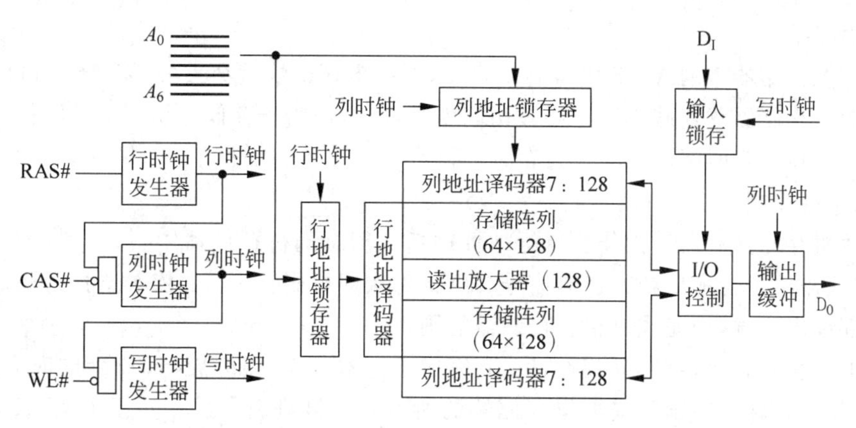

图 4.19　16K×1 动态随机存储器框图

钟，由列时钟和 WE# 共同产生写时钟，从而实现操作的先后控制。

如图 4.20 所示，存储矩阵的每一列（由 Y_i 控制）有一个读出放大器。当存储阵列的某一行（由 X_i 控制）被选中以后，这一行上所有的单元都能将信息"读"到该单元所在列的读出放大器中，并在这个过程中实现对原存信息的恢复，即能自动实现对该行所有单元的刷新；但是只有同时给出列地址的那个单元能通过数据线读出信息或写入数据。

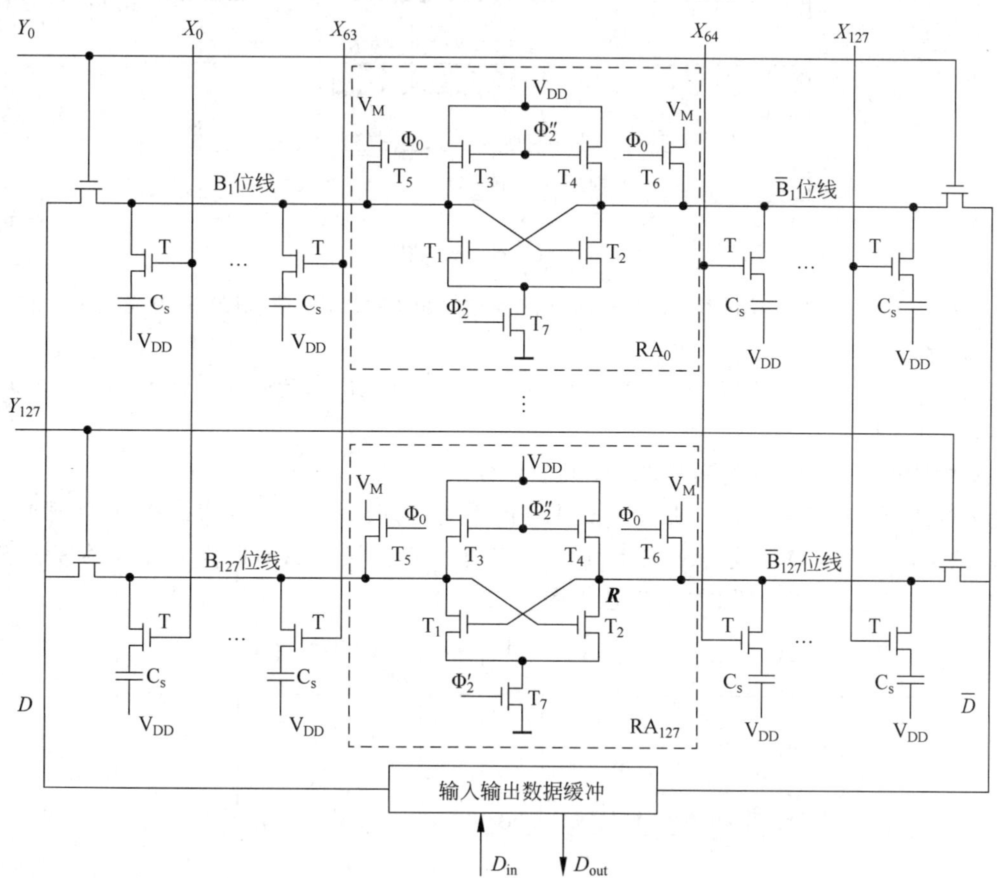

图 4.20　16K×1 动态随机存储器存储阵列

4. 刷新控制

动态随机存储器中的 MOS 电容容量很小，所存电荷很快就会丢失，需要定期刷新。

动态随机存储器的存储单元只要被访问就被刷新，但由于存储器访问地址随机，不能保证所有存储单元在一定时间内都可通过正常的读写操作刷新，因此动态随机存储器的刷新需要专门考虑，单独控制。

动态随机存储器利用读操作进行行地址刷新。动态随机存储器中，每一列均有一个读放大器，因此只需给出行地址和行选通信号/RAS，每次即可刷新一行；依次选择行驱动线，当把所有行全部读出一遍，即完成对整个存储器的刷新。

称从上一次对整个存储器刷新结束，到完成下一次整个存储器全部刷新的时间间隔为刷新周期，显然应该保证在刷新周期里存储器的所有单元被刷新一次。对于 DRAM，刷新周期一般小于或等于 2ms。

常用的刷新控制方式有集中式、分散式、分布式等。

集中式刷新在一个刷新周期内，利用一段固定的时间依次对存储器的所有行逐一再生，在此期间停止对存储器的读和写。设存储周期为 0.02μs，存储矩阵为 1024×1024，则集中式刷新的工作时段如图 4.21 所示。

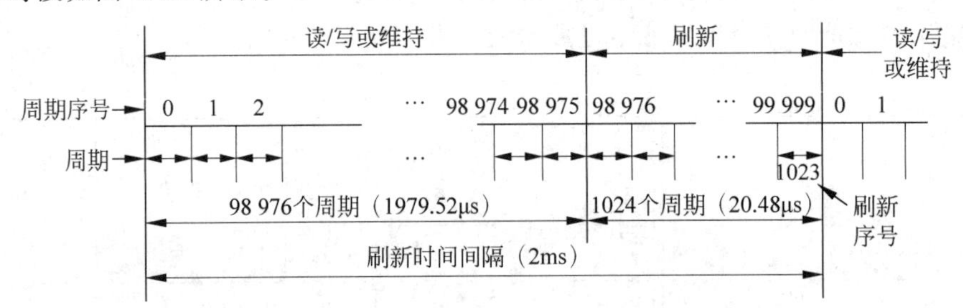

图 4.21 集中式刷新

我们把 CPU 即使提出请求也不能访存的连续区间称为“死区”，显然集中式刷新存在较长时间的“死区”。

如图 4.21 所示，它的“死区”共有 0.02μs×1024=20.48μs，死时间率为 1024÷100 000×100% = 1.024%。

集中式刷新一般用在对实时要求不高的场合。

分散式刷新则把对每行的刷新分散到每个读/写周期内完成。它把每一个存储周期分成两段，前半段用于存储器读写或维持，后半段用于刷新。设存储周期为 0.5μs，存储矩阵为 1024×1024，则分散式刷新的工作时段如图 4.22 所示。

W/R REF 0 W/R … W/R REF 1022 W/R REF 1023 W/R REF 0 W/R REF 1

t_M t_R

存储周期t_C

刷新间隔1024个存储周期（1024μs）

图 4.22 分散式刷新

因为分散式刷新将用于存储器刷新的时间和用于 CPU 访存的时间完全分开了，刷新操作不影响 CPU 访问存储器，因此它不存在“死区”，但是它其实相当于使机器的存储周期增加了一倍，因此整机工作效率有所下降，多用在低速系统中。

分布式刷新将集中式、分散式相结合，又称为集中分散式刷新、异步式刷新，用在大多数计算机中。分布式刷新将刷新周期除以行数以确定两次刷新操作时间间隔 t，它控制每隔时间 t 产生一次刷新请求并依次刷新一行。

例如，设存储周期为 0.02μs，存储矩阵为 1024×1024，再假设刷新时间间隔 t 必须为存储周期的整数倍，2000÷1024=1.953 125，故取 t=1.95，分布式刷新需要在每 1.95μs 内完成对一行的刷新操作，其工作时段如图 4.23 所示。

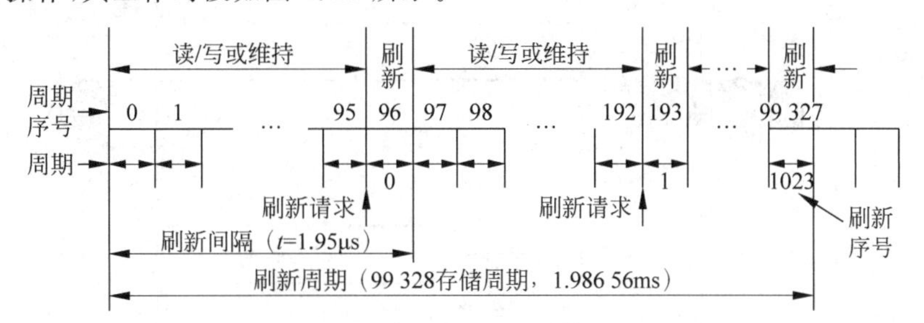

图 4.23　分布式刷新

图 4.23 中的“死区”为 0.02μs（即 CPU 不能访存的最长连续时间为 0.02μs），它显然小于集中式刷新方式；死时间率为 1024÷99 328×100%≈1.031%，与集中式刷新方式基本相同。

可见，分布式刷新方式既克服了出现长“死区”，又能充分利用最大刷新周期间隔。

5．工作时序

动态随机存储器有 5 种工作方式：读、写、读-改写、页面工作、刷新工作。除刷新工作方式外，动态随机存储器的行、列地址均分开传送。

如图 4.24 所示，行地址打入行地址锁存器由行地址选通信号 $\overline{\text{RAS}}$ 的下降沿实现，列地址打入列地址锁存器由列地址选通信号 $\overline{\text{CAS}}$ 的下降沿实现，要实现先打入行地址再打入列地址，$\overline{\text{CAS}}$ 下降沿必须滞后于 $\overline{\text{RAS}}$ 下降沿规定的时间，同时行地址对 $\overline{\text{RAS}}$ 的下降沿、列地址对 $\overline{\text{CAS}}$ 的下降沿应分别有足够的建立时间和保持时间。

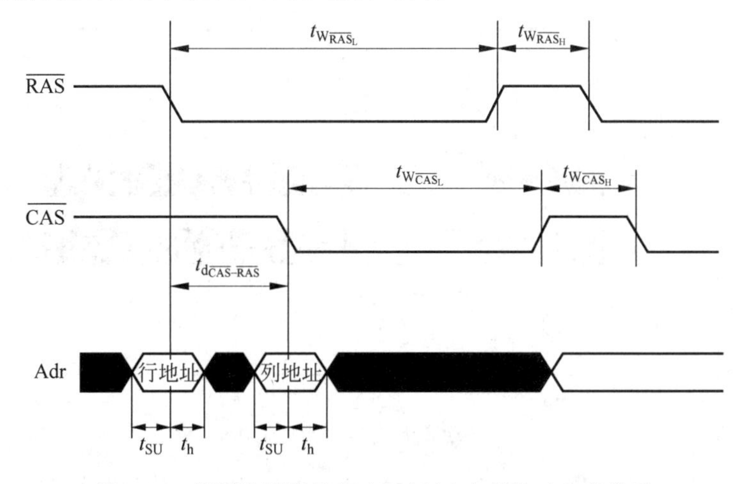

图 4.24　行列选通信号/RAS、/CAS 与地址 Adr 的关系

$\overline{\text{RAS}}$、$\overline{\text{CAS}}$ 的正、负电平宽度应分别大于规定值，以保证存储器内部电路正常工作以及能预充电，其中，$\overline{\text{CAS}}$ 上升沿可在 $\overline{\text{RAS}}$ 的正或负电平期间发生。

如图 4.25 所示为动态随机存储器的读工作时序，其中，读周期即为相邻两个 $\overline{\text{RAS}}$ 下降沿间的时间间隔。

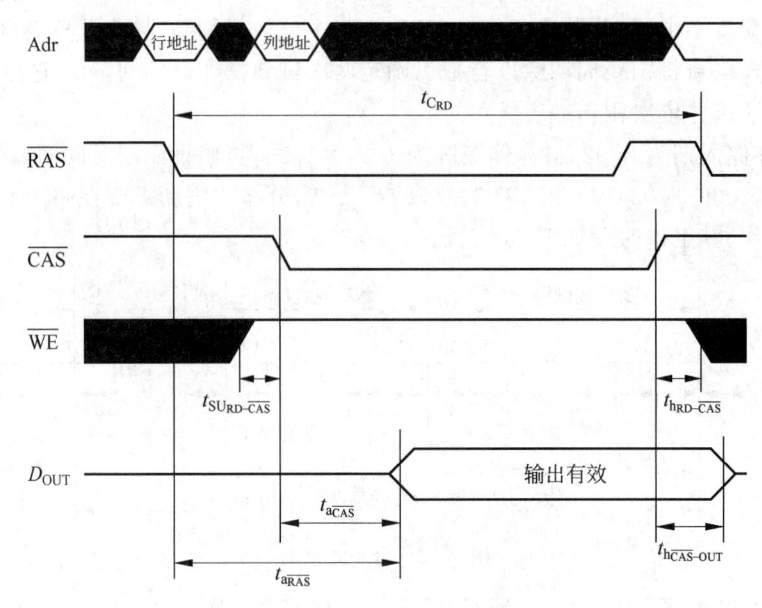

图 4.25　动态随机存储器读工作时序

“读”操作实际上是由 $\overline{\text{CAS}}$ 的下降沿激发的，因此“读”信号 $\overline{\text{WE}}=1$ 应在列地址送入前(即 $\overline{\text{CAS}}$ 下降沿到来前)建立，在 $\overline{\text{CAS}}$ 上升沿到来后撤除；所读出的数据在 $\overline{\text{CAS}}$ 上升沿到来后还应维持一段时间。

如图 4.26 所示为动态随机存储器的写工作时序。

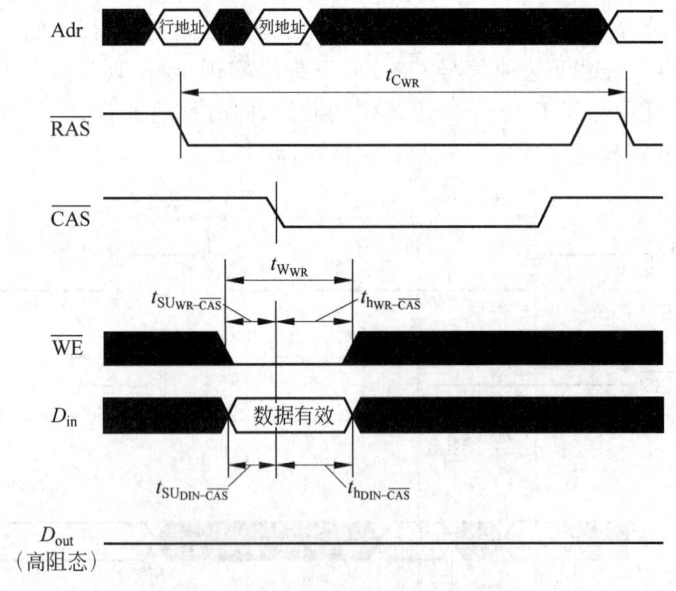

图 4.26　动态随机存储器写工作时序

如图 4.26 所示，写入数据 D_{in} 由写时钟锁存，写时钟由列时钟和“写”信号 $\overline{\text{WE}}=0$ 共同作用产生，而列时钟则由 $\overline{\text{CAS}}$ 下降沿激发，因此写操作实际上是由 $\overline{\text{CAS}}$ 下降沿激发的，为此，$\overline{\text{WE}}=0$ 以及 D_{in} 应在 $\overline{\text{CAS}}$ 的下降沿到来前建立，在 $\overline{\text{CAS}}$ 下降沿到来后撤除。另外，$\overline{\text{WE}}$ 的负电平应有足够的宽度。

动态随机存储器的读出数据线 D_{out} 和写入数据线 D_{in} 是分开的，在写过程中，读出数据线 D_{out} 保持高阻态。在读-改写工作方式下，动态随机存储器工作在一个 $\overline{RAS}$ 周期内，先读出某一单元内容，然后检查该内容，若需改变，把新数据写入该单元，如图 4.27 所示是读-改写工作时序，其中，读-改写工作周期 t_{CRMW} 是进行读-改写所需时间。

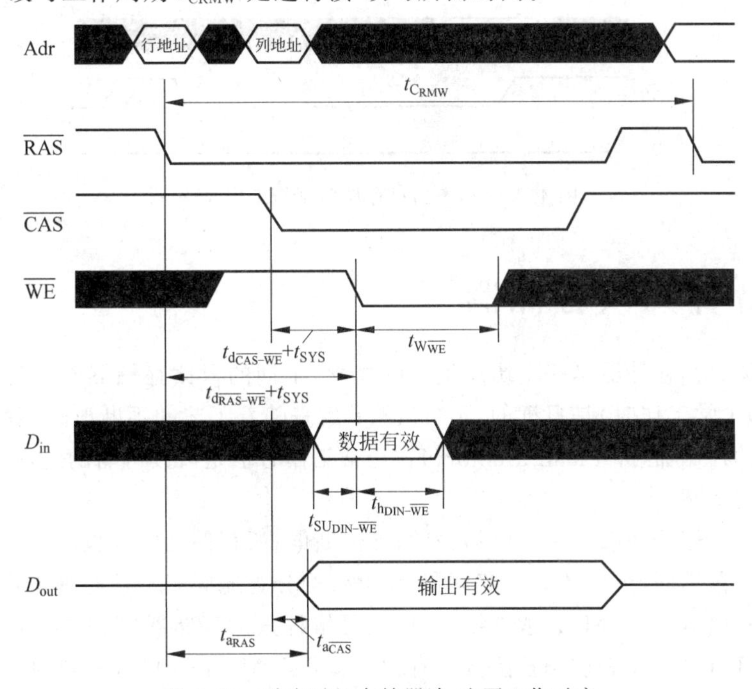

图 4.27　动态随机存储器读-改写工作时序

在读-改写工作方式下，将输入数据 D_{in} 写入存储器的操作是由 $\overline{WE}$ 的下降沿激发，因此 D_{in} 需要满足相对于 $\overline{WE}$ 下降沿的建立时间和保持时间，而 $\overline{RAS}$、$\overline{CAS}$ 也需要满足相对于 $\overline{WE}$ 下降沿的建立时间；$\overline{WE}$ 负跳变一定在 $\overline{CAS}=0$ 期间内进行，而 $\overline{WE}=0$ 必须在 $\overline{CAS}$ 建立时间后再等待 t_{SYS}，这个 t_{SYS} 即为存储器检查读出内容、如需改写单元内容将输入数据 D_{in} 置于输入数据总线所需时间。

动态随机存储器的页面工作方式下可进行页面读、页面写、页面读-改写等，如图 4.28 所示是动态随机存储器页面工作方式的工作时序。

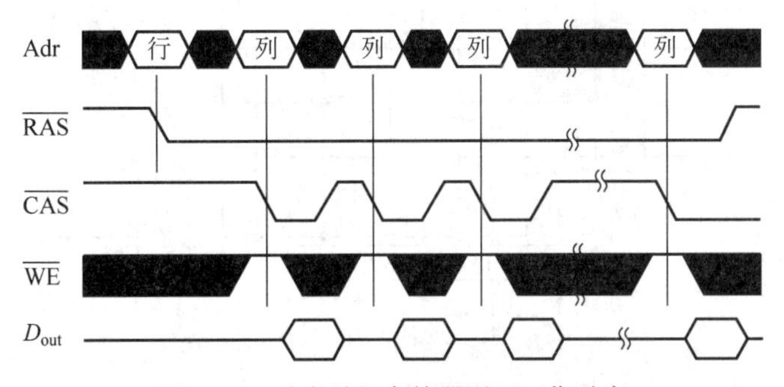

图 4.28　动态随机存储器页面工作时序

在页面工作方式下，一旦行地址选通信号 $\overline{RAS}$ 下降沿到来，存储器即锁存行地址并保持 $\overline{RAS}=0$(即保持行地址不变)，然后不断变化列地址并给出列地址选通信号 $\overline{CAS}$ 的下降沿，实现对某一行的所有单元连续地进行读/写操作。相对于对单个存储单元的分别读/写操作，这种页面工作方式速度快、功耗小。

动态随机存储器的刷新工作方式用于对存储器进行行刷新，如图4.29所示为动态随机存储器刷新工作方式的工作时序。当存储阵列的某一行被选中以后，这一行上所有单元都被刷新，因此在刷新时仅需给出行地址，无须给出列地址。

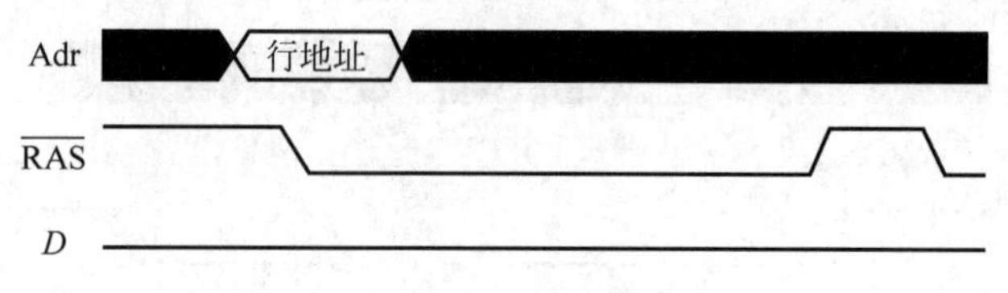

图4.29　动态随机存储器刷新工作时序

4.4　半导体只读存储器

所谓半导体只读存储器是一个历史沿革的概念，早期的只读存储器确实是只读的或者在一般情况下（即正常工作时）是只读的，不可改写；后来随着工艺的不断改进，基于这些只读存储器工艺制造的存储器（如Flash Memory）在正常工作时也是可读可写的，但是仍然把它们归为只读存储器的范畴。

半导体只读存储器一般都是非电易失的，即使断电，所存储的内容也不会丢失。

根据制造工艺不同，半导体只读存储器（ROM）可分为掩膜式只读存储器（MROM）、一次性可编程只读存储器（PROM）、（紫外线）可擦除可编程只读存储器（EPROM）、电可擦除可编程只读存储器（E^2PROM）和快速擦除读写存储器（Flash Memory）等，不同的只读存储器有不同用途。

4.4.1　掩膜式只读存储器

掩膜式只读存储器（MROM）有时候直接简称为ROM，它的存储内容出厂即固定，不能改变。如图4.30所示是掩膜式只读存储器原理图。

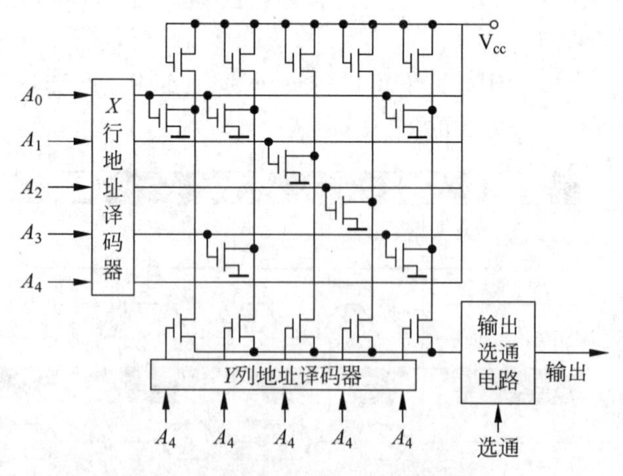

图4.30　掩膜式只读存储器原理图

掩膜式只读存储器根据需要决定行列交叉点是否通过MOS管将字线、位线相连，并用有无MOS管分别对应“0”或“1”：在有MOS管处，加电后列选择线输出低电平；在无MOS管处，加电后列选择线输出高电平。

因为掩膜式只读存储器出厂后内容即无法更改，常用于需要存储固定程序或内容的场合，如存储汉字字库、用作微程序控制器等。

▶ 4.4.2　一次性可编程只读存储器

一次性可编程只读存储器(PROM)可由用户根据自己的需要确定每一位的存储内容，常用于工业控制机或电器中。

在具体实现上，分为熔丝烧断型和PN结击穿型两种。

如图4.31所示为熔丝烧断型PROM结构原理图。出厂时每个存储位置有一个MOS管，其中，栅极受行线控制，集电极接高电位，发射极通过一个熔丝与列线相连，并且初始时所有位置均为“0”。

当行线给出高电位使MOS管导通时，如果在集电极给一个不足以使熔丝烧断的工作电压Vcc(如+5V)，列线将输出高电平；但是如果熔丝被烧断，列线无电流通过。因为初始的熔丝没有被烧断的状态被定义为“0”，因此熔丝被烧断的位置即为“1”。

用户在对PROM编程时，使集电极加一个较高的编程电压V_{pp}(如+12V)，然后根据需要维持或改变某个存储位置的状态：如果要维持“0”，使列线悬空，它将使熔丝得以保留；如果要将原来的“0”改为“1”，使列线接地，它将使熔丝被烧断。

如图4.32所示为PN结击穿型PROM结构原理图。PN结击穿型PROM出厂时在每个位置均有反向偏置的二极管，此时当字线W加高电位+E时，位线不导通，无电流通过；如果其中一个被击穿，则位线有电流通过。

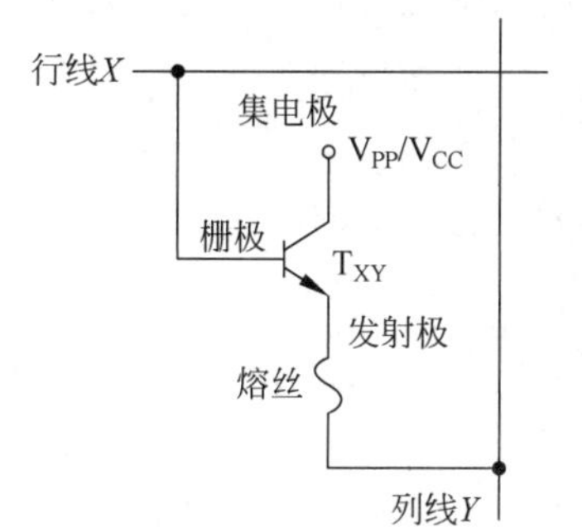

图4.31　熔丝烧断型PROM结构原理图

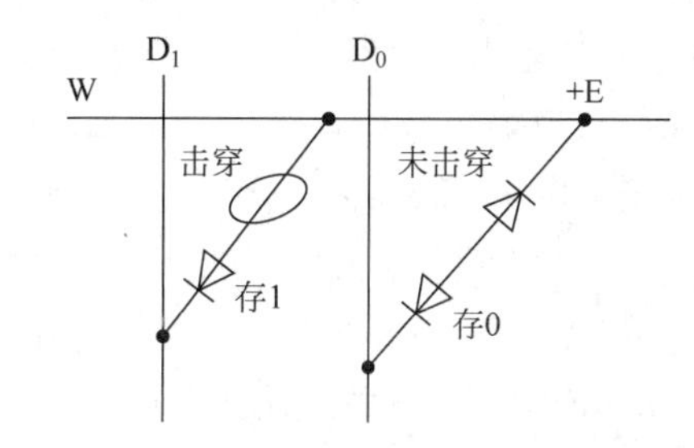

图4.32　PN结击穿型PROM结构原理图

编程时，对于需要保留原有信息“0”的位置，位线不加电压，反向偏置的二极管不被击穿，即维持该位置断路状态不变；对于需要将原有信息“0”更改为“1”的位置，位线加负电压，它将使得反向偏置的二极管被击穿，即将该位置改为短路状态。

显然，不论哪一种方式，对PROM某个位置编程写入“1”的操作其实是对该位置进行了永久性的“破坏”，因此它只能编程一次。

▶ 4.4.3　(紫外线)可擦除可编程只读存储器

(紫外线)可擦除可编程只读存储器(UV Erasable PROM)通常简写成EPROM。EPROM的基本存储单元有两种，分别是浮栅雪崩注入型MOS管(FAMOS)和叠栅注入MOS管(SIMOS)。不论哪种存储器，其芯片封装上都有一个透明窗口(见图4.33(a))，在需要更新芯片内容时，先把芯片在太阳光下长时间照射，或用专门的擦除器(见图4.33(b))，利用紫外光一次将原存储内容全部擦除；再用通用或专用的编程器(见图4.33(c))在较高电压下写入新的内容。

(a) 芯片封装

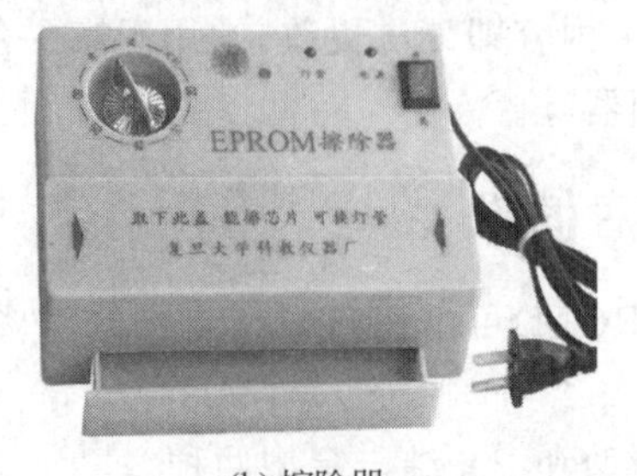

(b) 擦除器

(c) 编程器

图 4.33 EPROM芯片及其配套工具

浮栅雪崩注入型 MOS 管(Floating-gate Avalanche-injection MOS,FAMOS)属于 PMOS,多数载流子为带正电荷的空穴,这里的浮栅是指 MOS 管的栅极埋在 SiO_2 绝缘层中,无电引线。

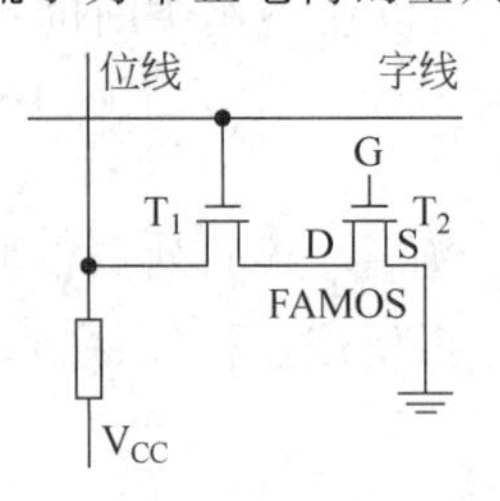

图 4.34 FAMOS存储单元电路

如图 4.34 所示是 FAMOS 存储单元电路,它由一个普通 MOS 管 T_1 和一个 FAMOS 管 T_2 构成。

编程时,通过利用位线在 FAMOS 浮栅的漏极(D 端)加或者不加正高电压分别存储不同信息。

当漏极加正高压时,漏极 P-N 结被局部击穿产生漏电流,漏电流在漏极 P-N 结沟道产生热效应,激发高能量空穴;高能量空穴从漏区穿过很薄的氧化层到达浮栅,使漏-源导电沟道加宽漏电流加大;漏电流加大使得更多空穴到达浮栅;…;上述过程愈来愈剧烈(即雪崩现象),直到浮栅上正电荷足够多为止(一般此时浮栅上电位可达+10V 左右),信息写入结束。此时撤销漏极上的高压,因为 SiO_2 层是绝缘的,正电荷被保留在浮栅上。

若漏极不加正高压,则浮栅上不聚集正电荷。

读出时,漏极加工作电压,不足以击穿漏极 P-N 结。此时,若浮栅上有正电荷,则 T_2 导通,位线读出低电位;若浮栅上无正电荷,则 T_2 截止,位线读出高电位。

擦除时,通过紫外光照射,使浮栅上聚集的电荷获得能量,越过 SiO_2 回到硅衬底,所有单元浮栅均变回无电荷状态,即实现了对全部信息的擦除。

FAMOS EPROM 每个存储元由两个 MOS 管构成,位元面积大,集成度低;编程时利用雪崩击穿效应,所需电压较高,用户使用不便。另外,FAMOS 为 PMOS 管,速度较 NMOS 慢很多。

叠栅注入 MOS 管(Stacked gate Injection MOS,SIMOS)则由一个 NMOS 型 MOS 管构成(见图 4.35),它在普通 NMOS 的控制栅外增加一个浮栅,控制栅、浮栅均由多晶硅制作,浮栅被 SiO_2 包围,与四周绝缘。

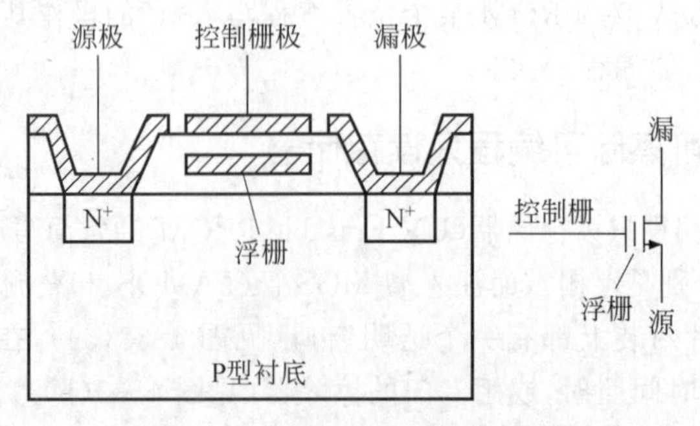

图 4.35 SIMOS存储单元电路

SIMOS同样通过漏极加或者不加正高电压存储信息。编程时，栅极加较高的编程电压（+25V），当漏极加正高压时，将使电子聚集在浮栅上；当漏极不加正高压时，浮栅上无电子。

信息读出时，栅极加较低的工作电压（+5V），这个工作电压不足以吸引电子到达浮栅，因此不改变原存储信息。当浮栅上有电子时将使得MOS管的开启电压变高，工作电压下MOS管仍不能导通，因此位线读出高电位；反之，当浮栅上无电子时，位线将读出低电位。

擦除时同样通过紫外光照射使电子获得能量，所有浮栅恢复不带电的初始状态。

可以看出，FAMOS、SIMOS都是利用雪崩效应、通过热发射来向浮栅注入热载流子，它们的工作电压和编程电压不同。

相对于后来产生的电可擦除电可编程只读存储器（E^2PROM）而言，EPROM只能离线进行擦除、编程操作，而且擦除时间长，且不能对局部（例如按位或按字节）进行改写或擦除；但是成本低、功耗低、寿命长，编程次数基本不受限制。

EPROM常常用于用户编写可修改程序或产品试制阶段试编程序。

4.4.4 电可擦除电可编程只读存储器

电可擦除电可编程只读存储器（Electrically EPROM，EEPROM或E^2PROM）的基本存储单元是浮栅隧道氧化物（Floating Gate Tunneling of Oxide，FLOTOX）晶体管（见图4.36），它同样采用浮栅技术，但是与EPROM中的浮栅雪崩注入型MOS管SIMOS管相比，它的栅极氧化层较薄，浮栅延长区与漏区之间的交叠处还有厚度约为80埃的薄绝缘层。

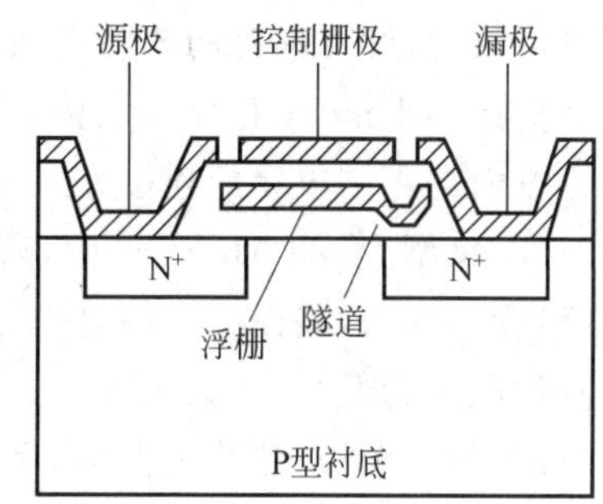

图4.36 E^2PROM存储单元电路

E^2PROM利用隧穿效应（Fowler-Nordheim）使浮栅存储负电荷从而实现在线编程操作：漏极接地，控制栅加高电压，交叠区产生强电场，电子在强电场的作用下通过绝缘层到达浮栅，从而使浮栅带上电荷。

当进行擦除操作时，使控制栅接地，漏极加正电压，产生隧道效应相反的过程，从而实现浮栅放电，实现对信息的按位擦除。

虽然E^2PROM的读写操作可按位或字节进行，可局部改写，但是其编程与擦除操作将导致氧化层磨损，故其重复改写次数受限，约10万次；另外，E^2PROM工艺复杂，耗费的门电路过多；编程时间长、速度慢（E^2PROM写周期为ms级，相比较SRAM为ns级）、有效重编程次数低，因此这种存储器不能替代RAM作为计算机内存，主要用作IC卡存储信息等。

相比较后期出现的Flash Memory，E^2PROM的容量一般都不大；一旦制作成较大容量，其相比Flash Memory连价格上的优势也没有了。

4.4.5 快闪存储器

快闪存储器（Flash Memory）又称快擦存储器、闪速存储器等，是唯一同时具有大容量、非电易失、低价格、低功耗、可在线改写和高速等特性的存储器。

Flash Memory是对E^2PROM的改进，因此传统上也归于只读存储器。Flash Memory的存储结构与E^2PROM相同，同样通过浮栅有无电荷来存储信息，广义上也属于E^2PROM，但其擦写速度相对于EPROM/E^2PROM而言要快得多，其擦除、改写整片的时间约为E^2PROM擦除一个地址的时间（事实上，Flash一词最初即是因为该芯片的瞬间清除能力而提出的）。

Flash Memory的工作原理如图4.37所示。

Flash Memory出厂时浮栅均不带电荷，此时所有位置均为“1”。

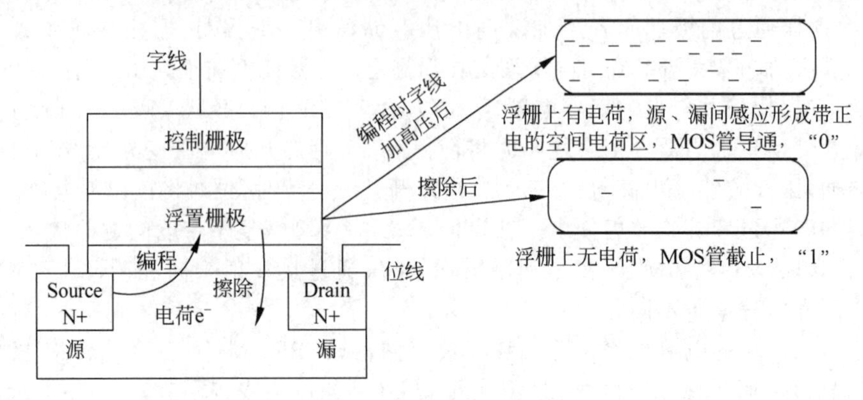

图 4.37 Flash Memory 的工作原理

Flash Memory 的编程过程(即写入操作)就是通过栅极施加高电压使浮栅带上足够电荷(即将“1”变“0”)的过程，但是若欲写入位置原有信息，这些信息可能是“1”，也可能是“0”，但编程操作不能将“0”变“1”，因此需要先将原有信息全部清除(使所有浮栅均不带电，即都变为“1”)，再写入“0”。也就是说，对 Flash Memory 只能在空白块中写入，或将块内原内容擦除后再进行改写(即对闪存的改写必须先擦后写)。

Flash Memory 存储元结构如图 4.38 所示。

按内部存储单元的连接方式分，Flash Memory 主要分为 NOR 型和 NAND 型两大类。

NOR 型 Flash Memory 中，若浮栅不带电荷，当栅极(字线)加读出电平、源极接地时，MOS 管不导通，漏极(位线)电平为高，表示数据“1”；反之，若浮栅带电荷，MOS 管导通，漏极(位线)电平为低，表示数据“0”。

编程时，漏极(位线)、栅极(字线)都加编程电压，源极接地，大量电子从源极流向漏极，形成大电流、产生大量热电子，热电子效应使部分电子穿过势垒到达并停留在浮栅上，即使掉电，电荷不消失；此时若栅极(字线)加读出电平、源极接地，由于浮栅为负，相当于场效应管导通，故漏极(位线)电平为低，即编程过程就是数据“0”的写入过程。

擦除时，源极加上较高的编程电压，栅极(字线)接地、漏极(位线)开路，利用隧道效应使浮栅上的电子穿过势垒到达源极，从而将浮栅上的电子清除。

NOR 型 Flash Memory 各存储元连接方式如图 4.39 所示。

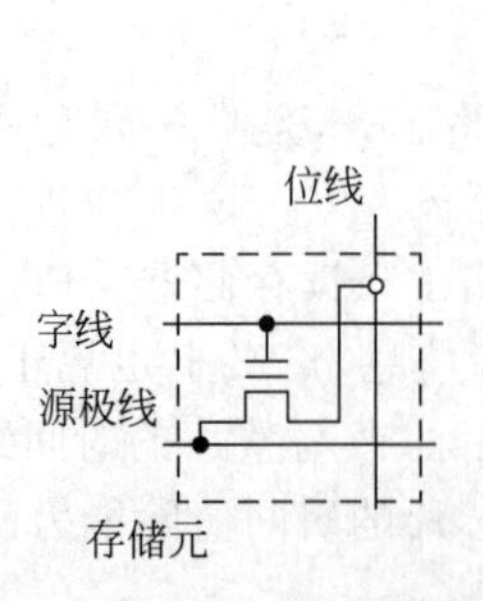

图 4.38 Flash Memory 存储元结构

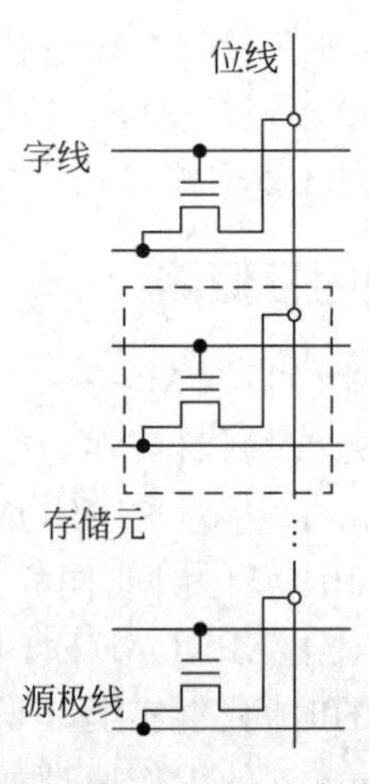

图 4.39 NOR 型 Flash Memory 各存储元连接方式

NOR 型的每个存储元 MOS 管栅极各自连到字线,漏极统一连接到位线,源极并联到源极线,即源极线、位线间只连接一个存储元,各存储元单独控制,因此它支持以字节或字为单位编程和随机读取、以块或整片为单位进行擦除,这样就允许就地执行 EIP(Execute In Place,即应用程序可直接在 Flash 闪存内运行),而不必把代码先读取到系统 RAM 中去。

NOR 型 Flash Memory 的数据总线、地址总线分离,因此能进行快速随机读取,其读出时间约为 100ns;它以块或整片为单位擦除时,一般每块为 64～128KB,擦除一块大约需要 750ms～5s。

因 NOR 型 Flash Memory 的每一个存储单元都需独立的金属触点,因此(相比较 NAND 型而言)其集成度较低、成本较高、芯片容量较小。

NOR 型 Flash Memory 擦除和编程速度较慢,而块尺寸又较大,故擦除和编程操作所花费的时间较长,因此在纯数据存储和文件存储等应用场合往往力不从心,多用在擦除和编程操作较少而直接执行代码多的场合,尤其是纯代码存储的应用中广泛使用,例如,用作 PC 的 BIOS 固件、移动电话的内存、SSD 硬盘的闪存控制器等。

NAND 型 Flash Memory 编程时,栅极(字线)加较高的编程电压,源极和漏极(位线)均接地,利用隧穿效应使电子穿越势垒到达并聚集在浮栅,实现信息存储(即编程过程就是把"1"变成"0"的过程)。因为它利用的是隧穿效应,故编程速度比采用热电子效应的 NOR 型稍慢,数据保存效果稍差,但是相对很省电;擦除时,它把电压反过来,仍利用隧穿效应,消除浮栅上的电子;读出时,栅极(字线)所加电压不够形成遂穿效应,故不改变原来的状态。

NAND 型 Flash Memory 各存储元连接方式如图 4.40 所示。

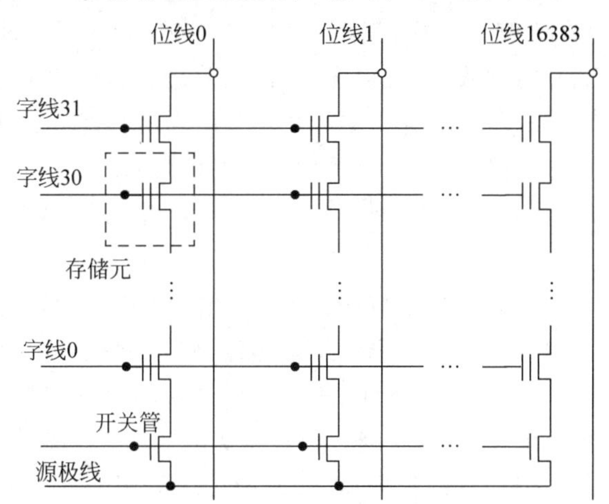

图 4.40 NAND 型 Flash Memory 各存储元连接方式

NAND 型每个存储元的 MOS 管栅极分别连接到字线,源极线和位线之间由若干存储元串接而成,它支持以页为单位读和编程,以块为单位擦除。

NAND 型 Flash Memory 中一根字线连接的所有位对应两页,其中所有奇数位内容、偶数位内容各为一页,每页包含若干位数据以及一个备用区(用于存放坏块信息、纠检错码等),如(256+16)B、(512+32)B、(2K+64)B、(4K+128)B 等;被并联在一起的所有页组成一块(例如每块 32 页、64 页等),由多个块(2048、4096、8192 等)组成一个平面(plane,又称核心 die),多个(2～8 个)平面(即多个核心)重叠构成闪存芯片。

前面提到的坏块信息是指,由于工艺以及反复擦写等原因,某些位置可能损坏;当一个块中有一个位置坏了,该块就不能使用,此时需要在备用区标记出来。

另外，外部设备其实并不与闪存直接交换信息，而是通过内部的两个寄存器(Register，本质就是缓冲区，每个核心各一套)进行，一个 Register 就是一页。

如图 4.41 所示是某型号 NAND 型闪存的内部组织方式。

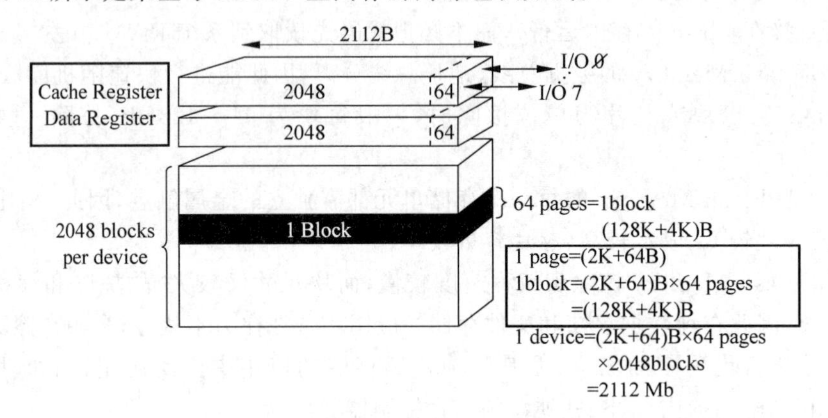

图 4.41　某型号 NAND 型闪存的内部组织

该芯片每页包含 2KB 数据区和 64B 的备用区，即每页 2112B；每块 64 页，即每页 132KB；芯片内每个核心包含两个用于数据交换的寄存器和 2048 个用于数据存储的块，其中用于数据存储的块共 2112 Mb=264 MB。

NAND 型 Flash Memory 的写入操作是以页为单位进行的，而且在一个块内的各页必须顺序写入，不能随机。写入(包括改写)只能在“空白”页上操作，不能直接覆盖原有数据，因此如需修改原来内容，需要将原有页面标记为“待回收”，并换地重写全部内容；如需删除原内容，则应将相应页面标记为“待回收”。称包含“待回收”页面的块为“脏”块。

系统定期回收“垃圾”、恢复性能，并检测坏块。其中，在回收阶段，系统将“脏”块中的有效页面整体“搬移”到新的位置，并以块为单位擦除这些“脏”块，使它们可以重新被使用。即系统需要不断地在各块之间进行写入-搬移-擦除操作。如果检测到坏块，系统对其做标记，此后整块都将不再被使用。

NAND 型 Flash Memory 以页为单位进行读写操作，其随机读取速度慢且不能按字节随机编程；以块为单位擦除，编程和擦除速度快(NAND 型的块擦除时间大约为 2ms，NOR 型则需几百 ms)，可擦写次数比 NOR 型多，但因其某个别位置的改写将导致整块改写，故总寿命比 NOR 型短；NAND 型存在失效块，需查错和校验功能。

NAND 型 Flash Memory 芯片的数据总线、地址总线复用，数据、地址采用同一总线串行送入的方式，芯片引脚少，虽单次读出速度比 NOR 型稍慢，但大量数据读出时更快；因其需要 I/O 接口，故结构比 NOR 型复杂。

NAND 型 Flash Memory 存储元尺寸小、集成度高，芯片容量比 NOR 型大得多；功耗低、位价格低，更适合进行文件存储，如用作各种存储卡、U 盘等。

U 盘又称为闪盘，它使用 Flash Memory 作存储介质，是 USB Flash Disk 的简称(其中，USB 指通用串行总线(Universal Serial Bus))，因其具有小巧、便携、高速、抗震性好、安全可靠、不需要物理驱动器、即插即用等特性，目前被广泛使用。

广义的 U 盘包括 U 盘及基于闪存存储的各种存储卡，如图 4.42 所示。

因 Flash Memory 的擦写次数(使用寿命)有限(大约 10^6 次)，相比较磁盘或内存条易损坏(DRAM 内存条约 10^{15} 次)，故 U 盘被归于“耗材”。

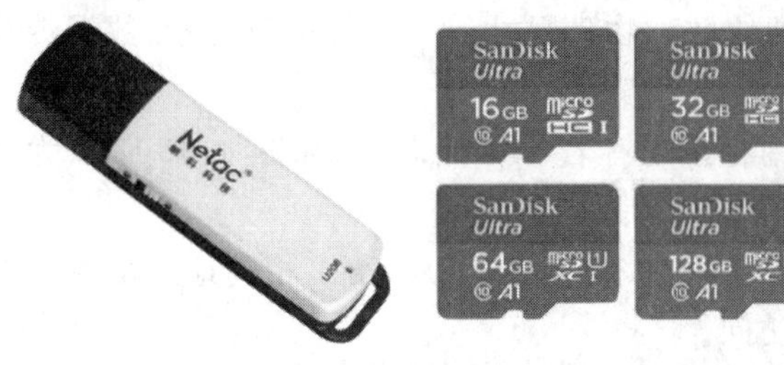

图 4.42　U 盘及闪存存储卡

U 盘集磁盘存储技术、闪存技术及通用串行总线技术于一体，其内部结构如图 4.43 所示。

与 CPU 相比，U 盘的写操作速度较慢，为此，系统使用内存空间作为写缓冲区，一旦数据完成写入内存即报告写操作完成；同时，定时或被迫(如进程结束)将数据写入 U 盘中，这样可有效提升写性能，改善用户等待体验。但是这种 U 盘缓冲方式可能因数据实际尚未写入 U 盘导致数据不一致，因此在使用 U 盘时需注意“安全拔除”，否则可能导致数据丢失甚至 U 盘损坏。

另一种广泛应用 Flash Memory 的是固态硬盘(Solid State Drive，SSD)。

一块 SSD 硬盘由多个闪存芯片及相关配套芯片组成，如图 4.44 所示。

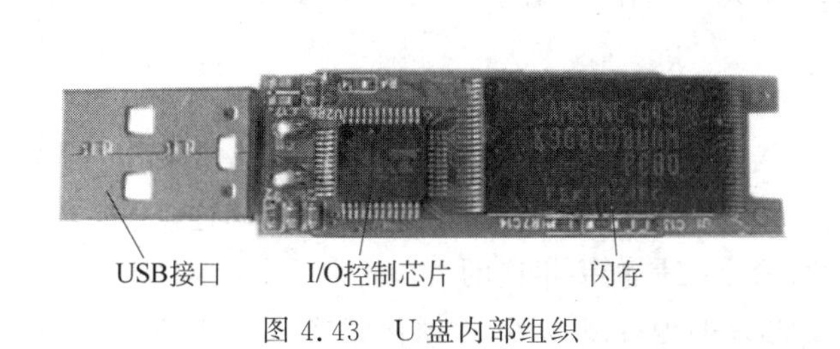

图 4.43　U 盘内部组织

DRAM 缓存

NOR 闪存控制器

NAND

图 4.44　SSD 内部组织

与传统机械硬盘比，固态硬盘速度快、抗震性能好、便于携带；无移动部件，可靠性高；价格高、容量稍小；使用寿命较短，且一旦损坏不易修复。

4.5　存储器容量扩展以及存储器与 CPU 的连接

▶ 4.5.1　存储模块与存储器容量扩展

1. 存储模块

存储模块又称存储器组件，由若干存储芯片按照一定的逻辑关系连接而成。作为计算机主存使用的存储模块一般高密度地安装在对外有若干引脚的印刷电路板上，或密封在对外有若干引线的封装中，形成一个独立不可分割的整体，当存储芯片在同一平面安放时，因其厚度很薄，俗称内存条(又称双列直插存储模块(Dual-Inline-Memory-Modules，DIMM))，它的引脚称为“线”。

内存条在不断演进中，不同代次引脚数(即线数)、物理尺寸等外特性以及容量、数据传输率等性能不同。

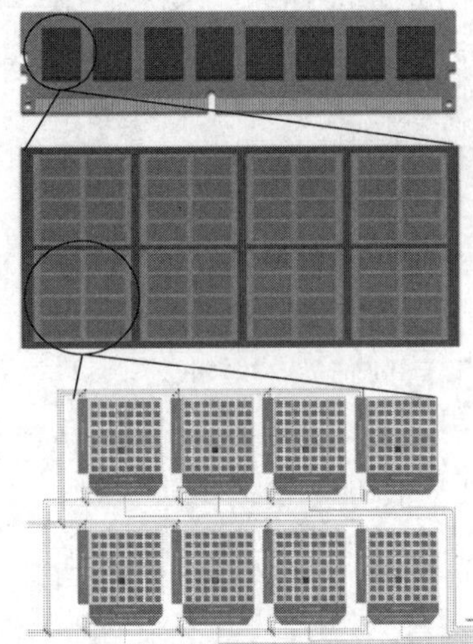
图 4.45　某 64 位内存条结构示意图

每个内存条上有若干存储芯片，如图 4.45 所示为某 64 位内存条结构示意图。

该内存条上有 8 个存储芯片，给出相同地址可对 8 个芯片同时访问。

每个存储芯片内有若干 bank，同一个芯片，一次只能访问 1 个 bank；每个 bank 内若干存储矩阵，每个存储矩阵每次读写 1 位。

因该内存条每个芯片内包含 8 个 bank，每个 bank 内有 8 个存储矩阵，故每个 bank 可同时存取 8 位信息；当给出相同地址时，该内存条可同时存取 64 位信息。

2. 存储器容量扩展

存储器是为 CPU 服务的，应该满足 CPU 的需要。实际存储芯片与 CPU 要求可能不一致，需要根据 CPU 实际对存储空间的要求，对存储器容量进行扩展。

存储器容量扩展包括两方面：位扩展(增加存储字长满足 CPU 要求)、字扩展(增加存储字数满足 CPU 要求)。有时候需要字位同时扩展，此时需要注意，一定是先进行位扩展，后进行字扩展。

需要注意的是，根据 CPU 要求进行存储器容量扩展时要合理选择存储芯片的类型(ROM 或 RAM)以及数量，确保存储芯片不浪费。在实际工作中，还需要考虑时序配合、读写速度、负载匹配等问题。

▶ 4.5.2　存储器与 CPU 的连接

利用现有存储芯片扩展形成满足 CPU 所需存储器后，需要将它与 CPU 正确连接。

存储器与 CPU 进行连接时，二者的读写命令线是直接相连的。

一般而言，CPU 的地址线数往往比存储芯片的地址线数多，在把存储器与 CPU 进行连接时，通常把 CPU 低位地址线与存储器的地址线相连，高位地址线作为芯片扩充(即片选逻辑)使用，或作他用。

形成片选的逻辑要尽量简单，并尽量使连线简单方便。另外，在形成片选逻辑时，通常需要通过一些逻辑电路(如译码器等)，并尽量把各类控制信号与访存操作结合起来，使相关控制信号与 CPU 高位地址共同产生片选信号。例如，只有 CPU 要求访存(即/MREQ 为低)时，才要求选择存储芯片。

CPU 的数据线数与存储芯片的数据线数不等时，必须对存储芯片扩位。进行位扩展时，多个存储器芯片地址、片选、读写控制端并联，数据端分别引出与 CPU 的相应数据线数相连。

例 4.1　设 CPU 有 16 根地址线，8 根数据线，并用/MREQ 作为访存控制信号(低电平有效)，用/WR 作为读/写控制信号(高电平读、低电平写)。现有以下存储芯片，1K×4 位 RAM，4K×8 位 RAM，8K×8 位 RAM；2K×8 位 ROM，4K×8 位 ROM，8K×8 位 ROM 及 74LS138 译码器和各种门电路(见图 4.46)。

存储器的 6000H～67FFH 为系统程序区，6800H～6BFFH 为用户程序区。要求：合理选

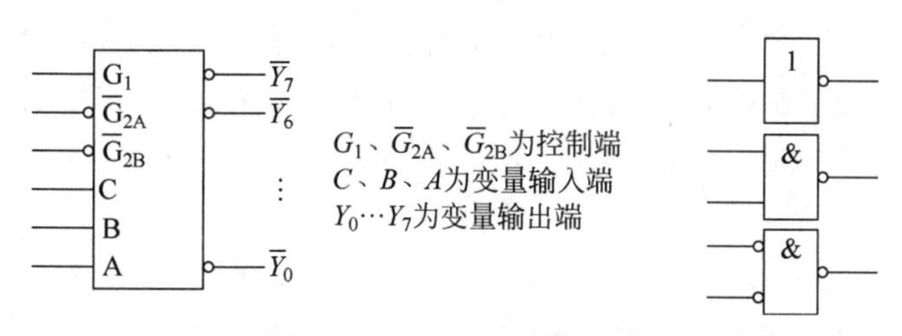

图 4.46　74LS138 译码器和各种门电路

用上述存储芯片，画出 CPU 与存储器的连接图，并详细画出存储芯片的片选逻辑图(假设存储芯片均有片选信号/CS)。

解：

(1) 将十六进制地址范围写成二进制地址码，确定总容量。

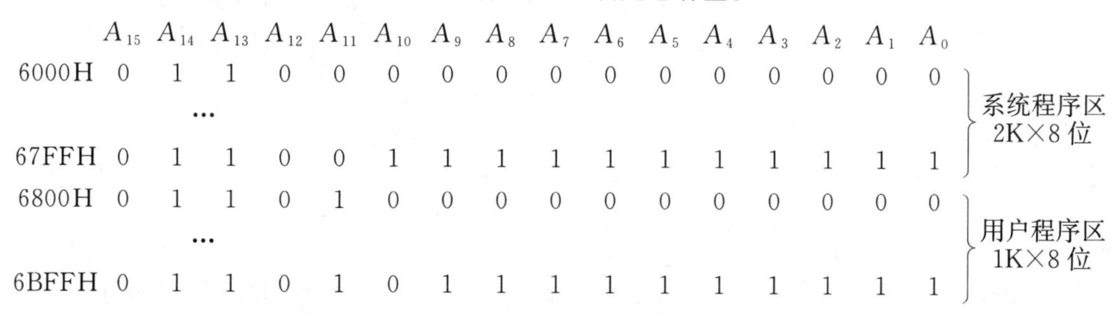

	A_{15}	A_{14}	A_{13}	A_{12}	A_{11}	A_{10}	A_9	A_8	A_7	A_6	A_5	A_4	A_3	A_2	A_1	A_0	
6000H	0	1	1	0	0	0	0	0	0	0	0	0	0	0	0	0	系统程序区 2K×8 位
		…															
67FFH	0	1	1	0	0	1	1	1	1	1	1	1	1	1	1	1	
6800H	0	1	1	0	1	0	0	0	0	0	0	0	0	0	0	0	用户程序区 1K×8 位
		…															
6BFFH	0	1	1	0	1	0	1	1	1	1	1	1	1	1	1	1	

(2) 根据地址范围的容量及该范围在计算机系统中的作用选择存储芯片。

6000H～67FFH 为系统程序区，应选一片 2K×8 位的 ROM。

6800H～6BFFH 为用户程序区，应选两片 1K×4 位的 RAM。

(3) 形成片选信号并与 CPU 连接(见图 4.47)。

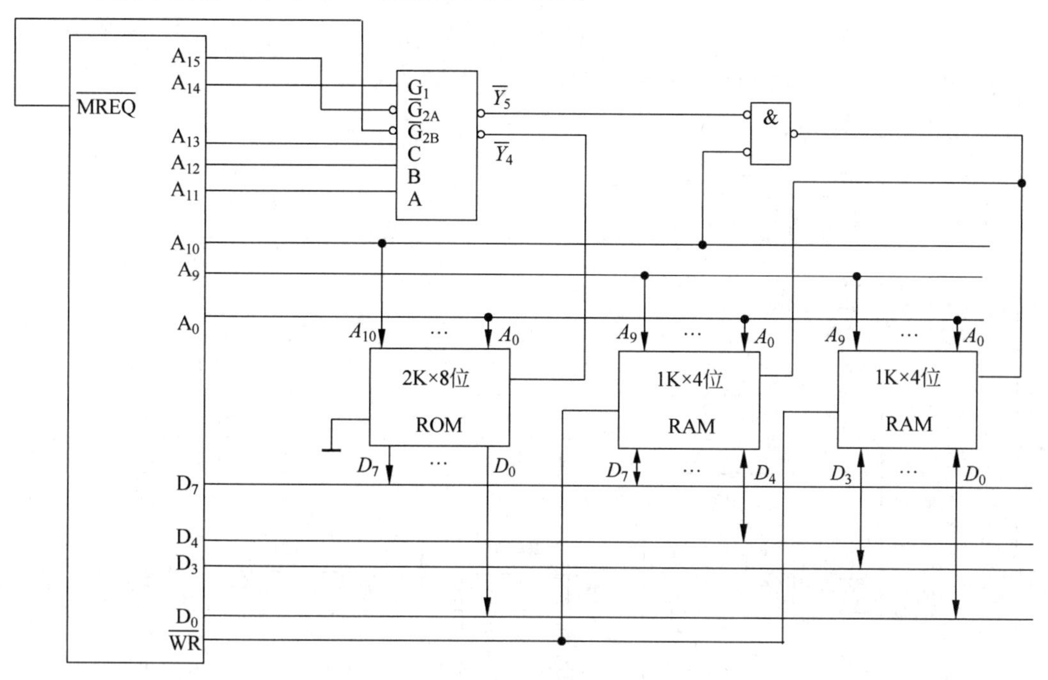

图 4.47　例 4.1 最终 CPU 与存储器连接图

例 4.2 设 CPU 有 16 根地址线，8 根数据线，并用/MREQ 作为访存控制信号（低电平有效），用/WR 作为读/写控制信号（高电平读、低电平写）。现有以下存储芯片，1K×4 位 RAM，4K×8 位 RAM，8K×8 位 RAM；2K×8 位 ROM，4K×8 位 ROM，8K×8 位 ROM 及 74LS138 译码器和各种门电路（见图 4.46）。

存储器的最小 8K 地址为系统程序区，与其相邻的 16K 地址为用户程序区，最大 4K 地址空间为系统程序工作区。要求：合理选用上述存储芯片，画出 CPU 与存储器的连接图，并详细画出存储芯片的片选逻辑图（假设存储芯片均有片选信号/CS）。

解：

(1) 写出地址范围二进制码，确定各部分容量及选用芯片。

A_{15}	A_{14}	A_{13}	A_{12}	A_{11}	A_{10}	A_9	A_8	A_7	A_6	A_5	A_4	A_3	A_2	A_1	A_0	
0	0	0	0	0	0	0	0	0	0	0	0	0	0	0	0	最小 8K×8 位 系统程序区 一片 8K×8 位 ROM
	…															
0	0	0	1	1	1	1	1	1	1	1	1	1	1	1	1	
0	0	1	0	0	0	0	0	0	0	0	0	0	0	0	0	相邻 16K×8 位 用户程序区 两片 8K×8 位 RAM
	…															
0	0	1	1	1	1	1	1	1	1	1	1	1	1	1	1	
0	1	0	0	0	0	0	0	0	0	0	0	0	0	0	0	
	…															
0	1	0	1	1	1	1	1	1	1	1	1	1	1	1	1	
	…															
1	1	1	1	0	0	0	0	0	0	0	0	0	0	0	0	最大 4K×8 位 系统程序工作区 一片 4K×8 位 RAM
	…															
1	1	1	1	1	1	1	1	1	1	1	1	1	1	1	1	

(2) 形成片选信号并与 CPU 连接（见图 4.48）。

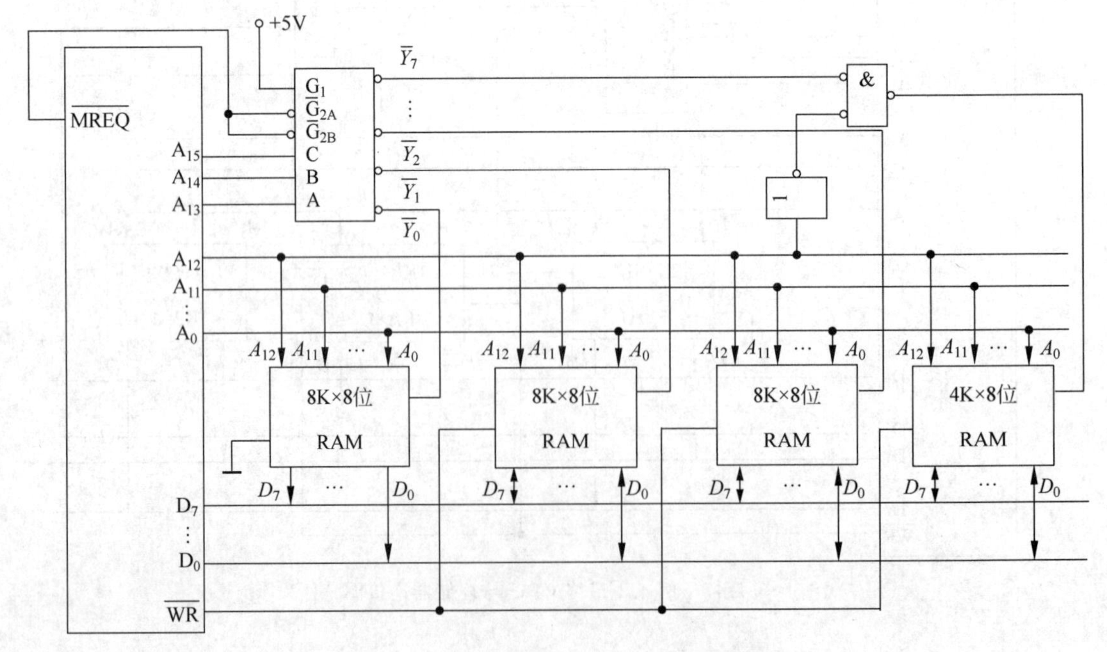

图 4.48 例 4.2 最终 CPU 与存储器连接图

例 4.3 某计算机 CPU 有数据线 8 条($D_7 \sim D_0$),地址线 20 条($A_{19} \sim A_0$),控制线/WE 控制读/写(高电平读、低电平写),目前使用的存储空间为 48KB,其中最低 16KB 为只读存储器(ROM),拟采用 8K×8 位 ROM 芯片,紧邻的 16KB 留作以后扩展,再后面 32KB 为 RAM,拟采用 16K×4 位 RAM 芯片。问:

(1) 需要两种芯片各多少片?

(2) 画出 CPU 与存储器间的连接图(译码器自定,假设存储芯片均有片选信号/CS)。

解:

(1) 需 ROM 芯片:16K×8/(8K×8)=2(片)。

需 RAM 芯片:32K×8/(16K×4)=4(片)。

(2) 各部分地址范围如下。

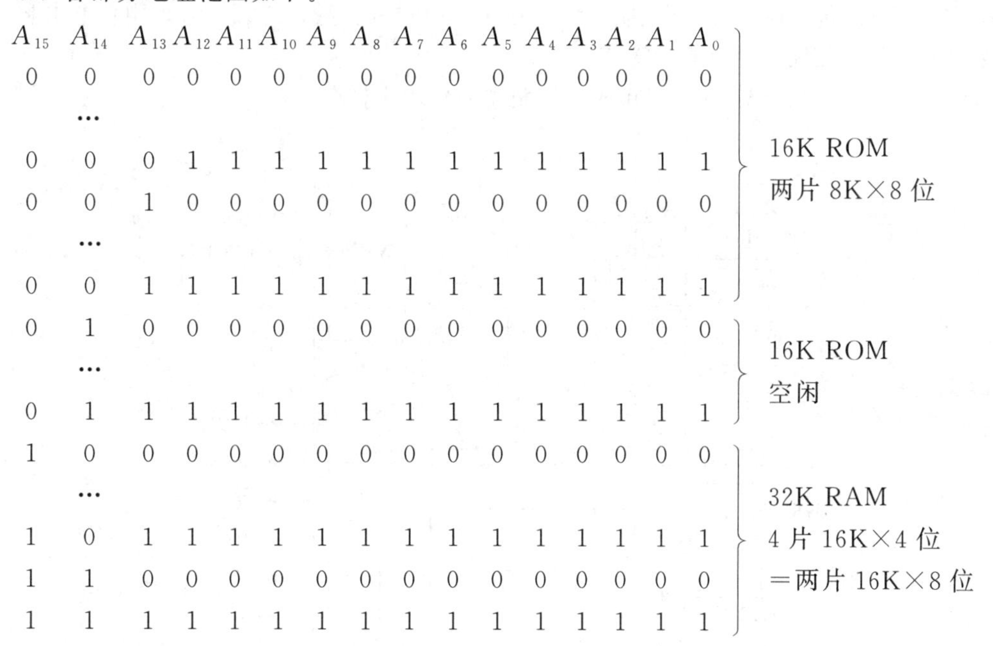

A_{15}	A_{14}	A_{13}	A_{12}	A_{11}	A_{10}	A_9	A_8	A_7	A_6	A_5	A_4	A_3	A_2	A_1	A_0	
0	0	0	0	0	0	0	0	0	0	0	0	0	0	0	0	16K ROM 两片 8K×8 位
	…															
0	0	0	1	1	1	1	1	1	1	1	1	1	1	1	1	
0	0	1	0	0	0	0	0	0	0	0	0	0	0	0	0	
	…															
0	0	1	1	1	1	1	1	1	1	1	1	1	1	1	1	
0	1	0	0	0	0	0	0	0	0	0	0	0	0	0	0	16K ROM 空闲
	…															
0	1	1	1	1	1	1	1	1	1	1	1	1	1	1	1	
1	0	0	0	0	0	0	0	0	0	0	0	0	0	0	0	32K RAM 4 片 16K×4 位 =两片 16K×8 位
	…															
1	0	1	1	1	1	1	1	1	1	1	1	1	1	1	1	
1	1	0	0	0	0	0	0	0	0	0	0	0	0	0	0	
1	1	1	1	1	1	1	1	1	1	1	1	1	1	1	1	

(3) CPU 与存储器间的连接图如图 4.49 所示。

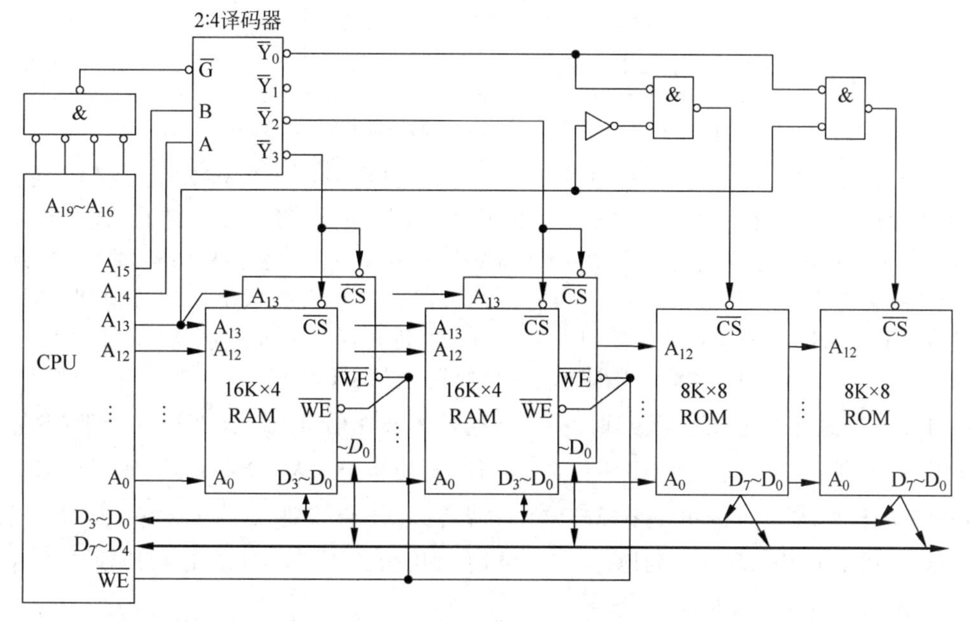

图 4.49 例 4.3 最终 CPU 与存储器连接图

4.6 存储控制

在存储器中，往往需要增设附加电路。这些附加电路包括地址多路转换线路、地址选通、刷新逻辑，以及读/写控制逻辑等，这些附加电路既可单独作为一个芯片，也可集成在其他芯片（如北桥芯片）内部。

在大容量存储器芯片中，为了减少芯片地址线引出端数目，通过地址多路转换线路与地址选通将地址码分两次送到存储器芯片，它将使芯片地址线引出端减少到地址码的一半。

刷新逻辑则是为完成动态随机存储器定期刷新以保证其信息不丢失而准备的，它需要有硬件电路的支持，包括刷新计数器、刷新访存裁决、刷新控制逻辑等。通常，当刷新请求和访存请求同时发生时，应优先进行刷新操作。

如图 4.50 所示是 Intel 8203 DRAM 控制器简化逻辑框图。

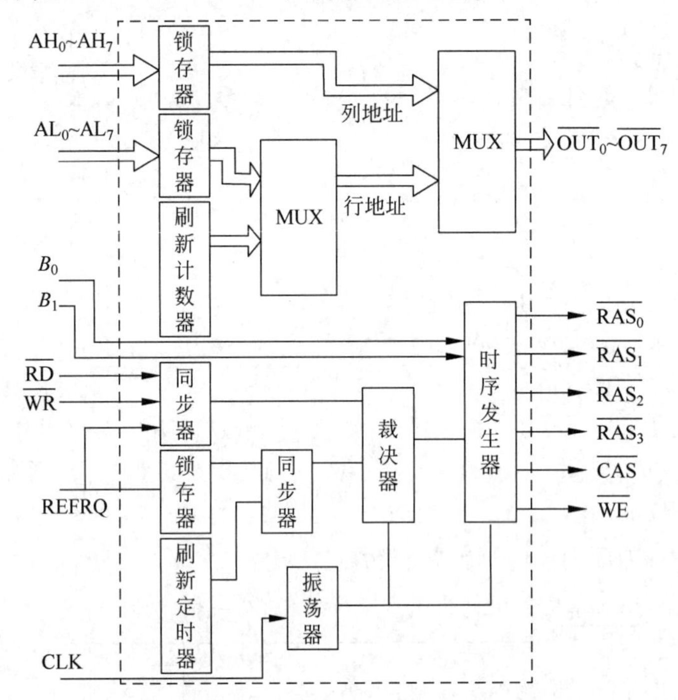

图 4.50 Intel 8203 DRAM 控制器简化逻辑框图

Intel 8203 DRAM 控制器为控制 16K×1 位的 2117、2118 和 64K×1 位的 2164 两类 DRAM 芯片而设计，它有两种工作模式：16K 模式，用于控制 2117、2118 芯片，地址线 14 位，可连接 4 个芯片，每个芯片内是一个 128×128 矩阵；64K 模式，地址线 16 根，用于控制 2164 芯片，可连接两个芯片，每个芯片内包括 4 个 128×128 矩阵，此模式下，正常读写时，行、列地址最高位 AL_7、AH_7 用来指定 4 个矩阵中的一个，刷新时，行、列地址最高位 AL_7、AH_7 不起作用，4 个矩阵同时被选中，128 个周期可将存储矩阵全部刷新一遍。

两种工作模式连线定义不同。16K 模式下通过体选择信号 B_0、B_1 产生 4 个 $\overline{RAS}$ 分别连接 4 个芯片，正常读写时仅一个 $\overline{RAS}$ 有效，刷新时则使 4 个 RAS 全部有效，实现对 4 个体的同时刷新；64K 模式下，最多可选择 2 个体，只需要 B_0，不再需要 $\overline{RAS_2}$、$\overline{RAS_3}$，此时行地址最高位 AL_7 复用 16K 模式下 B_0，列地址 AH_7 复用 16K 模式下 B_1，B_0 复用 16K 模式下 $\overline{RAS_3}$，OUT_7 复用 16K 模式下 $\overline{RAS_2}$。

图 4.50 中上半部分是 Intel 8203 DRAM 控制器的地址处理部分，用于接收地址总线送来的地址(16K 模式为 AL_0～AL_6、AH_0～AH_6，64K 模式为 AL_0～AL_7、AH_0～AH_7)，经锁存后形成行、列地址(16K 模式为 $\overline{OUT_0}$～$\overline{OUT_6}$、$\overline{OUT_0}$～$\overline{OUT_6}$，64K 模式为 $\overline{OUT_0}$～$\overline{OUT_7}$、$\overline{OUT_0}$～$\overline{OUT_7}$)分时输出到存储器芯片；其中，刷新计数器则用于产生刷新用的行地址送芯片。与此同时，图 4.50 中上半部分的时序部分分时产生 $\overline{RAS}$ 和 $\overline{CAS}$ 信号，用于向存储器指示当前输出的是行地址还是列地址。

刷新定时器用于控制两次刷新之间的时间间隔，裁决器则用于当同时出现访存请求和刷新请求时，决定谁优先。

REFRQ 是外部刷新请求控制信号，当它为“1”时需要对存储器强制刷新。显然，当外部刷新请求时间间隔小于刷新定时器的时间间隔时，刷新就全部由外部请求实现。

Intel 8203 DRAM 控制器也可用作片选逻辑实现存储器的容量扩展，并通过它将 CPU 与存储器连接起来。

例 4.4　设 CPU 由 16 根地址线，8 根数据线，用 $\overline{MREQ}$ 作为访存控制信号(低电平有效)，$\overline{WR}$ 为读/写控制信号(高电平读、低电平写)，$\overline{RFSH}$ 为外部刷新控制信号(低电平有效)。现有各种基本门电路及译码器，欲用 16K×1 位 DRAM 芯片(由 128×128 矩阵存储单元组成)构成 64K×8 位存储器，试画出该存储器组成的逻辑框图。要求：CPU 与 DRAM 芯片之间通过 Intel 8203 DRAM 控制器相连。

解：

需芯片

$$(64K\times8)/(16K\times1)=32\text{ 片}$$

存储器总容量为 64KB，故地址线需 16 位。

Intel 8203 DRAM 控制器使用在 16K 模式，其对应的存储器组成逻辑框图如图 4.51 所示。

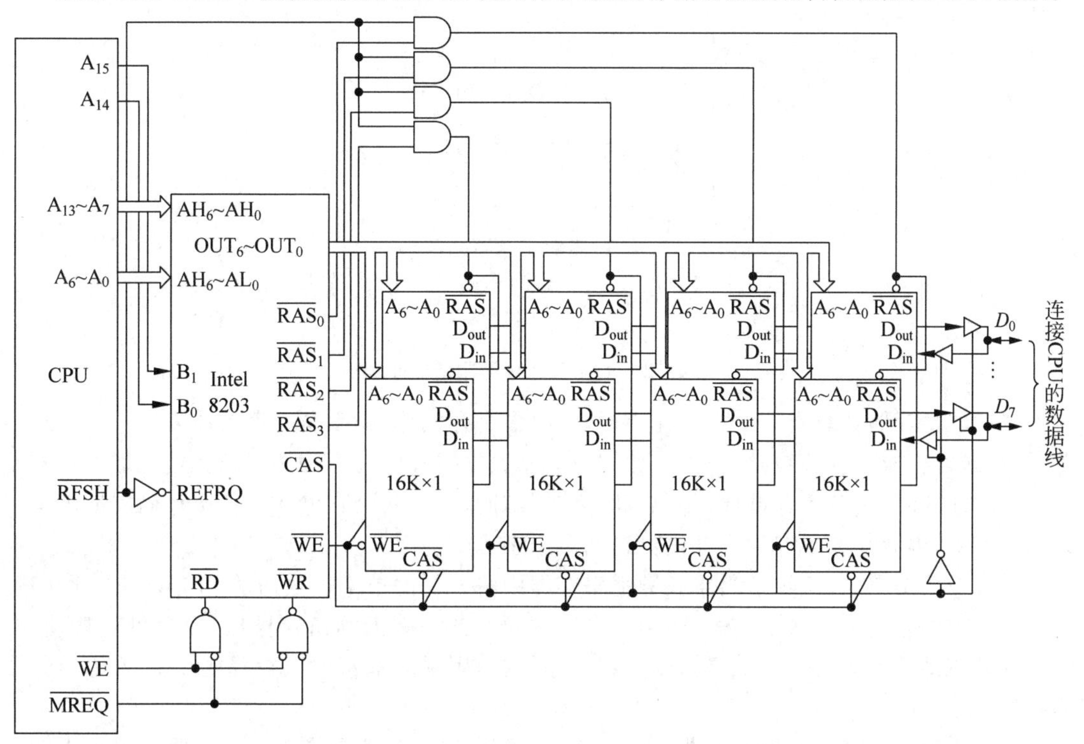

图 4.51　例 4.4 最终 CPU 与存储器连接图

4.7 并行主存系统

CPU 正在执行的程序和处理的数据均来自主存，因此主存的访问性能很大程度上决定了计算机的性能，特别是随着计算机技术的发展，主存逐渐成为影响计算机性能的瓶颈。

提高 CPU 访存速度，主要有以下几个途径：采用高速元器件，显然该方法成本较高；采用存储层次结构，即使用高速缓存技术；调整主存结构，采用并行主存系统。

所谓并行主存系统是指在一个主存周期内能并行读写多个字的主存系统。并行主存系统实现途径大体分为两类，一类是空间并行，例如，采用双端口技术；另一类是时间并行，例如，采用单体多字或多体并行。

4.7.1 双端口存储器

双端口存储器具有两组相互独立的读写控制线路(包括相应的寄存器、总线等)，且两组读写控制线路可以并行操作。

当双端口同时进行存储器访问时，如果两个端口所访问的存储器地址不相同，二者毫无冲突，可并行操作；如果两个端口所访问的存储器地址相同，当两个端口均为读操作时，也不冲突，可并行操作；当两个端口中有一个为写操作时，发生冲突，两个端口无法并行存取。

4.7.2 单体多字存储器

如图 4.52 所示是单体多字存储器的结构原理图。

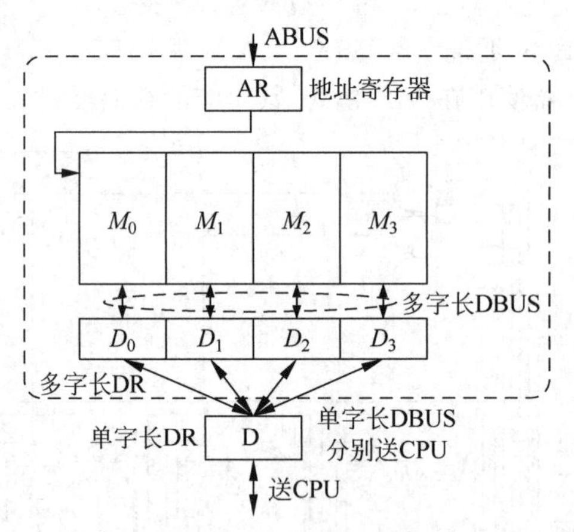

图 4.52 单体多字存储器结构原理

与双端口存储器只有一个存储体不同，它有多个存储体，但是所有存储体公用一套地址寄存器、数据寄存器及读写线路，只不过数据总线及数据寄存器位宽为多字长。当地址寄存器给出一个地址的时候，各个存储体同时启动存储器访问，因为每个存储体在一个存储周期内均可访问一个字，因此它在单存储周期内可访问多个字。

访存操作结束时，系统从多字长数据寄存器中将所需的单字长数据送 CPU，此时，若 CPU 后续访问的内容是本次取出的若干存储字 D_i 中的一个，则无须访存操作，数据可直接使用，因此可提高系统效率，例如，如果指令全部顺序执行，则平均取指时间可降到 $1/n$(n 为单体中的字数)。

但是这种单体多字存储器并非在任何情况下都有效，若遇转移指令或数据在主存中非连续存放,实际效果将明显下降。

▶ 4.7.3　多体并行存储器

多体并行存储器利用多个存储体组成大容量主存,每个存储体均有各自的读写线路、地址寄存器和数据寄存器,各存储体可同时访问,完全并行工作(见图 4.53)。

虽然各存储体可同时启动、同时读出,但是多体并行存储器一般采用数据总线共享方式,因此同时读出的 N 个字在总线上需分时传送。

多体并行存储器根据数据在不同存储体中存储方式的不同,分为多体顺序存储器和多体交叉存储器。

多体顺序存储器又称为高位交叉编址方式,其各存储体串行,连续地址空间落在同一模块内(见图 4.54)。

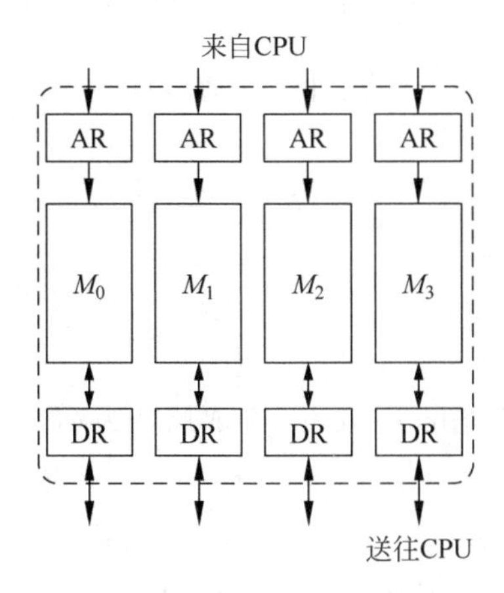

图 4.53　多体并行存储器结构原理

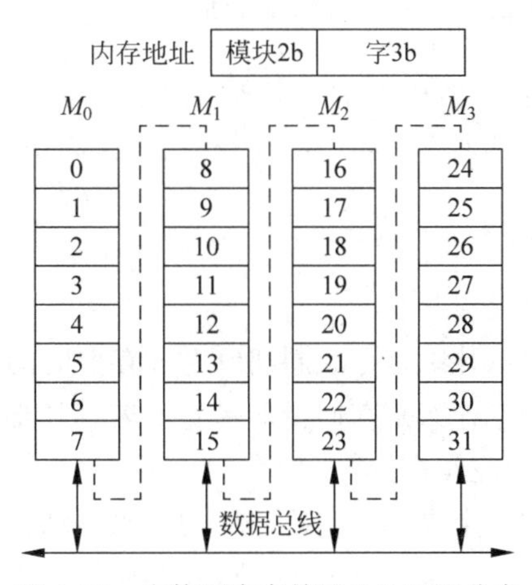

图 4.54　多体顺序存储器地址空间分布

多体顺序存储器内存地址中的高位部分表示存储体号(即用高位地址选择不同存储体),低位部分则为存储体内地址。显然,这种方式不利于并行存取,因此从存储器访存效率的角度看,其性能无提升;但是它便于存储器容量扩展(即字扩展),且这种方式下假如某一个存储体发生故障,并不影响其他存储体,因此便于隔离故障。

多体交叉存储器又称为低位交叉编址方式,其连续地址空间则位于相邻存储体中(见图 4.55),内存地址中的低位部分表示存储体号,高位部分则为存储体体内地址。各存储体并行工作,无论地址是否顺序,只要不发生体冲突,即能同时取出多条指令或者数据,因此可在不改变存储周期的前提下提高存储器带宽,大大提高主存的有效访问速度。

多体交叉存储器有利于并行存取,但是假如其中一个模块坏了,所有地址都要修改,因此对故障敏感;另外,多体交叉存储器扩存不方便。

当然,多体交叉存储器中也并非永远能保证高的存储器访问效率。称连续访存的地址间隔是多体交叉存储器体数或体数的整数倍时为发生存储器冲突,若访问地址不均匀地分布在多个体(如程序转移、随机访问少量数据等),就可能产生存储器冲突,降低使用率。

为有效利用数据总线,多体并行工作时可采取分时启动、交叉存取方式,如图 4.56 所示。

如图 4.56 所示,启动两个相邻模块的最小时间间隔是单模块访问周期 T_M 的 $1/m$,存储系统每隔 T_M/m 即可访存得到一条指令或一个数据,其有效带宽为单体的 m 倍,但各存储体的存储周期不变。

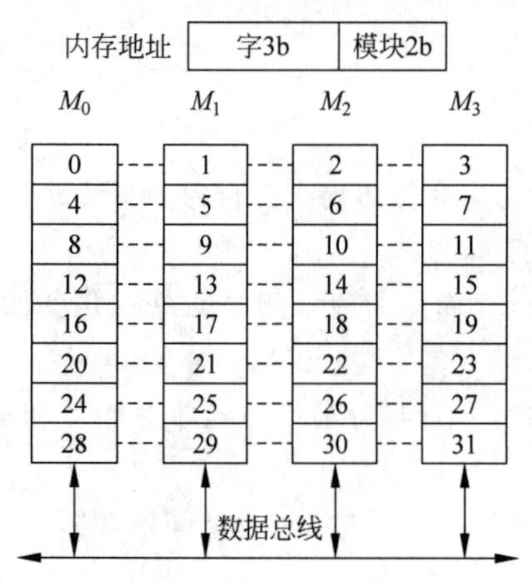

图 4.55　多体交叉存储器地址空间分布

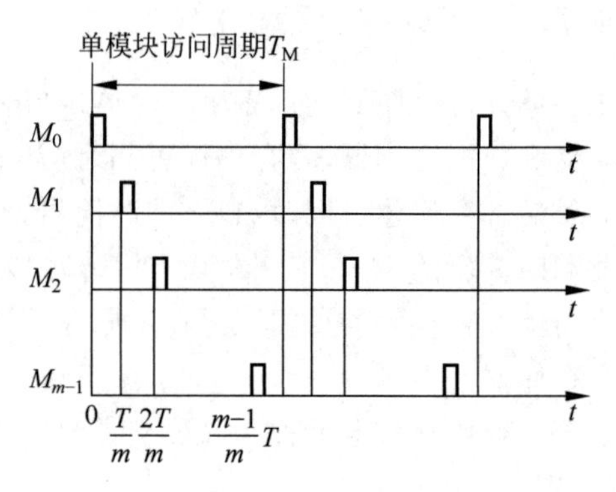

图 4.56　多体并行存储器分时启动、交叉存取

目前微机中常用的多通道内存可以看作多体并行存储器的变体，它通过同时访问多个存储模块，增加存储器访问字长，从而提高访存效率。

习题

4.1　什么是存取周期？它和存取时间有何区别？

4.2　什么是存储器的带宽？若存储器的数据总线宽度为 32 位，存取周期为 200ns，则存储器的带宽是多少？

4.3　半导体存储器芯片的译码驱动方式有几种？

4.4　某机字长为 32 位，其存储容量是 64KB，按字编址其寻址范围是多少？若主存以字节编址，试画出主存字地址和字节地址的分配情况。

4.5　假定在一个程序中定义了变量 x、y 和 i，其中，x 和 y 是 float 型变量(用 IEEE 754 单精度浮点数表示)，i 是 16 位 short 型变量(用补码表示)。程序执行到某一时刻，$x=-0.125$、$y=7.5$、$i=100$，它们都被写到了主存(按字节编址)，其地址分别是 100，108 和 112。请分别画出在大端机器和小端机器上变量 x、y 和 i 在内存的存放位置。

4.6　一个容量为 16K×32 位的动态随机存储器，其地址线和数据线的总和是多少？当选用下列不同规格的存储芯片时，各需要多少片？

1K×4 位，2K×8 位，4K×4 位，16K×1 位，4K×8 位，8K×8 位

4.7　试比较静态 RAM 和动态 RAM。

4.8　一个 64K×4 位动态 RAM 芯片，其内部结构由 4 个排列成 256×256 形式的存储矩阵组成，存取周期为 0.1μs。假设刷新间隔不大于 2ms，且刷新控制器启动刷新操作的时间间隔是存取周期的整数倍，试问采用集中式、分散式及异步式刷新时，刷新控制器每隔多长时间启动一次(批)刷新操作？

4.9　有一个 512K×16 的存储器，由 64K×1 的 2164 RAM 芯片构成(芯片内是 4 个 128×128 结构)。设读写周期 $T=0.1\mu s$，问：

(1) 总共需要多少个 RAM 芯片？

(2) 采用异步刷新方式，如单元刷新间隔不超过 2ms，且要求刷新信号间隔为读写周期的整数倍，则刷新信号的周期是多少？

(3) 如采用集中刷新方式,存储器刷新一遍最少用多少时间?

4.10 画出用1024×4位的存储芯片组成一个容量为64K×8位的存储器逻辑框图。要求将64K分成4个页面,每个页面分为16组,指出共需多少片存储芯片。

4.11 设CPU共有16根地址线,8根数据线,并用MREQ(低电平有效)作访存控制信号,R/W作读/写命令信号(高电平为读,低电平为写)。现有存储芯片:ROM(2K×8位,4K×4位,8K×8位),RAM(1K×4位,2K×8位,4K×8位),及74138译码器和其他门电路(门电路自定)。

试从上述规格中选用合适的芯片,画出CPU和存储芯片的连接图。要求:

(1) 最小4K地址为系统程序区,4096~16383地址范围为用户程序区。

(2) 指出选用的存储芯片类型及数量。

(3) 详细画出片选逻辑。

4.12 CPU假设同上题,现有8片8K×8位的RAM芯片与CPU相连。

(1) 用74138译码器画出CPU与存储芯片的连接图。

(2) 写出每片RAM的地址范围。

(3) 如果运行时发现不论往哪片RAM写入数据,以A000H为起始地址的存储芯片都有与其相同的数据,分析故障原因。

(4) 根据(1)的连接图,若出现地址线A_{13}与CPU断线,并搭接到高电平上,将出现什么后果?

4.13 某计算机中已配有0000H~7FFFH的ROM区域,现在再用8K×4位的RAM芯片形成32K×8位的存储区域,CPU地址总线为A_0~A_{15},数据总线为D_0~D_7,控制信号为R/W#(高为读、低为写)、MREQ#(访存,低有效)。要求说明地址译码方案,并画出ROM芯片、RAM芯片与CPU之间的连接图(假设RAM、ROM芯片均有片选信号)。假定上述其他条件不变,只是CPU地址线改为24根,地址范围000000H~007FFFH为ROM区,剩下的所有地址空间都用8K×4位的RAM芯片配置,则需要多少个这样的RAM芯片?

4.14 假定一个存储器系统支持4体交叉存取,某程序执行过程中访问地址序列为3、9、17、2、51、37、13、4、8、41、67、10,则哪些地址访问会发生体冲突?

4.15 某机字长为16位,常规的存储空间为64K字,若想不改用其他高速的存储芯片,而使访存速率提高到8倍,可采取什么措施?画图说明。

4.16 一个4体低位交叉的存储器,假设存取周期为T,CPU每隔1/4存取周期启动一个存储体,试问依次访问64个字需多少个存取周期?

第5章 指令系统

5.1 指令系统概述

指令也叫机器指令、机器语言代码，是命令计算机直接进行某种基本操作的二进制代码串，也就是中央处理器(CPU)能够直接识别和执行的二进制代码串。每条指令可完成一个独立的基本操作，如算术或逻辑运算操作、移位操作等。

代表指令的一组二进制代码信息称为指令字，指令字中的二进制代码的位数称为指令字长。

计算机能直接理解与执行的全部指令的集合称为指令系统，又叫作计算机指令集(Instruction Set)、计算机指令集架构(Instruction SET Architecture，ISA)，它直接说明了这台计算机的功能，是计算机软件设计的基础，是进行计算机逻辑设计和编制程序的基本依据。不同类型的CPU的结构不同，其指令系统也就不同，相互间软件不能直接运行。

从计算机组成的层次结构来说，计算机中用到“指令”一词的有微指令、宏指令和机器指令。微指令是微程序级的命令，它属于硬件；宏指令是由若干条机器指令组成的软件指令，它属于软件；而机器指令则介于微指令与宏指令之间，讨论计算机指令集结构时指的就是机器指令。

指令系统设计是计算机体系结构设计的核心问题。计算机的性能与它所设置的指令系统有很大的关系，而指令系统的设置又与机器的硬件结构密切相关。通常性能较好的计算机都设有功能齐全、通用性强、指令丰富的指令系统，但这需要复杂的硬件结构来支持；反之，硬件结构简单的嵌入式处理器往往指令条数较少、指令功能相对简单。

对指令系统的基本要求主要包括完备性、有效性、规整性和兼容性。

完备性是指指令丰富，功能齐全，使用方便。

有效性是指用指令编制的程序所占空间少、执行速度快。

规整性包括三方面，一是对称性，即指令对寄存器、存储器单元同等对待，所有指令都可使用各种寻址方式；二是匀齐性，即同一性质操作支持各种数据类型；三是指令格式与数据格式的一致性，即指令长度与数据长度有一个规整的关系。

兼容性是指用指令系统中指令编制的软件可不加修改地在(同系列)不同机型上正确运行。

系列(Series)计算机是指基本指令系统相同、基本体系结构相同的计算机。一个系列往往有多种型号，各型号的基本结构相同，但由于推出的时间不同，所采用的器件也不同，因此在结构和性能上有很大差异。系列机必须保证应用软件向后兼容，力争做到向上兼容，所谓“前后”是指同档次机器投放市场时间的先后，“上下”是指同系列机器中档次的高低。

兼容性是把双刃剑，它极大地推动了计算机的应用和普及，同时也一定程度固化了用户的使用习惯，阻碍了新架构的出现和计算机应用性能的快速提升。

5.2 指令格式

▶ 5.2.1 指令应包含的信息

执行一条指令时计算机必须知道两件事：本条指令要做什么、本条指令执行完毕后下一步做什么。

要知道本条指令做什么，就需要知道指令的操作码，它描述了操作的性质及功能；同时，如果本条指令有操作数，还需要知道操作数，包括源操作数、目的操作数（即操作结果）。在计算机中，可以在指令中直接给出操作数，也可以在指令中指明操作数的地址。如果把指令中给出来的立即数也视作一种地址，其实只需要指令中明确操作码和操作数的地址码（如果有操作数）就可以了。

至于本条指令执行完毕后下一步做什么，就是要知道下一条指令的地址，如果指令是顺序执行的，那么下一条指令的地址直接通过“PC＋1”得到，是隐含的；如果不是顺序执行的，下一条指令的地址往往以操作数的形式在指令中给出。

因此，指令中实际上只包含两类信息，即操作码和地址码。其中，操作码 OP 用于指示指令所要完成的操作，其长度取决于指令系统中的指令条数；地址码 A 用于指示指令的操作对象，有时候它就是操作数，也有可能是操作数的地址。

不同计算机指令中包含的信息量可能不同。若指令中所包含的信息较多，可提高指令功能、增加基本操作并行性，便于程序设计，但是会造成指令字过长。若指令中所包含的信息较少，可减少指令字长、减少执行时的访存次数、提高指令执行速度，但是会减弱指令的功能，编写程序所需指令条数多。

▶ 5.2.2 指令格式

根据操作对象地址的个数，指令可以分为 5 种类型。

（1）零地址指令。

零地址指令格式如图 5.1 所示。

零地址指令有两种可能，一种是指令不需要操作数，如空操作指令 NOP、停机指令 HLT 等；另一种是指令所需的操作数是默认的，如当 CPU 内部使用累加器 ACC 时，“增 1”指令 INC 就是默认让 ACC 增 1。

（2）一地址指令。

一地址指令格式如图 5.2 所示。

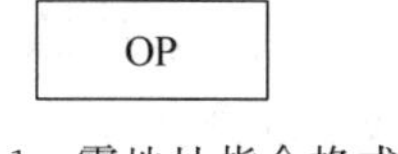

图 5.1 零地址指令格式

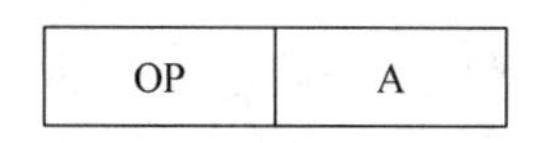

图 5.2 一地址指令格式

一地址指令中地址码 A 既是源操作数地址（所谓源，是指操作后所指向的内容不变仅被复制），又是目的操作数地址（即存放操作结果的位置）；或者指令有两个操作数，但是其中另一个操作数地址默认。

典型的一地址指令有加 1 指令 INC、减 1 指令 DEC、取反指令 INV 及栈操作指令 PUSH、POP 等。

(3) 二地址指令。

二地址指令格式如图 5.3 所示。

二地址指令也有两种情况，一种情况是两个操作数中一个是源、一个是目的，如寄存器传输指令 MOV AX, BX，它将寄存器 BX 的内容送往寄存器 AX；另一种情况是两个操作数中一个操作数既是源也是目的，另一个是目的，如寄存器加法指令 ADD AX, BX，它完成(AX)+(BX)→AX，其中，BX 为源地址，AX 既是源地址，也是存放结果的目的地址。

(4) 三地址指令。

三地址指令格式如图 5.4 所示。

OP	A1	A2

图 5.3　二地址指令格式

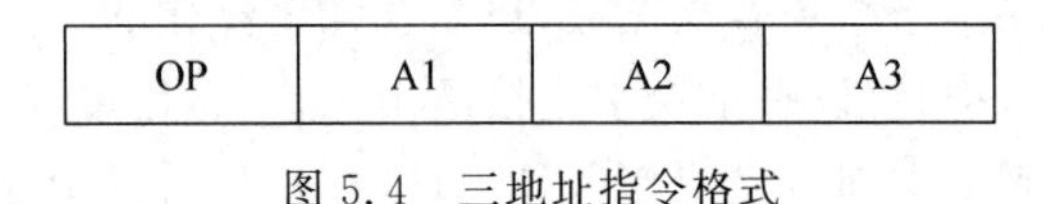

OP	A1	A2	A3

图 5.4　三地址指令格式

三地址指令大多数出现在指令中有三个操作数，包括两个源地址、一个目的地址，如(AX)+(BX)→DX，其中，AX、BX 为源地址，DX 为目的地址。也有一些计算机的三地址指令分别用于表示两个操作数以及下一条指令地址。

(5) 多地址指令。

用于实现成批数据处理，如字符串匹配指令等。

上述不同格式的指令中，零地址、一地址、二地址指令的指令短、占用空间少、执行速度快、硬件实现简单，多为结构简单、字长较短的小型计算机、微型计算机采用；三地址、多地址指令功能强、便于编程，一般为大、中型计算机采用。

▶ 5.2.3　操作码编码

指令中的操作码 OP 用于指明操作性质的命令码，提供指令的操作控制信息。

指令操作码的位数限制指令系统中完成操作的指令条数，它既可以是固定的，也可以是不固定的。

固定格式操作码中操作码长度固定，一般集中于指令字的一个字段中。若操作码长度为 k，则它最多只能有 2^k 条不同指令，它在字长较长的大中型以及超级小型计算机上广泛使用，其优点是有利于简化硬件设计，减少译码时间。

当采用统一操作码长度与地址发生矛盾时，可采用可变格式操作码，它的操作码长度可以改变，且分散于指令字的不同字段，微型计算机中常使用此方式。

可变格式操作码通过扩展操作码技术实现。

▶ 5.2.4　扩展操作码技术

扩展操作码技术用一个固定长度的字段来表示基本 OP，将一部分不需要某个地址码的指令的 OP 扩展到该地址字段，这样既充分利用指令字的各个字段，又在不增加指令长度的情况下扩展 OP 长度，表示更多指令，能有效地压缩程序中操作码的平均长度。当然，这种方式增加了译码和分析难度，需更多硬件支持。

15…12	11…8	7…4	3…0
OP	A1	A2	A3

图 5.5　某 16 位字长指令格式

假设某机器的指令长度为 16 位，包括 4 位基本操作码和 3 个 4 位地址码段(见图 5.5)。

4 位基本操作码可表示 16 个状态，因此用 4 位操作码能表示 16 条三地址指令，用 8 位操作码可表示 256 条二地址指令，用 12 位操作码可表示 4096 条一地址指令。

同样情况下,如果需要三地址、二地址、一地址指令各 15 条,零地址指令 16 条,则一样能够采用可变格式操作码实现。例如,可以规定如下。

15 条三地址指令的操作码：0000～1110。

15 条二地址指令的操作码：前 4 位 1111,即 1111 0000～1111 1110。

15 条一地址指令的操作码：前 8 位均为 1,即 11111111 0000～11111111 1110。

16 条零地址指令的操作码：前 12 位均为 1,即 1111 1111 1111 0000～1111 1111 1111 1111,其中,1111、1111 1111 和 1111 1111 1111 作为扩展操作码标志。

再如,同样情况下用可变格式操作码分别形成三地址指令、二地址指令、一地址指令和零地址指令 15、14、31、16 条。按要求得到结果之一如下。

15 条三地址：0000～1110。

14 条二地址：1111 0000～1111 1101。

31 条一地址：1111 1110 0000～1111 1111 1110。

16 条零地址：1111 1111 1111 0000～1111 1111 1111 1111,其中,1111、1111 1110、1111 1111 和 1111 1111 1111 是扩展操作码标志。

操作码扩展技术本质上属于指令优化技术,进行操作码扩展需要遵循的基本原则是：使用频度高的指令应分配较短的操作码,使用频度低的指令应分配较长的操作码。

操作码扩展技术的一种典型的应用是通过哈夫曼编码实现扩展。

5.2.5 指令字长

前面提到过,指令字长是指令字中二进制代码的位数,它主要取决于操作码的长度、操作数地址的长度和操作数地址的个数。

指令字可以等长,也可以变长。在等长指令系统(如 MIPS)中,所有指令字长相同,结构简单,控制线路简单；而在变长指令系统(如 x86)中,不同指令的长度往往并不固定,包括操作码和操作数位数、指令格式等也不一定相同,结构灵活,控制复杂。

指令字越长,则地址码长度越长,可直接寻址空间越大,同时指令字占用存储空间越大,取指令越慢。

指令的长度与机器的字长没有固定的关系,它既可以小于或等于机器的字长,也可以大于机器的字长。前者称为短格式指令,后者称为长格式指令。一条指令存放在地址连续的存储单元中。同一台计算机中可能既有短格式指令又有长格式指令,但通常是把最常用的指令(如算术逻辑运算指令、数据传送指令)设计成短格式指令,以便节省存储空间和提高指令的执行速度。

为了充分利用存储空间,指令字长通常为字节长度(8 位)的整数倍。例如,在 Pentium 系列计算机中,指令格式也是可变的,有 8 位、16 位、32 位、64 位不等。

5.3 寻址方式

寻址方式是确定本条指令的操作数地址及下一条要执行指令地址的方式。一般地,把指令地址字段给出来的地址信息称为形式地址,而将对应的存储器或寄存器的实际地址称为有效地址。

指令的寻址方式分为两种(两个方面),即指令寻址方式和数据寻址方式。其中,指令的寻址方式比较简单,它包括顺序寻址和跳跃寻址两类。

由于程序对应的指令序列在主存中是按顺序存放,当执行时,从第一条指令开始,逐条取出顺序执行,此时可通过程序计数器 PC(又称指令指针寄存器)指示指令的顺序号(即指令在内存中的地址),即在 PC 中存放将要执行的指令地址。初始值为程序首址,每执行一条指令,PC=PC+当前指令字节长度(通常记为 PC+1),这就是顺序寻址。由于大多数情况下指令都是顺序执行的,因此 PC+1 这种寻址方式是默认的,不需要专门指出来。

当程序出现分支、循环或子程序调用等时,就不再顺序执行了,也就是说,下一条指令的地址不是由 PC+1 得到的,即需要采用跳跃寻址方式。

跳跃寻址方式由转移分支类指令指出,并修改 PC 的内容,然后进入(下一条指令的)取指令阶段,即程序跳跃后,按新的指令地址开始顺序执行。

采用指令跳跃寻址方式可以实现程序转移(包括条件转移、无条件转移等)、构成循环程序、缩短程序长度以及进行子程序调用、系统调用等。

数据寻址方式是指形成操作数有效地址的方法,它规定的是指令中如何提供操作数或获得操作数地址,即如何对地址字段做出解释以找到操作数。

操作数的寻址方式可由寻址方式字段指出,并在指令译码阶段进行解析,也可以由操作码隐含指出。

不同类型计算机的寻址方式也有差别,但大多可以归结为立即寻址、寄存器寻址、直接寻址、间接寻址、变址寻址以及基址寻址、相对寻址、堆栈寻址等几种寻址方式,或者这几种方式的组合与变形。

(1) 立即寻址方式。

在这种方式中,指令的地址码部分就是指令的操作数,而不是操作数的地址。其优点是在取指令的同时取得操作数,可提高指令的运行速度;其缺点是操作数的长度受指令长度的影响,且不便修改,它适合操作数固定的情况。

例:MOV AX,38H　　　　　//源操作数“38H”为立即数

(2) 寄存器寻址方式。

在指令的地址码部分给出某一寄存器的名称(即编号),而所需的操作数就在这个寄存器中。这种方式数据传送快,计算机中多采用这种方式。

例:MOV AX,38H　　　　　//目的操作数“AX”为寄存器寻址方式

(3) 直接寻址方式。

在指令的地址码部分给出的是操作数在存储器中的地址。

其特点是简单直观,便于硬件实现,但操作数地址是指令的一部分,只能用于访问固定的存储器单元。

例:MOV AX,[200]　　　　　//将存储器 200 单元的内容送往寄存器 AX

(4) 间接寻址方式。

在指令的地址码部分直接给出的既不是操作数也不是操作数的地址,而是操作数地址的地址。根据操作数地址的地址存放的位置分为寄存器间接寻址、存储器间接寻址。以寄存器间接寻址为例,寄存器间接寻址通过改变寄存器中的内容就可以访问内存的不同地址,修改十分方便。不论是寄存器间接寻址,还是存储器间接寻址,操作数都存放在主存中。

根据间接寻址次数可分为一次间址和多次间址，n 次存储器间址取操作数需访存 $n+1$ 次。多次间址降低了指令执行速度，且指令执行时间取决于间址次数，无法预先确定，很难支持实时中断，故一般只允许一次间址。间接寻址可支持循环程序设计、扩大指令的寻址空间等。

(5) 变址寻址方式。

把 CPU 中变址寄存器的内容和指令地址部分给出的地址之和作为操作数的地址来获得操作数。这种方式多用于字串处理、矩阵运算和成批数据处理。

例：INC 32[SI]　　　　　　//使数组第 32 个元素自增 1

　　　　　　　　　　　　　//SI 为变址寄存器，它存储数组的首地址

(6) 基址寻址方式。

将整个存储空间分成若干段，段的首地址存放在基址寄存器中，操作数的存储地址与段的首地址的距离即段内偏移量由指令直接给出。操作数存储单元的实际有效地址就等于基址寄存器的内容与段内偏移量之和。改变基址寄存器的内容(基准量)并由指令提供位移量就可以访问存储器的任一单元。

基址寻址方式可支持逻辑地址空间到物理地址空间的变换，解决程序在存储器中的定位问题，可扩大寻址空间，还可为浮动程序分配存储单元。

基址寻址与变址寻址有效地址计算形式相同，但概念和使用场合不同。变址寻址面向用户，用于访问字符串、向量和数组等成批数据，及支持循环程序设计等。变址寄存器及其内容是由用户指定的。基址寻址面向系统，主要用于解决程序在存储器中的定位和扩大寻址空间等。为确保系统的安全性，基址寄存器通常是由系统设定的，只能由特权指令来管理。

(7) 相对寻址方式。

相对寻址又称为程序计数器寻址，主要用于相对转移指令，其有效地址是指令中地址码部分给出的形式地址(偏移量 Disp)与程序计数器(PC)的内容之和。即有效地址是以当前 PC 的内容为基准浮动的，浮动的距离就是偏移量。相对寻址中的偏移量可正可负，通常用补码表示。

相对寻址方式主要应用于相对转移指令。由于目的地址随 PC 变化不固定，所以非常适用于浮动程序的装配与运行。

(8) 堆栈寻址方式。

堆栈是由若干连续存储单元组成的先进后出存储区，堆栈寻址方式一般是隐含的，其操作只有 PUSH 入栈、POP 出栈两种，而且只能在栈顶操作，即整个堆栈操作过程中，栈底固定不变，而栈顶不断变化。

例 5.1 某计算机存储器按字节编址，存储字长 32 位。该机可完成 60 种操作，采用固定格式的三地址指令，支持 8 种寻址方式，各寻址方式均可在 2KB 主存范围内取得源操作数，并可在 1KB 范围内保存运算结果。问指令字长最少应为多少位？若各操作数均采用直接寻址方式，取出并执行一条指令需访问多少次主存？

解：

(1) 指令字长 47 位，指令格式如图 5.6 所示。

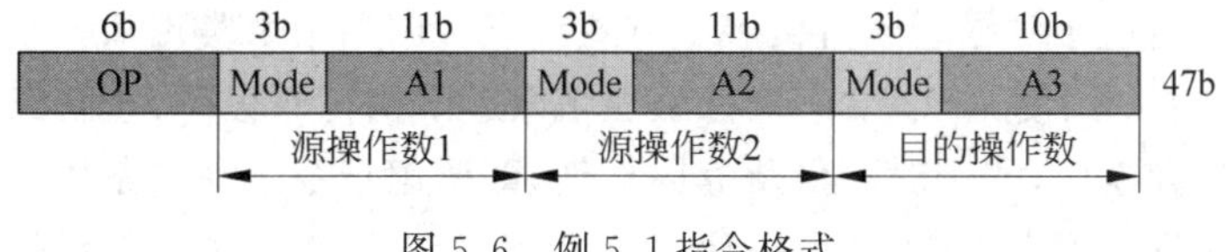

图 5.6　例 5.1 指令格式

(2) 一条指令占用两个存储字,故取出一条指令需访存两次;取源操作数访存两次、存目的操作数访存一次,故共需访存5次。

5.4 指令的类型

一个指令系统常有几十、几百条指令(如Intel 8086具有133条指令),按功能可以划分为如下8大类。

(1) 数据传送指令。

数据传送指令用以实现寄存器与寄存器之间(如MOV AX,BX)、寄存器与内存单元之间(如MOV [0001H], AX),以及内存单元之间的数据传送。数据能够被从源地址传送到目的地址,而源地址中数据不变(即实现数据复制)。

其他常用数据传送指令的场合包括立即数送寄存器(如MOV AX, 1)、将数据送到不同字长的寄存器中(如MOV AL, 78H、MOV AX, A0A0H、MOV EAX, 12345678H),以及实现寄存器组数据交换操作等。

(2) 算术与逻辑运算指令。

算术与逻辑运算指令包括算术运算指令和逻辑运算指令,其中,算术运算指令一般包括定点及浮点的加、减、乘、除运算,需根据运算结果改变标志寄存器的状态位,如ADD、ADC、SUB、SBB、INC、DEC、DIV、MUL等;逻辑运算以二进制为单位按位进行运算,一般包括逻辑与、逻辑或、逻辑非、逻辑异或等,如OR、AND、XOR、NOT等。

(3) 移位指令。

常见的移位指令包括算术移位指令、逻辑移位指令和循环移位指令,其中,算术移位左移时空位补0而符号位进标志位,右移时空位复制符号位而溢出位进标志位;逻辑移位进行整体移位,空位补0,溢出进标志位;循环移位包括不带进位循环和带进位循环,前者循环后的溢出位进标志位,后者与标志位一起循环。

(4) 比较指令、字符串操作指令。

比较指令(CMP AX,BX)根据参加比较的两个数相减后的结果,区分大于、等于、小于等情况对标志位进行置位操作。比较指令只影响标志位,而不影响参加比较的操作数。

字符串操作指令完成字符串传送、比较、查找、匹配以及字符串抽取、替换等。

(5) 转移类指令。

转移类指令包括无条件转移指令(JMP)、条件转移指令(JC/JZ等)、子程序调用与返回指令(CALL、RETURN)以及陷阱指令(Trap)。

无条件转移指令一定会改变程序执行顺序,而条件转移指令则根据当前运算的结果进行逻辑判断,若符合判断条件则转移到指令表明的新地址处执行程序,否则继续按原顺序执行原来的程序。根据实际需要,有条件转移指令分为许多种类,其中包括单一条件转移指令、复合条件转移指令、适用于无符号数的条件转移指令、适用于有符号数的条件转移指令以及某些特殊的条件转移指令等。

转移地址可以通过相对寻址或直接寻址方式给出。调用指令实现从一个程序转去执行子程序的操作;返回指令则使CPU结束执行子程序而返回执行原程序,它们都要改变程序的执行顺序。为保证正确返回,调用时要保留返回地址,即调用指令下面一条指令地址。返回地址可以用专用单元或堆栈保存,其中使用堆栈便于实现子程序的多重嵌套和递归调用。除此之外，调用时还要保存状态标志寄存器信息等，有时还包括某些通用寄存器的值。

子程序调用与返回指令是一对配合使用的指令。

陷阱指令又称为访管指令，它允许运行在用户态（目态）的应用程序自愿陷入操作系统内核态（管态），调用内核函数和使用硬件从而获得操作系统所提供的服务，换句话说，陷阱指令是一种特殊的中断，即软中断，只不过这种中断是事先安排的、自愿的而不是意外发生的。

（6）堆栈及堆栈操作指令。

在一般计算机中堆栈主要用来暂存中断和子程序调用时的现场数据及返回地址，用于访问堆栈的指令只有入栈（即压入）和出栈（即弹出）两种，它们实际上是一种特殊的数据传送指令。

入栈指令（PUSH）是把指定的操作数送入堆栈的栈顶，而出栈指令（POP）的操作刚好相反，是把栈顶的数据取出，送到指令所指定的目的地。

一般地，对某一个对象的入栈、出栈操作应该依序配对使用。

在一般的计算机中，堆栈从高地址向低地址扩展，即栈底的地址总是大于或等于栈顶的地址（也有少数计算机刚好相反）。当执行入栈操作时，首先把堆栈指针（SP）减量（减量的多少取决于入栈数据的字节数，若压入1字节，则减1；若压入2字节，则减2，以此类推），然后把数据送入SP所指定的单元。当执行出栈操作时，首先把SP所指定的单元（即栈顶）的数据取出，然后根据数据的大小（即所占的字节数）对SP增量。

例如，入栈指令PUSH OPR用于把长度为2字节的操作数OPR压入堆栈，其操作是(SP)－2→SP、OPR→(SP)；出栈指令POP OPR则弹出一个长度为2字节的数据送目的操作数OPR，其操作是((SP))→OPR、(SP)＋2→SP。在这里，(SP)表示堆栈指针的内容；((SP))表示SP所指的栈顶的内容（即堆栈指针所指示的存储器的值）。

（7）输入、输出指令。

输入、输出指令用于完成在中央处理器和外设之间进行数据交换，其中，输入指令使数据由外设传送到中央处理器，输出指令使数据由中央处理器传送到外设。

（8）特权指令、其他特殊指令。

特权指令即具有特殊权限的指令，只能用于OS或其他系统软件，用户不能使用，主要用于系统资源的分配和管理，如改变系统的工作方式、检测用户的访问权限、请求提供更高特权的软件服务、为用户提供指令系统扩展、对某些系统状态信息进行存取操作、完成任务的创建与切换等。一般来说，单用户、单任务机器不一定需要特权指令，而多用户、多任务机器则必不可少。

其他特殊指令用来完成特殊的专门操作，如暂停、等待、空操作、位操作、开中断、关中断等。

需要说明的是，计算机种类不同其指令系统包括的数量与功能也有所不同，用其编程时务必参照相应的指令系统手册。

5.5 指令系统的发展

▶ 5.5.1 从CISC到RISC到融合

指令系统的发展过程其实就是处理器架构和处理器实现技术的发展过程。

早期采用分立元件，价格昂贵，硬件结构较简单，指令系统有限，且寻址方式简单；采用集成电路以后整机价格下降，硬件功能不断增强，指令系统日益丰富，且寻址方式多样化。

计算机不断升级扩充，同时又兼容过去的产品，使指令系统日趋复杂，形成了“复杂指令系统计算机（CISC）”。例如，VAXII/780有303条指令、18种寻址方式；Pentium计算机有191

条指令、9 种寻址方式。

CISC 指令条数多、寻址方式多、指令功能强、可简化程序设计、提高了高级语言程序的执行效率，但是操作复杂、运行速度慢，而且指令系统的复杂性带来系统结构的复杂性，而过于复杂的硬件结构，不仅增加了设计周期和生产成本，还难以保证其正确性。

早期的研究者经实际分析发现以下内容。

(1) 计算机中各种指令使用频率相差悬殊。最基本的指令(20%)经常使用(80%)，大多数较复杂指令(80%)利用率很低(20%)。

(2) 计算机中最复杂的指令(20%)所需控制逻辑(即成本和复杂性)多(80%)。

(3) 指令系统的复杂性带来系统结构的复杂性，增加了设计时间和售价，也增加了 VLSI 设计负担，不利于微型计算机向高档计算机发展。

(4) 复杂指令操作复杂、运行速度慢。

由此，研究者提出"精简指令系统计算机(RISC)"的概念。

需要注意的是，RISC 不是简单地简化指令系统，而是通过简化指令使计算机的结构更加简单合理，从而提高运算速度，它包括以下内容。

(1) 仅使用频率高的一些简单指令和很有用但不复杂的指令，指令条数少。

(2) 指令长度固定，指令格式少，寻址方式少。

(3) 限制内存访问，只有取数、存数指令访问存储器，其余指令都在寄存器中进行。

(4) CPU 中通用寄存器数量相当多，大部分指令都在一个机器周期内完成。

(5) 以硬布线逻辑为主，不用或少用微程序控制。

(6) 特别重视编译工作，以简单有效的方式支持高级语言，减少程序执行时间。

5.5.2 指令系统举例

1. x86 指令系统

x86 指令基于 x86 架构，其基本结构来自 16 位的中央处理器 Intel 8086，后续一系列处理器进行了 32 位、64 位改进，但仍兼容 8086。

x86 是一种典型的 CISC 架构，如图 5.7 所示是 8086 的数据通路简框图。

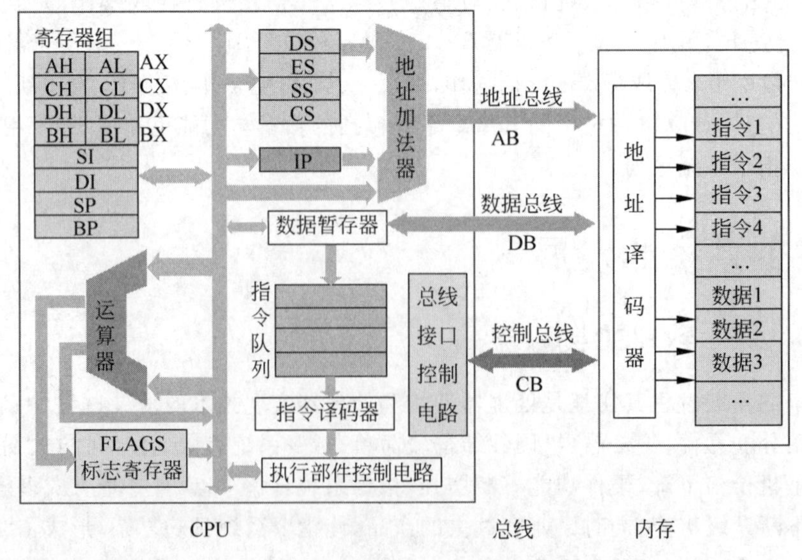

图 5.7 8086 的数据通路简框图

x86 中程序员可见的寄存器包括 8 个通用寄存器和若干个专用寄存器，其中 8086 中的通用寄存器是 16 位，又可以分为高 8 位、低 8 位分别使用，Pentium 中的通用寄存器则为 32 位，x64 中的通用寄存器为 64 位，它们都可向下兼容；专用寄存器包括段寄存器、指令指针寄存器、状态标志寄存器。

x86 采用不定字长指令格式，其指令字 1～12B，指令字还可以带 0～4B 的指令前缀。如图 5.8 所示为 x86 的指令格式。

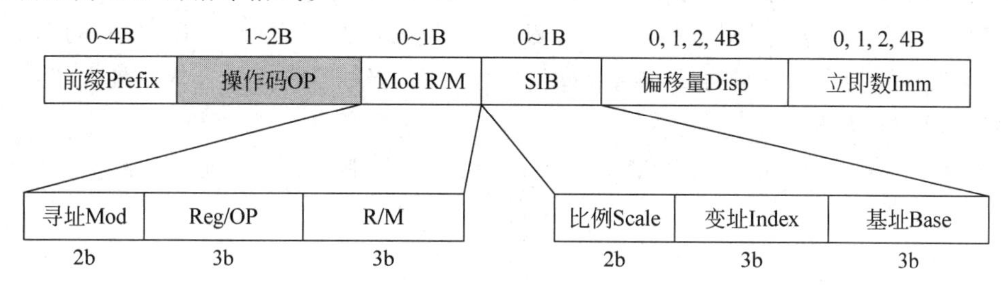

图 5.8　x86 指令格式

x86 指令的不同操作码对应不同寻址方式，同时决定了指令字中是否包含后续的某个字段，因此其译码非常复杂。

指令的操作码字段 OP 规定了指令的操作类型，采用扩展操作码技术，1～2B。在这个字段，除了真正的操作码，还可能包括操作数及控制信息。

真正的操作码可以是 5 位的，如一地址指令 PUSH、POP、INC、DEC 等，此时为单字节指令，指令字的其余 3 位是通用寄存器的编号。

双地址指令 ADD、SUB、AND、CMP 等的操作码字段 OP 也为 1B，其中操作码为 6 位，还有 2 位分别为 d 和 w，其表示的含义分别是：当 $d=0$ 时，后续 Mod R/M 字段中的 R 为源寄存器，当 $d=1$ 时，后续 Mod R/M 字段中的 R 为目的寄存器；当 $w=0$ 时，操作数为 8 位，当 $w=1$ 时，操作数为 16 位或 32 位，具体到底是 16 位还是 32 位，取决于运行环境或指令前缀的约定。

还有些操作码字段 OP 长度为 1B 的指令在这个字段全部是操作码，它们可以是 8 位操作码的零、一或二地址指令，如果该字节为"0FH"，则表示这是一条操作码字段 OP 长度为 2B 的扩展操作码指令，后面的 1B(8 位)才是操作码。

Mod R/M 字段、SIB 字段各 1B，用于描述操作数及其寻址方式，其中，Mod R/M 字段为主寻址方式字段，这里的 Reg 是寄存器操作数的编号，它通过 OP 字段的 d 指明源或目的；Mod 和 R/M 的组合指明另一操作数寻址方式，它可能在寄存器或存储器中：如果 Mod=11，表示它在寄存器中；否则，它在存储器中，可能采用立即数寻址、直接寻址、寄存器间接寻址、相对寻址、基址寻址、变址寻址等。

SIB 字段叫作比例-变址-基址字段，它与 Mod R/M 组合以指定寻址方式，其中，比例因子 Scale 可为 1、2、4、8。例如，当采用基址变址寻址时，有效地址 $EA=R_{Base}+2^{Scale}\times R_{index}$。

显然，x86 指令系统指令类型多、指令数量多、寻址方式多，且采用不固定格式，因此极为复杂。事实上，x86 指令在实际运行中的使用频次相差巨大，如图 5.9 所示是经统计的指令运行占比情况。

排序	x86指令	平均执行比例/%
1	取数	22
2	条件转移	20
3	比较	16
4	存数	12
5	加	8
6	与	6
7	减	5
8	寄存器传输	4
9	子程序调用	1
10	调用返回	1
	总计	96

图 5.9　x86 指令运行占比统计

2. MIPS 指令系统

MIPS(Microprocessor without Interlocked Piped Stages，无内部互锁流水级的微处理器)是一种典型的 RISC 处理器，它强调软硬件协同提高性能，同时简化硬件设计，并尽量利用软件办法避免流水线数据相关问题，与 CISC 比，设计更简单、设计周期更短，并且与 Intel 比，授权费用比较低，还允许第三方对 CPU 架构进行大幅修改。

MIPS 早期为 32 位的，后来扩展成 64 位，同时兼容 32 位。

MIPS 中有 32 个通用寄存器，所有指令都是 32 位固定长度，而且仅 LOAD/STORE 指令可以访问存储器，指令的寻址方式与指令操作码相关联，指令字中无独立的寻址方式字段。

MIPS 指令分为 R、I、J 三类。

R 类指令包括 ALU 指令、MOV 指令等，其操作数只能来自寄存器，指令格式如图 5.10 所示。

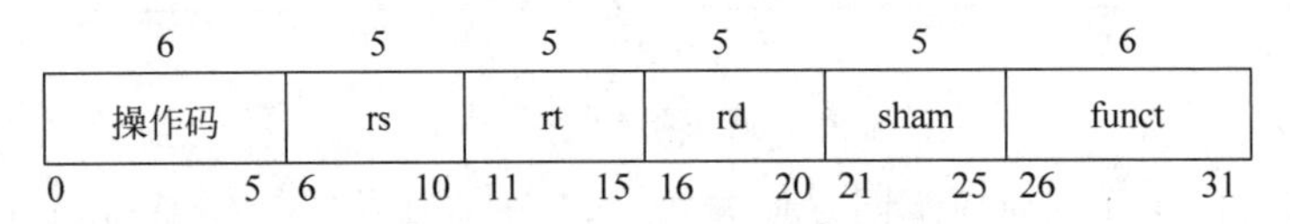

图 5.10　MIPS 系统 R 类指令格式

这类指令采用的其实是扩展操作码方式，它的“操作码”字段为全“0”形式，具体功能由 funct 字段决定。对于双目指令，rs、rt 分别为第一源寄存器、第二源寄存器，rd 为目的寄存器数；sham 字段仅用于移位指令，其他指令该字段无效。移位指令的源寄存器为 rt、目的寄存器为 rd。

I 类指令包括 LOAD/STORE 指令、立即数指令、条件转移指令、寄存器跳转指令，其格式如图 5.11 所示。

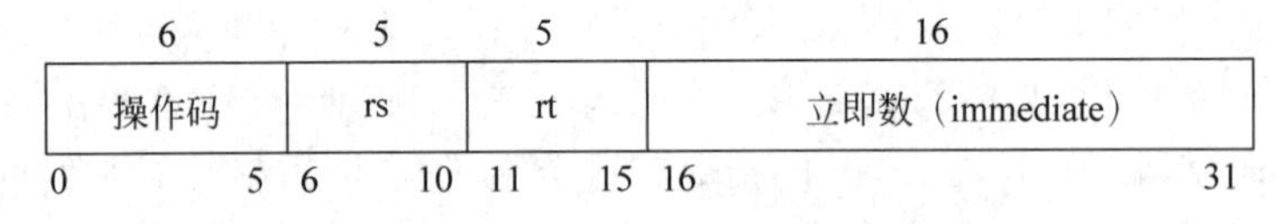

图 5.11　MIPS 系统 I 类指令格式

其中，rs 为基址寄存器，rt 在取数指令中为目的寄存器，在存数指令中则为源寄存器，立即数字段 16 位，用于提供立即数或相对基址的偏移量(字地址)。

I 类指令各中指令的功能如下所述。

LOAD 指令：Regs[rt] ← M[Regs[rs]+immediate]。

STORE 指令：M[Regs[rs]+immediate] ← Regs[rt]。

立即数指令：Regs[rt] ← Regs[rs] op immediate。

条件转移指令：Regs[rs]与 Regs[rs]进行比较，满足条件则转移，PC←PC+immediate << 2。

寄存器跳转指令：PC ← Regs[rs]。

J 类指令包括无条件分支(即跳转)指令、子程序调用指令、自陷指令、异常返回指令，其格式如图 5.12 所示。

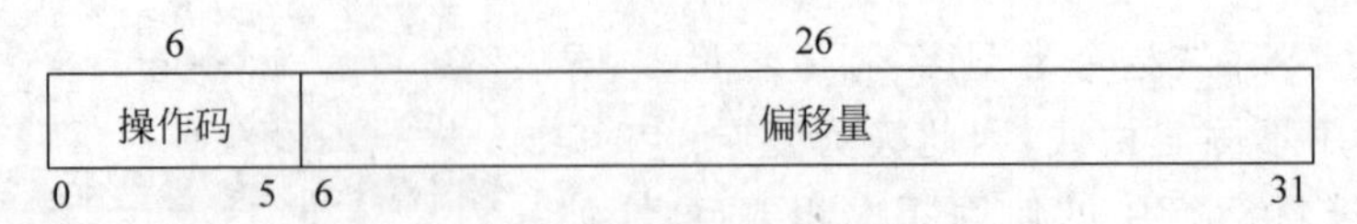

图 5.12　MIPS 系统 J 类指令格式

需要注意的是，J 类指令采用伪直接寻址方式，PC ← {$PC_{31:28}$，immediate << 2}，即转移地址由当前 PC 的高 4 位与 26 位直接地址左移 2 位后的内容拼接得到。

3. RISC-V 指令系统

RISC-V 也是一种基于 RISC 的指令集架构，其中的字母"V"包含两层意思：一方面，它是 Berkeley 从 RISC 开始设计的第 5 代指令集架构；另一方面，它代表了变化(Variation)和向量(Vectors)。RISC-V 架构的目标是成为一种完全开放的指令集，可以被任何学术机构或商业组织所自由使用，同时也想成为一种真正适合硬件实现且稳定的标准指令集。

RISC-V 的基本指令分为 R、I、S、B、U、J 6 类。

R 类型指令用于寄存器-寄存器操作，它将 32 位划分成 6 个区域，指令格式如图 5.13 所示。

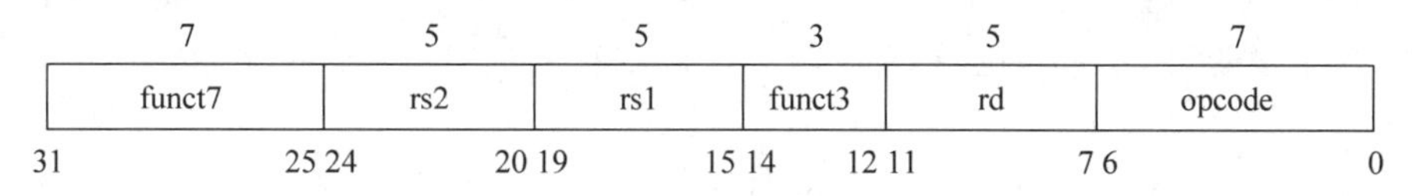

图 5.13 RISC-V 系统 R 类型指令格式

R 类型指令主要用于算术和逻辑运算。其中，opcode 是操作码，长度为 7 位，在指令字段的第 0～6 位上。rd 是目的寄存器，长度为 5 位，在指令字段的 7～11 位上；funct3＋funct7 是 2 个操作字段，funct3 长度为 3 位，在指令字段的第 12～14 位上，funct7 长度为 7 位，在指令字段的 25～31 位上；rs1 是第一源寄存器，长度为 5 位，在指令字段的第 15～19 位上；rs2 是第二源寄存器，长度为 5 位，在指令字段的第 20～24 位上。

I 类型指令用于立即数和 LOAD 操作，它将 32 位划分成 5 个区域，指令格式如图 5.14 所示。

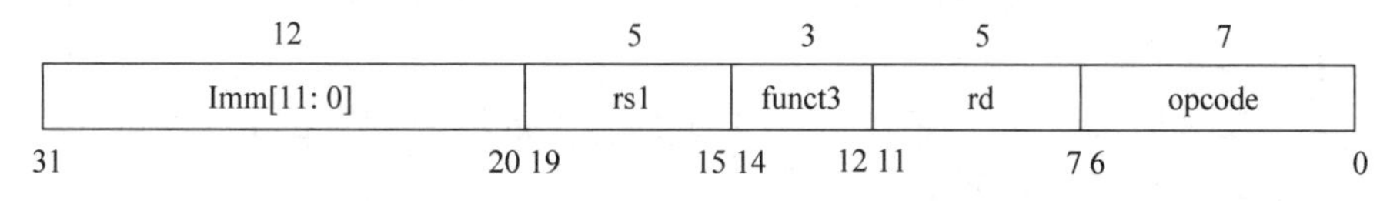

图 5.14 RISC-V 系统 I 类型指令格式

I 类型指令格式上只有一个字段不同于 R 类型指令格式，rs2 和 funct7 替换为 12 位符号立即数 Imm[11：0]。立即数字段为补码值，所以它可以表示从 -2^{11} 到 $2^{11}-1$ 的整数。当 I 类型格式用于 LOAD 指令时，立即数字段表示 1B 偏移量，所以 LOAD 双字指令可以加载相对于基址寄存器 rd 中基地址偏移 $\pm 2^{11}$B 长度的任何双字。

S 类型指令用于 STORE 操作，它将 32 位划分成 6 个区域，指令格式如图 5.15 所示。

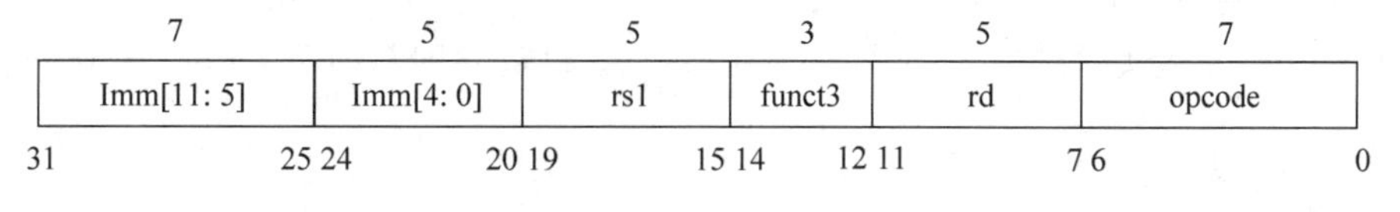

图 5.15 RISC-V 系统 S 类型指令格式

相对于 I 类型指令，S 类型指令的 12 位立即数字段分成了低 5 位和高 7 位两个字段，之所以这样，是为了在所有指令格式中保持 rs1 和 rs2 字段在相同的位置，以降低硬件的复杂性(类似地，RISC-V 指令系统中 opcode 和 funct3 字段也总是保持同样的大小并在同一个位置)。

B 类型指令用于条件跳转操作，它将 32 位划分成 4 个区域，其中，立即数又进一步划分为

4个区域，指令格式如图5.16所示。

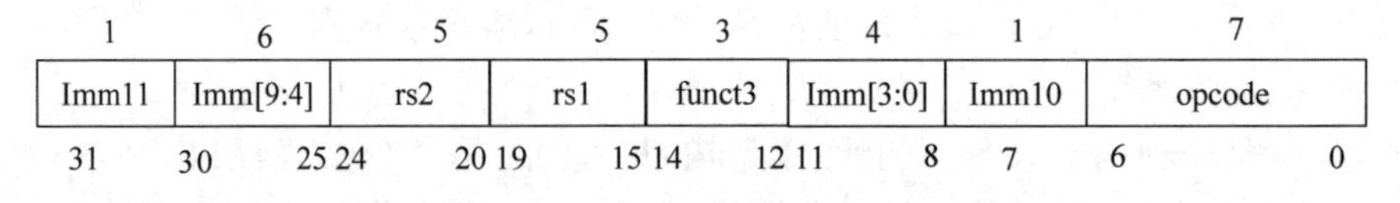

图5.16 RISC-V系统B类型指令格式

B类型指令属于有条件的分支。其中，opcode是操作码，长度为7位，在指令字段的第0～6位上。立即数分成4块，Imm[3:0]存放立即数的第0～3位，在指令字段的第8～11位上；Imm[9:4]存放立即数的较低6位，在指令字段的第25～30位上；Imm[10]存放立即数的第10位，在指令字段的第7位上；Imm[11]存放立即数的最高位，在指令字段的第31位上。funct3是操作字段，长度为3位，在指令字段的第12～14位上。rs1是第1源寄存器，长度为5位，在指令字段的第15～19位上；rs2是第2源寄存器，长度为5位，在指令字段的第20～24位上。

U类型指令用于长立即数，它将32位划分成三个区域，指令格式如图5.17所示。

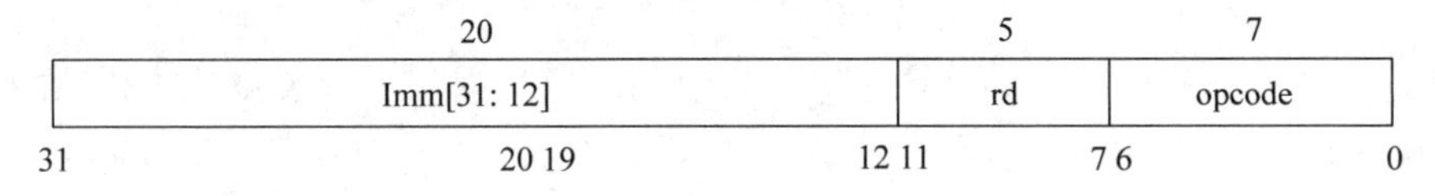

图5.17 RISC-V系统U类型指令格式

U类型指令包含两种指令，即LUI和AUIPC。LUI指令将高20位常数加载到寄存器的高20位，同时将寄存器的低12位用“0”填充，它常常与ADDI指令一起使用，由ADDI指令将低12位写入目标寄存器，以实现对32位寄存器的数值设置。AUIPC实现对PC相对寻址，它加载1个20位的立即数，取值范围为0～$(2^{20}-1)$，指令执行结束后，目的寄存器rd中保存的数据是(pc)+(立即数<<12)。

J类型指令用于无条件跳转，它将32位划分成三个区域，其中，立即数又进一步划分为4个区域，指令格式如图5.18所示。

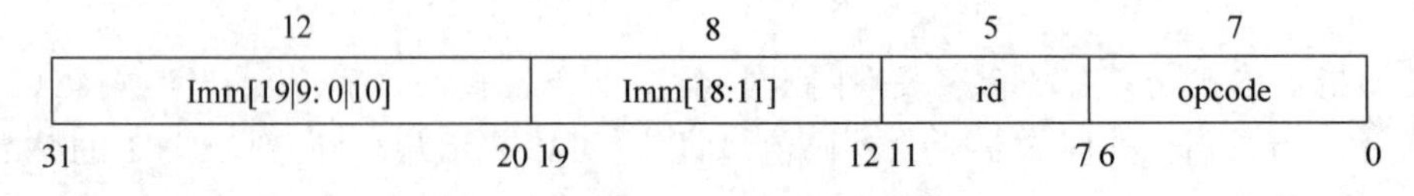

图5.18 RISC-V系统J类型指令格式

J类型指令立即数分成4块，Imm[0:9]存放立即数的第0～9位，在指令字段的第21～30位上；Imm[10]存放立即数的第10位，在指令字段的第20位上；Imm[18:11]存放第11～18位的立即数，在指令字段的第12～19位上；Imm[19]存放立即数的第19位，在指令字段的第31位上。

习题

5.1 什么是机器指令？什么是指令系统？

5.2 设指令字长为16位，采用扩展操作码技术，每个操作数的地址为6位。如果定义了13条二地址指令，试问还可以安排多少条一地址指令？

5.3 某指令系统指令长16位，每个操作数的地址码长6位，指令分为无操作数、单操作数和双操作数三类。若双操作数指令有 K 条，无操作数指令有 L 条，问单操作数指令最多可能有多少条？

5.4 某指令系统字长为16位，地址码取4位，试提出一种方案，使该指令系统有8条三地址指令、16条二地址指令、100条一地址指令。

5.5 某计算机字长为16位，主存容量为64KB，按字节编址，采用单字长单地址指令，共有32条指令。CPU中有8个16位的通用寄存器 $R_0 \sim R_7$ 和1个16位基址寄存器 R_b。试采用寄存器直接寻址、寄存器间接寻址、直接寻址、基址寻址4种寻址方式设计指令格式，标出各字段的位数，并给出有效地址EA的计算方法。

5.6 设基址寄存器的内容为2000H，变址寄存器内容为03A0H，指令的地址码部分是3FH，当前正在执行的指令所在地址为2B00H，请求出变址寻址（考虑基址）和相对寻址两种情况的访存有效地址EA。

5.7 接5.6题：

(1) 设变址寻址用于取数指令，相对寻址用于转移指令，存储器内存放的内容如下。

地址	内容
003FH	2300H
2000H	2400H
203FH	2500H
233FH	2600H
23A0H	2700H
23DFH	2800H
2B00H	063FH

请写出从存储器中所取的数据以及转移地址。

(2) 若采用直接寻址，请写出从存储器中取出的数据。

5.8 举例说明哪几种寻址方式在指令的执行阶段不访问存储器？哪几种寻址方式在指令的执行阶段只需访问一次存储器？完成什么样的指令，包括取指令在内共访问存储器4次？

5.9 某计算机主存容量为4M×16位，且存储字长等于指令字长，若该机指令系统可完成108种操作，操作码位数固定，且具有直接、间接、变址、基址、相对、立即6种寻址方式，试回答以下问题。

(1) 画出一地址指令格式并指出各字段的作用。

(2) 该指令直接寻址的最大范围。

(3) 一次间接寻址和多次间接寻址的寻址范围。

(4) 立即数的范围（十进制表示）。

(5) 相对寻址的位移量（十进制表示）。

(6) 上述6种寻址方式的指令中哪一种执行时间最短？哪一种最长？为什么？哪一种便于程序浮动？哪一种最适合处理数组问题？

(7) 如何修改指令格式，使指令的寻址范围可扩大到4M？

(8) 为使一条转移指令能转移到主存的任一位置，可采取什么措施？简要说明之。

5.10 设机器字长、指令字长和存储字长均为24位，若指令系统可完成108种操作，均为单操作数指令，且具有直接、间接（一次间接）、变址、基址、相对、立即6种寻址方式，则在保证最大范围内直接寻址的前提下，指令字中操作码占多少位？寻址特征位占多少位？可直接寻址的范围是多少？一次间接寻址的范围是多少？

5.11　某机器共能完成78种操作，若指令字长16位，试问一地址格式的指令地址码可取几位？若想指令的寻址范围扩大到2^{16}，可采取什么方法？举出三种不同的例子加以说明。

5.12　假设地址为1200H的内存单元中的内容为12FCH，地址为12FCH的内存单元的内容为38B8H，而38B8H单元的内容为88F9H。说明以下各情况下操作数的有效地址和操作数各是多少？

(1) 操作数采用变址寻址，变址寄存器的内容为12(十进制)，指令中给出的形式地址为1200H。

(2) 操作数采用一次间接寻址，指令中给出的地址码为1200H。

(3) 操作数采用寄存器间接寻址，指令中给出的寄存器编号为8，8号寄存器的内容为1200H。

5.13　设相对寻址的转移指令占两个字节，第一个字节是操作码，第二个字节是相对位移量，用补码表示。假设当前转移指令第一字节所在的地址为2000H，且CPU每取出一个字节便自动完成(PC)+1→PC的操作。试问当执行"JMP　*+8"和"JMP　*-9"指令时，转移指令第二字节的内容各为多少？转移地址各是多少？

5.14　一相对寻址的转移指令占三个字节，第一字节是操作码，第二、三字节是相对位移量，而且数据在存储器中采用高字节地址为字地址的存放方式，假设PC当前值为4000H，试问结果为0，执行JZ *+35和JZ *-17指令时，该指令的第二、三字节的机器代码各为多少？

5.15　假定某计算机中有一条转移指令，采用相对寻址方式，共占两个字节，第一字节是操作码，第二字节是相对位移量(用补码表示)，CPU每次从内存只能取一个字节，并自动完成PC+1操作。假设执行到某转移指令时PC的内容为200(十进制)，执行该转移指令后要求转移到100(十进制)开始的一段程序执行，则该转移指令第二字节的内容应该是多少？

5.16　Pentium计算机将不同信息存放于不同的段中，其中，代码段用于存放程序代码，数据段用于存放各种数据，堆栈段用于存放堆操作，各个段寄存器(16位，即2字节)存放段地址左移4位后的结果。已知Pentium处理器各段寄存器的内容：DS=0800H，CS=1800H，SS=4000H，ES=3000H，disp字段的内容为2000H，试回答以下问题。

(1) 执行MOV指令，且已知为直接寻址，计算有效地址。

(2) 指令指针IP的内容为1440，计算下一条指令的地址(假设顺序执行)。

(3) 现将某寄存器内容直接送入堆栈，计算接收数据的存储器地址。

5.17　某计算机字长16位，每次存储器访问宽度16位，CPU中有8个16位通用寄存器。现为该机设计指令系统，要求指令长度为字长的整数倍，至多支持64种不同操作，每个操作数都支持4种寻址方式：立即(I)、寄存器直接(R)、寄存器间接(S)和变址(X)，存储器地址位数和立即数均为16位，任何一个通用寄存器都可作变址寄存器，支持以下7种二地址指令格式(R、I、S、X代表上述4种寻址方式)：RR型、RI型、RS型、RX型、XI型、SI型、SS型。请设计该指令系统的7种指令格式，给出每种格式的指令长度、各字段所占位数和含义。

5.18　某机字长为16位，主存容量为128K字，按字编址，单字长单地址指令，有50种操作码，可采用页面寻址、存储器直接、存储器间接三种寻址方式，CPU中有一个PC、IR、AC、DR、AR、FR，页面寻址时用PC的高位部分与形式地址部分拼接成有效地址。问：

(1) 指令格式如何安排？

(2) 主存能划分成多少个页面？每页多少单元？

(3) 在设计的指令格式不变的情况下，能否增加其他寻址方式？

5.19 设某机字长为32位，CPU内有32个32位的通用寄存器，设计一种能容纳64种操作的指令系统。假设指令字长等于机器字长，试回答以下问题。

(1) 如果主存可直接或间接寻址，采用“寄存器-存储器”型指令，能直接寻址的最大存储空间是多少？画出指令格式并说明各字段的含义。

(2) 在满足(1)的前提下，如果采用通用寄存器作基址寄存器，则上述“寄存器-存储器”型指令的指令格式有何特点？画出指令格式并指出这类指令可访问多大的存储空间？

5.20 某计算机有10条指令，其使用频率分别为0.35、0.20、0.11、0.09、0.08、0.07、0.04、0.03、0.02、0.01，试用哈夫曼编码规则对操作码进行编码，并计算平均代码长度。

5.21 什么是RISC？简述它的主要特点。

第6章 中央处理器

计算机的工作就是对信息进行处理，这个信息处理过程分为两个步骤：将数据和程序输入计算机存储器中、从“程序入口”开始执行该程序，得到所需要的结果后结束运行。

程序的执行过程其实就是按照程序执行顺序不断取出指令、分析指令、执行指令的过程，计算机不断重复上述三种基本操作，直到遇到停机指令或外来的干预为止。

为保证正常工作，计算机上电复位后首先执行存放于只读存储器中的基本输入/输出系统(BIOS)，机器加电时硬件产生的复位信号使计算机处于初始状态，它使计算机的程序计数器指向BIOS的第一条指令地址，下一拍即从这里开始执行。机器先对计算机各部件进行测试，测试通过后引导进入操作系统环境，等候操作员从键盘送入命令或用鼠标对显示屏上的图标进行选择。

中央处理器(CPU)是计算机系统的核心部件，它通过指令控制、操作控制、时间控制、数据加工以及对输入/输出与异常的处理，控制程序指令的执行，完成对数据信息的加工处理。

CPU所需完成的功能决定了CPU的组成。CPU由运算器和控制器两大部分组成，运算器是加工处理数据的功能部件；控制器是控制指挥整台计算机各功能部件协同工作、自动执行计算机程序的部件。

运算器主要由算术逻辑单元(ALU)和相关寄存器、各种门电路等组成。

算术逻辑单元(ALU)用于完成二进制信息的定点算术运算、逻辑运算、移位操作等。

寄存器是CPU内部的临时存储单元，用于存放数据信息、地址信息、控制信息、CPU的工作状态信息等，这些寄存器是CPU的重要组成部分，它们为运算器所必需，或者为控制器不可缺少。

从程序员是否可见的角度，CPU内部寄存器可分为两类，一类是用户可见寄存器，包括通用寄存器(相应地，其他寄存器均属于专用寄存器)、数据寄存器、地址寄存器、程序计数器、状态标志寄存器；另一类是控制状态寄存器，包括指令寄存器、主存地址寄存器、主存数据寄存器等。

算术逻辑单元和通用寄存器的位数决定了CPU的字长，增加寄存器数量可提高CPU运行速度。

随着集成电路技术发展和计算技术进步，高速缓冲存储器Cache与运算器、控制器成为CPU中三大部件之一，现代CPU往往还包括浮点运算器FALU、存储管理部件等；某些CPU还包括一定容量的ROM、RAM存储器等。

6.1 控制器的功能与组成

▶ 6.1.1 控制器的组成部件

1. 控制器的功能

控制器是指挥与控制整台计算机各功能部件协同工作、自动执行计算机程序的部件，其应该具备的基本功能由它在计算机中所起的作用决定。

计算机要通过控制器的指挥与控制把运算器、存储器以及 I/O 设备组成一个有机的系统，具体地讲，控制器的主要作用是发出满足一定时序关系的控制信号，控制程序（也就是指令序列）有序执行，并保证计算机系统正常运行。

因此，控制器的基本功能就是：依据当前正在执行的指令和它所处的执行步骤或所处的具体时刻，以及某些条件信号，形成并提供出在这一时刻整机各部件要用到的控制信号。

从程序运行的角度看，控制器的基本功能就是完成对计算机指令执行过程的控制，也就是对指令流和数据流在时间上和空间上实施正确的控制。所谓指令流，就是处理器执行的指令序列；所谓数据流，就是执行指令序列时存取的数据序列。对数据流的控制主要是对数据的存取、传送、处理进行控制；对指令流的控制则包括对取指令、指令分析、指令执行、指令流向进行控制。

在取指令阶段，控制器要给出指令的地址（空间）、向存储器发读命令（时间）；在指令分析阶段，控制器要分析指令的操作性质，并且根据寻址方式形成操作数的有效地址；在指令执行阶段，控制器要根据指令分析产生的操作命令和时序信号发生器给出的节拍信号，产生执行指令所需的微操作控制信号序列，并通过算术逻辑单元、主存储器、I/O 设备的执行，实现指令功能。

所谓对指令流向的控制指的是本条指令执行完毕后，控制形成下一条要执行的指令地址。如果是顺序执行，只需将程序计数器 PC 内容增 1 即可；遇到非顺序执行即发生程序转移时，如果当前执行的是转移类指令，包括条件转移、无条件转移指令以及转子程序、程序调用返回指令等，需要把转移地址送到 PC 中。其中，执行无条件或条件转移指令、程序返回指令时不需要保存原 PC 的内容；但如果是转子程序指令或程序调用指令，还需要保存原来 PC 的内容。

除了转移类指令引起的程序转移，中断事件也会引起程序转移。当发生中断时，首先要保存原 PC 的内容，保存现场信息，然后判断中断类型，把相应的中断处理程序的入口地址送给 PC，并开始进行中断处理；中断处理程序执行完毕后，要恢复现场，并且返回源程序断点继续执行。

2. 控制器的基本组成

控制器需要完成的基本功能决定了控制器的基本组成，如图 6.1 所示，它由程序计数器

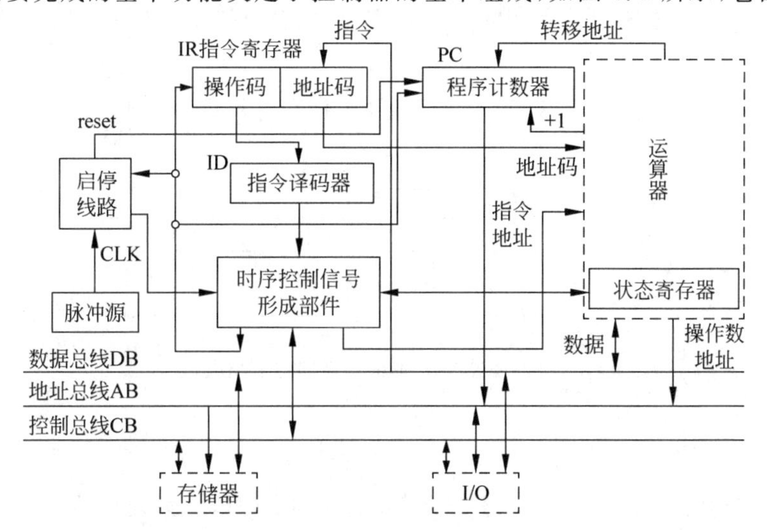

图 6.1 控制器基本组成框图

(PC)、指令寄存器(IR)、指令译码器(或者叫作操作译码器)、脉冲源及启停线路、时序控制信号形成部件等部分组成。

程序计数器(PC)用来存放将要执行的指令的地址；指令寄存器(IR)存放正在执行的指令,由它控制完成指令功能；指令译码器对指令操作码、寻址方式等字段进行译码,来产生相应时序控制信号的逻辑条件；脉冲源及启停线路用于提供计算机工作所需要的一系列基准信号、在计算机加电时产生复位信号等,以控制时序信号的发生与停止,从而启动机器工作或使它停机；时序控制信号又称为微操作控制信号,当机器启动以后,时序控制信号形成部件根据当前正在执行的指令的需要,产生相应的时序控制信号,并且根据被控制的各功能部件的反馈信号调整时序控制信号,是整个控制器最核心、最复杂也最关键的部分。

控制器控制各条指令按时间顺序执行需要基于计算机时序系统,它由脉冲源及启停复位线路所提供的基准信号组成。典型的三级计算机时序系统由工作脉冲、主频周期即节拍、机器周期组成。

计算机用石英晶振产生的具有一定频率的方波或窄脉冲作为整个机器的时间基准源,它称为时钟脉冲或基准时钟。每个基准时钟周期内有两个时钟跳变沿,即一个上升沿、一个下降沿,可以分成两个阶段,即高电平阶段和低电平阶段。

计算机主时钟频率(主振荡频率)即计算机的主频,计算机主时钟周期(主频周期)即计算机相邻两个主时钟脉冲的时间间隔。计算机的主时钟可以就是基准时钟,也可以是基准时钟分频的结果。例如,80386 利用石英晶振产生基准时钟 CLK_2,主时钟 CLK 由基准时钟 CLK_2 二分频得到。

计算机用节拍电位信号来表示主频周期信号,每一个节拍电位的宽度就是一个主频周期。

CPU 完成一次基本操作所需要的时间间隔称为机器周期,又叫作处理器周期、CPU 周期。

一个机器周期往往需要多个主时钟周期,也就是由多个节拍组成,而且根据微操作的复杂程度不同,执行这个微操作所需要的节拍数可能不同,但是所有的微操作都应该在一个机器周期内完成,所以机器周期的时间应该大于或等于执行时间最长的微操作的时间。

为了明确区分当前计算机是处于机器周期的哪一个节拍,不同的节拍用不同的节拍电位信号来表示,每个节拍电位信号在时间上有先后顺序,空间上则由不同的线输出。

在 80386 中,一个基本机器周期由两个 CLK(即两个节拍 T_1、T_2)组成,如图 6.2 所示。

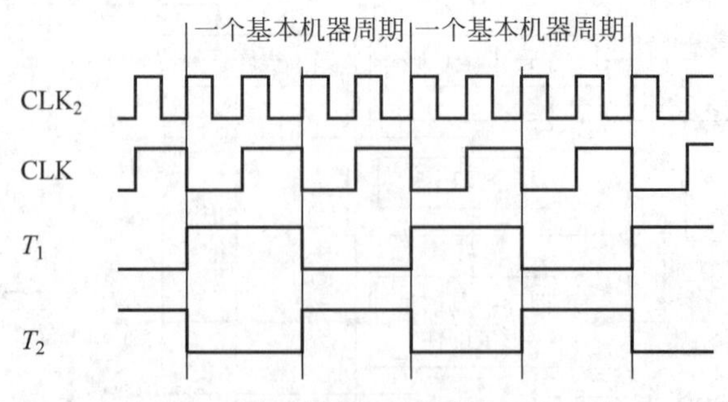

图 6.2 80386 基本机器周期与节拍电位

▶ 6.1.2 指令的执行过程

不同具体结构的计算机指令执行过程不尽相同,但是大体上大同小异。

假设模型机运算控制器逻辑框图如图 6.3 所示。

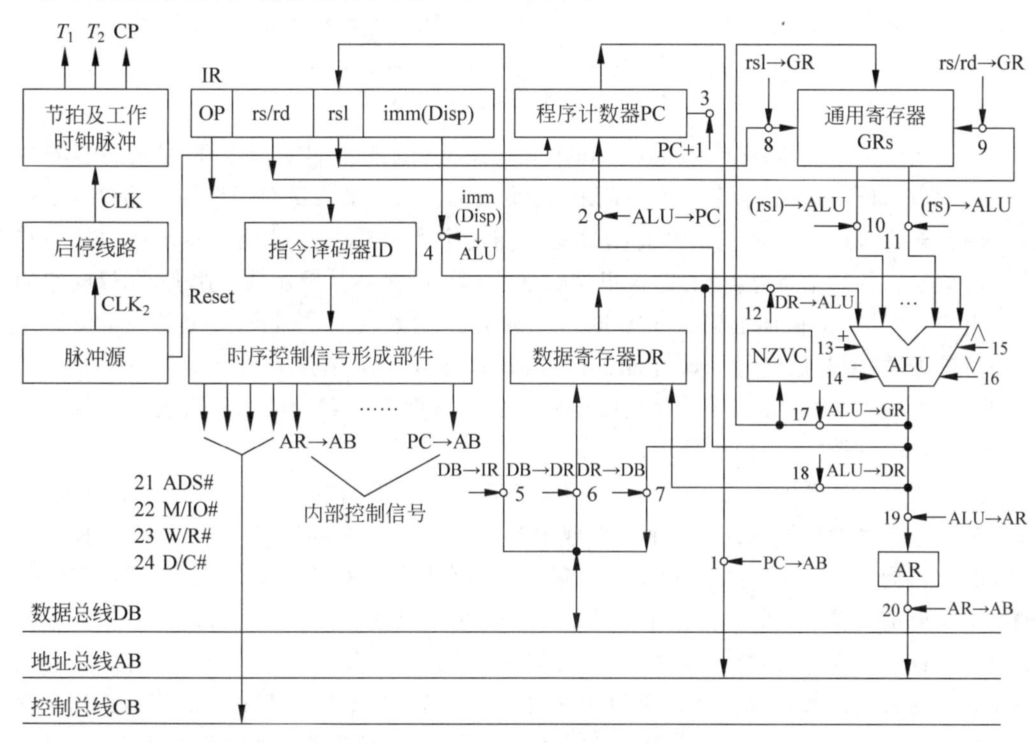

图 6.3　模型机运算控制器逻辑框图

假设一个基本机器周期需两个节拍，并且图中的程序计数器(PC)实际上是通用寄存器(GR)中的一个。

控制器的时序控制信号形成部件产生各种微操作控制信号，微操作控制信号的名字就表示了这个信号所控制完成的操作或者执行的功能。表 6.1 列出了后面要讨论的指令执行过程中所用到的这些微操作控制信号的功能。

表 6.1　模型机部分微操作控制信号及其功能

序号	控 制 信 号	功　　能	序号	控 制 信 号	功　　能
1	PC→AB	指令地址送地址总线	13	+	ALU 进行加法运算
2	ALU→PC	转移地址送 PC	14	−	ALU 进行减法运算
3	PC+1	程序计数器加 1	15	∧	ALU 进行逻辑与运算
4	imm(disp)→ALU	立即数或位移量送 ALU	16	∨	ALU 进行逻辑或运算
5	DB→IR	数据总线上的内容到指令寄存器	17	ALU→GR	ALU 运算结果送 GR
6	DB→DR	数据总线上的内容送数据寄存器	18	ALU→DR	ALU 运算结果送数据寄存器
7	DR→DB	数据寄存器中的数据送数据总线	19	ALU→AR	ALU 计算得到的有效地址送地址寄存器
8	rsl→GR	左寄存器地址送 GR	20	AR→AB	地址寄存器内容送地址总线
9	rs/rd→GR	右寄存器地址送 GR	21	ADS#	地址总线上地址有效
10	(rsl)→ALU	左寄存器内容送 ALU	22	M/IO#	访问存储器或 I/O
11	(rs)→ALU	右寄存器内容送 ALU	23	W/R#	写或读
12	DR→ALU	数据寄存器内容送 ALU	24	D/C#	数据或控制信号

再假设指令的寻址方式由操作码译码确定，现有加法指令格式如图 6.4 所示。

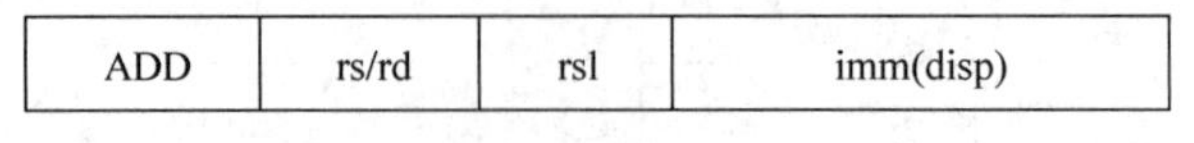

ADD	rs/rd	rsl	imm(disp)

图 6.4 模型机加法指令格式

该加法指令的功能是(rs)+((rsl)+disp)→rd，其中，rs/rd 用来指示源/目的寄存器的地址，也就是双端口寄存器右端寄存器的地址，模型机可以从双端口寄存器堆的右端口取出这个寄存器的值送给 ALU 参与运算，并将结果写回到这个寄存器中；rsl 用来指示从双端口寄存器堆左端口取数的那个寄存器地址，这里进行加法运算的另一个操作数采用变址寻址，它的有效地址由寄存器 rsl 的值加上偏移 disp 得到；imm(disp)是一个立即数，或者是一个位移量。

为讨论方便，暂时假定每一次存储器读/写操作需要一个单独的机器周期，每一个 ALU 操作需要一个单独的机器周期，其他微操作只要功能部件不冲突就可以按需安排在相应的机器周期完成，而不需要单独的机器周期。

下面分析这条指令的执行过程。每一条指令都需要先取指令，它需要一个存储器读操作，因此需要一个单独的机器周期；两个操作数中的一个在源/目的寄存器中，对寄存器操作不需要单独的机器周期；另一个数在存储器中，需要通过存储器读操作把它取出来，因此需要一个单独的机器周期；那么这个数在存储器的什么地址呢？变址寻址方式的有效地址由变址寄存器的值加上偏移量得到，需要一次 ALU 操作，因此需要一个单独的机器周期；当采用变址寻址的加数取出来送到数据寄存器以后，要进行加法操作，它把数据寄存器中的值和通用寄存器中的值相加，结果写回通用寄存器，所有对寄存器的操作都不需要单独的机器周期，所以这里只是因为有一个 ALU 操作，需要一个单独的机器周期。

也就是说，根据指令的功能和机器内部结构可以分析出，这条加法指令需要 4 个机器周期。

首先是取指令，它需要根据程序计数器的指示从存储器中取出指令送入指令寄存器，并进行操作码译码；同时，还需要使程序计数器+1，以便为下一条指令做好准备。

第二个阶段是计算操作数地址。因为有一个操作数采用变址寻址方式，获得它的有效地址需要一次算术逻辑运算。得到了操作数的有效地址后，要把它送到地址寄存器 AR，以便下一步把它取出来。

第三个阶段是取操作数。刚才已经知道了第二个操作数在主存中的地址，现在要把指定的数据读出来，送到数据寄存器 DR。

最后一个阶段是进行加法运算，并且把结果送到目的寄存器。它需要把源/目的寄存器、数据寄存器中的数据送到 ALU 中做加法运算，运算结果送回源/目的寄存器，并置相应的状态位。

为了实现指令功能，在不同阶段控制器需要发出不同的微操作控制信号。

取指令周期需发出的微操作控制信号如下。

- PC→AB
- ADS# 为低，W/R# 为低，M/IO# 为高，D/C# 为低；DB→IR
- PC+1

计算有效地址周期需发出的微操作控制信号如下。

- rsl→GR，(rsl)→ALU，disp→ALU
- “+”

- ALU→AR

取操作数周期需发出的微操作控制信号如下。

- AR→AB
- ADS# 为低,W/R# 为低,M/IO# 为高,D/C# 为高
- DB→DR

求和与写回周期需发出的微操作控制信号如下。

- rs/rd→GR,(rs)→ALU,(DR)→ALU
- "+"
- ALU→GR

对于这条指令,在不同时期分别需要给出来的各种微操作控制信号如图 6.5 所示。

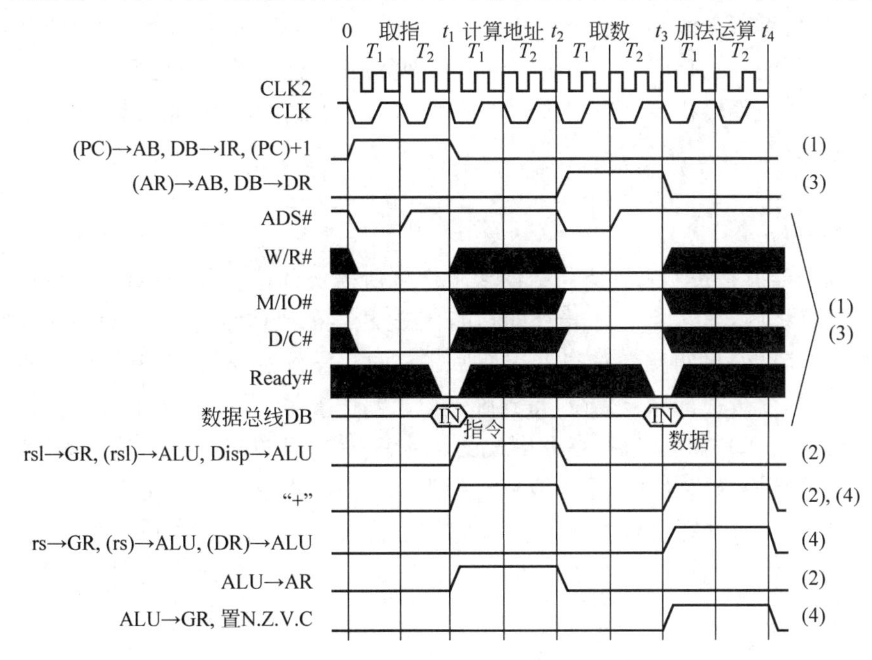

图 6.5 模型机加法指令微操作控制信号时序图

再看一条指令的执行过程。现有条件转移指令格式如图 6.6 所示。

JC/JZ···	imm(disp)

图 6.6 模型机条件转移指令格式

该条件转移指令需要根据状态标记位 N、Z、V、C 等的状态,决定程序执行是否发生转移,如果条件满足,就转移到指定地址开始执行程序,也就是要改变程序计数器(PC)的值;否则,仍然顺序执行,也就是不改变 PC 的值。

指令只有被取出并译码后才做各自不同的处理,但是指令没有被取出来之前计算机的操作是没有区别的。换句话说,取指令操作对所有指令都是一样的,都是从存储器中把 PC 指向的那条指令取出来送往指令寄存器进行译码,并让 PC 增 1,为下一条指令执行做好准备。即条件转移指令的取指令周期需要发出的微操作控制信号与变址加法指令相同。

- PC→AB
- ADS# 为低,W/R# 为低,M/IO# 为高,D/C# 为低;DB→IR
- PC+1

条件转移指令的执行阶段,如果条件满足,需要根据不同寻址方式形成有效地址,并更新 PC 的值。

如果采用相对寻址方式，那么要将 PC 的内容加上这个相对位移 disp 作为将要执行的指令地址送给 PC(注意：由于取指阶段已经提前进行了 PC+1 操作，所以这里需要对这个相对位移量进行适当修正，具体方法本书略)，因为需要进行 ALU 计算，所以这里需要一个机器周期。前文提过，PC 实际上就是通用寄存器 GR 中的一个，因此，对照图 6.3，可以用信号 rsl→GR、(rsl)→ALU 表示 PC→ALU，这样，相对寻址的条件转移指令当转移成功时需要发出的微操作控制信号就是：

- rsl→GR，(rsl)→ALU，disp→ALU
- “+”
- ALU→PC

如果采用直接寻址方式，需要把指令字中直接给出的地址 imm 作为将要执行的指令地址送给 PC。虽然这里不需要存储器读/写操作，表面上也不需要 ALU 操作，但是仍然需要一个机器周期，为什么呢？这是因为将指令字中的立即数 imm 送给 PC 只能通过 ALU“绕”一下，因此，直接寻址的条件转移指令当转移成功时需要发出的微操作控制信号就是：

- imm→ALU
- “+”
- ALU→PC

控制器的功能就是按照每一条指令的要求产生所需要的微操作控制信号，所以控制器的设计步骤就是这样的：根据每一条指令的功能，结合机器的具体结构，确定每一条指令所需要的具体的机器周期数，并得出每个机器周期所需要的微操作控制信号；在分析完每一条指令之后，将所有控制信号进行综合化简，得到统一的微操作控制信号形成部件。

指令系统的设计和确定，包括指令格式设计及编码、寻址方式设计与选用等，是控制器设计的前提。在进行控制器设计时要求有完整的无二义性的指令系统说明书。

在控制器设计中，计算机各个部件的具体组成、运行原理及逻辑关系是其依据，而划分指令执行步骤和确定每一步完成的具体功能是控制器设计的关键，这个过程工作量最大，也最复杂。

6.1.3 时序信号及工作脉冲的形成

计算机中所有的微操作控制信号均需遵循相应的时间先后次序，这个时间先后次序是通过计算机的各种时序信号加以刻画的，而这些时序信号则都是在石英晶振所产生的基准时钟基础上产生的，以 80386 为例，石英晶振产生基准时钟 CLK_2，系统的主时钟 CLK 通过 CLK_2 二分频得到。

假定机器复位时 CLK_2、CLK、T_1 都为低电位，则 CLK_2 与 CLK 的时序关系如图 6.7 所示。

对石英晶振基准时钟 CLK_2 分频可以用触发器电路实现(见图 6.8)。

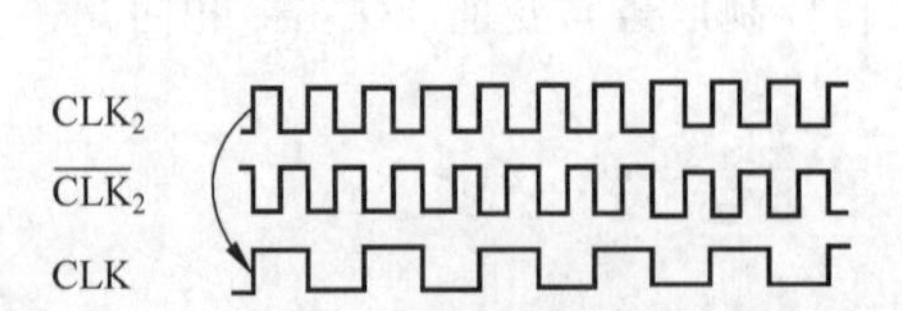

图 6.7 80386 时序信号 CLK_2 与 CLK 的关系

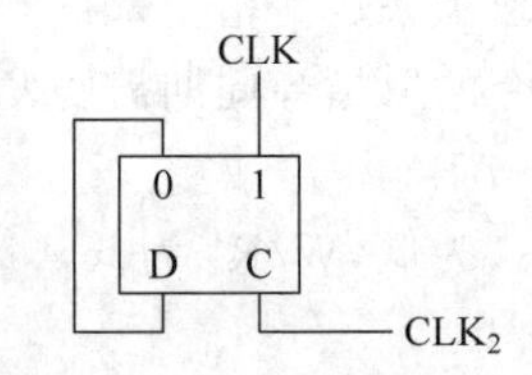

图 6.8 对 CLK_2 二分频产生 CLK

一个节拍电位 T 的宽度就等于一个时钟周期，因此把 CLK 二分频就可以得到节拍信号 T_1，把 T_1 取反就得到了 T_2(见图 6.9)。一旦 CLK 信号稳定，计算机的各种时序信号即稳定出现了(见图 6.10)。

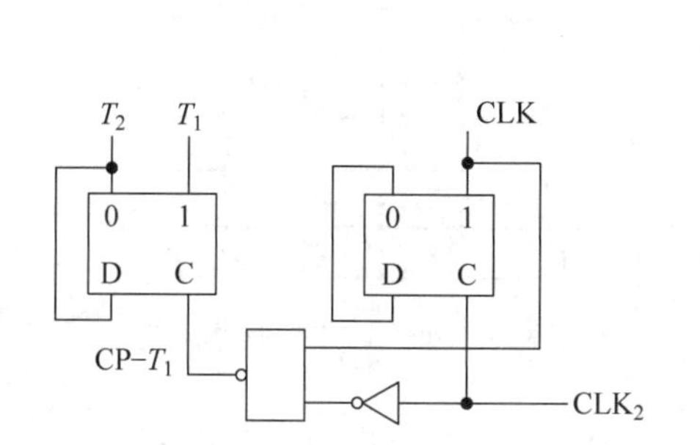

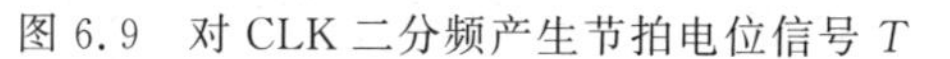
图 6.9　对 CLK 二分频产生节拍电位信号 T

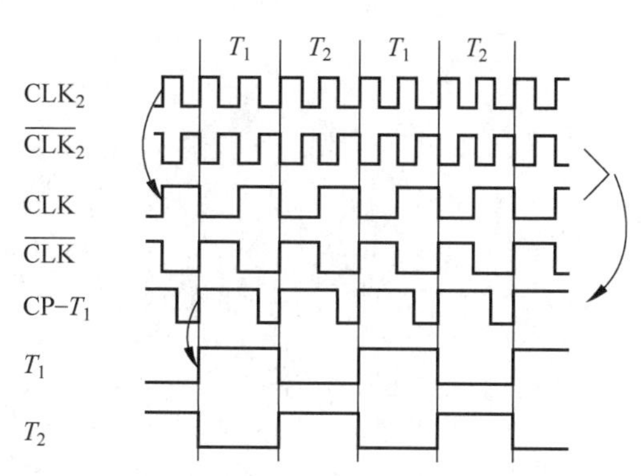

图 6.10　80386 各主要时序信号及其关系

图 6.9 中，CLK 信号稳定后，每当 CLK 为“高”、CLK_2 为“低”时(即处于 CLK 周期的最后阶段时，如图 6.10 所示)，与非门的两个输入均为“高”，故与非门的输出 CP$-T_1$ 为“低”；但只要二输入不全为“高”，信号 CP$-T_1$ 即为“高”，因此该信号在每一个 CLK 的结束时刻产生一个由“低”到“高”的跳变，它使得左侧 D 触发器发生翻转，也就是使 T_1 的电位发生翻转，每次翻转的时间间隔恰好等于一个主时钟周期，因此 T_1 的周期恰好等于 CLK 周期的二倍，即实现了对 CLK 的分频。

计算机中所有寄存器完成工作都需要工作脉冲，像计数器需要计数脉冲，寄存器、触发器，除了施密特触发器，接收信息需要打入脉冲。工作脉冲的实质就是特定时刻的脉冲，有了基本时序信号以后，可以按照需要产生工作脉冲。

例如，在取指令周期的末尾时刻，需要把来自总线的数据送入指令寄存器，并完成将 PC 加 1 的操作。所谓末尾时刻，就是这个周期快结束但是下一个周期还没有开始的时候的最后一个跳变。对于取指令周期来说，它的末尾时刻就是在这个机器周期的第二个节拍的第二个的 CLK_2 下降沿。如果要求工作脉冲上升沿有效，那么这个在 T_2 末尾时刻的工作脉冲 CP_2 的逻辑就是：只有当 T_2 为高、CLK 为高且 CLK_2 为低的时候它为高。其对应电路如图 6.11 所示。

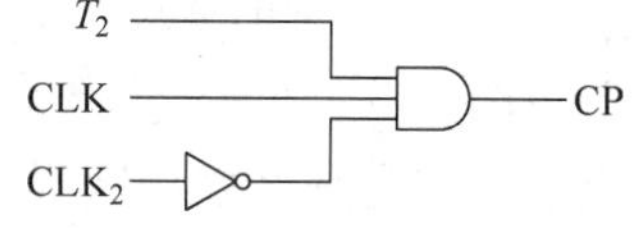

图 6.11　T_2 末尾时刻工作脉冲形成电路

这个工作脉冲也即每个机器周期末尾的工作脉冲 CP。

类似地，在 T_1 末尾时刻的工作脉冲 CP_1 的逻辑就是：只有当 T_1 为高、CLK 为高且 CLK_2 为低的时候它为高；在每个节拍末位时刻的工作脉冲就是 CP_1、CP 的组合，其逻辑就是当 CLK 为高且 CLK_2 为低的时候它为高，电路如图 6.12 所示，上述信号的时序关系图如图 6.13 所示。

具体的打入脉冲、计数脉冲可结合时序信号、工作脉冲以及微操作控制信号共同产生。

例如，在取指令周期的末尾时刻，需要把来自总线的数据送入指令寄存器，这个指令寄存器 IR 的打入脉冲 CP-IR 即微操作控制信号 DB→IR 为“1”时的工作脉冲 CP(见图 6.14)。

同理，PC 的计数脉冲 CP-PC 就是：微操作控制信号 PC+1 为“1”时的工作脉冲 CP(见图 6.15)。

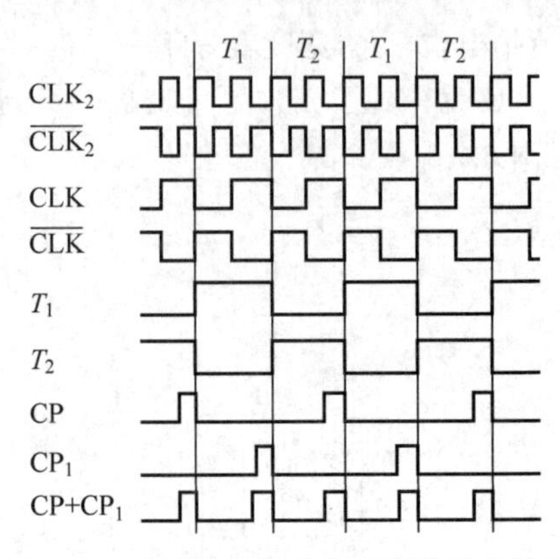

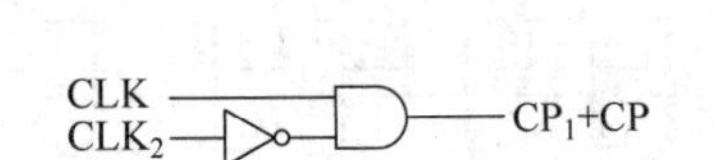

图 6.12　T_1 末尾时刻工作脉冲形成电路

图 6.13　典型工作脉冲与时序信号的关系

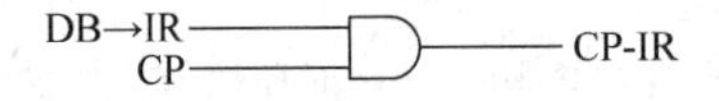

图 6.14　打入脉冲 DB→IR 形成电路

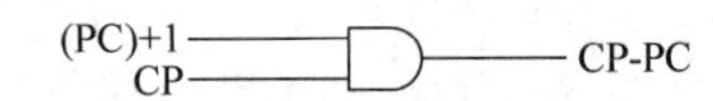

图 6.15　打入脉冲 PC+1 形成电路

具体一个机器周期多长时间、一个机器周期内设置几个工作脉冲，需要设计者根据逻辑设计和电路性能决定，随机器而异。

另外，在具体的电路实现中还需考虑实现信号同步、避免毛刺等具体问题。

6.1.4　机器周期

CPU 完成一次基本操作所需要的时间间隔称为机器周期，但是不同的微操作完成的工作不一样，所需的时间可能不同。

理想情况下，所有的微操作都应在一个机器周期内完成，即机器周期时间应大于或等于最繁微操作的执行时间。但是计算机中各种微操作的繁简程度差异巨大，一般先确定基本机器周期的时长。

确定基本机器周期的时长，通常先考虑几条典型指令的执行步骤以及每一步骤的时间，这些被选择的典型指令要能够反映出计算机各主要部件的速度。

例如，指令中的取指令或取操作数的操作反映了存储器的速度以及 CPU 与存储器配合工作的情况；加法运算涉及运算器即 ALU 的运算速度，以及根据结果判溢出、置状态位，如果溢出做进一步处理等所需要的时间；条件转移指令反映基本执行周期所需时间，特别是比较转移指令，它先进行比较运算并根据运算结果置状态位，然后根据状态位决定是否转移、如果转移还要形成转移地址，并将转移地址送到程序计数器(PC)中。

一般地，要求存储器访问周期 T_M 应该是基本机器周期的整数倍，基本机器周期是时钟周期的整数倍。

前文提到的模型机假设存储器速度与 ALU 的速度是恰好匹配的，一个基本机器周期的时间就是进行一次存储器操作或一次 ALU 操作所需要的时间。

在模型机加法指令中，取指令需要一次访存、取操作数需要一次访存；计算有效地址需要一次 ALU 操作、计算结果需要一次 ALU 操作，所以一共需要 4 个机器周期。

基本机器周期确定以后，就可以安排各种微操作。

如果两个微操作之间有严格的时序性要求，前一个微操作是后一个微操作的条件，那么这两个微操作就是相关微操作。相关微操作一般不安排在同一个机器周期内，不相关的微操作可以安排在同一个机器周期内并行执行,也可以安排在不同的机器周期内执行。

基本机器周期确定以后,大多数微操作都是能够在一个机器周期内完成的。对于少数特别复杂或者可能需要较多时间才能够完成的微操作,例如乘除法运算,或者访问存储但存储器未准备好,可以通过延长机器周期的方法来实现。

例如,可利用 Ready# 信号使低速存储器与 CPU 一致。以存储器读操作为例,当指定节拍 T_2 时间内存储器没有准备好的时候,Ready# 信号将封锁 CLK_2 信号,从而延长一个 T_2 节拍(见图 6.16)。

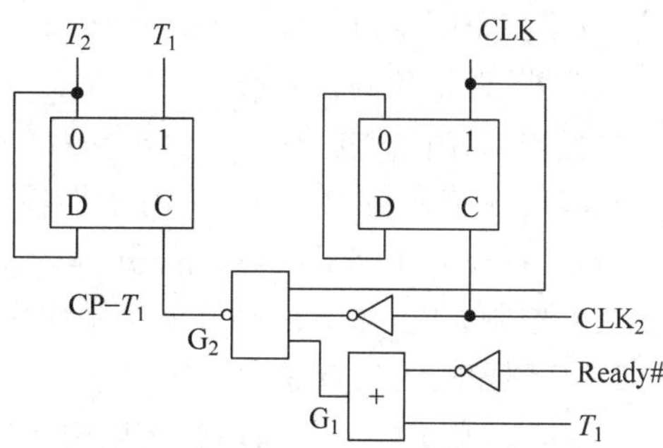

图 6.16 利用 Ready# 信号使低速存储器与 CPU 保持一致

在模型机中,每一个基本机器周期包含两个节拍 T_1、T_2,不需要延长某个节拍时,产生 T_1、T_2 的电路如图 6.9 所示。进行存储器访问时,在 T_1 节拍给出读写命令,启动存储器工作;正常情况下,存储器应该在 T_2 节拍准备好,并发出 Ready# 信号(使 Ready# 为"低"),因为当前处于 T_2 节拍,故 T_1 为"低",但 Ready# 取反以后为"高",故或门 G_1 输出为"高"。对于正逻辑与非门而言,为"高"的输入不影响其他信号的作用,此时图 6.16 即等价于图 6.9,即机器可正常地从 T_2 节拍翻转进入下一机器周期的 T_1 节拍。

但是如果当前处于 T_2 节拍但存储器未准备好,即存储器未发出 Ready# 信号,此时 Ready# 为"高",它反向后则为"低",或门 G_1 的两个输入均为"低",它将封锁与非门 G_2,将使得与非门 G_2 的输出保持为"高",即无法产生使节拍电位信号发生翻转的时钟脉冲 CP－T_1,也就实现了对信号 T_2 的延长。

需要注意的是,这里的封锁信号由 Ready# 信号和节拍电位信号 T_1 共同产生,如果在 T_1 节拍,无论 Ready# 信号为"高"还是为"低",都不影响节拍电位信号的翻转,也就是它只会有条件地延长 T_2 节拍,而不会影响 T_2 节拍的产生。

6.1.5 控制器的控制方式与控制器的组成方式

控制器控制一条指令的执行过程,实质上是依次执行一个确定的微操作序列的过程。所谓控制器的控制方式是指用什么样的时序方式来形成一条指令所需的微操作序列,所谓控制器的组成方式是指如何产生微操作控制信号,它们是控制器设计中涉及的两方面的主要问题。

1. 控制器的控制方式

控制器常用的控制方式有同步控制、异步控制、联合控制、人工控制等。

同步控制方式有统一的时钟信号,所有微操作控制信号的有效、失效都与时钟同步。

同步控制有三种实现方案:中央控制、局部控制、混合控制。

第一种方案叫作中央控制,它采用完全统一的机器周期(或节拍)来执行各种不同的微操作。为此,它不管微操作的繁简,以最繁的微操作为标准,采用统一的、具有相同时间间隔和相同数目的节拍作为机器周期。显然这种方案控制简单,但时间上浪费大。

第二种方案叫作局部控制,它采用不同节拍数的机器周期,以解决微操作所需执行时间不统一问题。它在时间上浪费很少,但是控制复杂。

第三种方案叫作混合控制,它是把中央控制和局部控制相结合:在中央控制部分,把机器的大多数指令安排在一个统一的、较短的机器周期也就是基本机器周期内完成;对于少数操作复杂的指令中的某些微操作，则在局部控制部分采取延长机器周期或增加节拍的办法解决。这种方式较好地统一了控制复杂性与时间效率的问题。

异步控制方式无统一的时钟信号，由命令和回答信号决定微操作控制信号建立、失效的时刻；也无固定的周期节拍，每条指令、每个微操作需要多少时间就占用多少时间。这种方式时间上不浪费，但是控制很复杂。

联合控制方式把同步控制与异步控制相结合，大部分微操作安排在一个固定机器周期中，并在同步时序信号控制下进行；对于那些时间难以确定的微操作，则以执行部件送回的回答信号（例如存储器访问 Ready# 信号）作为本次微操作的结束信号。

人工控制方式，主要是通过手动复位等方式进行控制。

2. 控制器的组成方式

控制器的组成方式是指用什么样的器件，或者叫以什么方式来形成微操作控制信号。

常用的控制器组成方式有两种，一种叫作微程序控制，采用这种方式的计算机称为微程序控制计算机；另一种叫作硬布线控制，采用这种方式的计算机称为硬布线控制计算机。

微程序控制是把微操作控制信号转换成二进制代码，存放在控制存储器中，一条指令对应一段微程序。当执行机器指令时，就从控存中读出与该机器指令对应的微程序，并转换为微操作控制序列。

微程序控制的优点是设计规整化，修改灵活、方便，便于实现自动化设计；缺点是速度相对较慢。

硬布线控制又叫作组合逻辑控制、硬连线控制，它把每条指令相同的微操作组合在一起，通过组合逻辑门电路产生各个微操作控制信号，这个微操作控制部件就是由标准门电路组成的复杂的逻辑网络。

相对于微程序控制，硬布线控制的优点是速度快，但是其缺点是设计、调试、维修困难，实现设计自动化难。

6.2 微程序控制计算机基本原理

6.2.1 微程序控制的基本概念

在计算机中，一条指令的功能是通过按一定次序执行一系列基本操作来完成的，计算机能执行的这些最基本操作称为微操作，由同时发出的控制信号所执行的一组微操作则称为微指令，相应地，把组成微指令的微操作称为微命令，而把微指令序列的集合称为微程序。

微程序被存放在一个 CPU 内部的存储器中，称为控制存储器，简称控存（Control Storage，CS）。一条指令往往需分成若干微指令并通过依次执行而实现，换句话说，执行一条指令实际上就是执行一段控存中的微程序。

所谓微程序技术就是用一系列微指令（微程序）的方法来解释执行指令的技术。

微程序控制器基于每条微指令，产生一组微操作控制信号。执行一条指令，其实就是按次序执行控存中的若干条微指令。不同微指令完成不同功能，所需的微操作不同，即微操作控制字不同；计算机结构不同，具有同样功能的微指令的具体实现可能不同，对应的微操作控制信号也可能不同。

每一条微指令包含两种信息，执行这条微指令需要发出的微操作控制信号和下一条微指令在控存中的地址。下一条微指令在控存中的地址叫作下址，即微指令由控制字段和下址字段两部分组成。

微操作控制字段用来表示执行本条微指令时所需要发出的微操作控制信号,可以有很多种方法,其中最简单的组成形式是将每个微操作控制信号分别用一个控制位来表示,在这种方法中,一个控制位用一个二进制数表示这个微操作控制信号的状态。对于高电平有效的控制信号,如果它为“1”,表示信号有效;如果它为“0”,表示信号无效;对于低电平有效的控制信号则正好相反;对于那些复用信号,则为“1”、为“0”分别使微操作控制信号有效。把完成一条微指令所需要的所有微操作控制信号放在一起,就组成了微操作控制字。

对于前面提到的运算控制器(见图 6.3),如果不考虑其他操作,这里一共有 24 个微操作控制信号(见表 6.1),所以微指令的微操作控制字段就需要 24 位。

下址字段用来指示本条微指令执行完毕后,下一条微指令在控存中的地址。一条微指令在控存中的地址位数与控存的容量有关,而控存容量取决于实现指令系统所需的微程序长度。假设控制存储器一共有 4K 字,下址字段能够直接访问全部的控存空间,那么下址字段需要 12 位。

指出下一条微指令地址的方法有很多,其中最简单的方法是直接指明下一条微指令的地址。

如果每个微操作控制信号分别用一个控制位表示、下址字段直接指明,那么模型机的微指令格式即如图 6.17 所示。

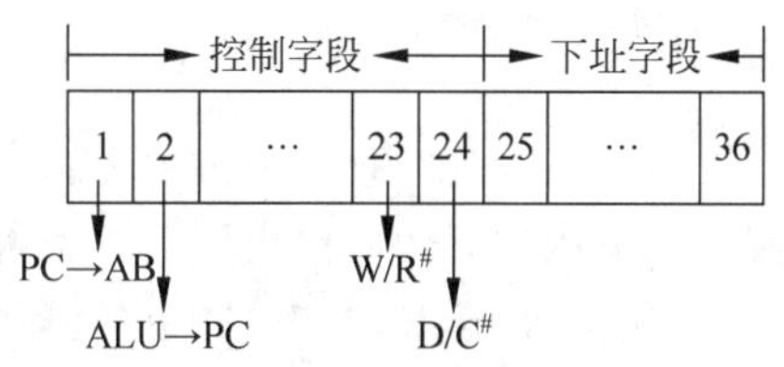

图 6.17　模型机微指令格式

在图 6.17 中,微操作控制字段从左到右每一位对应的功能与序号与前面章节用到的微操作控制信号功能表(见表 6.1)是一致的。

实际上,真实计算机的控制信号的数量要多得多,控制存储器的容量一般也不止 4K 字,所以如果按照这种格式安排,微指令的字长要长得多,通常在 100 位以上。

按照这个格式,很容易写出模型机变址加指令 4 条微指令的编码。假定从八进制地址 1000 开始在控存中顺序存放这 4 条微指令,那么完整的编码即如图 6.18 所示。

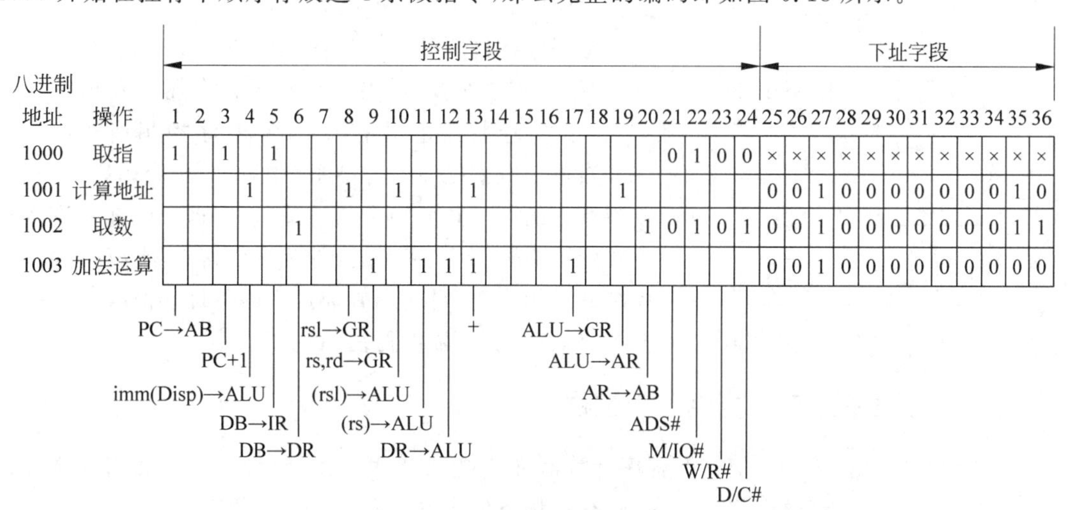

八进制地址	操作	1	2	3	4	5	6	7	8	9	10	11	12	13	14	15	16	17	18	19	20	21	22	23	24	25	26	27	28	29	30	31	32	33	34	35	36
1000	取指	1		1		1																0	1	0	0	×	×	×	×	×	×	×	×	×	×	×	×
1001	计算地址				1				1		1			1						1						0	0	1	0	0	0	0	0	0	0	1	0
1002	取数						1														1	0	1	0	1	0	0	1	0	0	0	0	0	0	0	1	1
1003	加法运算									1		1	1	1				1								0	0	1	0	0	0	0	0	0	0	0	0

图 6.18　模型机变址加指令涉及的微指令及其编码

微程序控制计算机在执行的时候,将当前正在执行的微指令从控存中取出来,放到一个叫作微指令寄存器的寄存器中,这个寄存器每一个控制位的输出直接通过连线接到对应的控制门上；当对应的操作完成后，在下一个机器周期将下址字段指定的控存中的微指令取出并加以执行，如此反复。

微程序也可以通过流程图来表示（见图 6.19）。

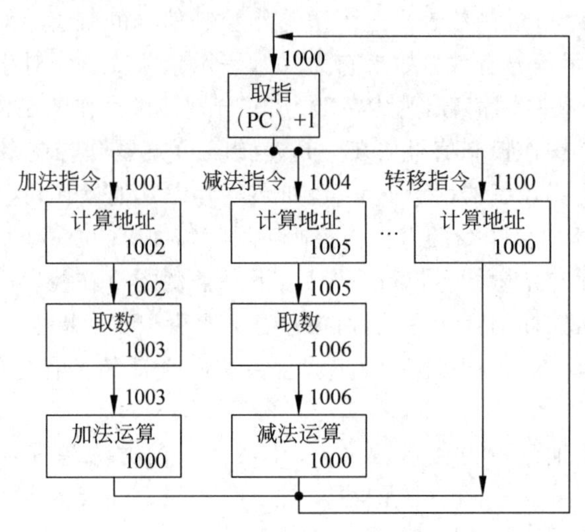

图 6.19　微程序流程图举例

微程序流程中，每一个方框表示一条微指令，方框右上角表示的是这条微指令在控存中的地址，方框内右下角则给出了下一条将要执行的微指令的地址，也就是下址。

在这里，由于“取指”微指令的操作对所有的指令都是相同的，所以可以把它作为一条共用的微指令，每一条指令对应微程序的最后一条微指令的下址字段都指向“取指”微指令，但是“取指”微指令的下址则需要由操作码译码器产生。

在微程序控制器中，除 IR、PC、时序系统等部件外，微操作信号发生器的实体是控制存储器、相应的微地址形成电路、微地址寄存器、微指令寄存器及译码电路等，其核心是控存，它根据指令译码结果，找到对应的微程序入口地址，在微指令寄存器的协助下依次从控存中取出并执行相应的微指令，从而实现指令功能。

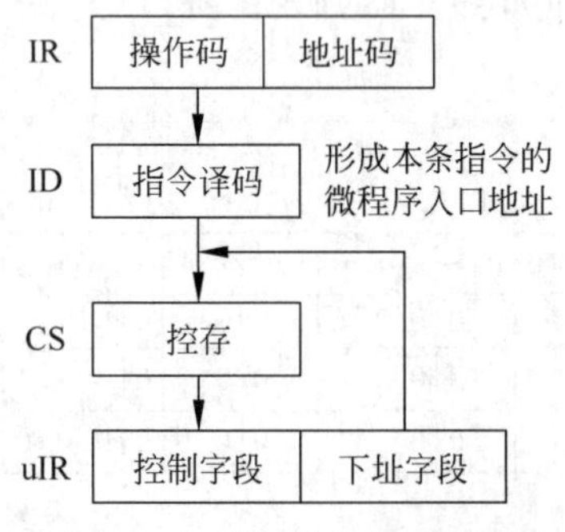

图 6.20　微程序控制器的简化框图

微程序控制器的简化框图如图 6.20 所示。

图 6.20 中的控存 CS 和微指令寄存器 μIR 就替代了图 6.3 运算控制器逻辑框图中的“时序控制信号形成部件”，当指令取到指令寄存器 IR 中以后，指令译码器 ID 形成该指令的第一条微指令的地址，根据这个微地址到控存中找到这条微指令，把它送到微指令寄存器 μIR，由 μIR 控制完成相应的微操作，并通过它的下址字段找到下一条微指令的微地址，依次往复。

6.2.2　微程序控制计算机工作过程

当机器加电后由 Reset 信号在程序计数器（PC）内置入第一条指令地址，在微指令寄存器 μIR 中置入一条“取指”微指令，并将一些有关状态位或寄存器置成初始状态。

当电压稳定后，自动启动机器工作，产生节拍电位 T_1、T_2 和工作脉冲 CP。在这里为保证机器正常工作，必须由电路保证开机后第一个机器周期信号的完整性，然后在这个完整的机器周期末尾产生第一个工作脉冲 CP。

来了第一个工作脉冲以后，首先将第一条指令取到指令寄存器 IR，且 PC+1，指示下一条要执行指令的地址；对 IR 中的 OP 译码，形成本条指令的微程序入口地址，根据此地址从控存中取出第一条微指令，并打入 μIR；微指令控制字段各位直接控制信息和数据的传送，并进行相应的处理，根据下址字段取第 2 条、第 3 条、…微指令。

当执行到本段微程序的最后一条微指令时，下址字段指示“取指”微指令地址，然后据此地址从控存中取出“取指”微指令并打入 μIR 中，开始下一条指令的取指阶段。

机器就是这样逐条执行指令，直到指令执行完遇到停机指令或外来停机命令，这个时候在当前指令执行完，或者至少当前机器周期结束后再停机。

需要注意的是，停机和掉电是不同的。一般地，机器停机时电压仍然是正常工作的，寄存器与存储器仍然保持信息不变，机器重启以后可以从断点处继续执行。某些机器不设置停机指令，而是不断循环执行一条或几条无实质内容的指令(如 NOP 指令)，实现动态停机。而停电以后计算机存储器、寄存器的信息都会丢失。机器停电以后，在 Reset 复位信号的作用下，机器从固定的入口开始运行。当然，也有些机器可以在机器停电的时候保存现场、保存断点，它在重新开机后可以从断点开始继续运行。

6.3 微程序设计技术

用存储控制逻辑的方法来设计机器复杂的控制逻辑的方法称为微程序技术。进行微程序设计的时候需要关心以下三方面的问题，即如何缩短微指令字长、如何减少微程序长度、如何提高微程序的执行速度。这是因为，控存资源宝贵，成本很高，我们需要尽量减少微指令字长、缩短微程序长度，以减少所需要控存容量；另外，相比较硬布线计算机，微程序计算机速度比较慢，需要使执行指令的步骤更少(也就是要减少微程序长度)、执行速度更快，以减少与硬布线计算机速度上的差异。

▶ 6.3.1 微指令控制字段的编译法

微指令由两部分组成(见图 6.21)，其中，微操作控制字段 μOCF 用来指明执行本条微指令需要的微操作控制信号；顺序控制字段 SCF 用于指明本条微指令结束后，下一条微指令在控存中的地址。

微操作控制字段μOCF	顺序控制字段SCF

图 6.21 微指令组成

微指令控制字段的编译法，即微指令的编码译码方法。

微指令编码的实质就是在微指令中如何组织微操作的问题。对于大型计算机而言，首先需要考虑速度；对于微型计算机和小型计算机而言，需要考虑价格因素，因此要尽可能缩短微指令字长；而对于中小型计算机而言，则需要兼顾速度和价格。

常用的编码方法有以下几种。

1. 直接控制编译法

直接控制编译法中，微操作控制字段 μOCF 的每一位都代表一个微操作控制信号(微命令)。在设计微指令时，是否选用某个微命令，只需将控制字段中相应位置成“1”或置“0”便可。

直接控制编译法控制简单、直观，操作并行性好，速度快，但是微操作控制字段太长，控存容量过大而且利用率低。

2. 最短字长编译法

这种方法将所有的微操作进行统一的二进制编码，以使微指令字长最短。由于每个编码仅表示选用某一个微命令(或不发出任何微操作控制信号),因此需要保留一个二进制编码(例如全“0”)用于表示不发出任何微操作控制信号。若有 N 个微命令,则 μOCF 字段长度 L 应满足 $L \geqslant \log_2(N+1)$。

最短字长编译法微指令字长很短,但是由于每条微指令只能定义一种微操作,因此相应的微程序较长,微程序并行性差,指令执行速度较慢,而且因为需要大量的译码线路和门电路,因此硬件设备比较复杂。

3. 字段直接编译法

字段直接编译法把最短字长编码和直接控制编码结合起来,它把 μOCF 分成许多小段,每段采用最短字长编码法,段间则采用直接控制编码法,如图 6-22 所示。这种字段编译法的理论依据在于,在任一微周期内,计算机中的各个控制门不可能同时被打开(事实上大部分是关闭的,也就是说,相应的微操作控制信号是无效的)。

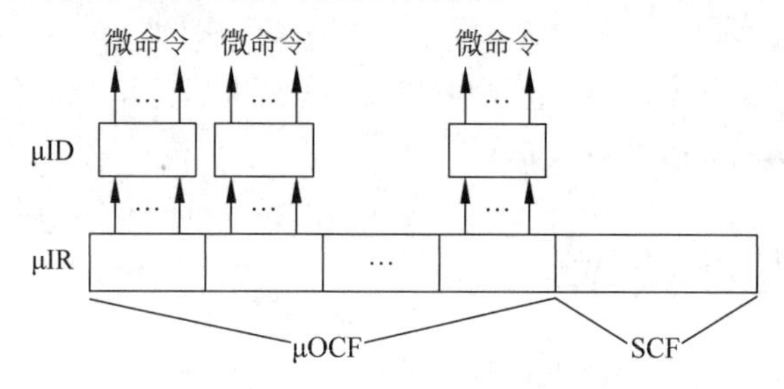

图 6.22 字段直接编译法

在微程序控制计算机中,执行一条微指令所需时间称为微周期。如果若干微命令中,在一个微周期内只能有一个微命令起作用,则称这若干微命令是互斥的。例如,对存储器的“读”命令和“写”命令是互斥的;对 ALU 的“+”“-”“与”“或”等操作命令也是互斥的。

字段直接编译法以功能部件或公用信息通路来划分控制字段,分段的原则是从控制同类或同一部件的微命令中选择互斥的微命令组合在一起,构成一段。跟最短字长编译法一样,这里每一个段都至少要留一个码字表示本段不发出任何微命令。

字段直接编译法微指令字长短,可以比直接控制编码缩短 2~4 倍;各段的微操作可并行执行,因此微指令速度快;硬件设备量较最短字长编码法大大减少,因此线路通用且简单;以功能部件来分段,因此便于微程序编制和机器调试检查工作。但是它的指令字长仍然过长,其中一般中小型微程序计算机的微指令字段在 20 个左右,字长为 50~100 位。

4. 字段间接编译法

字段间接编译法是在字段直接编译法的基础上,进一步缩短微指令字长的一种编码方法。字段间接编译法在字段直接编译法的基础上规定:一个控制字段的某些微操作需要另外一个控制字段来解释才能确定(见图 6.23),即参与编码的微指令需要两个或两个以上的控制字段来定义,其中这个解释字段具有某些分类特征。例如,字段 A 给出一组同样的二进制编码,它到底发出的是一个什么微命令,例如是进行二进制运算的,还是进行十进制运算的;或者,是控制 CPU 的,还是控制 I/O 通道的,需要通过另一个字段 B 来解释。

图 6.23 中字段 K 采用字段直接编译法,字段 A、C 则采用字段间接编译法,它们发出的微命令受字段 B 的控制。例如,当字段 A 为 00…0 时,字段 A 不发出任何微命令;否则,假设字段 A 译码结果为 $A_i(i=1,2,\cdots,m)$,根据字段 B 的译码结果,实际发出微命令 $A_{i,1}, A_{i,2}, \cdots, A_{i,k}$ 中的一个。例如,假设字段 A 有 3 位、字段 B 有 2 位,如果字段 A 不是“000”,当字段 B

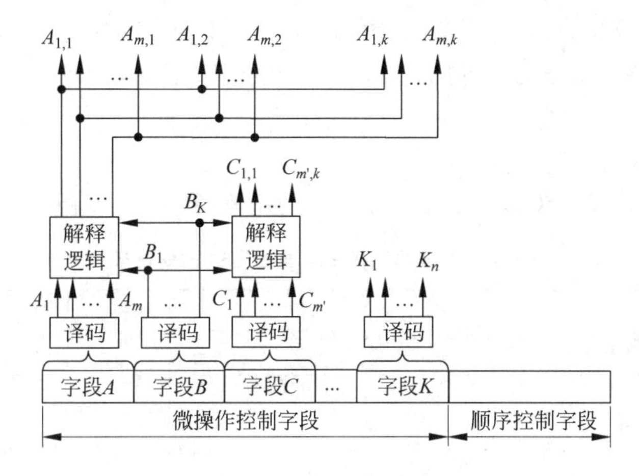

图 6.23　字段间接编译法

为"01"时,表示此时执行的是算术运算,字段 A 发出微命令 $A_{1,1}$,$A_{2,1}$,…,$A_{7,1}$ 中的一个;当字段 B 为"10"时,表示此时执行的是逻辑运算,字段 A 发出微命令 $A_{1,2}$,$A_{2,2}$,…,$A_{7,2}$ 中的一个;…。

字段间接编译法一个解释字段可以同时解释多个微操作控制字段,有效缩短了微指令字长,但是它削弱了微指令的并行控制能力,微指令执行速度有所下降。

字段间接编译法一般只作为字段直接编译法的辅助手段。

5. 常数源字段编译法

微指令中一般设有一个常数源字段 E,又称为发射字段,它跟指令中的立即数(或称直接操作数)一样,用来给某些部件发送常数,一般仅有几位。这个常数可以作为操作数送入 ALU 运算,或者作为计算器初值用来控制微程序循环次数,以及用来建立状态触发器、作为主存或其他存储器的部分地址等。

常数源字段编译法能够节省微命令数量,增加微程序设计灵活性。

6.3.2 微指令格式

微程序计算机微指令的编译法不同,相应的微指令格式也不相同。换句话说,微指令的编译法是决定微指令格式的主要因素。

微指令格式大体上分为两大类,一是水平型微指令,二是垂直型微指令。

1. 水平型微指令

水平型微指令最典型的就是采用直接控制编译法,它在一条微指令中定义并执行多个并行的微命令,所以它的微指令字较长,可能有几十位到 100 位左右,有的更长;微指令中的微操作有高度并行性,能充分发挥数据通路中并行结构的功能;另外,它的微指令编译法简单,一般采用直接控制编译法和字段编译法等。

水平型微指令有很高的微操作并行性,执行速度快;能定义较多的并行操作,由设计者进行合理地挑选使用,能以最有效的方式控制尽可能多的并行信息传送,因此功能强,灵活性好,相应的微程序较短。但是水平型微指令的微指令字比较长,微程序的自动化设计过程比较复杂,用微程序设计语言描述的源微程序编译成水平微编码较难且复杂,普通用户难以掌握。

2. 垂直型微指令

垂直型微指令跟指令类似,它在微指令中设置有微操作码字段,由微操作码规定微指令功能。这种微指令一般一条微指令只能控制数据通路的一两种信息传送，微指令的并行操作能力有限，也不强调实现微指令的并行控制功能；微指令字比较短，一般为12～24位，很少超过32位，但是微指令编码比较复杂。

3. 水平型微指令与垂直型微指令的比较

把水平型微指令和垂直型微指令做一个简单的比较，如表6.2所示。

表6.2　水平型微指令与垂直型微指令比较

比较内容	水　平	垂　直
操作并行性	强	弱
微指令效率	高	低
执行一条指令的时间	短	长
实现指令的微程序	短	长
微指令字长	长	短
与机器指令的差别	大	小
用户掌握难易程度	难	易
微程序设计面向对象	微操作	微指令
微程序自动化设计过程	复杂	简单

水平型微指令并行操作能力强，微指令效率高、操作灵活性强，垂直型微指令则相对较差。

水平型微指令的微指令字比较长，由它解释实现指令的微程序短，执行一条指令的时间短，垂直型微指令则恰好相反。这是因为水平型微指令的并行操作能力强，与垂直型微指令相比，它可以用较少的微指令来实现一条指令的功能，从而缩短指令执行时间。

水平型微指令与机器指令差别较大，利用水平型微指令进行微程序设计面向的对象是各种微操作，它需要对机器的内部结构、数据通路、时序系统以及微命令非常了解，普通用户很难掌握，另外，实现微程序自动化设计的过程也很复杂；垂直型微指令与指令类似，利用垂直型微指令进行微程序设计面向的对象则是各条微指令，相对来说普通用户更容易理解，而且实现微程序自动化设计的过程相对简单。当然，对机器已有指令系统进行微程序设计的是设计人员，而不是普通用户，除了允许对指令系统进行扩充或修改的动态微程序设计场合，这一特点对普通用户并不重要。

▶ 6.3.3　微程序流的控制

所谓微程序流的控制，就是指当前微指令执行完毕后，如何控制产生后继微地址。

在微程序计算机中，一条微指令是由微操作控制字段μOCF和顺序控制字段SCF两部分组成的，每条微指令在控存中的地址称为微地址。其中，当前正在执行的微指令称为现行微指令，现行微指令在控存中的地址称为现行微地址；现行微指令执行完毕后，下一条要执行的微指令称为后继微指令，后继微指令在控存中的地址称为后继微地址。

微程序跟程序类似，除了顺序执行之外，还存在转移功能和微程序循环、转微子程序等。换句话说，讨论所谓微程序流的控制，其实就是讨论微指令的顺序控制字段如何设计。

用于产生后继微指令地址的方法有很多，基本方式包括下址字段方式、增量方式、多路转移方式、微中断方式等，其中，微中断与中断类似。

在实际使用中往往需要对这些基本方式做一些变通、改进，或者将它们结合起来。另外，根据需要，同一台微程序计算机中往往综合采用多种方式。

1. 下址字段方式

下址字段方式是最简单的后继微地址形成方式，介绍微程序控制基本原理时所举的例子即采用下址字段方式，它将后继微地址直接写在当前微指令的下址字段，也即后继微地址由顺序控制字段直接给出(见图 6.18)，当前微指令执行的时候就能够直接获得后继微指令的地址。显然，这种下址字段方式只适用于微程序不产生分支的场合。例如，在图 6.19 中，“取指”微指令需要根据指令译码结果转向不同的分支，所以“取指”微指令的后继微地址就不采用下地址方式。

下址字段方式的后继微地址由微地址寄存器直接给出，因此采用下址字段方式的微程序控制器不需要使用微程序计数器，其对应的微程序控制器简框图如图 6.20 所示。指令译码以后通过硬件形成相应的微程序入口地址，根据这个地址将该指令对应微程序的第一条微指令取出来送往微指令寄存器 μIR 加以执行，并由微指令寄存器的下址字段直接给出下一条微指令在控存中的地址，直到对应的微程序执行完毕，其中，每一条指令对应的微程序的最后一条微指令的下址都指向“取指”微指令。

由于下址字段方式的后继微地址需要访问到全部的控存空间，所以下址字段的位数比较长，相应地，下址字段方式的微指令字也较长。

由于每一条微指令的后继微地址是写好的、固定的，所以下址字段方式无法产生微程序分支，它只能用于微程序不产生分支的场合。例如，图 6.19 中取指微指令的后继微地址需要译码以后才知道，所以这个地方就不能使用下址字段方式。

2. 增量方式

增量方式是另一种简单的后继微地址形成方式，它主要通过有自动加 1 功能的微程序计数器 μPC 来产生后继微地址，因此又称计数器方式。

增量方式的每个微程序的各条微指令按执行顺序依次安排在控存中相邻的位置。当机器加电时，由专门的硬件机构产生第一条微指令微地址，这个地址是固定的；当指令取到 IR 以后，由指令操作码译码产生相应微程序的第一条微指令地址；在指令执行过程中，由微程序计数器 μPC+1 自动产生后继微地址；如果遇转移类微指令，则由 μPC 与相应转移微地址形成逻辑组合(如进行“与”运算)形成后继微地址。

显然，在计算机启动之后，后继微地址只有三种可能，因此，下址字段只需要两位即可，其形成后继微地址的原理图如图 6.24 所示。

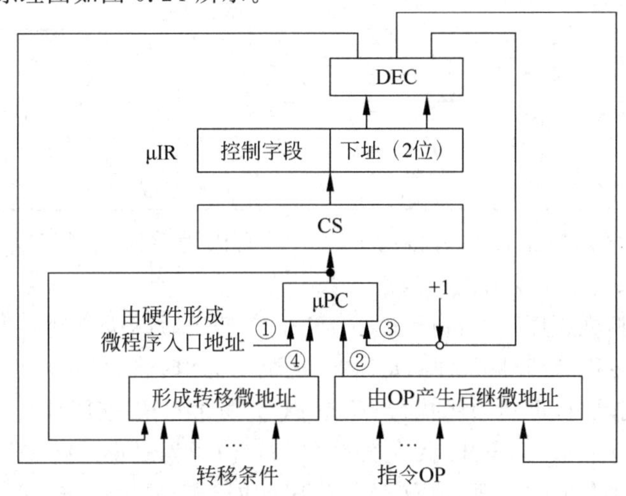

图 6.24 增量方式后继微地址形成原理图

增量方式下址字段很短，只需要用 2 位编码，仅起选择作用，用来指明形成后继微地址的方式。因为下址字段很短，所以微指令字也较短。但是，增量方式微程序转移不灵活，微程序在控存中的物理空间分配也比较困难。

3. 增量与下址字段方式

增量方式可以与下址字段方式结合起来使用形成增量与下址字段方式，它让微程序大多数情况下都顺序执行，同时允许微程序转移到指定地址。正常工作过程中，如果微程序是顺序执行的，由 μPC+1 产生后继微地址；当微程序实现转移时(无条件转移，或条件转移且转移条件成立)，将转移地址 BAF 送给 μPC 作为后继微地址。

BCF	BAF

图 6.25　增量与下址字段方式的顺序控制字段格式

微指令的顺序控制字段由两部分组成：转移控制字段 BCF 和转移地址字段 BAF(见图 6.25)。

转移控制字段 BCF 用来指示微程序是顺序执行还是发生转移，转移地址字段 BAF 明确给出了转移成功时的转移地址，它可以与 μPC 的位数相同，这个时候微程序可以在控存中任意转移；也可以比 μPC 的位数少，这个时候它只改变 μPC 部分位的值，因此只能在小范围内转移，也就是只能实现“短转移”。显然，前一种转移灵活，而后一种则可缩短微指令长度。

微程序可以无条件转移，也可以条件转移。当执行微程序条件转移时，决定转移与否的条件一般有“运算结果为 0”“溢出”“微程序循环结束”等。

为了说明问题，假设有 8 种执行情况(BCF 字段用三位信息表示，即采用编码方式)，各种情况下微程序后继微地址的形成方式如表 6.3 所示(X 表示“任意”或“不影响”)，当采用增量与下址字段结合方式产生后继微地址时，其原理图如图 6.26 所示。

表 6.3　各种后继微地址形成方式

BCF 字段		硬件条件	计数器 CT		返回寄存器 RR 输入	后继微地址
编码	微命令名称		操作前	操作		
0	顺序执行	X	X	X	X	μPC+1
1	结果为 0 转移	结果为 0	X	X	X	BAF
		结果不为 0				μPC+1
2	结果溢出转移	溢出	X	X	X	BAF
		不溢出				μPC+1
3	无条件转移	X	X	X	X	BAF
4	测试循环	X	为 0	X	X	μPC+1
			不为 0	CT−1		BAF
5	转微子程序	X	X	X	μPC+1	BAF
6	返回	X	X	X	X	RR
7	OP 形成微址	X	X	X	X	由操作码形成

图 6.26 中微程序计数器 μPC 有自动+1 功能，且因为转移控制字段采用编码方式，故经译码器输出时有且仅有一根信号线有效。

当 BCF=000 时，微程序顺序执行，通过 μPC+1 产生后继微地址。当 BCF=001、010 和 100 时，都属于条件转移，当转移条件满足时，发生转移，此时将 BAF 送给 μPC 形成后继微地址；当转移条件不满足时，仍然顺序执行，还是 μPC+1 产生后继微地址。当 BCF=011、101 和 110 时，都属于无条件转移，其中，无条件转移和转微子程序都是把 BAF 送给 μPC 形成后继微地址，但是为了能够正确返回，在转微子程序的同时需要把原来 μPC 的值保存起来；在

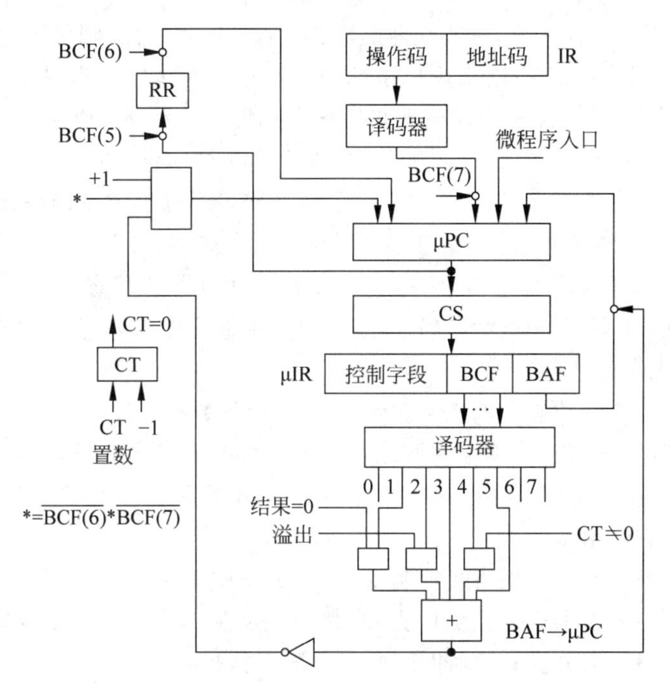

图 6.26 增量与下址字段方式微程序控制器原理图

微子程序返回时则把前面保存的 μPC 的值送回 μPC 作为后继微地址。当 BCF＝111 时则由指令译码产生后继微地址。

另外，在机器加电时，首条微地址由硬件自动产生（图 6.26 中未标出）。

增量与下址字段结合方式 SCF 字段较短，便于实现各种两分支转移，而且后继微地址产生机构简单。但是，由于一条微指令只有一个 BAF 字段，一旦机器制造完成，在转移执行时的转移地址已经固定，不能解决两路以上的并行微程序转移，从而影响微程序的执行速度，同时微程序在控存中的物理分配也不方便。

为了实现多路微程序并行转移，一种改进的做法是在 BAF 字段中放置若干可选的后继微地址，由 BCF 字段中的“判别测试”和“状态条件”信息来选择其中一个作为后继微地址。这种方式可以实现多路微程序并行转移，但是微指令字较长。

另一种实现多路微程序并行转移的方法是采用多路转移方式形成后继微地址。

4. 多路转移方式

多路转移，就是指一条微指令存在多个（可能的）转移分支的情况。在多路转移方式下，当微程序不产生分支时，后继微地址直接由微指令的顺序控制字段给出；当微程序出现分支时，则有多个“候选”微地址。

显然，多路转移方式属于“断定方式”，在断定方式下，一条微指令的后继微地址要么由微指令的顺序控制字段直接给出，要么由微指令顺序控制字段指定的判别字段测试某些条件后，根据测试结果通过顺序控制字段直接产生，因此，在断定方式下，每一条微指令都具有转移功能，无须单独地转移微指令。

采用多路转移方式形成后继微地址时，后继微地址被分成两部分：非测试地址（HF）和测试地址（TF）（见图 6.27）。其中，HF 可由设计者直接指定，TF 则由测试结果确定其地址值。

TF	HF

图 6.27 多路转移方式下后继微地址格式

TF 位数的多少与并行转移功能的强弱有关：若 TF 为 1 位，

可实现两路转移；若 TF 为 2 位，可实现四路转移；若 TF 为 n 位，则可实现 2^n 路转移。

相应地，微指令字的顺序控制字段也由两部分组成：一部分是非测试地址(HF)，它直接送 μPC 的非测试地址部分，显然它的位数与后继微地址中非测试地址部分的位数相同；另一部分叫测试控制字段(TCF)，它指出测试条件，以及将测试地址字段(TF)中的某些位置成某值的方法。当测试条件均不满足时(无分支，顺序执行)，LF 通过测试网络直接送往 TF；当某个测试条件满足时，由测试网络将 LF 变换成某值，然后送往 TF。

这里的测试条件可以是 N、Z、V、C 标志以及某些计数器的状态等；而测试地址字段 TF 中指定位置的值既可以根据测试结果确定，也可以不根据测试结果直接指定，显然前者属于条件转移，后者则为无条件转移。

测试控制字段(TCF)的位数取决于测试地址(TF)位数和测试条件(测试源)的个数。

如果每次只测试一个条件、确定测试地址字段 TF 中某一位的值，这种方法称为单测试。单测试可以指定：不经过测试直接把对应位置成"1"、不经过测试直接把对应位置成"0"或测试指定条件的值将它赋给对应位。

若测试控制字段(TCF)采用直接控制，则有多少测试源组(满足某条件时，同时测试的若干条件)，TCF 就需多少位；若采用编码方式，则测试控制字段(TCF)至少要留有一种译码输出结果(例如"0")，表示无分支转移(即无须测试，顺序执行)。

测试控制字段采用编码方式的单测试多路转移后继微地址形成原理图如图 6.28 所示(假设 TF 共 2 位)。

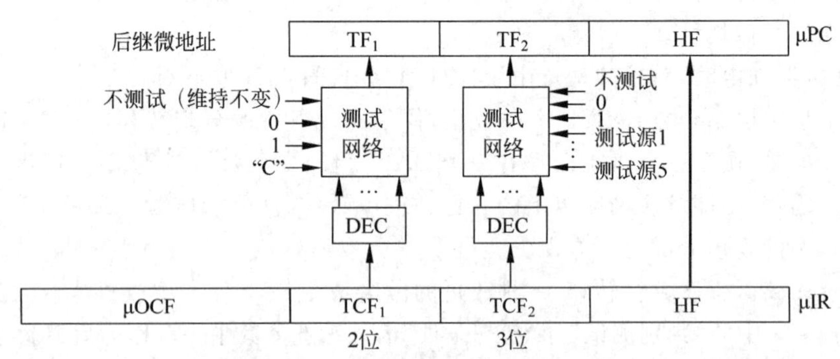

图 6.28 单测试多路转移原理

如果测试控制字段(TCF)有 n 位，那么单测试情况下最多可测试 2^n-3 个条件，其中，减去的 3 是因为需要两种码字表示两种不经过测试无条件置对应位的值为"1"和为"0"的情形、一种码字表示不测试保持顺序执行的情形。

多测试多路转移与单测试不一样，它允许一次测试多个测试源或者说多个条件、同时决定测试地址多个位的值。

多测试把要求同时测试且具有某种特征的多个测试源编成一组，共编成 n 组，显然，在某一时刻，这 n 组中只能有一组参与测试。

一个测试源组只要一个测试控制字段，如果采用直接控制方式，这个测试控制字段的位数就等于测试源组的个数；如果采用编码方式，那么这个测试控制字段的位数就等于$\lceil \log_2(n+1) \rceil$，其中的"+1"表示至少要留有一种译码输出结果，如"0"表示无分支转移。

μOCF	LCF	LF	HF

图 6.29 多测试多路转移微指令字结构

相应地，多测试多路转移方式下的 TCF 由直接地址字段(LF)和测试控制字段(LCF)组成，其微指令字结构如图 6.29 所示。

其中，直接地址(LF)在不转移(即不需要测试)时，直接送给后继微地址的 TF 字段；测试控制字段(LCF)用来选择并测试测试源编组，并根据测试结果置 TF 的值。

多测试多路转移后继微地址的形成原理如图 6.30 所示(LCF 字段采用编码方式)。

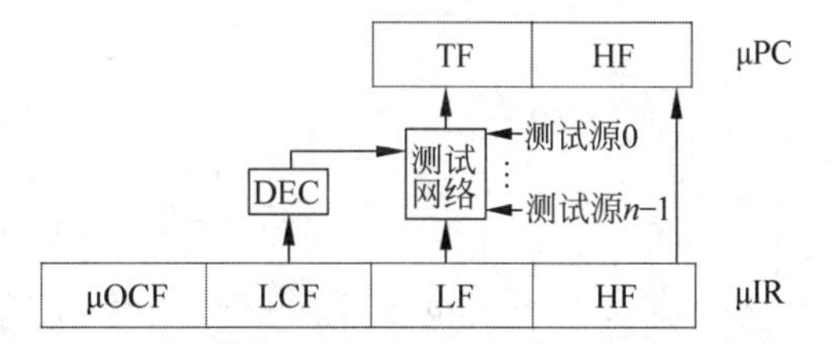

图 6.30 多测试多路转移后继微地址的形成原理图

多路转移方式能够以较短的顺序控制字段配合实现多路并行转移，提高了微程序的执行速度，而且微程序在控存中物理分配方便，微程序设计比较灵活；但是这种方式形成后继微地址机构比较复杂。

多路转移方式的特点决定了它的应用，一般在设计快速微程序控制器时使用多路转移方式。

例 6.1 如图 6.31 所示是微程序控制的某计算机的部分微指令序列，图中每个框代表一条微指令，框的左上角给出了微指令在控存中的地址。在这一段微指令序列中有两处微程序转移分支点：分支点 a 后继微地址的 μA_7、μA_6 由指令寄存器的 IR_6、IR_5 决定，分支点 b 后继微地址的 μA_5 由条件码 C_0 决定；无分支的后继微地址由顺序控制字段直接给出(已在微指令中注明)。

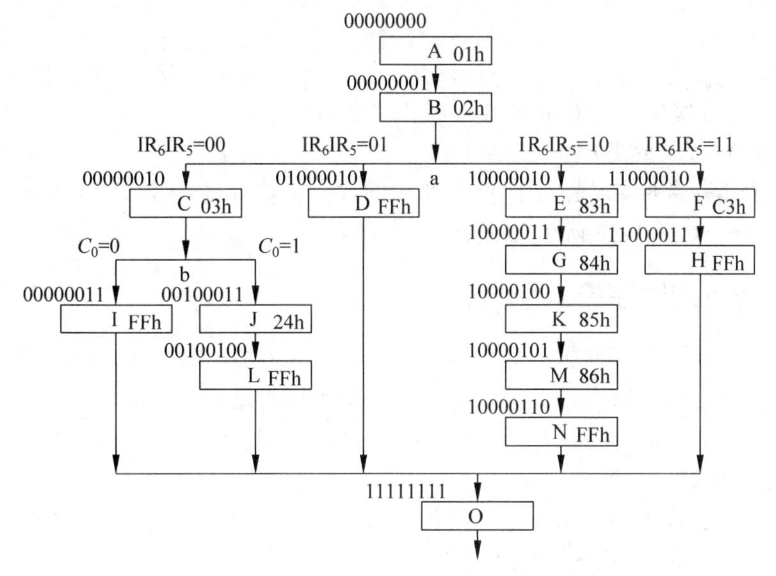

图 6.31 微程序控制的某计算机部分微指令序列

现不考虑其他的微指令序列和其他的微程序分支转移条件，使用多路转移方式实现顺序控制，已知微地址寄存器长度为 8 位。

要求：

(1) 设计实现该微指令序列的微指令字顺序控制字段格式，画出后继微地址形成原理图。

(2) 给出微地址转移逻辑。

解：

(1)顺序控制字段格式。

微地址一共 8 位，其中可能需要测试的地址有 3 位，均在微地址的高位部分，故后继微地址中高 3 位为测试地址，低 5 位为非测试地址。

顺序控制字段格式同后继微地址格式对应，其中，直接地址 3 位，在高位部分；非测试地址 5 位，在低位部分。

一共有两处分支转移，如采用直接控制方式，则测试控制字段需要两位判别测试位 P_1、P_2：在 a 处用 P_1 测试，在 b 处用 P_2 测试。

∴顺序控制字段 TCF 共 10 位，后继微地址形成的原理图如图 6.32 所示。

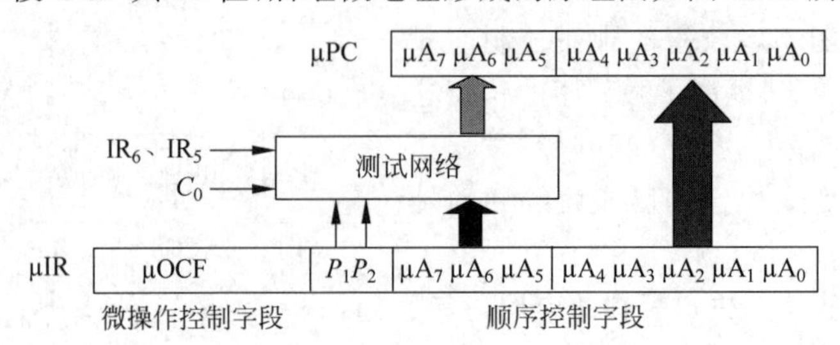

图 6.32　微程序控制的某计算机后继微地址形成原理图

(2) 微地址转移逻辑。

设 T_i 为进行修改操作的节拍脉冲信号，则转移逻辑表达式为

$$\mu A_7 = P_1 \times \mathrm{IR}_6 \times T_i$$

$$\mu A_6 = P_1 \times \mathrm{IR}_5 \times T_i$$

$$\mu A_5 = P_2 \times C_0 \times T_i$$

以后继微地址 μA_7 为例。当 P_1 有效时，若 IR_6 为 1，则 μA_7 为 1；若 IR_6 为 0，则 μA_7 为 0。当 P_1 无效时，直接地址 μA_7 送往后继微地址的 μA_7。

μA_6、μA_5 的修改与此类似。

上面介绍了几种常见的后继微地址的形成方式。在实际应用中，往往需要将各种基本的方式结合起来，或者做一些变通，以满足不同的需要。

▶ 6.3.4　微指令的时序控制

执行一条微指令的过程基本上分为两步：取微指令和执行微指令所规定的各个微操作。其中，对于垂直型微指令，取微指令阶段还包括对微操作码进行译码的时间。根据这两步是串行进行的还是并行进行的，微指令的时序控制分为串行控制和并行控制两种方式。

1. 串行控制方式

串行控制方式下取下一条微指令与执行本条微指令在时间上是串行的，微周期＝取微指令时间＋执行微指令时间(见图 6.33)。

串行控制方式容易实现微程序转移，顺序控制部件也比较简单，但是机器速度损失较大，因为取微指令和执行微操作是由不同的控制部件分别完成的。在串行控制方式下，一个部件工作时，另一个是空闲的。

串行微程序控制器原理图如图 6.34 所示。

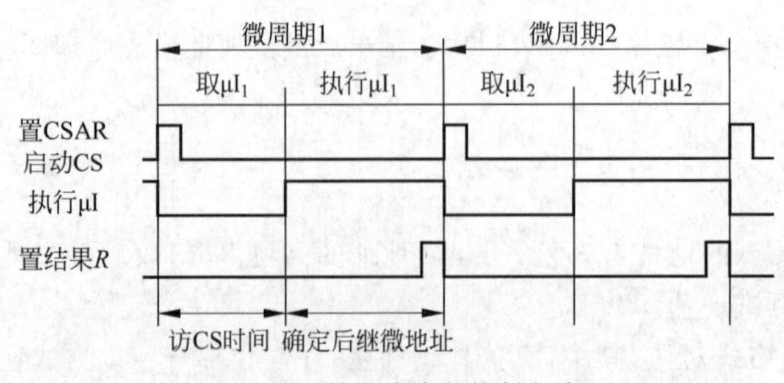

图 6.33　微指令串行控制方式

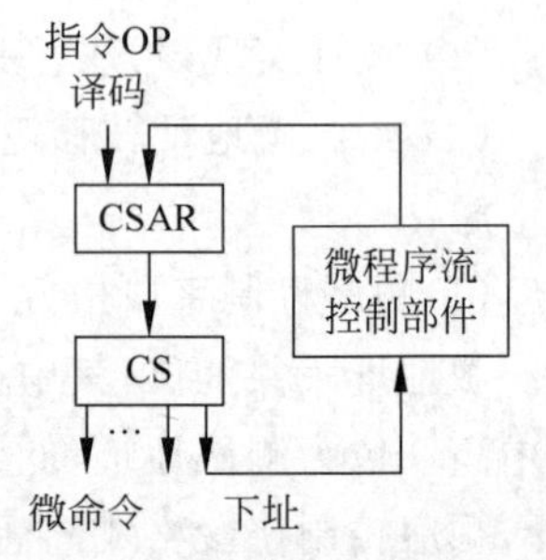

图 6.34　串行微指令控制器原理图

2. 并行控制方式

并行控制方式下取下条微指令与执行本条微指令在时间上是重叠的，微指令周期＝max{取微指令时间，执行微指令时间}。一般情况下，取微指令时间＜执行微指令时间，因此，微指令周期即等于执行微指令时间(见图 6.35)，其微程序控制器原理图如图 6.36 所示。

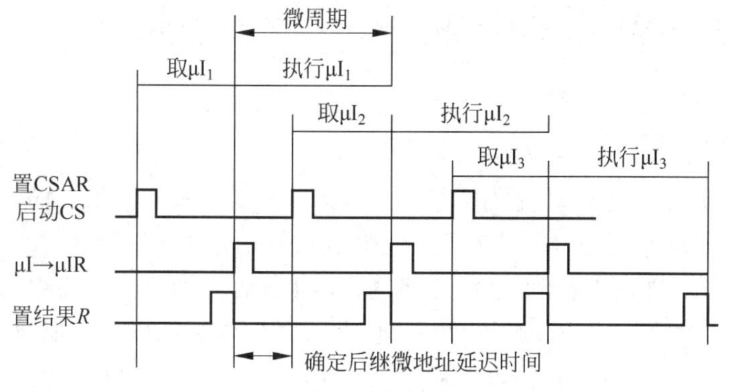

图 6.35　微指令并行控制方式

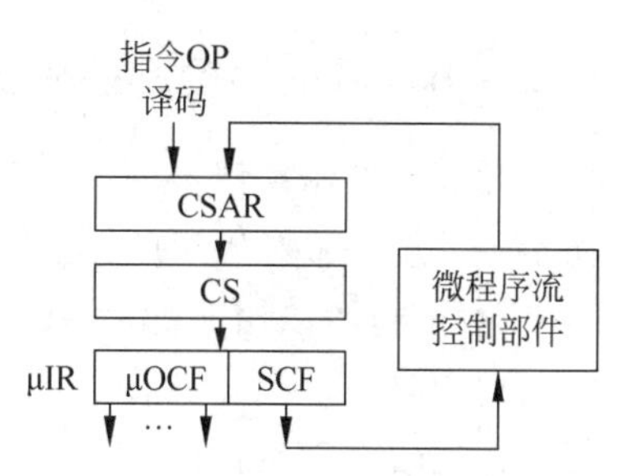

图 6.36　并行微指令控制器原理图

并行控制方式的微周期短，微程序执行速度快。

实现微程序并行控制需要解决好微程序转移。

计算机中发生微程序转移的情况大体分为三种。

第一种情况，微程序无分支，那么后继微地址是固定的，已经由现行微指令确定，无矛盾，可直接转移。

第二种情况，微程序有分支，但是转移条件不是由现行微指令产生，而是由上一条微指令产生，这个时候结果早就有了，转移地址也早已经形成了，也无矛盾，直接转移就可以了。

第三种情况，转移条件是由现行微指令产生的，由于现行微指令还没有执行完，因此无法根据处理结果形成转移地址，所以无法取得下一条微指令，这就产生了矛盾，此时的微程序需要立即转移。

因此，在并行控制方式下，要解决的关键问题之一就是如何处理微程序立即转移。

解决立即转移的方法：后推法、猜测法、预取多字法。

(1) 后推法。

当遇到立即转移时，为简化控制，使之推迟一个微周期再转移，即用两个微周期来完成一条立即转移微指令的操作。它的具体做法是：在条件转移微指令后插入一条空操作测试转移微指令，将微操作控制字段设置为空，将 SCF 字段用于测试转移顺序，根据测试结果决定下一条微指令的地址。

后推法的特点：在时间上多费一个微周期，在空间上多费一个控存单元。

(2) 猜测法。

当遇到立即转移时，从分支流程的几个微地址中选择一个概率较大的微地址作为后继微地址，并进行预取。若猜测成功，则执行预取的这条微指令；若猜测失败，则封锁预取微指令的微操作(相当于执行空操作)。

猜测法与后推法的比较：后推法不管什么情况都增加一个微周期，猜测法只有在猜测失败时才会增加一个微周期，因此猜测法的速度比后推法快；猜测法要在猜测的后继微指令中增加解释控制字段，因此在控制上比后推法要复杂些。

(3) 预取多字法。

当遇到立即转移时，将所有可能转向执行的后继微指令同时预取到 μIR 的输入开关上，待运算结果状态确定后，从预取的多条微指令中选择一条正确的后继微指令打入 μIR 中。为了快速实现，一般预取的微指令条数为 2、4、8、16，而且这些微指令往往被安排在不同控存体中的同一微地址中；另外，后继微地址往往通过多路转移方式产生。

显然，这种预取多字法速度最快，当然，它的成本也最高。

以上三种解决微程序立即转移的方法速度从快到慢依次为预取多字法、猜测法、后推法，其成本由低到高的次序恰好相反。

▶ 6.3.5　微程序控制存储器及其他

微程序控制存储器一般由只读存储器构成，这是因为微程序是以解释的方式执行指令的，而指令系统一般是固定的，无须改变，当然机器运行过程中一般也不允许改变它。

此外，也可以用随机存储器(RAM)来作控存，但是由于停电以后 RAM 中的信息会丢失，所以这个时候每次开机后必须首先将外存上存放的微程序调到 RAM 控存，然后机器才能执行。相比较而言，通过 ROM 实现的控存在计算机掉电以后信息不丢失，所以用 ROM 作为控存比较可靠。

用 RAM 作为控存的优点是可以修改微程序，也就是可以修改指令系统。

有时候一台计算机的控制存储器由 ROM 和 RAM 共同组成，其中，用 ROM 构成的部分用来实现固定的指令系统，而由 RAM 构成的部分则用于可扩充或可修改指令。

在一台微程序控制计算机中，如果能根据用户的要求改变或者扩充微程序，那么机器就具有动态微程序设计功能。显然，动态微程序设计需要可写控存的支持。

一般地，动态微程序设计的目的是通过修改指令系统，使计算机更灵活、更有效地适应于各种不同的目标。例如，用两套微程序分别实现两个不同系列计算机的指令系统，使得这两种计算机的软件得以兼容，在运行软件之前，只需要按照需求在控存中加载相应的微程序就可以了；再如，允许用户在原来指令系统的基础上增加一些指令或者修改部分指令，来提高程序的执行效率。

当然，由于微程序设计与机器硬件密切相关，普通用户实际上是难以实现动态微程序设计的，所以动态微程序设计只适用于一些特殊的场合。

微程序是用来解释实现指令功能的，其实，微程序也可以通过其他微程序来解释。

解释微程序的微程序叫作毫微程序，相应地，组成毫微程序的微指令称为毫微指令。换句话说，毫微指令就是解释微指令的微指令。

采用毫微程序设计的主要目的是减少控制存储器的容量，它采用两级微程序设计方法，第一级微程序用于完成顺序控制，采用垂直型微指令；第二级微程序用于完成微操作命令执行，采用水平型微指令。两级微程序被分别放在不同的控制存储器中，将微程序的顺序控制和微命令执行完全分离。两级微程序计算机的指令执行时，首先进入第一级微程序，当需要时由它调用第二级微程序，执行完毕后再返回第一级。

第一级控存的主要特点是字短。第一级微程序是由垂直型微指令组成的，它根据实现指令系统和其他处理过程需要而编制，有严格的顺序结构，由它决定后继微指令地址；这一级的微指令与机器指令很相似，编程过程就像用机器指令编程一样，容易实现微程序设计自动化。

第二级控存的主要特点是字数较少，但每个字长度较长。第二级毫微程序都是由一条水平型微指令组成的，它由第一级调用，多条垂直微指令可调用同一条毫微指令。毫微指令具有并行操作控制能力，但不包含后继微地址的信息。每一条毫微指令都不相同，各条毫微指令之间也没有顺序关系。

采用两级微程序控制能有效减少控制存储器的总容量，但是由于执行一条微指令要访问两次控制存储器，所以影响速度。

实际应用中往往有所变化。例如，如果第一级控存的垂直型微指令功能比较简单，就不变换成毫微指令，直接译码，用作微操作控制信号，而不再调用第二级微指令；再如，垂直型微指令与水平型微指令之间不是一条一条地对应，而是由水平型毫微指令组成若干步的毫微程序去执行垂直型微指令的操作，也就是毫微指令与微指令的关系就相当于微指令与指令的关系，通过这种方法减少控存访问速度，提高执行速度。

6.4 硬布线控制计算机

控制器有两种实现方法：硬布线控制和微程序控制。导致两种方法兴衰的主要因素是机器的复杂性，以及集成电路水平的高低。

早期计算机的基本元件是电子管，其硬件功能比较简单，程序与数据存放在同一存储器中，控制器由逻辑电路实现，此时运算、控制部件的速度与存储器相匹配，机器各部分之间的工作是协调的。

集成电路出现后，计算机进入第三代，由于硬件价格下降、可靠性提高、速度提升，硬件功能逐渐增强，(通过硬件实现的)指令系统不断完善和扩大。同时，由于软件费用所占比例逐渐上升，与之对应的是其处理速度明显低于硬件，如果将若干简单指令的功能用一条复杂指令完成，可减少程序长度以及程序运行时访存次数，提高实际速度。因此，由软件完成的部分操作逐渐转由硬件完成，增加了不少复杂指令。随之而来，为尽量利用存储空间、节约时间，指令系统采用多种长度指令字、增加指令格式和寻址方式，使得指令系统变得越来越复杂。

指令系统规模扩大和复杂度增加使得计算机控制器的设计变得极为复杂，微程序控制方法利用只读存储器实现，规整化、容易设计、容易修改、便于扩充，因此，微程序控制方法获得迅速发展，除对速度要求极高的情况外被广泛应用。

但是在 RISC 出现后，一方面，大多数指令均能在单周期执行，控制相当简单，不必用微码控制指令的实现；另一方面，RISC 方法使得计算机性能有所下降，使用硬件实现可尽量弥补性能损失，因此硬布线控制逻辑被重新采用。

▶ 6.4.1 时序与节拍

所谓微程序控制，或者硬布线控制，指的是控制器的组成方式，也就是如何产生微操作控制信号。微程序控制计算机用的是存储控制逻辑的方法，而硬布线计算机则是通过组合逻辑的方法。一旦机器内部结构确定，指令的功能以及具体的实现过程就确定了，所以不论是哪种方法，所产生的微操作控制信号应该是相同的。

回忆一下，控制器的基本功能就是：依据当前正在执行的指令和它所处的执行步骤或所处的具体时刻，以及某些条件信号，形成并提供出在这一时刻整机各部件要用到的控制信号。也就是说，产生微操作控制信号时，必须知道机器执行的是哪一条指令、在这条指令的哪一个机器周期等。

在微程序控制方式中，每一条指令都是由依次执行多条微指令实现的，计算机在执行这条指令的哪一条微指令，就处于这条指令的哪一个机器周期；但是硬布线控制方式下则需要专门的信号来指示目前机器正处于哪条指令的哪一个机器周期。

形成基本机器周期信号的方法有很多。假定指令 A 需要 4 个机器周期，可以利用两位计数器的译码输出来表示这 4 个机器周期(见图 6.37)。

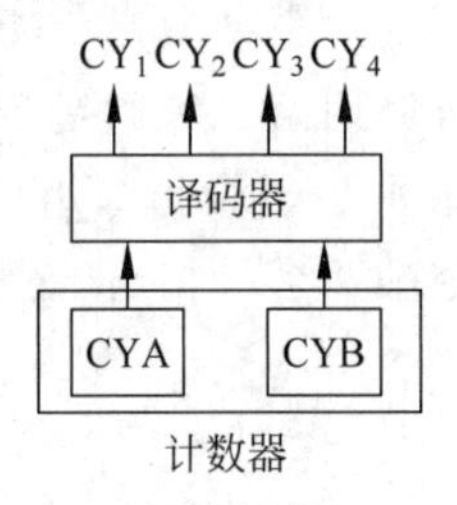

(a) 电路原理图

CYA	CYB	机器周期
0	0	CY_1
0	1	CY_2
1	0	CY_3
1	1	CY_4

(b) 译码器输入与机器周期的对应关系

图 6.37 用两位计数器通过译码分别表示 4 个机器周期

对于一个译码器，给定一组输入，某一时刻有且仅有一个输出有效。我们让两位计数器的输入 CYA、CYB 循环变化，那么这个译码器的输出也循环变化，而且 4 个输出 CY_1、CY_2、CY_3、CY_4 有而且仅有 1 个为高，这样就可以唯一确定地指示当前所处的机器周期了。

当然，也可以通过 4 位循环移位寄存器的输出来表示这 4 个机器周期(见图 6.38)。

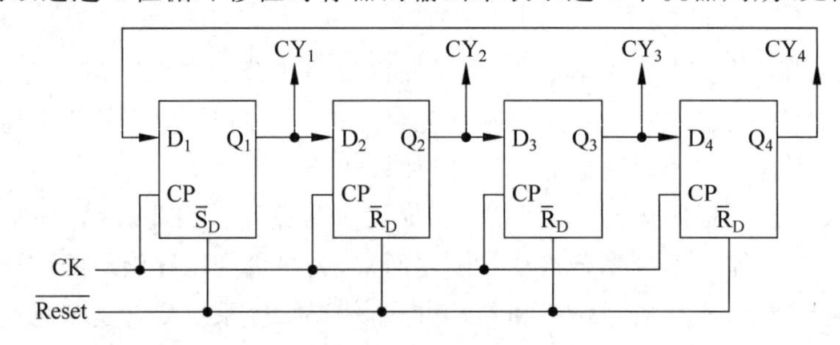

图 6.38 用 4 位移位寄存器表示 4 个机器周期

用循环移位寄存器时要求寄存器具有置位复位功能。如图 6.38 所示，机器复位以后，这个 4 位循环移位寄存器的输出中只有 CY_1 被置成“1”，CY_2、CY_3、CY_4 都是“0”；此后每来一个时钟脉冲，触发器的内容循环右移一位，CY_1、CY_2、CY_3、CY_4 中有而且仅有一个为“1”。

但是不同指令功能不同，所需的机器周期数可能不同。某些指令，如转移指令，可能缺少某个周期；某些复杂指令，如乘法指令，可能需要延长某个周期，这就可能使这个计数器或移位寄存器的工作时序发生变化，而且变化规律与指令密切相关。

例如，在使用计数器产生基本机器周期时，如果指令 A 需要 4 个机器周期，计数器的变化规律是 00 到 01 到 10 到 11；而指令 B 只需要 3 个机器周期，如它不需要计算地址，那么计数器的变化规律就是从 00 到 10 到 11。

为了统一描述能够满足这两条指令需要的计数器，需要分析这两条指令具体的计数器状态变化情况，例如，可以列出它们的真值表(见表 6.4)。

表 6.4 两条具有不同机器周期数指令的真值表

A 指令				B 指令			
CYA	CYB	CYA′	CYB′	CYA	CYB	CYA′	CYB′
0	0	0	1	0	0	1	0
0	1	1	0	1	0	1	1
1	0	1	1	1	1	0	0
1	1	0	0				

在表 6.4 中，CYA、CYB 表示当前周期计数器状态，CYA′、CYB′则表示下一周期计数器状态。

列出真值表后，通过化简、综合，即可得到统一的计数器状态变化逻辑表达式。

对于 A 指令：

CYA′=/CYA · CYB+CYA · /CYB

CYB′=/CYA · /CYB+CYA · /CYB =/CYB

对于 B 指令：

CYA′=/CYA · /CYB+CYA · /CYB =/CYB

CYB′=CYA · /CYB

综合两指令：

CYA′= (/CYA · CYB+CYA · /CYB) · A 指令+ /CYB · B 指令

CYB′=/CYB · A 指令 + CYA · /CYB · B 指令

最后根据表达式得到相应的时序计数器逻辑图(见图 6.39)。

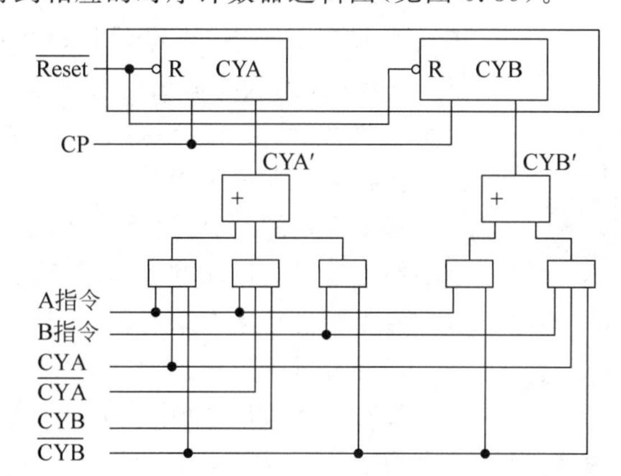

图 6.39 可表示两种不同机器周期数的计数器原理图

实际上，周期信号的形成逻辑要复杂得多。图 6.39 只是考虑两条指令的情况，实际机器有几十甚至几百条指令，在设计时需要先根据指令功能列出每条指令机器周期变化规律，并且把情况相同的指令归为一类，然后列出表达式、画出逻辑图。

有些时候还要延长某个机器周期，这个时候可以封锁时钟信号 CP，也可以控制计数器输入。不论哪种方法，都需要增加相应的控制逻辑。

另外，周期信号的形成逻辑必须避免毛刺产生，为此，也需要改变真值表和表达式，逻辑图也需要做相应的修改。

一旦机器内部结构确定，对于具有特定功能的指令，它所需要的微操作控制信号也确定了。所谓在指令周期内划分机器周期，本质上就是合理安排各种微操作控制信号。

如果在一个指令周期内划分的机器周期个数比较多，那么指令流程的设计就更灵活，操作控制部件设计也更简单；同时，因为可以分时利用数据通路和功能部件，所以能够节省设备。

这个时候，如果指令周期一定，那么机器周期数多就需要提高机器主频，因此对门电路速度要求就比较高了；反过来，如果门电路与主频一定，那么机器周期数多，指令周期就会增大，这就降低了指令处理速度。

如果在一个指令周期内划分的机器周期个数比较少，那么同一机器周期内要完成的微操作的个数增加，它将使得指令流程设计更加困难，操作控制部件的设计也更复杂；同时，分时利用数据通路和功能部件将更困难,为了完成并行微操作,可能需要增加相应的设备。

如果指令周期一定,机器周期数少,意味着对机器主频和门电路速度要求降低;反过来,如果门电路与主频一定,机器周期数少,就能够提高指令处理速度。显然,这个速度提升是以增加必要的硬设备为代价的。

6.4.2 操作控制信号的产生

计算机指示正在执行哪一条指令,是由指令译码来完成的。一般谈到指令译码的时候,主要说的是对指令操作码译码,但是对于相同的指令类型,如果操作数的寻址方式不同,它的执行过程是不尽相同的。例如,同样是加法指令,对两个都在寄存器中的数相加,和一个在寄存器中的数与一个在存储器中的数相加,所需要的机器周期数不同,每个机器周期应该产生的微操作控制信号也有差异。

这里为了简便起见,先不考虑寻址方式的问题,只是对指令操作码进行译码。

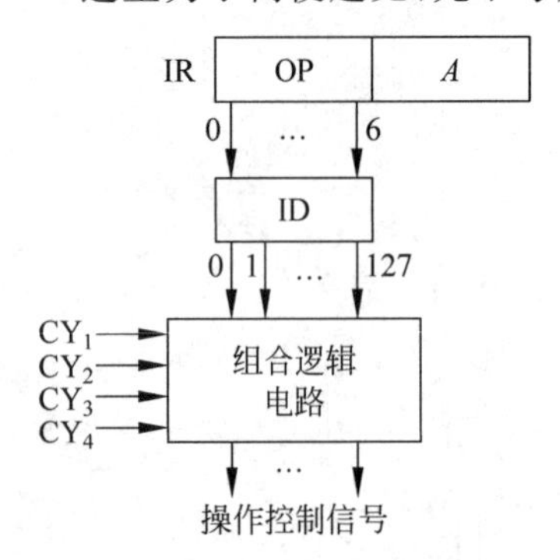

图 6.40　硬布线控制器操作码译码

如图 6.40 所示,假设操作码有 7 位,那么指令译码器的输出共有 128 根线,也就是最多可以表示 128 条指令。给定一组编码,这些输出中有且仅有一根有效。如果是高电平有效,就是只有一根线为高电平。哪根线有效,就表示正在执行的是哪一条指令。

指令确定的同时,这条指令对应的机器周期信号也应该已经通过前面讲的方法确定了,这个时候,就可以根据这些信号来产生相应的微操作控制信号了。

以模型机的加指令为例。

加法指令取指周期应该给出的控制信号分别是:(PC)→AB;ADS# 为低,W/R# 为低,M/IO# 为高,D/C# 为低;DB→IR,(PC)+1。

用逻辑式表示各个操作控制信号就是:

(PC)→AB=ADD・CY_1　　//加法指令的第一个周期要给出(PC)→AB

ADS# =/(ADD・CY_1・T_1)　　//加法指令第一个周期第一个节拍要使 ADS# 为低

W/R# =/(ADD・CY_1)　　//加法指令的第一个周期要使 W/R# 为低

M/IO# =ADD・CY_1　　//加法指令的第一个周期要使 M/IO# 为高

D/C# =/(ADD・CY_1)　　//加法指令的第一个周期要使 D/C# 为低

DB→IR=ADD・CY_1　　//加法指令的第一个周期要给出 DB→IR

(PC)+1=ADD・CY_1　　//加法指令的第一个周期要给出(PC)+1

回忆一下,这些信号的时序与图 6.5 中所表示的是一致的。

其实,取指周期的操作与具体指令无关,所有指令的操作都相同。事实上,新指令尚未被取出的时候,只允许安排与指令类型无关的操作。所以前面逻辑表达式中的“加法指令”条件应该被取消,也就是取指周期(也就是第一个周期)应该给出的微操作控制信号是:

(PC)→AB=CY_1　　//第一个周期要给出(PC)→AB

ADS# =/(CY_1・T_1)　　//第一个周期第一个节拍要使 ADS# 为低

W/R# =/CY_1　　//第一个周期要使 W/R# 为低

M/IO# =CY_1　　//第一个周期要使 M/IO# 为高

D/C# =/CY_1　　//第一个周期要使 D/C# 为低

$DB\rightarrow IR = CY_1$　　　　　　　　//第一个周期要给出 DB→IR

$(PC)+1 = CY_1$　　　　　　　　//第一个周期要给出(PC)+1

加法指令的第二个机器周期要计算有效地址，它需要给出的控制信号是这样的：rsl→GR，(rsl)→ALU，disp→ALU；"+"；ALU→AR。

那么这些信号的逻辑表达式就是：

$rsl\rightarrow GR = ADD \cdot CY_2$

$(rsl)\rightarrow ALU = ADD \cdot CY_2$

$disp\rightarrow ALU = ADD \cdot CY_2$

$\text{"+"} = ADD \cdot CY_2$

$ALU\rightarrow AR = ADD \cdot CY_2$

同样地，可以列出其他两个机器周期所需要产生控制信号的逻辑表达式。

为了产生一台计算机所需要的全部控制信号，首先要分析每一条指令，得出每一个控制信号的逻辑表达式，然后对所有指令的全部表达式进行综合分析。

其中，对于同一控制信号，如果在若干条指令的某些周期，或再加上一些条件，都需要，就要把它们组合起来。例如，假设"+"命令在加法指令的第 2 个和第 4 个机器周期、减法指令的第 2 个机器周期、转移指令的第 2 个机器周期等都需要，那么"+"命令的表达式就应该是这样的：

$$\text{"+"} = ADD \cdot (CY_2 + CY_4) + SUB \cdot CY_2 + JMP \cdot CY_2 + \cdots$$

最后把逻辑化简和综合后的结果用组合逻辑电路搭出来，就构成了硬布线控制器的时序控制信号形成部件。

当然，为了简化系统设计、提高工作效率，需要合理设计指令操作码，以便于逻辑表达式化简，并节省逻辑电路数量、减少延迟时间。

下面看一个通过合理分配指令操作码来简化硬布线控制器设计的例子。

对于同类型指令所需控制信号大部分相同，仅少量不同，一个简单的例子是算术逻辑运算指令，在这类指令的执行周期，仅 ALU 操作命令以及是否置状态位(N、Z、V、C)等有区别。反过来，不同类型的指令控制信号差别往往较大。

假设某计算机指令操作码有 7 位($OP_6 \sim OP_0$)，一共有 128 条指令，其中，算术逻辑运算指令 16 条，可以让这些算术逻辑运算指令的低三位 OP 完全相同($OP_2 \sim OP_0 = 001$)，用指令操作码的高 4 位 $OP_6 \sim OP_3$ 分别表示 16 条指令，设控制信号 A 是所有算术逻辑运算指令在 CY_2 周期中都需要的，则

$$\begin{aligned} A &= ADD \cdot CY_2 + SUB \cdot CY_2 + \cdots \\ &= (ADD + SUB + \cdots) \cdot CY_2 \\ &= /OP_2 \cdot /OP_1 \cdot OP_0 \cdot CY_2 \end{aligned}$$

这样，可以让控制信号 A 的逻辑表达式从一个 16 与或门变为一个 4 输入与门，大大简化了生成逻辑。

另外，因为是电路设计，所以还涉及信号同步、负载匹配等问题，为了解决这些问题，可能需要增加器件，或者修改逻辑。

6.4.3 硬布线控制器组成

硬布线控制器的逻辑框图如图 6.41 所示。

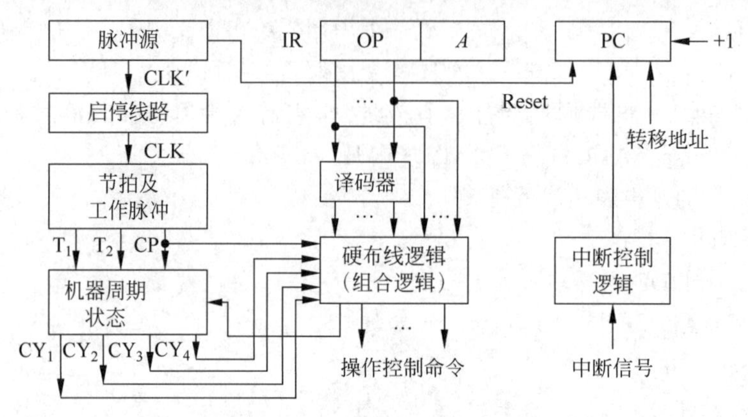

图 6.41　硬布线控制器逻辑框图

它与微程序控制器的不同之处，除了这个时序控制信号形成部件的组成方式外，还在于，只需要知道指令信息，微程序控制器的时序控制信号形成部件就能够依次产生相应的微操作控制信号，而硬布线控制器还必须知道当前在对应指令的哪个机器周期。如果每个机器周期由几个主时钟周期组成，还需要知道当前是在哪个机器周期的哪个节拍。

另外，图 6.41 中给出了中断逻辑，关于中断的概念，将在后续内容中介绍。

6.4.4　硬布线控制器逻辑设计

硬布线控制逻辑设计的基本步骤如下。

第一步：合理分配指令操作码。一台机器可能具有多种指令格式，操作码字段长度和位置不固定就增加了控制逻辑电路的复杂性与零乱性。通过合理分配操作码代码，可节省控制部分电路、减少延迟时间。例如，让常用指令使用短格式，以减少程序占用存储空间，加快程序执行速度等。当然，系列机发展过程中需要扩充指令，这在初始设计时往往不能预计到。

第二步：确定机器周期、节拍与主频。这些参数需要根据指令功能与器件速度来确定。一般地，机器周期基本上根据存储器速度以及 ALU 执行周期的基本时间确定，机器周期确定以后，机器的主频、每一机器周期的节拍电位与时钟数也就基本确定了。

在这里，要选取能反映计算机各主要部件的速度的典型指令，逐条指令分析执行步骤以及每一步骤时间，判断根据典型指令确定的机器周期能否确保绝大部分指令在基本时间内完成操作。对于个别指令，可以采用增加机器周期或延长节拍，或者采用应答方式。

第三步：根据指令功能，确定每条指令所需机器周期数以及各周期所完成的操作。在这里，大部分指令执行过程与典型指令情况类似，它所需要的机器周期数也类似，或相差不大，其中，简单指令的执行周期就是一个机器周期。部分指令操作比较复杂，例如乘法指令，需要特殊处理，像延长指令执行周期或重复多次出现执行周期等。

综合分析各条指令在各机器周期所完成操作得到操作控制命令的逻辑表达式：

操作控制命令名＝指令名·机器周期·节拍·条件

例如，“加减交替除法”根据上次运算结果决定本次操作，所以它的表达式就是：

“＋”＝除法指令·CY4·N　　　　　//余数为负，上商 0，左移，作加法

“－”＝除法指令·CY4·/N　　　　　//余数为正，上商 1，左移，作减法

最后一步：综合所有指令的每一个操作命令，写出逻辑表达式，并化简。

▶ 6.4.5 硬布线控制与微程序控制的比较

下面对硬布线控制和微程序控制做一个简单的对比，这里重点比较它们的不同点。下面从实现方法、设计步骤、机器性能、应用范围 4 个方面来比较。

首先看实现方法。微程序控制计算机的控制功能是由控制存储器 CS 和微指令寄存器 μIR 直接控制实现，它电路规整，修改指令或增加指令比较方便；而硬布线控制器的控制功能由逻辑门组合实现，它电路特别复杂而且零乱，一旦设计完成后修改指令或增加指令很不方便。

再看设计步骤。进行微程序设计首先要分析并且写出对应机器指令的全部微操作节拍安排，然后确定微指令格式，包括微指令编译法、后继微地址形成方法以及每一条微指令在控存中的地址等，最后编写出每条微指令的二进制代码。进行硬布线控制逻辑设计时第一步也是分析并且写出对应机器指令的全部微操作节拍安排，列出所有微操作命令的操作时间表，然后进行逻辑综合，写出每一个操作控制信号的逻辑表达式，最后根据逻辑表达式画出相应组合逻辑电路图。

不同的实现方式决定了这两种计算机不同的性能，同时大体决定了它们的应用范围。相比较而言，微程序控制计算机比硬布线控制计算机速度要慢，它往往用于那些对速度要求不高但功能比较复杂的机器，而硬布线控制往往应用于高速计算机、小规模计算机。另外，精简指令系统计算机(RISC)往往采用硬布线控制而不是微程序控制来弥补其性能上的损失。

例 6.2 某单总线系统计算机运算控制器结构如图 6.42 所示。

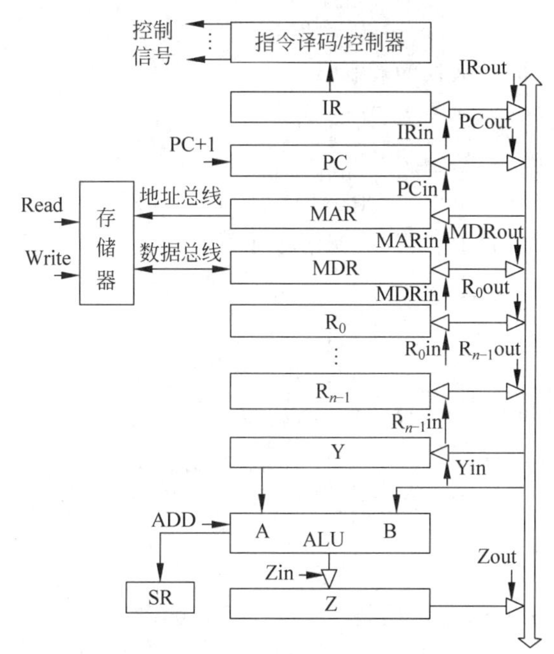

图 6.42 某单总线系统计算机运算控制器结构图

设计一个可实现下列指令操作的硬布线控制器，画出控制器逻辑图并写出各控制信号的逻辑表达式。

```
ADD R3,R1,R2          ;(R1)+(R2)→R3
LOAD mem,R1           ;(mem)→R1
STORE mem,R1          ;(R1)→mem
JMP #A                ;(PC)+1+A→PC
```

假设每个机器周期中包含 1 个时钟周期，则对应上述指令的译码器输出信号分别为

ADD、LOAD、STORE 和 JMP。

解：

(1) 如图 6.43 所示，先画出硬布线控制器逻辑图。

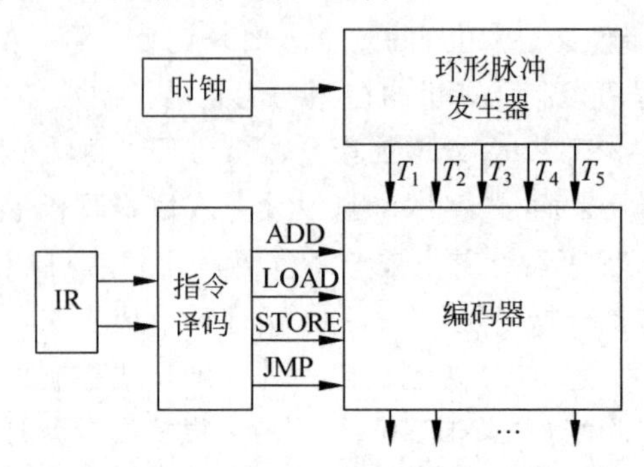

图 6.43　某单总线系统计算机硬布线控制器逻辑图

(2) 列出各指令的各操作过程所需的控制信号。

对于 ADD 指令，每个时钟周期内的控制信号如下。

```
T1: Pcout, MARin, PC+1, Read        ;(PC)→MAR, PC+1, read
T2: MDRout, IRin                    ;(MDR)→IR
T3: R1out, Yin                      ;(R1)→Y
T4: R2out, Zin, ADD                 ;(R2)+Y→Z
T5: Zout, R3in                      ;(Z)→R3
```

对于 LOAD 指令，各时钟周期的控制信号如下。

```
T1: Pcout, MARin, PC+1, Read        ;(PC)→MAR, PC+1, read
T2: MDRout, IRin                    ;(MDR)→IR
T3: IRout, MARin, Read              ;Ad(IR)→MAR, read
T4: MDRout, R1in                    ;(MDR)→R1
```

对于 STORE 指令，各时钟周期的控制信号如下。

```
T1: Pcout, MARin, PC+1, Read        ;(PC)→MAR, PC+1, read
T2: MDRout, IRin                    ;(MDR)→IR
T3: IRout, MARin                    ;Ad(IR)→MAR
T4: R1out, MDRin, Write             ;(R1)→MDR, write
```

对于 JMP 指令，各时钟周期的控制信号如下。

```
T1: Pcout, MARin, PC+1, Read        ;(PC)→MAR, PC+1, read
T2: MDRout, Irin                    ;(MDR)→IR
T3: PCout, Yin                      ;(PC)→Y
T4: IRout, ADD, Zin                 ;Ad(IR)+Y→Z
T5: Zout, PCin                      ;(Z)→PC
```

(3) 综合控制信号的时序，写出控制信号的逻辑表达式。

```
IRin = T2
IRout = LOAD * T3 + STORE * T3 + JMP * T4
PCin = JMP * T5
PCout = T1 + JMP * T3
PC + 1 = T1
MARin = T1 + STORE * T3 + LOAD * T3
MDRin = STORE * T4
MDRout = T2 + LOAD * T4
R1in = LOAD * T4
R1out = ADD * T3 + STORE * T4
R2out = ADD * T4
R3in = ADD * T5
```

```
Yin = ADD * T3 + JMP * T3
Zin = ADD * T4 + JMP * T4
Zout = ADD * T5 + JMP * T5
Add = ADD * T4 + JMP * T4
Read = T1 + LOAD * T3
Write = STORE * T4
END = (LOAD + STORE) * T4 + (ADD + JMP) * T5
//硬布线控制器新增信号,用于规定不同指令所需的时钟周期数
```

例 6.3　假定例 6.2 的 4 条指令的操作码分别为二进制码 00、01、10 和 11。试设计一个采用若干片 8 位 ROM 芯片的水平型直接编码的微程序控制器。

要求：

(1) 画出微程序控制的框图。

(2) 给出每条微指令的格式以及实现多路转移的方法。

(3) 指出各条微指令在 ROM 中的存储位置。

(4) 详细给出各条微指令的编码。

解：

(1) 微程序控制框图。

① 写出各指令的操作步骤及其所需的控制信号，同例 6.2 第(2)步。

② 写出各控制信号以及各微指令的控制字。

各控制信号同例 6.2 第(3)步(除控制信号 END)，将上述 18 个控制信号组成一个控制字。

IRin	IRout	PCin	PCout	PC+1	MARin	MDRin	MDRout	R1in
R1out	R2out	R3in	Yin	Zin	Zout	ADD	Read	Write

于是有各微指令的控制字(即微操作控制字段内容)：

```
T1:         0001 1100 0000 0000 10
T2:         1000 0001 0000 0000 00
ADDT3:      0000 0000 0100 1000 00
ADDT4:      0000 0000 0010 0101 00
ADDT5:      0000 0000 0001 0010 00
LOADT3:     0100 0100 0000 0000 10
LOADT4:     0000 0001 1000 0000 00
STORET3:    0100 0100 0000 0000 00
STORET4:    0000 0010 0100 0000 01
JMPT3:      0001 0000 0000 1000 00
JMPT4:      0100 0000 0000 0101 00
JMPT5:      0010 0000 0000 0010 00
```

③ 根据指令执行过程，画出微程序控制框图(见图 6.44)。

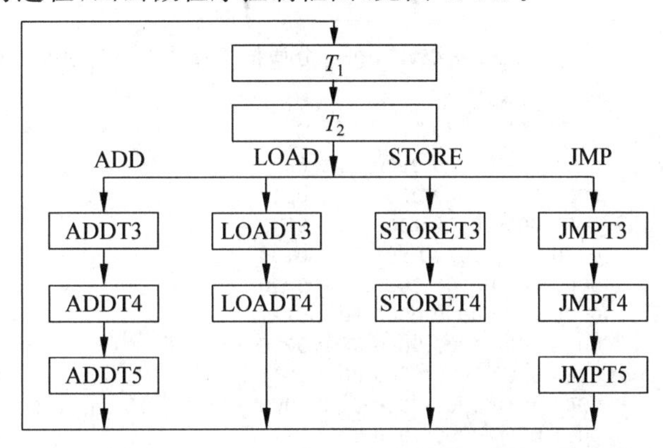

图 6.44　某单总线系统计算机部分微程序控制框图

(2) 设计每条指令的顺序控制字段及微指令格式。

① 以上总共有 12 条微指令,则后继微地址为 4 位。

② 微程序流程在第二条微指令(T_2)后有一个分支点,由指令码译码结果决定转移去向。要求采用多路转移方式来形成多个转移分支,为此,每一条微指令的后继微地址中的低位部分为 HF 字段(非测试地址部分)2 位,其值固定;高位部分为 TF 字段(测试地址部分)2 位,其值由测试决定;在微指令的顺序控制字段中,HF 字段(非测试地址部分)2 位,用于产生后继微地址的低 2 位;LF 字段(直接地址部分)2 位,当顺序执行时,直接送往后继微地址的高 2 位。测试控制字段(LCF)用 1 位:若 LCF=0,则无转移分支,无须测试,LF 字段的值直接送到后继微地址的高 2 位;若 LCF=1(只在微指令 T_2 时),存在多个转移分支,需测试,由指令操作码生成后继微地址的高 2 位。

综上,微指令格式以及多路转移下微地址形成电路如图 6.45 所示。

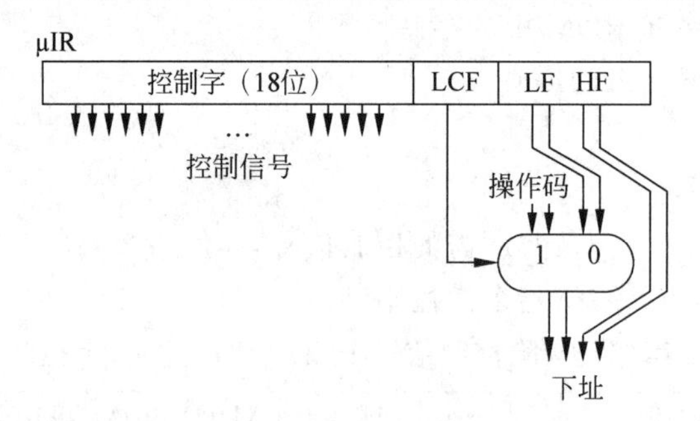

图 6.45 某单总线系统计算机微指令格式及微地址形成电路

(3) 安排微指令存储地址。每条微指令在控制存储器中的存储地址如图 6.46 中每个微指令方框的左上角所示,其后继微地址如右下角所示。

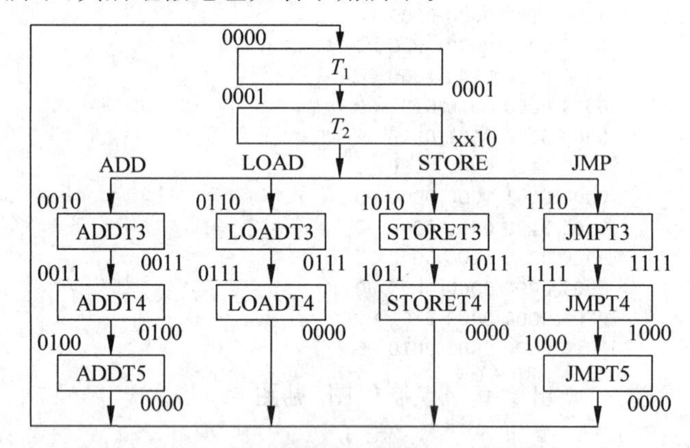

图 6.46 某单总线系统计算机部分微指令及其在控存中的位置

(4) 写出各条微指令的编码。

```
T1:        0001 1100 0000 0000 10 0 0001
T2:        1000 0001 0000 0000 00 1 0010
ADDT3:     0000 0000 0100 1000 00 0 0011
ADDT4:     0000 0000 0010 0101 00 0 0100
ADDT5:     0000 0000 0001 0010 00 0 0000
LOADT3:    0100 0100 0000 0000 10 0 0111
LOADT4:    0000 0001 1000 0000 00 0 0000
STORET3:   0100 0100 0000 0000 00 0 1011
STORET4:   0000 0010 0100 0000 01 0 0000
JMPT3:     0001 0000 0000 1000 00 0 1111
```

```
JMPT4:                    0100 0000 0000 0101 00 0 1000
JMPT5:                    0010 0000 0000 0010 00 0 0000
```

6.5　流水线工作原理

▶ 6.5.1　流水线基本概念

为提高处理效率，计算机采用并行处理技术。

并行性有两种含义，一个是同时性，指两个及以上事件在同一时刻发生；另一个是并发性，指两个及以上事件在同一时间间隔内发生。

概括起来，并行处理技术主要有三种形式：时间并行、空间并行和时间并行＋空间并行。其中，时间并行指时间重叠，它是在并行性概念中引入时间因素；空间并行指资源重复，它是在并行性概念中引入空间因素。

时间并行让多个处理过程在时间上相互错开，轮流重叠地使用同一套硬件设备的各个部分，以加快硬件周转而赢得速度。典型的采用时间并行的技术是采用流水处理部件，这是一种非常经济而实用的并行技术，能保证计算机系统具有较高的性能价格比，目前包括高性能微型计算机等几乎无一例外地使用了流水技术。

空间并行同样是目前实现并行处理的主要途径之一，它以"数量取胜"，通过采用多核、多处理器、多计算机系统等形式提高计算机的处理能力。显然，这种空间并行技术是以大规模和超大规模集成电路的迅速发展为技术前提的。

程序中各条指令的执行过程包括取指令、分析指令、取操作数、数据处理、保存处理结果等步骤，它们大体可以由两大功能部件指令部件 I(或 CU)、执行部件 E(或 ALU)分别完成。根据指令部件 I、执行部件 E 操作顺序不同，控制器分为三种工作方式。

第一种是顺序方式，它让指令部件和执行部件在时间上顺序执行(见图 6.47)。

顺序执行方式控制简单，但是吞吐率低，机器中各部件利用率不高。

所谓吞吐率是指单位时间内能处理的指令数或是机器能输出结果的数量。

要加快指令的执行速度，可以加快每条指令的解释，或者选用更高速的器件、采用更好的运算方法、提高指令内各微操作的并行程度、减少解释过程所需要的拍数等多项措施，或者加快整个机器语言程序的解释，还有就是采用同时解释两条、多条程序指令的控制方式以加快整个程序的解释。

如果让指令部件和执行部件并行工作，使两条指令的执行在时间上重叠起来进行(见图 6.48)，可使指令的执行时间缩短。

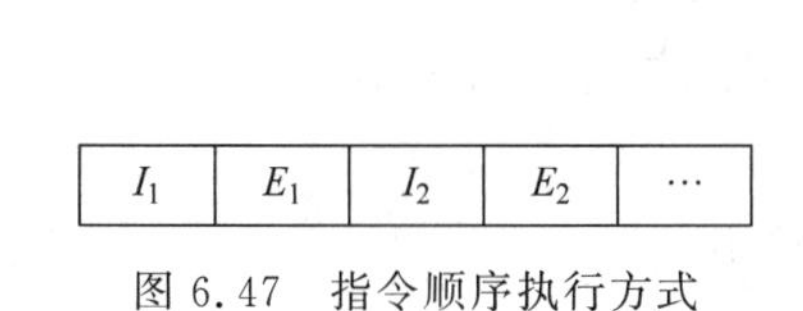

图 6.47　指令顺序执行方式

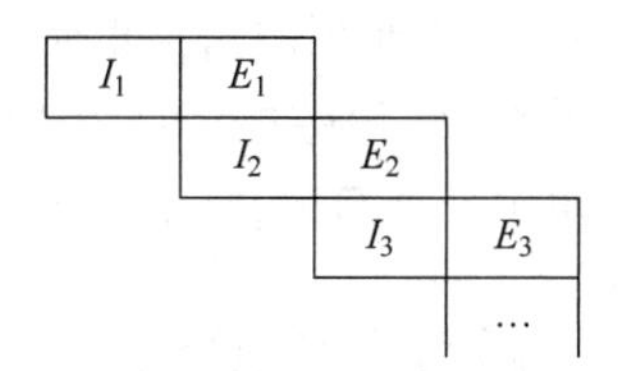

图 6.48　指令重叠执行方式

在这种重叠执行方式下，在相邻的指令之间，让两条或多条指令的指令部分和执行部分的操作在时间上错开重叠地进行，而各指令内部微操作仍然顺序串行。

如果指令部分和执行部分操作时间相同，理想情况下(例如，无分支转移)，这种重叠方式的吞吐率是顺序方式的2倍，各功能部件利用率明显提高；当然，它需增加一些硬件，控制过程稍复杂。

第三种方式是流水方式，它是工作效率最高的一种方式。

流水是重叠的引申，它把执行过程继续细分，一个重复的过程分解为若干子过程，每个子过程由专门的功能部件实现。多个处理过程在时间上错开，依次通过各功能段，每个子过程与其他子过程并行进行。

流水线中，每个子过程及其功能部件称为级或段，段与段相互连接形成流水线，流水线的段数称为流水线的深度。

把指令执行过程按照流水方式处理就形成处理机级流水线（又称指令流水线），它把一条指令的执行过程分解为若干子过程，每个子过程在独立的功能部件中执行，各功能部件并行工作。如图6.49所示为4级指令流水线。

I_1	取指	计算地址	取操作数	运算			
I_2		取指	计算地址	取操作数	运算		
I_3			取指	计算地址	取操作数	运算	
I_4				取指	计算地址	取操作数	运算

图6.49 4级指令流水线

在如图6.49所示的4级指令流水线中，4条指令的执行在时间上是重叠的。

把处理机的算术逻辑运算部件分段，使得运算操作能够按流水方式进行即构成部件级流水线（又称运算操作流水线）。如图6.50所示的浮点加运算流水线即是一种典型的部件级流水线，它将浮点加运算过程分解为求阶差、对阶、尾数相加、规格化4个子过程，让操作数依次经过各功能部件，从而使得运算操作能够按流水方式进行。

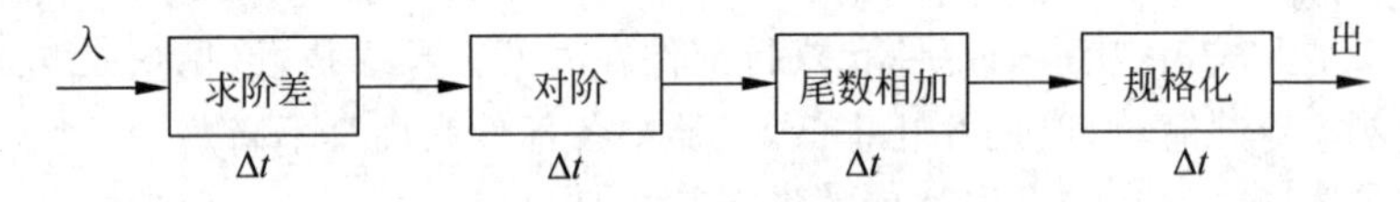

图6.50 浮点加运算流水线

假设经过流水线一个段的时间为Δt，因为各功能部件的时间可能不完全一样，因此这个Δt应该选各段中时间最长的。

当流水线装满时，流水线每隔Δt时间流出一个结果。

实际上，流水线需要经过建立时间、排空时间。建立时间又称为流水线的装载期，它指第一个任务从进入流水线到流出结果所需的时间；排空时间又称为流水线的排空期，它是最后一个任务从进入流水线到流出结果所需的时间。

例如，4级浮点数加法流水线的建立时间、排空时间如图6.51所示。

图6.51叫作时空图，它用于描述流水线的工作过程，其横坐标代表时间，纵坐标代表流水线的各个段。

如图6.52所示是k段($k=4$)指令流水线时空图。

理想情况下，流水线连续完成n个任务的时间：

$$T_k=(k+n-1)\Delta t$$

所以它的吞吐率为

$$\mathrm{TP}=n/((k+n-1)\Delta t)$$

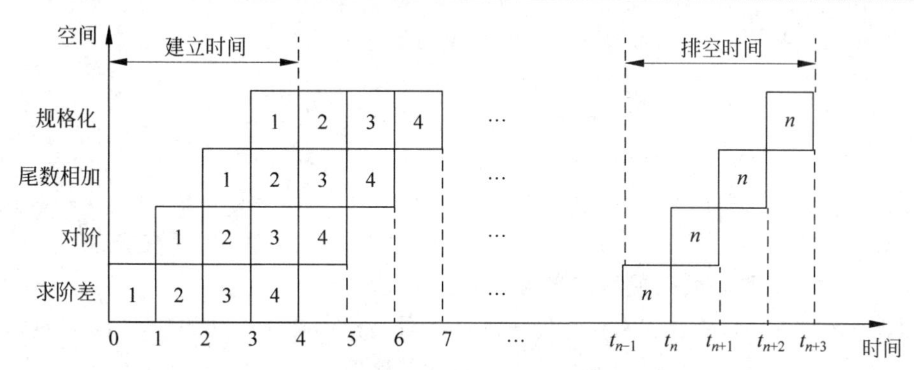

图 6.51　4 级浮点数加法流水线的建立时间、排空时间

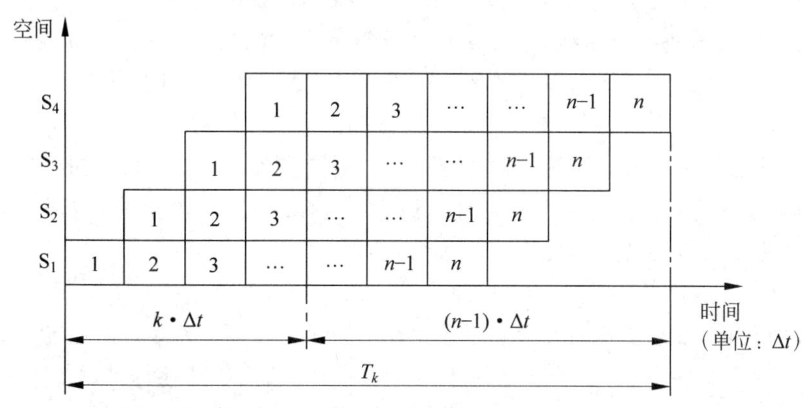

图 6.52　k 段($k=4$)指令流水线时空图

流水线的最大吞吐率为

$$\mathrm{TP}_{\max}=\lim_{n \to \infty} \frac{n}{(k+n-1)\Delta t}=\frac{1}{\Delta t}$$

流水线效率 E 是衡量流水线性能的重要参数，它等于处理 n 个任务占用的时空区与总的时空区的比值。

利用时空图可以方便地得到流水线的效率。

例 6.4　例用一条 4 段浮点加法流水线求 8 个浮点数的和：$Z=A+B+C+D+E+F+G+H$，求流水线的效率。

解：

$$Z=[(A+B)+(C+D)]+[(E+F)+(G+H)]$$

可以画出相应的时空图如图 6.53 所示。

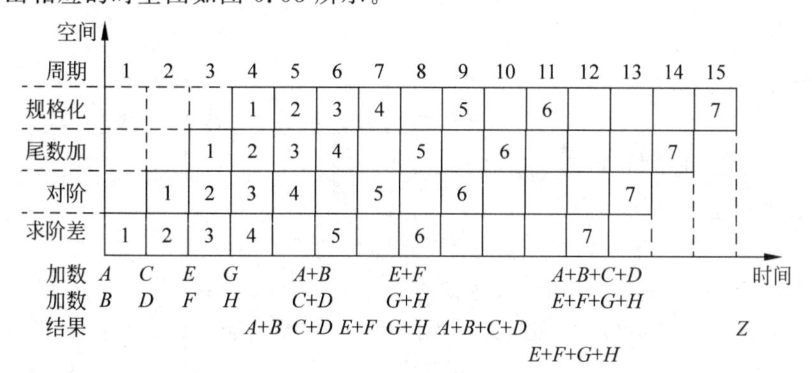

图 6.53　8 个浮点数求和时空图

7 个浮点加法共用了 15 个时钟周期，流水线的效率为

$$E=\frac{T_0}{k \cdot T_k}=\frac{4 \times 7 \cdot \Delta t}{4 \times 15 \cdot \Delta t}=0.47$$

例 6.4 中流水线效率之所以不高，一是因为流水线工作过程中有建立时间、排空时间，其中建立时间 $4\Delta t$、排空时间 $4\Delta t$，在装载期、排空期各 6 个共 12 个时空区空闲，实际只进行了 7 次加法操作、占用 28 个时空区；另一个原因是运算之间存在关联，后面有些运算要用到前面运算的结果，即形成了“相关”，使得流水线产生了“气泡”。

除了流水线的效率，衡量流水线性能的另一个重要指标是流水线的加速比，它是指完成同一批任务时，不使用流水线和使用流水线所花时间的比值。

例如，假设浮点数加法运算由求阶差、对阶、尾数相加、规格化 4 个子过程组成，每一个子过程需时间 Δt，如果不使用流水线，连续执行 7 条浮点数加法指令，共需时间为 $7\times 4\Delta t$；如采用如图 6.51 所示的 4 级浮点数加法流水线，只需 $(7+3)\Delta t$，故其加速比为

$$S=(7\times 4\Delta t)/((7+3)\Delta t) = 2.8$$

显然，加速比跟效率一样，不同具体实例下可能不同。如例 6.4 所示，同样是执行 7 条浮点数加法指令，如果不使用流水线，所需时间仍为 $7\times 4\Delta t$；使用流水线，但因为存在数据相关，其所需时间为 $15\Delta t$，故其加速比为

$$S=(7\times 4\Delta t)/(15\Delta t)\approx 1.87$$

在流水线中，由于某功能部件功能复杂、所需工作时间较长，使得其他功能部件长时间处于等待状态，流水线各功能部件不能全面忙碌，影响流水线作用的发挥，则该功能部件即为流水线瓶颈。如图 6.54 所示，功能部件 2 所需时间较长，它就是该流水线的瓶颈。

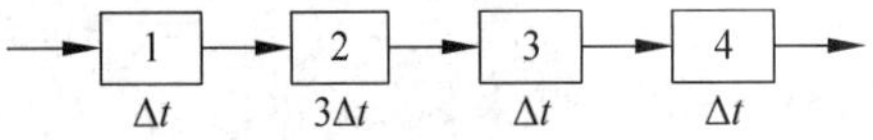

图 6.54　流水线瓶颈

解决流水线瓶颈的方法主要包括功能段细分(见图 6.55)和多套设备并行(见图 6.56)等。

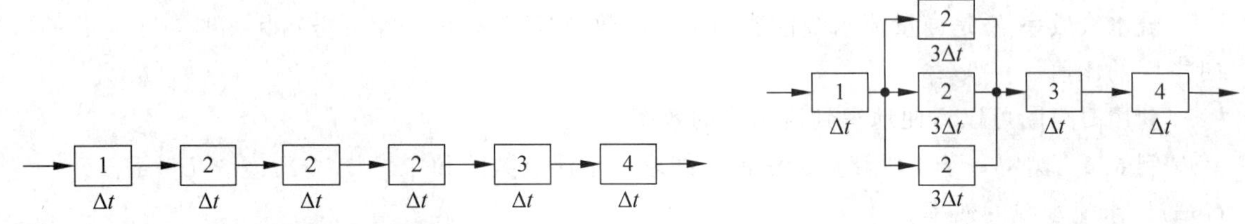

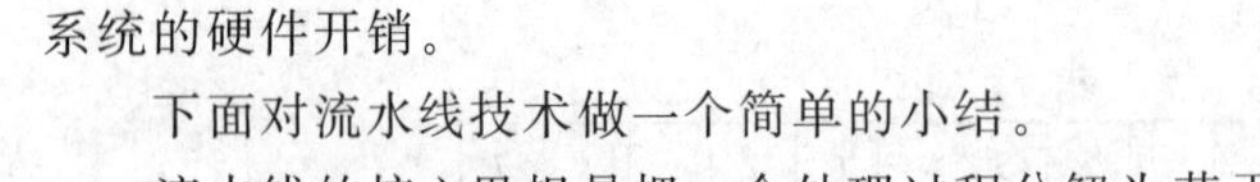

图 6.55　通过功能段细分解决流水线瓶颈

图 6.56　利用多套设备并行解决流水线瓶颈

在流水线中，流水线各段之间都需要设置缓冲寄存器(或锁存器)，用于在相邻的两段之间传送数据，以使各段的处理工作相互隔离。显然，这在一定程度上增加了执行时间，也增加了系统的硬件开销。

下面对流水线技术做一个简单的小结。

流水线的核心思想是把一个处理过程分解为若干子过程，每个子过程由专门功能的部件来实现，各功能部件采用时间重叠方式并行工作。

流水线需要有建立时间和排空时间。

流水线技术适用于大量重复的时序过程，其各功能段的时间应尽可能相等，而且只有不断提供连续同类任务，并尽量避免“断流”，才能充分发挥流水线的效率。

需要注意的是，流水线可以提高系统的吞吐率，但是并不能减少(而且一般是增加)单条指令的执行时间。

▶ 6.5.2 经典的5段RISC流水线

MIPS采用典型的RISC指令，指令执行过程分为5个时钟周期(见图6.57)：取指令IF、指令译码/读寄存器ID、执行/计算有效地址EX、存储器访问/分支完成MEM、写回WB。

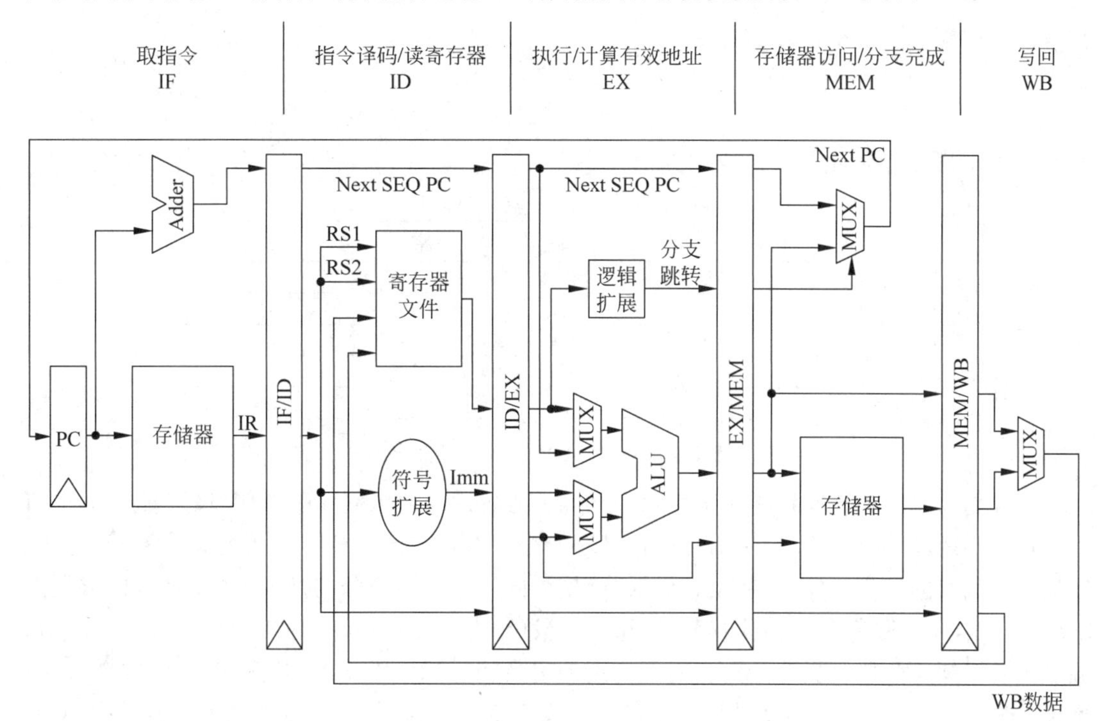

图6.57 MIPS指令周期

取指令(IF)周期所有指令均需要，它完成存储器读操作。

指令译码/读寄存器(ID)周期所有指令也均需要，在这个阶段除了对指令进行译码外，还完成对指定寄存器的读操作。

执行/计算有效地址(EX)周期主要进行ALU操作，在这个阶段不同指令所进行的具体操作不同。LOAD/STORE指令通过ALU把指定寄存器内容与偏移量相加，形成用于访存的有效地址；寄存器-寄存器、寄存器-立即数型ALU指令按照指定的操作对数据进行运算，并把结果暂存在临时寄存器中；分支指令则通过ALU把偏移量与PC值相加，形成转移目标地址，同时，对前一个周期中读出的操作数进行判断，确定分支是否成功。

存储器访问/分支完成(MEM)周期只有LOAD、STORE和分支指令需要，其他类型的指令在此周期不做任何操作。其中，LOAD指令进行访存取数操作，并且将取回的数被放在临时寄存器中；STORE指令进行访存存数操作；对于分支指令，若分支成功，则将转移目标地址送PC。

写回(WB)周期只有ALU运算指令、LOAD指令需要，它把结果数据写入通用寄存器。

需要注意的是，STORE指令、分支指令实际上只需要经过4个周期即可，但因为采用流水方式，它们实际上也必须经过最后一个周期。

MIPS流水线把每个周期作为一段，在段间增加锁存器(流水寄存器，图6.57中各流水段间的寄存器用流水段的名字共同取名。例如，取指令(IF)与指令译码/读寄存器(ID)间的寄存器被命名为IF/ID)，从而形成经典的5段RISC流水线(见图6.58)。

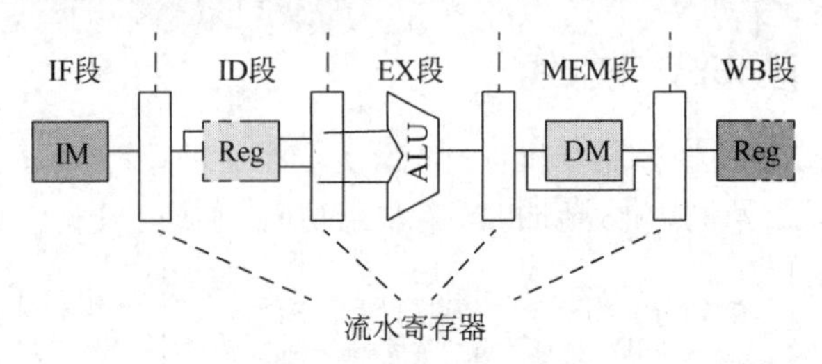

图 6.58　经典的 5 段 RISC 流水线

例如，5 条指令流水执行时空图如图 6.59 所示。

指令编号	时钟周期 1	2	3	4	5	6	7	8	9
指令i	IF	ID	EX	MEM	WB				
指令i+1		IF	ID	EX	MEM	WB			
指令i+2			IF	ID	EX	MEM	WB		
指令i+3				IF	ID	EX	MEM	WB	
指令i+4					IF	ID	EX	MEM	WB

图 6.59　5 条指令流水执行时空图

实现流水线的关键问题在于确保不会在同一时钟周期要求同一个功能段做两件不同的工作，因此 MIPS 流水线中要避免 IF 段访存（取指令）与 MEM 段访存（取数据）冲突，这个问题通过采用分离的指令存储器、数据存储器，或使用同一存储器但分离指令和数据 Cache 的方法解决；另外，还要避免 ID 段（读寄存器）和 WB 段（写寄存器）对同一寄存器的访问冲突，MIPS 流水线采用把 WB 段写操作安排在时钟周期的前半拍、把 ID 段读操作安排在后半拍的方法来解决。为此，图 6.58 中在 ID 段和 WB 段用实线表示对寄存器操作，虚线表示无操作。这样，5 条指令流水按时间错开的数据通路序列如图 6.60 所示。

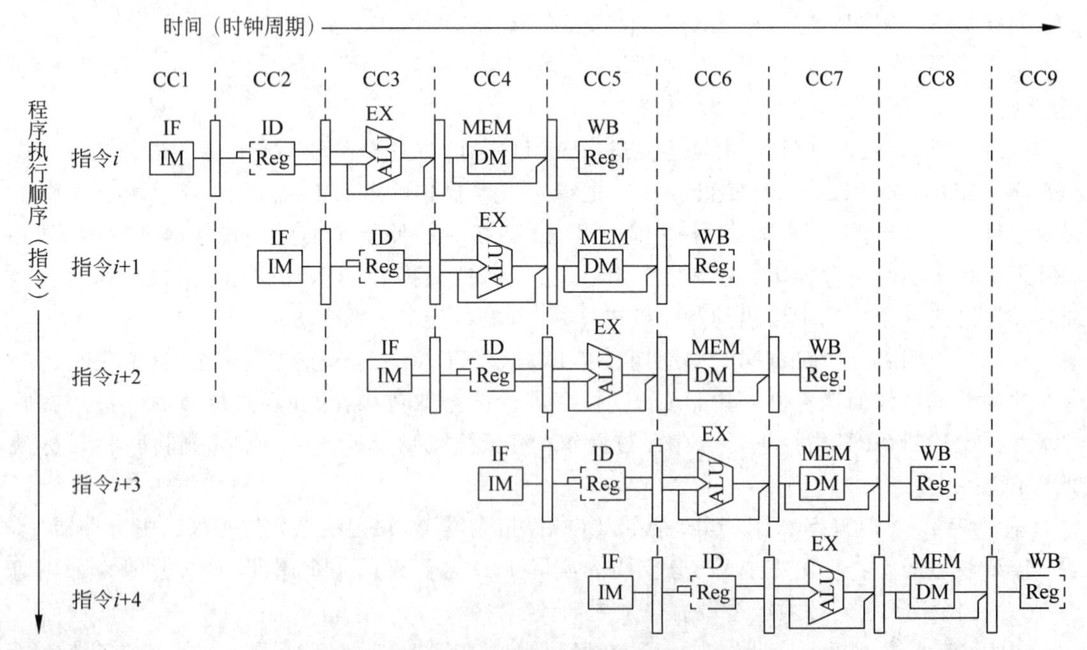

图 6.60　5 条指令流水执行的数据通路序列

▶ 6.5.3 相关与流水线冲突

1. 相关

“相关”是指两条指令之间存在某种依赖关系。

一旦两条指令相关，则它们就有可能不能在流水线中重叠执行或者只能部分重叠执行。

影响流水线工作的主要有三种相关：结构相关、数据相关、控制相关。

结构相关发生在两条指令需同时使用同一部件时；数据相关是因为机器同时解释的多条指令之间出现了对同一单元(存储器或寄存器)的“先写后读”要求；控制相关则是由转移指令、转子程序指令、中断等导致程序执行方向可能被改变引起的相关，它可能使得进入流水线的部分指令“作废”。

对于具体流水线而言，由于相关的存在，使得指令流中的下一条指令不能在指定的时钟周期开始，这种现象称为流水线冲突。三种相关将导致三种流水线冲突。

2. 流水线冲突的解决方法

对于具体流水线而言，由于相关的存在，使得指令流中的下一条指令不能在指定的时钟周期开始，这种现象称为流水线冲突。

三种相关将导致三种流水线冲突。其中，结构冲突是因为硬件资源满足不了指令重叠执行的要求而发生的冲突，数据冲突是因为数据相关导致指令无法重叠执行，而控制冲突则是因为程序转移导致流水线中断。

1) 结构冲突

如图 6.61 所示，假设除 LOAD 指令外的其他指令均不是访存指令，则当系统只有一个存储器时，同时请求访存将产生结构冲突。

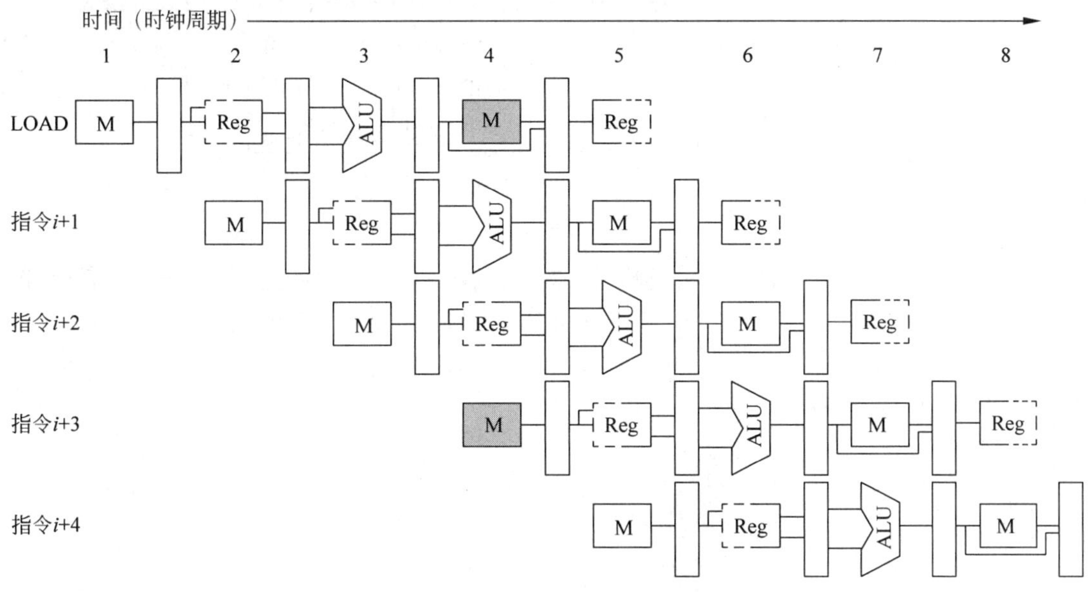

图 6.61 同时请求访存产生结构冲突

结构冲突可以引入暂停，延迟一个周期(见图 6.62)。

引入暂停后的时空图如图 6.63 所示。

特别地，有些时候流水线允许结构冲突的存在，这是因为将所有功能单元完全流水化或重复设置足够份数成本过高。

对于 MIPS 流水线而言，若采用指数分存，或分离 Cache，则不会出现访存(结构)冲突。

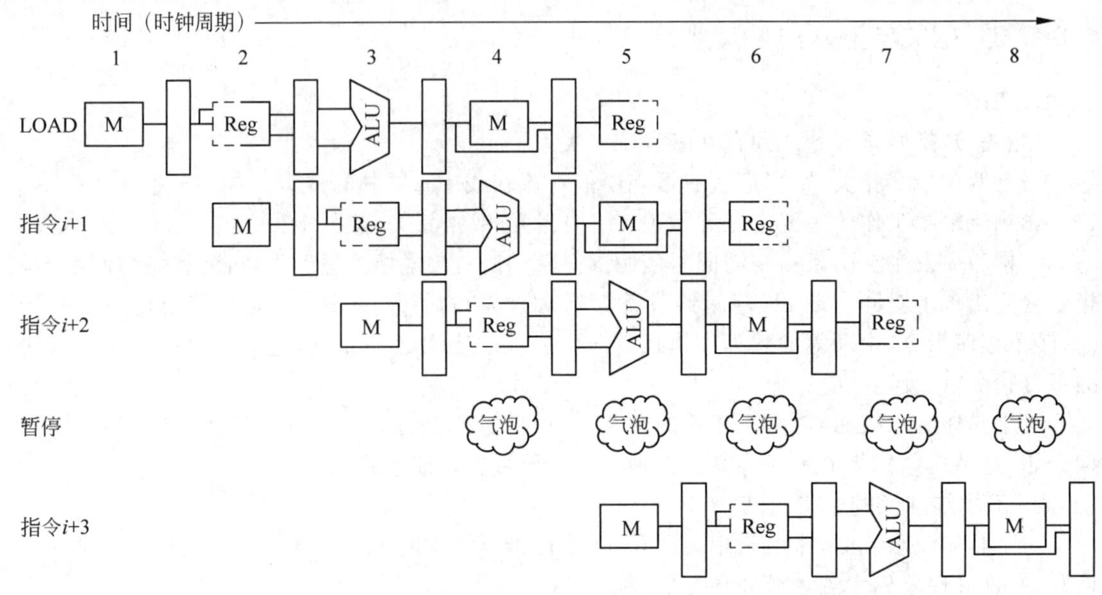

图 6.62　引入暂停解决结构冲突

指令编号	时钟周期									
	1	2	3	4	5	6	7	8	9	10
指令i	IF	ID	EX	MEM	WB					
指令i+1		IF	ID	EX	MEM	WB				
指令i+2			IF	ID	EX	MEM	WB	WB		
指令i+3				stall	IF	ID	EX	MEM	WB	
指令i+4						IF	ID	EX	MEM	WB
指令i+5							IF	ID	EX	MEM

图 6.63　引入暂停后的时空图

2）数据冲突

对于实际系统，是不允许因流水线的引入改变对同一单元读写的先后次序(如写后读、读后写、写后写)的，具体到 MIPS 流水线，只可能出现写后读导致的数据冲突。

下面看一个例子。

假定连续执行下列指令：

```
DADD R1,R2,R3          //R1 = R2 + R3
DSUB  R4,R1,R5         //R4 = R1 - R5
XOR    R6,R1,R7        //R6 = R1 ⊕ R7
AND   R8,R1,R9         //R8 = R1 & R9
OR     R10,R1,R11      //R10 = R1 OR R11
```

这里指令 DADD 的输出是指令 DSUB、XOR、AND、OR 的输入，存在数据流动，其对应的数据通路序列如图 6.64 所示。显然，除了最后一条 OR 指令之外，指令 DSUB、XOR、AND 与指令 DADD 间均存在数据相关。

解决数据冲突最常见的办法是设置相关专用通路，这种技术又称为旁路技术、定向技术，其主要思想是：使发生相关的数直接从数据处理部件得到，而不是存入后再读取，其具体做法是：当硬件检测到前面某条指令的结果是当前指令的输入时，控制逻辑直接将该结果定向到

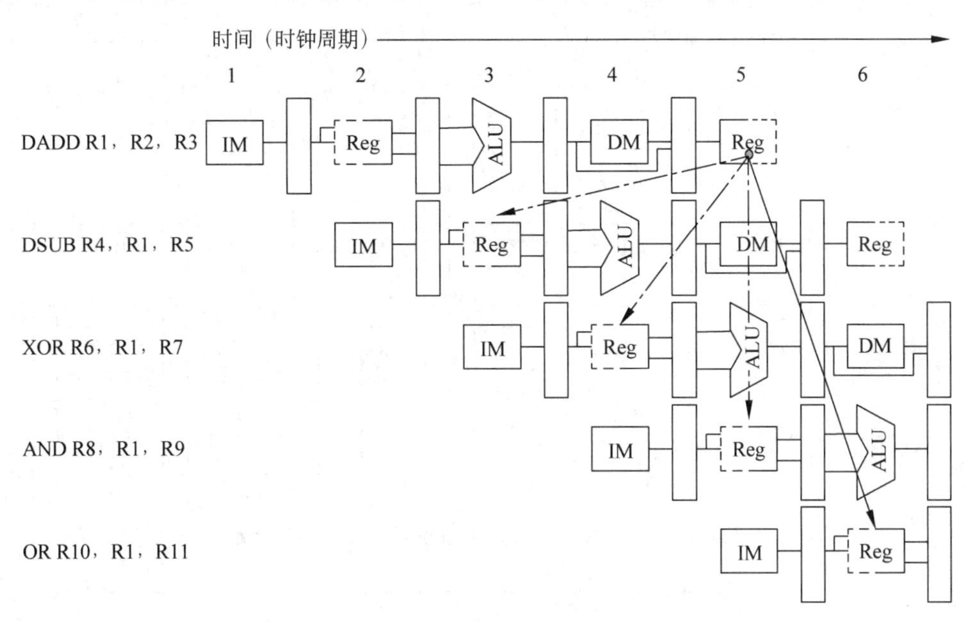

图 6.64 写后读引起数据相关

当前指令所需位置。

设置相关专用通路后，上述指令流水执行的数据通路序列如图 6.65 所示，可以发现，所有数据相关都得到解决。

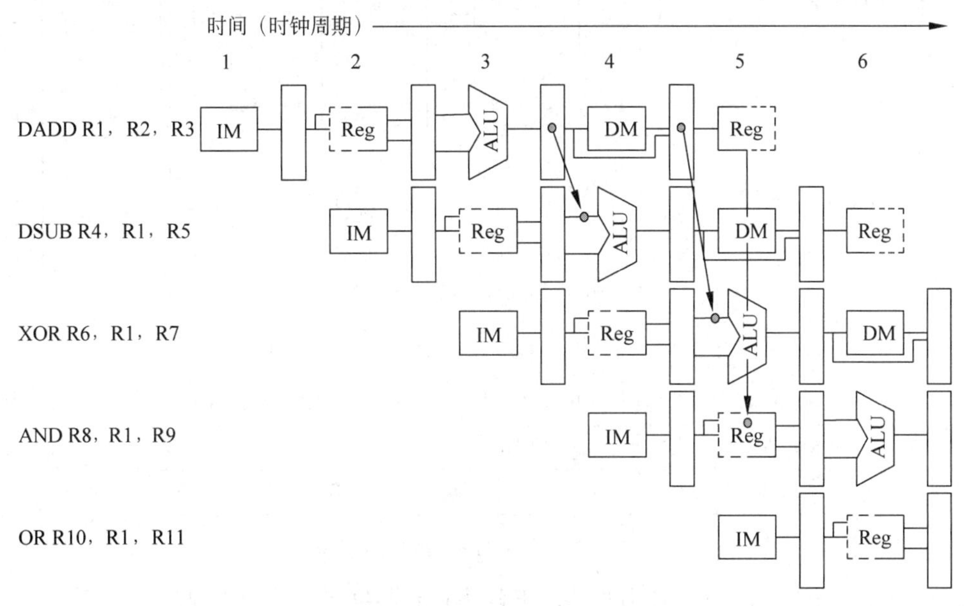

图 6.65 设置相关专用通路解决数据相关

但是，有些数据冲突不能通过相关专用通路解决，这个时候需插入停顿。

例如，在图 6.66 中，DADD 指令和 XOR 指令均存在数据冲突，但是即使设置相关专用通路也无法将 LD 指令的结果定向到 DADD 指令，此时只能插入停顿（见图 6.67）。

如图 6.68 所示是插入停顿后的时空图，这里指令 XOR 已经不存在数据冲突了。

另一种解决数据冲突的方法是使用流水线调度技术，或称为指令调度技术，它利用编译器重新组织指令顺序来消除冲突。

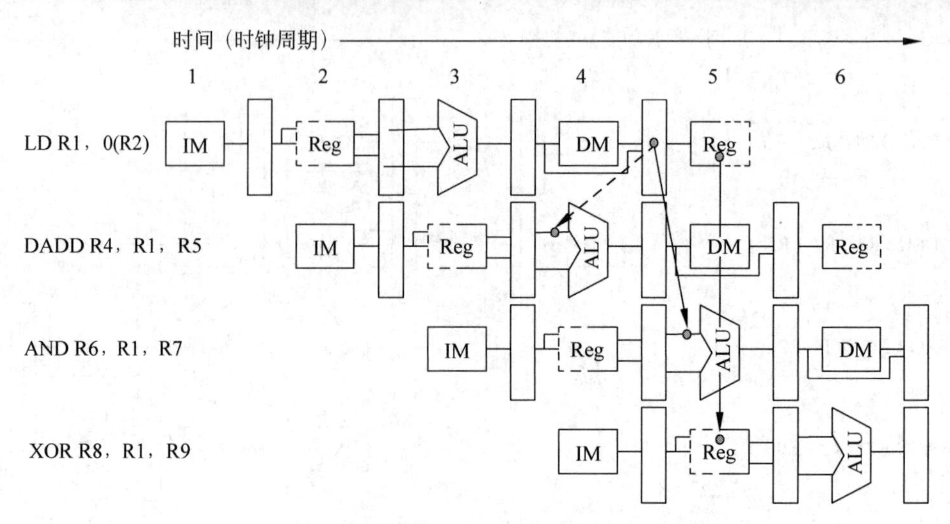

图 6.66　某些数据相关无法通过设置相关专用通路解决

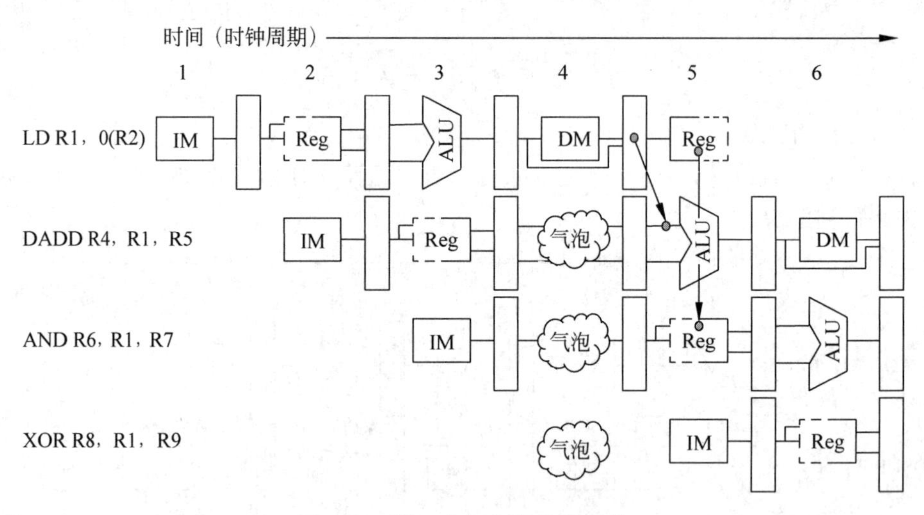

图 6.67　插入停顿解决数据相关

LD R1，0(R2)	IF	ID	EX	MEM	WB			
DADD R4，R1，R5		IF	ID	stall	EX	MEM	WB	
AND R6，R1，R7			IF	stall	ID	EX	MEM	WB
XOR R8，R1，R9				stall	IF	ID	EX	MEM

图 6.68　插入停顿后的时空图

例如，求 A＝B＋C、D＝E－F，其中，A～F 均为存储器数，典型代码生成方法肯定产生停顿。

以 A＝B＋C 为例，对应的指令序列依次为 LD、LD、DADD、SD，即使采用相关专用通路，仍需插入停顿（见图 6.69）。

LD Rb, B	IF	ID	EX	MEM	WB				
LD Rc, C		IF	ID	EX	MEM	WB			
DADD Ra, Rb, Rc			IF	ID	stall	EX	MEM	WB	
SD Ra, A				IF	stall	ID	EX	MEM	WB

图 6.69　即使采用相关专用通路仍需插入停顿

适当改变指令顺序，可能消除相关、解决流水线冲突。例如，对于上面提到的例子，可以将指令执行序列改变(见图 6.70)，这样就没有数据冲突了。

LD Rb, B	IF	ID	EX	MEM	WB							
LD Rc, C		IF	ID	EX	MEM	WB						
LD Re, E			IF	ID	EX	MEM	WB					
DADD Ra, Rb, Rc				IF	ID	EX	MEM	WB				
LD Rf, F					IF	ID	EX	MEM	WB			
SD Ra , A						IF	ID	EX	MEM	WB		
DSUB Rd, Re, Rf							IF	ID	EX	MEM	WB	
SD Rd, D								IF	ID	EX	MEM	WB

图 6.70　通过改变指令顺序解决数据冲突

另外，有些数据相关实际上只是名相关，即两条指令使用相同的名(寄存器或存储单元)，但指令之间没有数据流动，即并非真正相关，这时可通过改变指令中操作数名(包括寄存器换名、存储单元换名)来消除相关。换名既可用编译器静态实现，也可用硬件动态完成。

下面看一个通过寄存器换名解决数据冲突的例子。

计算机顺序执行下列指令：

```
DIV.D        F2,F6,F4
ADD.D        F6,F0,F12
SUB.D        F8,F6,F14
```

指令 DIV.D 和 ADD.D 存在名相关(都用到寄存器 F6，但是二者之间没有数据流动)，指令 ADD.D 和 SUB.D 存在数据相关(都对寄存器 F6 操作，先写后读)，如果对后两条指令的寄存器 F6 换名(即换用其他寄存器承担寄存器 F6 的功能)，例如，改用寄存器 S：

```
DIV.D        F2,F6,F4
ADD.D        F6,F0,F12
SUB.D        F8,F6,F14
```

虽然后两条指令间的先写后读相关并未消除，但是第 1 条指令与后续指令间的数据相关已经没有了。

3) 控制冲突

对于控制冲突，最简单的做法是“冻结”或“排空”流水线，它在译码后发现是分支指令时立即暂停后续指令进入流水线，那些已取入的后继指令也作废，这样，无论是否成功转移，均重新取指令(见图 6.71)。这种方法控制简单，但是流水线性能损失大。

另一种方法是猜测法，主要用于条件分支，它先选定转移分支中的一个继续取指并流水处理，若猜测正确(事实上，计算机可以利用编译器尽量提高预测准确性)，流水线被充分利用(流水线就像什么都没发生，如图 6.72 所示)；若猜测错误，从正确分支重新执行(见图 6.73)，此时需保证分支点后已进行的工作不破坏原有现场。

在利用这种方法解决控制冲突时，为尽量减小损失，往往让目标地址提前形成，例如，在 ID 段末尾就形成。

但是对于中断引起的控制冲突，解决的关键不在于如何缩短断流时间，而是如何保存断点

分支指令i	IF	ID	EX	MEM	WB					
顺序i+1/转移j		IF	stall	stall	IF	ID	EX	MEM	WB	
顺序i+2/转移j+1						IF	ID	EX	MEM	WB
顺序i+3/转移j+2							IF	ID	EX	MEM
顺序i+4/转移j+3								IF	ID	EX

图 6.71 “排空法”解决控制冲突

分支指令i	IF	ID	EX	MEM	WB				
后继指令i+1		IF	ID	EX	MEM	WB			
后继指令i+2			IF	ID	EX	MEM	WB		
后继指令i+3				IF	ID	EX	MEM	WB	
后继指令i+4					IF	ID	EX	MEM	WB

图 6.72 预测成功时的时空图

分支指令i	IF	ID	EX	MEM	WB				
后继指令i+1		IF	idle	idle	idle	idle			
分支目标j			IF	ID	EX	MEM	WB		
分支目标j+1				IF	ID	EX	MEM	WB	
分支目标j+2					IF	ID	EX	MEM	WB

图 6.73 预测不成功时的时空图

现场、中断处理完毕如何恢复。解决中断引起的控制冲突有两种方法，一种是“不精确断点”法，一旦接受中断请求，尚未进入流水线的指令不允许进入，已在流水线中的所有指令全部执行完毕后，再转入中断处理程序；另一种是“精确断点”法，一旦接受中断请求，保存流水线中所有指令的现场，立即转入中断处理程序。显然，后一种方法需大量后援寄存器。

6.6 中断原理

▶ 6.6.1 中断基本概念

中断是指计算机具有能停止正在执行的程序，转去处理当前出现的急需处理的事件，处理完后又能继续运行原程序的一种功能。

我们把机器中引起中断产生的事件或发生中断请求的来源称为中断源。

中断事件包括程序出错或数据校验错、陷阱指令、硬件故障以及键盘、鼠标等输入设备输入一个命令或定时器满等。

中断系统是计算机实现中断功能的软、硬件总称，在 CPU 一侧配置了中断机构，在设备一侧配置了中断控制接口，在软件上设计了相应的中断服务程序。一般来说，包括计算机在内的各种各类智能设备均配备中断系统。

中断有很多作用，如使 CPU 与 I/O 设备并行工作、进行硬件故障处理、实现人机交互、实现多道程序和分时操作、实现实时处理、实现应用程序和操作系统（管态程序）的联系、实现多处理机系统中各处理机间的联系等。

中断从不同的角度有不同的类型。

按中断产生的机制分，可分为硬件中断和软中断。硬件中断是由某硬件中断请求信号引起的中断，软中断则是由软中断指令所引起的中断。

按中断发生的方式分，可分为强迫中断和自愿中断。强迫中断是随机产生的，是由于某种随机出现的急需处理的事件而引起的中断；自愿中断即软中断，是非随机产生的，它由程序有意安排（即事先在程序某处设置断点），以中断方式引出服务程序，实现某种功能（如单步调试、系统调用）。

按中断的来源分，可分为内中断和外中断。内中断是来自主机内部的中断请求，包括硬件故障中断，如电源掉电、内存读写校验错、运算线路校验错、数据通路校验错以及其他硬件故障等，以及陷阱（由程序本身运行原因引起的中断）；外中断指来自处理机外部的中断，如 I/O 中断、操作控制台中断、定时器中断、外部信号中断等。

▶ 6.6.2　中断建立与判优

计算机中为每一个中断源设置一个中断触发器，用以记录中断事件是否发生（“1”表示有中断请求，“0”表示无中断请求）。计算机中各中断触发器的集合称为中断寄存器，中断寄存器的内容称为中断字或中断码。

当有中断事件发生时将中断触发器置“1”即中断建立，分为同步方式和异步方式。

在同步方式下（见图 6.74(a)），某中断源的中断电位 P_{INT} 到来后需要维持“高”电位，只有在时钟信号 CP_i 为高的时刻可以将中断触发器置“1”，在此之前中断电位 P_{INT} 一旦为“低”，则该中断请求无法提交；在异步方式下（见图 6.74(b)），一旦中断源的中断电位到来（P_{INT} 即为“高”），将使得中断预置触发器为“1”，此后，中断电位 P_{INT} 可以撤销也可以保持，当时钟信号 CP_i 为高时，系统再将中断触发器置“1”，并在下一个时钟将中断预置触发器置“0”。

当有多个中断源同时提出中断请求时，最多只能有一个中断请求被提交到 CPU。有多个中断同时发生时中断响应或中断处理的优先次序称为中断优先权；中断源的优先等级称为中断优先级，其中不同类别中断的级别称为主优先级，同一主优先级内不同中断源的级别称为次优先级。

相应地，同一主优先级的多个中断触发器的集合称为级中断寄存器，级中断寄存器的内容称为级中断码。

中断源优先级判别可以通过软件方法，也可以通过硬件方法。一般地，主优先级通过硬件排队判优法判断，次优先级通过软件查询法判断。

软件查询法由测试程序按一定的次序检查中断寄存器的内容，当遇到第一个“1”标志时，即找到了需要优先进行处理的中断源；典型的硬件排队判优法则通过菊花链电路实现，例如，设某机有三级中断,对级中断电位进行排队判优的电路如图 6.75 所示。

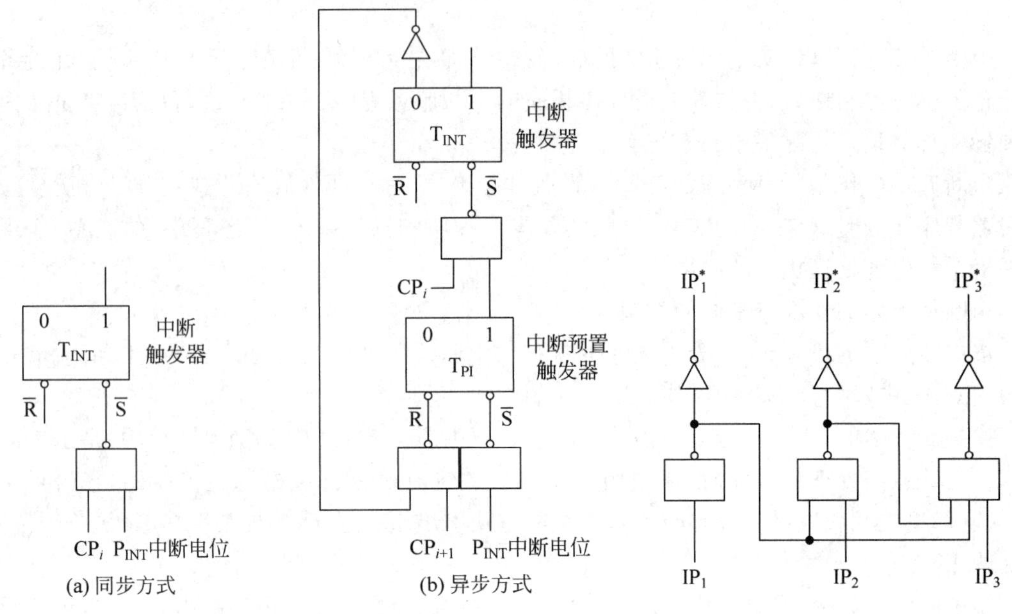

图 6.74　中断源建立方式

图 6.75　中断排队判优的电路

排队判优线路既可用于各中断级之间,也可用于诸优先级内各中断源之间。

但是并不是只要有中断请求就一定能进入中断判优,还必须要求该中断请求没有被屏蔽。

▶ 6.6.3　中断屏蔽与禁止中断

中断屏蔽是指根据需要用程序的方式有选择地封锁部分中断,而允许其他中断仍得到响应的技术。当然,并非所有中断都可以被屏蔽,例如,非法指令、数据校验错、溢出等这样的中断就不可以被屏蔽,软中断指令 INT 也不被屏蔽。非屏蔽中断具有最高优先级。

为了实现中断屏蔽,计算机在设备接口中设置有中断屏蔽触发器,并且可以使用程序的方法设置屏蔽触发器的值,当中断屏蔽触发器为“1”时,该中断源的中断请求被屏蔽;当中断屏蔽触发器为“0”时,该中断源的中断请求开放。多个中断屏蔽触发器的组合形成中断屏蔽寄存器,中断屏蔽寄存器的值称为中断屏蔽字或中断屏蔽码。

屏蔽中断有两种方法,一种是位屏蔽方式(见图 6.76),当中断被屏蔽时,在中断事件发生后不允许置“1”中断触发器;另一种方式是级屏蔽方式(见图 6.77),它在中断事件发生后允许置“1”中断触发器,但是不允许该级中断电位参加排队。

也就是说,一旦中断被屏蔽,即使中断源有中断请求,中断请求也不可能被 CPU 所发现。

中断建立后,由于某种条件的存在,CPU 不能中止现行程序的执行,即 CPU 无法响应中断,这个状态称为禁止中断。

计算机中在 CPU 内部设置有一个“中断允许”触发器,并且设置有专门的开中断、关中断指令来允许中断或禁止中断:开中断指令将“中断允许”触发器置“1”,此时允许 CPU 响应中断请求;关中断指令将“中断允许”触发器置“0”,此时禁止 CPU 响应中断请求。

需要特别注意的是,禁止中断只对可屏蔽中断有效。

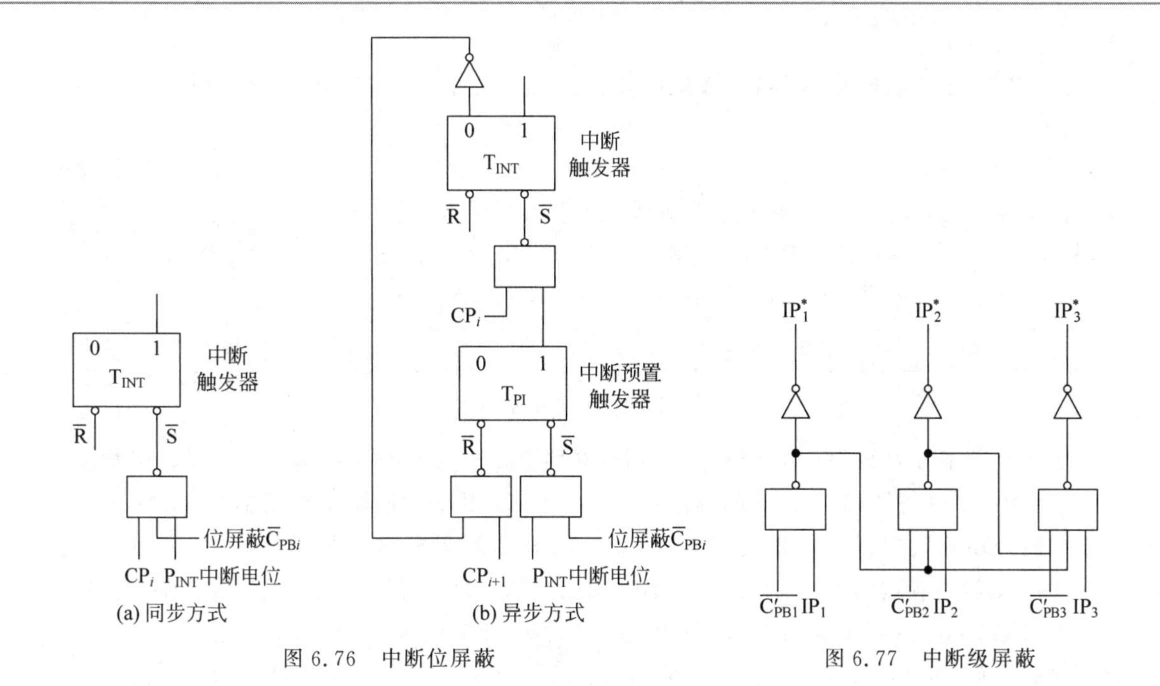

图 6.76 中断位屏蔽

图 6.77 中断级屏蔽

▶ 6.6.4 中断响应

中断响应就是 CPU 从发现中断请求、中止现行程序，到调出相应中断处理程序的过程。

CPU 响应中断必须满足的条件包括两方面：一个是必须有中断请求被提交到 CPU，还有一个是 CPU 必须允许接受中断请求。前一个方面其实意味着要有中断请求，该中断没有被屏蔽且中断响应优先级最高(如有多个中断请求时)；后一个方面即要求 CPU 没有禁止中断。

这些条件对应的计算机系统相关的状态分别是：CPU 允许接受中断请求(即 CPU 开中断)意味着 CPU 中的中断允许触发器为“1”；中断源有中断请求意味着设备控制器的中断触发器为“1”、中断未被屏蔽意味着设备控制器的中断屏蔽触发器为“0”、中断响应优先级最高意味着该中断请求被排队判优电路排上队。

一般地，CPU 在指令执行的结束时刻响应中断请求。在开中断的情况下，在每条指令周期的末尾时刻，CPU 发出中断查询信号，一旦发现有中断请求立即响应，这样可以尽量缩短中断的等待时间，同时尽量减小对现行程序运行的影响。

但是当有特殊性质的中断(一般都是非屏蔽中断)时，需立即处理。例如，当非法指令、地址越界、软中断指令等中断发生时，在指令周期的取指令操作结束时 CPU 即开始响应。

CPU 响应中断意味着处理机从一个程序(被中断程序)切换到另一个程序(中断服务程序)，一旦 CPU 响应中断的条件得到满足，则 CPU 进入中断周期状态，并开始响应中断。

这里的中断服务程序就是为处理意外情况或有意安排的任务而编写的程序。

进入中断响应后，首先应自动关中断，以便保存完整的现场；此后保存断点、保存现场，然后判别中断源，并自动转向中断服务程序。

中断响应由硬件机构自动执行一系列“中断隐操作”完成，这些操作又被称为“中断隐指令”，相应地，执行中断隐指令的时间被称为中断周期。

中断隐指令操作复杂，一般不能用机器指令代替，而且指令系统没有、程序也无法事先安排它。多级中断系统每级中断都对应各自的中段隐指令，每一级中断都有各自的管理程序入口。

具体到程序状态转换，不同计算机的实现方法不尽相同，一般通过交换程序状态字的方式。

程序状态字用于描述机器执行程序时某一时刻所处的状态，是分析和处理中断以及中断返回的重要依据，其内容主要包括程序屏蔽位(包括级屏蔽字、位屏蔽字)、程序运行状态(管态/目态)、条件码(即发生中断时上条指令的结果特征，如 C、Z 标记等)、中断码(排上队的那一级中断寄存器的内容)以及程序计数器(PC)的值(见图 6.78)。

程序屏蔽位	程序运行状态	条件码	中断码	PC

图 6.78　程序状态字格式

程序状态字分为 $PSW_{旧}$ 和 $PSW_{新}$，它们成对地放在存储器的约定单元中。多级中断系统中每一级中断处理程序都有自己的程序状态字，每级中断都对应两个约定单元，其中，$PSW_{旧}$ 是被中断的现行程序的程序状态字，$PSW_{新}$ 是中断处理程序对应的程序状态字；相应地，$PSW_{旧}$ 中 PC 部分存放的是断点地址，而 $PSW_{新}$ 中 PC 部分存放的是中断处理程序的入口地址。

当采用交换程序状态字方式时，中断隐指令要对 PSW 存旧取新，其大体过程是：终止现行程序的运行，包括消除某些寄存器的值(如把 IR 清 0)、封锁公操作、建立隐指令所需的状态信息等；保存 $PSW_{旧}$，清除级中断寄存器(此时级中断寄存器内容已保存到 $PSW_{旧}$ 中)；取出 $PSW_{新}$，根据 $PSW_{新}$ 中的 PC 部分转到相应的中断处理程序。

不同计算机转向中断服务程序入口地址的方法不尽相同，一种做法是通过软件查询，CPU 响应中断时产生一个固定的地址，即中断查询程序入口地址，转向查询程序，通过执行查询程序，确定被优先批准的中断源，然后分支进入相应的中断服务程序；或者，用专用的 INTA 指令接收中断设备编码，根据编码到指定内存区找中断服务程序的入口地址，这种方法显然速度较慢。

中断服务程序入口地址又称为中断向量，上面的方法在中断响应时不能直接提供中断服务程序入口地址，所以又被称为非向量中断法，或称为单向量中断。

相应地，向量中断是指 CPU 响应中断后，由中断机构自动将向量地址通知处理机，并通过向量地址实现向量切换的技术。这种方法能根据中断请求信号快速、直接地转向对应的服务程序，现代计算机基本上多具有向量中断能力。

计算机中一个中断向量(即一个中断服务程序入口地址)往往由几个字节组成(如 32 位地址需要 4 字节)，所有中断向量通常被放在内存指定区域，组成中断向量表。

某个特定的中断服务程序的入口地址(即该中断向量)在内存中的首地址称为向量地址。中断向量法根据形成向量地址的方法不同，分为直接向量地址法、位移向量地址法和向量地址转移法。

直接向量地址法中，由硬件根据中断源不同直接产生一个与之对应的向量地址，依据向量地址从中断向量表中取出对应的中断向量直接送给 CPU 中的 PC，下一条将执行的指令已经是中断服务程序的第一条指令，即已经开始中断服务处理过程(见图 6.79)。

位移向量地址法则不同(见图 6.80)，硬件产生的向量地址不是直接地址而是“位移量”，位移量加上 CPU 某寄存器里存放的基地址，才得到中断服务程序首地址在内存中的存放位置，将该位置的内容取出即得到中断处理程序的入口地址。

向量地址转移法则由硬件电路产生一个固定地址码(见图 6.81)，该地址码指向的存储单元存放的是转移指令，通过转移指令转入相应的中断服务程序。

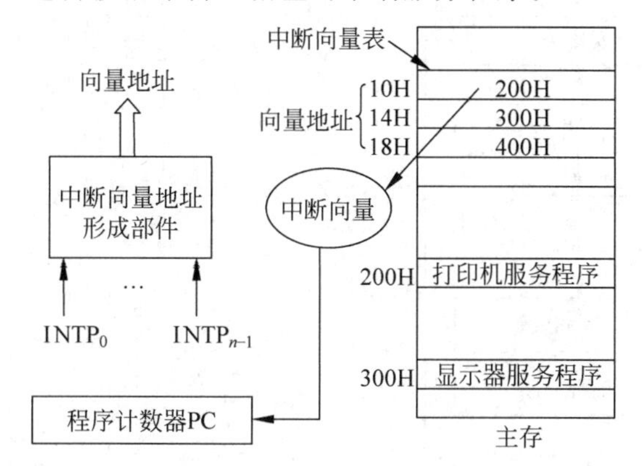

图 6.79 直接向量地址法

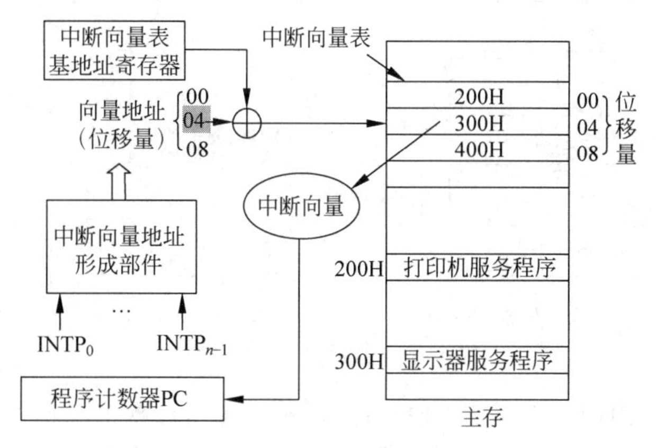

图 6.80 位移向量地址法

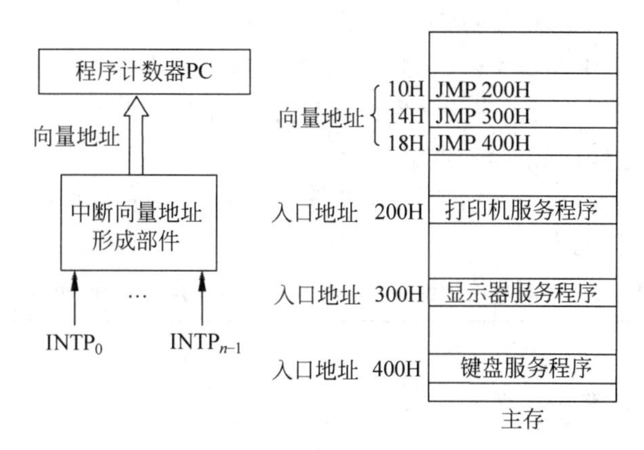

图 6.81 向量地址转移法

▶ 6.6.5 多重中断与中断屏蔽技术

进入中断响应以后第一件事就是关中断，否则，将影响断点和完整现场的保存等。

那么，什么时候再开中断呢？一种方法是在中断处理完成后、执行中断返回之前(见图 6.82(a))，另一种方法是在保存好现场并转入中断服务程序后、执行中断服务程序前(见图 6.82(b))。如果采用后一种方法，就允许新的中断打断现行中断服务程序，即允许多重中断或中断嵌套，对应地，前一种方法只允许单中断。

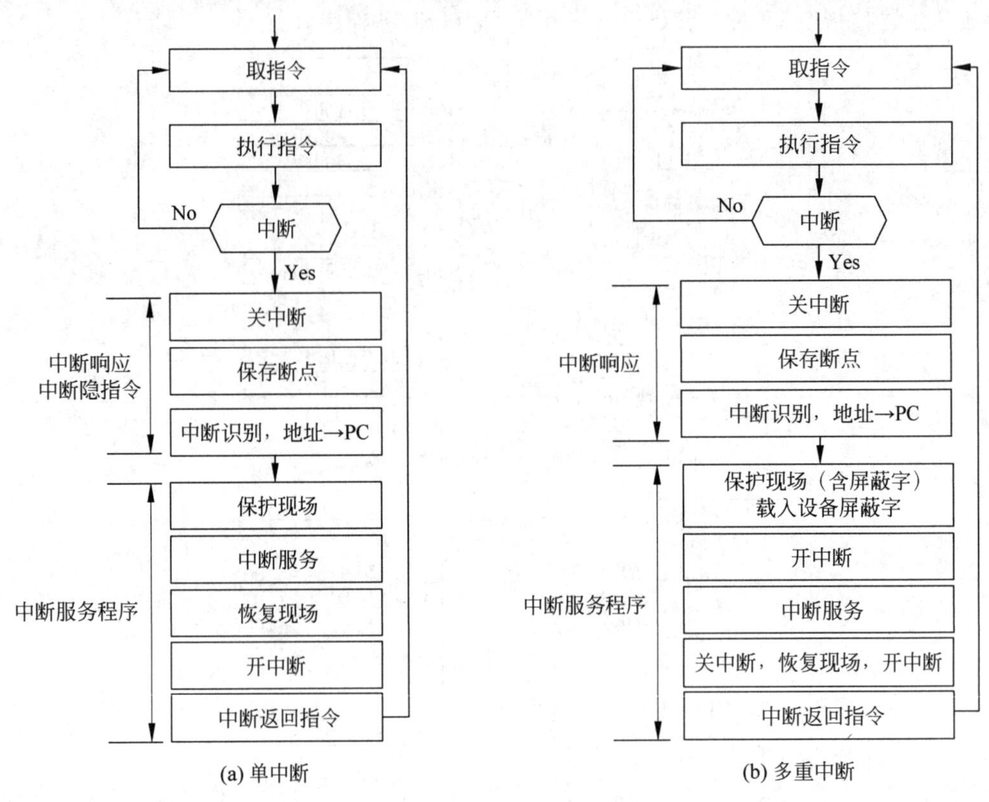

图 6.82　单中断与多重中断

多重中断又称为中断嵌套，是指 CPU 在处理某一中断过程中又发生了新的中断请求，从而中断该服务程序的执行，转去处理新中断的重叠处理中断的现象。一般地，中断嵌套的原则是高级中断可打断低级中断，但反过来不行，同级也不行。

显然，单中断和多重中断或中断嵌套的本质区别就是开中断的时机不同。一般情况下，中断处理次序与中断响应优先级次序是一致的，但是由于中断屏蔽码可以通过程序动态修改，这就是说，用户可根据需要改变中断处理次序。

例 6.5　假设某机有 1、2、3 和 4 共 4 级设备中断源，其优先级别从高到低为 1→2→3→4，每级对应一个级屏蔽码（见表 6.5）。

表 6.5　中断处理优先级与中断响应次序一致时的中断屏蔽码

中断处理程序级别	级屏蔽码				说明
	1 级	2 级	3 级	4 级	
1 级	1	1	1	1	0 为开放 1 为屏蔽
2 级	0	1	1	1	
3 级	0	0	1	1	
4 级	0	0	0	1	

处理机执行主程序过程中同时到达中断请求 2 和 3，在第 1 个中断处理未返回时来了中断请求 4，在上述中断均处理完成并返回以后来了中断请求 2，在 2 的中断处理尚未完成时来了中断请求 1，请分析请求响应和处理过程。

解：

相应的中断响应与处理过程如图 6.83 所示。

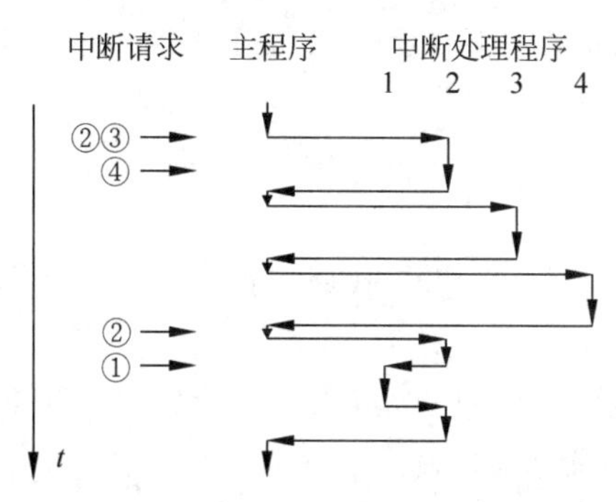

图 6.83 相应的中断响应与处理过程

显然，上述出现中断嵌套时中断处理（中断服务程序完成）的次序与中断响应优先级次序是一致的。

利用中断屏蔽技术可以使中断处理次序与中断响应次序不同。

所谓中断屏蔽技术，就是根据需要通过修改中断屏蔽码实现动态调整中断优先级的技术。

严格地讲，中断优先级包含两层含义，一个是当同时发出请求有多个时中断的响应次序，它由硬件排队线路决定，一旦设计完成，系统的响应优先级别就决定了；另一个是多重中断时中断的处理次序，也即相应的中断服务程序结束的次序，它由中断屏蔽码决定。

例 6.6 某主机中断响应顺序为 1→2→3→4，现需要临时将中断处理次序改为 1→4→3→2，在某一时刻 1、4、2 中断请求同时到达，处理完成后，过一段时间中断请求 3 到达，中断请求 3 未处理完，中断请求 1 来到，中断请求 3 和 1 处理快结束（还没有结束）时，中断请求 2 又来到，请给出满足条件的中断屏蔽码，并分析请求响应和处理过程。

解：

此时的中断屏蔽码如表 6.6 所示。

表 6.6 中断处理优先级与中断响应次序不一致时的中断屏蔽码

中断处理程序级别	级屏蔽码				说明
	1 级	2 级	3 级	4 级	
1 级	1	1	1	1	0 为开放 1 为屏蔽
2 级	0	1	0	0	
3 级	0	1	1	0	
4 级	0	1	1	1	

相应的中断响应与处理过程如图 6.84 所示。

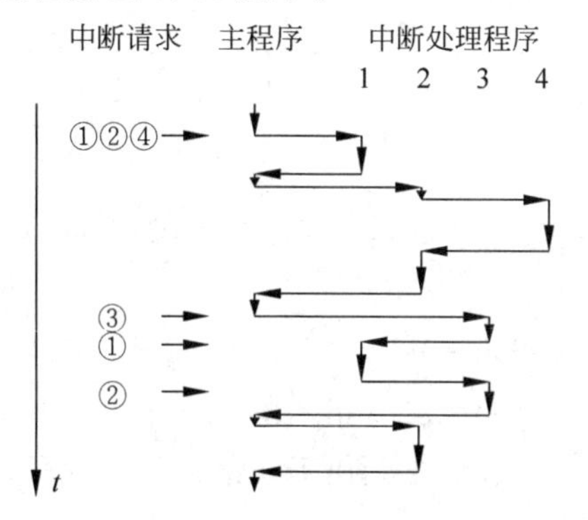

图 6.84 中断处理优先级与中断响应次序不一致时的中断处理过程

从这个例子可看出，中断屏蔽技术实际上反映了中断系统软硬件结合带来的灵活性。

习题

6.1　存储器中有若干数据类型：指令代码、运算数据、堆栈数据、字符代码和BCD码，计算机如何识别这些代码？

6.2　假设CPU结构如图6.85所示，其中有一个累加寄存器AC、一个状态条件寄存器和其他4个寄存器，各部分之间的连线表示数据通路，箭头表示信息传送方向。

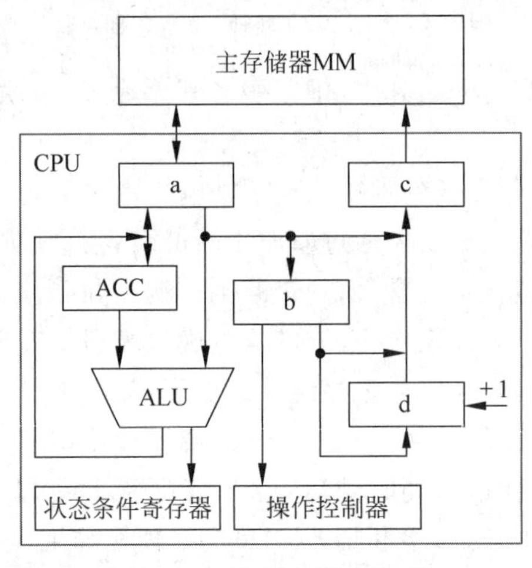

图6.85　某CPU内部结构

要求：

(1) 标明图中a、b、c、d这4个寄存器的名称。

(2) 简述指令从主存取出到产生控制信号的数据通路。

(3) 简述数据在运算器和主存之间进行存/取访问的数据通路。

6.3　设CPU内有下列部件：PC、IR、SP、AC、MAR、MDR和CU，要求画出完成间接寻址的取数指令LDA@X(将主存某地址单元X的内容取至AC中)的数据流(从取指令开始)。

6.4　设某计算机运算控制器逻辑图如图6.3所示，控制信号意义如表6.1所示，指令格式为

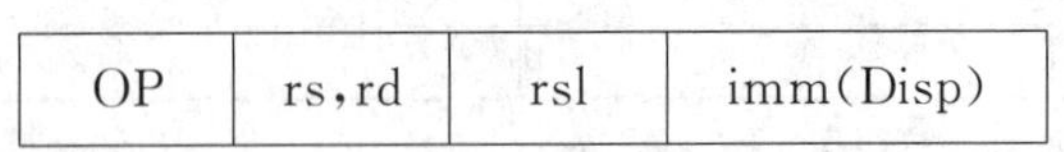

OP	rs,rd	rsl	imm(Disp)

微指令格式如下(微地址8位)：

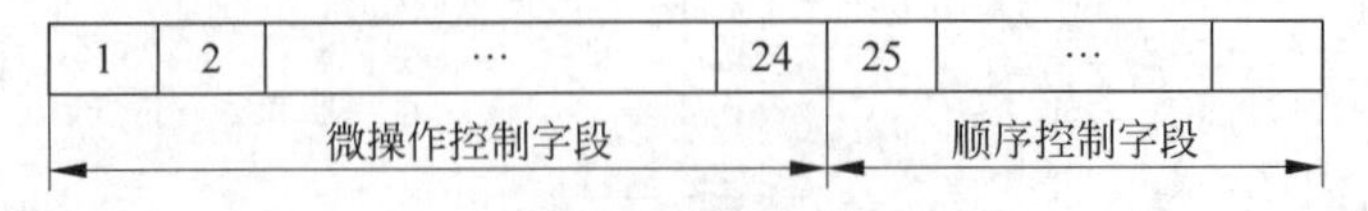

试写出下述三条指令对应微程序微操作控制字段编码。

(1) JMP(无条件转移到(rsl)＋disp)。

(2) LOAD(从(rsl)＋disp指示的内存单元取数，送rs保存)。

(3) STORE(把rs内容送(rsl)＋disp指示的内存单元)。

6.5　参照图6.3、图6.19和表6.1画出下述三条指令的微程序流程图。

(1) JMP Disp (相对寻址)

(2) LOAD rs @rsl(间接寻址)

(3) ADD rs rsl(寄存器寻址)

6.6 设计算机不采用CPU内部总线方式,其数据通路与控制信号如图6.86所示。其中,读、写存储器控制信号"1→R""1→W"等在图中未标出。

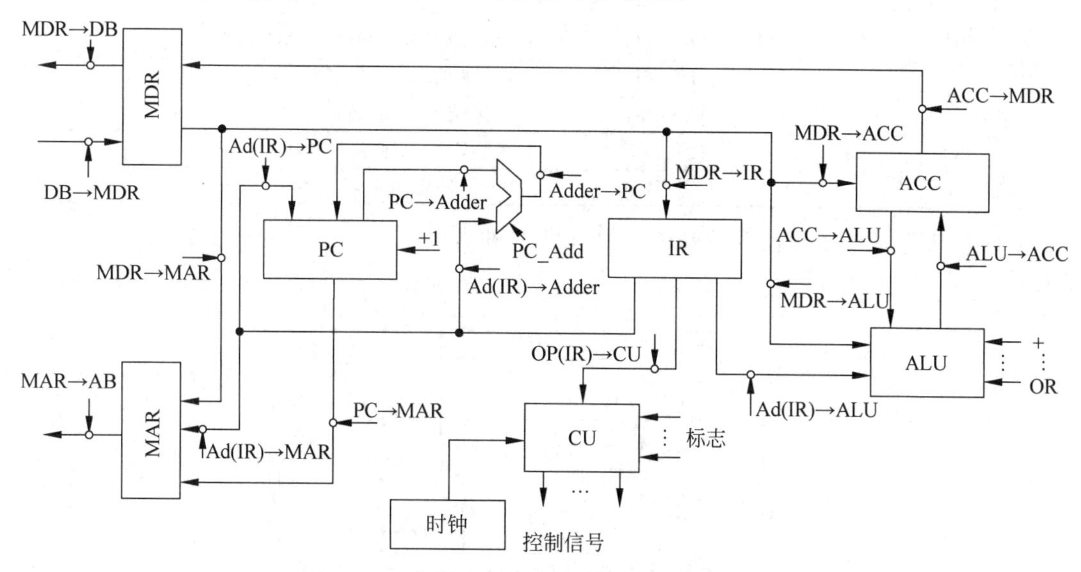

图6.86 不采用CPU内总线计算机数据通路图

(1) 写出取指周期的全部微操作。

(2) 写出减法指令"SUB X"、取数指令"LDA X"、存数指令"STA X"(X均为主存地址)在执行阶段所需的全部微操作。

(3) 当上述指令为间接寻址时,写出执行这些指令所需的全部微操作。

(4) 写出无条件转移指令"JMP Y"和结果溢出则转移指令"BAO Y"(Y均为主存地址)在执行阶段所需的全部微操作。

6.7 设单总线CPU数据通路如图6.87所示,此外还设有B、C、D、E、H、L 6个寄存器,它们各自的输入和输出端都与内部总线相通,并分别受控制信号控制(如B_i为寄存器B的输入控制;B_o为寄存器B的输出控制)。要求从取指令开始,写出完成下列指令所需的全部微操作和控制信号。

(1) ADD B,C;　　//(B)+(C)→B

(2) SUB AC,H;　　//(AC)−(H)→AC

(3) JMP B;　　//(B)→PC

(4) STA @X;　　//(AC)→(X)

6.8 接上题,CPU还设有R_1~R_4 4个寄存器,它们各自的输入和输出端都与内部总线相通,并分别受控制信号控制(如R_{2i}为寄存器R_2的输入控制;R_{2o}为寄存器R_2的输出控制)。要求从取指令开始,写出完成下列指令所需的全部微操作和控制信号。

(1) ADD R_2,@R_4;　　//$(R_2)+((R_4))\rightarrow R_2$

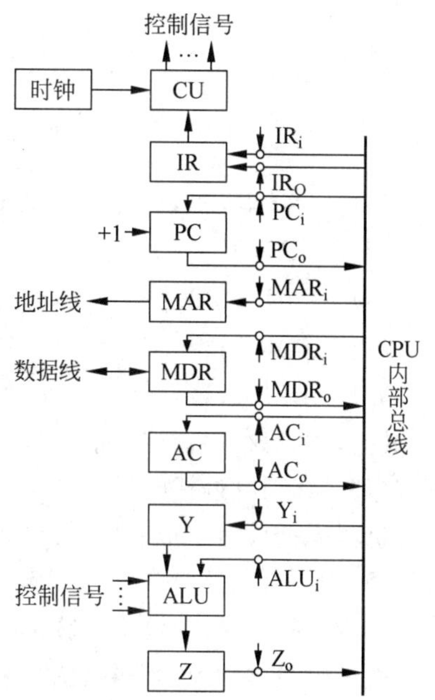

图6.87 单总线CPU数据通路图

(2) SUB R_1, @mem;　　//(R_1)−((mem))→R_1

6.9　接上题,按序写出如表 6.7 所示程序所需的全部微操作命令及节拍安排。

表 6.7　某程序片段各条指令及其主存地址与指令功能

指令地址	指　令	指令功能
300	LDA 306	取存储器 306 单元送 AC
301	ADD 307	AC 的值加上 307 单元的值,结果送 AC
302	BAN 304	如果结果为负(即 N=1),则转移到 304 单元
303	STA 305	将 AC 的值存到 305 单元
304	STP	停机(使停机标志 G=0)

6.10　某单总线结构计算机数据通路如图 6.88 所示,试写出下列指令的微操作及节拍安排。

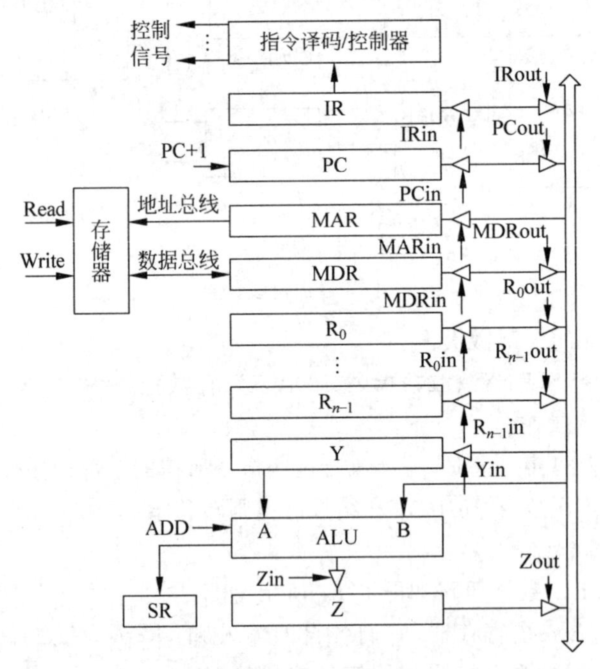

图 6.88　单总线结构计算机数据通路图

(1) ADD R_1, R_2, R_3　　//(R_2)+(R_3)→R_1

(2) JMP ∗K　　//(PC)+K→PC

(3) LOAD R_1, mem　　//(mem)→R_1

(4) STORE mem, R_2　　//(R_2)→mem

6.11　设硬布线计算机不采用 CPU 内部总线方式,其数据通路与控制信号如图 6.89 所示,其中,读、写存储器控制信号“1→R”“1→W” 等在图中未标出。CPU 在中断周期用堆栈保存程序断点,而且进栈时指针减 1(具体操作是先修改栈指针后存数),出栈时指针加 1。假设每个机器周期分为三个节拍,写出完成中断返回指令 RETI 时,取指阶段和执行阶段所需的全部微操作及节拍安排。

6.12　接上题,假设将计算机改用微程序控制方式实现,微程序控制单元如图 6.90 所示,涉及微程序控制的控制信号(图中未标出)主要有:指令译码产生微程序首地址 Op(IR)→微地址形成部件等→μPC(简记为 Op(IR)→μPC)、取微指令 CM(μPC)→μIR、形成后继微地址

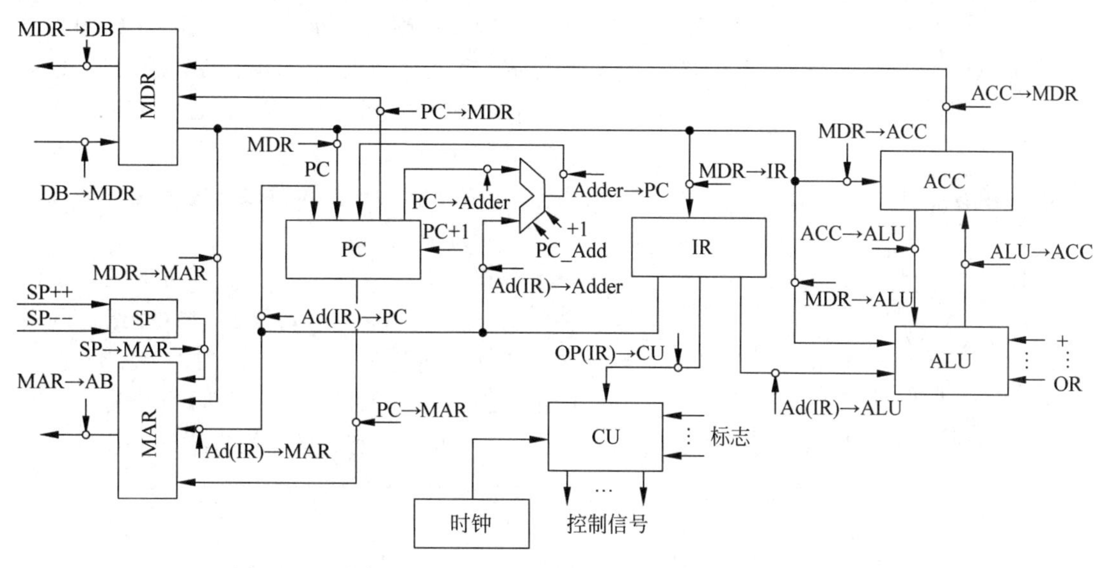

图 6.89　不采用 CPU 内总线结构计算机数据通路与控制信号图

$Ad(\mu IR) \to \mu PC$。假定原有节拍安排不变，在此基础上再假设获得一条微指令的地址和从控存中取出并执行微操作各需一个节拍，试写出完成中断返回指令 RETI 时，取指阶段和执行阶段所需的全部微操作及节拍安排。

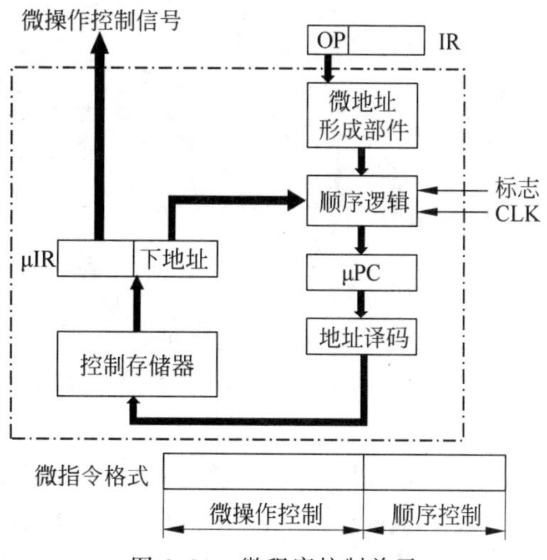

图 6.90　微程序控制单元

6.13　设单总线计算机结构如图 6.91 所示，其中，M 为主存，XR 为变址寄存器，EAR 为有效地址寄存器，LATCH 为锁存器。各寄存器的输入和输出均受控制信号控制，例如，PC_i 表示 PC 的输入控制信号，MDR_o 表示 MDR 的输出控制信号。假设指令地址已存于 PC 中，指令字形式地址为 Ad(OP)，画出“LDA ＊D”(＊表示相对寻址，D 为相对位移量(和“SUB D(XR)”(XR 为变址寄存器，D 为形式地址)的指令周期信息流程图，并列出相应的控制信号序列。其中，凡是需要经过总线实现寄存器之间的传送，需在流程图中注明，如 PC→Bus→MAR，相应的控制信号为 PC_o 和 MAR_i。

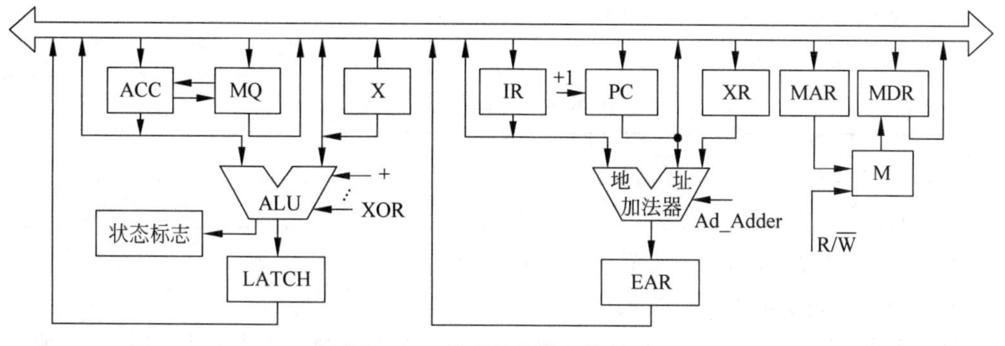

图 6.91　单总线计算机结构图

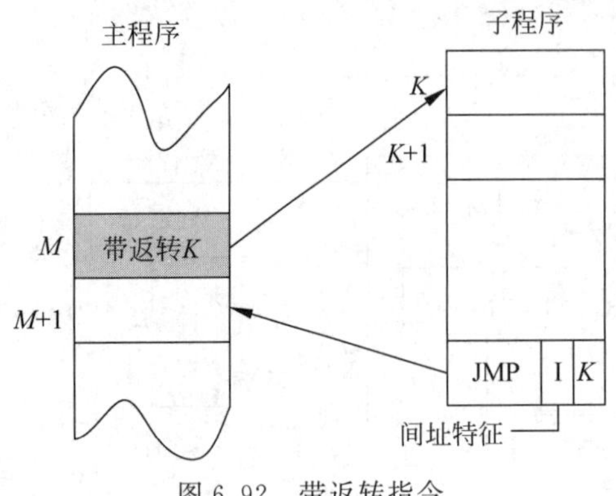

图 6.92　带返转指令

6.14　设硬布线计算机不采用 CPU 内部总线方式，每个机器周期分为三个节拍，其数据通路与控制信号如图 6.89 所示。已知带返转指令的含义如图 6.92 所示，写出机器在完成带返转指令时，取指阶段和执行阶段所需的全部微操作及节拍安排。

6.15　如图 6.93 所示，假设机器的主要部件同上一题，但是采用双总线结构（每组总线的数据流动方向是单向的），且外加一个控制门 G。画出 SUB　R_1，R_3 的指令周期信息流程图（完成$(R_1)-(R_3)\to R_1$ 操作，假设指令地址已放在 PC 中），并列出相应的微操作控制信号序列。

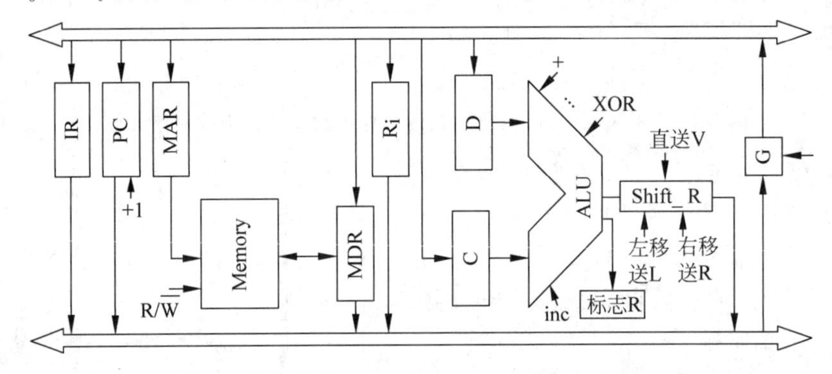

图 6.93　双总线计算机数据通路图

6.16　假设机器的主要部件有程序计数器 PC，指令寄存器 IR，通用寄存器 R_0、R_1、R_2、R_3，暂存器 C、D，ALU，移位器，存储器地址寄存器 MAR，存储器数据寄存器 MDR 及存储矩阵 Memory。

(1) 要求采用单总线结构画出包含上述部件的硬件框图，并注明数据流动方向。

(2) 画出 ADD (R_1)，(R_2)指令在取指阶段和执行阶段的信息流程图，该指令完成两个寄存器间接寻址数据的加操作，其中，R_1 寄存器存放源操作数地址，R_2 寄存器存放源/目的操作数地址。

(3) 每一个寄存器的输入/输出均有相应的微操作控制信号，R、W 为读、写控制标志，写出对应该流程图所需的全部微操作命令。

6.17　某机的微指令格式中有 10 个独立的控制字段 C_0：C_9，每个字段有 N_i 个互斥控制信号，N_i 的值如表 6.8 所示。

表 6.8　N_i 的值

字段	0	1	2	3	4	5	6	7	8	9
N_i	4	6	3	11	9	5	7	1	8	15

(1) 这 10 个控制字段，采用编码方式，需要多少控制位？

(2) 如果采用完全水平编码格式，需要多少控制位？

6.18　某机有 8 条指令 I1～I8，每条微指令所包含的微命令控制信号如表 6.9 所示，其中，a～j 分别对应 10 种不同性质的微命令信号。假设一条微指令的控制字段为 8 位，请安排微指令的控制字段格式。

表 6.9　各条微指令微命令控制信号表

微指令	微命令信号									
	a	b	c	d	e	f	g	h	i	j
I1	√	√	√	√	√					
I2	√			√		√	√			
I3		√						√		
I4			√							
I5			√		√		√		√	
I6	√							√		√
I7			√	√				√		
I8	√	√						√		

6.19　已知某机采用微程序控制方式，其控制存储器容量为 512×48 位。微指令字长为 48 位，微程序可在整个控制存储器中实现转移，可控制微程序转移的条件共 4 个（直接控制），微指令采用水平型格式，如图 6.94 所示。

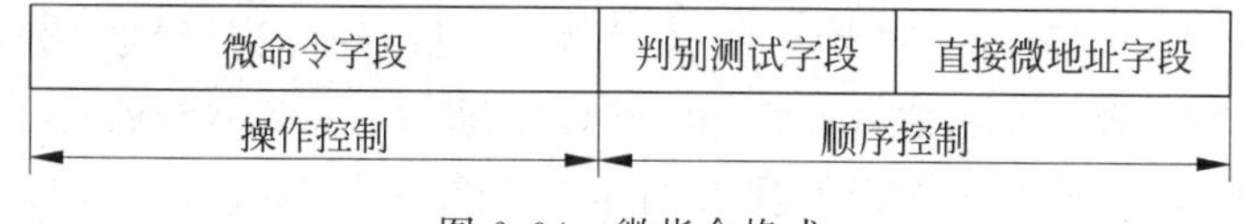

图 6.94　微指令格式

(1) 微指令格式中的三个字段分别应为多少位？

(2) 画出围绕这种微指令格式的微程序控制器逻辑框图。

6.20　设机器 A 的 CPU 主频为 8MHz，机器周期含 4 个时钟周期，且该机的平均指令执行速率是 0.4MIPS，试求该机的平均指令周期和机器周期，每个指令周期中含几个机器周期？如果机器 B 的 CPU 主频为 12MHz，且机器周期也含 4 个时钟周期，试问 B 机的平均指令执行速率为多少 MIPS？

6.21　设某计算机的 CPU 主频为 8MHz，每个机器周期平均含 2 个时钟周期，每条指令平均有 4 个机器周期，试问该计算机的平均指令执行速率为多少 MIPS？若 CPU 主频不变，但每个机器周期平均含 4 个时钟周期，每条指令平均有 4 个机器周期，则该机的平均指令执行速率又是多少 MIPS？由此可得出什么结论？

6.22　某 CPU 的主频为 10MHz，若已知每个机器周期平均包含 4 个时钟周期，该机的平均指令执行速率为 1MIPS，试求该机的平均指令周期及每个指令周期含几个机器周期？若改用时钟周期为 0.4μs 的 CPU 芯片，则计算机的平均指令执行速率为多少 MIPS？若要得到平均每秒 80 万次的指令执行速率，则应采用主频为多少的 CPU 芯片？

6.23　假设某计算机采用 4 级流水线（取指、译码、执行、送结果），其中，译码的同时可完成从寄存器取数操作，并假设存储器的读/写操作（允许同时取值和取数）可在一个机器周期内完成，问顺序执行题 6.5 的无条件转移（JMP）、取数（LOAD）、加（ADD）三条指令，总共需要多少机器周期？

6.24　今有 4 级流水线，分别完成取指（IF）、译码和取数（ID）、执行（EX）、写结果（WR）4 个步骤。假设完成各步操作的时间依次为 90ns、90ns、60ns、45ns。

(1) 流水线的时钟周期应取何值？

(2) 若相邻的指令发生数据相关,那么第 2 条指令安排推迟多少时间才不会发生错误?

(3) 若相邻的指令发生数据相关,为了不推迟第 2 条指令的执行,可采取什么措施?

6.25　判断以下三组指令中各存在哪种类型的数据相关。

(1) I1　LDA R1,A　　　　；M(A)→R1,M(A)是存储单元

　　I2　ADD R2,R1　　　；(R2)+(R1)→R2

(2) I3　STA R3,B　　　　；R3→M(B),M(B)是存储单元

　　I4　SUB R3,R4　　　；(R3)−(R4)→R3

(3) I5　MUL R5,R6　　　；(R5)×(R6)→R5

　　I6　ADD R5,R7　　　；(R5)+(R7)→R5

6.26　指令流水线有取指(IF)、译码(ID)、执行(EX)、访存(MEM)、写回寄存器(WB) 5 个过程段,共有 12 条指令连续输入此流水线。

(1) 画出流水处理的时空图,假设时钟周期为 100ns。

(2) 求流水线的实际吞吐率(单位时间里执行完毕的指令数)。

(3) 求流水线的加速比。

(4) 求流水线的效率。

6.27　在 5 个功能段的指令流水线中,假设每段的执行时间分别是 10ns、8ns、10ns、10ns 和 7ns。对于完成 12 条指令的流水线而言,其加速比是多少?该流水线的实际吞吐率为多少?

6.28　设有主频为 16MHz 的微处理器,平均每条指令的执行时间为两个机器周期,每个机器周期由两个时钟脉冲组成。问:

(1) 存储器为“0 等待”,求出机器速率。

(2) 假如每两个机器周期中有一个是访存周期,需插入 1 个机器周期的等待时间,求机器速率。

6.29　在什么条件下,I/O 设备可以向 CPU 提出中断请求?

6.30　在什么条件和什么时间,CPU 可以响应 I/O 的中断请求?

6.31　什么是多重中断?实现多重中断的必要条件是什么?

6.32　现有 A、B、C、D 4 个中断源,其优先级由高向低按 A→B→C→D 顺序排列。若中断服务程序的执行时间为 20μs,请根据如图 6.95 所示时间轴给出的中断源请求中断的时刻,画出 CPU 执行程序的轨迹。

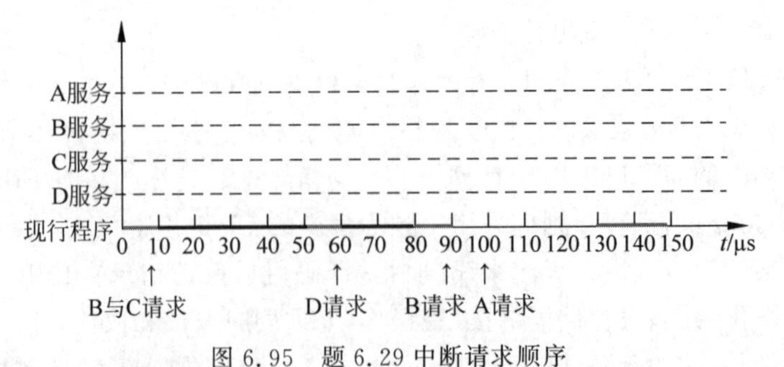

图 6.95　题 6.29 中断请求顺序

6.33　设某机有 5 个中断源 L_0、L_1、L_2、L_3、L_4,按中断响应的优先次序由高向低排序为 $L_0 \to L_1 \to L_2 \to L_3 \to L_4$,现要求中断处理次序改为 $L_1 \to L_4 \to L_2 \to L_0 \to L_3$,根据表 6.10 的格式,写出各中断源的屏蔽字,按照修改过的优先次序,试画出运行主程序过程中当 5 个中断请求信号同时到来时,CPU 的中断处理过程。

表 6.10　中断屏蔽字格式表

中　断　源	屏蔽字				
	0	1	2	3	4
L_0					
L_1					
L_2					
L_3					
L_4					

6.34　设某机有 3 个中断源，其优先级按 1→2→3 降序排列。假设中断处理时间均为 τ，在如图 6.96 所示的时间内共发生 5 次中断请求，图中①表示 1 级中断源发出中断请求信号，以此类推，画出 CPU 执行程序的轨迹。

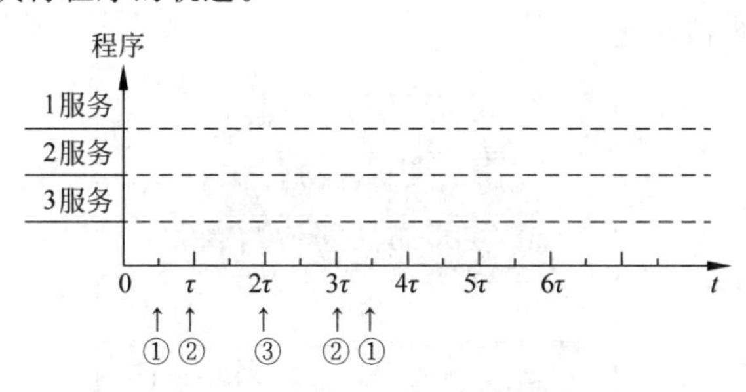

图 6.96　题 6.34 中断请求顺序

6.35　设某机有 4 个中断源 1、2、3、4，其响应优先级按 1→2→3→4 降序排列，现要求将中断处理次序改为 4→1→3→2。根据图 6.97 给出的 4 个中断源的请求时刻，画出 CPU 执行程序的轨迹。设每个中断源的中断服务程序时间均为 20μs。

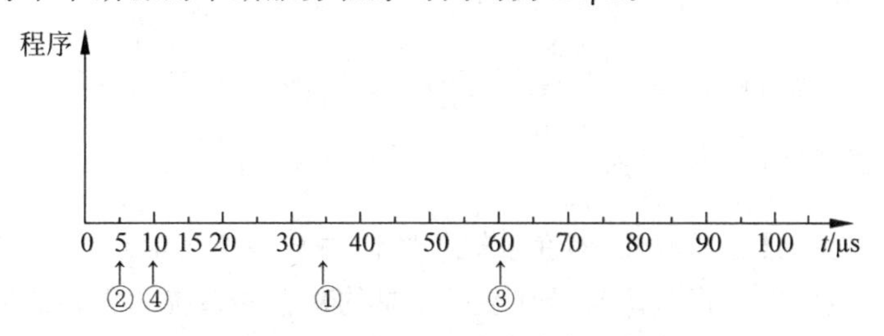

图 6.97　题 6.35 中断请求顺序

其他条件不变，假设中断 3 不是在时刻 60 而是在时刻 50 提出中断请求呢？

第7章 存储系统

7.1 存储系统层次结构

存储器是存放计算机程序和数据的设备,总是希望存储器容量大、速度快、成本低,但是这三者之间是矛盾的。如图7.1所示是计算机中常见存储器件的存储容量、存取速率以及单位成本、访问频率方面的性能对比。

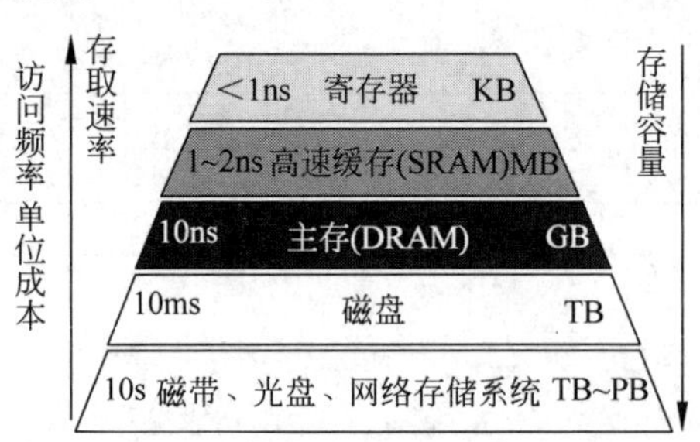

图7.1 计算机中常见存储器件性能对比

为了解决这三者之间的矛盾,现代计算机系统用运行原理不同、性能差异很大的存储介质,分别构建了高速缓冲存储器、主存储器和虚拟存储器,形成统一管理、统一调度的一体化存储系统。

完整的存储系统包括存储器、管理存储器的软硬件,以及相应的设备。

7.1.1 程序访问局部性原理

计算机的程序访问具有局部性,即在较短时间内由程序产生的地址往往集中在存储器逻辑地址空间的很小范围内。程序访问局部性原理是构建存储系统的重要依据。

程序访问局部性体现在空间(在最近的未来要用到的信息很可能与现在正在使用的信息在程序空间上是相邻或相近的)和时间(在一小段时间内,最近被访问过的程序和数据很可能再次被访问)两个方面。时间局部性由程序循环等造成,它使得较高一级存储器Cache(或主存)只需存放近期使用过的内容即可,不必要求能存下整个程序;空间局部性的主要原因在于计算机中的指令和数据是顺序存储、顺序地被取出的,由于计算机中的指令和数据具有空间局部性,因此从较低级存储器取所需访问信息到较高级存储器时,一并把邻近的信息(块或页)取来,可提高效率。

7.1.2 存储系统层次结构

如图7.2所示,计算机中的存储系统具有多级层次结构。

计算机根据构成存储系统的n种不同存储器($M_1 \sim M_n$)存储容量、存取速率和价格比的不同,将它们按照一定的体系结构组织起来,将程序和数据按照一定的层次分布在各种存储器中,配上辅助软件或辅助硬件,使之在逻辑上是一个整体,其等效访问速率接近于最高层 M_1 的,容量等于最低层 M_n 的,每位的价格接近于最低层 M_n 的。

如图 7.3 所示是典型的三级存储层次结构,它由高速缓存(Cache)、主存、辅存构成。

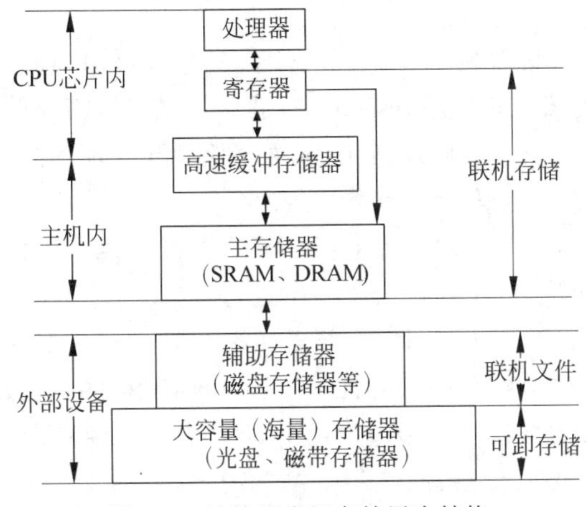

图 7.2 计算机多级存储层次结构

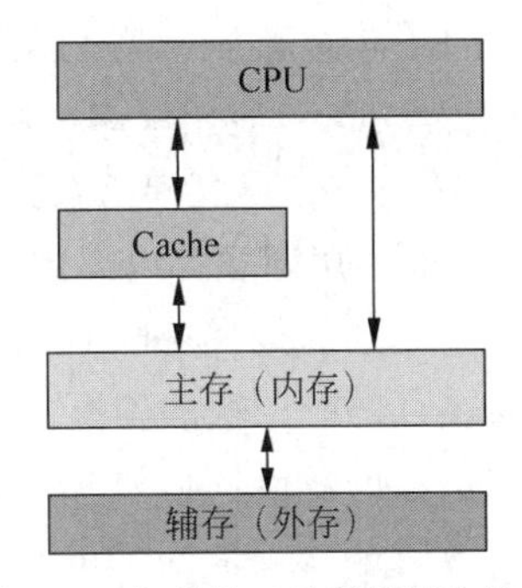

图 7.3 典型的三级存储层次结构

在三级存储层次结构中,CPU 能直接访问内存(Cache、主存),不能直接访问外存。与高速的 CPU 相比,主存速度慢,直接影响指令的执行速度,进而影响整机性能,高速缓存即用于缓解主存读写速度慢不能满足 CPU 运行速度需要的矛盾;在主存-辅存存储层次上构建了虚拟存储器,给用户提供了更大的存储空间,用于解决主存容量小、存不下更大程序与更多数据的难题。

显然,三级结构存储系统是针对主存储器进行设计与优化,它是围绕主存储器来组织和运行的,这充分表明主存储器在计算机系统中举足轻重的地位。

7.2 高速缓冲存储器 Cache

7.2.1 Cache 工作原理

1. Cache 的基本思想

在当前的计算机体系结构中,CPU 正在执行的程序和处理的数据只能来自主存储器,理想情况下,CPU 的处理速度应该与主存储器的读写速度相匹配,但是主存储器速度与 CPU 速度的差距越来越大(图 7.4),主存储器访问速度逐渐成为计算机的性能瓶颈。

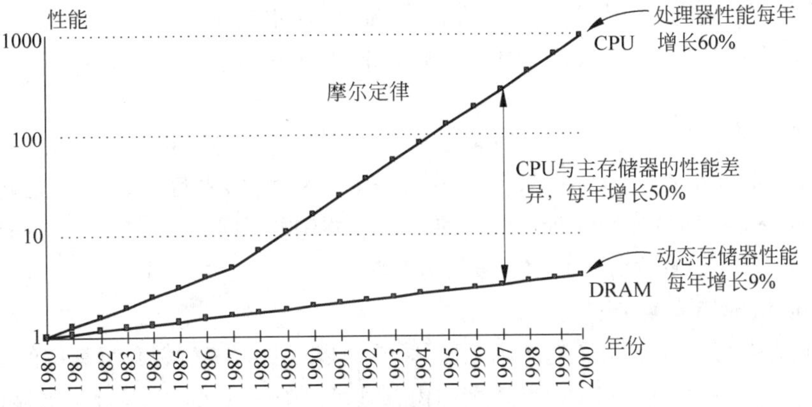

图 7.4 存储器和 CPU 随时间而提高的情况

单纯地靠提高存储器的速度是无法解决 CPU 与主存速度差过大的问题的。

设置高速缓冲存储器(Cache)的目的,就是为了缓解主存读写速度慢不能满足 CPU 运行速度需要的矛盾,它利用程序访问局部性原理,通过预取或暂存,提前将 CPU 将要访问的内容准备好,以减少 CPU 的平均访问时间。

Cache 由小容量的 SRAM 和高速缓存控制器组成,用于将 CPU 当前快要用到的部分数据块由主存复制到容量小、速度快的 SRAM 中,由 SRAM 向 CPU 直接提供它所需要的数据。

Cache 存储器介于 CPU 和主存之间,容量小,存取速度快,其存储控制和管理等全部功能均由硬件实现,对应用程序员和系统程序员均是透明的。

CPU 与 Cache 之间的数据交换以字为单位; Cache 与主存之间的数据交换以块为单位。Cache 内部使用同主存内部同样大小的块组成,一个块由若干字组成,是定长的。

需要注意的是,Cache 内容只是主存内容的副本,因此,需要给每一块外加有一个标记,指明它是主存的哪一块的副本。有时候,为了区分纯数据块和加上了各种标记信息的数据块,将无标记信息的数据块称为“块”,而将 Cache 中数据块以及这个数据块对应的各种标记信息合起来称为“行”(即 Cache line)。本书中不严格区分二者。

加入 Cache 后,每次 CPU 访存读操作时给出主存地址,系统会先在本地标记中查找,看该内容的副本是否已经存在于本地。如果已经存在于 Cache 中,即 Cache 命中,此时无须访存,直接由 Cache 向 CPU 提供所需的内容(一个字); 反之,如果不在,表明 Cache 不命中,此时需启动主存访问,经过一个存储周期从主存将一个字送 CPU,(同时)将相应块副本送 Cache。

Cache 容量是远小于主存容量的,当 Cache 满了时需要替换。如被替换的块未被改过,此时用新块的副本直接覆盖原来的内容并修改块标记即可; 但是如被替换的块被改过但主存暂未更新,需要先将修改后的内容写回主存,然后再进行覆盖、修改块标记。

如果遇到程序运行结束等,需要将 Cache 中的副本“作废”掉,此时只需要将相应的块标记为“无效”即可,也即 Cache 中每一块除了数据副本、块标记外,还需要有效位等相关标记位。

因为 Cache 内容只是主存内容的副本,因此当 CPU 进行写操作而不是读操作时,需要保持 Cache-主存一致性。如果写操作命中,可通过三种方法保持 Cache-主存一致。

一种是写直达法,它同时写入 Cache 和主存,保证主存和 Cache 内容相同。这种方法简单可靠; 但是对 Cache 的更新同时要写主存,速度会受影响。

另一种是写回法,它先将更新内容写入 Cache,并做标记,只有经过修改的块要被从 Cache 中替换出来时才将 Cache 内容写入主存,省去不必要的立即回写操作; 但主存中的字块未经随时修改而可能失效,而且回写式系统机构比较复杂,成本较高。

还有一种方法是写一次法,它与写回法基本相同,但是在第一次写命中时,还要同时写入主存。

不论哪种写操作策略,写不命中时都有两种方案: 一种是不按写分配法,它直接写入主存,被写单元所在的块不调入 Cache; 另一种是按写分配法,它先写入主存,然后将该单元所在的块调入 Cache。这两种方案对于写回法和写直达法有所不同,但差别不大,一般在写回法中采用按写分配法,在写直达法中采用不按写分配法。

2. Cache 组成与读操作过程

Cache 的基本结构原理框图如图 7.5 所示,下面以读主存字为例介绍具体的工作过程。

当需要读一个主存字时,CPU 发送字的内存地址到 Cache 和主存,启动主存访问,与此同

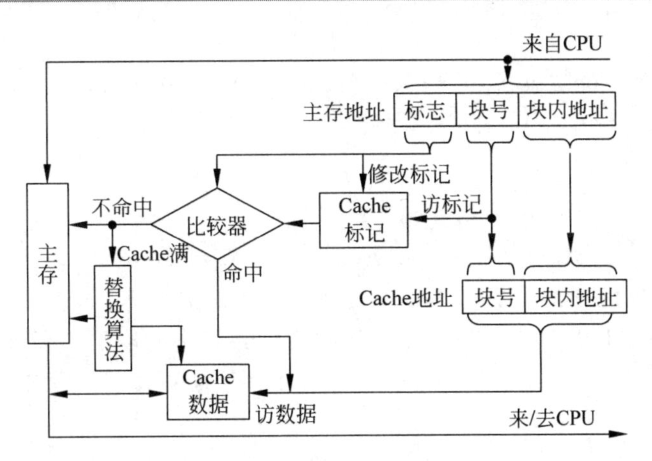

图 7.5 Cache 的基本结构原理框图

时，Cache 控制逻辑（主存-Cache 地址映像变换机构）依据地址判断该字当前是否在 Cache 中：如果在（即 Cache 块命中），将主存访问作废，地址映像变换机构将主存地址变换成 Cache 地址，访问 Cache，被访问字立即传送给 CPU；如不在（即产生 Cache 块失效），用主存读周期把被访问字从主存读出直接从单字节宽通路送往 CPU，同时从访主存的通路中把包含该字的一块信息通过多字节宽通路调入 Cache，若 Cache 指定位置非空，则意味着发生 Cache 块冲突，需要根据替换算法将块替换进 Cache，并且修改地址映像表中有关的地址映像关系和 Cache 各块使用状态标志等信息。

3. Cache 性能分析

称 CPU 所要访问的信息在 Cache 中的比率为 Cache 的命中率，相应地，失效率是指 CPU 所要访问的信息不在 Cache 中的比率。

设 N_C 表示 Cache 完成存取的总次数，N_m 表示主存完成存取的总次数，则命中率

$$h=N_C/(N_C+N_m)\ 。$$

若 t_c 表示命中时(Cache)访问时间，t_m 表示未命中时（主存）访问时间，$1-h$ 表示未命中率，且每次系统都是先访问 Cache，不命中才启动主存访问，则 Cache/主存系统的平均访问时间为

$$\begin{aligned} t_a &= h \cdot t_c + (1-h) \cdot (t_m + t_c) \\ &= t_c + (1-h) \cdot t_m \end{aligned}$$

显然 CPU 平均访问时间 t_a 越小越好，即 t_a 越接近 Cache 访问时间 t_c 越好，或者说 Cache 访问效率 $e=t_c/t_a$ 越高越好。

设 $r=t_m/t_c$ 表示主存慢于 Cache 的倍率，则访问效率：

$$\begin{aligned} e &= t_c/t_a \\ &= t_c/[h \cdot t_c + (1-h) \cdot (t_m + t_c)] \\ &= 1/[h + (1-h)(r+1)] \\ &= 1/[1 + (1-h)r] \end{aligned}$$

显然，为了提高访问效率，h 越接近 1 越好（即命中率越高越好）。

例 7.1 CPU 执行一段程序时，Cache 完成存取的次数为 9500 次，主存完成存取的次数为 500 次，系统每次先访问 Cache，Cache 不命中时再启动主存访问。已知 Cache 存取周期为 50ns，主存存取周期为 250ns，求 Cache/主存系统的效率和平均访问时间。

解：

$$h=N_C/(N_C+N_m)=1900/(1900+100)=0.95$$

$$r=t_m/t_c=250\text{ns}/50\text{ns}=5$$

$$e=1/[1+(1-h)r]=1/[1+(1-0.95)\times 5]\times 100\%=80\%$$

$$t_a=t_c/e=50\text{ns}/0.8=62.5\text{ns}$$

（或：$t_a=50\times 0.95+(50+250)\times 0.05=62.5$）

例 7.2 CPU 执行一段程序时，Cache 完成存取的次数为 9500 次，主存完成存取的次数为 500 次，系统每次同时启动 Cache 和主存访问，Cache 命中时取消主存访问。已知 Cache 存取周期为 50ns，主存存取周期为 250ns，求 Cache/主存系统的效率和平均访问时间。

解：

$$h=N_C/(N_C+N_m)=1900/(1900+100)=0.95$$

$$r=t_m/t_c=250\text{ns}/50\text{ns}=5$$

$$e=1/[r+(1-r)h]=1/[5+(1-5)\times 0.95]\times 100\%=83.3\%$$

通过例 7.1、例 7.2 可以发现，虽然系统可以在每次访问时同时启动主存和 Cache 访问，当 Cache 命中时再将主存访问取消，但是由于现代计算机往往利用多种手段，使 Cache 命中率一般都超过 90%，因此这样做将可能因不必要的主存访问导致过多功耗浪费，与之对应的是，实际性能提升小，因此计算机一般都不这么做。

例 7.3 CPU 执行一段程序时，Cache 完成存取的次数为 9500 次，主存完成存取的次数为 500 次，系统每次先访问 Cache，Cache 不命中时再启动主存访问。已知 Cache 存取周期为 5ns，主存存取周期为 120ns，求 Cache/主存系统效率和平均访问时间。

解：

$$h=N_C/(N_C+N_m)=1900/(1900+100)=0.95$$

$$r=t_m/t_c=120\text{ns}/5\text{ns}=24$$

$$e=1/[1+(1-h)r]=1/[1+(1-0.95)\times 24]\times 100\%=45.45\%$$

$$t_a=t_c/e=5\text{ns}/0.4545=11\text{ns}$$

（或：$t_a=5\times 0.95+(5+120)\times 0.05=11$）

通过例 7.3 可以发现，Cache-主存速度差越大，则系统效率越低。

当 Cache-主存速度差较大时，采用多级 Cache 能有效提升系统效率。

例 7.4 假设系统采用 2 级 Cache，CPU 执行一段程序共 10 000 次访问，其中通过 L1 完成存取 9500 次，L1 不命中但是 L2 中命中 400 次，其余 100 次通过主存访问完成。系统每次先访问 L1，当 L1 不命中时再启动 L2 访问，L2 不命中时再启动主存访问，已知 L1、L2 和主存的存取周期分别为 5ns、20ns 和 120ns，求 CPU 平均访问时间。

解：

$$h_1=N_{C1}/(N_{C1}+N_{C2}+N_m)=9500/10\,000=0.95$$

$$h_2-h_1=(N_{C2}-N_{C1})/(N_{C1}+N_{C2}+N_m)=400/10\,000=0.04$$

$$1-h_2=1-0.95-0.04=0.01$$

$$t_a=0.95\times 5+0.04\times(5+20)+0.01\times(5+20+120)=7.2\text{ns}$$

通过例 7.4 可以发现，当 Cache-主存速度差较大时，采用多级 Cache 能有效提升系统效率。

例 7.5 假设系统采用 2 级 Cache，CPU 执行一段程序共 10 000 次访问，其中通过 L1 完成存取 9500 次，L1 不命中但是 L2 中命中 400 次，其余 100 次通过主存访问完成。系统每次先访问 L1，当 L1 不命中时再启动 L2 访问，L2 不命中时再启动主存访问，已知 L1、L2 和主存的存取周期分别为 1ns、15ns 和 65ns，求 CPU 平均访问时间。

解：

$$h_1 = N_{C1}/(N_{C1} + N_{C2} + N_M) = 9500/10\,000 = 0.95$$

$$h_2 - h_1 = (N_{C2} - N_{C1})/(N_{C1} + N_{C2} + N_M) = 400/10\,000 = 0.04$$

$$1 - h_2 = 1 - 0.95 - 0.04 = 0.01$$

$$t_a = 0.95 \times 1 + 0.04 \times (1 + 15) + 0.01 \times (1 + 15 + 65) = 2.4(\text{ns})$$

例 7.6 假设系统采用 3 级 Cache，CPU 执行一段程序共 10 000 次访问，其中 9500 次、400 次、80 次分别通过 L1、L2、L3 完成，其余 20 次通过主存访问完成。系统每次先访问 L1，当 L1 不命中时再启动 L2 访问，L2 不命中时再启动 L3 访问，L3 不命中时再启动主存访问，已知 L1、L2、L3 和主存的存取周期分别为 1ns、5ns、15ns 和 65ns，求 CPU 平均访问时间。

解：

$$h_1 = N_{C1}/(N_{C1} + N_{C2} + N_M) = 9500/10\,000 = 0.95$$

$$h_2 - h_1 = 400/10\,000 = 0.04$$

$$h_3 - h_2 = 80/10\,000 = 0.008$$

$$1 - h_3 = 1 - 0.95 - 0.04 - 0.008 = 0.002$$

$$t_a = 0.95 \times 1 + 0.04 \times (1 + 5) + 0.008 \times (1 + 5 + 15) + 0.002 \times (1 + 5 + 15 + 65) = 1.53(\text{ns})$$

从例 7.5、例 7.6 可以看到，与 2 级 Cache 相比，采用 3 级 Cache 时，平均访存时间缩短了。

$$(2.4 - 1.53)/2.4 = 36.25\%$$

当然，采用多级 Cache 同时意味着硬件成本和控制复杂性的提升。

现代计算机大多采用多级 Cache，例如，一种典型的多级 Cache 结构如下。

L1 Cache：在 CPU 芯片内部，为 CPU 内各处理器核独有。

L2 Cache：在 CPU 芯片内部，为 CPU 内各处理器核独有。

L3 Cache：在 CPU 芯片内部，为各处理器核共享。

L4 Cache：在 CPU 芯片片外（主板上）。

实际上，指令和数据的局部性特征不完全相同，同时为了减少指令流水线冲突，L1 Cache 往往采用指数分离的哈佛体系结构。

2020 年前后，各种典型处理器的存储周期一般是如下这样的。

L1 Cache 0.5～1.5ns（1～3 个时钟周期）。

L2 Cache 3～6ns（6～12 个时钟周期）。

L3 Cache 8～20ns（16～40 个时钟周期）。

主存 60～120ns（120～240 个时钟周期）。

磁盘 10～50ms（20M～100M 个时钟周期）。

前面提到，Cache 命中率越高，系统的性能越好。影响 Cache 命中率的因素有很多，包括局部性是否充分、Cache 容量是否足够，另外，Cache 组织方法及替换策略也有很大影响。

▶ 7.2.2 Cache 地址映像与变换

相比较主存而言，Cache 容量小得多，因此，需要设计一种方法在必要的时候将主存字块的副本放到 Cache 中合适位置，并且在每一次 CPU 访问时按照该方法到特定位置查找相应的主存字块副本是否已经存在于 Cache 中，这就是 Cache 地址映像与变换。

Cache 地址映像就是用某种方法把主存地址定位到 Cache 存储器。Cache 地址映像的基本方式包括直接映像、全相联映像和组相联映像。

Cache 地址变换则是指执行程序时将主存地址变成 Cache 地址的过程，它与地址映像密切相关。

Cache 地址映像与变换均用硬件方法实现。

在设计 Cache 地址映像与变换方法时，总是希望尽量提高 Cache 命中率和 Cache 空间利用率，易于实现，且速度尽量快、成本尽量低。

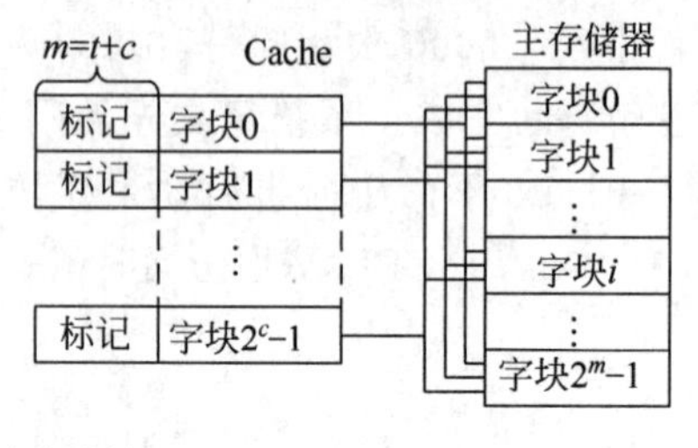

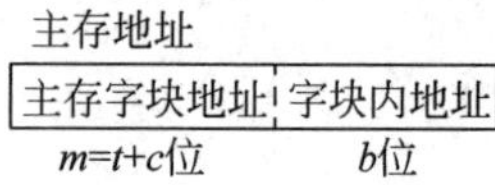

图 7.6　全相联映像 Cache 组织

1. 全相联映像

全相联映像方式是最灵活成本最高的一种方式，是一种理想的映像方式。如图 7.6 所示，它把主存和 Cache 都机械等分成相同大小的块，允许主存中的每一个字块映像到 Cache 存储器的任何一个字块位置上，允许从确实已被占满的 Cache 存储器中替换出任何一个旧字块。

只有当 Cache 全部装满后，才可能出现块冲突，因此 Cache 块冲突概率低，Cache 空间利用率高。

全相联映像读操作逻辑实现如图 7.7 所示；相应地，全相联地址变换过程如图 7.8 所示。

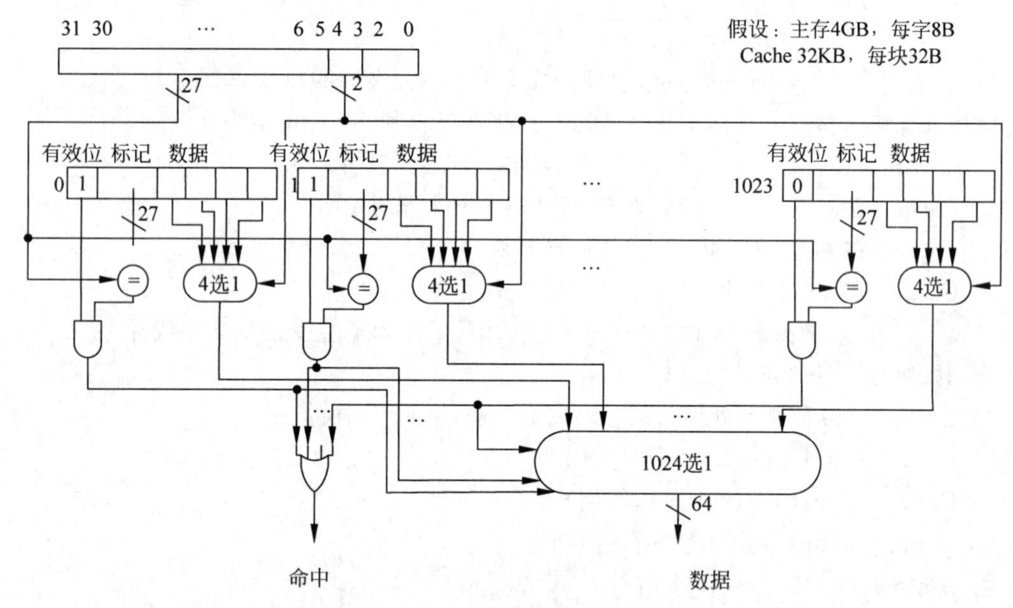

图 7.7　全相联映像读操作逻辑实现

全相联映像方式只有当 Cache 全部装满后，才可能出现块冲突，故 Cache 块冲突概率低，空间利用率高，Cache 命中率高；Cache 标记位存储与比较通常由“按内容访问”的成本很高的相联存储器完成，在全相联映像方式下，访问 Cache 时需和 Cache 的全部标记进行“比较”才能判断出所访主存地址的内容是否已在 Cache 中，需比较位数多，所需其他附属逻辑电路也多，故相联存储器容量大，不仅成本很高，而且查表进行地址变换的速度也很低。

全相联映像方式成本太高，是一个理想方案，无法实用。

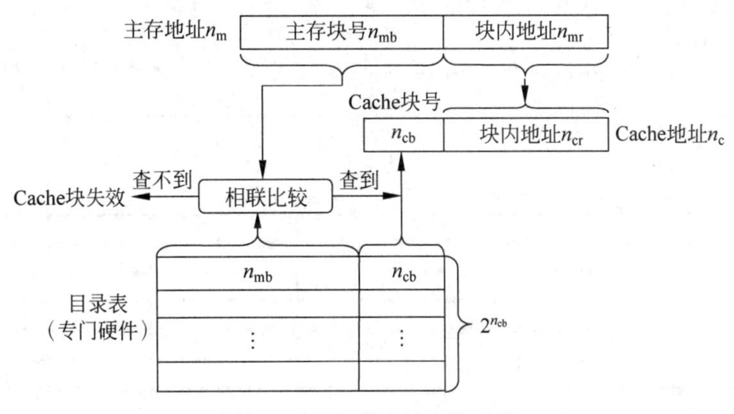

图 7.8 全相联地址变换过程

2. 直接映像

直接映像的基本思想是：主存和 Cache 按同样大小机械分块，主存按照 Cache 大小分区，主存区内块与 Cache 块位置一一对应。

直接映像 Cache 组织如图 7.9 所示，设主存共有 2^m 块，字块大小 2^b 字，Cache 块同样大小共 2^c 个，则主存的第 0、2^c、2^{c+1}、… 块只能映像到 Cache 的第 0 块，主存的第 1、2^c+1、$2^{c+1}+1$、… 块只能映像到 Cache 的第 1 块，以此类推。

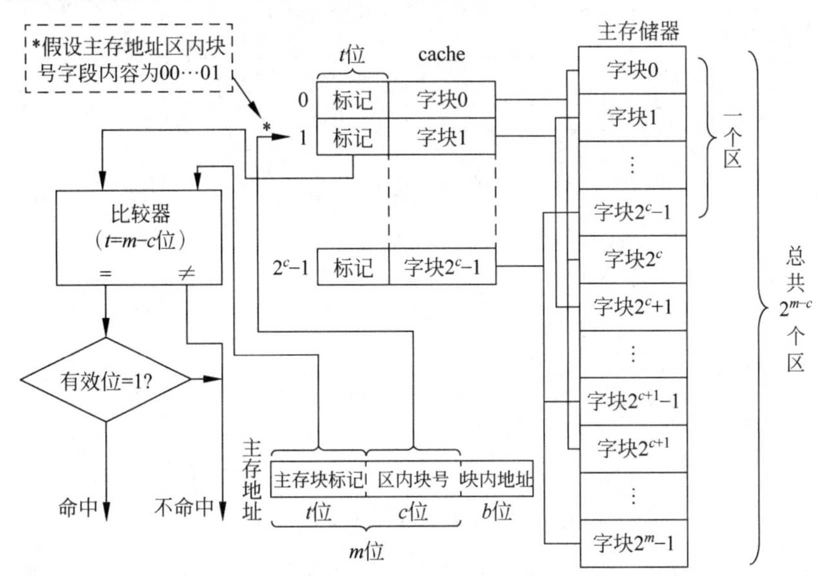

图 7.9 直接映像 Cache 组织

直接映像读操作逻辑实现如图 7.10 所示。

相应地，直接映像地址变换过程如图 7.11 所示。由于查表找区号、比较区号与访物理 Cache 可同时进行，若 Cache 块命中，则不需要花专门的地址变换时间，因此直接映像方式 Cache 的实际访问速度很快。

直接映像方式只需利用主存地址按某些字段直接判断，即可确定所需字块是否已在 Cache 存储器中，只需容量较小的按地址访问的区号标志表存储器和少量外部比较电路，实现简单、成本低。

直接映像方式下主存的一字块只能对应唯一的 Cache 字块，即使 Cache 存储器其他地址块空闲也不能占用，不够灵活；另外，只要有两个或两个以上经常使用的块恰好被映像到

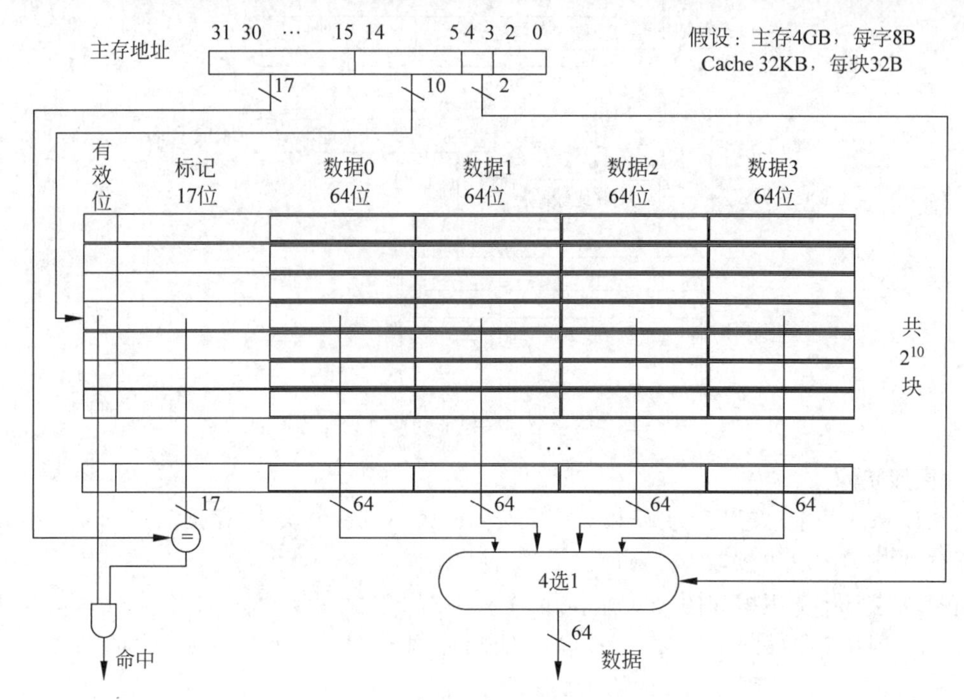

图 7.10 直接映像读操作逻辑实现

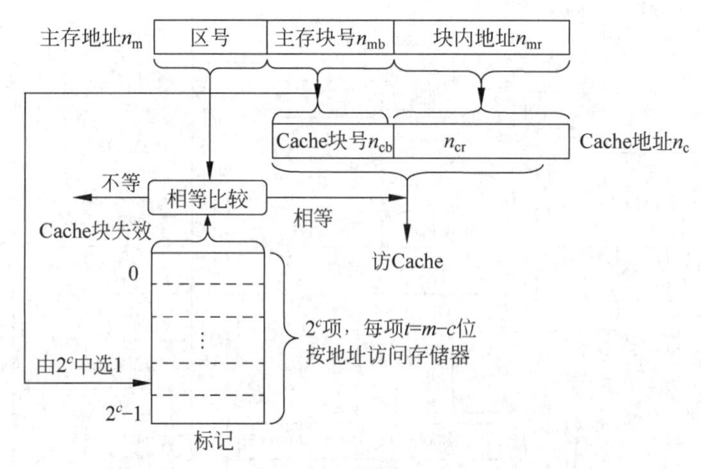

图 7.11 直接映像地址变换过程

Cache 中的同一个块位置时，即使 Cache 存储器别的许多地址空着也不能占用，导致两个块会被反复调进换出(即出现“颠簸”现象)，更降低了 Cache 的空间利用率。

现在纯粹的直接映像方式已经很少使用。

3. 组相联映像

组相联映像将全相联与直接映像结合起来，它将主存块分组，组间采用直接映像，组内采用全相联映像，其中，Cache 组内有几块，就称为几路组相联。

一种具体的实现方法是：将主存分节，节内块数就等于 Cache 组数。假设 Cache 被分成 $2^{c'}$ 组，每组有 2^r 个块，则主存第 i 块可以映像到 Cache 第 j 块，其中：

$$j=(i \bmod 2^{c'})\times 2^r + k,\quad 0\leqslant k\leqslant 2^{r-1}$$

即每节中的第 i 块只能映像到 Cache 中的第 i 组(组间直接映像)，但是可以全相联到该组中的任一块(组内全相联映像)。在这种实现方式下,组索引就是节内块号,它与 Cache 组号是一一映射的;Cache 块标记即主存地址除节内块号(组号)、块内偏移外的高位部分,例如,2路组相联映像的 Cache 组织如图 7.12 所示。

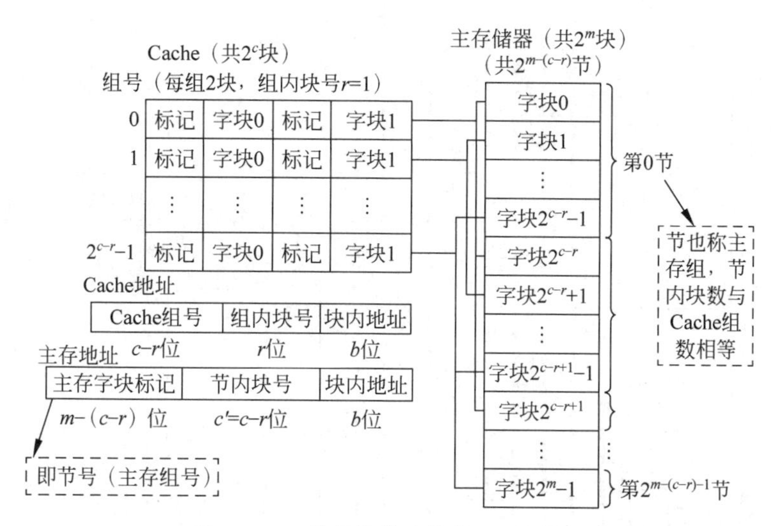

图 7.12 2 路组相联映像的 Cache 组织

组相联映像是直接映像和全相联映像的一种折中方案:当组内块号的位数 $r=0$(即每一块为一组)时,它就是直接映像方式;当组内块号的位数 $r=c$(即整个 Cache 空间为一组)时,它就是全相联映像方式。

假设主存按字节访问,容量 4GB(即主存地址共 32 位),每字 8B(即字内地址 3 位);Cache 每块 4 个字(即块内字地址 2 位),采用 4 路组相联(即每组 4 块,组内块号 2 位),故 Cache 共有

$$32\text{KB} \div 4 \div 32 = 2^8 = 256(\text{组})$$

即 Cache 组号 8 位,故主存高位地址(即节号)共 32−8−2−3=19(位)。

相应地,该 4 路组相联读操作逻辑实现如图 7.13 所示。

组相联映像地址变换过程如图 7.14 所示。

例 7.7 某机以字节寻址,主存 8MB,字长 8B;Cache 采用 8 路组相联,共 256KB,每块 64B。Cache 块标记包括有效位(1 位)和主存字块标记两部分。请问主存地址和 Cache 地址各字段各多少位?Cache 标记多少位?CPU 访问主存 04804CH 单元,如果该信息副本在 Cache 中,在 Cache 哪一组中可以找到?

解:

8 路组相联,则每组 8 块$=2^3$ 块;Cache 共 256KB$=2^{18}$B,每块 64B$=2^6$B,故共有 $2^{18-3-6}=2^9=512$(组),即 Cache 地址各字段如下。

	组内块号	组号	块内地址
Cache地址	3位	9位	6位

主存共 8MB$=2^{23}$B,每块 64B$=2^6$B,Cache 共有 2^9 组,故共有 $2^{23-9-6}=2^8$(节),即主存地址各字段如下。

	主存高位地址(节号)	组号	块内地址
主存地址	8位	9位	6位

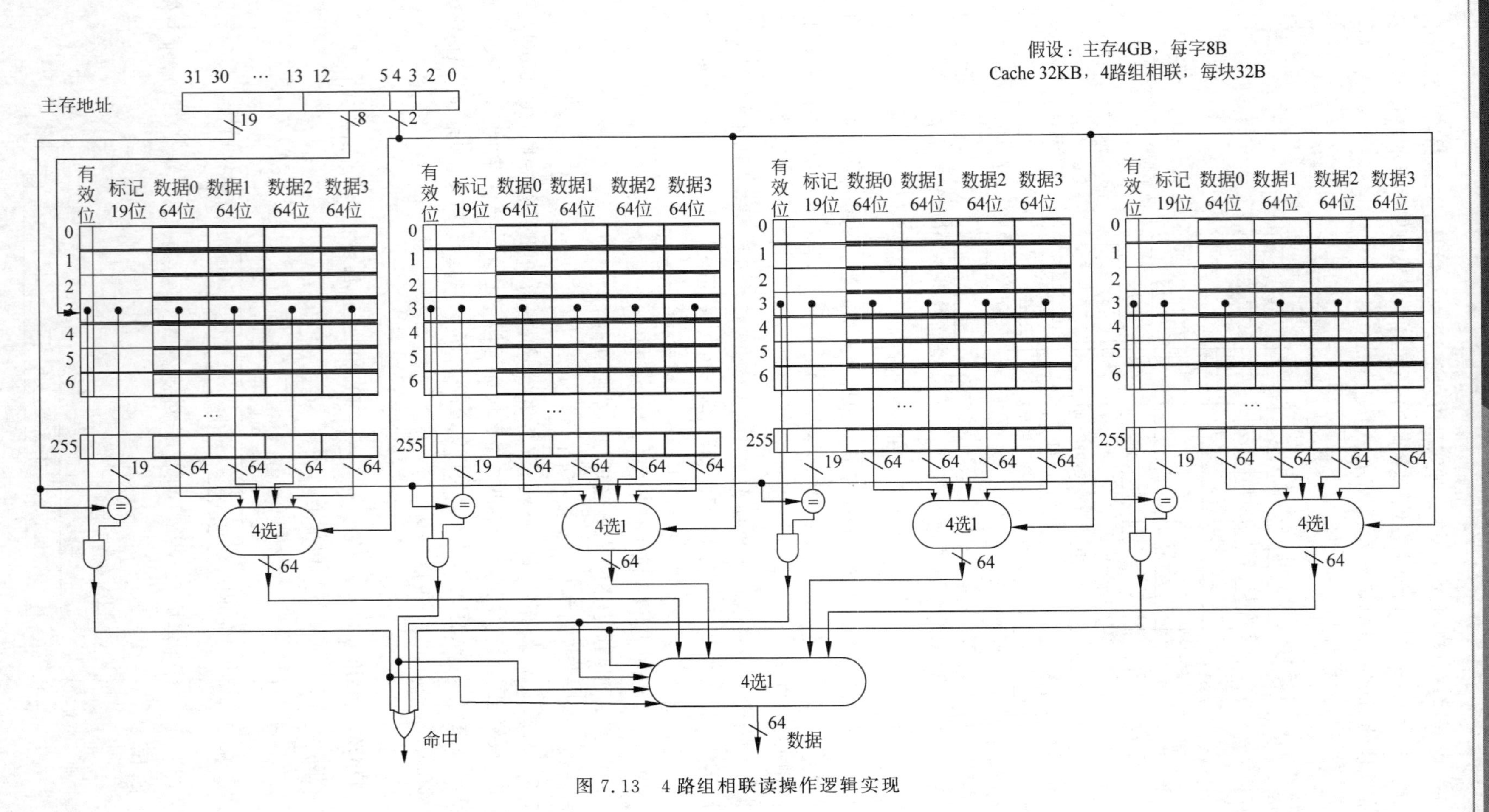

图 7.13 4 路组相联读操作逻辑实现

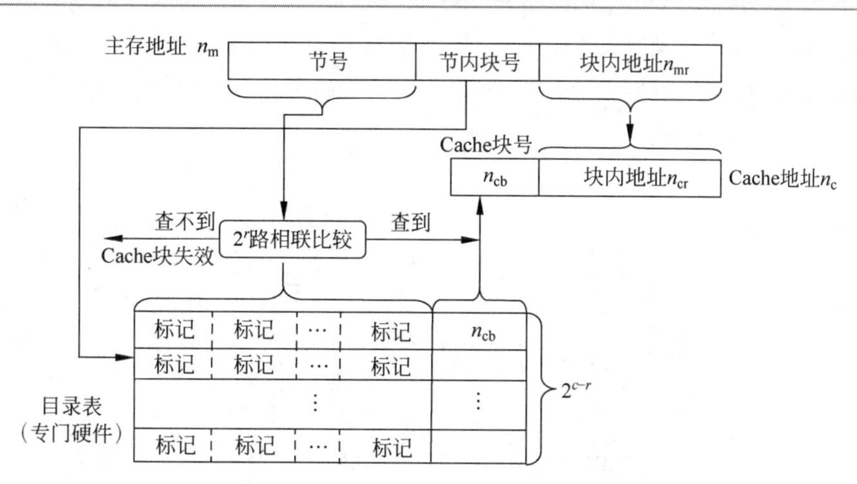

图 7.14 组相联映像地址变换过程

主存高位地址用作主存字块标记,因此 Cache 标记需要 8+1=9 位。

主存地址 04804CH=000 0100 1 000 0000 01 00 1100B,组号为 1,故该块副本只可能在 Cache 的第 1 组中。

例 7.7 组相连映像 Cache 组织如图 7.15 所示。

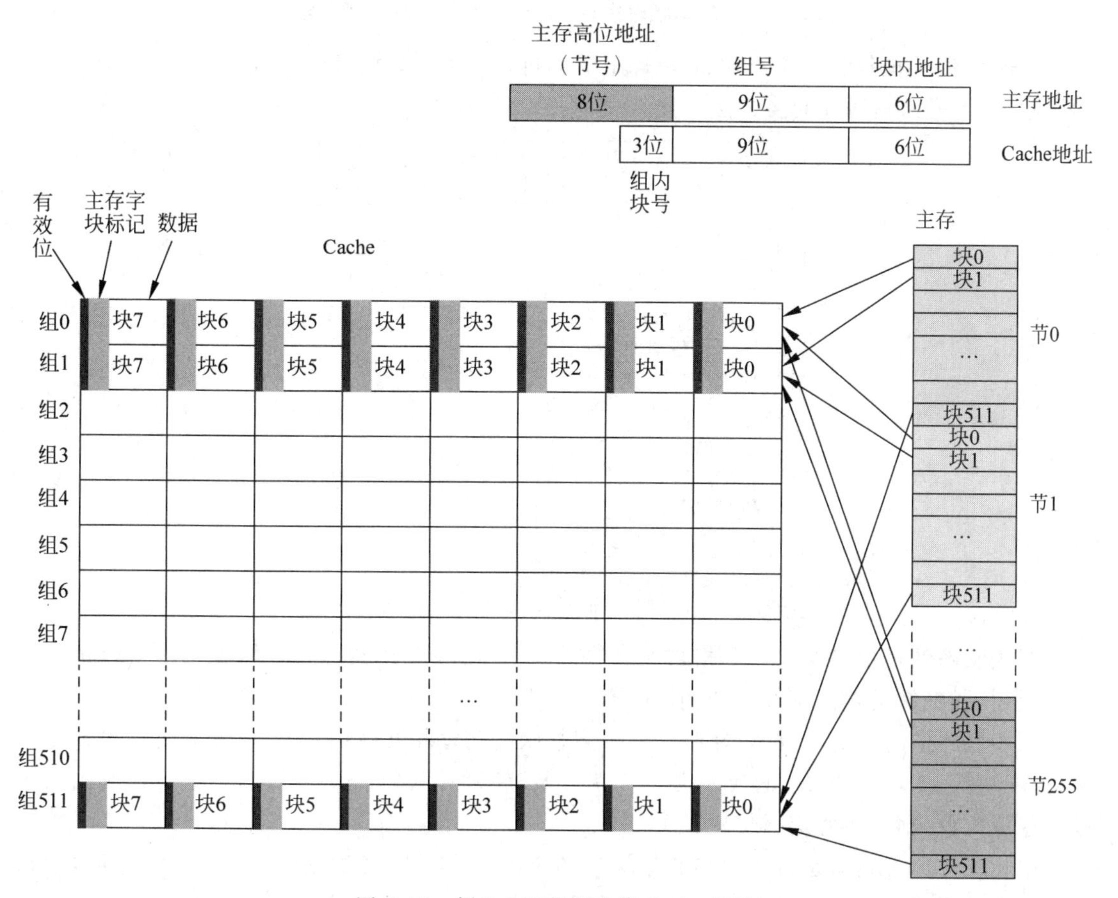

图 7.15 例 7.7 组相联映像 Cache 组织

组相联还可以有另一种实现方案(如图 7.16 所示),或者叫另一种描述方法,它把主存和 Cache 都机械地等分成相同大小的块,然后把主存空间按 Cache 大小等分成区,Cache 空间和主存空间中的每一区都等分成相同的组，让主存各区中某组中的任何一块均可直接映像装入Cache中对应组的任何一块位置上，即仍然是组间直接映像、组内全相联映像。

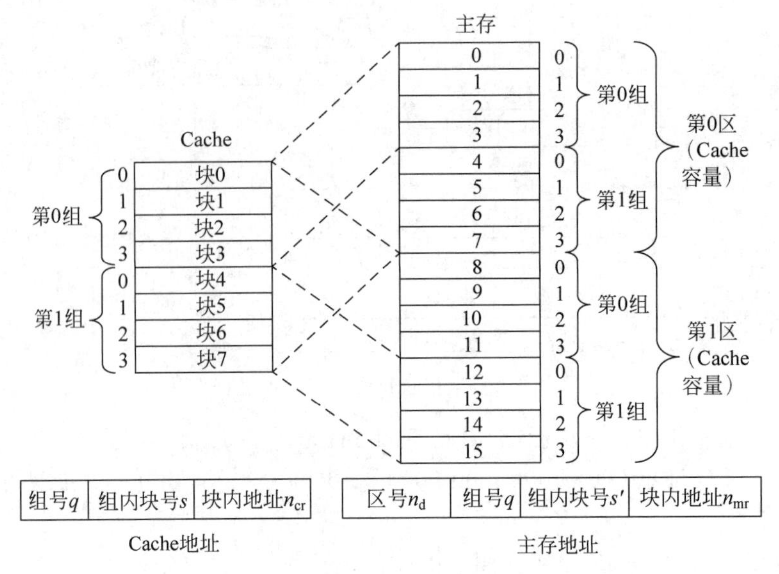

图 7.16　组相联映像 Cache 组织的另一种实现方案

在这种实现方案里，用作 Cache 块标记的不再是主存地址的高位部分，而是主存地址中的“区号”+“组号”，其地址变换方法如图 7.17 所示。

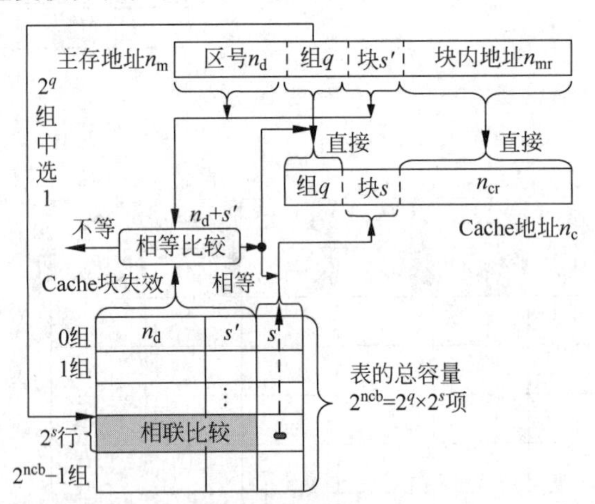

图 7.17　另一种实现方案组相联 Cache 地址变换

组相联映像是直接映像与全相联映像的折中，直接映像和全相联映像可认为是组相联的特例，组相联映像是直接映像和全相联映像的一般形式。

组相联映像的性能与成本、复杂性介于直接映像与全相联映像之间，且只要组内块数比较多(如 8 块或 16 块)，Cache 的块冲突概率就可显著降低到接近于全相联，但是实现上比全相联映像成本低很多，因此实际使用较多。

组相联 Cache 容量是目录表与数据块容量的和。一般地，主存块副本存入 Cache 时，组相联映像需要在目录表中记录以下信息：主存字块标记、Cache 块号、有效位，如果采用写回法，还有 dirty 位。

一般容量小的 Cache(如 L1、L2)采用组相联映像，容量大的 Cache(如 L3)可采用直接映像方式，这样查找速度快，虽然命中率相对低，但容量大可提高命中率。

例 7.8 假定主存地址为 32 位，按字节编址，主存和 Cache 之间采用直接映像方式，主存块大小为 4 个字，每字 32 位，采用写回法(Write Back)，则能存放 4K 字数据的 Cache 的总容量至少是多少位？

解：

每块 4 字，每字 32 位(4B)，即 Cache 块共 16B，块内地址 4 位；

Cache 共 4K 字，因每块 4 字，故共 1K 块，即 Cache 块地址 10 位；

主存地址 32 位，直接映像，故主存字块标记 32－4－10＝18 位；

另需有效位 1 位、Dirty 位 1 位(因写回法)，故标记共需 18＋1＋1＝20 位；

每块 4 字，即数据共 128 位，每个块连数据带标记需 20＋128＝148 位；

共 1K 块，所以 Cache 总容量至少 148K 位。

7.2.3 Cache 替换算法

Cache 替换的目标一是要尽量减小不命中率，另一个是要便于硬件实现。显然，随机替换算法虽然实现容易，但是效率往往不好。

1. 最优替换算法

最优替换算法又称 Optimal(OPT)算法，它为了尽量减小不命中率，把未来需要的 Cache 块尽量留下。

但是未来实际上是不能预知的，因此最优替换算法事实上是不可实现的。

虽然最优替换算法事实上不可实现，但在进行研究时可用它衡量其他算法的优劣。未来虽然不可完全预知，但一般是可初步预测的。

2. 先进先出替换算法

先进先出(First In First Out，FIFO)替换算法的核心思想是：先被装入的块，就先被替换。

先进先出替换算法考虑了一点点历史信息，但是未考虑程序访问局部性。例如，最先访问的可能是过去经常用的，也是未来要经常访问的，因此这种算法性能也不好。

3. 最近最少使用替换算法

最近最少使用(Least-Frequently Used，LFU)替换算法认为：过去最少使用的块，未来也可能较少被用到，因此它每次替换时替换那个过去时间内访问次数最少的块；如果存在次数相同的，则替换它们中时间最久的。

显然，这种方法既利用历史信息，又考虑程序访问局部性，可接近 OPT 替换算法的性能。

但是 LFU 算法要为每一块记录被访问过的次数，替换时找出次数最少的，因为这个次数的字长无法预估，因此不方便使用。

4. 最近最久未被使用替换算法

最近最久未被使用(Least-Recently Used，LRU)替换算法认为：最近用过的块，很可能是马上要用到的块，因此不记录各块的使用次数而是记录各块的使用次序，在替换时，它找出最久未被访问的那个块进行替换。

LRU 算法可以认为是 LFU 算法的一种变通，其性能接近 LFU，且易于使用硬件实现，在实际应用中使用较多。

当然，Cache 替换算法总是希望将未来需要的尽量留下来，因此实际应用的时候还是要根据具体应用灵活考虑。例如,对于流媒体,因为不会再次访问,所以只需要利用 Cache 预取即可,这时采用 FIFO 就可以了。

7.3 虚拟存储器

▶ 7.3.1 基本概念

虚拟存储器基于"主-辅"层次,是为解决主存容量不能满足大程序容量要求而提出的。它借助磁盘等辅助存储器来扩大主存容量,在程序运行时只是将当前用到的和经常会用到的内容(指令或数据)放在主存中,其他暂时不用的放在辅存中,使主存储器能为更大或更多的程序所使用。

虚拟存储器只是一个容量非常大的存储器逻辑模型,不是任何实际的物理存储器,它是主存-辅存存储层次的进一步发展和完善,位于主存-辅存物理结构,是由负责信息划分以及主存-辅存间信息调动的辅助硬件和操作系统中的存储管理软件所组成的存储体系。

需要注意的是,现代计算机一般都有辅助存储器,但是具有辅存的存储系统不一定是虚拟存储系统。将当前和常用到的内容放在主存中,其他还未用到的放在辅存中,这是所有主辅存储层次(包括建立在主辅层次之上的虚拟存储器)具有的共同特点,但是虚拟存储器还必须允许用户访问比实际存储空间大得多的地址空间,而且每次访存都要进行虚实地址的转换,这些则并非主辅存储层次所必需的。

有了虚拟存储器后,应用程序员直接用机器指令的地址码对整个程序统一编址,这个地址码(即虚地址,又称虚存地址、虚拟地址、逻辑地址)宽度所对应的程序空间(即虚存空间,又称虚存容量)可以比实际主存地址码(即实地址,又称物理地址)宽度对应的实际主存空间(即主存空间、实存空间,又称主存容量、实存容量)大得多。对应用程序员而言,好像有一个比实际主存大得多、可以放下整个程序的空间,用户无须考虑所编程序在主存中是否放得下或放在什么位置等问题,程序不必做任何修改就可以以接近于实际主存的速度在虚拟存储器上运行。

虚拟存储器对应用程序员是透明的(但对系统程序员不是透明的),它的管理由存储管理部件 MMU 与操作系统共同完成。其中,存储管理部件 MMU 由硬件实现,它实现逻辑地址到物理地址的转换,并在访问失效时(即被访问的内容不在主存时)进入操作系统环境。

虚拟存储器采用与 Cache 类似的原理,同样利用程序访问局部性,使速度接近于高速存储器,价格接近于低速存储器。

虚拟存储器将程序中常用部分驻留在速度较高的主存储器内,存在于较低速度的辅助存储器中的数据则按需载入主存;同样地,当较高速的主存储器满时,需要替换。

在具有虚拟存储器的计算机系统中,CPU 地址位数决定了虚拟存储器的最大容量,主存辅存容量和与 CPU 地址位数(的较小值)决定了虚拟存储器的实际容量。显然,虚拟存储器实际容量可能大于也可能小于主存与辅存的容量之和。

虚拟存储器与高速缓冲存储器 Cache 有很多相似之处,但也有明显的不同。

(1) 二者都基于程序访问局部性原理,工作原理无本质区别,但目的不一样。

Cache 主要为了解决主存与 CPU 速度不匹配的问题,它采取多种方式减少与 CPU 的传输延时,包括采用与 CPU 速度匹配的快速存储元件、物理位置上尽量靠近或直接放在 CPU 中等,而且相较而言访存优先级一般较高。

虚拟存储器则主要是为了弥补主存容量的不足。

(2) 与主存的速度差不同,失效时采取的策略不同。

Cache 与主存的速度差不到 1/10,由于它与主存之间设置有直接的数据传送通路,一旦发生 Cache 块失效,CPU 只需稍作等待,由 CPU 直接访问主存,并同时向 Cache 调度信息块,以减少 CPU 空等的时间; 而虚拟存储器(主、辅存存储层次)与主存的速度差达到 1/1000 甚至更大,它与 CPU 之间没有直接通路,一旦主存不命中,CPU 一般改去执行另一程序,等到主存页面调度完成后再返回源程序继续工作,这一过程往往需要毫秒级时间。

按照主存-辅存层次的信息传送单位不同,虚拟存储器可以分为段式、页式、段页式三种,它们其实也对应了虚拟存储器的三种管理方案。

▶ 7.3.2 段式虚拟存储器

段是利用程序的模块化性质,按照程序的逻辑结构划分成的多个相对独立部分,例如,过程、子程序、数据表、阵列等。各个段可以被其他程序段调用,从而形成段间连接,产生规模较大的程序。

每一个段应有段名、段基址、段长等,其中,各段段长可以不相等。

采用段分配的存储管理方式称为段式存储器管理。在段式存储器管理中,每个程序对应一个段表,用来指明各段在主存中的位置; 逻辑相邻的段在主存中的存放位置可以不相邻。

需要注意的是,段表本身也是主存储器的一个可再定位段。

段式虚拟存储器如图 7.18 所示。

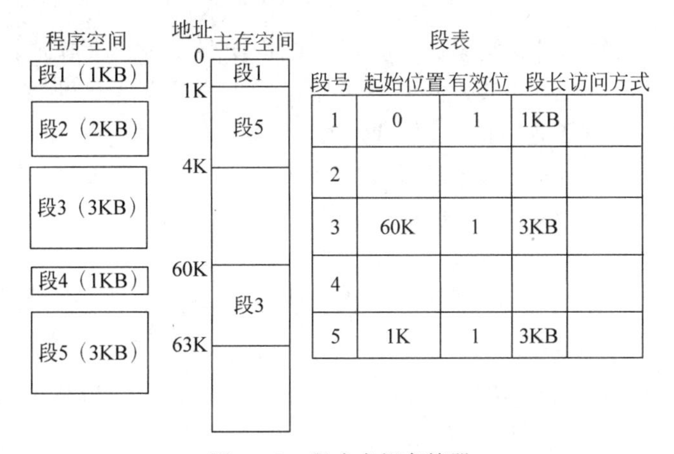

图 7.18 段式虚拟存储器

如图 7.18 所示,某程序空间被分成大小不尽相同的 5 个段,当前已经有 3 个段(1、3、5)被装载到主存; 该程序的段表详细记录了目前已装入的各段在主存中的起始位置以及段长(用于每次访问时判断段地址是否越界)、访问方式(用于判断访问是否“合法”)及有效位等信息。

段式管理系统中段是逻辑独立的,因此段的分界与程序的自然分界相对应,易于编译、管理、修改和保护,便于多道程序共享; 但是因为不同程序中的各段段长不固定,而这种方式下主存空间分配都是以段为单位的,因此主存中段的起点和终点位置不定,给主存分配带来不便,且容易在段间留下许多空余的零碎存储空间,造成浪费。

▶ 7.3.3 页式虚拟存储器

与段式虚拟存储器不同,页式虚拟存储器将程序的逻辑地址空间和物理内存均划分为固定大小的页(page,又叫页面 page frame),页的大小随机器而异; 程序加载时,以页面为单位分配其所需的物理页(实页),只要主存有空白页面即可,同属于一个程序的逻辑页在物理上可以不连续。

每一道程序均有一个页表,用来记录逻辑页号及其所对应的实主存页号,它由操作系统建立,自动生成,对应用程序员是透明的。

由于页的大小固定,因此,页式管理方式比段式管理系统的空间浪费要小得多,但是由于页不是逻辑上独立的实体,故页式管理系统处理保护和共享都不及段式方便。

页式虚拟存储器如图 7.19 所示。

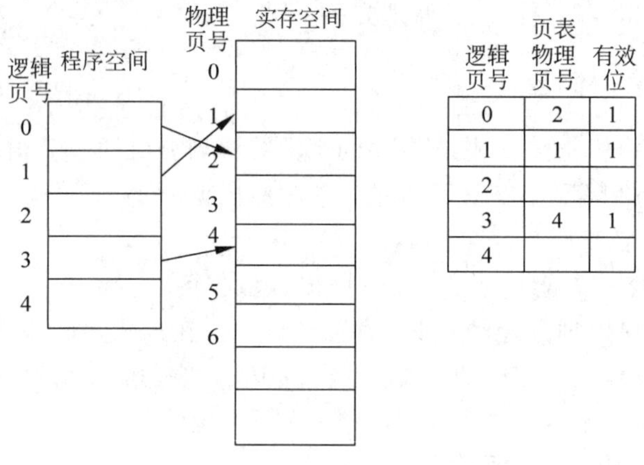

逻辑页号	物理页号	有效位
0	2	1
1	1	1
2		
3	4	1
4		

图 7.19　页式虚拟存储器

在图 7.19 中,某程序的逻辑空间被分成 5 个页面(页号 0～4),相应地,其页表共 5 行。程序运行中系统根据访问需要分别装入的程序的逻辑页,当前实际上已经装入主存的是第 0、1、3 页,它们被分别装入主存不连续的页面位置(主存的第 2、1、4 页)。

虚拟存储器中程序空间使用虚地址进行访问,每次均需要通过查找页表,确定该逻辑页在主存中的实际位置(即实页号),将虚地址转换为实地址(见图 7.20)。

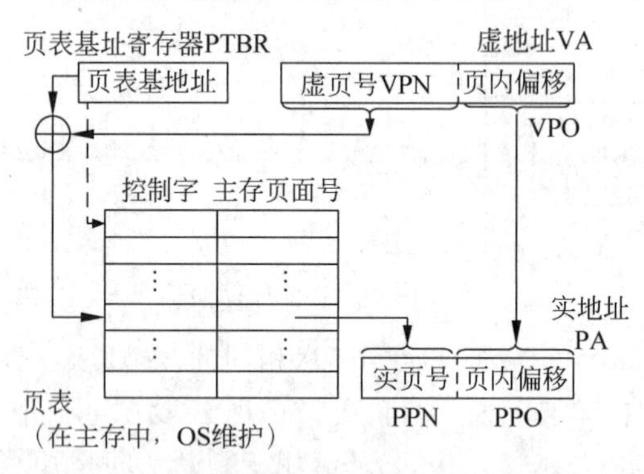

图 7.20　页式虚拟存储器虚实地址转换

每一个程序均有一个页表,该页表在内存中的起始位置被存放在页表基地址寄存器中。使用虚地址进行程序访问时,虚页号就是页表中的行号,因此通过页表基地址寄存器和虚页号就能快速找到记录指定逻辑页相关信息的位置。

如果该页已经被调入主存(即页命中),通过访问页表即可获得相应的实页号;由于主存空间和逻辑空间页面大小相同,因此虚实地址的页内偏移其实是相同的,将实页号拼接上页内偏移即得到相应的实地址;根据该实地址即可访问相应内容。

如果该页不在主存中,或者虽然在主存中,但页表中对应的“有效位”为“0”,即发生页失效,此时发生缺页中断,系统将切换进程,并启动从辅存装入页(必要的时候需要替换页)、更新页表等工作,待页面装载完成后,重新启动存储器访问操作。

由于页表也存于主存中,所以计算机每次都是先通过一次存储器访问去查找页表项:如果页命中,可获得实地址,系统再用实地址进行存储器访问,即页命中时每次访问需两次访存操作,相当于主存速度降低了50%,降低了系统的效率;如果页失效,此时无法获得实地址,要进入缺页中断,待页面装载完成后重新发起存储器访问(即重新访问页表获得实地址,然后根据实地址访问存储器),系统开销更大。

为加快虚拟存储器的工作效率,在一些影响工作速度的关键部分引入硬件支持,其中最主要的是把页表的最活动部分存放在快速存储器中组成快表(相应地,原来的存于主存中的页表称为慢表)。

快表就是所谓的转换旁路缓冲器(Translation Look aside Buffer,TLB),它比页表小得多,一般为16~64行,其内容只是慢表中很小一部分的副本,一般由按内容访问的相联存储器组成,这种存储器可以在一个存储周期内将给定的某个虚页号内容同时与表中全部单元对应的虚页号字段内容比较进行相联查找,但是由于结构复杂,相联存储器一般容量较小,若容量较大,不仅造价过高,而且速度过慢。

使用快慢表实现虚实地址变换的过程如图7.21所示。

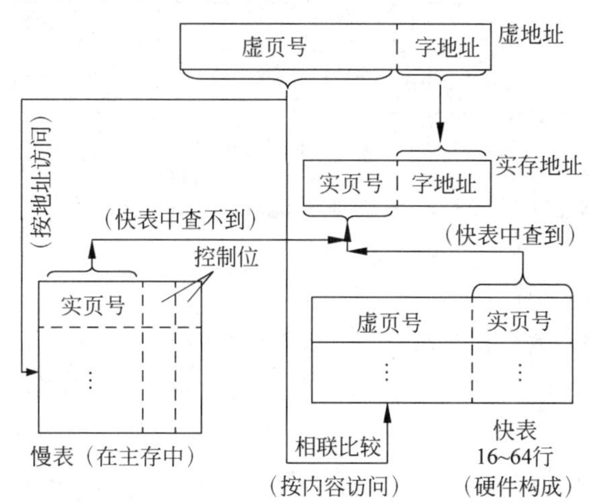

图7.21 快慢表实现虚实地址变换的过程

查表时,用虚页号同时去查快表和慢表,若快表命中,则很快找到对应的实页号并送入实主存地址寄存器,使慢表的查找作废,这样导致的结果是:虽然采用了虚拟存储器,但使访主存速度几乎不下降;若快表不命中,通过一个访主存时间查慢表,若慢表命中,将实页号送入实主存地址寄存器,虚页号和对应的实页号送入快表(若需要,根据替换算法替换快表中某一行),若慢表不命中(页失效),启动外部存储设备。

例7.9 假设计算机按字节编址、每次访问1B;虚地址14位,实地址12位,每页64B;Cache共64B,每块4B,直接映像;TLB共16条,4路组相联。当前TLB的内容如图7.22所示。

Set	Tag	PPN	Valid	Tag	PPN	Valid	Tag	PPN	Valid	Tag	PPN	Valid
0	03	-	0	09	0D	1	00	-	0	07	02	1
1	03	2D	1	02	-	0	04	-	0	0A	-	0
2	02	-	0	08	-	0	06	-	0	03	-	0
3	07	-	0	03	0D	1	0A	34	1	02	-	0

图7.22 当前TLB的内容

当前页表内容如图 7.23 所示。

VPN	PPN	Valid	VPN	PPN	Valid	VPN	PPN	Valid	VPN	PPN	Valid
00	28	1	04	-	0	08	13	1	0C	-	0
01	-	0	05	16	1	09	17	1	0D	2D	1
02	33	1	06	-	0	0A	09	1	0E	11	1
03	02	1	07	-	0	0B	-	0	0F	0D	1

图 7.23 当前页表内容

当前 Cache 内容如图 7.24 所示。

Index	Tag	Valid	B0	B1	B2	B3
0	19	1	99	11	23	11
1	15	0	-	-	-	-
2	1B	1	00	02	04	08
3	36	0	-	-	-	-
4	32	1	43	6D	8F	09
5	17	1	36	72	F0	1D
6	31	0	-	-	-	-
7	16	1	11	C2	DF	03

Index	Tag	Valid	B0	B1	B2	B3
8	24	1	3A	00	51	89
9	2D	0	-	-	-	-
A	2D	1	93	15	DA	3B
B	0B	0	-	-	-	-
C	12	0	-	-	-	-
D	16	1	04	96	34	15
E	13	1	-	-	-	-
F	14	0	83	77	1B	D3

图 7.24 当前 Cache 内容

若 CPU 给出的虚地址为 0x0255，请问能不能从 Cache 中找到该数据？如果能够找到，这个数据的内容是什么？

解：

每页 64B，故页内偏移 6 位；虚地址 14 位，则虚页号 14－6＝8 位。

将虚地址 0x0255 改写为二进制形式，0x0255＝$(00\ 0010\ 0101\ 0101)_2$，故虚页号 VPN 为 0000 1001，即 0x09，页内偏移为 01 0101，即 0x15，虚页页内偏移 VPO 和实页页内偏移 PPO 相同。

TLB 采用 4 路组相联，因此虚页号的后两位 01 即为该页的页面信息应装入的 TLB 组号，即第 1 组，虚页号的高位部分 00 0010 即 0x02 是 TLB 中的标记位。

查 TLB，第 1 组确实有一项的标记位为“02”，但有效位为“0”，故 TLB 失效。

此时需根据虚页号 0x09 查页表，查到实页号为 0x17；故实地址为 01 0111 01 0101。

Cache 共 64B(即本题中恰好 1 页就是 1 块)，故 Cache 地址共 6 位；每块 4B，故块内地址 2 位，即 Cache 地址形式为 0101 01，所要访问字的块标记为主存地址高位部分，即 0x17；Cache 采用直接映像，故用块号 0x05 作为索引查 Cache，命中。

要访问的是块内第 01 字节，即为 0x72。

▶ 7.3.4 段页式虚拟存储器

段页式存储器是将段式和页式管理方式结合起来，它将程序按逻辑意义先分成段，再让各段和实主存都机械等分成相同大小的页面，每道程序通过一个段表和相应的一组页表进行程序在主存空间中的定位。

段页式存储器兼有段式和页式的优点，它与纯段式存储管理最主要的差别是，段的起点不是任意的，必须在主存某个页面的起点上。

段页式存储器的主要缺点是地址映像过程中需要多次查表，它至少需要查两次：段表、页表，因此它在速度上是有一些损失的。

段页式存储器中每个程序有 1 个段表，程序分成多少段，这个段表就有多少行；每一行对应一个段的地址映像关系，以及某些控制信息，如段装入位、段访问方式、段长等。

段装入位用于标记该段的页表是否已装入主存。若它为“1”，表示已装入，地址字段指出该段的页表在主存中的起始位置；若它为“0”，表示尚未装入，访问该段将引起段失效故障，此时将请求从辅存中调入页表，同时程序换道(CPU 转去执行另一道程序)。

段访问方式用于记录该段访问方式控制信息，段长则记录该段所用页表的行数，它可用于检测出程序访问是否越出了该段。

允许多道程序(即多个用户程序)运行时，每一道程序有一个基号(即每个用户的用户标识号)，系统使用段表基址指明该道程序的段表在存储器中的起始位置，这个段基址由系统分配，被存放在段表基址寄存器中。

多道程序段页式虚拟存储器地址变换过程如图 7.25 所示。

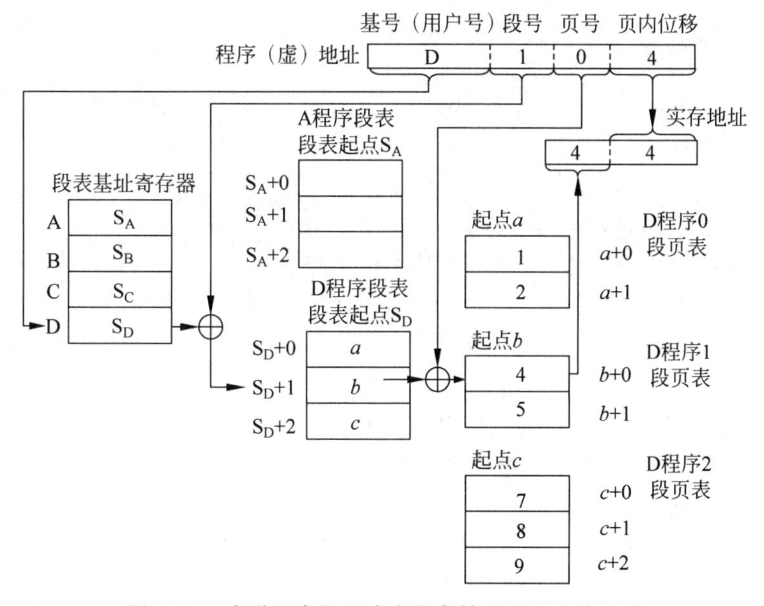

图 7.25 多道程序段页式虚拟存储器地址变换过程

程序给出的虚地址包含用户号、逻辑段号、逻辑页号以及页内偏移信息，因为虚实页面大小是相同的，因此页内偏移是一样的。

系统根据用户号到相应的段表基址寄存器获得对应段表的首地址，根据逻辑页号到段表(一次存储器访问)对应行获取该段的页表起始位置，再根据逻辑页号到页表(一次存储器访问)对应行获取实页号，最后根据实页号与页内偏移拼接所获得的实地址进行存储器访问。可以看出，段页式虚拟存储器的虚实地址变换至少需要两次查表(段表、页表)，段表、页表构成表层次。

对于某些程序而言，页表大小可能超过 1 页的容量，需要分成几页，并且被分别存储于几个物理上不连续的主存页中，而将这些页的首地址形成一个新的页表，此时就形成了二级页表层级。在二级页表层次中，新形成的页表称为一级页表，原有的几个页表则称为二级页表。一个大的程序可能需要多级页表。对于多级页表层次，除了第一级页表需要驻留在主存外，整个页表只有少部分在主存中，其余大部分在辅存中，需要时才由系统调入。

例 7.10 某机器字长为 32 位的计算机 M，采用请求调页存储管理。虚拟地址 32 位，页面大小4KB。Cache采用4路组相联映像,内存块大小为32B,Cache数据区大小为8KB。二维数组int a[24][64]按行优先存储,数组的起始虚拟地址为00422000H。数组a的数据初始时未调入内存,按如下方式访问数组a。

```
for (int i = 0; i < 24 ; i++)
    for (int j = 0; j < 64; j++)
        a [i][j] = 10;
```

(1) 数组a分为几个页面存储?访问数组a缺页几次?页故障地址各是什么?

(2) 不考虑对变量i、j的访问,访问数组a的过程是否具有时间局部性?为什么?

(3) 在计算机M的32位地址中,块内地址是哪几位?Cache组号对应哪几位?数组元素a[1][0]的虚拟地址是什么?对应的Cache组号是什么?

(4) 数组a总共占多少块?访问a的Cache命中率是多少?若采用如下方式访问数组a,则命中率又是多少?

```
for (int j = 0; j < 64; j++)
    for (int i = 0; i < 24; i++)
        a[i][j] = 10;
```

解:

(1) 虚地址32位,其中,页面大小4KB=2^{12}B,则页内偏移地址12位,虚页号32-12=20位,即虚地址格式为

虚页号(20位)	页内偏移(12位)

数组起始虚地址00422000H后12位全为0,故该地址为一页的起始位置;数组a的总容量为24×64×4B = 6144B,4KB=4096B <6144B=1800H< 8KB=8192B,所以数组a分为两个页面;因数组a的数据初始时未调入内存,故访问数组缺页两次,故障页地址为0042 2000H和0042 3000H。

(2) 不具有时间局限性,因为每一个数据仅访问一次。

(3) Cache块大小32B,所以块内地址5位,对应32位主存地址的低5位;Cache数据区大小为8KB,采用4路组相联(Cache块标记2位),故Cache组数为8KB/(4×32B)= 26,即Cache组号6位,对应32位主存地址的相邻6位,即主存实地址格式为

实页号(19位)+组内块号(2位)	Cache组号(6位)	块内地址(5位)

数组按行优先存储,

a[1][0]地址

=0042 2000H + 64×4B

=0042 2100H

=0000 0000 0100 0010 001 00 001 000 0 0000

其对应的组号为001 000B=$8_{(10)}$。

(4) 数组元素存储在主存0042 2000H~00423 7FFH位置,其高19位地址相同,低13位地址为00 000000 00000~10 111111 11111,则各主存块分别应装入Cache的第0~63组;对应每一组的主存块有三块(主存地址第12、11位分别为00~10),但Cache每组有4块,故数组访问过程中不会发生对数组块的替换;数组元素仅存在空间局部性,不存在时间局部性,无论采用行优先访问还是列优先访问,每当第一次访问Cache块中某个数据时,发生块不命中,但读取块中其他7个数据时,均命中,故命中率为7/8=87.5%。

▶ 7.3.5 虚拟存储器工作过程

虚拟存储系统有三个存储空间：实存空间、虚存空间和辅存空间。实存空间取决于系统中实际使用的主存容量，虚存空间取决于虚地址的长度，而辅存空间则取决于系统中实际使用的辅助存储器的总容量。

在具备虚拟存储器的系统中，程序员总是按虚存储空间编制程序，对于直接寻址方式，就是由机器指令的地址码给出存储地址，这个地址就是虚地址，也即逻辑地址，它由虚页号及页内地址组成。虚拟存储器需要完成的一项重要工作就是实现虚地址到实地址的变换。

如果采用页表方式，页表中记录了虚地址和主存实地址之间的映射关系，但是如果相应内容只是在辅存中暂时还没有调入内存，则利用上述页表是无法找到相应内容的，此时，还需要另一个页表用于记录虚地址与辅存实地址之间的映射关系，把这个页表称为外页表，相应地，记录虚地址和主存实地址之间的映射关系的称为内页表或实存页面表。

外页表常常存放于辅存中，必要时可调入主存。

外页表中同样有“装入位”，它用来指示虚地址页号对应的信息是否存在于辅存中，如果它为“0”，表明相应信息不在辅存中(如“文件未找到”)。

辅存实地址一般是按信息块编址的，如果信息块的大小和虚页大小恰好相同，那么信息块内地址和页内地址就可以直接转换了。

假设具备虚拟存储器系统的计算机辅存为磁盘，磁盘实地址用磁盘机号、柱面号、磁头号、块号和块内地址表示，其中，磁盘块大小与主存页大小相同，则相应的多用户虚地址到辅存实地址变换方法如图 7.26 所示。

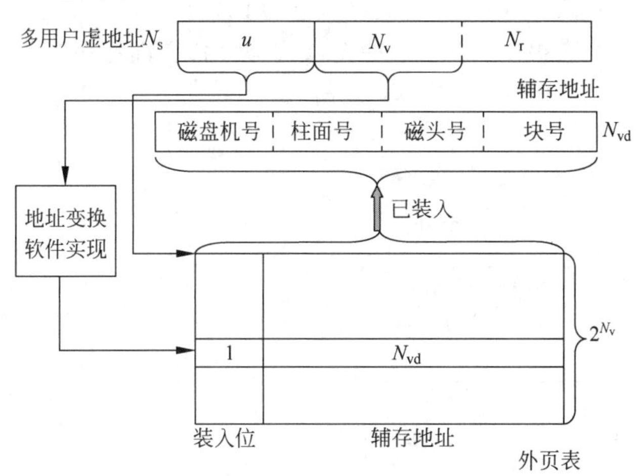

图 7.26 多用户虚地址到辅存实地址变换

采用页表方式多用户虚拟存储器工作过程如图 7.27 所示。

对于程序空间给定的访问地址(虚地址)，CPU 首先检查内页表，若命中，则从内页表中得到实存页号，与页内地址拼接起来构成访存实地址，用实地址直接访问主存。

若不命中，系统向 CPU 发缺页中断，同时查外页表得该页的辅存块(实页)号，用该块(页)号访辅存，并将该块(页)调入主存中：检查主存页面分配表，若主存页面有空闲，辅存取出块(页)直接写入主存空闲页，更新内页表相关信息；若主存空间已满，根据替换算法替换主存页面，并更新内页表。待上述工作完成后重新调度程序继续运行，用原虚地址启动访存操作。

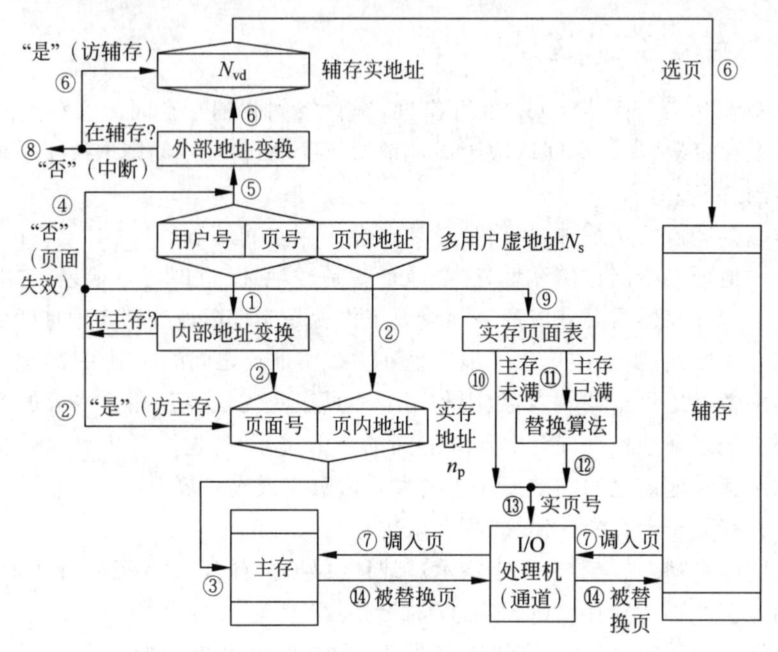

图 7.27　多用户虚拟存储器工作过程

7.4　相联存储器

相联存储器(Associative Memory)又称联想存储器,属于按内容寻址存储器(Content Access Memory,CAM),它根据所存信息的全部或部分特征进行存取,主要用于从一批信息中快速查找具有一定特征的信息,例如,虚拟存储器或 Cache 的索引查找、数据库与知识库中按关键字进行检索等。

相联存储器的基本原理如图 7.28 所示。

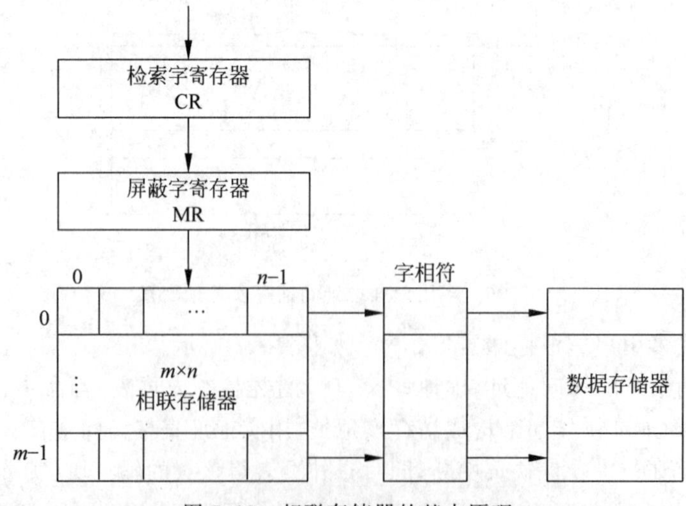

图 7.28　相联存储器的基本原理

相联存储器进行相联查找需要通过屏蔽字寄存器(MR)和检索字寄存器(CR)来指示比较操作的对象和关键字。检索字寄存器(CR)的位数与所存储信息位数相同,每次检索时,取其中若干位作为检索项(即关键字)。屏蔽字寄存器(MR)的位数与检索字寄存器(CR)的位数相同,其中,检索项对应的位值为“1”、其他位值为“0”,即屏蔽寄存器用来指定参与比较的信息位。

相联存储器大大提高了处理速率,设存储单元数为 m,欲从中检索出某一个单元,按地址访问的存储器平均约进行 $m/2$ 次操作,而相联存储器只需进行一次检索操作。

如图 7.29 所示是一个利用相联存储器进行信息检索的例子。

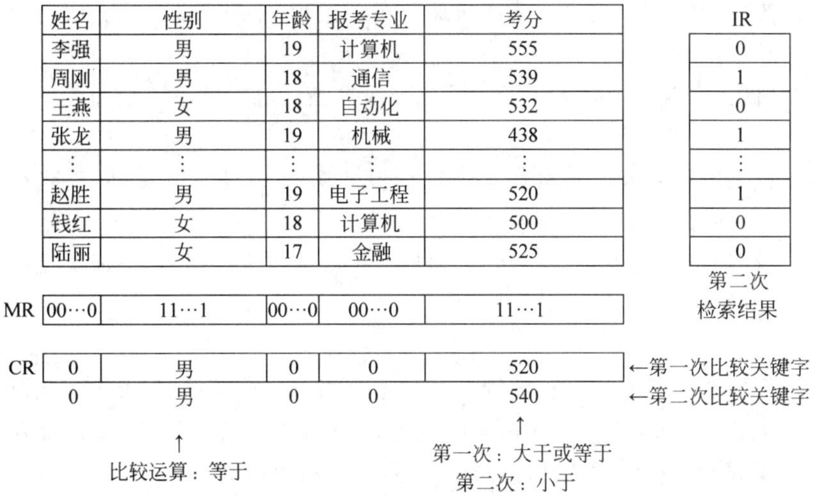

姓名	性别	年龄	报考专业	考分
李强	男	19	计算机	555
周刚	男	18	通信	539
王燕	女	18	自动化	532
张龙	男	19	机械	438
⋮	⋮	⋮	⋮	⋮
赵胜	男	19	电子工程	520
钱红	女	18	计算机	500
陆丽	女	17	金融	525

IR(第二次检索结果)	TR(第一次检索结果)	“与”⇒ 检索结果
0	1	0
1	1	1
0	0	0
1	0	0
⋮	⋮	⋮
1	1	1
0	0	0
0	0	0

MR	00…0	11…1	00…0	00…0	11…1	
CR	0	男	0	0	520	←第一次比较关键字
	0	男	0	0	540	←第二次比较关键字

比较运算:等于(性别);第一次:大于或等于,第二次:小于(考分)

图 7.29 利用相联存储器快速检索数据

在图 7.29 中,要查找某次考试成绩在 520(含)和 540(不含)之间的男生,将屏蔽字寄存器对应考分数据的那些位置为“1”,其他位均置为“0”,可以通过如下过程实现。只需要两次查找操作,每次“性别”域均采用“等于”操作,而对于“分数”域,第 1 次通过“大于或等于”操作,获得所有考分大于或等于 520 的男生数据;第 2 次通过“小于”操作,获得所有考分小于 540 的男生数据。将两次比较操作的结果相与,即获得所有成绩在 520(含)和 540(不含)之间男生的数据。

如图 7.29 所示,相联存储器每个存储单元存储一条数据,每条数据分别包含 n 个维度的信息(图中为姓名、性别、年龄、专业、分数)。除了存储信息,每个存储单元还应有处理信息的能力,它必须有一个处理单元,可以并行地对多个维度的信息分别进行相等、不等、大于、小于、求最大值最小值等各种比较操作。基于相联存储器的相联处理机控制器一条命令能对许多数据同时操作。另外,相联存储器一般用门电路与触发器实现比较与保存信号,由于使用电路多、设计复杂,因此成本高,容量不大。

由于相联存储器成本高、容量小,而且随着容量增加访问速度下降较快,因此,实用的联想存储器,一般除有按内容访问能力外,仍保留有地址寄存器、译码电路和读出寄存器,使之依然具备按地址访问能力。

7.5 存储保护

计算机中多用户共享主存,多用户程序和系统软件共存于主存中,需防止由于某程序出错而破坏其他程序(包括用户程序和系统软件)的正确性,以及防止某程序不合法地访问其他程序或数据区,即计算机系统需提供存储保护。

存储保护方式主要分为两个方面:存储区域保护、访问方式保护,它们均由硬件实现,可以结合使用。

1. 存储区域保护

非虚拟存储系统为每个程序划定存储区域，并由系统软件经特权指令设置其存储上界、下界。非虚拟存储系统采用界限寄存器方式实现存储区域保护，所有访问地址必须在上下界之间；当程序访问某个内存单元时，由硬件检查是否允许，允许则执行，否则产生地址越界中断，由操作系统进行相应处理。

与之相反，虚拟存储系统中一个用户程序可能离散地分布于主存中，故不能使用界限寄存器方式。

虚拟存储器系统实现存储区域保护有三种方式：段页表保护、键保护、环保护。

1）段页表保护

每个程序都有自己的页表和段表，段表和页表本身有自保护功能，无论地址如何出错，也只能影响到分配给程序的几个主存页面。

段页表保护是在形成主存地址前的保护，但是若在地址变换过程中出现错误，形成了错误的主存地址，则这种保护是无效的。

2）键保护

这种方式为主存的每一页配一个键，称为存储键。主存键相当于一把“锁”，由操作系统赋予，每个用户的实存页面相同；给每道程序赋予一个访问键，保存在该道程序的状态寄存器中。程序访问主存某页时，访问键与存储键相比较，当且仅当两键相符时允许访问该页，否则拒绝访问。

段页表保护、键保护用于保护别的程序区域不受破坏，正在运行的程序本身受不到保护。

3）环保护

环保护方式可对正在执行的程序本身进行保护。

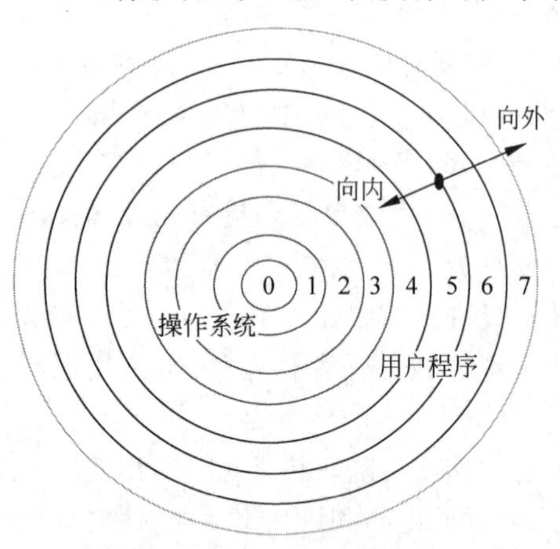

图 7.30 环状保护的分层

环保护方式按照系统程序和用户程序的重要性及对整个系统正常运行的影响程度进行分层，每层一个环，赋以环号(见图 7.30)，环号表示保护级别，环号越大，级别越低，操作系统的环号小于用户程序的环号。

程序运行前，先由操作系统规定好程序和数据各页的环号，并置于页表中，当运行程序需要换到另一页时，如果现行环号小于或等于要转去的页的环号，则可以转；否则，产生中断，由操作系统进行处理。

2. 访问方式保护

对主存信息可以有三种使用方式：读(R)、写(W)、执行(E)，其中，“执行”指将主存信息当作指令来用。三种访问方式形成逻辑组合，保护着生存周期内信息安全。

习题

7.1 存储器的层次结构主要体现在什么地方？为什么要分这些层次？计算机如何管理这些层次？

7.2 什么是“程序访问的局部性”？存储系统中哪一级采用了程序访问的局部性原理？

7.3 计算机中设置 Cache 的作用是什么？能不能把 Cache 的容量扩大，最后取代主存？为什么？

7.4 假设 CPU 执行某段程序时共访问 Cache 命中 4800 次，访问主存 200 次，已知 Cache 的存取周期为 30ns，主存的存取周期为 150ns，计算机每次先访问 Cache，Cache 不命中才启动主存访问。求 Cache 的命中率以及 Cache-主存系统的平均访问时间和效率，试问该系统的性能提高到原来的多少倍？

7.5 假定某机主存空间大小 1GB，按字节编址。Cache 的数据区（即不包括标记、有效位等存储区）有 64KB，块大小为 128B，采用直接映像和写直达方式。请问：

(1) 主存地址如何划分？要求说明每个字段的含义、位数和在主存地址中的位置。

(2) Cache 的总容量为多少位？

7.6 假定某计算机的 Cache 共 16 块，开始为空，块大小为 1 个字，采用直接映像方式。CPU 执行某程序时，依次访问以下地址序列：2，3，11，16，21，13，64，48，19，11，3，22，4，27，6 和 11。

(1) 说明每次访问是命中还是缺失，试计算访问上述地址序列的命中率。

(2) 若 Cache 数据区容量不变，而块大小改为 4 个字，则上述地址序列的命中情况又如何？

7.7 设主存容量为 256K 字，Cache 容量为 2K 字，块长为 4 字。

(1) 设计 Cache 地址格式，Cache 中可装入多少块数据？

(2) 在直接映像方式下，设计主存地址格式。

(3) 在四路组相联映像方式下，设计主存地址格式。

(4) 在全相联映像方式下，设计主存地址格式。

(5) 若存储字长为 32 位，存储器按字节寻址，写出上述三种映像方式下主存的地址格式。

7.8 一个组相联映像的 Cache 由 64 块组成，每组内包含 4 块。主存包含 4096 块，每块由 128 字组成，访存地址为字地址。试问主存和 Cache 的地址各为几位？画出主存的地址格式。

7.9 设主存容量为 1MB，采用直接映像方式的 Cache 容量为 16KB，块长为 4(字)，每字 32 位。试问主存地址为 ABCDEH 的存储单元在 Cache 中的什么位置？

7.10 设某机主存容量为 4MB，Cache 容量为 16KB，每字块有 8 个字，每字 32 位，设计一个四路组相联映像（即 Cache 每组内共有 4 个字块）的 Cache 组织。

(1) 画出主存地址字段中各段的位数。

(2) 设 Cache 的初态为空，CPU 从主存第 0 号单元开始依次读出 90 个字（主存一次读出一个字），并重复按此次序读 8 次，问命中率是多少？

(3) 若 Cache 的速率是主存的 6 倍，试问有 Cache 和无 Cache 相比，速率约提高多少倍？

7.11 一个组相联 Cache 由 64 个存储块组成，每组包含 4 个存储块，主存由 8192 个存储块组成，每块由 32 字组成，访存地址为字地址。问：

(1) 主存和 Cache 地址各多少位？地址映像是几路组相联？

(2) 若采用将主存按照 Cache 大小分区的实现方案，在主存地址格式中，区号、组号、块号、块内地址各多少位？

7.12 假设某计算机的主存地址空间大小为 64MB，采用字节编址方式。其 Cache 数据区容量为 4KB，采用 4 路组相联映像方式、LRU 替换和回写策略，块大小为 64B。请问：

(1) 若采用将主存分节，节内块数就等于 Cache 组数的实现方式，主存地址字段如何划分？要求说明每个字段的含义、位数和在主存地址中的位置。

(2) 该 Cache 的总容量有多少位？

(3) 若 Cache 初始为空，CPU 依次从 0 号地址单元顺序访问到 4344 号单元，重复按此序列共访问 16 次。若 Cache 命中时间为 1 个时钟周期，缺失损失为 10 个时钟周期，计算机每次均先访问 Cache，只有当 Cache 不命中时才启动访存，则 CPU 的平均访问时间为多少时钟周期？

7.13　假定一个虚拟存储系统的虚拟地址为 40 位，物理地址为 32 位，页大小为 8KB，按字节编址，存储字长 32 位。若页表中有有效位、存储保护位、修改位、使用位，共占 4 位，磁盘地址不在页表中，则该存储系统中每个进程的页表大小为多少？如果按计算出来的实际大小构建页表，则会出现什么问题？

7.14　某程序对页面要求访问的序列为 $P_3P_4P_2P_6P_4P_3P_7P_4P_3P_6P_3P_4P_8P_4P_6$。

(1) 设主存容量为 3 个页面时，求 FIFO 和 LRU 替换算法的命中率(假设开始时主存为空)。

(2) 当主存容量为 4 个页面时，上述两种替换算法各自的命中率又是多少？

7.15　假定一个计算机系统中有一个 TLB 和一个 L1 Data Cache。该系统按字节编址，虚拟地址 16 位，物理地址 12 位；页大小为 128B，TLB 为四路组相联，共 16 个页表项；L1 Data Cache 采用直接映像方式，块大小为 4B，共 16 块。在系统运行到某一时刻时，TLB、页表和 L1 Data Cache 中的部分内容(用十六进制表示)如图 7.31 所示。

组号	标记	页框号	有效位	标记	页框号	有效位	标记	页框号	有效位	标记	页框号	有效位
0	03	–	0	09	0D	1	00	–	0	07	02	1
1	03	2D	1	02	–	0	04	–	0	0A	–	0
2	02	–	0	08	–	0	06	–	0	03	–	0
3	07	–	0	63	0D	1	0A	34	1	72	–	0

(a) TLB（四路组相联）：4组、16个页表项

虚页号	页框号	有效位
00	08	1
01	03	1
02	14	1
03	02	1
04	–	0
05	16	1
06	–	0
07	07	1
08	13	1
09	17	1
0A	09	1
0B	–	0
0C	19	1
0D	–	0
0E	11	1
0F	0D	1

(b) 部分页表：（开始16项）

行索引	标记	有效位	字节3	字节2	字节3	字节0
0	19	1	12	56	C9	AC
1	15	0	–	–	–	–
2	1B	1	03	45	12	CD
3	36	0	–	–	–	–
4	32	1	23	34	C2	2A
5	0D	1	46	67	23	3D
6	–	0	–	–	–	–
7	16	1	12	54	65	DC
8	24	1	23	62	12	3A
9	2D	0	–	–	–	–
A	2D	1	43	62	23	C3
B	–	0	–	–	–	–
C	12	1	76	83	21	35
D	16	1	A3	F4	23	11
E	33	1	2D	4A	45	55
F	14	0	–	–	–	–

(c) L1 Data Cache：直接映像，共16行，块大小为4B

图 7.31　TLB、页表和 L1 Data Cache 中的部分内容

请回答下列问题：

(1) 虚拟地址中哪几位表示虚拟页号？哪几位表示页内偏移量？虚拟页号中哪几位表示TLB标记？哪几位表示TLB索引？

(2) 物理地址中哪几位表示物理页号？哪几位表示页内偏移量？

(3) 主存(物理)地址如何划分成标记字段、块索引字段和块内地址字段？

(4) CPU从地址067AH中取出的值为多少？说明CPU读取地址067AH中内容的过程。

第8章 辅助存储器

8.1 辅存的种类与技术指标

目前使用的辅存主要分为磁表面存储器和光盘存储器，随着技术的进步，基于闪存工艺的硬盘SSD也越来越多地被应用作为辅存使用。闪存(Flash Memory)和固态硬盘(SSD)的相关内容在4.4.5节已经做了简要介绍，下面主要讨论磁表面存储器和光盘存储器等。

磁表面存储器将薄层的磁性材料沉积在金属或塑料表面形成记录介质，利用磁性材料的不同剩磁状态存储二进制信息，以磁头与记录介质的相对运动存取信息；光盘存储器则利用激光束在具有感光特性的表面上存储信息。

以磁表面存储器为例，辅存常用的技术指标包括存储密度、存储容量、寻址时间、数据传输率、误码率以及价格等。

磁表面存储器磁头的写入磁场在磁层表面上形成的一条磁化轨迹称为磁道，对于磁盘而言，它们就是磁盘表面上的若干同心圆；对于磁带而言，则是沿磁带长度方向的直线。

存储密度可以用道密度、位密度、面密度等表示。其中，道密度D_t是单位长度磁层表面磁道数，其单位为道/英寸(TPI)、道/毫米(TPM)等；位密度是单位长度磁道所能记录二进制信息的位数，其单位为位/英寸(bpi)、位/毫米(bpm)等；面密度是位密度和道密度的乘积，其单位为位/英寸^2。1英寸=2.54厘米。

存储容量是磁表面存储器所能存储的二进制信息的总量，一般以字节为单位表示。

对于磁盘存储器，存储容量分为格式化容量和非格式化容量两种。非格式化容量是指磁记录表面可利用的磁化单元总数；而格式化容量则是指按照某种特定记录格式所能存储的信息总量，即用户真正可以使用的容量。

寻址时间又称为定位时间，指从发出读写命令起，读写头从当前位置到达目标位置，并开始读写操作所需的时间。

对于顺序存取存储器(磁带、光盘等)，寻址时间等于磁带、光盘等空转到读写头应访问记录区所在位置的时间。

对于直接存取存储器(磁盘等)，寻址时间=找道时间T_s+等待时间T_w，其中，找道时间T_s是寻找目标磁道所需时间，而等待时间T_w则是指找到磁道后，磁头等待所需读写区段旋转到它的下方所需要的时间。

磁盘的平均找道时间T_{sa}等于磁头移动一道所需的最小寻道时间和磁头移动最大道数(如从最里到最外)所需的最大寻道时间的平均值，平均等待时间T_{wa}则取磁盘旋转一圈所需时间的一半，故平均寻址时间

$$T_s = T_{sa} + T_{wa} = [(T_s + T_w)_{min} + (T_s + T_w)_{max}]/2$$

数据传输率指单位时间向主机传送的信息量，一般用字节每秒(B/s)、位每秒(b/s)作单位，它与存储设备记录密度、介质运动速率成正比，还与主机接口逻辑有关。

误码率是出错信息位数与读出信息的总位数的比值；而价格常常指的是位价格。

8.2 磁表面存储器

1. 磁表面存储器特点

磁表面存储器存储密度高，容量大，位价格低；记录介质可重复使用；记录的信息可长久保存不丢失；非破坏性读出；存取速度慢，机械结构复杂，对工作环境要求较高。

2. 磁记录介质与磁头

磁记录介质指涂有薄层磁性材料的信息载体，用于磁记录的磁性材料主要有颗粒性材料和连续性材料。磁记录介质利用磁性材料剩磁的磁化方向分别表示“0”和“1”，要求磁性材料必须是硬磁材料(即永磁材料，磁化后能长久保持磁性、不容易失去磁性)。

好的记录介质应具有以下特点：记录密度高，输出信号幅度大，分辨率高，噪声低；表面组织致密，薄厚均匀，平整光滑无麻点，能经受磁头碰撞和摩擦而不划伤表面；对周围环境的温度、湿度变化不敏感，能长期保存磁化状态；价格便宜，易于高效率生产。

磁记录介质根据基底不同分为软性介质(如磁带、软磁盘片等)和硬性介质(硬磁盘片等)。

磁头是一个使用软磁材料作铁芯、绕有读写线圈的电磁铁(如图8.1所示)。

磁头写入实现由电到磁的转换，它用电脉冲表示的二进制代码，通过磁头转换成磁存储单元中的不同剩磁状态；磁头读出则实现由磁到电的转换，在这个过程中，介质上的磁化信息通过磁头转换成电脉冲；介质上信息清除则通过磁头将介质上磁层向某一方向饱和磁化，或去磁实现。

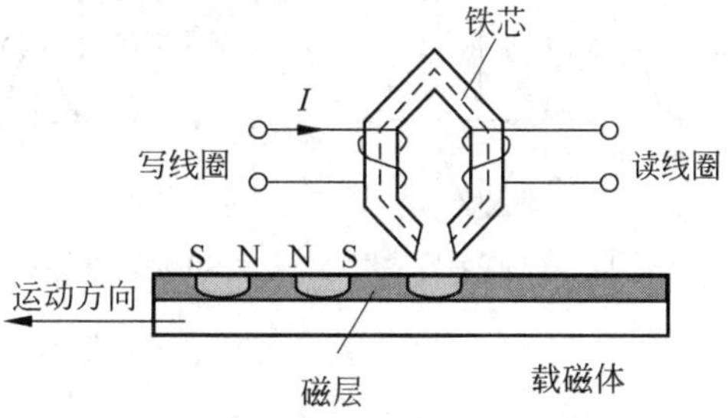

图8.1 磁记录介质与磁头

磁头性能对读写、清除、记录密度和读出速度等均有影响。

磁头按磁头的结构分有单缝磁头、双缝磁头；按磁头的功能分有读出磁头、写入磁头、清洗磁头；按工作方式分有接触式磁头、浮动式磁头。

3. 磁记录原理

磁头的写入过程(如图8.2(a)所示)是这样的：计算机并行数据并-串变换后一位一位地由写电流驱动器将交变信号电流通过磁头线圈，使磁体内的磁通量发生变化。交变磁场从缝隙中漏出，使匀速转动的磁表面局部单元磁化，根据写入电流的方向决定是写“1”还是写“0”。载磁体相对于磁头运动，可连续写入二进制信息。

磁头的读出过程(如图8.2(b)所示)是这样的：磁记录介质匀速运动，局部磁化单元顺序经过磁头，在磁头线圈中感应出相应的电动势，经过放大检测等处理，将电动势还原成原存入的数据信号，数据一位一位地串行读出，需经串-并变换后并行送计算机。

影响磁头写入、读出的因素主要有偏斜、系统噪声和脉冲拥挤效应。

偏斜多发生在磁带存储器中。磁带机采用多道多头并行写入方式，多道磁头是组装在一起的。但是各道磁头电磁特性并不完全一致，而走带时又可能会扭动与抖动，因此写入与读出磁道轨迹可能产生偏移，使得读出信号的波形和读出时间不可能完全相同，从而影响读出信息检测(即出现误码)。

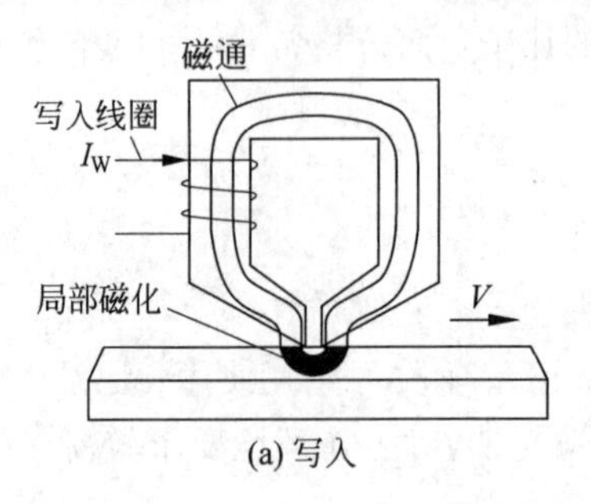

(a) 写入

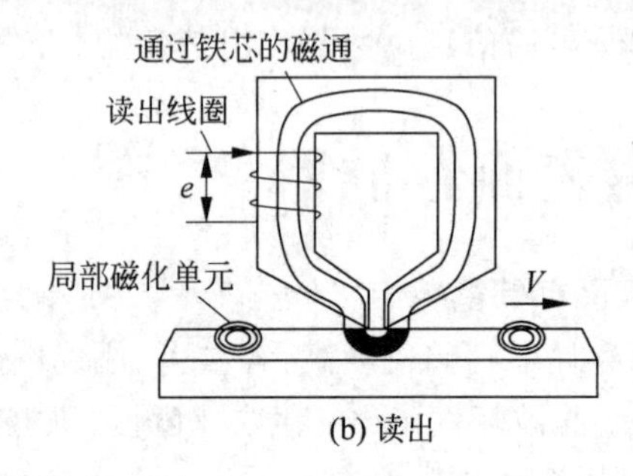

(b) 读出

图 8.2　磁头的写入读出

显然，磁带走带速度越高(相应的数据传输率越大)，偏斜影响越大。

磁带存储器边写边读时两磁路的串扰或磁盘存储器相邻磁道间的相互干扰等可能引起系统噪声，这些噪声随机叠加在读出信号上，可能降低读出信号信噪比。

脉冲拥挤效应是指当位密度提高时，由于磁层的连续性，两个相邻磁通翻转的变化区之间重叠部分加大，从而使本位的读出脉冲波形与前后两位，甚至更远信息位的读出脉冲波形相互重叠，引起读出信号畸变，出现幅度衰减、峰值偏移和基线漂移等现象(如图 8.3 所示)。

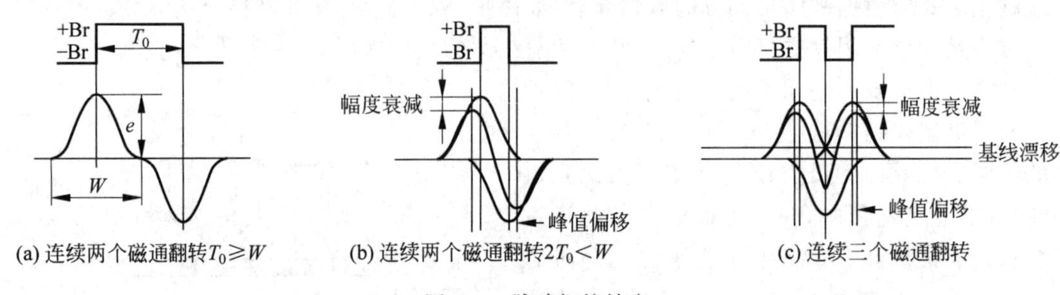

图 8.3　脉冲拥挤效应

通过改善设备性能、采用垂直磁记录以及选用合适的磁记录方式可以提高记录密度，其中，改善设备性能主要包括减小磁层厚度、缩小头面距离、减小磁头缝隙等，而垂直磁记录则是相对水平磁记录而言的。

水平磁记录利用记录介质磁道长度方向上的剩余磁化来记录信息，磁化单元在水平方向像小磁棒似的分布在磁层里，如图 8.4(a)所示；垂直磁记录则不同，它利用与记录介质表面垂直方向上的剩余磁化来记录信息，磁化单元像栅栏一样垂直地分布在磁层中，如图 8.4(b)所示。

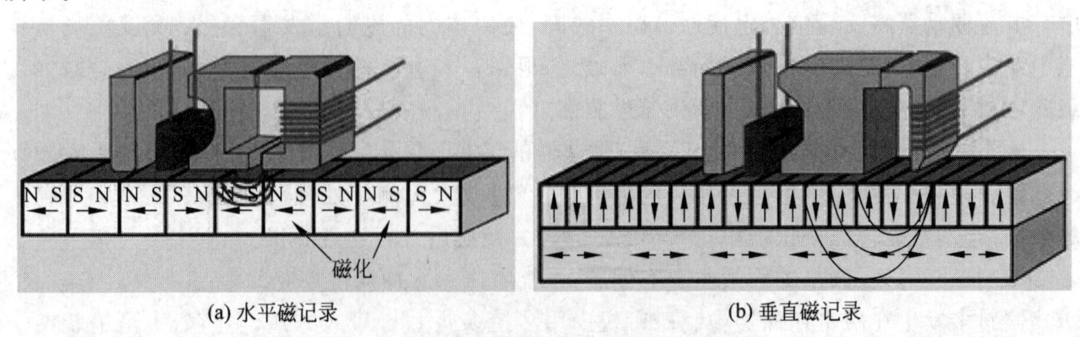

(a) 水平磁记录　　(b) 垂直磁记录

图 8.4　水平磁记录与垂直磁记录

无论是水平磁记录还是垂直磁记录，都要求以最小的磁动力产生尽可能大的磁场强度，既要求磁头有高灵敏度，同时还要求有大的磁场梯度。相比较而言，垂直磁记录所使用的磁头更希望有大的垂直磁场。

相比较水平磁记录，垂直磁记录可获得更高的存储密度，但是其成本较高。

4. 磁记录方式

磁记录方式是一种编码方法，它指按照某种规律将一连串二进制数字信息变换成磁层的相应磁化翻转形式，并经读写控制电路实现这种转换规律。换句话说，磁记录方式就是形成不同写入电流的方式。

常用的几种磁记录方式有双向归零制、异码变化不归零、逢"1"变化不归零制、调相制、调频制和改进调频制等(见图 8.5)。

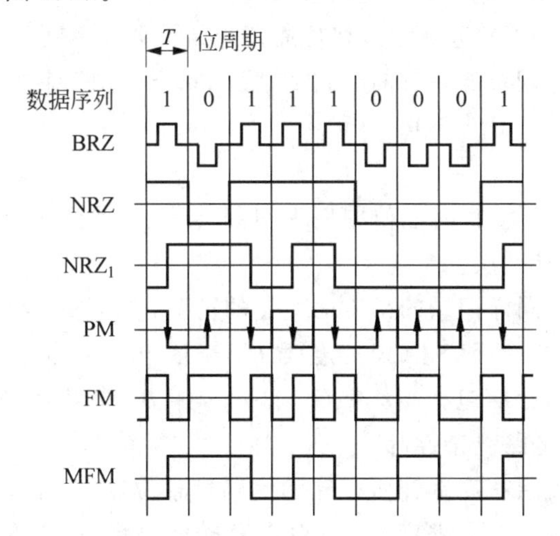

图 8.5 磁记录方式波形图(写入电流与磁化强度)

1) 双向归零制

双向归零制(BRZ)以正脉冲表示"1"，负脉冲表示"0"，磁记录单元记录"1"时从未磁化变为某方向饱和磁化，记录"0"时则从未磁化变为另一方向饱和磁化，在两信息位之间，线圈中的电流总是回归到零，磁层处于未磁化状态。

双向归零制改写磁层记录时需要先去磁、后写入，比较麻烦，而且记录密度较低。

2) 异码变化不归零制

异码变化不归零制(NRZ)记录"1"时，磁头线圈通入正向电流，磁层正向饱和磁化；记录"0"时，磁头线圈通入反向电流，磁层反向饱和磁化；连续记录"1"或"0"时，保持正向或反向电流不变。

异码变化不归零制的磁头线圈中始终通有电流，磁化翻转次数减少，记录密度较高。

异码变化不归零制可能存在一个问题，即当记录波形连续无变化时，可能无法分清到底是没有信息，还是出现了连续信息。

3) 逢"1"变化不归零制

逢"1"变化不归零制(NRZ_1)规定：每逢信息"1"时电流方向改变一次，使磁层磁化方向翻转；逢信息"0"时电流方向维持不变，磁层保持原来的磁化方向。

即逢"1"变化不归零制磁头电流记录的是方向变化情况，它的磁头线圈中始终通有电流，记录密度较高。

逢"1"变化不归零制同样无法区分没有信息和出现连续个"0"的情形。

4）调相制

调相制(PM)又称为相位编码(PE)，它记录“0”与记录“1”的相位相差180°。假若记录“1”时，磁化翻转由正到负，则记录“0”时，磁化翻转由负到正。若记录连续“1”或连续“0”时，在位周期起始处也要翻转一次。

调相制磁头电流记录的还是方向变化的情况，它在位周期的中间位置变换方向。由于它在每位介质层至少翻转一次，因此记录密度要比NRZ、NRZ_1低。

5）调频制

调频制(FM)又称为倍频制(FD)，它记录“1”时在位周期中间翻转，记录“0”时在位周期中间不翻转；不论是记录“1”还是记录“0”，在位周期起始处均要翻转一次。

调频制磁头电流同样记录的是方向变化的情况，它记录“1”时磁化翻转的频率是记录“0”时的两倍，记录密度同样比NRZ、NRZ_1低。

6）改进调频制

改进调频制(MFM)每逢“1”时在位周期中间翻转一次，遇到独立的一个“0”不翻转、连续两个“0”则在其交界处翻转一次。

改进调频制磁头电流同样记录的是方向变化的情况，它通过位周期中间处是否变化(区分“0”和“1”)和位周期结束处是否变化(识别连续“0”)来区分信息，记录密度较高。

评定记录方式优劣的标准包括编码效率、自同步能力、读出分辨率、信息相关性、信道带宽、抗干扰能力和编译码电路复杂性等。

编码效率η指每次磁层状态翻转所存储的代码信息位数，常用记录的位密度与最大磁化翻转密度之比来计量，即η＝位密度/最大磁化翻转密度。NRZ、NRZ_1、MFM：$\eta=100\%$；BRZ、PM、FM：$\eta=50\%$。

自同步能力R指从单个磁道读出的脉冲序列中提取同步时钟脉冲的能力，这里的同步脉冲即同步信号，用于区分数据的有无，以屏蔽掉选通信号作用时间以外所有出现在输入端的干扰。可以设置专门的磁道来记录同步信号，即采用外同步方式，或者直接从读出的信号中提取同步信号，即采用自同步方式。

自同步能力的大小可用最小磁化翻转间隔与最大磁化翻转间隔的比值来衡量，即R＝最小磁化翻转间隔/最大磁化翻转间隔。R越大，自同步能力越强。对于NRZ、NRZ_1来说，$R=T_0/\infty=0$，即NRZ、NRZ_1无自同步能力；而对于PM、FM，$R=(T_0/2)/T_0=1/2$，对于MFM，$R=T_0/2T_0=1/2$，因此PM、FM和MFM均有自同步能力。

为了保证自同步能力，必须限制二进制序列中连续0的个数。

读出分辨率是磁记录系统对读出信号的分辨能力；信息的相关性则是读出信息之间的关联特性，它包括单独一位信息检读、清除和重写的可能性，“0”与未记录信息的可分性，相邻信息的依存性，误码是否传播，等等；信道带宽即信道的频带宽度。

如何找一种记录方式，既有自同步能力，又有高的编码效率，从而获得更高的记录密度呢？按照游程长度受限码规则编码，然后按NRZ_1方式进行写入即可实现上述目的。

在编码理论中，把变换或编码之前的二进制序列称为数据序列，把变换或编码前/后的二进制序列称为记录序列。游程(Run-length)是指连续“0”或连续“1”组成的序列，游程长度就是序列中连续“0”或连续“1”的个数，游程长度受限就是限制序列中连续“0”或连续“1”的个数，其中，限制连续“0”的个数可保证自同步能力，限制连续“1”的个数可以防止脉冲拥挤效应。

游程长度受限码就是把数据序列变换成“0”“1”受限的记录序列。

而之所以要按 NRZ_1 方式写入是为了获得高的编码效率。

把数据序列变换成“0”“1”受限的记录序列,使两个相邻的1之间最少插入 d 个0,最多插入 k 个0,这种变换或编码即游程长度受限码(Run-Length Limited Code,RLLC)。

RLLC 是统一分析和描述数字磁记录方式的一种方法,利用 RLLC 理论可构造性能优良的编码,从而研制出高密度大容量的磁表面存储器。

描述 RLLC 的结构参数为(d,k; m,n; r),其中,d、k 是两个相邻“1”间插入“0”的最少、最多个数;m 是每组数据序列的长度,当 $m=1$ 时数据序列逐位变换,即按位编码,$m>1$ 时数据序列按多于一位的长度分组,然后逐组变换,即成组编码;如果 m 值固定不变,表示固定长度编码,如果 m 随数据序列组合模式而变,则是可变长度编码;n 是每组记录序列的长度;r 是最大组数据序列长度与最小组数据序列长度的比值,如果 $r=1$,表示固定长度编码,如果 $r>1$,表示可变长度编码。

例如,调频制的结构参数为(0,1; 1,2; 1):$d=0$,即记录序列允许出现连续个“1”;$k=1$,即记录序列不允许连续个“0”;$m=1$、$r=1$,即这是一种固定长度的按位编码;$n=2$,即编码时数据序列1位变成2位记录序列。2位的记录序列最多4种码字,即00、01、10、11,但00不满足连接要求,故可选定码字11和10分别与数据序列“1”“0”对应(当然,选定码字11和01分别与数据序列“1”“0”对应也是可以的)。

令 A 为记录序列的高位、B 为记录序列的低位,那么调频制的编码关系即如表8.1所示。

表8.1　调频制编码关系

数据序列 d	记录序列	
	A	B
0	1	0
1	1	1

相应地,可以得到调频制的编码方程:

$A=1$　　　//在位周期起始处总是翻转(同步时钟)

$B=d$　　　//在位周期中间,若数据为1则翻转,为0不翻转(数据时钟)

和调频制的译码方程:$d=B$。

如图8.6所示是调频制的编码电路及其波形。

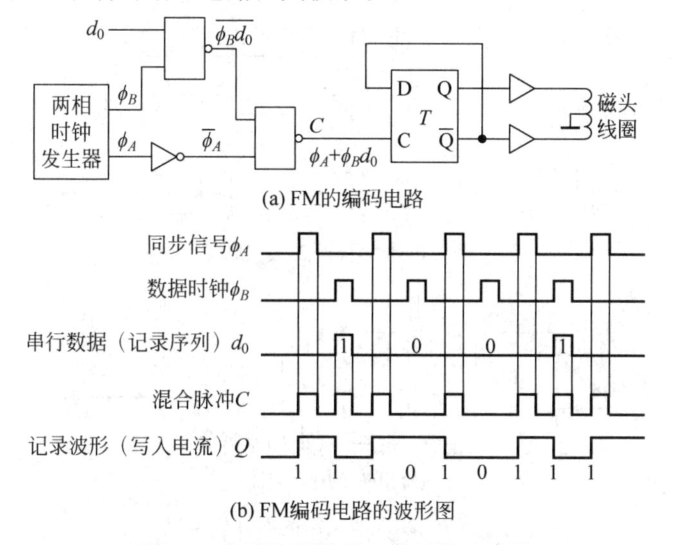

(a) FM的编码电路

(b) FM编码电路的波形图

图8.6　调频制的编码电路及其波形图

对于调相制，其结构参数为(0,1; 1,2; 1)，可以得到调相制的编码方程：

$B=1$　　　　　　　　　　　　　　//在位单元中间总要翻转

$A=d_{-1}d_0+/d_{-1}/d_0=/(d_{-1}\oplus d_0)$　　//连续1或连续0时，在位单元起始处也要翻转

和调相制的译码方程：$d_0=/d_{-1}/AB+d_{-1}AB=/(d_{-1}\oplus A)B$。

注意，虽然调频制、调相制都是1→2变换，且结构参数一样，但实质不同，调频制是固定变换，最终记录序列与前后数据序列或记录序列的状态无关；调相制则是相关变换，最终记录序列与前后数据序列或记录序列的状态有关，即A、B不仅与本位数据d_0有关，还与d_0的前一位d_{-1}有关。

对于改进调频制，其结构参数为(1,3; 1,2; 1)：$m=1$、$r=1$、$n=2$，即采用固定长度按位编码、一位变两位；$d=1$、$k=3$，即相邻两个"1"之间至少插入一个"0"、最多插入三个"0"，也就是记录序列中不得出现连续的"1"，所以"11"为非法码字，记录序列中合法的码字只有三种：00、01、10，即得到改进调频制的编码关系如表8.2所示。

表8.2　改进调频制的编码关系

数据序列		记录序列	
d_0	d_{+1}	A	B
0	0	0	1
0	1	0	0
1	0	1	0
1	1	1	0

可以发现，A、B不仅与本位数据d_0有关，还与d_0的后一位d_{+1}有关，即这也是一种相关变换。

改进调频制的编码方程为

$A=d_0$　　　　　　　　　//逢"1"在位周期中间翻转，逢一个"0"不翻转

$B=/d_0/d_{+1}$　　　　　　//连续两个"0"时在前一码位周期末增加一次翻转

译码方程为$d_0=A$。

如图8.7所示是改进调频制的编译码电路。

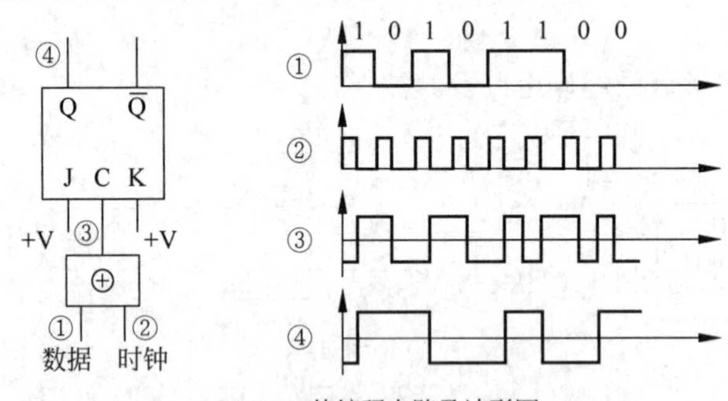

(a) MFM的编码电路及波形图

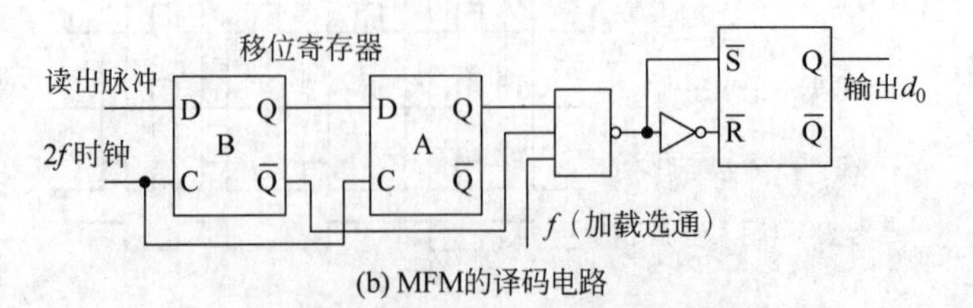

(b) MFM的译码电路

图8.7　改进调频制的编译码电路

如图 8.8 所示是对相同数据序列分别使用调频制、调相制和改进调频制所产生的记录序列(假定此前最后一个波形为低电平)。

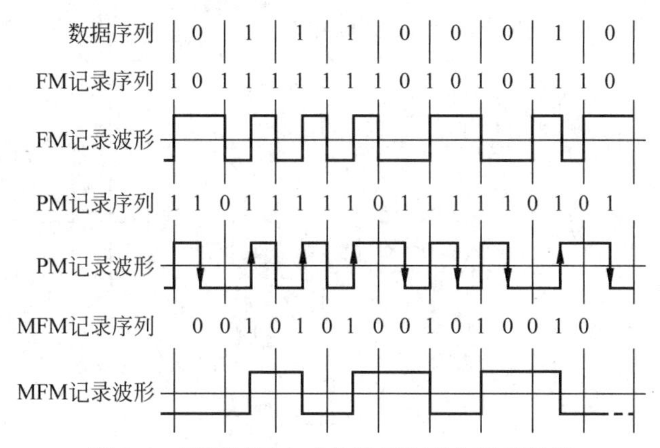

图 8.8 不同记录方式的记录序列与记录波形

5. 硬磁盘存储器

硬磁盘存储器由三大部分组成：磁盘驱动器、磁盘控制器、硬磁盘片。

如图 8.9 所示，硬盘驱动器包括主轴驱动部件、定位驱动部件、读写电路及向硬盘控制器传输数据的逻辑电路等。主轴系统安装盘片或盘组，并驱动它们以额定转速旋转；空气净化系统保持盘腔清洁，提高可靠性；磁头定位驱动系统用于驱动磁头沿盘面半径方向运动以寻找目标磁道，要求定位速度快、定位精度高，并能自动跟踪磁道中心，以使偏移最小；数据控制系统控制数据的写入和读出，由磁头、磁头选择电路、读写电路、索引区标电路等组成。

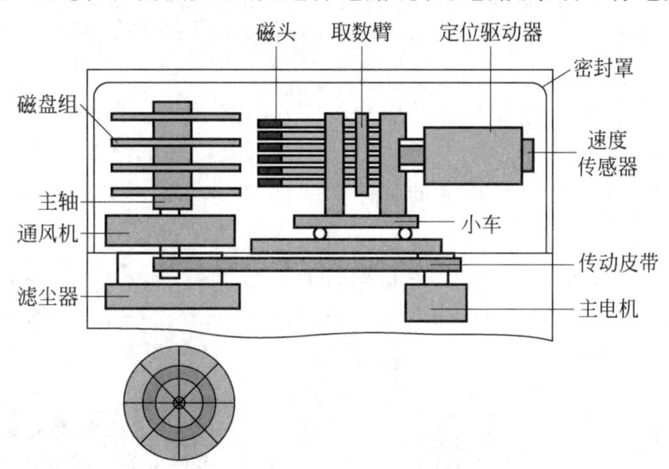

图 8.9 硬盘驱动器结构示意图

硬盘控制器是主机与驱动器之间的交接部件，用于接受并执行主机发出的有关命令，控制主机和硬磁盘之间的数据传送及格式转换，向主机反映硬磁盘及控制器的状态信息等。

硬盘控制器内部包括两个接口，一个是与主机的接口，另一个是与驱动器的接口。

硬盘属于快速块设备，它与主机之间成批交换数据(如微型计算机、小型计算机等采用 DMA 方式)，控制器只与主机总线打交道，数据收发均通过主机总线进行，所以硬盘控制器与主机的接口是系统级接口。

但是硬盘控制器与驱动器的接口则是设备级接口，一个硬盘控制器可以控制一个或多个驱动器。

事实上，控制器、驱动器任务分工较模糊，无明确界限，根据交界面位置设置不同(见图 8.10

中 A、B、C 处)分为三类。

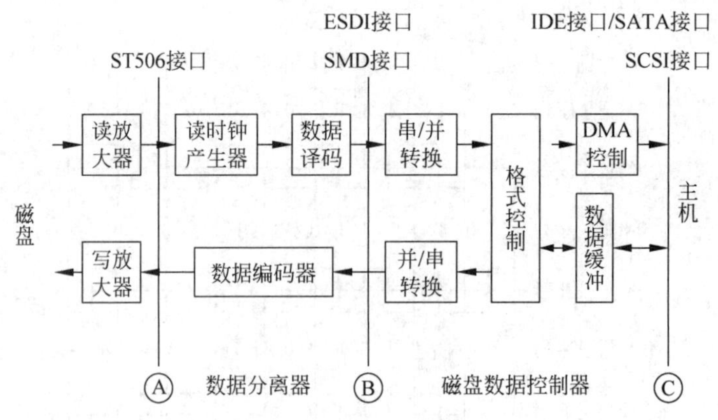

图 8.10　磁盘控制器接口

第一类：驱动器只完成读写和放大，数据分离及以后的控制逻辑构成磁盘控制器(如图 8.10 中 A 处)，如 ST506/412 接口就属于这一类。

第二类：驱动器完成数据分离、编码译码操作，控制器完成串并转换、格式控制和 DMA 控制，如 SMD(存储模块驱动器)接口、ESDI(增强型小型设备接口)属于这一类。

这两类接口主要用于早期设备，目前已经被淘汰。

第三类：控制器的功能转移到设备中，主机与设备之间采用标准的通用接口(即设备相对独立)，如 IDE 接口、SATA 接口、SCSI 接口等均属于这一类接口，这是目前主流的做法。

硬磁盘片是信息的存储介质，一般以铝合金为基体，表面涂有一层磁性材料。按盘片的结构与磁头的工作方式可分为固定头固定盘片磁盘存储器、可移动头固定盘片磁盘存储器、可移动头可换盘片磁盘存储器。

温彻斯特磁盘简称温盘，属于可移动磁头固定盘片硬盘，它是目前应用最广、最具有代表性的硬磁盘存储器，它将磁头、盘片、电机等驱动部件以及读写电路等安装在一个密封罩中(如图 8.11 所示)，制成一个不可随意拆卸的整体(头盘组合体)，因此防尘性能好，可靠性高，对使用环境要求不高。

磁盘每个盘片有两个记录面，每个记录面都有自己的磁头；每个记录面都被划分为数目相等的磁道，从外缘的“0”开始编号；相同编号的磁道形成一个柱面(见图 8.12)，在可动头组合盘中，移臂选道一次最大读/写一个柱面的信息。

图 8.11　温彻斯特磁盘内部结构

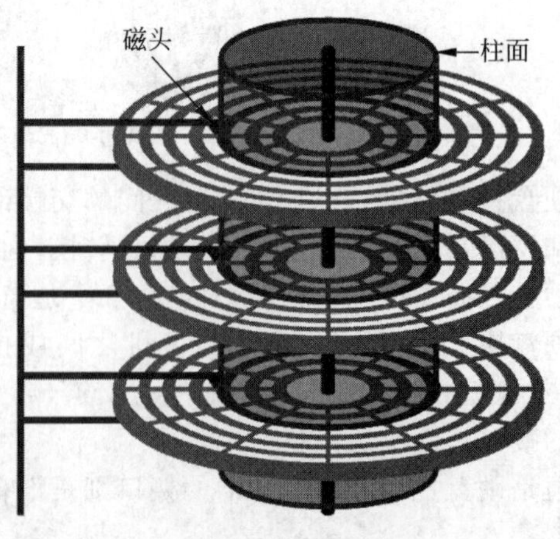

图 8.12　柱面

每个磁道分成若干弧段,每个弧段记录一个信息块,称为扇区(见图 8.13)。扇区间有间隙,每个扇区存储固定数量的用户可访问数据(如 512B)。扇区是硬盘的最小读写单元。早期磁盘分区以柱面为单位,随着技术的发展,柱面粒度越来越大,后期分区以扇区为单位。

但是由于扇区的容量比较小,当磁盘容量较大时扇区数目众多,寻址时比较困难;也为了同时忽略对底层物理存储结构的设计、分离对底层的依赖,操作系统将相邻的每 2^n 个扇区组合在一起,虚拟形成簇(Cluster,如在 Windows 中)或块(Block,如在 Linux 中),并将它作为最小读写单元(即文件大小单位)。即扇区、簇与内存页的关系是:扇区≤簇≤页。

硬磁盘的寻址首先根据柱面号,启动磁头定位驱动系统,将磁头移到指定柱面上;然后根据磁头号选定某一记录面;最后根据扇区号,等待要访问的扇区转到磁头下方。

早期磁盘各磁道扇区数相同,磁盘匀角速度旋转,各磁道位密度不同,其中,“0”磁道最稀疏,同时也最可靠,往往用于存储最重要的信息,如磁盘基本参数等,但是外道过于稀疏,造成浪费。

区域块记录(Zone Block Recording,ZBR)将磁道分区域,区域内每道扇区数相同,不同区域则不同,其中,较外区域每道扇区数等于相邻较内区域的 2 倍(见图 8.14)。

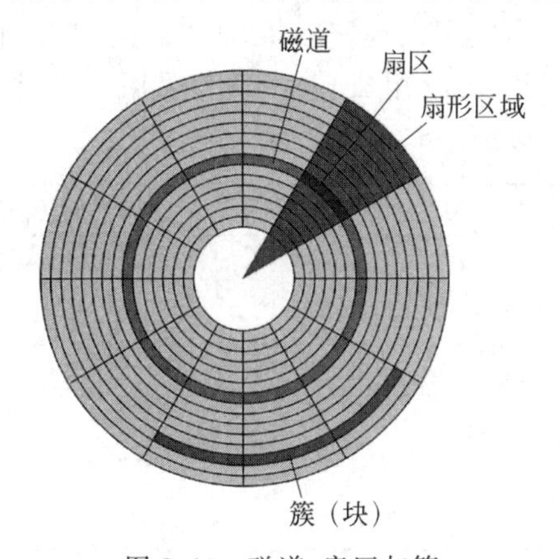

图 8.13 磁道、扇区与簇

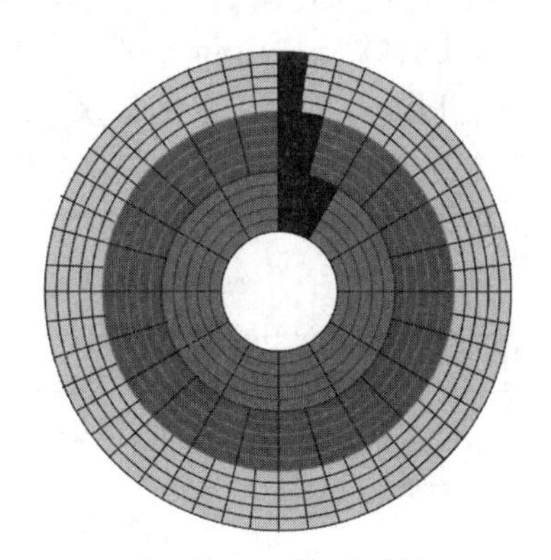
图 8.14 区域块记录

磁盘匀角速度旋转,但不同区域角速度不同,每一个扇区弧长大置相等,位密度基本相同,这样旋转相同角度,外道传输的数据比内道的多。

因为区域块记录方式下外道传输速度较内道高,为了提高磁盘访问速度,磁盘分区时可将靠外的分区分给常用分区,例如,C 盘分区对应的磁道编号较小。

早期 IBM PC 架构中,硬盘信息物理地址由柱面号 Cylinder(即磁道号)、磁头号 Head(即盘面号)、扇区号 Sector 指明,即采用所谓 3D 参数模式(CHS)。CHS 模式下硬盘物理地址共 24 位,其中,柱面号 10 位、磁头号 8 位、扇区号 6 位(注意:扇区从 1 开始编号)。

如果一台主机配有多台磁盘驱动器,则磁盘地址格式为

驱动器号	柱面号	磁头号	扇区号

若每个磁道扇区数相同,每个扇区 512B,则 CHS 模式硬盘的最大容量为

$$2^8 \times 2^{10} \times (2^6 - 1) \times 2^9 \text{B} = 8064 \times 2^{20} \text{B} = 8064\text{MB} = 7.875\text{GB}$$

生产厂商往往将它写成十进制形式,即

$$256 \times 1024 \times 63 \times 512\text{B} = 8.45 \times 10^9 \text{B}$$

也就是 8.45GB。

随着技术的发展,磁盘容量大幅度提升,CHS模式后来扩充到28位,其中,柱面号16位、磁头号4位、扇区号6位,如果每个扇区12B,最大可寻址容量为128GB,但是对于更大容量的硬盘,这种CHS模式寻址范围远远不足。

现在的硬盘采用逻辑块寻址(Logical Block Addressing,LBA)方式。LBA是一个48位整数,其中,逻辑0扇区是0柱面0磁头1扇区,逻辑1扇区是0柱面0磁头2扇区,……如果每个扇区512B,最大可寻址容量为

$$2^{48}\times 2^{9}\div 2^{10}\div 2^{10}\div 2^{10}\div 2^{10}\text{B}=2^{17}\text{B}=131\ 072\ \text{TB}=128\ \text{PB}$$

如果每个磁道的扇区数相同,则LBA与CHS地址的关系是

$$\text{LBA}=(C\times \text{盘面数}+H)\times \text{每道扇区数}+S-1$$

计算机通过磁盘控制器将LBA地址转换成CHS格式完成磁盘具体寻址,只不过需要注意的是,LBA方式下转换过来的磁头数(最多为255)是逻辑磁头而非物理磁头,实际硬盘没有那么多磁头。另外,因为LBA方式寻址无磁头和磁道的转换操作,因此访问连续扇区时速度比CHS方式快。

硬磁盘表面信息的存储格式称为硬磁盘记录格式或硬磁盘数据格式。设盘面有n个扇区,每个扇区记录一个信息块,n个信息块的编号为B_1、B_2、…、B_n,信息块之间留有间隔G;每个信息块由计数子块Count、键子块Key、数据子块Data组成,各子块均采用CRC校验,子块之间留有间隙g,则硬磁盘的记录格式如图8.15所示。

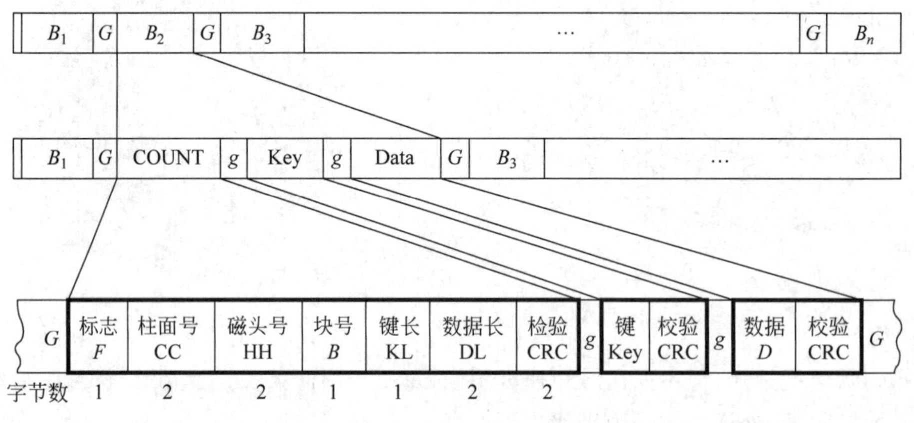

图8.15　硬磁盘的记录格式

其中,计数子块Count被作为信息块开始的标志,并描述该信息块的特征;键子块Key用于记录信息块的标题及一些关键字;数据块Data用于记录数据;间隔G/间隙g(即Gap)又称为同步区域,用于分隔各信息块和各信息子块,补偿盘片转速误差、盘片或驱动器等硬件的制造误差,为控制操作提供时间余量。

磁盘使用前要进行格式化操作。磁盘格式化进行的主要工作包括:将磁道划分成若干个扇区,按要求建立间隙(包括G和g,间隙一般填全"0"或全"1")、为每个扇区建立对应的地址信息、检查坏扇区,并建立"坏扇区标志"(控制器一旦识别标志将跳过坏扇区进行读写)。

6. 磁盘Cache

磁盘Cache是硬盘上由SRAM或DRAM组成的存储芯片,它用于缓解总线接口的高速需求与硬盘读写速度低的矛盾。

由于硬盘数据大多存于连续扇区,因此在进行硬盘读取时可利用磁盘Cache预取硬盘数据;由于程序访问的局部性,访问过的硬盘数据可能还会再被用到,因此,可利用磁盘Cache

暂存最近访问过的硬盘数据。即利用磁盘 Cache 可尽量减少直接读写磁盘的次数,从而提高系统效率。另外,由于硬盘写操作速度较慢,磁盘 Cache 还可以缓冲将要写入硬盘的数据,待磁盘空闲时间再进行真正的磁盘写操作,这样也可以提高系统效率。

显然,磁盘 Cache 容量越大,硬盘访问速度越快。

由于一次缓存的数据量大、数据集中,控制复杂,因此磁盘 Cache 的管理和实现由软件、硬件共同完成。

7. 磁盘阵列存储器

RAID 的概念最早由 UC Berkley 的 D. A. Patterson 于 1988 年提出,称为廉价冗余磁盘阵列(Redundant Array of Inexpensive Disk),现概念转换为独立冗余磁盘阵列(Redundant Array of Independent Disk)。

RAID 是一种数据存储虚拟化技术,它将多个独立小容量磁盘组成一个大容量逻辑盘,使数据在多个物理盘分割交叉存储、并行访问,以此通过多个磁盘并行操作提高总体性能和可靠性。RAID 的读写操作通过被称为阵列控制器的特定接口卡(RAID 卡)或阵列管理软件管理。

RAID 的主要技术包括分块、交叉和重聚。分块技术(Striping)把需要写到磁盘上的数据分成多个块,分布存放到阵列中的多个磁盘上;交叉技术(Interleaving)对分布在多个磁盘上的数据采用交叉方式进行读写,以提高磁盘访问速度;重聚技术(De-clustering)对多个磁盘上的存储空间重新进行编址,数据按照重新编址后的空间存放。

RIAD 的主要特点有:物理上由多个磁盘组成,从操作系统看是一个逻辑磁盘;并行数据处理,具有高的数据传输速率和 I/O 吞吐率;数据分布存储在各磁盘存储器上,访问负载在所有磁盘上均匀分布;采用冗余技术、校验技术提高可靠性,当某一磁盘失效时可恢复数据;与大型磁盘存储器相比,速度快、容量大、功耗低、价格便宜、容易扩展存储容量。

RAID 有多种实现方案,不同方案具有不同容错模式,又称为容错级。

RAID 0 级又称为无冗余、无校验数据分块,它是最基本的方式,只是简单地进行数据分割交叉存取,它把连续的数据分散到多个磁盘(如图 8.16 所示),具有最高的 I/O 性能和磁盘空间利用率。但是 RAID 0 级采用所谓 0 级容错,即没有容错能力(因为没有容错,有时认为它不是 RAID),安全性低,当任何一个盘出故障时,系统将无法恢复。

RAID 0 级一般用于不强调可用性场合。

RAID 1 级又称为镜像磁盘阵列,它的磁盘成对出现,每对数据相同(即采用镜像技术,如图 8.17 所示),信息可从成对磁盘的任何一个中读取。这种磁盘阵列安全性高,但是利用率低(仅 50%),一般用在追求高可用性(例如,保存关键性重要数据)和高 IO 性能的场合。

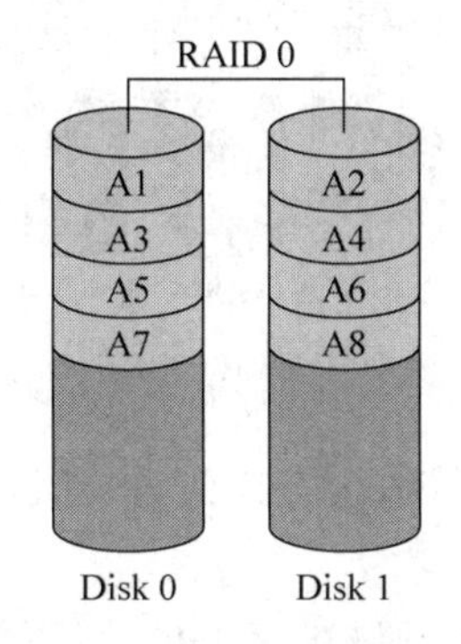

图 8.16 RAID 0 级数据组织

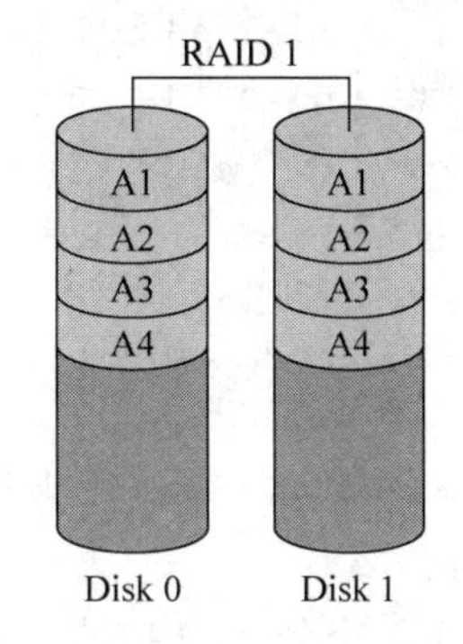

图 8.17 RAID 1 级数据组织

RAID 2 级采用海明码纠错、位交叉存取，其数据编成海明码，每一位存于一个磁盘（如图 8.18 所示），其中，校验盘数 C、数据盘数 G 满足关系 $2^C \geqslant G+C+1$。RAID 2 级中如其中一个盘出现故障，只需将其更换即可，该故障盘中的数据利用纠错码进行重建。这种方式其实是为大型计算机和超级计算机而开发的，其目的是获得较高的数据校验和纠错率，并在工作不中断的情况下纠正数据，但是它在访问数据时必须访问阵列内所有磁盘。

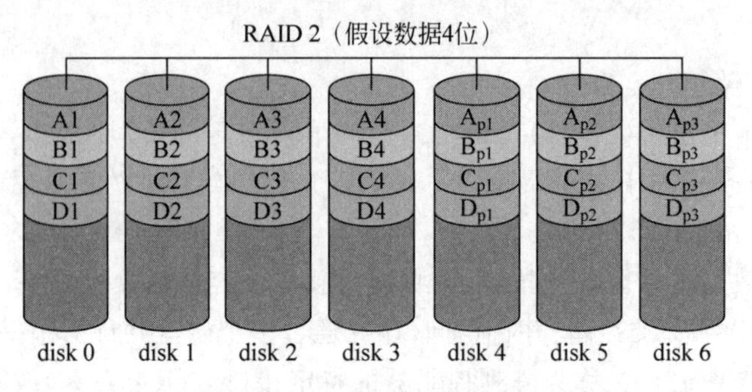

图 8.18　RAID 2 级数据组织

RAID 3 级采用奇偶校验、位交叉存取，它与 RAID 2 级类似，只是校验方式不同。

RAID 2 级和 RAID 3 级并不常用。

RAID 4 级采用奇偶校验、扇区交叉存取，它与 RAID 3 级类似，但采取扇区交叉存取，数据块较大。RAID 4 级的每一个磁盘都能独立处理访问请求，但缺乏对多种同时写操作的支持，因此几乎不使用。

RAID 5 级采用无独立校验盘的奇偶校验扇区交叉存取，它与 RAID 4 级类似，但不是将奇偶校验信息写到一个独立的磁盘上，而是交叉写到各个磁盘中（如图 8.19 所示），以克服单独校验盘的瓶颈。

RAID 5 级的数据（读）访问传输速度较高，适用于不需要关键特性（能检错不能纠错）、几乎不进行写操作的多用户系统，被用于可用性、成本和 I/O 性能都同样重要的场合。

RAID 6 级采用两种奇偶校验、分块交叉存取，它在 RAID 5 级的基础上，采用两种不同的数据块组合方法，形成两种奇偶校验码，因此比 RAID 5 级要多用一块磁盘（如图 8.20 所示），但是它最多可允许两块磁盘同时出现故障。

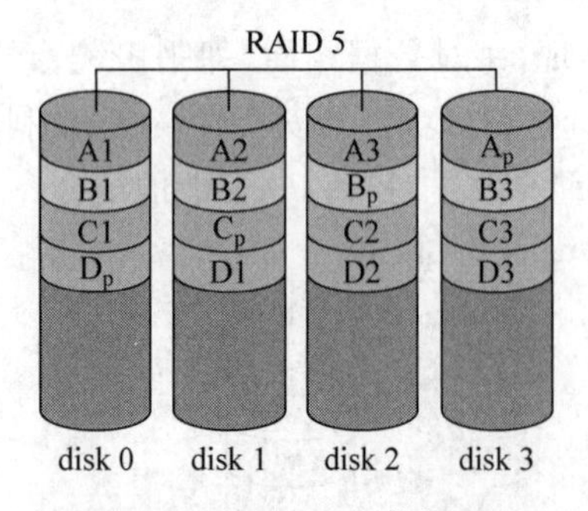

图 8.19　RAID 5 级数据组织

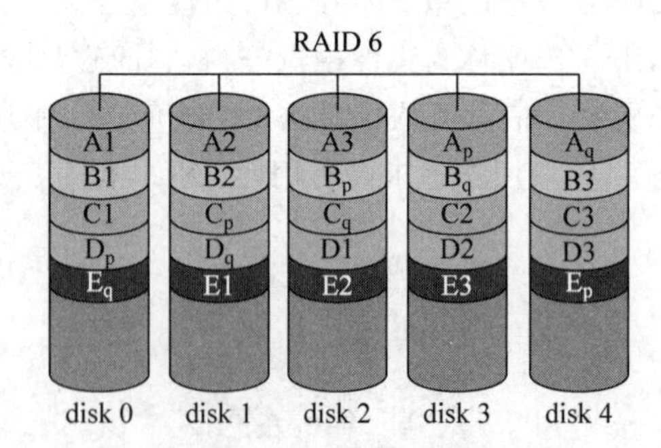

图 8.20　RAID 6 级数据组织

RAID 6 级写入时要对三个磁盘驱动器（一个数据盘，两个校验盘）访问两次，性能差，实际上几乎没有商用。

RAID 7 级属于一个公司的专利，它采用独立接口，各磁盘与主机接口都有独立的控制和数据通道，主机可完全独立地对每个磁盘进行访问；各磁盘均使用磁盘 Cache，价格贵。

RAID 10 级最少需要 4 块磁盘，是将 RAID 0 和 RAID 1 结合起来而形成的，包括 RAID 0+1 和 RAID 1+0 两种实现方案。其中，RAID 0+1 先对数据分块，然后进行镜像存储（如图 8.21(a)所示），这种方式下如某一磁盘故障，将导致其所在的 RAID 0 子阵列全部无法正常工作，即退化成 RAID 0 级，因此实际上使用不多；RAID 1+0 则先镜像存储，然后分块（如图 8.21(b)所示），这种方式下即使某一磁盘故障，也不会影响到整个磁盘阵列，即整个系统仍将以 RAID 10 的方式运行，它是所有 RAID 中性能最好的，在实际应用中较为常见。

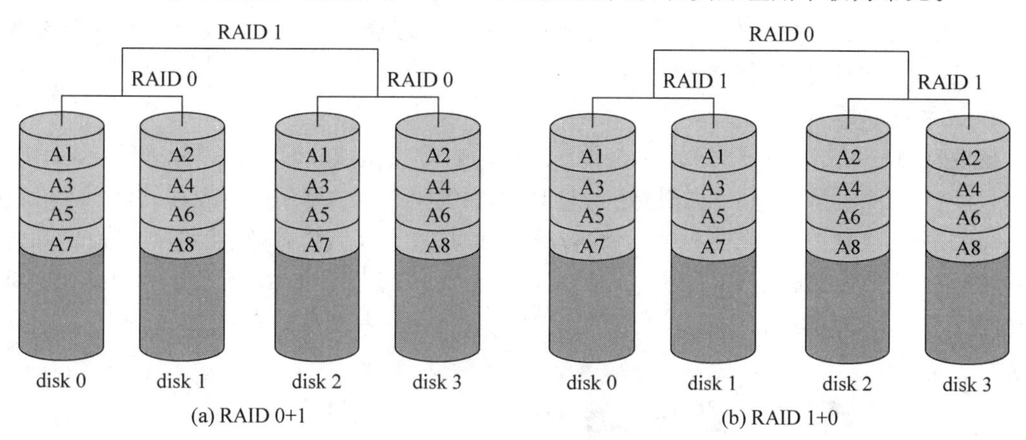

图 8.21　RAID 10 级数据组织

RAID 10 级每次写入时要写两个互为镜像的盘，价格高，主要用于数据容量不大但同时要求速度和差错控制的场合。

8.3　光盘存储器

1. 概述

光盘是利用光学方式进行读写信息的圆盘，其起源于激光数字影像技术，特点是容量大、可靠性高、使用方便、成本低。

光盘采用聚焦激光束在盘式介质上非接触地记录高密度信息，以介质材料的光学性质（反射率、偏振方向等）的变化表示“0”和“1”。

光盘的基片材料一般采用聚碳酸酯的耐热有机玻璃加工成盘片，然后涂上一层记录介质，然后加一层保护膜。

应用激光在某种介质上写入信息，然后再利用激光读出信息的技术称为光存储技术。第一代光存储技术利用激光在非磁性介质上存储信息，其特点是信息不能抹掉重写；第二代光存储技术利用激光在磁性介质上存储信息，可实现可擦写。

光盘按读写性质分为只读型、只写一次型、可擦写型。

只读型光盘以高成本制作出母盘后大批重压制，使光盘发生永久性物理变化，记录的信息只能读出，不能被修改。

典型的只读型光盘产品包括：CD-DA，即数字唱盘，用于记录数字化音频信息，可存储 74 分钟数字立体声信息；CD-ROM，即狭义的只读光盘，主要用作计算机外存储器，推出时可提供 650MB 容量；VCD，即视频光盘，用于记录数字化视频和音频信息，可存储 74 分钟按 MPEG-1 标准压缩编码的视频；DVD，即数字视盘，其单记录层容量为 4.7GB，可存储 135 分钟按 MPEG-2 标准压缩编码的视频。

只写一次型光盘(Write Once,Read Many,WORM)用户可以在光盘上记录信息,但记录信息会使介质的物理特性发生永久性变化,但写后的信息不能再改变。

典型的只写一次型光盘产品是CD-R光盘,用户通过专用的刻录机可向空白CD-R盘写入数据,制作好的CD-R光盘可通过CD-ROM驱动器读出。

可擦写型光盘用户可进行随机写入或擦除信息,介质材料发生的物理特性改变是可逆变化。按照信息写入方式不同,可擦写型光盘分为MO(磁光)盘和PC(相变)盘两种,其中,磁光盘利用热磁效应写入数据,相变盘则利用相变材料的晶态非晶态记录信息。不论是磁光盘还是相变盘,读出仍然是利用的光学信息。

2. 光存储原理

按信息的写入方式可分为两类:烧蚀法(形变法)和光学法(相变法)。烧蚀法(形变法)用于对只读型CD-ROM、只写一次型光盘CD-R,光学法(相变法)则用于可擦写光盘。

烧蚀法(形变法)用吸光能力很强而熔点较低的材料作存储介质,它控制激光强度,通过激光照射局部介质使之熔化形成凹坑或不形成凹坑写入信息(如图8.22所示),利用有无凹坑时激光的反射能力差别读出信息;读出时光束的功率只有写入光束功率的1/10,不会融出新的凹坑。

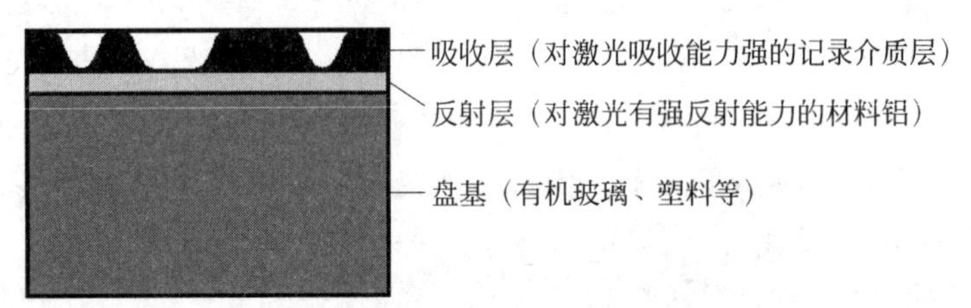

图8.22 烧蚀法光盘记录原理

与磁盘存储器类似,光盘存储器也由光盘片、光盘驱动器、光盘控制器组成,相比较磁盘驱动器,光盘驱动器除了读写头、寻道定位机构、主轴驱动机构之外,还有光学机构。只写一次型光盘的光学系统如图8.23所示。

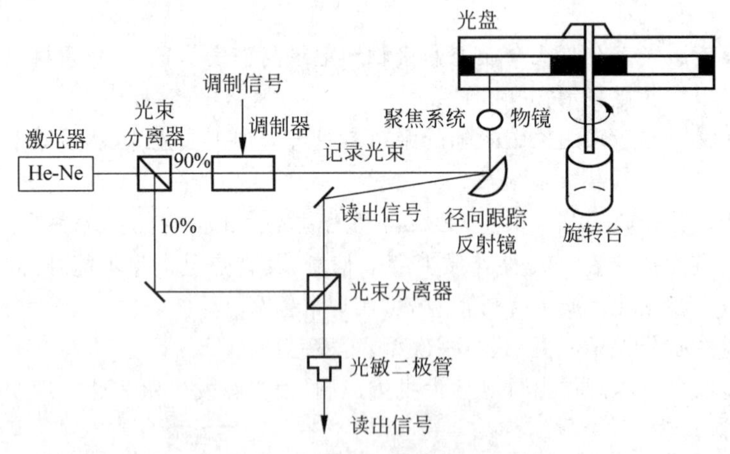

图8.23 只写一次型光盘光学系统

光学法(相变法,Phase-change Dual,PD)用具备高度反射性的晶态结构的相变合金属作为存储介质,利用相变材料晶体结构、非晶体结构光学性质(折射率、反射率等)不同存储信息。

假设用非晶体结构表示存入"1"，则初始时，所有位置均为晶体结构。写入"1"时，高强度激光使照射点温度升高呈非晶体结构，突然冷却后介质保持非晶体结构；读出时，利用反射光强度差别区分信息；擦除时，用中等强度激光照射使记录信息区逐步缓慢冷却，所有位置均恢复晶体结构。

除了使用光存储，还有一种使用磁光(Magneto-Optical，MO)存储的光盘，它利用激光热效应改变磁化方向，利用各位置磁化方向不同表示"0"或"1"。

磁光盘使用磁记录材料记录信息，其磁头加低于磁记录材料常温矫顽力的磁场。

初始时各位置磁化方向一致，假设"1"的位置磁化方向翻转，为了写入"1"，用高强度激光照射受热后，对应位置磁记录材料的矫顽力随温度上升而降低(即热磁效应)，磁头所加的磁场使其磁化方向发生翻转。

读出时，利用磁光克尔效应。为了读出信息，使用正常功率激光照射，磁化方向不同使反射光产生偏振面左旋或右旋，从而区分所存储的信息。

磁光盘推出时被预测将取代硬盘，但由于它存取时间较长，虽然可擦写次数比相变盘多，但由于存取方式与普通 CD-ROM 不同，无法与其他光盘系统兼容，因此推广困难；与之对应的是，硬磁盘、固态硬盘等的快速发展，使得磁光盘更无突出优势，目前呈逐渐被淘汰的趋势。

3. 光盘存储格式

光道是一条从中心开始旋向外边的大的螺旋道，光盘上的数据分块存储，每块为 1 个扇区。光盘上共分为 27 万～33 万个扇区，每个扇区包含数据信息、同步信号和扇区地址(在首端)、校验、纠错信息(在最后位置)等。

光盘扇区地址以时间计，其格式为"Min(分)：Sec (秒)：Frac(分秒)"，其中，"1 分秒"＝1/75 秒，其数值为 0～74。

光盘中一个文件所占的扇区连续分布，称为光轨，光轨最小长度用时间表示，其数值为 4s。

光盘的刻录单位称为区段，一般母盘压制光盘、普通可写一次刻录盘只有一个区段，某些光盘中包含两个或两个以上的区段。多区段光盘刻录时区段间需留出约 30MB 的间隔。

每个区段包含导入(Lead-in)区、数据(Program)区、导出(Lead-out)区等。其中，导入区长 60s，位于区段最前面，用于存储有关光盘规格、区段内光轨数、每一轨的起始位置及长度、整个区段长度等信息；导出区位于区段最后，用于表示区段结束，光盘第一个区段的导出区长度为 1min30s，其他区段的导出区长度为 30s。

光盘容量可以用时间表示。在标准速度下，标准容量规定为 74min，数字唱盘 CD-DA 光盘以匀线速度旋转，每秒 75 个扇区。

不同格式的光盘每个扇区容量不同，故总容量不同。例如，CD-DA 光盘每扇区用户可用数据为 2352B，则用户可用容量为

$$(74\times75\times60\times2352\text{B})\div1024\div1024=746.93(\text{MB})$$

CD-ROM 光盘每扇区 2048B，则其容量为

$$(74\times75\times60\times2048\text{B})\div1024\div1024=650.39(\text{MB})$$

VCD 光盘每扇区 2336B，则其容量为

$$(74\times75\times60\times2336\text{B})\div1024\div1024=741.85(\text{MB})$$

通过使用更短波长激光(如蓝光)、采用双面刻录(实际是单面，利用激光聚焦位置不同刻

录)可扩充光盘容量。

4. 光盘数据传输率

光盘数据传输率与驱动器的寻道时间、光盘转速、缓冲区大小以及接口规范等诸多因素有关,数据传输率是基本数据传输率的倍数。

光盘基本数据传输率(即1倍速)指1h内读完一张光盘的数据传输率,因为不同格式光盘的光盘容量不同,因此其对应的基本数据传输率不尽相同。

对于CD-ROM,其基本数据传输率为

$$75\times 2048\text{B}\div 1024=150(\text{KB/s})$$

对于DVD,其基本数据传输率约为1358KB/s。

光驱最大数据传输率即最大倍速是理想情况下读光盘最外圈的最高速率,早期低速(12倍速以下)光驱采用恒定线速度,其数据传输率恒定;目前24倍速以上光驱为保持内外圈数据读取的稳定和改善随机寻道时间,采用部分恒定角速度方式,读取内道时以24倍速恒定线速度方式,当马达达到一定速度向外圈读取时,则采用恒定角速度方式。

习题

8.1　画出RZ、NRZ、NRZ_1、PE、FM写入数字串1011001的写电流波形图。

8.2　以写入10010110为例,比较调频制和改进调频制的写电流波形图。

8.3　画出调相制记录01100010的驱动电流、记录磁通、感应电势、同步脉冲及读出代码等几种波形。

8.4　磁盘组有6片磁盘,最外两侧盘面可以记录,存储区域内径22cm,外径33cm,道密度为40道/厘米,内层密度为400位/厘米,转速为3600r/min。

(1) 共有多少存储面可用?

(2) 共有多少柱面?

(3) 盘组总存储容量是多少?

(4) 数据传输率是多少?

8.5　某磁盘存储器转速为3000r/min,共有4个记录盘面,每毫米5道,每道记录信息12 288B,最小磁道直径为230mm,共有275道,求:

(1) 磁盘存储器的存储容量。

(2) 最高位密度(最小磁道的位密度)和最低位密度。

(3) 磁盘数据传输率。

(4) 平均等待时间。

8.6　采用定长数据块记录格式的磁盘存储器,直接寻址的最小单位是什么?寻址命令中如何表示磁盘地址?

8.7　一磁带机有9个磁道,数据按字节顺序存储,其中,前8磁道每道记录1位信息、最后1个磁道用于垂直奇偶校验(如图8.24所示),带长731.52m,带速2.54m/s,每个数据块包含有效数据1MB,块间间隔10mm,若数据传输率为100 MB/s,试求:

(1) 记录位密度(单位:bit/inch,即bpi)。

(2) 若磁带首尾各空1m,求此带的最大有效存储容量。

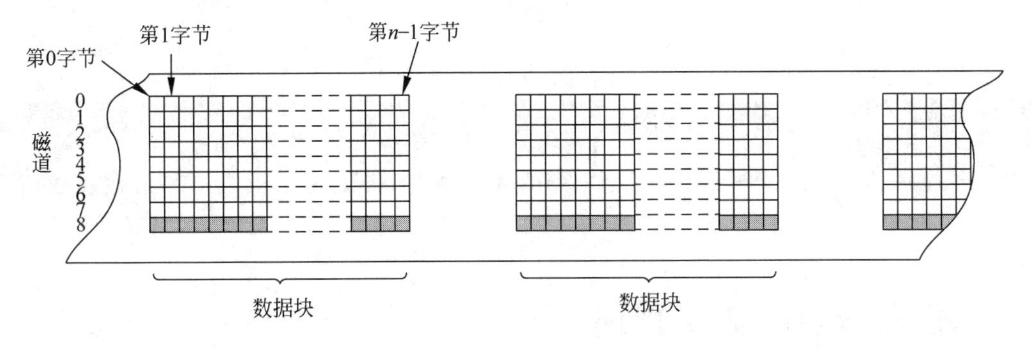

图 8.24 磁带中的磁道

第 9 章 输入/输出设备

9.1 输入/输出设备概述

输入/输出设备又称为外部设备、外围设备,简称为外设,是计算机除主机以外所有设备的统称。随着应用的普及和人机交互技术的发展,外设占计算机硬件总成本的比例不断上升。

按功能分,外设分为人机交互设备、信息存储设备和过程控制设备。

人机交互设备用于实现人与计算机间的信息交流,按照信息流向,分为输入设备和输出设备。

信息存储设备即辅助存储器,用于实现大批信息脱机存储。

过程控制设备又称为通信设备,用于实现计算机间通信,如 A/D 或 D/A 转换设备、调制解调器等。

9.2 常用的输入设备

▶ 9.2.1 键盘

键盘由一组阵列排列的按键开关或感应开关组成,按下一个键,产生一个字符代码(位置码),然后转换成字符码(ASCII 码或其他码)送往主机。

键盘的按键由键帽和键体构成,按键后引起电路的开关动作,故称为键开关。

按照结构原理(触发原理)不同,键盘分为接触式和非接触式。

机械键盘、薄膜键盘属于接触式键盘。机械键盘的每个按键一个带金属弹簧的金属接触式开关,按键使之接触,产生一个单独的信号;薄膜键盘的薄膜中铺设纵横排布的电路线,交叉位置即键位,使用塑料或橡胶膜提供弹力,键按下时使相应位置薄膜接触导通产生信号,通过检测所有行列线判断按键位置。

静电容键盘属于非接触式键盘,它与机械键盘一样每个按键生成独立信号,不同的是,它根据电容量的多少判断按键的开关,一旦按下按键,按键下面的电容容量发生改变触发按键。

不论是接触式键盘还是非接触式键盘,都需要解决抖动问题和按键非法组合问题。

计算机键盘的按键数量可以不同。早期台式计算机使用 83 键,DOS 年代使用 101 键,Windows 为 104 键或 108 键,其他还有如 61 键、87 键等。

计算机键盘一般提供 ASCII 码可显示字符键、(软件系统定义的)功能键、光标控制键和编辑键(插入或消去等)。其中,ASCII 共 128 字符,每字符 7 位编码 $b_6 \sim b_0$,编码为 00H～1FH 的为控制字符(如图 9.1 所示),用于通信控制或计算机设备的功能控制;编码为 7FH 的是删除控制 Del 键;可显示字符 94 个(加上编码为 20H 的空格键则为 95 个)。

按照工作原理不同,键盘可分为编码键盘和非编码键盘。

$d_3d_2d_1d_0$位（低4位）	$d_6d_5d_4$位（高3位）							
	000	001	010	011	100	101	110	111
0000	NUL	DLE	SP	0	@	P	`	p
0001	SOH	DC1	!	1	A	Q	a	q
0010	STX	DC2	"	2	B	R	b	r
0011	ETX	DC3	#	3	C	S	c	s
0100	EOT	DC4	$	4	D	T	d	t
0101	ENQ	NAK	%	5	E	U	e	u
0110	ACK	SYN	&	6	F	V	f	v
0111	BEL	ETB	,	7	G	W	g	w
1000	BS	CAN	(	8	H	X	h	x
1001	HT	EM	)	9	I	Y	i	y
1010	LF	SUB	*	:	J	Z	j	z
1011	VT	ESC	+	;	K	[	k	{
1100	FF	FS	'	<	L	\	l	|
1101	CR	GS	-	=	M	]	m	}
1110	SO	RS	.	>	N	↑	n	~
1111	DI	US	/	?	O	↓	o	Del

图 9.1 ASCII 码字符及其编码

编码键盘采用硬件电路确认哪一个键被按下，通过硬件编码电路直接形成按键的编码信息(如按键的 ASCII 码)。编码键盘有两种编码方法，即静态编码和动态编码。

静态编码利用直流电压或电流信号进行编码，2^n 个按键，每一个键需要单独的印线，需 n 位编码，使用 n 个触发器，某键编码中哪一位为"1"就连到哪一个触发器的置位端。

如图 9.2 所示为 4 位静态编码器。

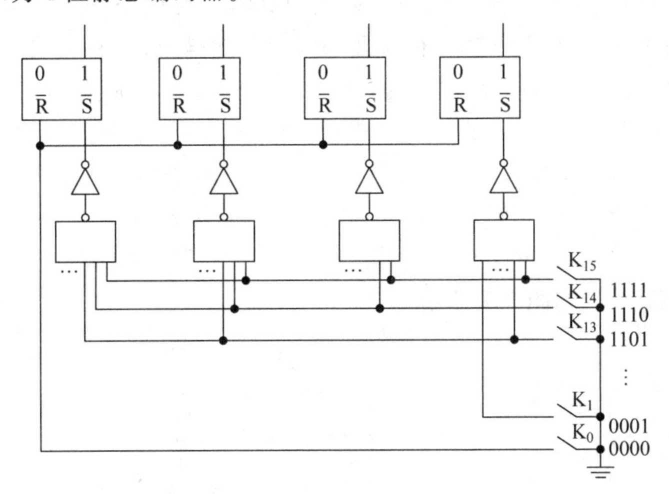

图 9.2 4 位静态编码器

这种编码键盘无须扫描，故称为静态编码。静态编码键盘当按键增多时，引线复杂。

动态编码又称为扫描式编码。如图 9.3 所示是 6 位(64 键)动态编码器。

动态编码器通过计数器循环计数，相当于依次扫描各键位。当某键被按下时，对应位导通，相应的列线 Y 为低，计数器扫描至按键位置时，输出 F 为低，F 封锁计数脉冲；读取计数器的值即得按键的编码。

这种动态编码键盘的按键以矩阵方式排列，减少了引线。

非编码键盘采用软件确认哪一个键被按下，它通过简单的硬件和一套专用的键盘编码程序识别按键的位置获得位置码，由 CPU 经查表程序将位置码转换成按键的编码信息。

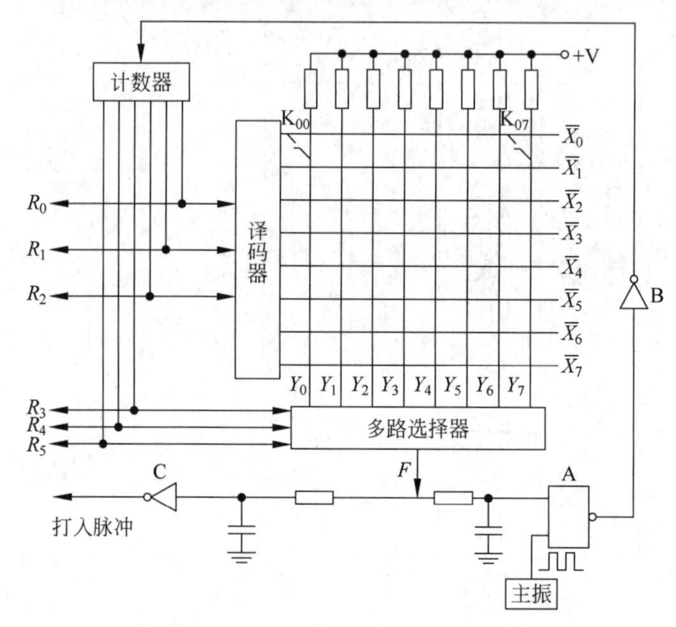

图 9.3　64 键动态编码器

非编码键盘只提供键盘的行列矩阵，不提供按键的编码信息，由查询程序、传送程序、译码程序组成的键盘处理程序完成按键扫描、编码等功能，通过键盘接口电路将按键编码信息送主机，因此硬件简单。

非编码键盘查询程序常用的扫描方法有行列反转法、行扫描法和行列扫描法。

行列反转法先对所有行置“1”、所有列置“0”，读行扫描值，只有按键所在位置导通，值为“0”，其余均为“1”(如图 9.4(a)所示，行扫描结果为 1011)；再对所有列置“1”、所有行置“0”，读列扫描值，只有按键所在位置导通，值为“0”，其余均为“1”(如图 9.4(b)所示，列扫描结果为 1101)。根据行、列扫描结果即可定位所按下的键，图 9.4 中按键即位于 R_2 行 C_1 列。

行扫描法首先将所有行、所有列均置“1”，然后各列依次置“0”，逐一读取行扫描值，某一列无键被按下的对应行为“1”，否则为“0”，当扫描结果非全“1”时，根据“0”所在的行号和当前为“0”的列号判断按键位置(如图 9.5 所示)。

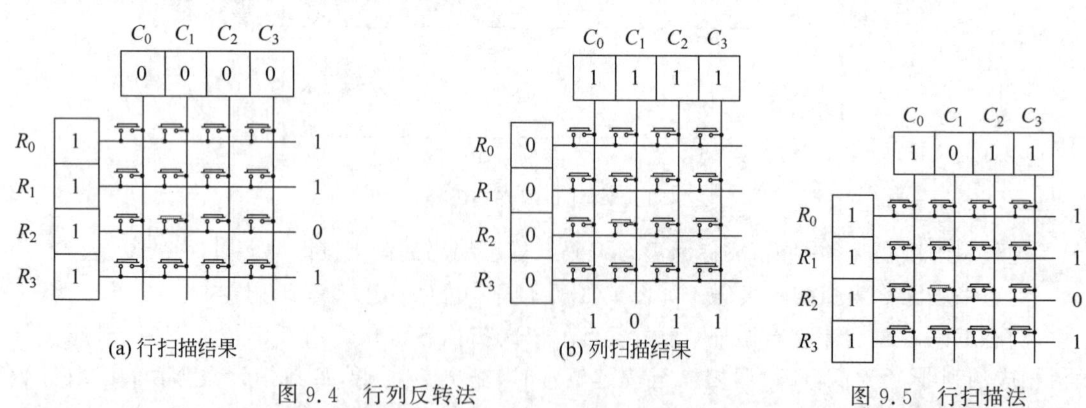

图 9.4　行列反转法

图 9.5　行扫描法

行列扫描法先对所有行置“1”，各列依次置“0”，逐一读取行扫描值；再对所有列置“1”，各行依次置“0”，逐一读取列扫描值，根据行扫描值不全为“1”时的列号和列扫描值不全为“1”时的行号确定按键位置(见图 9.6)。

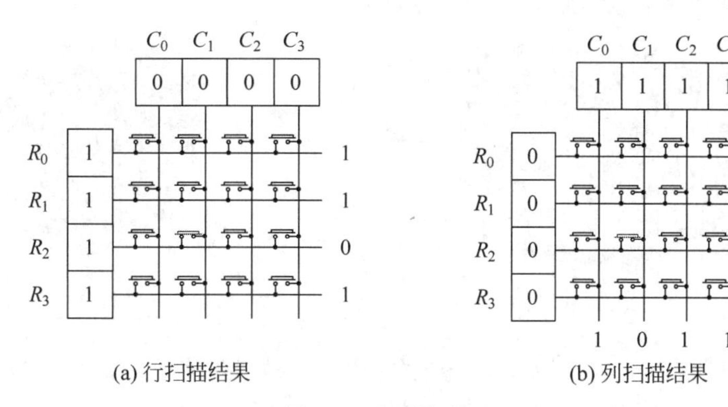

图 9.6 行列扫描法

无论哪种扫描方法，一旦行、列信息中有一个以上为“0”，表明产生了重键。一般需重新扫描，直至每次接收的行、列信息中最多一位为“0”。

▶ 9.2.2 鼠标

鼠标是一种相对定位设备。鼠标在桌面上运动，传感器检测出运动方向和距离，并将它们变为脉冲信号送入计算机，计算机把脉冲信号转换成显示器光标的坐标数据，从而实现指示位置的目的。

鼠标根据所采用传感器技术不同分为机械式和光电式两大类。

机械式鼠标利用鼠标底部的滚球与桌面做物理接触，滚球滚动时推动两个互相垂直的压力滚轴水平轴（*X* 轴）与垂直轴（*Y* 轴），压力滚轴与编码器相连（如图 9.7 所示），其转动使编码器转动产生相应信号，由微处理器计算得到鼠标位移。

编码器为圆盘（如图 9.8 所示），上有接触点，编码器转动时接触点与接触条接触或断开，产生“0”“1”电子信号。

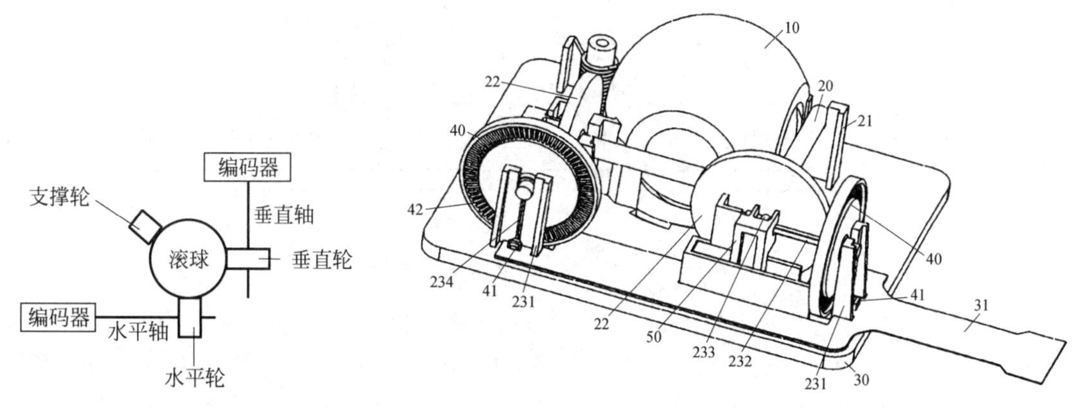

图 9.7 机械式鼠标原理图

图 9.8 机械式鼠标内部结构

机械式鼠标全部采用物理结构，精度低、易损坏，目前已经退出市场。

光学机械式鼠标（如图 9.9 所示）是对机械鼠标的改进，它的编码器用一片有很多狭缝的圆盘以及其两侧的光电管、发光二极管所组成（如图 9.10 所示），滚球运动带动圆盘转动，光电管接收由于切断发光二极管所带来的连通、断开信号，根据此信号及其相位差获得鼠标移动的距离及方向。

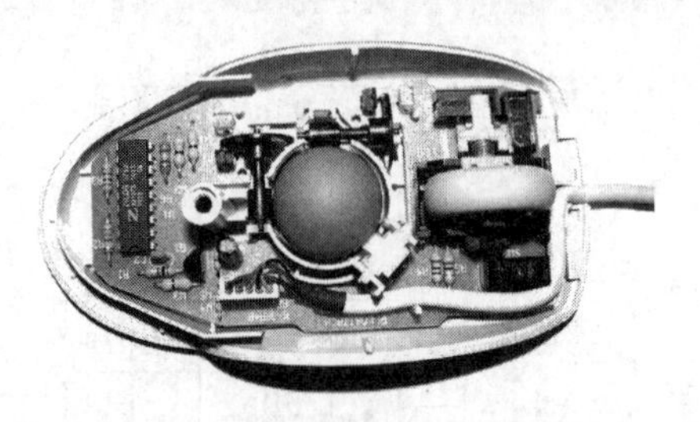

图 9.9 光学机械式鼠标内部结构

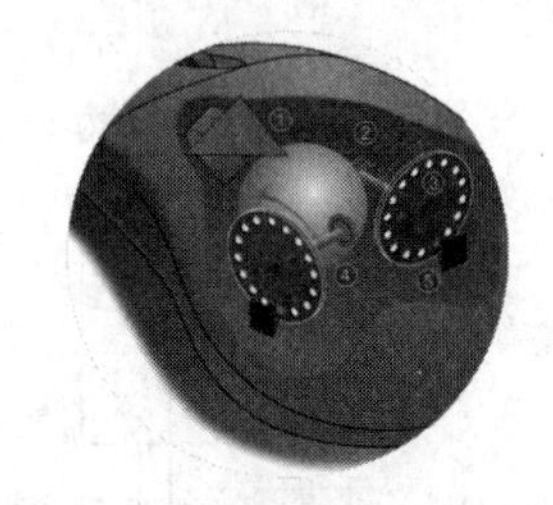

图 9.10 光学机械式鼠标编码器

光学机械式鼠标核心定位机构采用光电式部件进行处理，使用寿命长、定位精度高；与传统的机械式鼠标一样，长时间使用后，由于内部的转轴上附有灰尘，会出现光标移动缓慢、定位不准等现象，需彻底清理才能恢复正常使用。

光电式鼠标由两个发光二极管、感光芯片、控制芯片和反射板组成（无滚球、转轴等机械装置），反射板相当于专用鼠标垫，具有反射面及十分整齐的栅格线，栅格线由黑线与蓝线组成，发光二极管分别发射能被蓝线吸收的红光和能被黑线吸收的红外光，两组光线照射反射板产生的反射光经镜头组件传递后照射到感光芯片，感光芯片将光信号转为数字信号送定位芯片产生 X-Y 坐标偏移数据。

这种鼠标定位精度高、使用寿命长，但是必须配备专用的鼠标垫（不能脏了或严重损坏），一直没能大规模推广。

微成像光电式鼠标是第二代光电鼠标，它利用数字光电技术（光眼技术），由发光二极管、光学透镜组件、光学传感器、控制芯片等组成。光线以约 30°角照亮鼠标底部表面，反射光经光学透镜传输到光传感器件内成像（如图 9.11 所示）。鼠标移动时，移动轨迹被记录为一组高速拍摄的连贯图像，经内置专用图像分析芯片分析处理，完成光标定位。

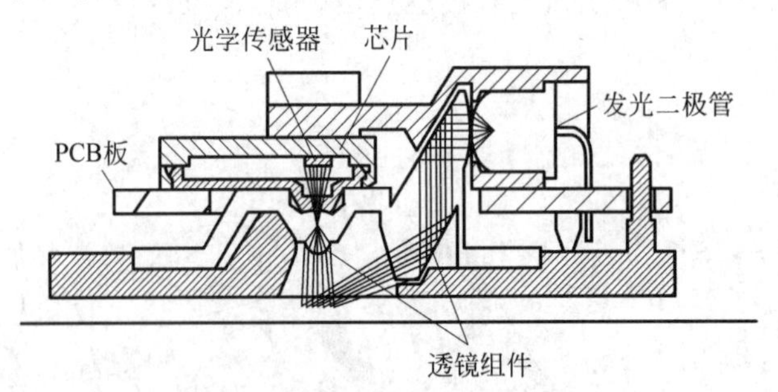

图 9.11 微成像光电式鼠标原理图

这种鼠标中的光学传感器相当于一台迷你摄像机，分辨率、扫描频率成为鼠标重要的技术参数。

微成像光电式鼠标无机械结构、不需要专用的反射板，可在任何不反光、不透明的表面使用；定位精度高、使用寿命长，使用过程中无须清洁也可保持良好的工作状态。

激光光电式鼠标不用红色的 LED 灯而是用激光作光源，通过激光照射在物体表面所产生的干涉条纹而形成的光斑点反射到传感器得到影像，对表面的图像产生更大的反差，所得图像更易识别，定位精准性更高，因此灵敏度更高，几乎可在任何表面上使用（传统微成像光电鼠标在黑色或闪亮的表面上可能会出现问题，因为其光线会被吸收或分散）。

9.2.3 跟踪球

跟踪球又称为轨迹球，是一种操纵显示屏上光标移动的设备（如图 9.12 所示）。

跟踪球的原理与机械式鼠标相同，用于输入相对坐标，可以将它视作一个倒过来的机械鼠标，只是将滚球做得大一些并放置在固定的球座里。使用时用手指转动球，就可实现与鼠标一样的功能。

由于座固定不动，不需要供鼠标滑动的额外桌面空间，甚至可安装在键盘上(如图9.13所示)，对要求尺寸紧凑和使用空间窄小的场合很有利。

图9.12　跟踪球

图9.13　安装在键盘上的跟踪球

▶ 9.2.4　触摸屏

触摸屏是为改善人机对话而兴起的一种输入方式，它是一套透明的绝对坐标定位系统，用户接触触摸屏时，接触点位置(以坐标形式)被控制器检测到。

触摸屏本质上就是传感器，由触摸检测部件、触摸屏控制器组成，触摸检测部件用于检测用户触摸位置送触摸屏控制器，触摸屏控制器将触摸信息转换成触点坐标。

由于触摸检测部件被安装在显示器屏幕前，故要求触摸屏必须是透明的。

根据其所采用的技术不同，触摸屏可分为电阻式、电容式、红外式、表面声波式和底座式矢量压力测力式，其中底座式矢量压力测力式已退出市场。

如图9.14所示是电阻式触摸屏的结构原理图，无压力时上下层呈绝缘状态；按压时，上下层导通，控制器在X、Y方向分别施加驱动电压，探测X-Y坐标。

电阻式触摸屏与外界完全隔绝，不怕灰尘、水汽、油污等，可使用任何物体触摸，其精度只取决于A/D转换，定位准确；但是电阻式触摸屏一般只支持单点而不能多点触控，且外层屏膜易刮花，不能使用尖锐物体点触屏面。

电容式触摸屏结构的原理如图9.15所示，人体电场使手指触摸时与屏幕表面形成寄生电容或耦合电容，通过检测电容量变化获得具体位置。

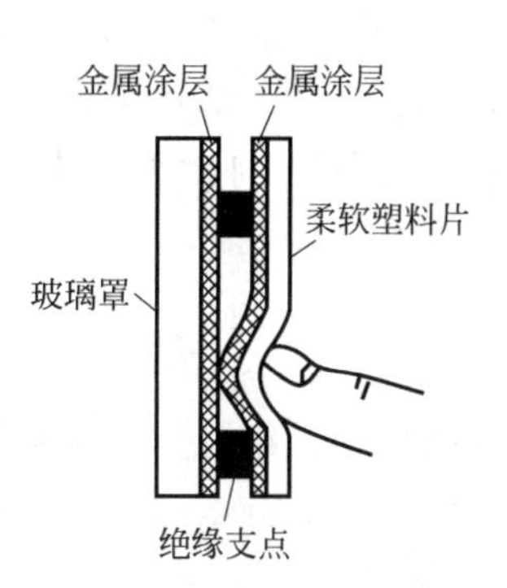

图9.14　电阻式触摸屏的结构原理图

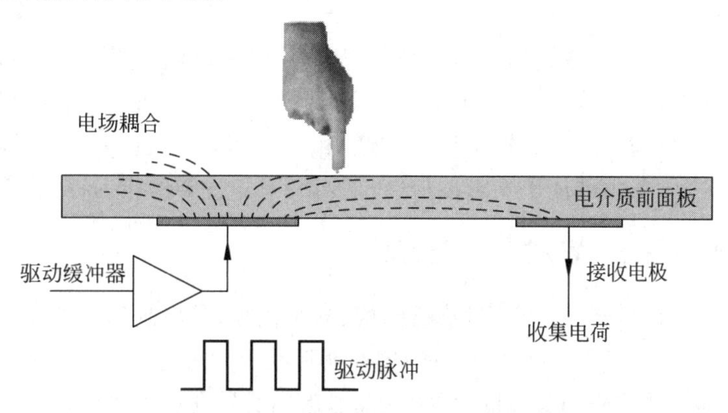

图9.15　电容式触摸屏结构的原理图

电容式触摸屏能很好地感应轻微及快速触摸，且防刮擦、不怕尘埃、水及污垢影响，适合在恶劣环境下使用；但是当温度、湿度或环境电场发生改变时，电容式触摸屏易引起漂移现象。

红外式触摸屏利用 X、Y 方向上密布的红外线矩阵检测并定位(见图 9.16)，用户触摸屏幕时，手指挡住经过该位置的横竖两条红外线，从而判断出触摸点在屏幕上的位置。

红外式触摸屏中任何触摸物体都可改变触点上的红外线而实现触摸屏操作，不需要充放电过程，响应速度比电容式快；不受电流、电压和静电干扰，适宜恶劣环境；但是它分辨率偏低，且易受光干扰。红外式触摸屏比较适合工业控制领域。

表面声波式触摸屏的左上、右下和右上角分别安装超声波发射接收换能器，四边刻有 45°角由疏到密间隔的反射条纹，如图 9.17 所示。

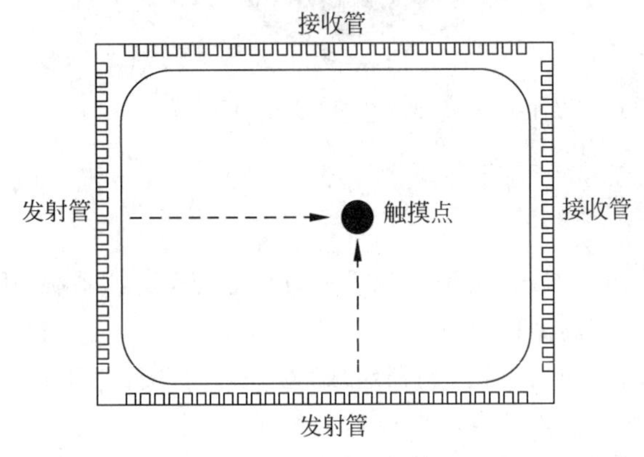

图 9.16　红外式触摸屏结构原理图

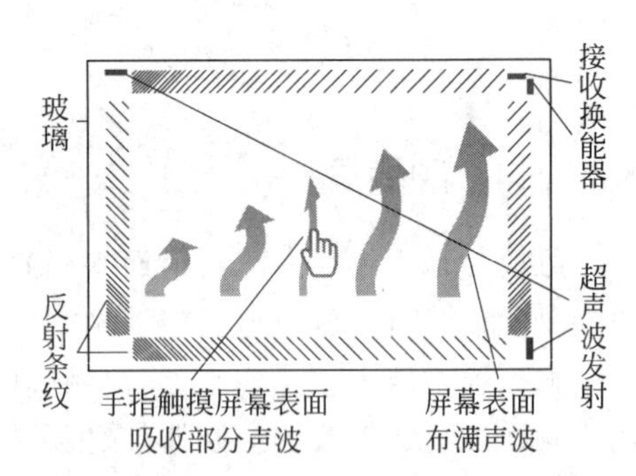

图 9.17　表面声波式触摸屏结构原理图

右下角的 X 轴发射换能器发出向左传递声波能量，经屏下部反射成向上传递；再由屏上边向右反射汇聚传给 X 轴接收换能器。越靠右经过路径越短，越先被接收，即接收波形时间与位置一一对应。接收换能器将返回表面声波能量变为电信号。

无触摸时，接收信号波形与参照波形完全一样。当手指或其他能吸收或阻挡声波能量的物体触摸屏幕时，X 轴途经手指部位向上的声波能量被部分吸收，反映在接收波形上即某一时刻位置上波形有一个衰减缺口，根据衰减缺口在波形中的位置可计算得到触摸点 X 轴坐标。

同理可得到 Y 轴坐标。根据接触处信号衰减量还可获得 Z 轴坐标，即可感知用户触摸压力大小。

表面声波式触摸屏不受温度、湿度等环境因素影响，抗暴防刮擦、抗野蛮使用；性能稳定、寿命长，抗电磁干扰，无漂移现象；因为它仅有一层纯玻璃，不像电阻式、电容式那样至少有一层复合膜，因此分辨率高、清晰度和透光率高、反光少，无色彩失真；但是触摸屏表面的水滴、油污、灰尘可能影响声波传递，从而引起触摸屏反应迟钝甚至不工作。

▶ 9.2.5　数位板(手绘屏)

数位板又称绘图板、绘画板、数字化板，是由画笔和图形板结合构成的二维(绝对)坐标输入系统(见图 9.18)，它将画笔在图形板上的坐标转换成显示器上的位置。手绘屏(见图 9.19)则将数位板与显示屏叠加在一起，起到所见即所得的效果。

数位板或手绘屏通过图形板完成二维坐标的 A/D 变化，按坐标测量方式分，可分为电阻式、电容式、电磁感应式、超声波式等。

图 9.18 数位板

图 9.19 手绘屏

电磁感应式手绘屏由传感器电路板、LCD 显示器、控制与保护层及无线电子笔组成(如图 9.20 所示),其中,电路板上横竖均衡排列线圈,通电后在板面上方产生纵横交错的均衡磁场,画笔笔尖在图形板上移动时切割磁场产生电信号,图形板芯片通过多点定位精确确定画笔位置。

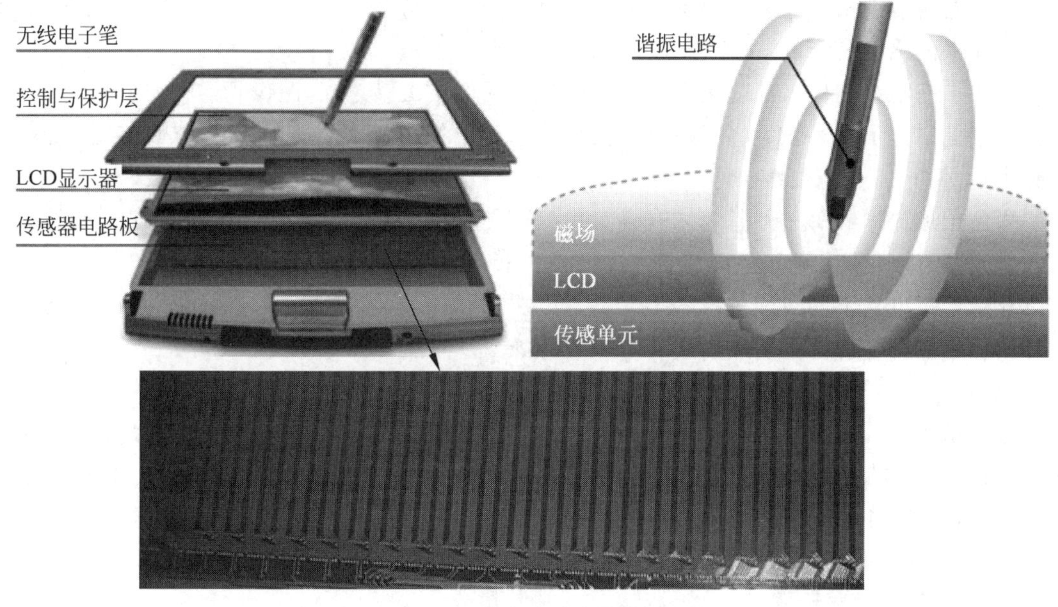

图 9.20 电磁感应式手绘屏结构原理图

▶ 9.2.6 图像输入设备

图像输入设备将光学影像转换成电脉冲并经数字化处理后输入计算机,包括数字相机、数字摄像机、扫描仪等。

图像输入设备通过布满成千上万个光敏晶体管的微型芯片完成上述工作,其中,光敏晶体管即电荷耦合设备(CCD)用于将光转换成电脉冲,光线越强,电荷量越大。

电荷耦合设备(CCD)的精度决定了图像输入设备的最高分辨率。

由于电荷耦合设备(CCD)仅可对亮度分级,但并不能区分颜色,因此在彩色图像输入设备中要用红、绿、蓝三个彩色滤色镜分别为相应的 CCD 提供合适的光线。

图像输入设备中的数字摄像机除了通过连续拍摄图像完成视频录制,一般还需要获取模拟的声音,并对声音波形进行采样获取相应的数字信息。

9.3 常用的输出设备

▶ 9.3.1 显示器

显示器将电信号转换成能直接观察的光信号输出，显示屏幕上的图像由称作像素的光点组成。

图像是指具有亮暗层次变化的图，如自然景物、新闻照片等，与之对应，最初把没有亮暗层次变化的线条图称为图形，如工程设计图、电路图等，现在的图形也可以有亮暗层次变化，因此不再刻意强调图形与图像的差异。

彩色显示器一个像素包含红绿蓝三基色分量。

数字图像是经计算机处理后的图像，它将图像上连续的亮暗变化变换为离散的数字量并以点阵形式输出。

显示器所能表示的像素个数称为分辨率，像素越多，分辨率越高，一般以显示器水平和垂直方向像素的乘积表示，如 1024×768、640×480 等。

像素点亮暗差别称为灰度级，灰度级别越多，图像层次感越强，图像越逼真。

对于黑白显示器，用 1/0 两级灰度分别表示像素的明/灭；对于多灰度级黑白显示器，若位数为 4，则共 16 种灰度级。

彩色图形显示器每一种基色均有各自的亮暗差别。若每个基色 8 位(即各有 $2^8=256$ 级灰度)，则共可表示 2^{24} 种颜色即所谓 16M 色、真彩色。

显示器可以从不同角度进行分类。

按显示器件分可分为阴极射线管(CRT)显示器、液晶显示器(LCD)、发光二极管(LED)点阵显示器、等离子显示器(PDP)等。

按显示内容分可分为字符显示器、图形显示器、图像显示器。其中，字符显示器只能显示字符数据，如字母、数字、符号、汉字；图形显示器可显示字符和图形无亮暗层次变化的线条图；图像显示器可显示字符、图形和彩色图像。

另外，还可以按照屏幕尺寸分，这里的屏幕尺寸指的是显示器对角线的长度。

1. 阴极射线管显示器

阴极射线管显示器(CRT)是一个漏斗形的电真空器件，由电子枪、偏转系统、荧光屏组成(如图 9.21 所示)。其中，阴极用于发出电子，栅极用于控制电子束的强度，阳极对电子束进行加速，聚焦极对电子束进行聚焦，偏转线圈用于改变电子束的运动方向。

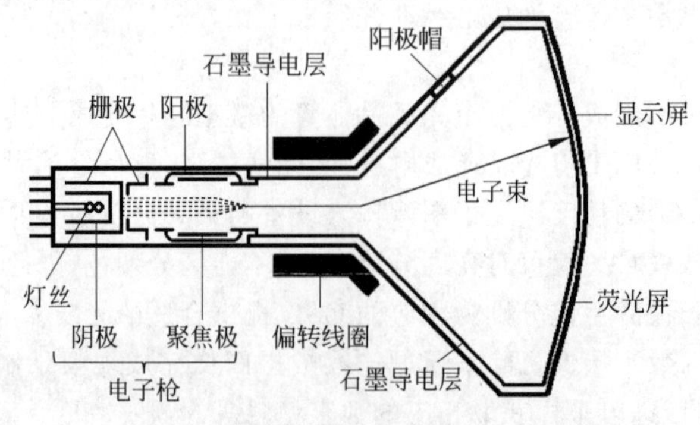

图 9.21 阴极射线管显示器结构原理图

电子束轰击荧光屏的荧光粉产生亮点，即像素(pixel)。像素越多，分辨率越高，图像越清晰。

按照相应的点阵信息轰击对应的像素即可实现对字符或图形的显示。

CRT 的显示分辨率取决于显像管荧光粉粒度、荧光屏尺寸和电子束聚焦能力。

对于单色显示器，通过控制电子束的能量可以控制像素的亮暗程度，实现灰度显示；彩色显示器通常用三个电子枪发射电子束，经定色机构，分别触发红、绿、蓝三种颜色的荧光粉发光(如图 9.22 所示)。

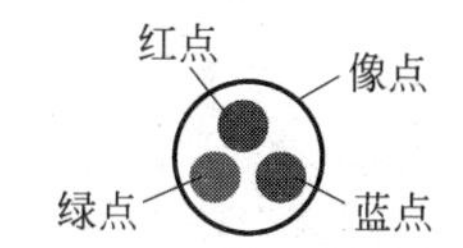

图 9.22　彩色显示原理

三个电子枪均可控制能量形成不同的灰度级，按三基色原理即可产生不同颜色。

荧光粉发光亮度只能维持大约几十毫秒，要显示稳定的图像必须在图像消失之前用电子束不断轰击。

为了在显示器屏幕上得到稳定的图像而不断地重复显示某一内容的过程称为刷新，每秒刷新的次数称为刷新频率。

为了不断提供刷新用的图像，必须把图像存储起来，用于存储图像的显示缓冲存储器叫作刷新存储器，又称为帧存储器、视频存储器(VRAM)、显存。

分辨率越高，颜色位数越多，所需 VRAM 容量越大。

例如，分辨率为 1920×1080，24 位色(每一种颜色 8 位)，则

$$\text{VRAM 容量}=1920\times1080\times24\text{b}\div8\div1024\div1024=5.93\text{MB}$$

显示器通过扫描偏转电路控制电子束在荧光屏上按一定规律运动，扫描方式有两种：随机扫描和光栅扫描。

随机扫描的电子束仅扫描图形中需要显示的部分，因此画图速度快，图像质量高，但是成本较高。

光栅扫描的电子束扫描在屏幕上形成一条条光栅对屏幕整体更新(如图 9.23 所示)，电子束从屏幕左上角荧光点开始，从左向右水平扫描一行(水平正向扫描)，到达屏幕右端后，电子束迅速回到屏幕左端(水平回扫)，从下一行(垂直扫描)最左端开始从左向右扫描；到达屏幕右下角时，迅速回扫到屏幕左上角(垂直回扫)。

一屏光栅组成一个画面，叫作一帧，每秒扫的帧数称为帧频。

光栅扫描点阵法显示字符时，把一个字符区域分为 $n\times m$ 个点组成的阵列，通过不同点的状态(亮或暗)形成字符，点阵信息存入由 ROM 构成的字符发生器中，电子束扫描时，由字符点阵的 1 和 0 分别控制扫描电子束的开和关，从而在屏幕上组成字符。

ROM 中存放的是每个字符的辉亮信息。IBM PC 用 7×9 点阵表示一个字符，即每个字符 9 行，每一行 7+1=8 个辉亮信息，用 8b 表示，其中，最后一位均为“0”，表示一个字符需 9B。例如，字符“A”的 7×9 点阵信息如图 9.24 所示。

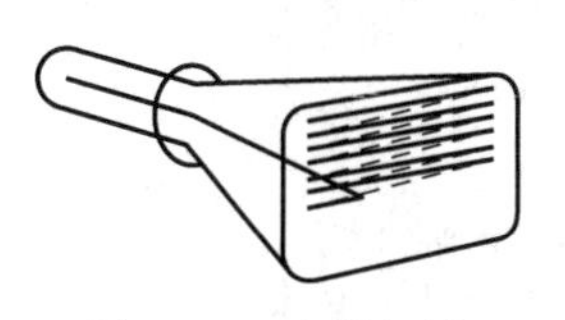
图 9.23　光栅扫描

ROM								辉亮信息
0	0	0	1	0	0	0	0	10H
0	0	1	0	1	0	0	0	28H
0	1	0	0	0	1	0	0	44H
1	0	0	0	0	0	1	0	82H
1	0	0	0	0	0	1	0	82H
1	1	1	1	1	1	1	0	FEH
1	0	0	0	0	0	1	0	82H
1	0	0	0	0	0	1	0	82H
1	0	0	0	0	0	1	0	82H

图 9.24　字符点阵信息

ROM 地址为 12 位，其中，高 8 位即字符的 ASCII 码，来自 VRAM；低 4 位是字符点阵信息每一行的编号，来自光栅地址计数器输出 RA_3～RA_0，具体指向点阵的某个字节（见图 9.25）。

地址			ROM								辉亮信息
0100	0001	0000	0	0	0	1	0	0	0	0	10H
0100	0001	0001	0	0	1	0	1	0	0	0	28H
0100	0001	0010	0	1	0	0	0	1	0	0	44H
0100	0001	0011	1	0	0	0	0	0	1	0	82H
0100	0001	0100	1	0	0	0	0	0	1	0	82H
0100	0001	0101	1	1	1	1	1	1	1	0	FEH
0100	0001	0110	1	0	0	0	0	0	1	0	82H
0100	0001	0111	1	0	0	0	0	0	1	0	82H
0100	0001	1000	1	0	0	0	0	0	1	0	82H
41H											

图 9.25　字符发生器 ROM

帧缓冲存储器 VRAM 存放要显示字符的 ASCII 码，CRT 控制器按照 VRAM 中的 ASCII 码和光栅地址计数器访问 ROM，依次取出字形点阵的辉亮信息，串行逐位地送给 CRT 显示。

CRT 显示器每排显示 80 个字符，一共可显示 25 排；字符间距 2，排间距 3。假设要在显示器某一行显示 A、B……H、T 共 80 个字符（见图 9.26），显示器首先依次读取各字符的第一行，并显示；然后依次读取各字符的第二行，并显示；…；直至将每个字符的第 9 行显示出来。

光栅扫描显示字符由各种计数器控制实现（如图 9.27 所示），假设水平、垂直消隐各占 20 字符、2 字符时间，则字符显示过程如图 9.28 所示。

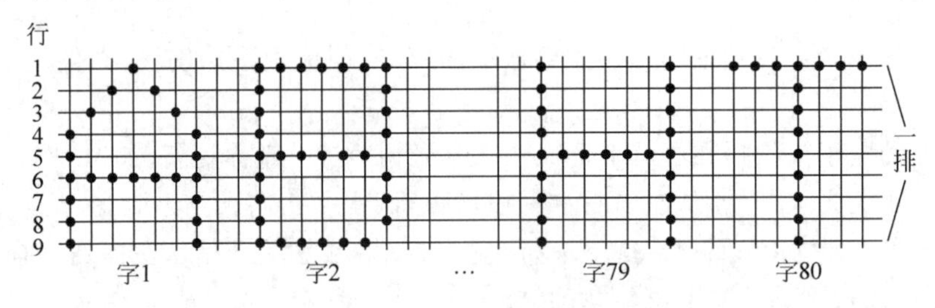

图 9.26　光栅扫描显示字符

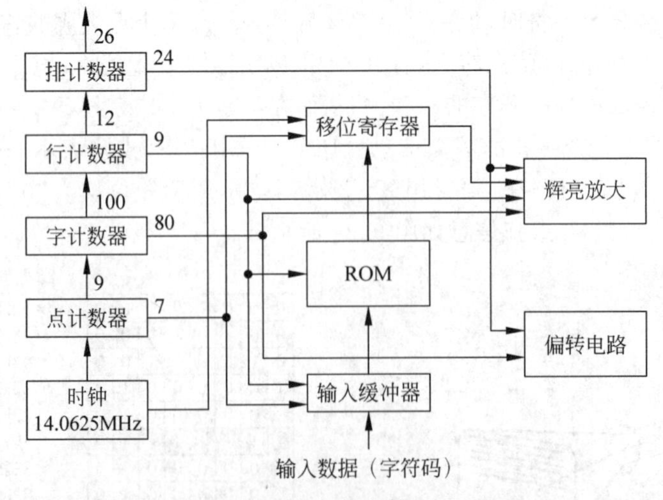

图 9.27　光栅扫描字符显示原理

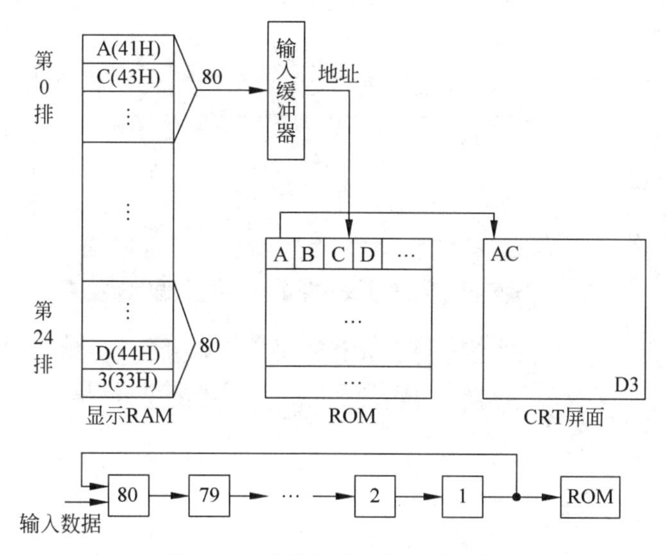

图 9.28　光栅扫描字符显示过程

2. 液晶显示器

液晶显示器(LCD)属于平板显示器,即显示器的深度小于显示屏幕对角线 1/4 长度的显示器。

LCD 采用液晶控制透光度技术实现色彩。液晶(Liquid Crystal)是一种介于液体和固体之间的有机化合物,具有液体的流动性质和固体的光学性质,其分子具有线状结晶结构,且排列柔软易变形,在一定范围内可像液体那样流动。受电场、磁场、温度、应力等外部条件作用时,线状液晶分子重新排列而使物理性质发生形变,基于液晶光学各向异性的各种特性随之改变。

LCD 按照控制方式分为被动矩阵式和主动矩阵式。

被动矩阵式 LCD 包括 TN-LCD(Twisted Nematic,扭曲向列)、STN-LCD(Super TN,超扭曲向列)、DSTN-LCD(Double layer STN,双层超扭曲向列),其主要区别是液晶分子的扭曲角度不同。

被动矩阵式 LCD 的液晶材料置于两片光轴垂直偏光板的透明导电玻璃间,线状液晶分子按序旋转排列,如图 9.29 所示。不通电时无电场,入射光经偏光板后通过液晶层,偏光被分子扭转排列的液晶层旋转 90°,这个偏光方向恰与另一偏光板方向一致,光线能顺利通过,使整个电极面呈光亮;通电加入电场使分子棒扭转,每个液晶分子的光轴转向与电场方向一致,液晶层失去了旋光能力,来自入射偏光片的偏光方向与另一偏光片偏光方向垂直,无法通过,电极面呈现黑暗状态。

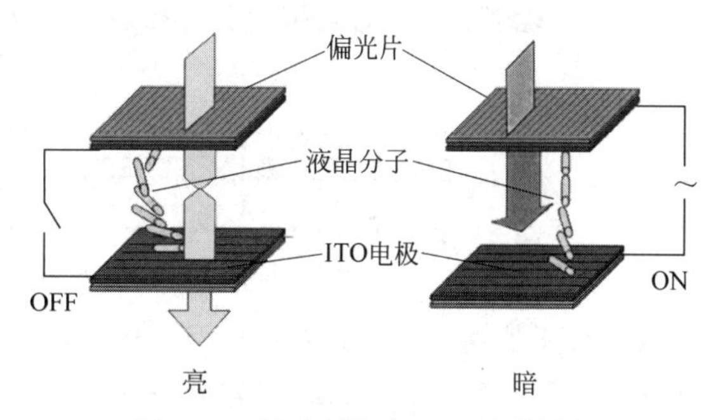

图 9.29　被动矩阵式 LCD 显示原理

被动矩阵式 LCD 结构图如图 9.30 所示,它主要由液晶面板和背光模组构成。LCD 本身不发光,它靠调制外光源实现显示,因此被称为“被动”。

液晶显示器与 CRT 显示器一样,也是通过逐行扫描方式改变外加电场。在反复改变电压过程中,被动矩阵式 LCD 各点恢复过程慢,易产生“余辉(拖尾)”现象,故一般用于文字、表格

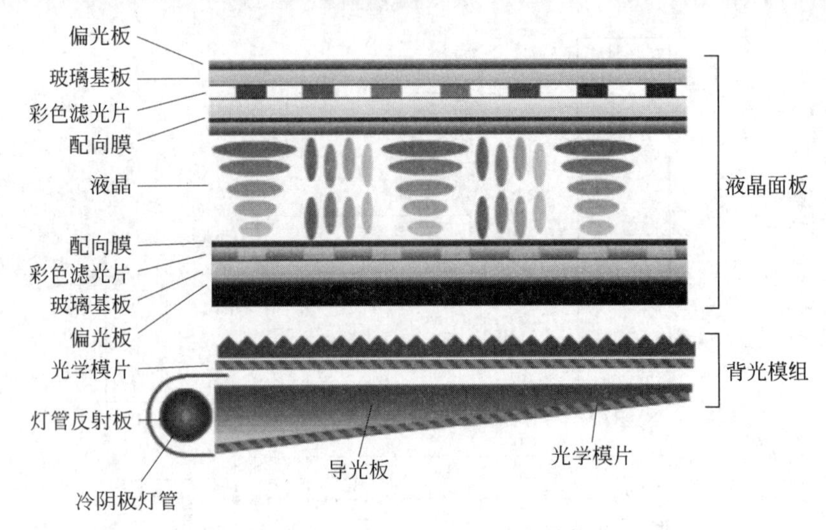

图 9.30　被动矩阵式 LCD 内部结构图

和静态图像处理。

主动矩阵式 LCD 的典型代表是 TFT-LCD（Thin Film Transistor，薄膜晶体管），它的每个像素由集成于自身的 TFT 控制，采用“背透式”照射方式。

TFT-LCD 结构与 TN-LCD 的基本相同，但是上夹层改为共通电极（如图 9.31 所示），下夹层的电极改为 FET 晶体管，这种 FET 晶体管具有电容效应，能保持电位状态，先前透光的液晶分子一直保持状态，直到 FET 电极下一次加电改变其排列方式为止。

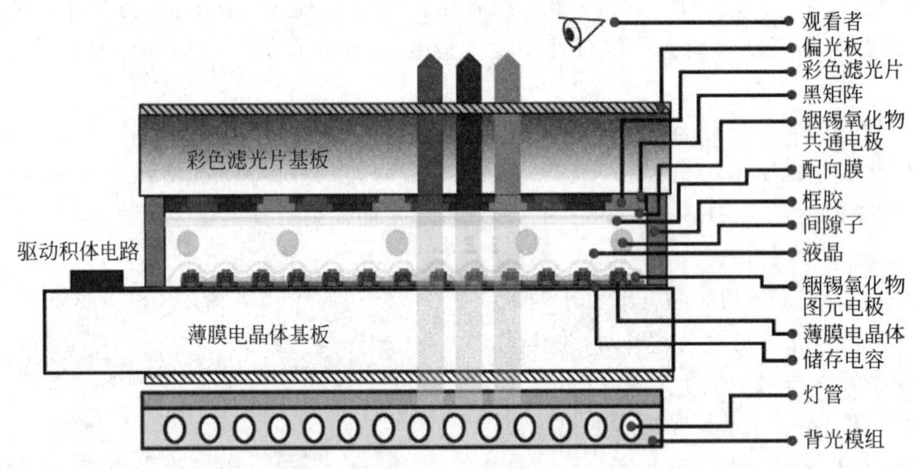

图 9.31　主动矩阵式 LCD 显示原理

液晶显示器通过彩色滤光片利用三基色原理形成各种颜色。实际上有多种彩色滤光片排列方法，包括条状、三角、对角、正方形等，如图 9.32 所示。

液晶显示器的主要技术指标包括可视角度、点距与分辨率、亮度与对比度、色彩与灰度（颜色位数）、响应时间等，其优点是工作电压低，功耗小，节约能源；外观小巧精致，重量轻；不会产生 CRT 那样的因为刷新频率低而出现的闪烁现象；无电磁辐射，对人体健康没有任何影响；其主要缺点是寿命短、怕震动、温度敏感；分辨率相对较低，色彩不够鲜艳，且价格偏高；大尺寸显示器价格过高。

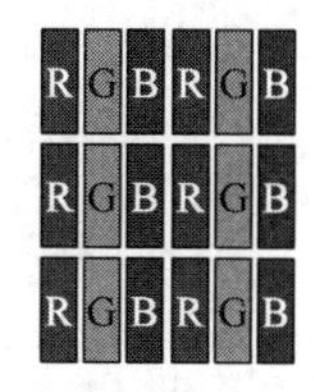

(a) 条状排列

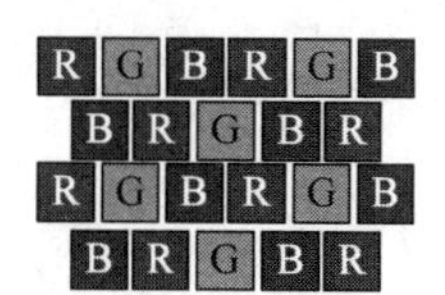

(b) 三角排列

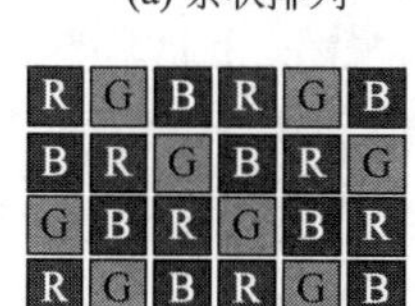

(c) 对角（马赛克）排列

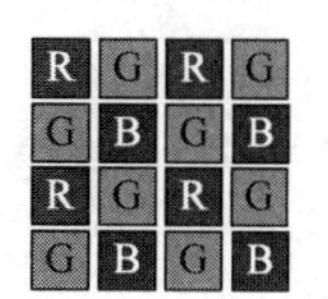

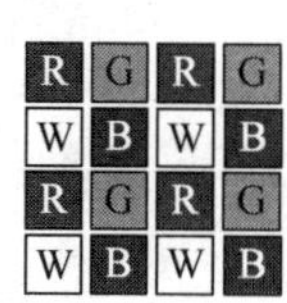

(d) 正方形排列

图 9.32　彩色滤光片排列方法

3. 其他显示器

LED(发光二极管)显示屏用红、绿、蓝三色 LED 直接作为像素发光元件组成阵列，进而形成彩色画面，如红绿灯、室外大屏幕。

OLED(Organic Light-Emitting Diode，有机发光二极管)显示器通过电流驱动有机薄膜本身来发光，光的颜色取决于该层中所包含的有机物分子的类型，光的亮度和强度取决于通电电流的大小。

相比较而言，传统 LCD 技术起步早，产品覆盖面广，性价比更高，但是其有更复杂的背光架构，层次更多、厚度更大，屏幕不可弯曲，背光源亮度从最底层传输到最上层过程中利用率低；OLED 显示器起步较晚，价格相对更高，但是其厚度只有传统 LCD 的 1/3，不仅可适度弯曲、抗震性佳，而且其发光方式不同于传统 LCD，从最底层到最上层的层级更少，光亮利用率更高。另外，传统 LCD 的液晶层无法完全关合，所显示的黑色是黑色+白色的混合灰色，而 OLED 显示器可完全关合，黑色场景下不会漏光。当然，相比较而言，OLED 显示器对视力不够友好，其对眼睛的保护程度则弱于传统 LCD，且其烧屏概率相对传统 LCD 也更大。

等离子体显示(Plasma Display Panel，PDP)由充满惰性气体的细小灯泡矩阵组成，它利用惰性气体在一定电压作用下产生放电：加较高电压后，灯泡内的气体产生等离子效应，放出紫外线，激发荧光粉产生可见光；加较低电压时，灯泡维持状态不变；不加电压时，灯泡熄灭。灯泡开启的周期为 15ms。PDP 利用激发时间长短产生不同亮度；使用三基色荧光粉实现不同颜色像素，然后混色达到彩色显示目的。

PDP 有记忆功能，无须刷新，无须刷新缓冲存储器；易于实现大屏幕显示；显示画面具有无与伦比的清晰度，无锯齿现象，真正的平面直角；发光聚合物技术，坚不可摧；柔韧性好，可以卷起来；显示屏薄，可挂在墙上；寿命长；但是光点大(因气体的泄露)，故分辨率只能达到中等水平(每英寸 40 点左右)；气体辉光和熄灭的过渡时间太长，约 20μs，限制图形的生成速度。

▶ 9.3.2　打印机

打印机将计算机处理结果打印在相关介质上，按照打印方法分为击打式和非击打式。其中，击打式打印机又分为针式点阵打印机和活字点阵打印机，非击打式打印机又分为激光打印机、喷墨打印机和热敏打印机。

点阵针式打印机结构简单、体积小、重量轻、价格低，可穿透多层。由打印头、横移机构、输纸机构、色带机构以及控制电路和接口组成，如图 9.33 所示。

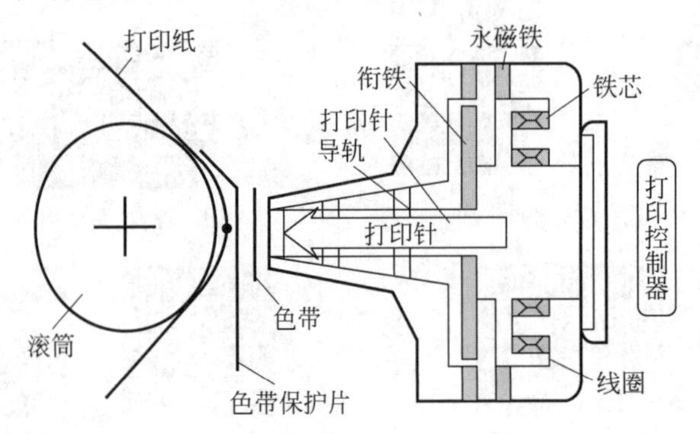

图 9.33　点阵针式打印机基本组成

点阵式打印机的打印头中包含多根打印针，每根针可单独驱动，采用按列打印方式。如图 9.34 所示为 9 针打印头，字符点阵为 7 列×9 行，现要打印字符“B”，首先打印第 1 列的 9 个点，然后依次打印第 2～6 列的第 1、5、9 行的点，此时其他行对应的针不击打；然后打印第 7 列的第 2、3、4 和 6、7、8 行的点。

激光打印机是激光扫描技术和电子照相技术相结合的产物，其主要工作部件是感光鼓(即硒鼓，见图 9.35)。

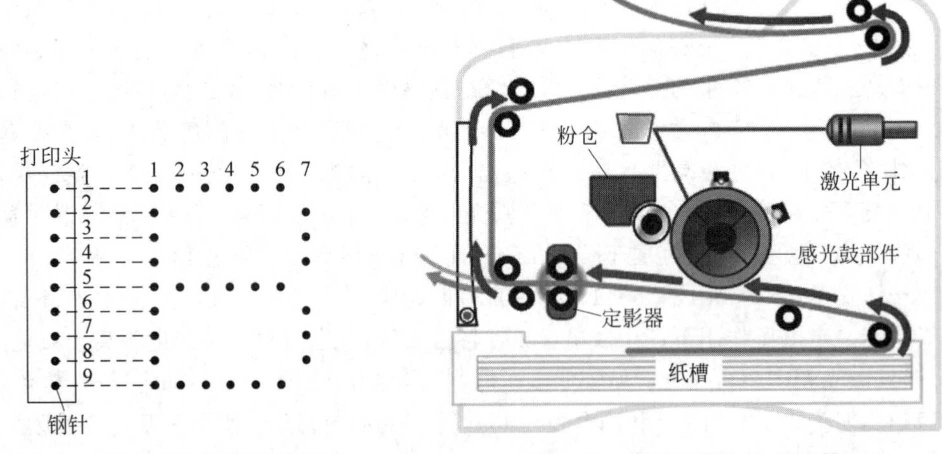

图 9.34　点阵针式打印机打印字符

图 9.35　激光打印机基本组成

通常情况下，硒鼓外表面的感光层是良好的绝缘体，硒鼓内部铝筒接地，若使硒鼓外表面带上负电，电荷停留不动；硒鼓某一部分受到光照时，该部分变为导体，其表面的电荷通过导体入地，而未受光照部分电荷依然保留。

激光打印机的原理如图 9.36 所示，大体经过充电、扫描、显影(显像)、转印、定影(固定)、清洁硒鼓等过程。

所谓充电，是指打印开始，使硒鼓外表面均匀带负电；激光器产生激光束，通过扫描反射镜反射到硒鼓上，使受光部分的感光层变导体，未受光部分在硒鼓上形成“潜像”，即进行曝光；带“潜像”的硒鼓表面继续运动通过碳粉盒时，吸引带正电荷的碳粉，从而在鼓面显影形成可见的碳粉图像，这就是显影；显影的表面同打印介质接触时，在外电场的作用下碳粉被吸附到介质上，实现转印；分离后的打印介质经过定影热辊，在高温高压下熔化而永久黏附从而实现定影；转印完成后先经过放电将硒鼓表面残余电荷中和，然后经过清扫去除残留碳粉，实现残像清除。

彩色激光打印机配备装有不同颜色碳粉的硒鼓，它利用减色原理打印，最典型的是CMYK模式(见图9.37)，其中，C代表Cyan，即青色、天蓝色或湛蓝色；M代表Magenta，即品红色或称洋红色；Y代表Yellow，即黄色；K代表blacK，即黑色。这里因为RGB中的B标志为黑色，为避免重复用K代表黑色。

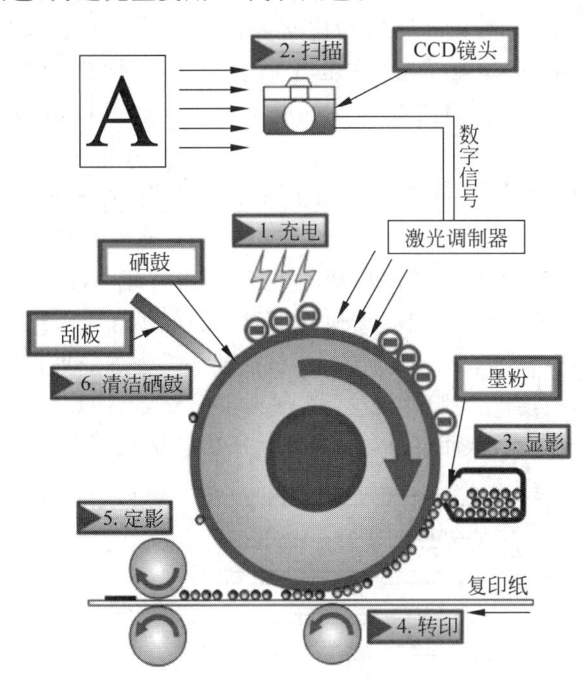

图9.36 激光打印的原理

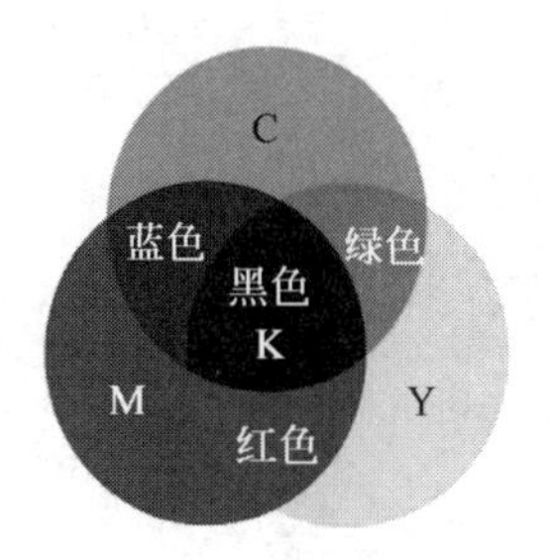

图9.37 CMYK模式

彩色激光打印机之所以专门配有黑色硒鼓，是因为虽然理论上可通过三色混合出黑色，但由于生产技术的限制，混合出的黑色不够浓郁，只能依靠提纯的黑色加以混合。

喷墨打印机在打印信号驱动下喷射墨水实现图文打印，根据墨水喷射方式不同分为连续式和按需式两种。

连续式主要用于早期喷墨打印机和当前的大幅面喷墨打印机，它的墨水连续地从喷头中喷出，因此打印速度快，但是需要对墨水进行加压，还需专用墨水回收装置。

(电荷控制)连续式喷墨打印机的原理如图9.38所示。

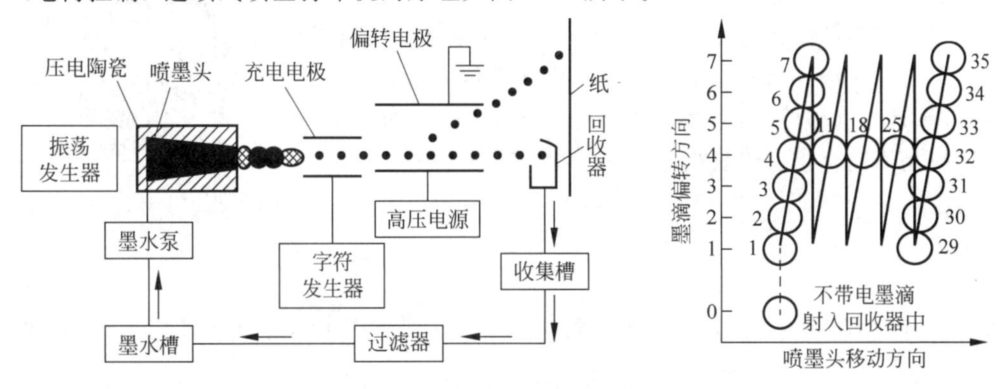

图9.38 连续式喷墨打印机的原理

喷墨头喷射的墨水滴不带电，经过受字符集点阵调制的静电场时充电，最终使选出的点阵墨水滴到纸上形成图案。根据字符各点位置不同在充电电极施加不同电压，电压越高，所充电荷越多，墨滴经偏转电极后偏转距离越大；不需喷点处对应墨滴不充电、不偏转，最终射入回收器。

当前大多数喷墨打印机使用的是按需式，它的墨水从喷头中喷出是随机的，只在需要印字时喷出，结构简单、可靠性高、价格低，且无回收装置和加压装置。

随机式喷墨打印机按墨水喷射驱动方式分为压电式和热电式两种。

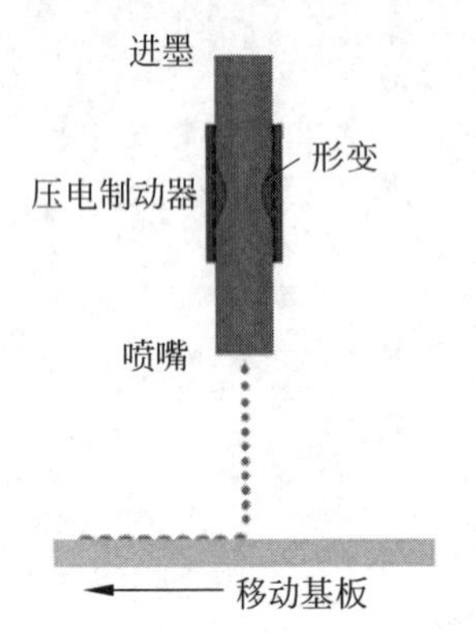

图 9.39　压电式喷墨打印机原理

压电式喷墨打印机利用安装在喷嘴里的压电晶体（压电制动器）在被施加脉冲电压时产生形变而挤出墨水（见图 9.39），通过计算机控制喷嘴的移动路径打印出预先设置好的图文。

压电式喷墨打印机对墨滴的控制力强，容易实现高精度打印；但是喷墨打印头成本比较高，而且喷头容易堵塞，因此更换成本较高（为了降低成本，生产厂家将此类打印喷头和墨盒设计成分离式结构，更换墨水时不必更换打印头）。

热电式（气泡式）喷墨打印机换能元件为加热器件（通常是热电阻），通过在喷嘴处局部急速加热，使靠近加热器的急速升温生成气泡，从而将下端的墨水挤压出喷嘴（见图 9.40）。

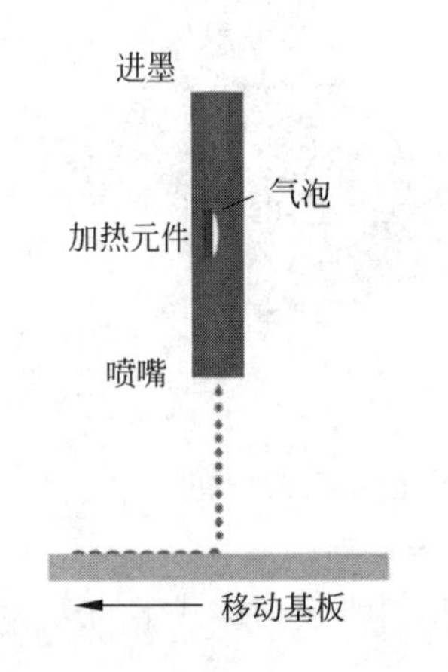

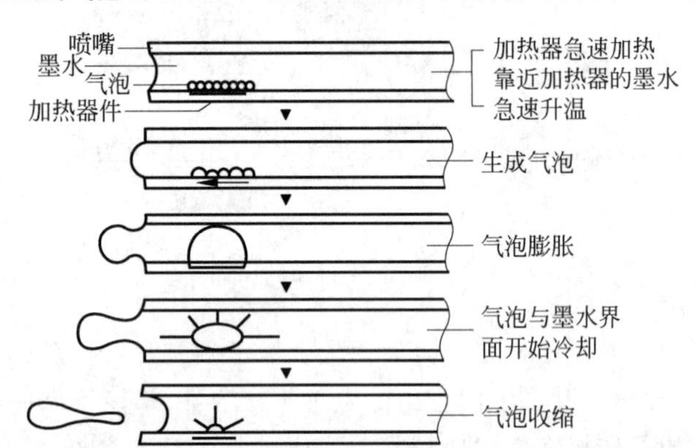

图 9.40　热电式喷墨打印机原理

热敏打印机（见图 9.41）的打印头装有半导体加热元件，通过有选择地对热敏纸加热产生相应的图形。

热敏纸是淡色的纸上覆一层透明热敏膜，热敏膜加热一定时间后变成深色（黑色或蓝色，当温度低于 60℃时，变色需经相当长时间（甚至长达几年），当温度为 200℃时，在几微秒内完成）。

相对于针式打印机，热敏打印机速度快，噪声低，打印清晰，使用方便，但是不能直接打印双联，打印内容不能长期保存。

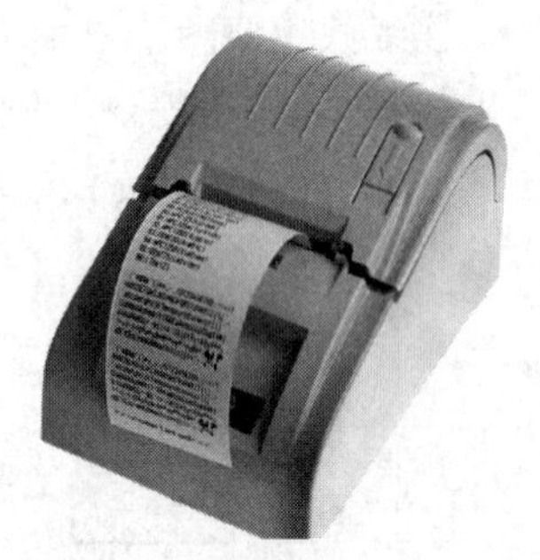

图 9.41　热敏打印机

习题

9.1　有一编码键盘，其键阵列为 8 行×16 列，分别对应 128 种 ASCII 码字符，采用硬件扫描方式确认按键信号，问：

(1) 扫描计数器应为多少位?

(2) ROM 容量为多大?

(3) 若行、列号均从 0 开始编排,则当第 5 行第 7 列的键表示字母“F”时,CPU 从键盘读入的二进制编码应为多少(设采用奇校验)?

9.2 字符显示器的接口电路中配有缓冲存储器和只读存储器,各有何作用?

9.3 假设某光栅扫描显示器的分辨率为 1024×768px,帧频为 50(逐行扫描),回扫和水平回扫时间忽略不计,则此显示器的行频是多少?每一像素允许读出时间是多少?

9.4 假设某光栅扫描显示器的分辨率为 1024×768px,采用 24 位色,帧频(刷新速率)为 72Hz,计算帧缓冲存储器的总带宽。

9.5 某 CRT 显示器可显示 64 种 ASCII 字符,每帧可显示 72 字×24 排;每个字符字形采用 7×8 点阵,即横向 7 点,字间间隔 1 点,纵向 8 点,排间间隔 6 点;帧频 50Hz,采取逐行扫描方式。假设不考虑屏幕四边的失真问题,且行回扫和帧回扫均占扫描时间的 20%,问:

(1) 显存容量至少有多大?

(2) 字符发生器(ROM)容量至少有多大?

(3) 显存中存放的是哪种信息?

(4) 显存地址与屏幕显示位置如何对应?

(5) 设置哪些计数器以控制显存访问与屏幕扫描之间的同步?它们的模各是多少?

(6) 点时钟频率为多少?

9.6 一针式打印机采用 7×9 点阵打印字符,每行可打印 132 个字符,共有 96 种可打印字符,用带偶校验位的 ASCII 码表示。问:

(1) 打印缓存容量至少有多大?

(2) 字符发生器容量至少有多大?

(3) 列计数器应有多少位?

(4) 缓存地址计数器应有多少位?

第10章 输入/输出系统

10.1 输入/输出系统概述

▶ 10.1.1 输入/输出系统组成

输入/输出系统简称I/O系统，用于实现主机(即CPU与主存储器)与外部设备(简称外设)之间的信息交换。

输入/输出系统由相关硬件、软件共同组成。I/O硬件包括I/O设备、I/O设备与主机间的控制部件和I/O传输通路(如总线)；I/O软件包括各种与I/O操作有关的软件，如设备驱动程序、设备无关库文件等。

相比较主机而言，外设速度慢，而且外设具有多样性、复杂性的特点；I/O操作则往往具有异步性、实时性和独立性的特点。异步性是指外设与外设之间、外设与主机之间的操作是异步的；实时性是指I/O操作一般需要及时得到响应；独立性则是指主机接收和发送数据的格式固定，与具体设备无关。

▶ 10.1.2 I/O接口

I/O接口即I/O控制部件，又称为I/O设备控制器、I/O设备适配器。

广义地讲，接口是指主机与外围设备之间的交接界面。

I/O接口按数据传送的宽度分，分为并行接口和串行接口。并行接口的设备与接口间以字节或字为单位进行传送，串行接口的设备与接口之间以位为单位进行传送，但接口与主机之间仍以字节或字并行传送。

I/O接口按数据传送控制方式分，可分为程序控制接口、程序中断接口、DMA接口；按收发配合方式，可分为同步接口和异步接口；按电路规模分，可分为简单接口、可编程接口、外设接口适配器。

设置接口的目的就是消除主机与外设在信息形式、工作速度等方面的差异性，也即接口在动态连接的两个部件间起"转换器"作用。I/O接口用于控制并实现主机与外部设备之间的数据传送，相应地，I/O接口的基本功能有通信联络(包括设备寻址、同步控制、中断控制等)、数据交互(包括数据传送与数据缓冲等)、设备控制(即按主机的命令控制外设工作)、状态检测(即提供设备及接口的状态)和格式转换(如串并转换等)等。

典型的I/O接口结构如图10.1所示。

接口电路中可由CPU进行读写操作的寄存器称为I/O端口。为便于CPU对I/O设备进行寻址和选择，必须给众多I/O设备的端口进行编址。计算机中把给每台设备规定的一些地址码称为设备号或设备代码。

输入/输出设备编址有两种方法：I/O端口独立编址和存储器、I/O端口统一编址。

I/O端口独立编址法给设备控制器中的各端口提供与存储器空间完全分开、完全独立的

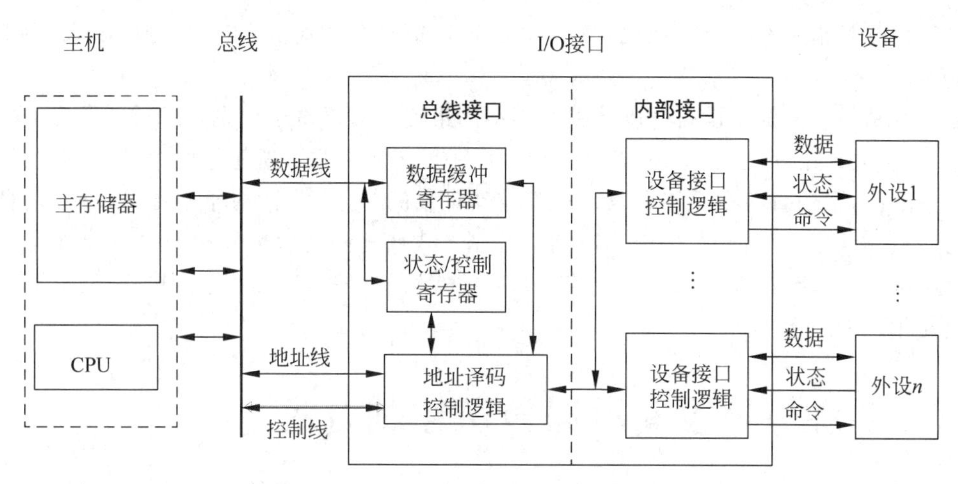

图 10.1　典型的 I/O 接口结构

I/O 地址空间，它设置专门的 I/O 指令，指令地址码部分指出输入/输出设备的设备代码，与访存分开，因此设备码短，硬件结构简单，指令执行快，不占内存地址空间；但是需要专用指令、寻址方式少，每条指令功能弱，且指令种类较多。例如，IBM PC 系列计算机就采用这种方式。

IBM PC 设有专门的 I/O 指令(IN 和 OUT)，其设备编址可达 512 个。每一台设备占用若干个地址码，分别表示相应设备控制器中的寄存器(即端口)地址，如表 10.1 所示是 IBM PC 部分 I/O 设备的地址码。

表 10.1　IBM PC 部分 I/O 设备的地址码

I/O 设备	占用地址数	地址码(十六进制)
硬盘控制器	15	320～32FH
软盘控制器	8	3F0～3F7H
彩色图形显示器	16	3D0～3DFH
异步通信控制器	8	3F8～3FFH

存储器、I/O 端口统一编址法从主存的地址空间中分出一部分作为设备代码，将设备控制器电路中的端口地址与存储单元统一编址，它利用访存指令可访问端口，指令功能强，寻址类型多，配置合理，使用灵活，编程较方便，但是它要占用存储器空间，而且速度相对慢，硬件结构也较复杂。

如何将不同速度的设备与高速运转的主机相连称为 I/O 设备定时方式。I/O 设备定时的关键是在输入/输出过程中如何判断数据有效。

I/O 设备的输入过程是：CPU 将一个地址放在地址总线上，并选择设备，然后等候输入设备的数据成为有效时，CPU 从数据总线读入数据；I/O 设备的输出过程是：CPU 将一个地址放在地址总线上、选择设备，并把数据放在数据总线上，输出设备认为数据有效，将数据取走。

根据外设速度不同有三种定时方式：无须定时、异步定时、同步定时。

无须定时面向速度极慢(或功能极简)的外设，如机械开关、显示二极管等，它默认数据有效，直接进行数据输入/输出；异步定时面向慢速或中速外设，它需要外设通过异步信号(如 Ready)进行确认；同步定时面向高速外设，它默认外设能够确保在规定时刻准备好数据。

▶ 10.1.3　I/O 组织的基本原则

I/O 组织有三个基本原则：自治控制、分类原则、分层结构。

自治控制是指要将功能分散化，使输入/输出功能尽可能地从 CPU 中分散出来，由专门的部件完成。

分类原则是指要根据设备速度分别采用不同策略。对于慢速外设，以字符、字为信息传送基本单位，一般采用处理机定时查询方式或程序中断方式；对于高速外设，则以数据块为信息传送基本单位，采用直接存储器存取方式等减少对主机的打扰；而对于配备外设多、信息传输量大的中、大、巨型计算机，则采用 I/O 通道控制方式或外围处理机方式。

分层结构是指要将标准的操作及控制功能放在与主存及 CPU 相连的层次，非标准的则置于与设备相连的层次。

10.2 主机与外设间数据传送控制方式

不论是利用外设进行输入还是输出，都需要对数据交换过程加以控制。基本的控制方式有 5 种：程序直接控制方式、程序中断传送方式、直接存储器存取方式、I/O 通道控制方式和外围处理机方式。不同的控制方式对 CPU 工作的影响不同。

10.2.1 程序直接控制方式

程序直接控制方式又称为程序查询方式，是主机与外设间进行数据交换最简单、最基本的控制方式。

程序直接控制方式下信息交换由 CPU 执行程序实现(见图 10.2)，其过程如下。

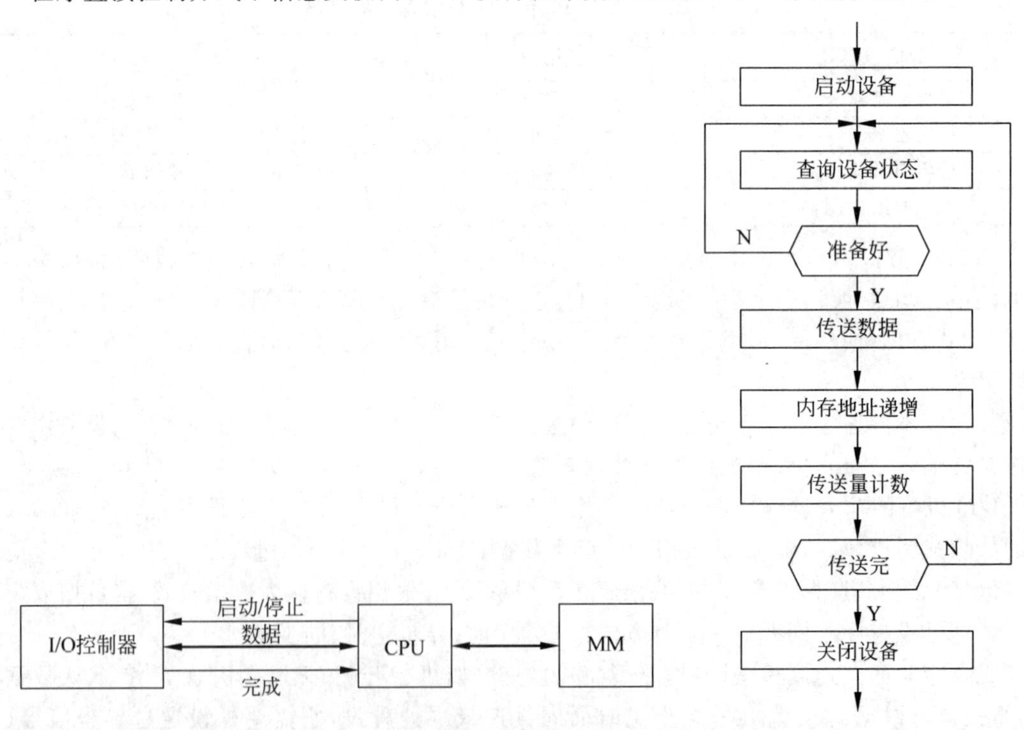

图 10.2 程序直接控制方式信息交换过程

(1) CPU 启动设备。

(2) CPU 反复查询直至设备准备好。

(3) CPU 控制主机与外设交换单个数据。

(4) 重复(2)(3)直至数据传输完毕。

程序直接控制方式简单、所用硬件少；但是CPU与外设间是串行互等的，且主机在一个时间段只能与一个外设进行通信，即诸外设是串行工作的；CPU每运行一次查询程序，只能控制主机与外设交换一个单位数据，如要交换一批数据则要重复执行该查询程序段若干次，因此CPU效率低。

为了提升系统效率，一种变通的做法是，CPU不再连续查询等待，而是定时查询，若数据准备好则进行数据传输，但是它仍然未改变程序直接控制方式的本质。

程序直接控制方式中，外设与主存之间无直接数据通路，主存与外设间的数据交换全部由CPU承担，系统以CPU为中心，主要用于早期计算机。

▶ 10.2.2 程序中断传送方式

程序中断传送方式采用输入/输出中断控制主机与外设间信息传送，如图10.3所示，其工作过程如下：主机启动设备；设备准备，准备好后设备发中断请求；主机响应中断，主机执行中断服务程序完成数据传送。

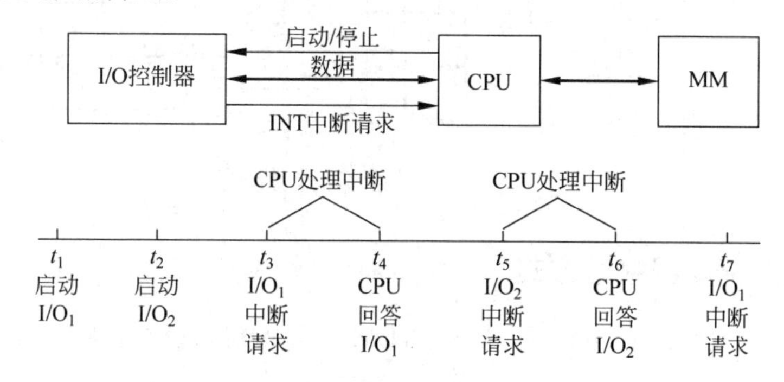

图10.3 程序中断传送方式工作过程

程序中断传送方式中外设与主机间通过接口模块相连，如图10.4所示是某机程序中断设备接口。

程序中断设备接口由设备选择器、中断排队和设备码回送逻辑、中断控制和工作状态逻辑以及数据缓冲寄存器等组成。以数据输入为例，中断设备接口的工作过程是这样的：CPU选中设备，通过设备选择器将“BUSY”触发器置“1”，将“DONE”触发器置“0”，并启动设备；设备将读出数据准备好并送到接口中的缓冲寄存器后，置“1”“DONE”触发器，如果该外部未被屏蔽，则当时钟RQENB来到时，将使中断触发器“INTR”的输出 $\overline{\mathrm{INTR}}$ 为“0”；此时中断请求有效，它将进入中断排队判优电路，当CPU响应该中断时将数据从缓冲寄存器取走，数据输入过程结束。但是如果该外部中断被屏蔽，中断屏蔽触发器“MASK”将输出“0”，封锁所有来自输入/输出设备的“DONE”信号，使中断触发器“INTR”的数据输入端固定为“1”，而无法将“INTR”置“0”。

程序中断传送方式程序中诸外设可并行工作，且一定程度上实现外设与主机的并行工作，提高了CPU利用率；外设主存每交换一个数据需向CPU提一次中断请求，而中断处理时间大于传送数据时间，当成批数据交换时，影响传送效率；另外，跟程序直接控制方式相比，它需要一定的硬件电路。

程序中断传送方式下系统仍然以CPU为中心，交换一批数据的控制全部由CPU承担；但是它通过设备主动告知(即提出中断请求)方式提交数据传送请求，避免了CPU频繁查询，适合随机出现的服务和中低速外设使用。

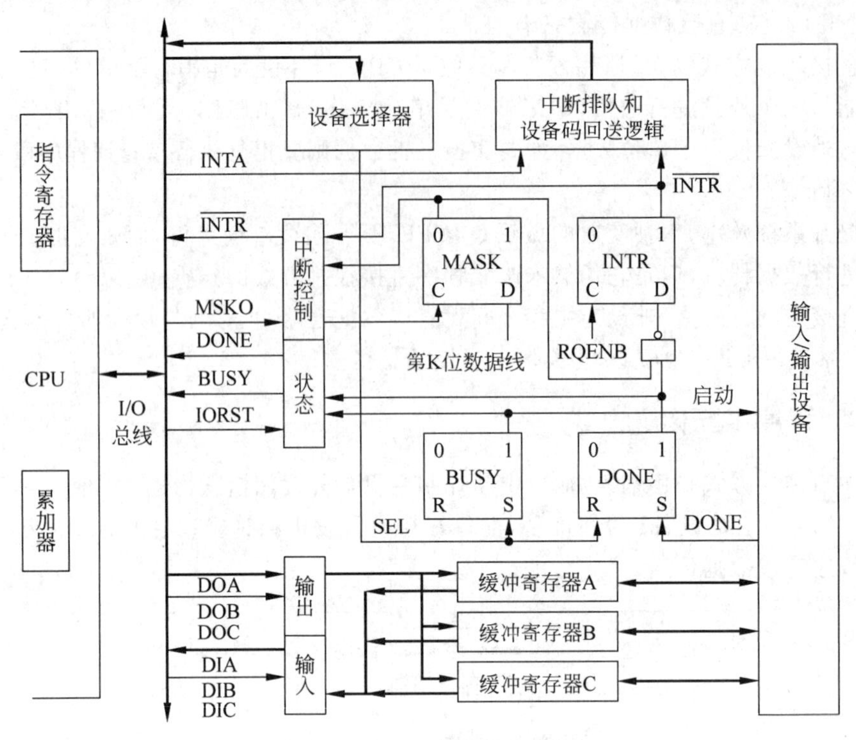

图 10.4　某机程序中断设备接口

▶ 10.2.3　直接存储器存取方式

直接存储器存取(Direct Memory Access,DMA)方式在外设与主存间开辟直接的(不一定是单独的)数据通路,由 DMA 控制器控制数据交换,CPU 不介入,如图 10.5 所示。

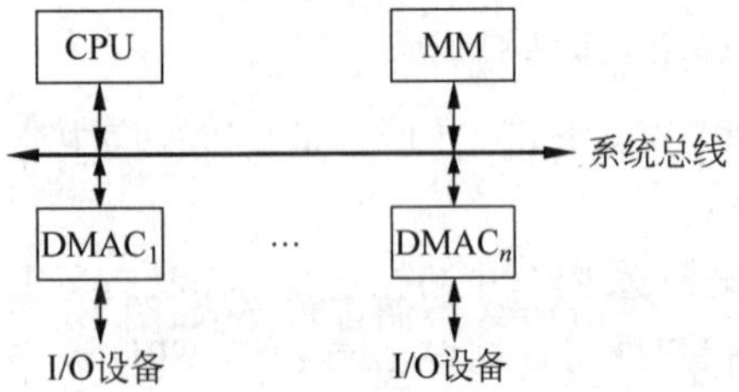

图 10.5　DMA 方式

DMA 有三种工作方式,即三种数据传送方式。

第一种是 CPU 暂停方式(见图 10.6),这种方式下 DMA 设备与 CPU 全串行工作,主机响应 DMA 请求后,让出总线使用权,直至一组数据传输完成。

CPU 暂停方式控制简单,但未充分发挥主存利用率(外设传送两个数据的时间间隔大于存储周期),且 DMA 批量传输期间可能导致 CPU 较长时间无法访存。

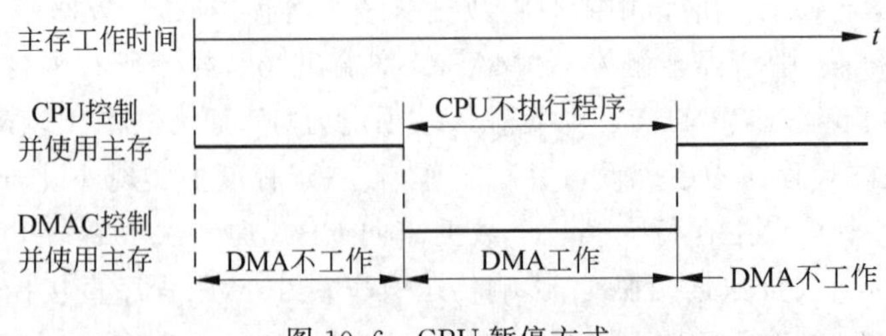

图 10.6　CPU 暂停方式

第二种方式叫 DMA 与 CPU 交替访存方式(如图 10.7 所示),又称为透明式 DMA 方式。这种方式的前提是:CPU 工作周期比存储器存取周期长得多,它通过分时控制总线使用权:将主存的存取周期分为两段,一段专用于 DMAC,另一段专用于 CPU,无须总线使用权转换即可实现 DMA 数据传送。

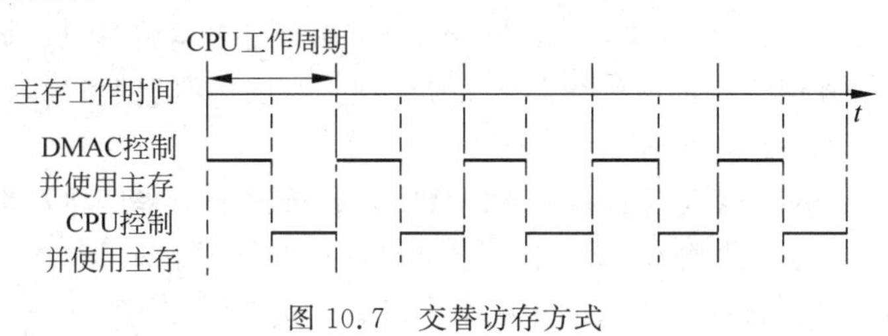

图 10.7　交替访存方式

透明式 DMA 方式既不停顿主程序的执行，又能保证 DMA 的完成，是一种高效率的方式，但控制电路复杂。

第三种方式叫作 CPU 周期挪用（或周期窃取）方式（如图 10.8 所示）。在此方式下，DMA 要求访存时可能会遇到三种情况：①DMA 要求访存，但 CPU 无须访存，此时两者无冲突，对 CPU 执行程序无影响；②DMA 要求访存，而 CPU 正在访存，此时需等待 CPU 访存周期结束；③DMA 要求访存时，CPU 也要求访存，两者发生冲突，DMA 优先于 CPU 访存，CPU 暂停一个或多个访存周期，DMAC 控制外设与主存交换一个数据，数据传送结束后，向 CPU 交换总线使用权，CPU 继续正常运行。

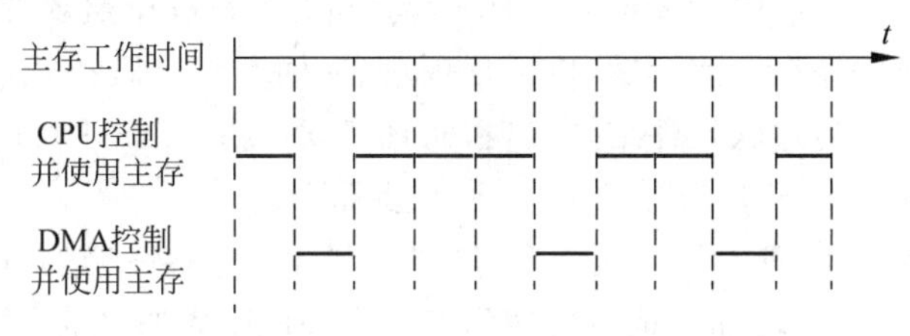

图 10.8　周期挪用方式

CPU 周期挪用方式既实现了数据的 I/O 传送，又保证了 CPU 执行程序，较好地发挥了主存和 CPU 的效率。

需要注意的是，微型计算机中当采用周期挪用方式进行数据传输时，CPU 仍然按需发出访存请求，但是将被告知“存储器未准备好”，指令的执行被延缓了。

DMA 控制器（DMAC）包括多个设备寄存器、中断控制和 DMA 控制逻辑等（如图 10.9 所示），它在取得总线控制权后控制主存与外设间的数据传送。

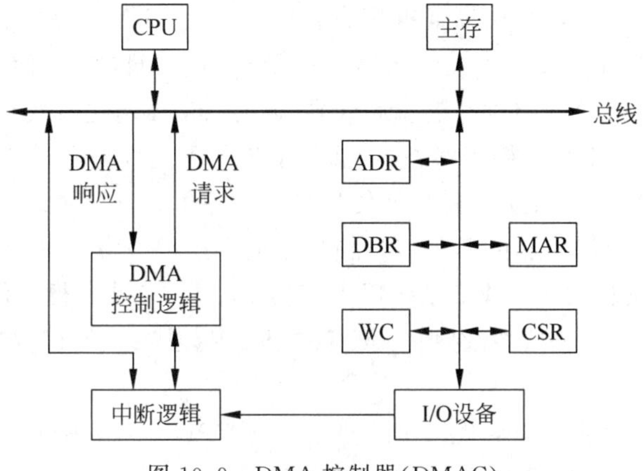

图 10.9　DMA 控制器（DMAC）

主存地址寄存器(MAR)的初始值为主存缓冲区的首地址,在传送前由程序设置。主存缓冲区地址是连续的,在DMA传送期间,每交换一个字由硬件逻辑将其自动加1,成为下一次数据传送的主存地址;外围设备地址寄存器(ADR)存放I/O设备的设备码或其他寻址信息,如磁盘数据所在的柱面号、盘面号、扇区号等。

字数计数器(WC)对传送数据的总字数进行统计。传送前由程序将数据字数置入字数计数器,每传送一个字或字节计数器自动减1,当WC内容为0时表示数据已全部传送完毕;控制与状态寄存器(CSR)用来存放控制字和状态字。有的接口中使用两个寄存器分别存放控制字和状态字;数据缓冲寄存器(DBR)用来暂存I/O设备与主存传送的数据。

中断控制逻辑负责申请CPU对DMA进行预处理和后处理;DMA控制逻辑在DMA取得总线控制权后控制主存和设备之间的数据传送,一般包括设备码选择电路、DMA优先排队电路、产生DMA请求的线路等。

DMA请求又叫DMA中断,但是需要注意的是,DMA中断是简单中断,中断发生后无须处理机干预,不破坏处理机运行状态,只需要CPU暂时让出总线一个或多个工作周期,使外设与存储器直接交换一个数据;然后将总线使用权交还CPU。DMA中断完全由硬件实现,所需硬设备较复杂,整个过程对CPU工作影响较小。

而程序中断则不同,程序中断发生后,CPU响应和处理过程中需要切换程序,故需保存现场和断点,待中断服务程序执行完毕后,再恢复现场、返回断点继续执行,因此对CPU工作影响较大。另外,程序中断通过软硬件结合实现,而且以软件为主,其硬件相对简单。

DMAC有两种类型,一种是选择型,另一种是多路型。

选择型DMA控制器物理上可连接多个、逻辑上只允许连接一个设备,在某一段时间内只能为一个设备服务。它通过增加少量硬件达到为多个外设服务的目的,适合数据传输率高(接近内存存取速度)的设备,能在很快地传送完一个数据块后,又可为其他设备服务,但是不适用于慢速设备。

多路型DMA控制器物理上可连接多个外设,逻辑上也允许多个外设同时工作,各设备以字节交叉方式通过DMAC进行数据传送,适用于同时为多个慢速外设服务。

DMA传送过程分为三个阶段,即DMA预处理、DMA数据传送和DMA后处理。在DMA预处理阶段,主机通过CPU指令(即执行程序)向DMA接口发送各种参数(数据传送方向、主存首地址、外设地址、字数等),并启动DMA;在DMA数据传送阶段,DMAC控制I/O设备与主存间的数据交换,若采用周期挪用方式时,宏观上DMA连续传送一批数据,微观上每传送一个数据发一次DMA请求;在DMA后处理阶段,即在一批数据传送完成,或发生DMA故障时进入结束阶段,由CPU进行后处理,此时DMA向主机发程序中断请求,由CPU执行中断服务程序,查询DMA接口状态,根据状态进行不同处理。

以数据输入(读操作)为例,DMA数据传送过程如图10.10所示。

DMA传送方式中数据传送由DMAC控制,数据交换过程中CPU与I/O设备并行工作,适用于高速设备成组交换大量数据;系统以主存为中心,主存被并行工作的CPU和I/O子系统所共享;DMA传送的准备阶段、结束阶段需占用CPU,其中,DMA在后处理阶段利用了程序中断技术。

DMA方式对外设的管理与某些操作的控制需由CPU承担,另外一类或一台外设需要一套DMA硬件装置,因此需用更多的硬件电路支持。

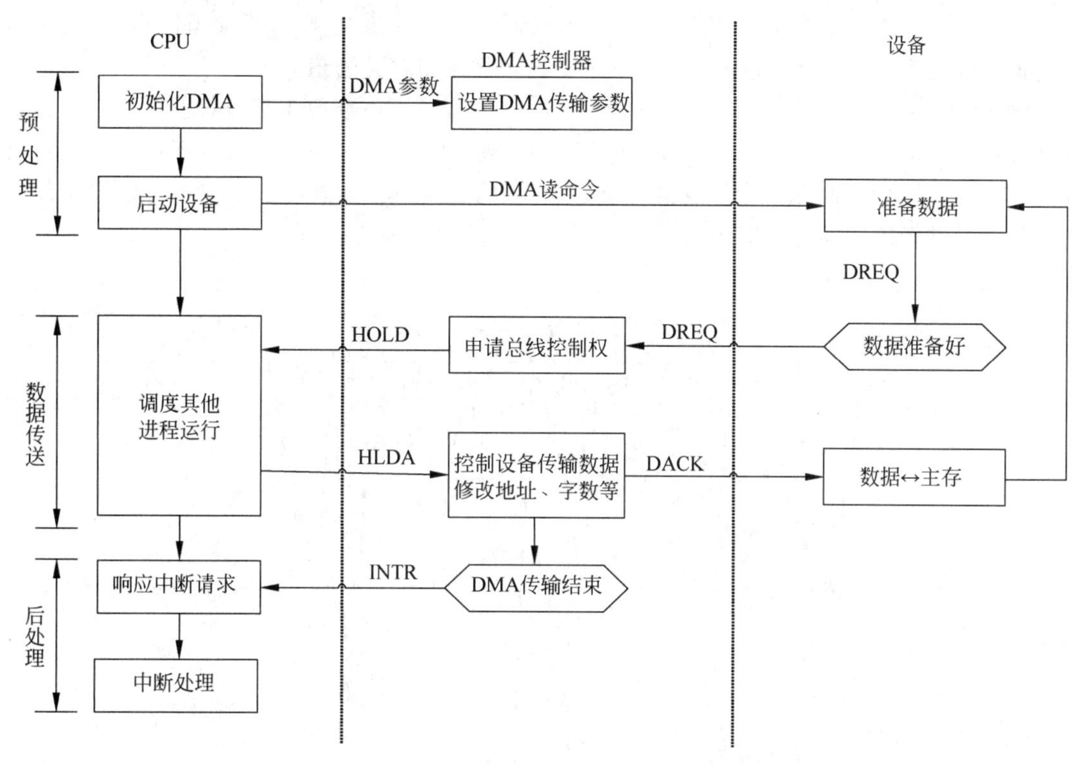

图 10.10　DMA 数据传送过程示意图-以数据输入为例

▶ 10.2.4　I/O 通道控制方式

通道是具有特殊功能的专用设备，可看作具有特殊功能的 I/O 处理器，它具有自己简单的指令系统，通过一系列通道指令组成通道程序。

一个主机可连接多个通道，每个通道可连接多台 I/O 设备(可不同种类、不同速度)；一个通道可并行执行多道通道程序，每道通道程序控制一台设备与主存交换多批数据、执行多种操作。

采用 I/O 通道方式的系统以主存储器为中心，外设与 CPU、外设与外设间并行工作；使用 I/O 通道方式的 I/O 系统增强了主机与通道操作的并行能力以及各通道之间、同一通道的各设备之间的并行操作能力。

但是 I/O 通道不是独立的处理机，它需由 CPU 通过前处理启动，数据传输完成后由 CPU 做后处理；当通道出错或出现其他异常时，通过 I/O 中断由 CPU 处理；码制变换、格式处理、数据块校验等仍由 CPU 承担；更无法完成 I/O 管理工作，如文件管理、设备管理等操作系统的工作。

根据设备共享通道的情况，可将通道分为字节多路通道、选择通道、数组多路通道。

字节多路通道是连接控制多台低速设备以字节交叉方式传送数据的通道，如图 10.11 所示。

图 10.11　字节多路通道

一个字节通道包括多个子通道,每个子通道服务一个设备控制器,子通道间可并行操作,子通道内的设备串行工作;各子通道以字节分时使用字节多路通道。

例 10.1 设字节多路通道中有 4 个设备并行工作,各设备准备 1 字节数据所需时间分别为 20ms、30ms、40ms 和 50ms,通道处理一个外设与通道的数据交换要 5ms(即通道的工作周期 $T_{CH}=5ms$),若 t_0 时刻 4 台设备的字节请求同时到达通道,试画出通道中各 I/O 设备以字节交叉方式并行工作的分时图。

解:

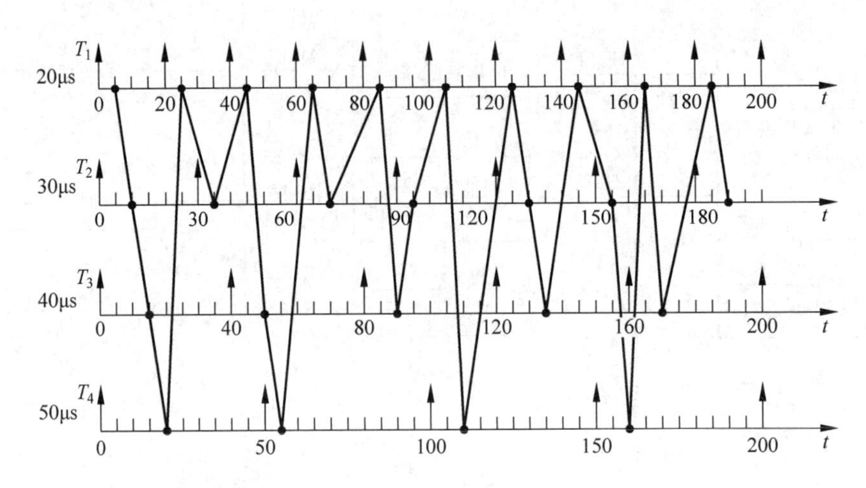

注:“▲”表示各设备向通道发出字节请求的时刻。
“●”表示通道处理完某字节请求的时刻。

选择通道每次只能从所连接的设备中选择一台 I/O 设备独占整个通道与主机交换数据(如图 10.12 所示),它与主存交换数据完成后才能进行下一个设备的选择。

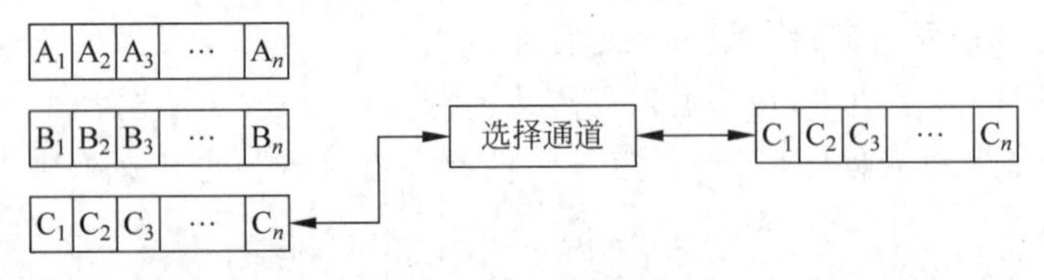

图 10.12 选择通道

选择通道可连接多台设备,但每次只能从所连接的设备中选择一台设备与存储器交换数据,多台设备是串行工作的;数据传送以成组方式进行,每次传送一个数据块,所以数据传输率高。

数组多路通道将字节多路通道和选择通道的特点结合起来,连接并控制多台高速但需进行寻址辅助操作的外设以成组交叉方式传送数据(如图 10.13 所示)。

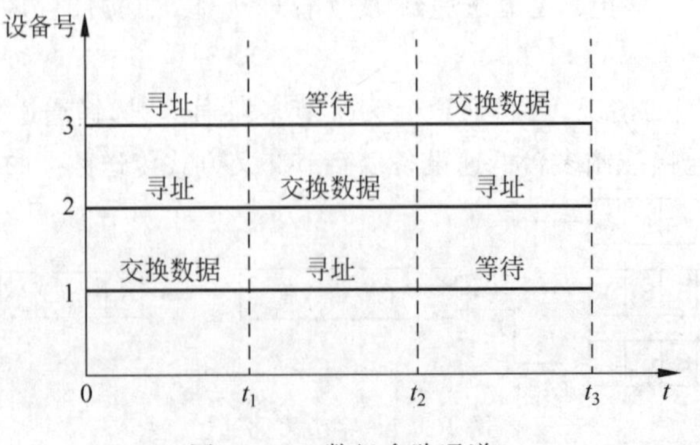

图 10.13 数组多路通道

一个通道包括多个子通道,可执行多道通道程序,每道通道程序控制一台设备;任何时刻只允许一道通道程序控制一台设备以成组方式交换数据,其他通道程序只能控制相应设备进行寻址等辅助操作,而不能交换数据。

数组多路通道具有多路并行操作能力的同时,又具有高的数据传输率,提高了通道吞吐率。

▶ 10.2.5 外围处理机方式

外围处理机(Peripheral Processor Unit,PPU)结构更接近于一般处理机,或者直接选用已有的通用机,它有完善的指令系统、独立的存储器和操作系统,可独立进行设备管理、文件管理和中断管理等操作;既可完成I/O通道所要完成的I/O控制,又可完成码制变换、格式处理、数据块的校验等操作。

外围机基本上是独立于主机工作的,主要应用于大型计算机系统中。在这种方式下,系统以存储器为中心,CPU只需发出调用命令,即可返回执行原程序,交换数据的过程全部由PPU承担。

10.3 总线

计算机各模块之间的连接方式有多种,使用总线(BUS)互连是其中的方法之一。

总线是计算机系统中连接多个模块或子系统之间传送信息的公共通路,是各个部件共享的传输介质,在某一时刻,只允许有一个部件向总线发送信息,多个部件可同时从总线上接收相同的信息。

总线技术是计算机系统的一个重要技术,在现代计算机系统中,总线往往是计算机数据交换的中心,总线的结构、技术和性能等都直接影响着计算机系统的性能和效率。

▶ 10.3.1 总线的类型

总线从不同角度可以有不同的分类方法。

按数据传送方式分为并行传输总线、串行传输总线。其中,并行传输总线又可按传输数据宽度分为8位、16位、32位、64位等传输总线。

按总线的使用范围分为计算机(包括外设)总线、测控总线、网络通信总线。

根据连接的距离和对象分为片内总线、系统总线、通信总线。片内总线指芯片内部的总线,如CPU内部寄存器与寄存器之间、寄存器与ALU之间的总线,它距离短,控制简单,速度要求高;系统总线指连接计算机系统内部各模块的总线,常用的有ISA总线、EISA总线、PCI总线等,它距离较长,传输率较低;通信总线指系统与系统之间的互连线,它距离远,速度差异较大,通信总线按传输方式分可分为串行通信总线,如EIA-RS232C串行总线,以及并行通信总线,如IEEE-488并行总线。

按所传输的信息分为数据总线、地址总线和控制总线。

数据总线用于传输各功能部件之间的数据信息,一般为双向的,其宽度(即数据总线的条数)是衡量系统性能的一个重要参数,与机器字长、存储字长有关,一般为8位、16位或32位。

地址总线用于指出数据总线上源或目的数据在主存单元的地址,是单向的,其位数与存储单元个数有关。

控制总线用于传送各种控制信号，对任一控制线而言是单向的；但是对于总体而言，控制信号有出有入，因此是双向的。常见的控制信号有：时钟、复位；总线请求、总线允许；中断请求、中断确认；存储器写、存储器读、I/O读、I/O写、数据确认；等等。

▶ 10.3.2 总线的特性及性能指标

从物理学角度看，总线就是一组导线，为了保证机械上的可靠连接，必须规定其机械特性；为了保证电气上正确连接，必须规定其电气特性；为保证所连部件正确工作，还需规定其功能特性和时间特性。

机械特性是指总线在机械连接方式上的一些性能，如插头与插座使用的标准，它们的几何尺寸、形状、引脚个数以及排列的顺序，接头处的可靠接触等。

电气特性是指总线的每一根传输线上信号的传递方向和有效的电平范围。传递方向就是信号的输入/输出，(通常)由CPU发出的为输出信号，送入CPU的为输入信号。

功能特性是指总线中每一根传输线的功能。

时间特性是指总线上传输的各种信号，互相之间存在一种时序关系，只有满足时间特性的系统才能正常工作，如(数据与时钟)同步/异步、信号复用等。时间特性一般可用信号时序图来描述。

总线常用的性能指标包括总线宽度、总线标准传输率、信号线数、总线控制方式以及负载能力、电源电压、扩展能力等。

总线宽度是指数据总线的宽度，用bit(位)表示，如8位、16位、32位、64位等。

总线标准传输率(或者叫总线带宽Dr)是指在总线上每秒能传输的最大字节量，对于同步总线，它的总线带宽可以这样计算：

同步总线带宽Dr＝总线宽度×总线时钟频率×单时钟传输次数(一般为1)

例如，PCI V1.0数据线32位(即4B)、工作频率33MHz(即总线时钟周期为30ns)，每时钟周期传输一次，则总线带宽为

$$Dr=4/(30\times10^{-9})=133MB/s$$

信号线数指总线中地址总线、数据总线、控制总线三种总线数的总和；总线控制方式则包括并发工作、自动配置、仲裁方式、逻辑方式、计数方式等。

例10.2 某32位总线的时钟频率为100MHz，该总线每两个时钟周期传输一个字，问：

(1) 总线的数据传输率为多少?

(2) 若总线数据线增加到64位，每时钟周期传输两个字，则总线数据传输率为多少?

解：

(1) 时钟频率100MHz、每两个时钟周期传输一个字，则总线传输频率为

$$100MHz/2=50MHz$$

故数据传输率为

$$4B\times50MHz=200MB/s$$

(2) 若总线数据线增加到64位、每时钟周期传输两个字，则数据传输率为

$$8B\times100MHz\times2=1600MB/s$$

需要注意的是，数据在传送过程中往往需要对其进行调制，并将相关控制信息(如起始位、校验位等)一起进行传输。总线上每秒传输的二进制码元数称为波特率，而将每秒传输二进制有效数据的位数称为比特率。显然，比特率仅考虑数据信息，故比特率一般都是小于波特

率的。

例 10.3　某串行异步传输系统字符格式为：1 个起始位、8 个数据位、1 个校验位、2 个终止位。若要求每秒传输 120 个字符，问数据传送的波特率和比特率分别是多少？

解：

每传输一个字符需传送

$$1+8+1+2=12\text{ 个码元}$$

故波特率为

$$12\times 120=1440\text{b/s}$$

比特率为

$$8\times 120=960\text{b/s}$$

▶ 10.3.3　总线结构

总线结构又称为总线连接方式，指总线排列及与其他各部件的连接方式。根据总线数量不同，可以分为单总线、双总线和三(多)总线结构。

单总线结构将 CPU、主存、I/O 设备(通过 I/O 接口)都挂在一组总线上(见图 10.14)，允许 I/O 之间或 I/O 与主存之间直接交换信息。

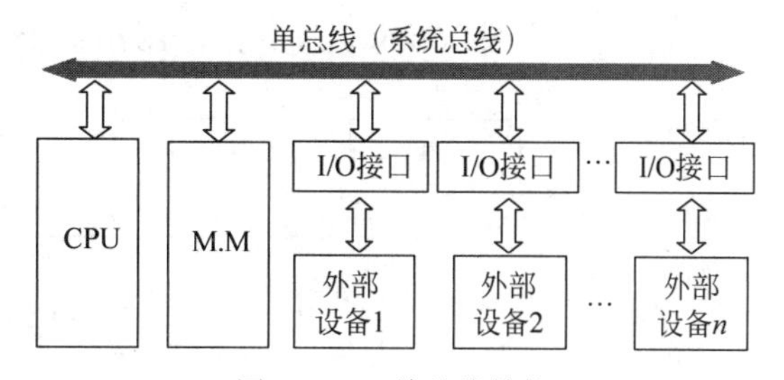

图 10.14　单总线结构

这种总线结构简单，使用灵活，便于扩充；但是因为 CPU 等各部件分时复用共享单条总线，所以易形成系统瓶颈，而且通信速度慢，高速设备性能得不到发挥。另外，单总线结构系统采用主存、I/O 统一编址方式，因此不需要单独的 I/O 指令，但内存需为外设保留一些地址。

双总线结构中不是只有一条总线，而是两条。如图 10.15 所示是一种面向 CPU 的双总线结构。它以 CPU 为中心，将速度较低的 I/O 设备从单总线上分离出来，还可将速率不同的 I/O 外设分类并连接到不同通道，在此基础上发展成多总线结构。

如图 10.16 所示是另一种双总线结构，它以存储器为中心，允许外设直接与主存储器交换信息，并且存储总线有效降低了系统总线负载，提升了并行性。

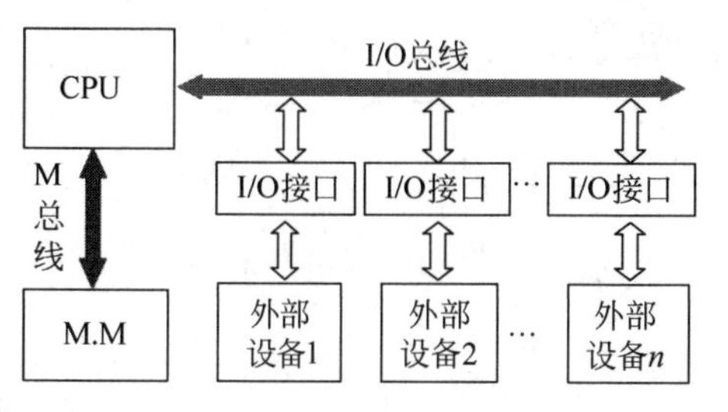

图 10.15　面向 CPU 的双总线结构

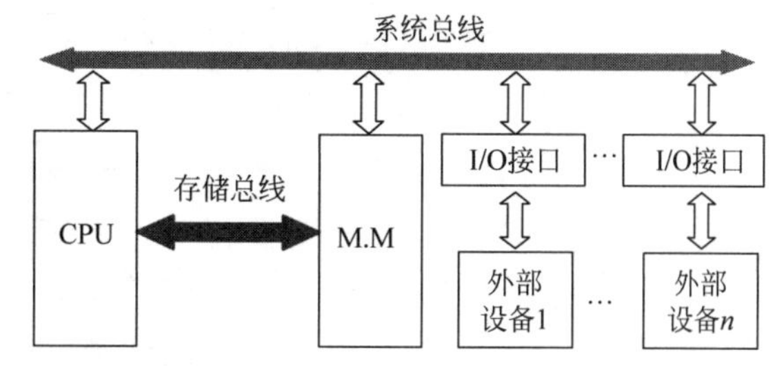

图 10.16　以存储器为中心的双总线结构

前面的双总线结构中两条总线之间是不能直接发生联系的，但有些双总线系统允许两条总线通过桥直接进行数据交换。这里的“桥”又称为“桥接器”，是多总线系统中各总线间的协议转换电路。

如图 10.17 所示是一种基于桥接器的双总线结构，在这种结构中，慢速设备通过 I/O 总线

(图中的 ISA 总线)相连,系统总线(即局部总线)与 I/O 总线则通过桥接器相连。

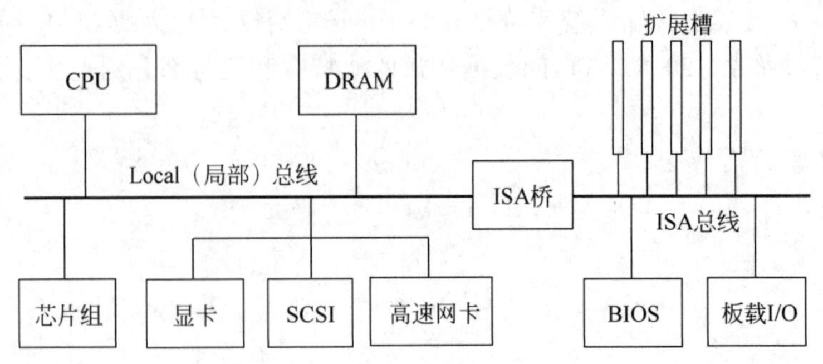

图 10.17　基于桥接器的双总线结构

基于桥接器,对计算机中的设备进一步分类,让高速设备更靠近 CPU,慢速设备更远离 CPU,使低速的 I/O 设备与主存间通信与高速的处理器活动分离,从而形成多总线结构(见图 10.18),以提高系统效率。如图 10.19 所示是典型的采用南北桥结构的奔腾计算机系统总线结构。

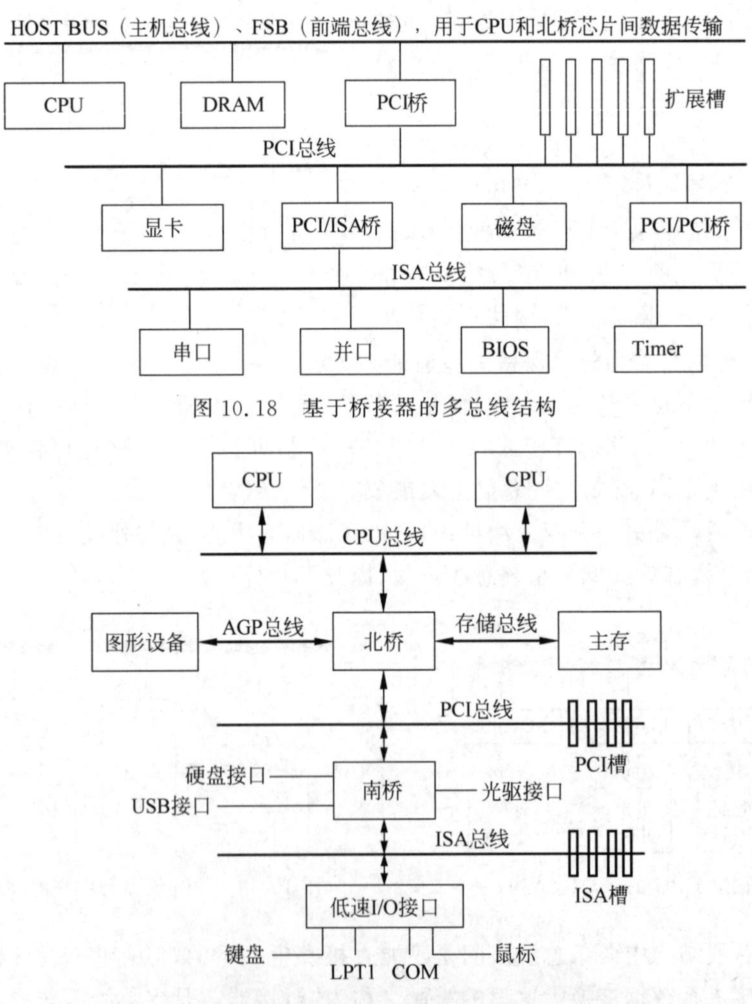

图 10.18　基于桥接器的多总线结构

图 10.19　采用南北桥结构的奔腾计算机系统总线结构

在图 10.19 中，北桥又称为“图形与内存控制器”，它通过 CPU 总线直接与 CPU 相连，同时连接主存和高速图形设备等，并挂接在 PCI 总线上；南桥又称“输入/输出控制器”，它不直接与 CPU 相连，而是一方面通过 PCI 与北桥相连，并挂接硬盘等各种较高速的设备，另一方面则通过慢速的 ISA 总线与各种低速设备相连。

10.3.4　总线通信控制

由于总线上连接着多个部件，利用总线进行系统互连时需解决一系列问题，如当多个设备或部件同时申请使用共享总线时，谁可取得总线的使用权？怎样确定它们的优先次序？当一个设备或部件取得总线使用权后，怎样控制该设备与另一设备之间的通信？通信完后，怎样释放总线的使用权？

上述问题的核心就是总线通信控制，它主要包括总线仲裁（又称总线判优控制、总线仲裁逻辑）和总线通信控制。其中，总线仲裁对总线使用进行合理的分配和管理，总线通信则规定通信双方如何获知传输开始和传输结束、通信双方如何配合等。

在总线系统中，把可控制总线并启动数据传送的设备称为主设备（或主控器），把和主设备通信的设备称为从设备（或受控器）。对于共享总线，每一时刻只能有一个设备成为总线主设备。从计算机各部件的功能和作用上讲，CPU 总是主设备，内存总是从设备；外设既可以是主设备，也可以是从设备。

完整的总线传输过程分为总线申请、总线寻址、数据传输和总线释放 4 个阶段。其中，总线申请阶段主设备提出请求，总线控制器确定将下一个总线使用权分配给谁；总线寻址阶段主设备向从设备发出地址和命令，启动从设备；数据传输阶段主、从设备交换数据；数据传输完成后，主设备撤销总线请求等有关信息，让出总线，以便总线控制器重新分配总线使用权。

1. 总线仲裁

总线仲裁是指当多个主设备同时要求使用总线时，由总线控制器的判优、仲裁逻辑按一定的优先等级顺序确定哪一个主设备能使用总线。

根据总线控制部件的位置，总线仲裁分为集中式和分布式两种。集中式总线控制逻辑集中于一个设备中，分布式总线控制逻辑则分散到连接在总线上的各个设备中。

常见的集中式总线仲裁有链式查询、计数器定时查询和独立请求三种方式。

链式查询方式的控制线有三根：总线忙（BS）、总线请求（BR）和总线同意（BG），如图 10.20 所示。总线可用信号（即总线同意信号）串行地从一个 I/O 接口送下一 I/O 接口，若所到达接口有总线请求，不再往下传（即该接口获得总线使用权），建立总线忙信号，表示总线被占有。

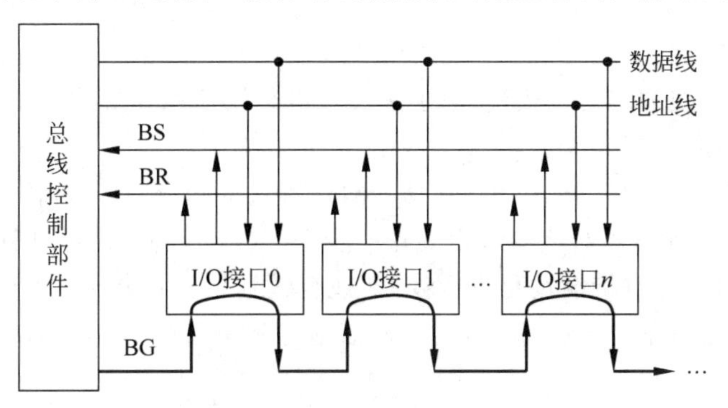

图 10.20　链式查询方式

这种链式查询方式线少、易扩充；但是响应慢，而且优先级固定，单点故障敏感。

计数器定时查询方式的控制线有 $2+\log_2 n$ 根，即总线忙（BS）、总线请求（BR）和设备地址，如图 10.21 所示。总线控制部件接到总线请求信号后，若总线未被使用（BS=0），由总线控制部件内的计数器开始计数并发给各设备，当某个有总线请求的设备地址与计数值一致时，终止计数查询，该设备获得总线使用权。

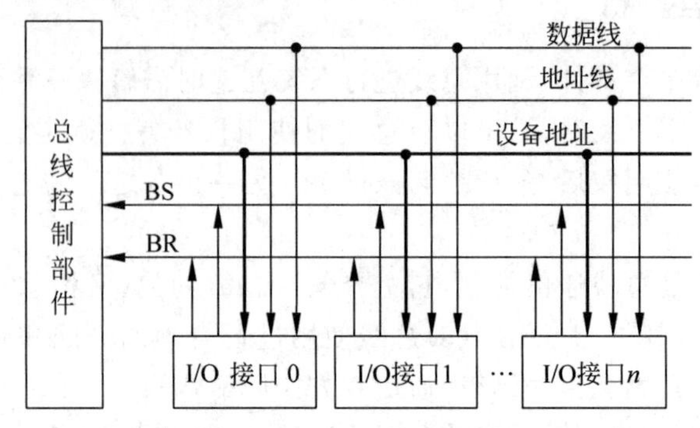

图 10.21　定时查询方式

计数器定时查询方式的计数器初值可由程序设置，因此优先级可适当变化；它对电路故障也不如链式查询方式敏感，但是控制比较复杂，且扩展困难。

独立请求方式下每一设备均有一对控制线（无总线状态信号），共 $2n$ 根，各设备独立申请，由总线控制部件内的排队器根据优先次序授权，如图 10.22 所示。

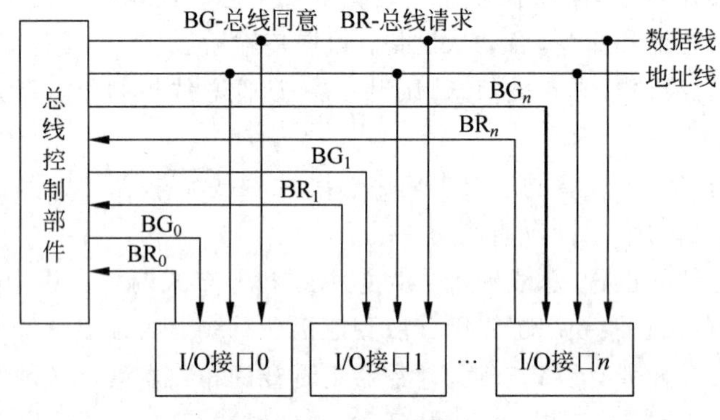

图 10.22　独立请求方式

独立请求方式响应快，优先次序控制灵活（可通过程序改变），故障不敏感；扩展容易，但控制线数量较多。

2. 总线通信

总线通信就是总线的定时方式，它用于解决获得总线使用权后通信双方如何协调配合以完成信息传送的问题。

常用的总线通信方式有 4 种：同步通信、异步通信、半同步通信、分离式通信。其中，同步通信用统一的公共时钟信号对传输过程的每一步进行控制，适合快速设备；异步通信无公共的时钟信号，用应答信号对传输过程进行控制，适合慢速设备；半同步通信是同步异步结合，在同步时钟控制下进行采样与应答；分离式通信则充分挖掘系统总线每瞬间的潜力。

1）同步通信

主从设备间数据传送均统一由定宽度、定间隔的时钟脉冲控制，规定明确、统一，具有较高的数据传输率；模块间配合简单一致，控制逻辑简单。

但是这种方式下必须按最慢速度部件来设计公共时钟，严重影响总线工作效率，缺乏灵活性，因此仅适用于总线长度短，各功能模块速度相差不大的情况；另外，时钟在总线上的延时可能引起同步误差，且遇到干扰可能引起错误的同步。

如图10.23所示是同步数据输入(读)示意图。

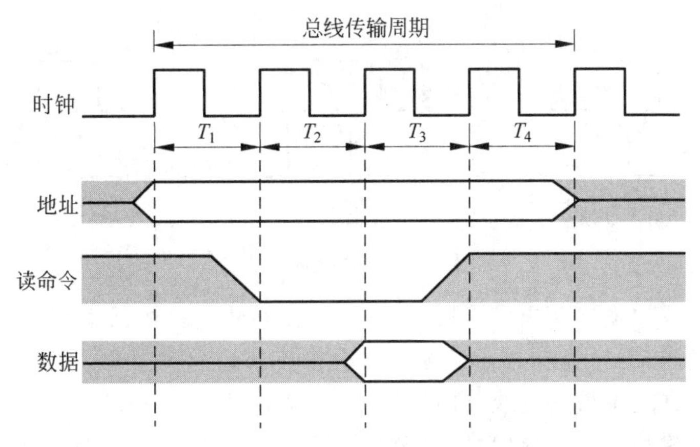

图10.23 同步数据输入示意图

当进行数据输入(即读)操作时，CPU在T_1周期的开始时刻给出地址、在T_2周期的开始时刻发出“读”命令，启动设备进行读操作；设备在T_2周期结束时刻(即T_3周期开始时刻)之前将数据准备好，CPU在T_3周期将数据取走，之后撤销“读”命令，并在T_4周期撤销地址信号，释放总线使用权。

如图10.24所示是同步数据输出(写)示意图。

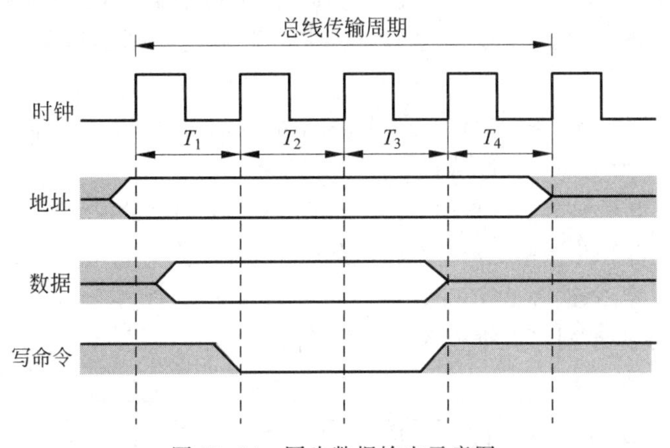

图10.24 同步数据输出示意图

当进行数据输出(即写)操作时，CPU在T_1周期的开始时刻给出地址、在T_1周期的中间时刻准备好数据，并在T_2周期的开始时刻发出“写”命令，启动设备进行写操作；设备在T_2周期完成写操作，CPU在T_3周期撤销“写”命令、撤销数据，并在T_4周期撤销地址信号，释放总线使用权。

2) 异步通信

异步通信克服了同步通信的缺点，允许各模块速度的不一致性，给设计者充分的灵活性和选择余地。

异步通信无公共时钟标准，不要求所有部件严格地统一动作时间。它采用应答方式(握手方式)，建立在应答和互锁机制基础上，即后一事件在总线上的出现时刻取决于前一事件的出现，因此总线周期长度可变，快、慢速设备可连到同一总线上；相应地，主从模块间需增加两条应答线。

异步通信根据通信双方互锁不互锁分为不互锁方式、半互锁方式、全互锁方式，如图 10.25 所示。

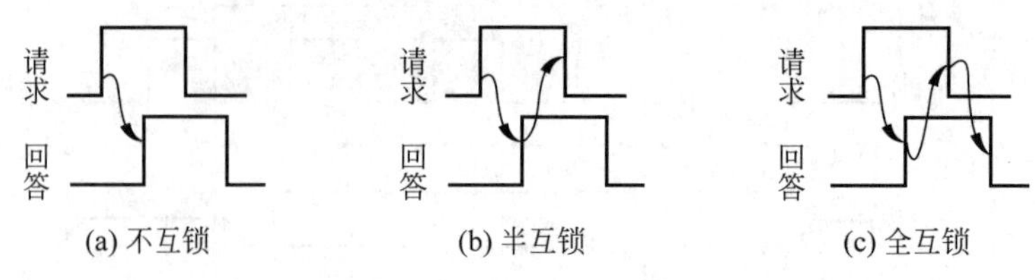

图 10.25　异步通信方式

不互锁方式主模块发出请求信号后，不论是否接到从模块的回答信号，经过一段时间，认为从模块已收到请求信号，撤销请求信号；从设备接到请求信号后，在条件允许时发回答信号，经过一段时间，认为主设备已收到回答信号，自动撤销回答信号。

半互锁方式主模块发出请求信号，待接到从模块回答信号后再撤销其请求信号，存在着简单的互锁关系；从模块发出回答信号后，不等待主模块回答，在一段时间后便撤销回答信号，无互锁关系。

全互锁方式主模块发出请求后，待从模块回答后再撤销请求信号从模块发出回答信号，待主模块获知后，再撤销回答信号。

3）半同步通信

同步通信数据输入(读操作)中，主模块在 T_1 发出地址，T_2 发出命令，T_3 传输数据，T_4 结束传输；若从设备工作速度较慢，无法在 T_3 时刻提供数据，则必须在 T_3 之前通知主模块，使其进入等待状态。

半同步方式通过增设一条“等待”信号线，采用插入时钟(等待)周期的方法来协调通信双方的配合问题。具体做法是：通过从模块在 T_3 到来之前置“等待”为低电平有效，主模块在 T_3 测得“等待”为低电平即等待有效时，并不立即从数据线上取数，而是开始逐个时钟周期地等待，直到从模块准备好并撤销“等待”(即主模块测得“等待”为高电平即等待无效)后，下一周期才是正常周期 T_3，恢复正常工作。

如图 10.26 所示是半同步数据输入(读)示意图。

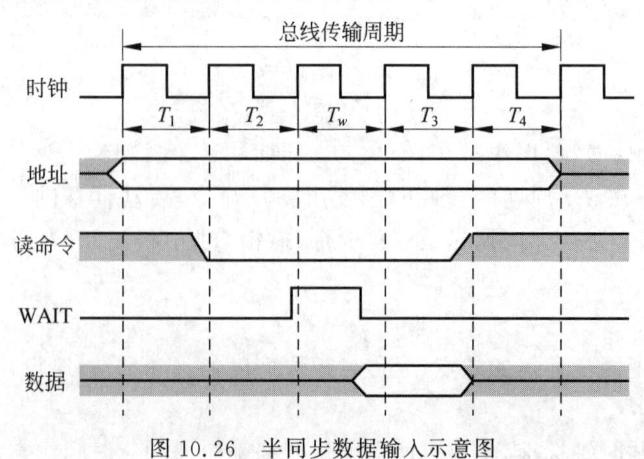

图 10.26　半同步数据输入示意图

半同步通信方式系统内各模块在统一系统时钟控制下工作,可靠性高;同时增设一条"等待"响应信号线,允许不同速度的模块和谐地工作,而控制方式比异步通信简单。

半同步通信方式对系统时钟频率不能要求太高,因此整体上看系统工作速度不高,适用于系统工作速度不高但又包括许多速度差异较大的各类设备的简单系统。

4) 分离式通信

同步、异步、半同步通信的共同点是,获得总线使用权后,总线并非一直忙。例如,输入数据(读)过程分为三个阶段:主模块发地址、命令,从模块准备数据,从模块向主模块发数据。在此过程中,第一、第三阶段需占用总线,但在第二阶段总线其实是空闲的。

分离式通信将该总线传输周期分解为两个子周期,以充分挖掘系统总线每瞬间的潜力。其中,子周期 1 由原主模块申请占用总线、发地址命令后即放弃总线使用权(此时从模块准备数据);子周期 2 由原从模块(这里其实还是主模块)准备好数据后申请占用总线,向原主模块传送所需数据。

分离式通信中各模块欲占用总线使用权都必须申请,在获得总线使用权后,主模块在限定时间内采用同步方式向对方传送信息,无须等待回答信号;通信双方在准备数据传送过程中都不占用总线,总线可接受其他模块的请求;总线被占用时都在做有效工作(发送命令,或传送数据),不存在空闲等待时间,充分发挥了总线的有效占用,总线可在多对主从模块间并行进行交叉重叠式信息传送,因此系统效率较高;但是这种方式控制复杂,一般普通微型计算机中较少使用。

例 10.4 假定某总线的时钟周期为 50ns,每次总线传输需要一个时钟周期,总线宽度为 32 位,存储器的存储周期为 300ns,求同步方式下从该存储器中读一个字时总线的数据传输率为多少?

解:

同步方式存储器读操作步骤及所需时间分别如下。

送地址和读命令:1 个总线周期时间,50ns。

存储器读数据:1 个存储周期,300ns。

读取数据:1 个总线周期,50ns。

则同步方式下从主存读一个存储字的总时间为

$$T=400\text{ns}$$

故数据传输率=4B/400ns=10MB/s。

10.3.5 微型计算机常用标准总线

总线标准就是系统与各模块、模块与模块间的互连标准界面,该界面对两端的模块均透明,任何一方只需根据标准完成自身一侧的接口功能要求,无须了解对方接口与总线的连接要求。

采用总线标准的目的,一是解决系统、模块、设备与总线之间不适应、不通用及不匹配的问题;二是使系统设计简化、模块生产批量化,确保性能稳定、质量可靠,实现可移化,便于维护等。

总线标准有两类,一类是 IEEE 等国际组织定义或批准的标准,另一类是实际存在的工业标准(有些后来称为国际标准)。

微型计算机常用标准总线包括 ISA/EISA、VESA、PCI 和 PCI Express 等。

ISA(Industrial Standard Architecture,工业标准结构)是 IBM 为其 PC 系列微型计算机制定的工业标准。其中,ISA-8(即 XT 总线)于 1981 年推出,其针对 Intel 8088 芯片; ISA-16(即 AT 总线)于 1984 年推出,针对 Intel 80286 芯片,是对 XT 总线的扩充。

EISA(Extended Industrial Standard Architecture,扩展工业标准结构)是在 ISA 基础上扩充(如图 10.27 所示),与 ISA 完全兼容,用于 32 位中央处理器(386、486、586 等)。EISA 从 CPU 中分离总线控制权,支持多总线主控与猝发传输,具有即插即用功能。

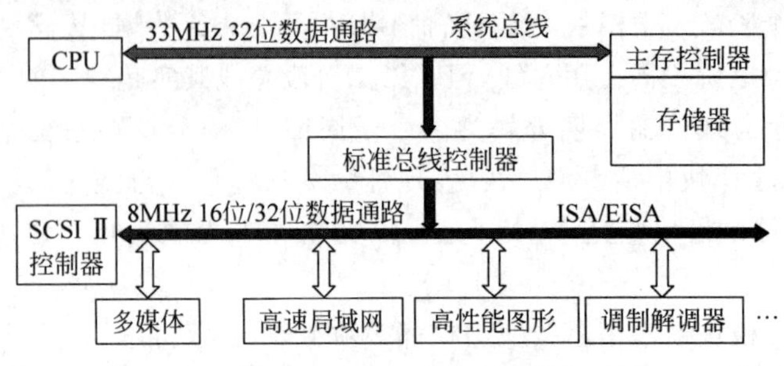

图 10.27　ISA/EISA 总线

VESA(Video-Electronic-Standard-Association,视频电子标准协会)是 60 家附属卡制造商于 1992 年联合推出的一种局部总线(Local BUS),简称 VL-BUS(如图 10.28 所示)。

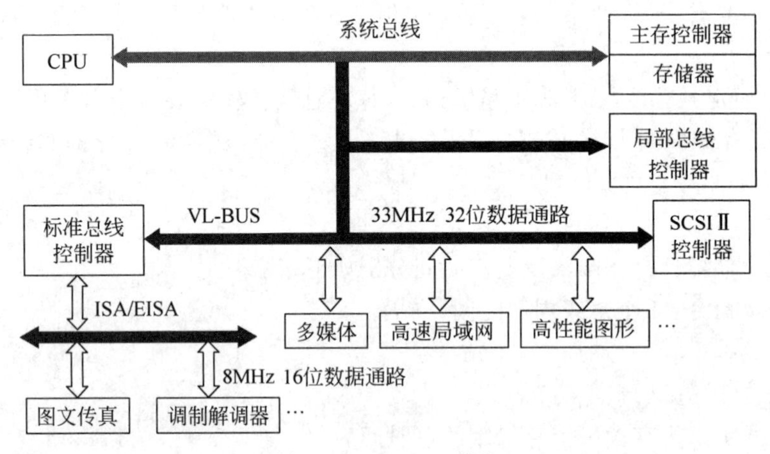

图 10.28　VESA 总线

VESA 让 CPU 与主存、Cache 通过 CPU 总线(主总线)直接相连,高速设备通过 VL-BUS 与 CPU 总线相连,与原有的 ISA 总线并排在主板上,简单方便; 但是总线直接挂在 CPU 上,无数据缓冲器,对 CPU 依赖性较大,且它只是为适应 486 而设计的过渡标准,规范化不好,兼容性差,已淘汰。

PCI(Peripheral Component Interconnect,外部部件互连)于 1991 年由 Intel 推出,它用于定义局部总线,连接高速 I/O 设备模块,如显卡、网卡、硬盘控制器等(如图 10.29 所示)。

PCI 总线采用单独的总线时钟,与 CPU 时钟频率无关,不受 CPU 速度和结构的限制; 兼容性好,可转换为标准的 ISA、EISA 总线; 支持猝发传输模式,提供真正的即插即用功能; 采用同步总线、集中式仲裁,支持总线主控技术,允许智能设备取得总线控制权以加速数据传输; 可扩展性好,支持多层 PCI 结构。

之后推出的 PCI-X 局部总线是 PCI 的升级版(如图 10.30 所示),它从软件到硬件兼容所有 PCI 规格,并提升了时钟速率和数据传输率。

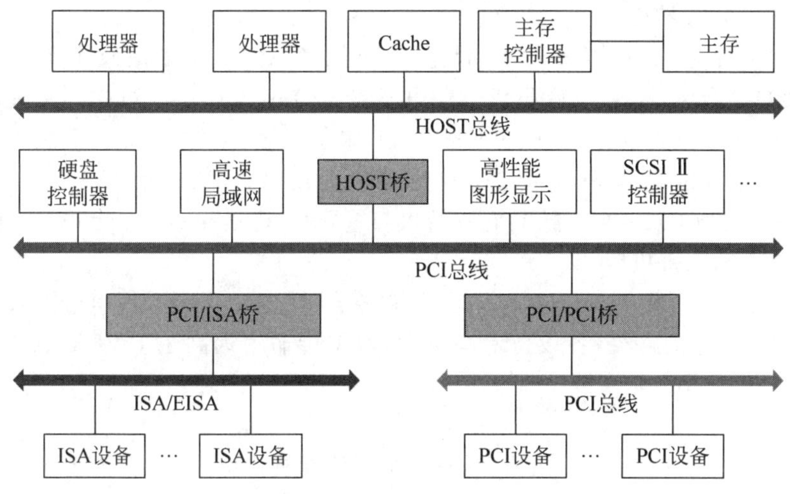

图 10.29 PCI 总线

与 PCI 一样，PCI-X 同属共享并行结构，各 PCI 设备共享总线带宽。

PCI Express 是 2001 年 Intel 提出的一种新型总线，它与 PCI 完全不同，仅名字类似，旨在替代 PCI/PCI-X、AGP 等早期的总线标准。

PCI Express 采用点对点串行传输技术，各设备均有专用连接，独享带宽，其数据传输率远超 PCI。PCI Express 一个标准的连接可包含多个通道，即 x1、x2、x4、x8、x16、x32 等，不同版本(PCI-E 1.0～5.0)带宽不同，例如，PCI-E 1.0 x1(单信道)单向带宽为 250MB/s，x16 则为 4GB/s。

PCI Express 的插槽尺寸取决于通道数，通道越多，插槽越长(见图 10.31)，其中插槽向下兼容。例如，PCI-E X16 插槽可插 X8、X4、X1 的卡。

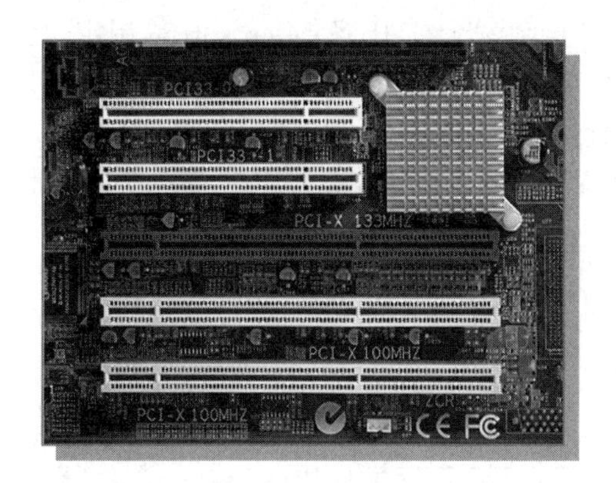

图 10.30 PCI 及 PCI-X 插槽

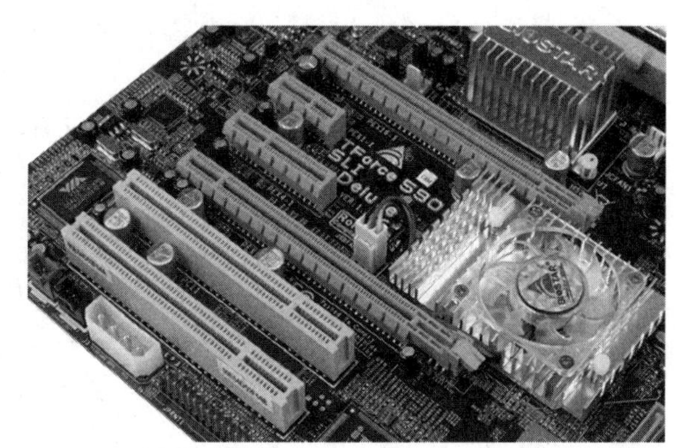

图 10.31 PCI Express 插槽

10.4 设备接口

设备接口是指计算机外部设备通过接口与主机相连时必须遵循的物理互连特性、电气特性等技术规范。对于接口而言，一方面通过主板连接 CPU，要符合主机的系统总线规范；另一方面与外部设备相连，要符合外设接口规范。

微型计算机常用的外设接口包括 ATA 与 SATA 接口、SCSI 和 USB。

1. ATA 与 SATA 接口

ATA 接口又称为 PATA 接口。20 世纪 80 年代，IBM PC/AT 微型计算机诞生，1986 年第一台 AT 接口硬盘驱动器（也称集成驱动电子设备，Integrated Device Electronics，IDE）随即诞生，1994 年发布 ATA（AT-Attachment，AT 附加设备）标准的第一个版本，即 ATA-1。ATA-1 是一个单纯的硬盘驱动接口，不支持其他设备。1996 年，ATA-2 标准即 EIDE（Enhanced IDE，增强 IDE）接口推出，它支持大容量硬盘，可连接最多 4 台设备，并支持其他外存储设备，如光驱和磁带机等。

2001 年 8 月，Intel 发布 SATA 1.0 规范，它兼容 PATA，但是采用串行点对点连接，主机与各设备均有单独连接路径，各设备专享带宽，数据传输率远高于 PATA；功耗低；可热插拔，可像 U 盘一样使用。

2. SCSI

SCSI（Small Computer System Interface，小型计算机系统接口）是 1986 年由美国国家标准局（ANSI）制定，后被 ISO 确认为国际标准（后经多次修订、扩充），它是一种总线接口，以主机系统对智能外设的统一 I/O 接口总线的形式出现，处在主机适配器（SCSI 接口板）与智能外设控制器之间的界面上，并非专为硬盘设计，独立于系统总线工作，不仅可以控制磁盘驱动器，而且可以控制磁带机、光盘、打印机、扫描仪等外设。

SCSI 是一种系统级接口，用于控制外存与总线之间交换信息，设备与主机之间以 DMA 方式传送数据块；连接的设备间是对等关系，而非主从关系，设备间采用高级命令进行通信；它是一种多任务接口，具有总线仲裁功能，适配器、控制器可并行工作，同一个控制器下的多台外设可并行工作。

需要注意的是，计算机如无 SCSI，需 SCSI 适配器板才能跨接到 SCSI 设备，而且具有不同主机总线（如 ISA、PCI）的计算机需使用不同适配器。

3. USB

USB（Universal Serial Bus，通用串行总线）于 1996 年由 Intel、IBM、Microsoft 等制定，是一种通用万能插口，具有热插拔功能。

最早的 USB 使用 4 芯电缆，其中两根串行通道传送数据，两根为设备提供电源。

USB 级联采用星状拓扑（见图 10.32），可将 USB 外设进行串接，一大串设备共用 PC 上一个端口，理论上可接入 127 个 USB 设备。

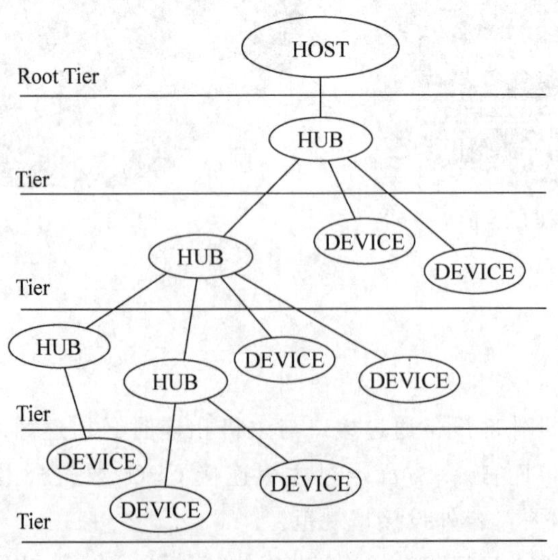

图 10.32　USB 级联

USB外形接口有三个系类：Type、Mini、Micro，每一个系类又分为A、B、C等规格。其中，USB Type-C只有一种，简称USB-C或Type-C接口。

习题

10.1 什么是I/O接口？它与端口有何区别？为什么要设置I/O接口？

10.2 程序查询方式和程序中断方式都是通过“程序”传送数据，两者的区别是什么？

10.3 在程序中断方式中，磁盘申请中断的优先权高于打印机。当打印机正在进行打印时，磁盘申请中断请求。试问是否要将打印机输出停下来，等磁盘操作结束后，打印机输出才能继续进行？为什么？

10.4 CPU对DMA请求和中断请求的响应时间是否相同？为什么？

10.5 假设某设备向CPU传送信息的最高频率是40 000次/秒，而相应的中断处理程序其执行时间为40μs，试问该外设是否可用程序中断方式与主机交换信息？为什么？

10.6 假定某计算机总线周期为250ns，所有指令都可用两个总线周期完成，其中一个总线周期用来取指令，另一个总线周期用来存取数据。若该计算机中配置的磁盘上每个磁道有16个512B的扇区，磁盘旋转一圈的时间是8.192ms，假设采用周期挪用法传送磁盘数据，问当总线宽度分别为8位和16位的情况下，该计算机指令执行速率分别降低了百分之几？

10.7 设磁盘存储器转速为3000转/分，分为8个扇区，每个扇区存储1KB，主存与磁盘存储器数据传送的宽度为16位(即每次传送16位)。假设一条指令最长执行时间是25s，是否可采用一条指令执行结束时响应DMA请求的方案？为什么？若不行，应采取什么方案？

10.8 假设一个同步总线的时钟频率为50MHz，总线宽度为32位，该总线的最大数据传输率为多少？

10.9 某计算机的I/O设备采用异步串行传送方式传送字符信息。字符信息的格式为1位起始位、7位数据位、1位校验位和1位停止位。若要求每秒传送480个字符，那么该设备的数据传送速率为多少？

10.10 某终端通过RS-232串行通信接口与主机相连，终端每次向主机传送1个字符，所传送的内容包括8位数据和1个起始位、1个停止位，无校验位。若传输速率为1200波特，则传送一个字符所需时间约为多少？若传输速率为2400波特，停止位为2位，其他不变，则传输一个字符的时间为多少？

10.11 某32位微处理器的外部总线宽度为16位，总线时钟频率为40MHz，假定一个总线事务的最短周期是4个总线时钟周期，该处理器的最大数据传输率是多少？如果将外部总线的数据线宽度扩展为32位，那么该处理器的最大数据传输率提高到多少？

10.12 假设某存储器总线采用同步通信方式，时钟频率为50MHz，每个总线事务以突发方式传输8个字，支持块长为8个字的Cache块读/写，每字4B。对于读操作，访问顺序是1个时钟周期接收地址，3个时钟周期等待存储器读数，8个时钟周期用于传输8个字；对于写操作，访问顺序是1个时钟周期接收地址，2个时钟周期延迟，8个时钟周期用于传输8个字，3个时钟周期恢复和写入纠错码。对于以下访问模式，求出该存储器读/写时在存储器总线上的带宽。

(1) 全部访问为连续的读操作。

(2) 全部访问为连续的写操作。

(3) 65%的访问为读操作,35%的访问为写操作。

10.13 假设有一个磁盘,每面有200个磁道,盘面总存储容量为1600KB,磁盘旋转一圈的时间为25ms,每道有4个区,每两个区之间有一个间隙,磁头通过每个间隙需1.25ms。

(1) 问:从该磁盘上读取数据时的最大数据传输率是多少(单位为B/s)?

(2) 假如有人为该磁盘设计了一个与计算机之间的接口,如图10.33所示,磁盘每读出一位,串行送入一个移位寄存器,每当移满16位后向处理器发出一个请求交换数据的信号。在处理器响应该请求信号并读取移位寄存器内容的同时,磁盘继续读出一位数据并串行送入移位寄存器,如此继续工作。已知处理器在接到请求交换的信号以后,最长响应时间是3μs,这样设计的接口能否正确工作?若不能则应如何改进?

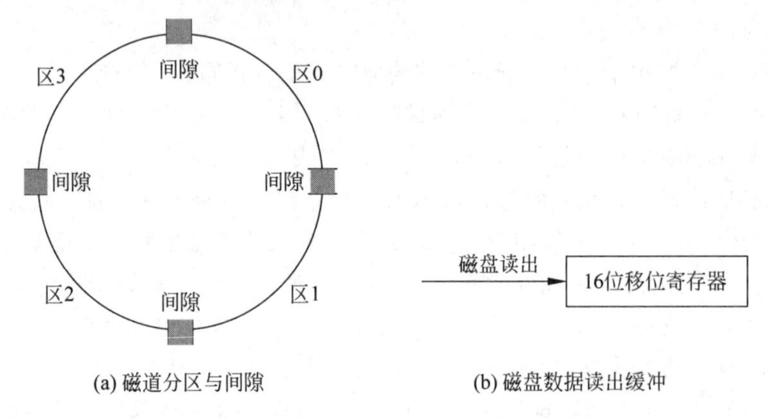

(a) 磁道分区与间隙　　(b) 磁盘数据读出缓冲

图10.33 利用移位寄存器进行数据缓冲的接口示意图

10.14 假定某计算机的CPU主频为500MHz,所连接的某个外设的最大数据传输率为20KB/s,该外设接口中有一个16位的数据缓存器,相应的中断服务程序的执行时间为500个时钟周期,则是否可以用中断方式进行该外设的输入/输出?假定该外设的最大数据传输率改为2MB/s,是否仍可以用中断方式进行该外设的输入/输出?

参 考 文 献

[1] 唐朔飞.计算机组成原理[M].3版.北京：高等教育出版社，2020.

[2] 王爱英.计算机组成与结构[M].5版.北京：清华大学出版社，2013.

[3] 谭志虎,秦磊华,吴非,等.计算机组成原理(微课版)[M].北京：人民邮电出版社，2021.

[4] 秦磊华,吴非,莫正坤.计算机组成原理[M].北京：清华大学出版社，2011.

[5] 蒋本珊,马忠梅,王娟.计算机组成与体系结构(微课版)[M].北京：人民邮电出版社，2022.

[6] 袁春风,唐杰,杨若瑜,等.计算机组成与系统结构[M].3版.北京：清华大学出版社，2022.

[7] 王保恒,肖晓强,张春元,等.计算机原理与设计[M].北京：高等教育出版社，2005.

[8] 张晨曦,刘依,张硕,等.计算机组成与结构[M].2版.北京：高等教育出版社，2015.

[9] WILLIAM S. Computer Organization and Architecture：Designing for Performance[M]. 11th ed. New York：Pearson Education limited，2019.

[10] RANDAL E B,DAVID R O. Computer System：A Programmer's Perspective[M]. 3rd ed. New York：Pearson Education limited，2015.

图书资源支持

感谢您一直以来对清华版图书的支持和爱护。为了配合本书的使用，本书提供配套的资源，有需求的读者请扫描下方的“书圈”微信公众号二维码，在图书专区下载，也可以拨打电话或发送电子邮件咨询。

如果您在使用本书的过程中遇到了什么问题，或者有相关图书出版计划，也请您发邮件告诉我们，以便我们更好地为您服务。

我们的联系方式：

清华大学出版社计算机与信息分社网站：https://www.shuimushuhui.com/

地　　址：北京市海淀区双清路学研大厦 A 座 714

邮　　编：100084

电　　话：010-83470236　010-83470237

客服邮箱：2301891038@qq.com

QQ：2301891038（请写明您的单位和姓名）

资源下载：关注公众号“书圈”下载配套资源。

资源下载、样书申请

书圈

图书案例

清华计算机学堂

观看课程直播